산림
기능사

필기 | 기출문제집

시대에듀

산림기능사
필기 기출문제집

Always
with you...

사람이 길에서 우연하게 만나거나 함께 살아가는 것만이
인연은 아니라고 생각합니다.
책을 펴내는 출판사와 그 책을 읽는 독자의 만남도 소중한 인연입니다.
시대에듀는 항상 독자의 마음을 헤아리기 위해 노력하고 있습니다.
늘 독자와 함께하겠습니다.

편집진행 윤진영 · 장윤경 | **표지디자인** 권은경 · 길전홍선 | **본문디자인** 정경일 · 심혜림

21세기 한국인의 화두는 삶의 질의 개선일 것이다. 전통적으로 우리 민족은 배산임수(背山臨水)를 거주환경의 기본으로 삼고, 죽어서는 산에 장사를 지내는 등 산으로 대변되는 자연의 품에 안겨 사는 삶을 최고의 미덕으로 여겼다. 그러나 급속한 산업화와 도시화에 따른 환경파괴로 인하여 환경문제가 삶의 질을 결정하는 가장 큰 요인이 됨에 따라, 전문인력으로 하여금 생활공간을 아름답게 꾸미고 자연환경을 보호하기 위해 산림기능사의 전신인 영림기능사 자격제도를 1982년부터 도입해 시행하게 되었다.

국가기술자격시험은 객관적인 출제기준에 따라 시행된다. 특히, 한국산업인력공단에서 실시하는 시험은 필기 객관식, 실기 산림작업을 병행함으로써 변별력은 물론 공정성을 확보하고 있다. 이에 따라 기능사 필기 시험은 문제은행(Item Pool) 방식으로 출제되므로 결국 기출문제 분석은 합격이라는 건물을 이루는 가장 기초적이고 중요한 과정이라고 할 수 있다. 기출문제 분석을 통해 출제경향을 파악하지 않으면 효율적인 수험계획을 세우지 못해 방대한 양의 이론에 치여서 쉽게 지쳐버릴 수 있다.

이에 가장 핵심적인 기출문제 분석과 효율적인 합격노하우를 수험생들에 제시하기 위해 SD에듀와 함께 본 도서를 출간하게 되었다.

본 도서의 특징

첫째, 본 도서 한 권만으로도 충분히 출제경향을 파악해 최단기간에 합격에 이르는 실력을 닦을 수 있도록 자주 출제되는 문제와 핵심해설을 수록함으로써 수험기간을 줄이고 이론공부에 대한 부담감을 해소할 수 있게 하였다.

둘째, 과목별로 유사 기출문제를 제시함으로써 자신감을 갖고 시험에 임할 수 있도록 하였다.

셋째, 최신 문제와 출제빈도가 높았던 문제들을 엄선함으로써 문제풀이의 효율성을 극대화하는 것은 물론 최종점검이 가능하도록 하였나.

넷째, 문제마다 핵심을 찌르는 해설을 달아 짧은 기간 안에도 여러 차례 본 도서를 복습할 수 있도록 하였다.

다섯째, 과년도+최근 기출복원문제와 해설을 수록하여 마무리 실전 대비가 가능하도록 구성하였다.

21세기는 자연환경 개선과 보호가 가장 시급한 문제인 까닭에 우리 사회가 산림기능사들에게 거는 기대치가 높다. 부디 여러분들이 우수한 전문자격인으로 거듭나 살기 좋은 대한민국을 만드는 일에 앞장서 주기를 바란다. 아울러 수험생 여러분의 합격과 건승을 기원한다.

편저자 씀

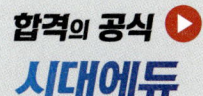
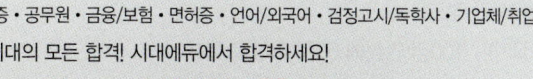

시험 안내

개 요

오늘날 환경오염이 심각해지고 사회가 고도화됨에 따라 산림육성의 필요성이 더욱 강조되고 있다. 이에 따라 일정한 자격을 갖춘 사람으로 하여금 임야를 관리하게 함으로써 산림의 종합적인 개발을 도모하기 위해 자격제도를 제정하였다.

수행직무

산림에 관한 숙련된 기능을 가지고 조림, 육림, 임업기계 사용, 목재수확, 임도설치 등의 산림생산에 관한 작업관리 및 이에 관련된 업무를 수행한다.

진로 및 전망

❶ 지방산림관서의 공무원, 작업단 등 공직과 임업회사 등에 진출할 수 있다. 산림자원법에 따라 자격을 취득하여 산림조합중앙회, 산림조합에 산림경영지도원으로 진출할 수 있다.

❷ 앞으로 산림에 대한 수요가 증대되고 산지농업, 사냥, 산림휴양 등에 종합적인 산림경영기법이 도입될 것으로 예상되며, 임도시설이 확충되고 육림, 벌채 등의 기계화가 촉진됨에 따라 기술자의 수요가 증가될 것으로 보인다.

시험일정

구 분	필기원서접수 (인터넷)	필기시험	필기합격 (예정자)발표	실기원서접수	실기시험	최종 합격자 발표일
제1회	1월 초순	1월 하순	2월 초순	2월 초순	3월 중순	4월 중순
제2회	3월 중순	4월 초순	4월 중순	4월 하순	5월 하순	6월 하순
제3회	6월 초순	6월 하순	7월 중순	7월 하순	8월 하순	9월 하순

※ 상기 시험일정은 시행처의 사정에 따라 변경될 수 있으니, www.q-net.or.kr에서 확인하시기 바랍니다.

시험요강

❶ 시행처 : 한국산업인력공단
❷ 시험과목
  ㉠ 필기 : 조림 및 육림기술, 임업기계, 산림보호
  ㉡ 실기 : 산림작업 실무
❸ 검정방법
  ㉠ 필기 : 객관식 4지 택일형, 60문항(1시간)
  ㉡ 실기 : 작업형(2시간 정도)
❹ 합격기준(필기·실기) : 100점 만점에 60점 이상 득점자

검정현황

연도	필기			실기		
	응시자	합격자	합격률	응시자	합격자	합격률
2024	5,090	2,792	54.9%	2,929	2,217	75.7%
2023	5,118	2,842	55.5%	2,995	2,320	77.5%
2022	4,921	2,770	56.3%	2,982	2,325	78%
2021	5,290	2,926	55.3%	3,129	2,294	73.3%
2020	3,768	1,970	52.3%	2,054	1,595	77.7%
2019	3,693	1,773	48%	1,962	1,417	72.2%
2018	2,988	1,498	50.1%	1,503	989	65.8%
2017	2,350	1,015	43.2%	1,063	800	75.3%

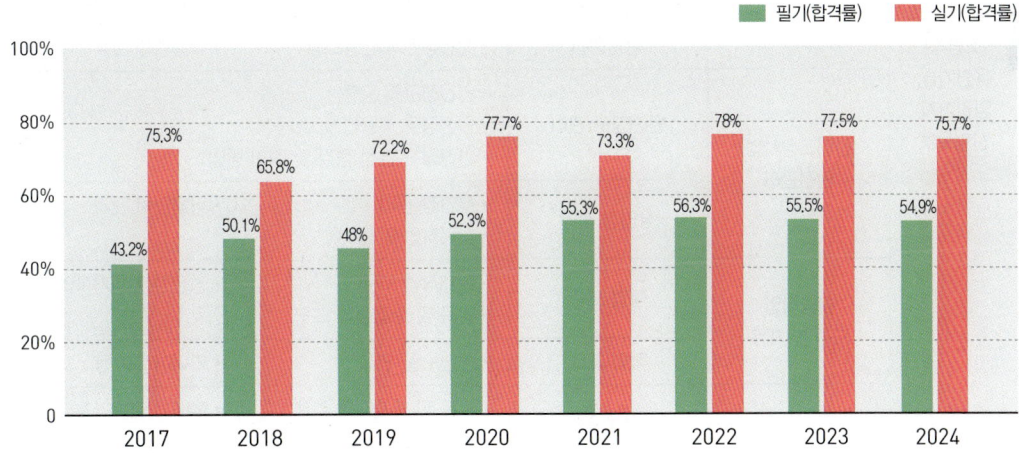

시험 안내

출제기준(필기)

필기 과목명	주요항목	세부항목	세세항목	
조림 및 육림기술, 임업기계, 산림보호	식재	식재예정지 정리	• 식재예정지 정리 방법	• 지존물 정리유형
		식재	• 주요 조림수종의 종류 및 특성 • 식재 방법(배열, 간격, 본수) • 식재 후 관리	
	식재지 관리	풀베기	• 풀베기작업의 종류	• 풀베기작업의 방법
		덩굴제거	• 덩굴제거작업의 종류	• 덩굴제거작업의 방법
		비료주기	• 비료주기작업 및 방법	
	어린나무가꾸기	경합목 제거	• 경합목의 종류	• 제거목 제거 방법
		수형조절	• 수형조절 방법	
	가지치기	가지치기작업	• 가지치기작업의 종류	• 가지치기작업의 방법
	솎아베기	솎아베기작업	• 솎아베기 특성 및 효과	• 솎아베기 방법
	천연림가꾸기	천연림보육	• 천연림보육 특성	• 천연림보육 방법
		천연림개량	• 천연림개량 특성	• 천연림개량 방법
		산림갱신	• 천연갱신과 인공조림	• 작업종의 분류
	산림조성사업 안전관리	안전장구 관리	• 안전장구의 종류 • 안전장구 착용법 및 효용성 • 안전장구 안전 점검 및 정비 방법	
		작업장 관리	• 작업장 관리 • 산림작업 안전수칙	• 작업인력 관리
	산림작업 도구 및 재료	작업 도구	• 식재작업 도구 • 벌목 및 수집작업 도구	• 경쟁식생 제거작업 도구
		작업 재료	• 엔진오일, 연료	• 와이어로프 등
	임업기계 운용	임업기계 종류 및 사용법	• 벌목 및 조재작업 기계 • 집재 및 수확작업 기계 • 기타 임업기계	• 풀베기작업 기계 • 운재작업 기계
		임업기계 유지관리	• 임업기계 점검 방법	• 임업기계 정비 방법
	산림병해충 예찰	병해충 구분	• 병해충 종류	• 병해충 특성
	산림병해충 방제	방제 방법	• 물리적 방제 • 임업적 방제	• 화학적 방제 • 기타 방제 방법
	산불진화	산불진화	• 산불 종류 및 진화 방법 • 뒷불정리 방법	• 산불진화 도구의 종류

출제기준(실기)

실기 과목명	주요항목	세부항목
산림작업 실무	식재	• 식재예정지 정리하기 • 식재하기
	식재지 관리	• 풀베기하기 • 덩굴제거하기 • 비료주기
	어린나무가꾸기	• 경합목 제거하기 • 수형 조절하기
	가지치기	• 가지치기작업 실행하기
	솎아베기	• 솎아베기 작업하기
	천연림 가꾸기	• 천연림보육하기 • 천연림개량하기
	산림조성사업 안전관리	• 안전장구 관리하기
	식재 · 육림작업 장비 운용	• 작업 도구 이용하기 • 작업 재료 이용하기 • 조림예정지 정리작업 기계 운용하기 • 경쟁식생 제거 장비 작업하기 • 벌채 · 조재작업 장비 작업하기
	임목수확작업 장비 운용	• 중력 집재작업 기계 운용하기 • 소형 집재작업 기계 운용하기 • 차량계 집재작업 기계 운용하기 • 가선계 집재작업 기계 운용하기
	일관작업 장비 운용	• 단재 집재작업 기계 운용하기 • 장재 집재작업 기계 운용하기 • 운재작업 기계 운용하기
	산림병해충 예찰	• 피해수종 식별하기 • 병해충 구분하기
	산림병해충 방제시공	• 피해목 처리하기 • 화학적 방제하기 • 임업적 방제하기

목 차

빨리보는 간단한 키워드

PART 01 | 조림 및 육림기술

CHAPTER 01	식재	003
CHAPTER 02	식재지 관리	020
CHAPTER 03	어린나무가꾸기	030
CHAPTER 04	가지치기	035
CHAPTER 05	솎아베기	040
CHAPTER 06	천연림가꾸기	053

PART 02 | 임업기계

CHAPTER 01	산림조성사업 안전관리	091
CHAPTER 02	산림작업 도구 및 재료	102
CHAPTER 03	임업기계 운용	135

PART 03 | 산림보호

CHAPTER 01	산림병해충 예찰	179
CHAPTER 02	산림병해충 방제	216
CHAPTER 03	산불진화	243

부 록 | 과년도 + 최근 기출복원문제

2016년	과년도 기출문제	253
2017년	과년도 기출복원문제	295
2018년	과년도 기출복원문제	322
2019년	과년도 기출복원문제	349
2020년	과년도 기출복원문제	376
2021년	과년도 기출복원문제	402
2022년	과년도 기출복원문제	429
2023년	과년도 기출복원문제	454
2024년	과년도 기출복원문제	480
2025년	최근 기출복원문제	505

빨간키

———————————

빨리보는 간단한 키워드

———————————

CHAPTER 01 조림 및 육림기술

▌ 조림 및 육림의 개념

- 넓은 의미의 조림은 수확된 임분(林分)이나 숲이 없는 지역에 새로 임분을 조성하는 갱신과 조성된 임분을 가꾸는 육림(숲가꾸기)으로 이루어진다.
- 새로운 임분을 조성하기 위한 갱신에는 인위적으로 임분을 조성하는 인공갱신과 자연의 갱신력을 활용하는 천연갱신이 있다.

▌ 육림작업의 구분

조성단계	풀베기	재목이 지피식생에 피압되는 것을 막기 위해 실시하는 작업
	어린나무가꾸기	갱신종료 단계에서 솎아베기 단계에 도달할 때까지의 유령림에 대한 모든 무육벌채적 수단
	가지치기	기계적 또는 인위적 가지 제거 또는 자연낙지 촉진
관리단계	솎아베기	장령림과 성숙림에서 목적에 맞게 임분을 형성해주기 위한 모든 무육벌채적 수단
	임연부(林緣部) 형성	형성 산림의 내외 임연부를 안정적으로 형성해주기 위한 모든 수단
	수하식재	양수(陽樹)의 수고가 높은 임층(林層)의 수관 밑에 내음성 수종을 식재하여 하층을 조성 유지함으로써 임분 안정과 수간무육 도모

▌ 지존물 정리유형

- 인력에 의한 작업
  - 관목 정리
  - 벌채잔해물 정리
  - 풀깎기 : 모두베기, 줄베기, 둘레베기
- 기계에 의한 방법
- 약제를 살포하는 방법
- 소각하는 방법(화입지존)

▌ 주요 권장수종

- 경제림 조성용 중점 조림수종 : 소나무, 낙엽송, 잣나무, 참나무류, 백합나무, 편백, 삼나무, 가시나무류
- 바이오매스용 조림수종 : 참나무류, 아까시나무, 포플러류, 백합나무, 리기테다소나무, 자작나무(온대 북부지역에 식재) 등
- 조림가능수종(78종) : 용재수종, 경관수종, 유실·특용수종, 기타(내공해수종, 내음수종, 내화수종)

▋ 식재시기
- 보통 묘목의 생장 직전인 봄철과 낙엽기부터 서리가 내리기 전까지의 가을에 식재하나, 가능한 봄철에 식재하는 것이 좋다.
- 눈이 많이 내리는 지역에서는 가을 식재를 권장하고, 눈이 적게 오고 바람이 심한 지역에서는 봄에 식재하는 것이 좋다.
- 낙엽송, 낙엽활엽수종 등과 같이 눈이 빨리 트는 수종은 다른 수종에 앞서 이른 봄에 땅이 녹으면 곧 식재한다.

▋ 식재밀도
- 일반조림에서는 1ha당 3,000그루를 심는 것이 통례이다.
- 소나무, 해송, 편백, 참나무류 : ha당 5,000본 기준, 1.4m 간격으로 식재
- 잣나무, 낙엽송 : ha당 3,000본 기준, 1.8m 간격으로 식재
- 식재밀도에 영향을 끼치는 인자
  - 소경재생산을 목표로 할 때에는 밀식
  - 교통이 불편한 오지림의 경우에는 소식
  - 땅이 비옥하면 소식하고, 지력이 좋지 못한 곳에서는 밀식
  - 일반적으로 양수는 소식, 음수는 밀식

▋ 식재 배열
- 정방형 식재 : 묘목 거리와 식재열 간 거리를 동일하게 식재하는 방법이다.
- 부분밀식 : 군상식재(3본 또는 5본 단위로 묶어서 심는 방법), 2열 부분밀식(2열 단위의 부분 밀식하는 방법)

▋ 식재 본수의 결정 요인
경영목표, 지리적 조건, 토양의 비옥도, 수종의 특성, 식재인력의 수급이나 묘목의 수급사정, 식재밀도에 따른 소요경비 등

▋ 식재 후 관리
- 시비 : 비료를 주면 임분의 울폐를 빠르게 하고 풀베기 작업량을 적게 하는 데 도움을 준다.
- 보식 : 고사목을 보충해서 묘목을 심는 것을 말한다.
- 정지·전정 : 수형을 보아가며 수관 하부에 광선을 적게 받는 지엽이나 이병지 등을 제거하는 것을 말한다.

▌ 풀베기(밑깎기) : 일반적으로 풀들이 왕성한 자람을 보이는 6월 상순~8월 상순 사이에 실시한다.

모두베기 [전예(全刈)]	• 조림지의 하층식생을 모두 제거하는 방법으로 조림목의 묘고가 낮아 태양광선을 잘 받도록 하고자 할 때 이용한다. • 작업 면적이 가장 넓기 때문에 인력과 경비가 가장 많이 든다. • 조림목이 한건풍에 노출될 우려가 있다.
줄베기 [조예(條刈)]	• 모두베기에 비해 비용을 절감할 수 있다. • 표토유실을 방지할 수 있다. • 제거되지 못한 부분의 잡목이 조림목의 생장을 방해할 수 있다.
둘레베기 [평예(坪刈)]	• 둥글게 깎게 되므로 바람을 막아주는 효과가 있어 한·풍해를 예방하므로 군상 식재지 등 조림목의 특별한 보호가 필요한 경우에 적용한다. • 다른 방법에 비하여 인건비가 적게 든다. • 제거되지 못한 부분의 잡목이 조림목의 생장을 방해할 수 있다.

▌ 덩굴제거

물리적 제거		• 인력을 투입하여 낫이나 톱으로 덩굴의 밑동을 자르고 줄기와 뿌리를 직접 제거하는 방법이다. • 덩굴식물 각각에 대하여 작업해야 하므로 인력 수요가 많고 경비도 가장 많이 든다.
화학적 제거	글리포세이트 (글라신) 액제	• 광엽 잡초, 콩과 식물(선택성 제초제) • 덩굴류의 생장기인 5~9월에 실시한다. • 약제 주입기나 면봉을 이용하여 주두부의 살아있는 조직 내부로 약액을 주입한다.
	Fluroxypyr- meptyl + Triclopyr- TEA 미탁제	• 광엽 잡초(선택성 제초제) • 약제 주입은 3~11월, 약제 살포는 5~10월에 실시한다. • 약제 주입기를 이용해 주두부의 조직 내에 주입한다. • 분무기를 이용하여 경엽 살포한다.

▌ 덩굴제거 약제사용 시 주의 사항

• 디캄바 액제는 흡수 이행력이 강력하여 약제가 빗물이나 관개수 등에 흘러 조림목이나 다른 작물에 피해를 줄 수 있으므로 절대로 약액을 땅에 흘리지 않아야 한다.
• 약제 처리한 후 24시간 이내에 강우가 예상될 경우 약제 처리를 중지한다.
• 고온 시(기온 30℃ 이상)에는 증발에 의해 주변 식물에 약해를 일으킬 수도 있으므로 작업을 하지 않는다.
• 사용한 처리 도구는 잘 세척하여 보관하고 빈 병은 반드시 회수하여 지정된 장소에서 처리한다.

▌ 비료주기

• 임지비배(임지시비) : 땅힘을 높여 임목의 생장을 촉진하기 위하여 임지에 비료를 주는 것이다.
• 시비 방법 : 구덩이 밑 시비법, 구덩이 전체 시비법, 구덩이 위 시비법, 측방 시비법, 윤상(환상) 시비법, 반원형 시비법, 표면 시비법

▌ 어린나무가꾸기

- 조림목이 임관을 형성한 뒤부터 간벌할 시기에 이르는 사이에 침입 수종의 제거를 주로 하고, 아울러 조림목 중 자람과 형질이 매우 나쁜 것을 베어버린다.
- 조림 후 5~10년인 임지가 주 대상지이다.
- 작업 시기는 6~9월 사이에 실시하는 것이 원칙이나, 늦어도 11월 말까지는 완료한다.

▌ 어린나무가꾸기 작업 내용

유해수종 제거, 초우세목 관리, 임연부 관리, 공간 조절, 수종 조절, 수형 교정 등

▌ 제벌(잡목 솎아내기)

- 일반적으로 수관 간의 경쟁이 시작되고 조림목의 생육이 저해된다고 판단될 때 실시(여름철)한다.
- 베어내야 할 나무 : 경합목, 폭목, 피해목, 형질불량목, 고사목, 덩굴류
- 남겨야 할 나무 : 잘 자란 조림목, 건전하게 자생하고 있는 나무, 하층식생

▌ 수형교정

- 성목이 되기 전에 수형을 교정한다.
- 가급적 전정가위로 실행하고 수고의 50% 내외의 높이까지 가지 제거한다.
- 수형교정의 대상 : 수관형태가 매우 불량한 나무, 초두부가 갈라진 나무, 분지목, 수관이 편기되거나 긴 가지가 발생한 나무, 불량하게 생장하는 나무 등

▌ 가지치기 목적 : 질 높은 목재 생산, 건강한 숲환경 조성

▌ 가지치기 장단점

- 장점 : 수간의 완만도를 높임, 수고생장을 촉진, 임목 간의 부분적 균형에 도움, 산불이 있을 때 수관화 경감, 무절재 생산
- 단점 : 노력과 비용이 소요, 생장이 억제될 수 있음, 부정아 생성, 작업상 노무문제

▌ 가지치기 시기

- 죽은 가지의 제거는 수간의 비대생장이 시작되는 5월 이전에 실시한다.
- 생장기에는 생장휴지기인 11월 이후부터 이듬해 3월까지가 적기이다.
- 침엽수종은 일반적으로 10~15년생인 때 가지치기를 시작한다.

▌ 가지치기 수종

- 생가지치기로 부위의 위험성이 높은 수종 : 단풍나무류, 느릅나무류, 벚나무류, 물푸레나무 등으로, 원칙적으로 생가지치기를 피하고 자연낙지 또는 고지치기만 실시한다.
- 위험성이 낮은 수종 : 소나무류, 낙엽송, 포플러류, 삼나무, 편백 등은 특별히 굵은 생가지를 끊어 주지 않는 한 위험성은 거의 없다.

▌ 가지치기 방법

- 절단면이 평활하게 자르고 침엽수는 절단면이 줄기와 평행하게, 활엽수는 줄기의 융기부에 평행하게 자른다.
- 활엽수종은 고사지의 경우 캘러스 형성 부위에 가깝게 제거하고, 살아있는 가지는 지융부에 가깝게 제거하되, 직경 5cm 이상의 가지는 자르지 않는다.

▌ 솎아베기(간벌) 목적

남게 될 나무의 성장을 촉진하고 유용한 목재의 총생산량을 증가시키고자 할 때 시행하며 대체로 침엽수림, 동령림에 대하여 실시하고 정성간벌, 정량간벌, 열식간벌이 있다.

▌ 솎아베기 순서

예정지답사 → 표준지조사 → 표준지매목조사 → 간벌률 및 간벌본수 결정 → 선목작업 → 벌채작업 및 집재 → 벌채 후 확인

▌ 솎아베기 방법

정성간벌	정량간벌
• 수관급을 바탕으로 해서 정해진 간벌형식에 따라 간벌 대상목을 선정하나 벌채량, 대상목 선정, 간벌 강도, 간벌 반복기간에 대한 객관적 기준이 뚜렷하지 않다. • 종류 : 데라사끼의 간벌[상층간벌(D · E종), 하층간벌(A · B · C종)], 택벌식 간벌, 기계적 간벌, 활엽수 간벌, 도태간벌 등	• 수종별로 일정한 임령, 수고, 흉고직경에 대한 실행기준에 따라 잔존 임목본수를 정해 놓고 기계적으로 간벌하는 방법이다. • 수종이 단순하고 수목 형질이 비슷한 임분으로, 우세목의 평균수고 10m 이상, 15년생 이상인 산림에 적용한다.

▌ 천연림가꾸기의 개념

- 천연림을 잘 가꾸기 위해서는 인공림과 같이 생육 단계에 맞추어 천연림에 대한 체계적인 숲가꾸기가 이루어져야 한다.
- 천연림가꾸기는 크게 천연림보육과 천연림개량으로 구분된다.
  - 천연림보육 : 임분 형질이 양호하고 임분 내 미래목이 충분하여 우량대경재 생산이 가능한 임분에 대해 실시하는 숲가꾸기 시업이다.
  - 천연림개량 : 임분 형질이 불량하고 미래목 본수가 부족하여 우량대경재 생산이 불가능한 임분에 대해 실시하는 숲가꾸기 시업이다.

▌ 천연림보육 방법

- 재적 생장(나무의 부피 증가)보다는 형질 생장(가치 생장)에 중점을 둔다.
- 최고의 가치 생장을 위해 초기에는 우수한 나무를 선발 · 탐색하여 경쟁하는 나무는 제거하고 우수한 나무는 생장이 촉진되도록 집중적으로 관리하며, 임지보존, 수간무육, 갱신준비 등을 고려하여 하층식생 및 부임목은 보호한다.
- 천연림 보육에서는 임분의 생육 단계에 따라 어린나무가꾸기 단계와 솎아베기 단계로 구분하여 보육작업을 실시한다.

▍ 천연림개량 방법

- 형질 불량목, 폭목을 제거하고 가급적 입목밀도를 높게 유지한다.
- 칡, 다래 등 덩굴류와 병충해목은 제거한다.
- 잔존목 중 쌍가지인 나무는 하나는 잘라 주고, 원형 수관은 원추형으로 유도한다.
- 상층목의 생육에 지장이 없는 하층 식생은 제거하지 않고 존치한다.
- 폭목을 제거할 때 주변 우량목의 피해가 우려되는 지역은 수피 벗기기 등의 방법을 사용할 수 있다.
- 솎아베기 단계에 도달한 형질 불량 천연림은 층위에 관계없이 형질 불량목 위주로 제거하고, 빈 공간에 활엽수 밀식 조림을 할 수 있다.
- 형질 불량목 제거로 발생한 공간은 활엽수를 5,000본/ha으로 식재할 수 있다.
- 천연림 개량 작업을 한 후 우량 대경재 이상을 생산할 수 있다고 판단되는 천연림에 대해서는 천연림 보육을 실시할 수 있다.

▍ 천연갱신

- 기존의 임분에서 자연적으로 공급된 종자나 임목 자체의 재생력 등으로 새로운 산림이 조성될 수 있도록 처리하는 것이다.
- 어떤 임지에 서있는 성숙한 나무로부터 종자가 저절로 떨어져서 어린나무들이 자라고, 이것이 커서 새로운 수풀이 되어 성숙한 임목으로 이용되는 것이다.

▍ 천연갱신의 장단점

장점	단점
• 임목이 이미 긴 세월을 통해서 그곳 환경에 적응된 것이므로 성림의 실패가 적다. • 임목의 생육환경을 그대로 잘 보호·유지할 수 있고, 특히 임지의 퇴화를 막을 수 있다. • 종자와 노동비용이 절감된다. • 임지에 알맞은 수종으로 갱신되고, 어린나무는 어미나무로부터 보호를 받으며 생육할 수 있다.	• 갱신 전 종자의 활착을 위한 작업, 임상정리가 필요하다. • 갱신되는 데 시간이 많이 소요되고 기술적으로 실행하기 어렵다. • 생산된 목재가 균일하지 못하고 변이가 심하다. • 목재 생산작업이 복잡하며 높은 기술이 필요하다.

▍ 천연갱신의 작업 방법

- 천연갱신에는 자연적으로 떨어져서 흩어지는 종자를 이용한 천연하종갱신과 맹아갱신 등이 있다.
- 천연하종갱신 방법으로는 개벌, 대상벌, 군상벌, 산벌, 모수작업 등이 있으며, 대상임분의 상태와 수종에 따라 갱신방법이 선정된다.
- 맹아갱신은 맹아발생력이 강한 수종인 참나류 등이 주 대상이며, 맹아갱신 대상지는 신탄재 등 소경재 생산을 위한 단벌기 임분을 대상으로 한다.

█ 인공조림

- 무임지나 기존의 임목을 끊어 내고, 그곳에 파종 또는 식재 등의 수단으로 삼림을 조성하는 것이다.
- 목재를 생산하기 위하여 가치가 낮은 나무들이 서 있는 임지를 정리하고, 그곳에 쓸모있는 나무를 심고 가꾸어 규격이 비슷한 목재를 생산하는 것을 목적으로 삼림을 조성하는 것이다.

█ 인공조림의 장단점

장점	단점
• 조림할 수종과 종자의 선택 폭이 넓다. • 조림을 실행하기 쉽고 빠르게 성림시킬 수 있다. • 노동력과 비용이 집약적이다. • 규격화된 목재를 대량적으로 생산할 수 있어 경제적으로 유리하다. • 수종을 쉽게 바꿀 수 있고 천연갱신이 매우 어려운 수종의 조림이 가능하다.	• 천연분포구역을 넘어서까지 조림할 때 위험성이 따른다. • 일반적으로 조림 실행 면적이 넓어 임지가 건조하기 쉽고, 토양 생태계의 변화로 질이 저하되며, 토양유실 등 환경의 퇴화로 조림성적이 불량하게 되는 경향이 있다. • 조림 시 단근으로 비정상적인 근계발육과 성장이 우려된다. • 동령단순림이 조성되므로 환경인자에 대한 저항성이 약화된다. • 경비가 많이 들고 수종이 단순하며, 동령림이 되기 때문에 땅힘을 이용하는데 무리가 있다.

█ 산림작업종의 분류

개벌갱신에 의한 작업	• 대면적 : 개벌작업 • 소면적 : 대상개벌작업, 군상개벌작업
산벌갱신에 의한 작업	• 대면적 : 산벌작업 • 소면적 : 대상개벌작업, 군상개벌작업
택벌갱신에 의한 작업	택벌작업
맹아갱신에 의한 작업	맹아림작업
기타	모수작업, 중림작업, 죽림작업

※ 분류의 기준 : 임분의 기원, 벌구의 크기와 형태, 벌채종

█ 개벌작업

- 갱신하고자 하는 임지 위에 있는 임목을 일시에 벌채하여 이용하고, 그 적지에 새로운 임분을 조성시키는 방법이다.
- 개벌작업법은 현재 전 세계적으로 많이 적용되고 있는 방법으로서, 우리나라에서도 가장 보편적으로 적용되고 있다.
- 개벌작업은 어릴 때 음성을 띠는 수종에 대해서는 적용하기 어렵고, 양성의 수종에 알맞다.
- 개벌작업에 의하여 갱신된 새로운 임분은 동령림을 형성하게 된다.
- 개벌작업을 할 때 형성되는 임분은 대개 단순림이지만, 두 가지 수종을 심으면 동령의 혼효림을 만들 수 있다.
- 성숙목이 벌채된 뒤에 어린나무가 들어서게 되므로 후갱작업이라 한다.
- 개벌작업은 작업이 복잡하지 않아 시행하기 쉬운 편이다.

▌대상개벌 천연하종갱신

갱신하고자 하는 임분을 몇 개의 대상지로 나누고, 그 중 한 대상지를 개벌하면 인접 모수부터 측방천연하종이 되어 갱신이 이루어지는데, 그 뒤 다른 대를 갱신해 나가는 방법이다.

▌군상개벌 천연하종갱신

지형이 불규칙하고 험준하며 또 일제성이 없는 동령림에 대상개벌과 같은 규칙적 갱신벌채를 한다는 것이 사실상 불가능한 때에, 임분 내 곳곳에 군상(공상)의 개벌면을 만들고 그 둘레에 있는 모수부터 측방천연하종에 의하여 치수를 발생시키며, 이 군상지를 점차 바깥쪽으로 확장시켜 나아가는 방법이다.

▌산벌작업

- 윤벌기에 비하여 비교적 짧은 갱신기간 중에 몇 차례에 걸친 벌채로 갱신면상에 있는 임목을 완전히 제거하는 작업
- 윤벌기가 완료되기 이전에 갱신이 완료되는 갱신작업(예비벌, 하종벌, 후벌의 단계를 거침)이다.
- 산벌작업은 음수의 성격을 지닌 수종에 있어서 갱신 초기에 일광, 온도, 건조 등의 인자에 대한 보호가 가능하다.

▌산벌작업의 방법

예비벌	• 밀림상태에 있는 성숙임분에 대한 갱신준비의 벌채로 임목재적의 10~30%를 제거한다. • 벌채대상은 중용목과 피압목이고, 형질이 불량한 우세목과 준우세목도 벌채될 수 있다.
하종벌	• 결실량이 많은 해를 택하여 일부 임목을 벌채하여 하종을 돕는 것으로, 1회의 벌채로 목적을 달성하는 것이 바람직하다. • 예비벌 이전의 임분 재적의 25~75%를 제거한다.
후벌	• 어린나무의 높이가 1~2m 가량이 되면 위층에 있는 나무를 모조리 베어 버리는 벌채 방법이다. • 하종벌을 하고 난 뒤에 발생한 어린나무의 발육을 돕기 위하여 임관을 소개시키는 것이다.

▌택벌작업

- 한 임분을 구성하고 있는 임목 중 성숙한 임목만을 국소적으로 추출·벌채하고, 그곳의 갱신이 이루어지게 하는 것이다.
- 어떤 설정된 갱신기간이 없고, 임분은 항상 대소노유의 각 영급의 나무가 서로 혼생하도록 하는 작업방법을 말한다.

▌맹아갱신법(왜림작업)

- 활엽수림에서 주로 땔감을 생산할 목적으로 비교적 짧은 벌기령으로 개벌하고, 그 뒤 근주에서 나오는 맹아로서 갱신하는 방법이다.
- 맹아는 줄기 안에 오랫동안 숨어서 잠자고 있던 눈이 나무의 일부가 절단되거나 고사함으로써 그들의 생활력을 회복하여 밖으로 나타난 것을 말한다.
- 일반적으로 나무가 어릴수록 맹아가 잘 발생하지만, 20~30년생의 나무에서도 왕성한 맹아가 잘 나타난다.
- 절단위치는 대개 땅 표면에 가까울수록 좋고, 생장기간 중에 자르면 나쁘다.

- 절단면 맹아는 바람, 건조 등의 영향을 받아 떨어져 나가는 결점이 있다.
- 근주맹아(주맹아)는 줄기의 옆 부분에서 돋아나는 것으로, 세력이 강하고 좋은 생장을 보이므로 갱신상 바람직하다.

▌ 모수작업

- 성숙한 임분을 대상으로 벌채를 실시할 때, 모수가 되는 임목을 산생시키거나 군상으로 남겨두어 갱신에 필요한 종자를 공급하게 하고 그 밖의 임목은 개벌하는 갱신법이다.
- 개벌작업의 변법으로 모수를 남겨 종자공급에 이용하고, 갱신이 완료된 후 벌채에 이용하는 작업이다.
- 모수로 남겨야 할 임목은 전 임목에 대하여 본수의 2~3%, 재적의 약 10%이다.
- 갱신된 뒤 모수가 벌채되어 이용되는 일도 있고, 때로는 그대로 잔존되어 신임분의 벌기에 함께 벌채되어 이용되기도 한다. 이때 상층목은 그 수가 적기 때문에 동령림으로 취급할 수 있고, 만일 그 수가 상당수에 이르면 복층임분 또는 이층임분으로 취급할 수 있다.

▌ 중림작업

- 교림과 왜림을 동일 임지에 함께 세워서 경영하는 작업법으로, 하층목으로서의 왜림은 맹아로 갱신되며 일반적으로 연료재와 소경목을 생산하고, 상층목으로서의 교림은 일반용재를 생산한다.
- 하층목은 비교적 내음력이 강한 수종이 좋고, 상층목은 지하고가 높고 수관밀도가 낮은 수종이 적당하다.

▌ 죽림작업

우리나라 산림에 큰 피해를 주고 있는 덩굴류로부터 대나무를 이용해 견제하여 산림을 보호하는 작업이다.

임업기계

▌ 안전장구의 종류

안전모 (안전헬멧)	• 안전모의 색깔은 선명하고 밝은 형광색 계통이며 인공적인 색으로 숲과 보색이 되는 색이어야 한다. • 탈착이 쉽고 작업 중에 귀마개와 얼굴보호망 등이 탈락 또는 흔들리지 않는 구조이어야 한다.
얼굴보호망	재질은 철망보다 플라스틱망으로 된 것이 좋다.
귀마개	하루 8시간 작업 기준으로 85dB(데시벨) 이상 고음에 노출했을 때 난청 발생의 위험이 있기 때문에 사용하는 체인톱의 소음에 따라 25dB~30dB을 줄일 수 있는 것이 필요하다.
안전보호복	• 작업복 상의는 허리가 분리된 경우에는 허리부분이 길어야 하고, 겨드랑이와 등 부분은 통풍이 잘되는 것이 좋다. • 소매 끝은 잠글 수 있고, 주머니는 바지의 주머니와 같은 기능을 할 수 있도록 가슴과 팔에 달린 것이 좋다. • 어깨와 등 부위에는 식별을 위해 경계색(오렌지색)을 넣는다. • 하의는 예민한 신체 기관인 콩팥 부위에 압박을 주지 않는 멜빵 있는 바지가 좋다. • 무릎보호대를 부착할 수 있도록 만들어져야 한다.
안전장갑	• 기계작업 시 기계의 파지가 용이하고 손의 상해를 방지하며 추가로 더러움, 추위, 습기에 대해서도 보호해 준다. • 산림작업용, 와이어로프작업용 안전장갑은 유연성이 있는 것이 좋다. • 와이어로프작업을 할 때는 손바닥 부분이 이중으로 되고 손목이 길어야 한다. • 체인톱작업을 할 때는 가죽장갑이 적당하며, 체인톱의 진동을 흡수할 수 있어야 한다. • 가선작업을 할 때는 목이 길고 손목동맥을 보호할 수 있는 두꺼운 가죽장갑을 사용하여야 한다.
안전화	• 습기와 추위로부터 발을 보호하며 안정적으로 균형을 잡을 수 있어야 한다. • 무거운 물체에 짓눌리는 것을 방지하고 체인톱과 같은 절단, 도끼 등과 같은 타격, 낫 끝과 같이 예리한 도구로 발이 찔리는 것을 예방하도록 제작되어야 한다. • 철판으로 보호된 안전화 코, 미끄럼을 막을 수 있는 바닥판 및 발이 찔리지 않도록 특수보호된 것이면 좋다.

▌ 안전장구 미착용 시의 사고유형

- 안전모 미착용 : 작업자 머리에 충돌하는 물체에 의하여 상해를 입을 수 있다.
- 얼굴보호망 미착용 : 머리 안면부로 날아오는 물체에 의하여 상해를 입을 수 있다.
- 안전장갑 미착용 : 사용기계, 주변 위해물질로부터 손에 상해를 입을 수 있다.
- 작업복 미착용 : 작업장 주변의 위해 물체에 몸이 노출되어 상해를 입을 수 있다.
- 무릎보호대 미착용 : 작업 도구 또는 위해 물체의 충돌로 무릎에 상해를 입을 수 있다.
- 안전화 미착용 : 험준한 작업장에서 넘어지거나 작업 도구 및 물체의 충돌에 의해서 발에 상해를 입을 수 있다.
- 안전대 미착용 : 작업 중 균형을 잃어 떨어져 상해를 입을 수 있다.

▌ 작업장 주변 지형과 작업조건 파악

- 지형의 험준 여부와 장애물이 많은지 여부를 파악한다.
- 작업장소가 넓은지, 작업 중 이동이 많은지 여부를 파악한다.
- 덩굴지역, 암석류지역, 절벽지역 등을 파악한다.
- 독충(벌, 뱀 등)의 출몰 가능성 등을 파악한다.
- 더위, 추위, 눈, 비, 바람 등과 같은 기상 조건을 파악한다.
- 작업에 사용할 작업 도구를 파악한다.
- 작업에 필요한 안전장구를 파악한다.

▌ 안전사고 예방기본대책에서 예방효과가 큰 순서

위험제거 → 위험으로부터 멀리 떨어짐 → 위험고정 → 개인안전 보호

▌ 작업인력 편성

- 작업조의 인원이 적으면 적을수록 편성효율이 좋다.
- 1인 작업조가 효율이 가장 좋고, 홀수 인원보다는 짝수 인원 작업조의 효율이 높다.

1인 1조	• 장점 : 독립적으로 융통성이 크고, 작업능률도 높다. • 단점 : 과로하기 쉽고, 사고발생 시 위험하다.
2인 1조	• 장점 : 2인의 지식과 경험을 합하여 작업할 수 있으므로 융통성을 갖고 능률을 올릴 수 있다. • 단점 : 타협해야 하고 양보해야 한다.
3인 1조	• 장점 : 책임량이 적어 부담이 적다. • 단점 : 작업에 흥미를 잃기 쉽고 책임 의식이 낮고 사고 위험이 크다.

▌ 산림작업의 기본 안전 준수사항

- 작업시작 전에 작업순서 및 작업원 간의 연락 방법을 충분히 숙지한 후, 작업에 착수하여야 한다.
- 작업자는 안전모, 안전화 등의 보호구를 착용하여야 하며, 항상 호루라기 등 경적신호기를 휴대하여야 한다.
- 강풍, 폭우, 폭설 등 악천후로 인하여 작업상의 위험이 예상될 때에는 작업을 중지하여야 한다.
- 톱, 도끼 등의 작업 도구는 작업시작과 종료 시 점검하여 안전한 상태로 사용하여야 한다.
- 벌목 및 조재작업을 할 때에는 작업면보다 아래 경사면 출입을 통제하여야 한다.
- 벌목 및 조재작업을 할 때 위험이 예상되는 도로, 반출로 등에는 위험표지를 잘 보이는 곳에 설치하고 유지·관리하여야 한다.

▌ 식재작업 도구

- 종자 채취용 소도구 : 등목사다리, 고지가위, 구과 채취기구 등이 있다.
- 양묘 작업용 소도구 : 이식판, 이식승, 묘목 운반 상자, 식혈봉, 재래식 호미, 이식삽, 쇠스랑 등이 있다.
- 식재·조림용 소도구 : 재래식 삽·재래식 괭이, 각식재용 양날괭이, 사식재 괭이, 아이디얼 식혈삽

▍ 경쟁식생 제거작업 도구

- 풀베기용 도구 : 예초기, 재래식 낫
- 덩굴제거, 가지치기, 어린나무가꾸기용 소도구
  - 스위스 보육낫
  - 소형 전정가위
  - 무육용 이리톱
  - 가지치기톱(소형 손톱, 고지절단용 가지치기톱)
  - 재래식 톱

▍ 벌목작업용 소도구

- 도끼
  - 작업목적에 따라 벌목용, 가지치기용, 각목다듬기용, 장작패기용 및 소형 손도끼로 구분한다.
  - 도끼 및 톱의 날은 침엽수용을 활엽수용보다 더 날카롭게 연마하여야 한다.
- 쐐기
  - 주로 벌도방향의 결정과 안전작업을 위하여 사용한다.
  - 용도에 따라 벌목용 쐐기, 나무쪼개기용 쐐기, 절단용 쐐기 등으로 구분한다.
  - 재료에 따라 목재쐐기, 철제쐐기, 알루미늄쐐기, 플라스틱쐐기 등으로 구분한다.
- 방향조정 도구 : 원목방향 전환용 지렛대 및 방향전환 갈고리
- 운반용 갈고리와 집게
  - 소경재와 신탄재 등을 운반하기 위한 갈고리로는 손잡이형 갈고리와 스웨덴 지방에서 사용되는 스웨디시형 갈고리가 있으며, 집게는 단거리 운반에 사용된다.
  - 대경재 운반용 갈고리는 나무와 끌갈고리 등을 이용하여 2명이 1개조로 하며, 운반 작업에 사용한다.
- 박피용 도구 : 수피의 두께나 특성에 적합한 것을 사용한다.
- 측척 : 벌채목을 규격대로 자를 때 사용한다.
- 사피(도비) : 산악지대에서 벌도목을 끌 때 사용하는 도구로, 한국형과 외국형이 있다.

▍ 손톱 톱니의 부분별 기능

- 톱니가슴 : 나무를 절단한다.
- 톱니꼭지각 : 쐐기 역할, 꼭지각이 적을수록 톱니가 약하다.
- 톱니등 : 나무와의 마찰력을 감소시킨다.
- 톱니홈 : 톱밥이 임시로 머문 후 빠져나가는 곳이다.
- 톱니뿌리선 : 뿌리선이 일정선에 있으면 톱니가 강하며 능률이 오른다.
- 톱니꼭지선 : 톱의 꼭지선이 일정하지 않으면 톱질을 할 때 힘이 든다.

▌ 도끼자루에 알맞은 수종

호두나무, 가래나무, 물푸레나무, 박달나무, 들메나무, 가시나무, 단풍나무, 느티나무, 참나무류 등 탄력이 좋고 목질섬유(섬유장)가 길고 질긴 활엽수

▌ 가솔린엔진 연료유로서 갖추어야 할 품질조건

- 충분한 안티노크성을 지닐 것
- 휘발성이 양호하여 시동이 용이할 것
- 휘발성이 베이퍼록(vapor lock)을 일으킬 정도로 너무 높지 않을 것
- 충분한 출력을 지녀 가속성이 좋을 것
- 연료 소비량이 적을 것
- 실린더 내에서 연소하기 어려운 부휘발성 유분이 없을 것
- 저장 안정성이 좋고 부식성이 없을 것

▌ 연료의 배합기준

- 혼합비율
  - 휘발유 : 엔진오일(윤활유) = 25 : 1
  - 휘발유 : 체인톱 전용 엔진오일(윤활유) = 40 : 1

▌ 2행정 내연기관에서 연료에 오일을 첨가시키는 이유

- 엔진 내부에 윤활작용을 시키기 위하여
- 기계의 압축을 좋게 하기 위하여
- 연동 부분의 마모를 줄이기 위하여
- 밀봉작용을 하기 위하여

▌ 엔진윤활유의 요구 성능

- 적정한 점도를 유지해야 한다.
- 산화안정성이 좋아야 한다.
- 청정분산성이 좋아야 한다.
- 부식 및 마모방지성이 우수해야 한다.
- 기포생성이 적어야 한다.

▌ 계절에 따른 SAE의 분류

- SAE 40 : 여름철
- SAE 30 : 봄, 가을철
- SAE 20W : 겨울철

▌ 윤활유의 외부기온에 따른 점액도의 선택기준 예

- 외기온도 +10~+40℃ : SAE 30
- 외기온도 −10~+10℃ : SAE 20
- 외기온도 −30~−10℃ : SAE 20W('W'는 겨울용)

▌ 와이어로프의 구조

소정의 인장강도를 가진 소선 와이어를 몇 개에서 몇십 개까지 꼬아 합쳐 스트랜드(strand)를 만들고, 다시 스트랜드를 심줄(心鋼)을 중심으로 몇 개 꼬아 로프를 구성한다.

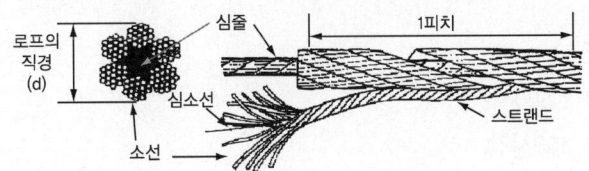

▌ 와이어로프의 교체기준

- 와이어로프의 1피치 사이에 와이어가 끊어진 비율이 10%에 달하는 경우
- 와이어로프의 지름이 공식지름보다 7% 이상 마모된 것
- 심하게 킹크되거나 부식된 것

▌ 체인톱

- 고성능·경량 단기통 가솔린엔진을 동력원으로 안내판 주위 체인의 회전에 의하여 목재를 절단하는 톱이다.
- 종류 : 가솔린엔진 체인톱(단일 실린더 체인톱, 복합 실린더 체인톱, 로터리 체인톱), 전동 체인톱, 유압 체인톱, 공기 체인톱 등이 있다.
- 현재 많이 사용되는 기종은 25~80cc 정도의 소형 및 중형 기계톱이 대부분이다.

▌ 체인톱의 구조

- 원동기 부분 : 실린더, 피스톤, 피스톤핀, 크랭크축, 크랭크케이스, 소음기, 기화기, 연료탱크, 점화장치, 플라이휠, 시동장치, 급유장치, 연료탱크, 체인오일탱크, 에어필터, 손잡이 등
- 동력전달 부분 : 클러치, 감속장치, 스프라킷 등
- 톱체인 부분 : 쏘체인, 안내판, 체인장력조절장치, 체인덮개 등
- 안전장치 : 전방 손잡이 및 후방 손잡이, 전방 손보호판, 후방 손보호판, 체인브레이크, 체인잡이, 체인잡이 볼트, 지레발톱, 안전스로틀레버 차단판, 스위치, 체인보호집, 안전체인 등

▌ 엔진의 출력과 무게에 따른 체인톱의 구분

구분	엔진출력	무게	용도
소형	2.2kW(3.0ps)	6kg	소경재 벌목작업, 벌도목 가지치기
중형	3.3kW(4.5ps)	9kg	중경목 벌목작업
대형	4.0kW(5.5ps)	12kg	대경목 벌목작업

▌ 안내판의 길이

체인톱 앞 손잡이를 한 손으로 들었을 때 지면과 약 15° 각도를 이루는 것이 적당한 길이이다.

▌ 체인톱의 사용 시간

- 몸통의 수명 : 약 1,500시간
- 안내판 수명 : 약 450시간
- 체인의 수명 : 약 150시간
- 1시간당 평균 연료소모량 : 1.5L
- 1시간당 평균 오일소모량 : 0.4L
- 1분당 절단 가능한 목재의 단면적 : 50cc급의 체인톱의 절단능력은 초당 약 50cm 즉, 3,000cm/분

▌ 피치 : 서로 접하여 있는 3개의 리벳간격을 2로 나눈 값

▌ 다공정 처리 기계

- 하베스터(harvester) : 임내를 이동하면서 임목의 벌도·가지치기·절단 등의 작업을 하는 기계로서, 벌도 및 조재작업을 1대의 기계로 연속작업할 수 있는 장비이다.
- 프로세서(processor)
  - 하베스터와 유사하나 벌도 기능만 없는 장비이다.
  - 일반적으로 전목재의 가지를 제거하는 가지자르기 작업, 재장을 측정하는 조재목 마름질 작업, 통나무자르기 등 일련의 조재작업을 한 공정으로 수행하여 원목을 한곳에 쌓을 수 있다.
- 펠러번처(feller buncher)
  - 굴착기를 기본 장비로 하여 임목을 잡아 근원 부위를 절단하고 들어 올려 원하는 위치로 옮겨 쌓을 수 있다.
  - 하베스터와 같이 가지치기, 조재작업은 할 수 없고, 벌도작업과 모아쌓기(bunching)작업은 가능하며, 펠러번처의 후속 작업으로 프로세서나 체인톱에 의한 가지치기, 조재작업이 이어져야 한다.

▌ 예불기

가솔린엔진이나 전기모터 등의 소형원동기에 의해 구동되는 원형 톱날이나 특수한 모양의 톱날에 의해 잡초나 관목, 소경목 등을 베어 깎는 1인용 휴대 작업 도구이다.

▌ 예불기 안전수칙

- 예불기 작업방향은 톱날의 회전방향이 좌측이므로 우측에서 좌측으로 실시한다.
- 칼날의 정면방향에서 시계점 12~3시 방향은 튕김현상이 매우 잘 일어나는 부분이므로 되도록 이 부분을 이용한 절단작업은 피한다.
- 작업 시 조작손잡이를 두 손으로 잡고, 좌우로 진자운동을 하듯이 허리를 같은 방향으로 좌우로 회전시키며 항상 톱날방향과 상체의 중심선이 일치하도록 한다.
- 정면으로부터 톱날의 회전방향으로 약 60~70° 부분이 절단효율이 가장 좋다.
- 톱날 목부분에 부착된 안전덮개는 베어진 가지나 풀 등의 이물질이 작업원에게 튀어 오르지 못하게 하는 보호역할을 한다.
- 풀이나 가지가 톱날에 끼이면 반드시 엔진을 정지하고 이를 제거한 후 다시 작업한다.
- 급경사지의 경우는 경사면의 하향이나 상향방향으로의 작업은 매우 위험하므로 반드시 등고선 방향으로 진행해야 한다.
- 경사지 작업에서는 왼발이 경사지 아래쪽에 위치하고, 우측에서 좌측으로 작업한다.
- 톱날이 덩굴에 휘감기지 않도록 주의하고, 덩굴 윗부분을 1차 작업한 후 아래부분을 작업한다.
- 작업자 간의 거리는 10m 이상 유지한다.
- 1시간 작업 후 휴식한다(소음과 진동이 심하므로).
- 톱날은 지상으로부터 10~20cm의 높이를 유지하고, 5~10°로 기울여 절단한다.
- 1년생 잡초 및 초년생 관목베기의 작업폭은 1.5m가 적당하다.

▌ 자동지타기(가지 자르는 기계)

- 수간(줄기)을 자체 동력으로 상승하면서 가지치기 작업을 실시하는 기종이다.
- 나선형으로 상승하는 형태와 수직으로 상승하는 형태가 있다.
- 소형 체인톱이 부착되어 이를 이용하여 가지치기를 하고, 수간을 상승하는 구동력은 고무 타이어 바퀴의 구동에 의하여 얻어진다.

▌ 집재 및 수확작업 기계

- 중력식 : 활로(수라)에 의한 집재, 와이어로프에 의한 집재
- 기계력에 의한 집재 : 소형 원치류, 소형 집재용 차량, 크레인, 트랙터 원치류 등
- 가선집재용 기계 : 야더 집재기, 이동식 타워야더, 타워야더 등

▌ 운재작업 기계

- 육상운재 : 트럭, 철도, 삭도(索道), 활로(chute), 인클라인, 목마, 썰매, 우마차 등
- 수상운재 : 유송(관류, 벌류), 위류, 해양뗏목, 선박수송 등

■ 산림토목용 기계
 • 불도저 : 궤도형 트랙터의 전면에 작업목적에 따라 부속장비로서 다양한 블레이드(토공판, 배토판)를 부착한 기계이다.
 • 셔블계 굴착기
  − 파워셔블 : 기계의 위치보다 지면이 높은 장소의 굴착에 적당하고 굳은 지반의 굴착에 사용한다.
  − 백호 : 기계의 위치보다 지면이 낮은 장소의 굴착에 적당하고 부드러운 지반의 굴착에 사용하며 수중굴착도 가능하다.
  − 드래그라인 : 기계의 위치보다 지면이 낮은 장소의 굴착에 적당하고 굳은 지반의 굴착에 사용하며, 옆도랑과 빗물받이의 토사를 제거할 때 적합하다.

■ 예불기의 점검
 • 작업 전 점검 : 작업용 칼날 검사(부착, 마모상태 등), 칼날 조임너트 검사, 기어케이스의 조임볼트 검사, 안전커버 검사, 볼트 검사, 작업봉 검사, 연료호스 검사 등
 • 작업 후 점검 : 기어케이스 청소, 연료호스 검사, 작업봉 검사 등
 • 매 25시간 점검 : 기어케이스 그리스 주입, 점화플러그 청소, 플렉시블 샤프트 그리스 주입 등
 • 매 100시간 점검 : 클러치드럼 청소, 부분품 조이기 등

■ 체인톱의 정비
 • 일일 정비 : 휘발유와 오일의 혼합, 에어필터 청소, 안내판 손질
 • 주간 정비 : 안내판, 체인톱날, 점화부분(스파크플러그), 체인톱 본체
 • 분기별 정비 : 연료통과 연료필터 청소, 윤활유 통과 거름망 청소, 시동줄과 시동스프링 점검, 냉각장치, 전자점화장치, 원심분리형 클러치, 기화기

■ 예불기 시동이 걸리지 않을 경우
 • 연료혼합비 확인 : 연료혼합비 25 : 1(휘발유 : 엔진오일)
 • 점화플러그 불꽃 확인 : 점화플러그 청소 또는 교체
 • 머플러 막힘 확인 : 머플러 막힘 및 이물질 제거

■ 예불기 힘이 약할 경우
 • 흰색 배기가스 확인 : 연료혼합비 25 : 1(휘발유 : 엔진오일)
 • 공기여과장치 확인 : 공기여과장치 청소 및 교체
 • 작업봉에 진동이 심할 경우 : 예불기 날 조립 확인→예불기 날 재조립
 • 작업봉에 열이 발생할 경우 : 플렉시블 샤프트 호스 열 발생 확인→그리스 주입

산림보호

▌ 병원의 분류

전염성병		바이러스, 파이토플라스마, 세균, 진균, 조균, 선충, 종자식물 등에 의한 병
비전염성병	부적당한 토양조건	토양수분의 과부족, 토양 중의 양분결핍 또는 과잉, 토양 중의 유독물질, 토양의 통기성 불량, 토양산도의 부적합 등
	부적당한 기상조건	지나친 고온·저온, 광선부족, 건조·과습, 강풍·폭우·우박·눈·벼락·서리 등
	유기물질	광독 등 토양오염으로 인한 해, 염해, 농약에 의한 해 등
	기타	농기구 등에 의한 기계적 상해 등

▌ 병원체의 월동방법

- 기주의 생체 내에 잔재해서 월동 : 잣나무 털녹병균, 오동나무 빗자루병균, 각종 식물병원성 바이러스 및 파이토플라스마 등
- 병환부 또는 죽은 기주체상에서 월동 : 밤나무 줄기마름병균, 오동나무 탄저병균, 낙엽송 잎떨림병균 등
- 종자에 붙어 월동 : 오리나무 갈색무늬병균, 묘목의 잘록병균 등
- 토양 중에서 월동 : 묘목의 잘록병균, 근두암종병균, 자주빛날개무늬병균 및 각종 토양서식병원균 등

▌ 주요 병징과 표징

병징·표징		특징	병
변색 (discolora–tion)	황화	엽록소의 발달이 부진하여 잎이 황색~백색으로 된다. 마그네슘결핍증과 광선이 부족한 묘목에도 많다.	소나무묘 등의 황화병 등
	위황화	엽록소 발달이 부진하거나 정지하여 국부적으로 발생한다. 철분부족, 석회과잉, 파이토플라스마(MLO), 바이러스 등에 의하여 일어난다.	오동나무·대추나무 빗자루병 등
	백화	엽록소가 형성되지 않아 잎이 백색을 나타낸다.	바이러스병, 사철나무 백화증상 등
	자색·적색화	잎이 자주색이나 담적색으로 변색한다. 인산, 마그네슘 등의 결핍이나 병원균에 의하여 발생한다.	삼나무 붉은마름병, 낙엽송 묘자색화병 등
	반점	잎에 점모양의 황·갈색반점 또는 반문이 생긴다. 변색부의 형태에 따라 둥근무늬(원반), 각반, 겹무늬(윤문) 등으로 구분된다.	대부분의 활엽수의 점무늬성 병해 등
구멍(穿孔)		잎에 형성된 반점경계에 분리층이 생겨 병든 조직이 탈락한다.	벚나무 갈색무늬구멍병
시들음(위조)		수목의 전체 또는 일부가 수분의 공급부족으로 시든다.	소나무 재선충병, 뿌리썩음병 등
비대		병든 수목의 세포가 비대 또는 증식되어 기관의 일부 또는 전체가 이상 비대하여 혹 모양 또는 암종 모양으로 된다.	소나무류 혹병, 근두암종병, 뿌리혹선충병 등
빗자루(叢生)		병든 부분에서 많은 잔가지가 밀생하여 빗자루모양의 기형으로 된다.	벚나무 빗자루병, 대추나무·오동나무 빗자루병 등
위축·왜화		조직이나 기관이 작아진다. 전체에 미치는 것과 국소부분에 머무는 것이 있다.	뿌리썩이선충병 등

병징·표징	특징	병
미라화	과실 등 식물의 기관이 마르고 딱딱하게 위축된 상태로 나무에 남는다.	벚나무 균핵병 등
기관의 탈락	병든 나무의 잎, 꽃 등에 분리층이 형성되어 일찍 탈락한다.	낙엽송 잎떨림병, 소나무류 잎떨림병 등
괴사	세포나 조직이 죽는다. 변색, 시들음 등과 관계가 깊다.	삼나무 붉은마름병 등
줄기마름·부란 (동고·부란)	줄기와 굵은 가지가 국부적으로 고사하고 병든 부위의 수피가 거칠게 터지며 함몰한다.	오동나무 부란병, 밤나무 줄기마름병 등
가지마름(지고)	가지끝이나 잔가지가 말라 죽는다.	낙엽송 가지끝마름병 등
부패	병든 부분을 중심으로 주변조직이 부패하여 뭉그러진다. 피해 부위에 따라서 뿌리썩음, 줄기썩음, 눈썩음(芽腐), 꽃썩음, 변재부후, 심재부후 등으로 구분된다.	모잘록병, 낙엽송 근주심재부후병 등
분비	조직이 변질되어 수지, 액즙, 점질물 등을 분비한다.	편백 가지마름병, 수지동고병 등

▌ **종실을 가해하는 곤충**

- 나비목(명나방과, 밤나방과, 애기잎말이나방과), 파리목(혹파리과), 벌목(잎벌과, 혹벌과), 딱정벌레목 (나무좀과, 바구미과, 비단벌레과, 하늘소과)
- 종실에 구멍이나 기형, 벌레의 똥, 수지의 유출·변색 등

▌ **묘목을 가해하는 곤충**

- 메뚜기목(귀뚜라미과, 메뚜기과), 거위벌레목(거위벌레과), 노린재목(깍지벌레과, 솜벌레과, 진딧물과), 나비목(밤나방과), 딱정벌레목(바구미과, 방아벌레과, 풍뎅이과), 파리목(꽃파리과)
- 황화(진딧물, 솜벌레), 적변(뿌리바구미, 꽃파리), 임목밀도 감소(땅 속을 가해하는 것), 변색, 식흔 등

▌ **눈과 새순을 가해하는 곤충**

- 노린재목(솜벌레과, 진딧물과), 나방목(명나방과, 애기잎말이나방과), 벌목(혹벌과, 잎벌과), 딱정벌레 목(나무좀과, 바구미과)
- 매목조사 및 직접관찰로 발견할 수 있다.

▌ **잎을 가해하는 곤충**

- 메뚜기목(메뚜기과), 대벌레목(대벌레과), 노린재목(깍지벌레과, 거품벌레과, 매미충과, 방패벌레과, 솔방울진딧물과, 솜벌레과, 장님노린재과, 진딧물과), 총채벌레목(총채벌레과), 나비목(가는나방과, 굴나방과, 네발나비과, 독나방과, 명나방과, 박각시나방과, 밤나방과, 불나방과, 뿔나방과, 산누에나방과, 애기잎말이나방과, 솔나방과, 어리굴나방과, 잎말이나방과, 자나방과, 재주나방과, 주머니나방과, 흰나비과), 벌목(솔노랑잎벌과, 잎벌과)
- 집단적인 표징이 나타난다.

가지를 가해하는 곤충

- 노린재목(깍지벌레과, 거품벌레과, 매미과, 뿔매미과, 솜벌레과, 진딧물과), 나비목(명나방과, 애기잎말이나방과), 파리목(혹파리과), 딱정벌레목(나무좀과, 바구미과, 비단벌레과, 하늘소과)
- 가지의 인피층을 가해하여 수관부가 적변하거나 회변하는 집단적·경관적 표징이 나타난다.

뿌리와 지접근부를 가해하는 곤충

- 전체가 적색으로 변하며 고사, 지접부를 중심으로 부러지거나 수지유출현상이 나타난다.
- 노린재목(진딧물과), 벌목(개미과), 딱정벌레목(나무좀과, 바구미과, 풍뎅이과, 하늘소과)

수간의 인피부를 가해하는 곤충

- 노린재목(깍지벌레과, 솜벌레과), 나비목(유리나방과), 파리목(굴파리과, 꽃등에과), 딱정벌레목(나무좀과, 바구미과, 비단벌레과, 하늘소과)
- 단목이나 복수의 나무가 군으로 변색
- 단목조사로 약색, 낙엽, 신소생장부족, 수지유출, 목분, 곤충의 분비물에 싸인 수피표면의 백색화 등을 볼 수 있다.

재질부를 가해하는 곤충

- 흰개미목, 노린재목(솜벌레과), 나비목(굴벌레나방과, 박쥐나방과, 유리나방과), 파리목(꽃등에과, 굴파리과, 혹파리과), 벌목(개미과, 나무벌과, 칼잎벌과), 딱정벌레목(가루나무좀과, 권연벌레과, 긴나무좀과, 나무좀과, 바구미과, 방아벌레붙이과, 비단벌레과, 사슴벌레과, 통나무좀과, 하늘소과)
- 열공, 소공, 수액유출, 목질섬유의 배출 등의 표징이 단수 또는 복수로 나타난다.

나비목(나비, 나방류)

나비와 나방류가 이에 속하며 산림해충중 가장 많은 종류가 포함되는 군으로 솔나방, 미국흰불나방, 매미나방(집시나방), 천막벌레나방(텐트나방) 등 대부분이 식엽성해충(食葉性害蟲)이지만, 종실[구과(毬果)]을 가해하는 잎말이나방과 명나방류, 형성층을 가해하는 박쥐나방과 유리나방 등 가해형태도 다양하다.

솔나방	• 피해 : 4월 상순부터 7월 상순까지, 8월 상순부터 11월 상순까지 유충이 잎을 갉아먹음 • 방제법 : 약제·병원미생물 살포, 유충 포살, 번데기 채취, 성충 유살, 알덩이 제거
(미국)흰불나방	• 피해 : 북미 원산으로 유충이 잎을 식해, 도시주변의 가로수나 정원수에 특히 피해가 심함 • 방제법 : 약제·바이러스 살포, 번데기 채취, 알덩이 제거, 군서유충 포살, 성충 유살
어스렝이나방	• 피해 : 유충이 잎을 식해하여 수세를 약하게 함 • 방제법 : 약제 살포, 알덩이 제거, 유충 포살, 성충 유살, 번데기 채취

딱정벌레목 : 오리나무잎벌레

- 가해수종 : 오리나무류, 박달나무 등
- 피해 : 유충과 성충이 잎을 식해, 피해목은 부정아 발생
- 방제법 : 약제 살포, 유충·성충 포살, 알덩이 제거

▌ 파리목 : 솔잎혹파리

- 가해수종 : 소나무, 해송
- 피해 : 유충이 솔잎 기부에 충영(벌레혹)을 만들고 그 속에서 수액을 흡즙·가해하여 솔잎을 일찍 고사하게 하고 임목의 생장을 저해, 피해가 극심할 때에는 임목의 30% 정도가 고사함
- 방제법 : 나무주사, 천적 방제, 피해목 벌채

▌ 파이토플라스마에 의한 수병

대추나무 빗자루병	• 병징 : 가는 가지와 황녹색의 아주 작은 잎이 밀생하여 빗자루 모양과 같아지고 결국 고사한다. • 병든 나무의 분주를 통해 차례로 전염된다. • 방제법 : 밀식과 간작을 피함, 병징이 심한 나무는 뿌리째 캐내어 소각, 병징이 심하지 않은 나무는 옥시테트라사이클린을 수간주입한다.
뽕나무 오갈병	• 병징 : 병든 잎이 작아지고 쭈글쭈글해지며 담황색이 되고, 잎의 결각이 없어져 둥글게 되며 잎맥의 분포도 작아진다. 가지의 발육이 약해지고 나무모양이 왜소해지며, 곁눈의 싹이 빨리 터서 작은 가지가 많으므로 빗자루 모양을 이룬다. • 마름무늬매미충에 의해 매개되고 접목에 의해서도 전염된다. • 방제법 : 병든 나무를 발견 즉시 제거 후 저항성 품종으로 보식, 칼륨질 비료 사용, 매개충 구제, 항생제로 치료한다.

▌ 세균에 의한 수병 : 뿌리혹병

- 밤나무, 감나무, 호두나무, 포플러, 벚나무 등에 잘 발생하며 특히 묘목에 발생했을 때 피해가 크다.
- 병징 : 초기에는 병든 부위가 비대하고 우윳빛을 띠는데, 점차 혹처럼 되면서 표면이 거칠어지고 암갈색으로 변화, 병원균이 병환부에서도 월동하지만, 땅속에서 다년간 생존하면서 기주식물의 상처를 통해서 침입한다.
- 방제법 : 병든 나무를 제거하고 객토, 생석회로 토양소독 등 소독 작업을 한다.

▌ 조균류에 의한 수병 : 모잘록병

- 토양서식 병원균에 의하여 당년생 어린 묘의 뿌리 또는 땅가 부분의 줄기가 침해되어 말라 죽는 병이다.
- 병징 : 도복형, 지중부패형, 수부형, 근부형
- 병원균 : 여러 종류의 조균, 불완전균 등에 의해 발생하며 침엽수의 묘에 큰 피해를 주는 것은 불완전균에 의해 발생, 땅속에서 월동하여 다음해의 제1차 감염원이 된다.
- 방제법 : 토양소독, 종자소독, 배수와 통풍에 주의하며 햇볕이 잘 들도록 해줌, 인산질 비료를 충분히 시비한다.

▌ 자낭균에 의한 수병

흰가루병	• 병징 : 병환부에 불규칙한 흰 가루를 뿌려놓은 것과 같은 병반을 나타내고, 가을이 되면 병환부의 흰 가루에 섞여서 미세한 흑색의 자낭구가 다수 형성한다. • 방제법 : 가을에 병든 낙엽과 가지를 모아서 소각, 새눈이 나오기 전에 석회황합제(150배액)를 살포한다.
그을음병	• 병징 및 병환 : 잎·줄기·가지 등에 새까만 그을음을 발라 놓은 것 같은 외관을 나타낸다. 진딧물, 깍지벌레 등이 기생한 후 그 분비물 위에서 그을음병균이 번식, 수세가 약해진다. • 방제법 : 통기불량, 음습, 비료부족 또는 질소비료의 과용 등의 유인 제거, 살충제로 진딧물·깍지벌레 등 구제

▌ 담자균에 의한 수병 : 향나무 녹병

• 향나무 녹병(배나무의 붉은별무늬병)은 향나무와 배나무에 기주교대하는 이종기생성 병이다.
• 병징 : 4월경 향나무의 잎이나 가지 사이에 갈색의 혀 모양을 한 균체가 형성되는데, 비가 와서 수분을 흡수하면 우무(한천)모양으로 불어난다. 중간기주인 배나무의 잎 앞면에는 오렌지색의 별무늬가 나타나고 그 위에 흑색미립점이 밀생하며, 잎 뒷면에는 회색에서 갈색의 털같은 돌기(녹포자기)가 발생한다.
• 병환 : 병원균이 6~7월까지 배나무에 기생하다가 향나무로 날아가 기생하면서 균사의 형으로 월동한다.
• 방제법 : 향나무와 배나무는 서로 2km 이상 떨어진 곳에 식재해주고 향나무에는 4~7월에 약제 살포, 배나무에는 4월 중순부터 약제 살포한다.
※ 기주교대 : 이종기생균이 그 생활사를 완성하기 위하여 기주를 바꾸는 것

▌ 선충에 의한 수병 : 소나무 시들음병

• 병징 : 초여름에 잎 전체가 누렇게 변하면서 30~50일 이내에 나무가 완전히 고사한다.
• 병원선충 : 소나무재선충이 여러 종류의 하늘소에 의해 전반되어 목질부로 들어가 대량증식, 수분의 통도작용을 저해한다.
• 방제법 : 매개충인 하늘소류를 구제, 병든 소나무는 제거하여 소각한다.

▌ 물리적·기계적 방제

• 물리적 방제 : 병원균이 온도, 습도 등에 가진 내성 한계를 이용하여 사멸시키거나 불활성화시켜 방제하는 방법으로 온도처리, 습도처리, 빛과 색깔 이용(유아등, 유색점착트랩 등), 방사선과 음파, 압력(감압법) 등이 있다.
• 기계적 방제 : 기계나 기구 또는 인력으로 해충을 방제하는 방법으로 입목밀도와 수고가 낮을 경우에 적용한다. 포살법, 찔러죽임, 진동법, 소살법, 경운법, 유살법 등이 있고 유살법에는 잠복장소유살법, 번식장소유살법, 등화유살법 등이 있다.

█ 화학적 방제(약제 방제)

- 농약 등 화학약품을 이용한 방제로서 묘포장 또는 단목을 대상으로 큰 효과가 있다.
- 산림에서는 지형, 임상 등으로 약제 살포가 어려우므로 항공살포를 실시한다.
- 상당한 경비와 노력이 수반되므로 위급 상황 시 조치 수단으로 활용하는 경우가 많다.

살균제	식물병의 원인인 미생물(진균, 세균, 원생동물 등)을 방제하기 위하여 사용하는 약제
살충제	해충을 방제하기 위하여 사용하는 약제를 말한다. • 식독제 : 소화중독제라고도 하며 약제가 해충의 입을 통하여 소화관 내에 들어가 중독작용을 일으켜 죽게 한다. • 접촉독제 : 해충의 체표면에 직접 또는 간접적으로 닿아 약제가 기문(氣門)이나 피부를 통하여 몸 속으로 들어가 신경계통이나 세포조직에 독작용을 일으킨다. • 침투성 살충제 : 약제를 식물체의 뿌리·줄기·잎 등에서 흡수시켜 식물체 전체에 약제가 분포되게 하여 흡즙성 곤충이 흡즙하면 죽게 하는 것으로, 천적에 대한 피해가 없어 천적보호의 입장에서도 유리하다. • 유인제 : 해충을 유인해서 포살하는 데 사용되는 약제 예 성 페로몬(sex pheromone) • 기피제 : 해충이 작물에 접근하는 것을 방해하는 물질 예 나프탈렌 • 불임제 : 곤충의 생식세포에 장해를 일으켜 알이나 성충이 생식능력을 잃게 함으로써 알이 수정되지 않게 하는 약제
제초제	잡초를 방제하기 위하여 사용되는 약제
식물생장 조절제	식물의 생육을 촉진 또는 억제, 개화촉진, 낙과방지 또는 촉진 등 식물의 생육을 조절하기 위하여 사용하는 약제
보조제	약제의 효력을 충분히 발휘하도록 하기 위하여 첨가되는 보조물질 • 용제 : 약제를 용해시키는 데 쓰인다. • 유화제, 희석제 : 수중에서 약제의 분산을 돕는다. • 전착제 : 약제의 현수성(懸垂性)이나 확전성(擴展性) 또는 고착성을 돕는다. • 공력제(公力濟) : 주제의 살충효력을 증가시키는 데 쓰인다.

█ 생물적 방제

- 포충동물, 기생곤충, 병원생물 등을 이용한다.
- 천적을 이용한 방제수단으로는 외지에서 유력한 천적을 도입하는 방법, 그 지방에 존재하고 있는 토착 천적의 세력을 강화하는 방법이 있다.
- 생물적 방제에 가장 흔히 이용되는 종류는 포식충과 기생충이다.

█ 산불의 종류

지중화	• 땅속의 이탄층과 낙엽층 밑에 있는 유기물이 타는 것을 말하며, 산불진화 후에 재발의 불씨가되기도 한다. • 산소의 공급이 막혀 연기도 적고 불꽃도 없이 서서히 강한 열로 오래 계속되면서 균일하게 피해를 준다. • 지표 가까이에 몰려 있는 연한 뿌리들이 뜨거운 열로 죽게 되므로 지상부는 아무렇지도 않은 채 나무가 죽게 되며 우리나라에서는 잘 발생하지 않는다.
지표화	지표에 쌓여 있는 낙엽과 풀 등이 불에 타는 화재로, 어린 나무가 자라는 산림이나 초원 등에 가장 흔히 일어나는 산불이다.
수간화	• 나무의 줄기가 타는 불로 지표화로부터 연소되는 경우가 많다. • 간벌이나 가지치기 등 육림작업이 부실한 경우 밀생된 가지나 잎으로 옮겨지는 산불이다.
수관화	• 나무의 가지부분(꼭대기)까지 타는 것을 말하며, 화세도 강하고 진행속도가 빨라서 끄기가 힘들며 피해도 가장 크다. • 바람이 부는 방향으로 V자형 선단으로 뻗어나가고, 큰불이 되면 선단이 여러 개가 된다.

▮ 산불의 원인

입산자의 실화 > 논·밭두렁 소각 > 쓰레기 소각 > 담뱃불 실화 > 성묘객의 실화

▮ 산불이 발생하는 조건

- 활엽수보다 침엽수에서 산불이 일어나기 쉽다.
- 양수는 음수에 비하여 산불의 위험성이 높다.
- 나이가 많은 큰 나무 숲보다 어리고 작은 숲이 산불의 위험도가 크다.
- 3~5월의 건조 시에 산불이 가장 많이 일어난다.
- 단순림과 동령림이 혼효림 또는 이령림보다 산불이 일어나기 쉽다.

▮ 수종에 따른 내화력 비교

- 침엽수는 재목과 잎에 수지를 함유하여 활엽수에 비해 산불 피해가 심하다.
- 음수는 울폐된 임분을 형성하여 임재에 습기가 많고 잎도 비교적 잘 안 타는 편이므로 위험도가 낮다.
- 활엽수 중에서 일반적으로 상록수가 낙엽수보다 불에 강하다.
- 낙엽활엽수 중에서 굴참나무, 상수리나무 등 참나무류와 같이 코르크층이 두꺼운 수피를 가진 것이 불에 강하다.

구분	내화력이 강한 수종	내화력이 약한 수종
침엽수	은행나무, 잎갈나무, 분비나무, 가문비나무, 개비자나무, 대왕송 등	소나무, 해송(곰솔), 삼나무, 편백 등
상록활엽수	아왜나무, 굴거리나무, 후피향나무, 붓순, 협죽도, 황벽나무, 동백나무, 비쭈기나무, 사철나무, 가시나무, 회양목 등	녹나무, 구실잣밤나무 등
낙엽활엽수	피나무, 고로쇠나무, 마가목, 고광나무, 가중나무, 네군도단풍나무, 난티나무, 참나무류, 사시나무, 음나무, 수수꽃다리 등	아까시나무, 벚나무, 능수버들, 벽오동나무, 참죽나무, 조릿대 등

▮ 산불진화의 기본 원리

- 제거소화 : 연료가 되는 산림 내 가연물질을 파괴 또는 격리함으로써 진화할 수 있다.
- 질식소화 : 일상적인 조건에서 산소를 제거하기는 쉽지 않지만 산불진화에서는 연료를 흙에 묻어 산소를 차단한다.
- 냉각소화 : 열은 불 위에 물을 뿌리거나 흙을 덮음으로써 냉각시킬 수 있다.

▌ 산불진화의 일반 수칙

- 2인 이상의 조를 편성하여 이동하고, 고립되지 않도록 주의한다.
- 진화도구 사용 시 대원 간의 거리는 3m 이상 간격을 유지한다.
- 한 장소에 오래 머물러 있지 말고, 진화 작업을 진행하면서 이동한다.
- 천연적인 방화선을 이용하고, 계곡 방향으로 접근하지 않는다.
- 급경사지에서 진화 작업을 할 경우에는 낙석 등에 주의한다.
- 불 머리 양 측면을 우선 진화하고, 화세가 약해지면 불 머리를 진화한다.
- 위험연료에 확산되는 불씨부터 진화하고, 비산된 불은 낙하 즉시 진화한다.
- 위험시 대피할 수 있는 비상 대피로를 2개 이상 확보한다.
- 진화 조장은 대원과 항상 연락할 수 있도록 통신망을 유지한다.
- 산불에 고립되었을 때 방연마스크, 방염텐트 등을 신속히 착용하고 대피한다.

▌ 산불진화 전술

- 직접진화 : 화변 또는 그 근처에서 진화 도구나 물과 같은 진화 자원을 사용하여 불을 제압하는 방법이다.
- 간접진화 : 화세가 강하여 직접 진화가 어려울 때 화염과 일정 거리를 둔 위치에서 불 가두기 등을 통하여 산불 진화를 시도하는 방법이다.

▌ 산불진화장비의 종류(산림보호법 시행규칙 [별표 3의3])

구분	내용
항공진화장비	산불진화 헬리콥터, 고정익(固定翼) 항공기, 진화용 드론 등 공중에서 산불진화를 위해 사용하는 장비
지상진화장비	• 산불지휘차, 산불진화차, 산불기계화시스템, 산불소화시설 등 지상에서 산불진화를 위해 사용하는 장비 • 등짐펌프, 진화배낭, 진화복 등 산불진화에 투입되는 인력에게 지급하는 장비
통신장비	무선중계기, 고정국(固定局), 육상국(陸上局) 등 통신기, 디지털단말기 등 산불진화현장의 통신체계 구축을 위해 사용하는 장비
그 밖의 진화장비	그 밖의 산불진화에 사용하는 장비로서 산림청장이 정해 고시하는 장비

▌ 진화도구

- 삽 : 땅을 파는 데 사용되며, 땅에 도랑을 파서 진화선을 구축할 수 있다.
- 갈퀴·괭이 : 불씨를 흩뜨리거나 흙으로 불씨를 덮어 퍼뜨리지 않고 진화할 수 있다.
- 톱 : 산불진화 시 장애물 제거나 불을 차단하기 위해 나무를 절단하는 데 이용한다.
- 등짐펌프 : 물을 운반하고 불을 진화하는 데 사용되며, 주로 소형 진화작업에 효과적이다.

▮ 안전장비

- 안전모 : 재질이 견고하고 가벼우며 머리에 잘 맞고 턱끈이 있어야 하며, 진화대원 간 식별이 용이한 색상이 유리하다.
- 보안경 : 지장목 제거 및 기계톱 사용, 헬기주변 작업 시 먼지나 이물질 발생, 물의 비산 위험에 대비하여 착용한다.
- 수통 : 식수 공급용이므로 개인별로 충분히 확보해야 한다.
- 머리전등 : 야간작업 또는 이동 시 필요하며 배터리의 충전 상태를 확인해야 한다.
- 안전화 : 내화성 소재의 가죽 제품으로 발등 및 발목을 보호할 수 있어야 한다.
- 진화복 : 긴소매의 비합성 섬유 소재의 옷을 착용하여야 한다.
- 방연마스크, 방염 텐트 등 : 불 속에 고립되었을 경우 신속히 착용한다.
- 무전기 등 : 위험상황 전파 및 대원 간 소통을 위한 통신망을 확보한다.

▮ 진화선의 정의

- 국제적 정의 : 산불의 진행을 막기 위해 가연 물질을 제거하고 광물질 토양을 드러내 연결해준 인공적 경계를 진화선(fire line)이라고 정의하고 있다.
- 우리나라의 정의(산불관리통합규정 제2조 제7호) : 산불이 진행하고 있는 외곽 지역에 산불 확산을 저지할 수 있는하천·암석 등 자연적 지형을 이용하거나 입목의 벌채, 낙엽 물질의 제거, 고랑 파기 등의 방법으로 구축한 산불 저지선이라고 정의하고 있다.

▮ 진화선 설치 위치

적절한 위치	부적정한 위치
• 신속하고 용이하게 작업을 할 수 있는 곳 • 피해를 최대한 경감하거나 예방할 수 있는 곳 • 연료량이 적은 나지나 미입목지 • 도로, 하천, 능선 등 자연경계의 이용이 가능한 곳 • 진화선 구축 도중 불길이 넘지 않을 지역 • 불길이 능선 너머 8~9부 능선에 위치한 곳	• 급경사지로 돌 등이 굴러 내려올 위험성이 있는 지역 • 입목밀생지, 지피식생 등으로 진화선 구축이 힘든 지역 • 가연성물질이 많아 진화선을 넘을 지역 • 진화선 방향을 갑자기 돌변시켜야 될 복잡한 지역

▮ 뒷불진화

현재 남은 불이 있더라도 외곽경계에 진화선이 설치되어 있고, 산불이 진화선을 넘을 위험이 없게 되면, 피해구역 안에 남은 불이 있어도 산불은 진화된 것으로 본다. 그 이후의 진화작업을 뒷불진화라고 한다.

▌ 뒷불진화 방법

- 타고 있는 통나무의 불은 긁거나 쪼아 내며 물과 흙을 사용하여 불씨를 제거한다.
- 급경사지에서의 뒷불진화 요령
  - 산재된 통나무는 경사지와 평행으로 뒤집어 놓고 불씨를 긁어내며 흙과 물을 뿌린다.
  - 깊은 도랑을 파고 둑을 만들어 위에서 구르는 불덩어리를 모은다.
  - 타고 있는 무거운 통나무 밑에 깊은 도랑을 파준다.
- 타고 있는 위험연료는 태우거나 연소 지역 내에 흩어 놓은 후 불을 끄고, 땅에 묻는 경우는 불씨를 확인한다.
- 타고 있는 고사목은 제거 후 불을 끄고, 고사목이 탈 때는 삽과 도끼로 타고 있는 부분을 긁거나 찍어 내는 방법 등으로 진화한다.
- 감시조를 편성하여 운영한다.

PART
01

조림 및
육림기술

(CHAPTER 01) 식재

(CHAPTER 02) 식재지 관리

(CHAPTER 03) 어린나무가꾸기

(CHAPTER 04) 가지치기

(CHAPTER 05) 솎아베기

(CHAPTER 06) 천연림가꾸기

01 조림할 땅에 종자를 직접 뿌려 조림하는 것은? [2009.1/2004.4]

① 식수조림

② 파종조림

③ 삽목조림

④ 취목조림

> 해설 파종조림은 직파조림 또는 인공하종조림이라고도 하며, 조림지에 종자를 직파함으로써 임분을 조성하는 방법을 말한다.

02 파종조림에 대한 설명으로 옳지 않은 것은? [2015.1/2014.4]

① 종자 결실이 많은 수종에 적합하다.

② 산파, 조파, 점파 등의 방법이 있다.

③ 전나무, 주목, 일본잎갈나무 등에 알맞다.

④ 암석지, 급경사지, 붕괴지 등에 적용할 수 있다.

> 해설 • 파종조림 : 조림할 땅에 종자를 직접 뿌리는 조림법
> • 파종조림이 어려운 수종 : 낙엽송(일본잎갈나무), 전나무, 가문비나무, 단풍나무 등

03 어린묘목을 재배하는 양묘장에서 겨울철에 저온의 피해를 막기 위해서 주풍방향에 나무를 심어 바람을 막아주는 것을 무엇이라 하는가? [2014.1]

① 방풍림

② 방조림

③ 보안림

④ 채종림

> 해설 ② 해안지대에서 바닷바람 또는 파도를 막기 위해 조성된 산림
> ③ 공공의 위해방지·복지증진 또는 다른 산업을 보호할 목적으로 지정·고시된 산림
> ④ 채종원산 종자로 조림에 필요한 소요량을 충당할 수 없다고 판단될 때 부족한 종자수요를 충족시킬 목적으로 지정된 우량임분

04 우리나라 토성구분에 대한 설명으로 잘못된 것은?   [2012.7]

① 사질토 : 모래를 50% 이상 함유
② 양질사토 : 미사와 점토가 25% 정도 함유
③ 양질점토 : 점토가 45~65% 정도 함유
④ 점토 : 점토가 65% 이상 함유

해설 사질토양은 모래 70% 이상, 점토 15% 미만 함유한 토양을 말한다.

05 우리나라 삼림대를 구성하는 요소로써 일반적으로 북위 35° 이남, 평균기온이 14℃ 이상 되는 지역의 산림대는?   [2014.1]

① 열대림
② 난대림
③ 온대림
④ 온대북부림

해설 우리나라의 임상
• 난대림(상록활엽수대) : 북위 35° 이남, 연평균기온 14℃ 이상, 주로 남부해안에 연한 좁은 지방과 제주도 및 그 부근의 섬들
• 온대림(낙엽활엽수대) : 북위 35~43°, 산악지역과 높은 지대를 제외한 연평균기온 5~14℃, 온대남부·온대중부·온대북부로 나뉨
• 한대림(침엽수대) : 평지에서는 볼 수 없음, 평안남북도·함경남북도의 고원지대와 높은 산 지역, 연평균기온 5℃ 미만

06 우리나라 난대지방의 대표 수종으로 짝지은 것은?   [2003.3]

① 신갈나무, 잎갈나무
② 때죽나무, 전나무
③ 느티나무, 잣나무
④ 가시나무, 녹나무

해설 난대림의 대표 수종 : 가시나무, 붉가시나무, 녹나무, 동백나무, 후박나무, 식나무, 해송, 삼나무, 편백 등

07 묘목을 심을 때 뿌리를 잘라주는 주목적은? [2013.7/2009.7]

① 식재가 용이하다.
② 양분의 소모를 막는다.
③ 수분의 소모를 막는다.
④ 측근과 세근의 발달을 도모한다.

> **해설** 단근은 건강한 묘를 생산하기 위하여 묘목의 직근과 측근을 끊어 주어 세근 발달을 촉진시키는 작업으로 경비 절감은 물론 활착률에도 좋은 이점이 있다.

08 묘목을 양성할 때에 해가림이 필요하지 않은 수종은? [2011.7/2008.10/2002.4/2001.7]

① 잣나무
② 소나무
③ 전나무
④ 가문비나무

> **해설** ①·③·④는 음수로 해가림이 필요하나 소나무, 포플러류, 아까시나무 등은 양수이기 때문에 해가림이 필요없다.

09 다음 중 우량묘는? [2010.3/2004.4]

① 뿌리의 발달은 적지만, 키가 큰 것
② 직근(直根)이 발달하고 측근(側根)이 적은 것
③ 직근이 발달하고 가지가 굵은 묘일 것
④ 지상부와 지하부가 균형이 되고 T/R률이 낮은 것

> **해설** ①·② 뿌리가 짧고 세근이 발달한 것
> ③ 가지는 균형있게 뻗고 정아가 완전한 것

10 다음 중 우량묘목의 조건이 아닌 것은? [2012.4]

① 유전적으로 우량한 형질을 지닌 것
② 병충해의 피해가 없고 줄기가 곧은 것
③ 가지가 굵고 주근이 길게 잘 발달된 것
④ 가지가 사방으로 고르게 뻗어 발달한 것

해설 ③ 가지가 가늘고 짧으며, 줄기가 곧은 것이 좋다.

유사문제

1. 조림을 위한 우량묘목의 구비조건이 아닌 것은? [2013.4/2010.1]

① 발육이 왕성하고 조직이 충실한 것
② 가지가 사방으로 고루 뻗어 발달한 것
③ 묘목이 약간 웃자란 것
④ 측근(側根)과 세근(細根)의 발달량이 많은 것

해설 **우량묘목의 요건**
• 줄기가 곧고 굵으며 도장되지 않고 갈라지지 않으며 근원경이 커야 한다.
• 묘목의 가지가 균형있게 뻗고 정아가 완전해야 한다.
• 주근이 짧고 곧으며 세근이 많이 발달되어야 한다.
• T/R률의 값이 적은 것이어야 한다.

답 ③

2. 다음 우량묘의 조건으로 틀린 것은? [2012.2]

① 발육이 왕성하고 신초의 발달이 양호한 것
② 우량한 유전성을 지닌 것
③ 측근과 세근이 잘 발달된 것
④ 침엽수종의 묘에 있어서는 줄기가 곧고 측아가 정아보다 우세한 것

해설 ④ 침엽수종의 묘에 있어서는 줄기가 곧고 정아가 측아보다 우세하며 되도록 하아지가 발달하지 않은 것

답 ④

3. 다음 중 우량묘가 갖추어야 할 조건이 아닌 것은? [2002.4]

① 발육이 왕성하고 신초의 발달이 양호할 것
② 우량한 유전성을 지닐 것
③ 측근과 세근의 발달이 많은 것
④ 침엽수는 줄기가 곧고 하아지(夏芽枝)가 발달한 것

해설 ④ 하아지(夏芽枝, 여름눈)가 신장하거나 도장하지 않은 것

답 ④

11 조림수종의 선정기준으로 적합하지 않은 항목은? [2008.10/2004.10]

① 생장이 빠르고 줄기의 재적 생장이 큰 수종
② 가지가 굵고 원줄기가 곧고 짧은 수종
③ 목재의 이용가치가 높은 수종
④ 바람, 눈, 건조, 병해충에 저항력이 큰 수종

해설 ② 가지가 가늘고 짧으며, 줄기가 곧은 것

유사문제

1. 다음 중 조림수종의 선택 조건에 맞지 않는 것은? [2013.7/2011.4]

① 가지가 굵고 긴 나무
② 입지 적응력이 큰 나무
③ 위해(危害)에 대하여 적응력이 큰 나무
④ 성장속도가 빠른 나무

해설 ① 가지가 가늘고 짧으며, 줄기가 곧은 나무

답 ①

2. 조림수종의 선택 요건에 대한 설명으로 틀린 것은? [2009.1/2007.09/2003.3]

① 원줄기가 곧고 길 것
② 병충해에 대하여 저항력이 강할 것
③ 경제성은 떨어지나 수요량은 많을 것
④ 씨앗의 확보, 양묘, 식재 후 관리가 쉬운 수종일 것

해설 ③ 재질이 우량해서 수요량이 많고, 수종의 경제적 가치가 높을 것

답 ③

---

12 여러 가지 장해 요인이 많아 식재조림하기에 어려운 곳에 종자를 직접 뿌려 조림하기에 적당한 수종은?

[2009.7]

① 낙엽송
② 졸참나무
③ 전나무
④ 단풍나무

해설 파종조림이 비교적 용이한 수종
• 침엽수종 : 소나무, 해송
• 활엽수종 : 상수리나무, 굴참나무, 떡갈나무, 졸참나무, 밤나무, 가래나무, 벚나무, 옻나무, 물푸레나무

13 조림지의 하목식재용 수종의 구비조건이 아닌 것은? [2009.3]

① 내음성이 강한 수종일 것
② 가지가 적어 양지를 만들어 줄 수 있는 수종일 것
③ 작은 나무라도 약간의 이용가치가 있는 수종일 것
④ 뿌리혹박테리아에 의하여 토양에 질소분을 증가할 수 있는 수종일 것

해설 하목 수종은 내음력(耐陰力)이 강한 음수(陰樹) 또는 반음수가 적합하다.

14 중부 이북지방을 제외한 전국에 리기테다소나무의 식재를 권장하고자 할 때 그 이유로 가장 적합한 것은? [2009.7]

① 결실력이 강하므로
② 내충성이 리기다소나무보다 강하므로
③ 수지의 분비량이 테다소나무보다 많으므로
④ 내한력과 재질이 우수하므로

해설 리기테다소나무는 추위에 잘 견디고 메마른 땅에서 잘 자라는 리기다소나무의 성질과 재질이 뛰어난 테다소나무의 성질을 인공적으로 교잡해서 만든 소나무이다.

15 식재 시 비료를 가장 많이 주어야 하는 나무는? [2011.2/2003.3]

① 낙엽송
② 오리나무
③ 삼나무
④ 오동나무

해설 오동나무는 양분을 많이 요구하는 다비성 수종이므로 식재 후 3년까지는 퇴비와 비료를 매년 주어야 한다.

16 다음 수종 중 분류학상 침엽수에 속하는 것은? [2005.10]

① 가시나무　　　　　　　　② 은행나무
③ 밤나무　　　　　　　　　④ 참나무

해설 **수종의 분류**
　• 침엽수종 : 은행나무, 낙우송, 소나무, 측백나무, 주목 등
　• 활엽수종 : 버드나무, 자작나무, 참나무, 느릅나무, 단풍나무 등

17 다음 중 상록수로만 짝지어진 것은? [2012.4]

① 소나무 – 사스래나무

② 가시나무 – 동백나무

③ 굴참나무 – 굴피나무

④ 광나무 – 메타세쿼이아

해설 ② 가시나무 : 참나무과 상록활엽교목
동백나무 : 차나무과 상록활엽소교목
① 소나무 : 소나무과 상록침엽교목
사스래나무 : 자작나무과 낙엽활엽교목
③ 굴참나무 : 참나무과 낙엽활엽교목
굴피나무 : 가래나무과 낙엽활엽소교목
④ 광나무 : 물푸레나무과 상록활엽관목
메타세쿼이아 : 낙우송과 낙엽침엽교목

18 따뜻한 기후를 좋아하며 죽순의 맛이 좋아 죽순대라고도 하는 대나무는? [2002.4]

① 맹종죽　　　　　　　　② 참대

③ 왕대　　　　　　　　　④ 솜대

해설 맹종죽(죽순대)은 중국이 원산지이며 남쪽의 따뜻한 곳(표고 300m)에 분포한다. 잎의 길이는 약 7~10cm이고 폭은 10~12mm 정도로 엽초에 잔털이 있다. 개화기는 7~10월이고, 결실기는 11월이다.

19 바닷가에 주로 심는 나무로서 적합한 것은? [2012.7]

① 곰솔　　　　　　　　　② 소나무

③ 잣나무　　　　　　　　④ 낙엽송

해설 • 염풍에 저항력이 큰 수종 : 곰솔(해송), 향나무, 사철나무, 자귀나무, 팽나무, 후박나무, 돈나무 등
• 염풍에 저항력이 약한 수종 : 소나무, 삼나무, 편백, 화백, 전나무, 벚나무, 포도나무, 사과나무, 배나무 등

20 내음력이 뛰어난 음수끼리만 짝지어진 것은? [2013.4/2008.10]

① 주목, 회양목

② 회양목, 낙엽송

③ 소나무, 잣나무

④ 주목, 소나무

해설 내음력이 뛰어난 음수종 : 주목, 회양목, 굴거리나무, 금송, 호랑가시나무, 팔손이나무 등

21 다음 수종 중 고산수종은? [2008.3/2004.10]

① 감나무
② 가문비나무
③ 아까시나무
④ 상수리나무

해설 고산수종 : 상록침엽수 예 가문비나무, 분비나무, 전나무, 잣나무, 소나무 등

22 대나무류의 설명으로 틀린 것은? [2008.10]

① 벼목 화본과의 초본 또는 목본으로 잎은 대개 좁고 길며 나란히맥이다.
② 대나무류는 참대, 맹종죽, 솜대 등이 있으며, 맹종죽은 우리나라가 원산지이다.
③ 대나무는 불과 2개월 내에 길이 및 지름 생장을 마치고 나머지 기간은 굳어질 뿐이다.
④ 땅속줄기, 묘죽, 분주법 등으로 번식한다.

해설 맹종죽은 중국 강남이 원산지이다.

23 묘목을 먼 곳으로 운반할 때 제일 먼저 주의할 사항은? [2009.7/2002.7]

① 무게에 의하여 억눌려 뜨지 않도록 해야 한다.
② 손상이 오지 않도록 한다.
③ 묘목이 건조하지 않도록 한다.
④ 포장을 크게 해야 한다.

해설 운반 중에는 햇빛이나 바람에 노출되어 건조하지 않도록 한다.

24 묘목을 식재장소까지 운반하기 위하여 알맞은 크기로 포장하는 것을 곤포(packing)라고 하는데 낙엽송 2년생 묘목을 포장할 때 속당 본수와 속수로 가장 적당한 것은? [2008.10/2005.10/2002.4]

① 속당 본수 10본, 곤포당 속수 25속
② 속당 본수 20본, 곤포당 속수 25속
③ 속당 본수 20본, 곤포당 속수 50속
④ 속당 본수 50본, 곤포당 속수 50속

해설 낙엽송 2년생 묘목을 포장할 때 속당 본수는 20본, 곤포당 본수는 500본, 속수는 25속으로 한다.

25 다음 중 곤포당 수종의 본수가 가장 적은 것은? [2014.1]

① 잣나무(2년생) ② 삼나무(2년생)
③ 호두나무(1년생) ④ 자작나무(1년생)

해설 곤포당 본수

수종	묘령	곤포당 본수	수종	묘령	곤포당 본수
잣나무	2	2,000	삼나무	2	1,000
	3	1,000	호두나무	1	500
	4	500	자작나무	1	1,500

26 리기다소나무 1년생 묘목의 곤포당 본수는? [2012.2/2009.1]

① 1,000 ② 2,000
③ 3,000 ④ 4,000

해설 2년생 묘목의 곤포당 본수는 1,000, 1년생 묘목의 곤포당 본수는 2,000이다.

27 다음 중 곤포당 수종의 본수가 가장 적은 것은? [2005.10]

① 삼나무(묘령2년) ② 편백(묘령2년)
③ 물푸레나무(묘령1년) ④ 전나무(묘령4년)

해설 ④ 500본
① · ② · ③ 1,000본

28 다음 중에서 속당 본수(묶음별 그루수)가 10본인 것은? [2004.10/2002.7]

① 잣나무 ② 오리나무류
③ 자작나무 ④ 포플러류

해설 ① · ② · ③은 모두 속당 본수가 20본이다.

29 양묘 시 일반적으로 1년생을 이식하지 않는 수종은? [2005.10]

① 잣나무 ② 삼나무

③ 편백 ④ 리기테다소나무

> **해설** 잣나무 1년생 묘는 매우 작아서 그대로 월동시키고 이듬해까지 거치시켜 3년째 봄에 옮겨 심는다.

30 묘목식재와 관련된 설명 중 틀린 것은? [2009.1]

① 묘목의 굴취시기는 식재하기 전 봄이다.

② 묘목의 굴취는 비오는 날에 하면 좋다.

③ 캐낸 묘목의 건조를 막기 위하여 축축한 거적으로 덮는다.

④ 굴취 시 땅에 너무 습기가 많을 때에는 어느 정도 마른 다음에 굴취한다.

> **해설** 묘목의 굴취는 바람이 없고 흐리며, 서늘한 날에 하는 것이 좋다.

31 봄에 묘목을 가식할 때 묘목의 끝을 어느 방향으로 향하게 묻는가? [2012.4/2009.1/2008.10/2007.4]

① 동쪽 ② 서쪽

③ 남쪽 ④ 북쪽

> **해설** 묘목의 끝을 가을에는 남쪽으로, 봄에는 북쪽으로 45° 경사지게 한다.

32 종자의 결실량이 많고 발아가 잘되는 수종이나 식재조림이 어려운 수종에 대하여 식재하는 조림방법은? [2008.10]

① 소묘조림 ② 대묘조림

③ 용기조림 ④ 파종조림

> **해설** 파종조림은 급경사 및 척박지 등 식재조림 시 활착이 어려운 지역에서 사용하는 방법으로 조림지에 종자를 직파함으로써 임분을 조성하고, 묘목양성의 비용이 필요 없으며, 어린묘목은 처음부터 조림지의 기후와 토양상태에 적응해서 자연적인 발달을 할 수 있다.

33 파종조림의 성과에 관계되는 요인으로 가장 거리가 먼 것은? [2013.2/2008.3/2005.10]

① 수분

② 서리의 해

③ 동물의 해

④ 식물의 해

해설 파종조림의 성과에 관계되는 요인에는 ①·②·③ 외에 흙옷, 타감작용, 종자의 품질 등이 있다.

34 일반적으로 묘포에서 양성된 묘목의 봄철 식재시기로 가장 적당한 것은? [2008.3]

① 온대남부는 2월 상순부터 온대중부는 5월 상순부터

② 온대남부는 2월 하순부터 온대중부는 3월 상순부터

③ 온대남부는 1월 하순부터 온대중부는 5월 하순부터

④ 온대남부는 3월 중순부터 온대중부는 4월 하순부터

해설 봄철 식재시기
- 온대남부 : 2월 하순~3월 중순
- 온대중부 : 3월 상순~4월 초순
- 고산지대 및 온대북부 : 3월 하순~4월 하순

35 묘목의 식재순서를 바르게 나열한 것은? [2012.4/2008.3/2005.4]

① 구덩이파기 - 지피물 채우기 - 묘목삽입 - 다지기

② 지피물 제거 - 다지기 - 구덩이파기 - 묘목삽입

③ 지피물 제거 - 구덩이파기 - 묘목삽입 - 흙 채우기 - 다지기

④ 지피물 제거 - 구덩이파기 - 지피물 채우기 - 묘목삽입 - 다지기

36 묘목을 굴취하여 식재하기 전에 묘포지나 조림지 근처에 일시적으로 도랑을 파서 뿌리부분을 묻어두어 건조방지 및 생기회복을 하는 작업으로 옳은 것은? [2014.1]

① 가식 ② 선묘

③ 곤포 ④ 접목

해설 ② 선묘 : 굴취한 묘목을 묘목규격에 따라 나누는 것
③ 곤포 : 묘목을 식재지까지 운반하기 위하여 뿌리를 포장하는 것
④ 접목 : 서로 분리되어 있는 식물체를 조직적으로 연결시켜 생리적 공동체가 되게 하는 것

37 다음 중 묘목의 가식에 대한 설명으로 가장 거리가 먼 것은?　　　　　　　　　[2010.7]

① 식재작업을 바로 시작할 수 없는 경우 실시한다.

② 묘목의 양이 많아서 식재기간이 길어질 경우 실시한다.

③ 가을에 굴취한 묘목을 월동시키고자 할 때 실시한다.

④ 묘목의 길이생장을 촉진시키기 위한 경우 실시한다.

> **해설**　묘목의 가식은 묘목을 심기 전 일시적으로 도랑을 파서 그 안에 뿌리를 묻어 건조를 방지하고 생기를 회복시키기 위한 작업이다.

38 묘목의 가식에 관한 내용을 가장 바르게 설명한 것은?　　　　　　　[2003.10/2001.7]

① 가식장소는 배수가 잘되는 건조한 곳을 선정한다.

② 가식은 대부분 이랑을 파서 비스듬히 한 후 흙으로 묘목 전부를 덮고 단단히 밟아준다.

③ 장기간 가식 시 다발을 풀어 가식하고 단기간 가식 시는 다발째로 가식한다.

④ 묘목의 끝은 가을에는 북쪽, 봄에는 남쪽으로 향하도록 묻는다.

> **해설**　① 가식장소는 배수가 잘되는 건조하지 않은 곳으로 선정한다.
> ② 장기가식할 때는 묘목을 바로 세우고, 단기가식할 때는 비스듬히 한 후 뿌리를 흙으로 덮는다.
> ④ 묘목의 끝은 가을에는 남쪽, 봄에는 북쪽으로 향하도록 묻는다.

유사문제

1. 묘목의 가식작업에 관한 설명으로 틀린 것은?　　　　　　　[2008.2/2004.4]

① 묘목의 끝이 가을에는 남쪽으로 기울도록 묻는다.

② 묘목의 끝이 봄에는 북쪽으로 기울도록 묻는다.

③ 장기간 가식할 때에는 다발째로 묻는다.

④ 조밀하게 가식하거나 오랜 기간 가식하지 않는다.

> **해설**　단기간 가식할 때는 다발째로, 장기간 가식할 때는 결속된 다발을 풀어서 뿌리 사이에 흙이 충분히 들어가도록 하고 밟아준다.
>
> **답** ③

2. 다음 중 가식에 대한 설명 중 틀린 것은?　　　　　　　[2004.10/2002.4]

① 가식할 장소는 배수가 잘되고 습기가 있는 곳을 선정하되 과습지는 피한다.

② 가식은 대부분 점상으로 한다.

③ 가식 시 묘목의 끝이 가을에는 남쪽으로 향하도록 한다.

④ 가식 시 묘목의 끝이 봄에는 북쪽으로 향하도록 한다.

> **해설**　가식할 때에는 반드시 뿌리 부분을 부채살 모양으로 열가식 한다.
>
> **답** ②

39 용기묘(pot seeding)에 대한 설명으로 틀린 것은? [2012.7/2008.2/2002.4]

① 제초작업이 생략될 수 있다.
② 묘포의 적지조건, 식재 시기 등이 문제가 되지 않는다.
③ 묘목의 생산비용이 많이 들고 관수 시설이 필요하다.
④ 운반이 용이하여 운반비용이 매우 적게 든다.

해설 일반묘에 비하여 묘목운반과 식재에 많은 비용이 소요된다.

40 묘목의 굴취와 선묘에 대한 설명으로 틀린 것은? [2008.2/2004.4/2001.7]

① 굴취 시 뿌리에 상처를 주지 않도록 주의한다.
② 포지에 어느 정도 습기가 있을 때 굴취 작업을 한다.
③ 굴취는 잎의 이슬이 마르지 않은 새벽에 실시한다.
④ 굴취된 묘목의 건조를 막기 위해 선묘시까지 일시 가식한다.

해설 굴취는 비바람이 심하거나 아침 이슬이 있는 날은 작업을 피한다.

41 수하(樹下) 식재에 관한 설명 중 틀린 것은? [2005.4]

① 수하 식재용 수종으로는 양수 수종으로 척박 토양에 견디는 힘이 강한 것이 좋다.
② 수하 식재는 표토 건조 방지, 지력 증진, 황폐와 유실방지 등을 목적으로 한다.
③ 수하 식재는 주임목의 불필요한 가지 발생을 억제하는 효과도 있다.
④ 수하 식재는 임내의 미세환경을 개량하는 효과가 있다.

해설 수하 식재용 수종으로는 음수 수종으로 척박 토양에 견디는 힘이 강한 것이 좋다.

42 다음 중 묘목 식재방법의 설명으로 틀린 것은? [2004.10]

① 구덩이를 팔 때 유기질이 많은 흙을 별도로 모은다.
② 식재 지점의 땅 표면에서 나온 지피물(풀 또는 가지 등)은 구덩이 밑에 넣는다.
③ 묘목의 뿌리를 구덩이 속에 넣을 때 뿌리를 고루 펴서 굽어지는 일이 없도록 한다.
④ 흙이 70% 가량 채워지면 묘목의 끝쪽을 쥐고 약간 위로 올리면서 뿌리를 자연스럽게 편다.

해설 식재 지점을 중심으로 지름 1m 이내의 잡초·낙엽 등의 지피물을 제거해야 한다.

43 묘목 식재 시 유의 사항으로 적합하지 않은 것은? [2014.4/2008.2/2003.10]

① 구덩이 속에 지피물, 낙엽 등이 유입되지 않도록 한다.
② 뿌리나 수간 등이 굽지 않도록 한다.
③ 비탈진 곳에서의 표토부위는 경사지게 한다.
④ 너무 깊거나 얕게 식재되지 않도록 한다.

해설 비탈진 곳에서의 표토부위를 경사지게 할 경우 빗물에 의한 흙쓸림이나 묘목쓰러짐 또는 홍수피해를 볼 수 있으므로 경사지지 않고 수평이 되도록 한다.

44 나무를 심을 때 가장 많이 쓰이는 방법은? [2004.4]

① 정사각형 식재
② 정삼각형 식재
③ 직사각형 식재
④ 등고선 식재

해설 정사각형 식재는 묘목 사이의 간격과 줄 사이의 간격이 동일한 일반적인 방법으로 공간이용이 가장 효율적이다.

45 정방형 식재를 옳게 설명한 것은? [2007.4/2002.4]

① 식재 간격과 식재 공간을 계산하기 어렵다.
② 식재작업이 불편하다.
③ 포플러류나 낙엽송 등 양수 수종은 알맞지 않다.
④ 묘간거리와 열간거리가 같은 식재방법이다.

해설 정방형 식재
묘목 사이의 간격과 줄 사이의 간격이 동일한 일반적인 식재방법으로 공간의 이용이 가장 효율적이다.

46 일정한 면적에 직사각형 식재를 할 때 묘목 수의 계산은? [2012.2]

① $\dfrac{조림지면적}{묘간거리}$

② $\dfrac{조림지면적}{(묘간거리)^2}$

③ $\dfrac{조림지면적}{(묘간거리)^2 \times 0.866}$

④ $\dfrac{조림지면적}{묘간거리 \times 줄\ 사이의\ 거리}$

47 2ha의 조림지에 밤나무를 4m × 4m의 간격으로 식재하고자 할 때 필요한 묘목 수는?

[2013.7/2011.4/2010.1/2008.3/2005.4]

① 1,000본   ② 1,250본
③ 2,500본   ④ 4,000본

해설

$$식재할\ 묘목수 = \frac{식재면적}{묘목\ 간\ 간격(가로 \times 세로)}$$

$$= \frac{2 \times 10,000}{4 \times 4}(\because 1ha = 10,000m^2)$$

$$= 1,250본$$

유사문제

1. 1ha의 2m 간격, 정방형으로 묘목을 식재하고자 할 때 소요 묘목본수는 약 얼마인가?

[2015.1/2009.3]

① 2,000본   ② 2,500본
③ 4,000본   ④ 5,000본

해설

$$식재할\ 묘목수 = \frac{식재면적}{묘목\ 간\ 간격(가로 \times 세로)}$$

$$= \frac{1 \times 10,000}{2 \times 2}(\because 1ha = 10,000m^2)$$

$$= 2,500본$$

답 ②

2. 열간거리 2.0m, 묘간거리 2.0m로 묘목을 심고자 한다. 1ha에 몇 그루가 필요한가?   [2009.1]

① 1,000그루   ② 2,500그루
③ 3,000그루   ④ 4,500그루

해설

$$식재할\ 묘목수 = \frac{1 \times 10,000}{2 \times 2}(\because 1ha = 10,000m^2)$$

$$= 2,500본$$

답 ②

3. 나무와 나무 사이의 거리가 1m, 열과 열 사이의 거리가 2.5m의 장방형 식재일 때 1ha에 심게 되는 묘목본수는?   [2008.2]

① 1,000본   ② 2,000본
③ 3,000본   ④ 4,000본

해설

$$식재할\ 묘목수 = \frac{1 \times 10,000}{1 \times 2.5}(\because 1ha = 10,000m^2)$$

$$= 4,000본$$

답 ④

4. 밤나무를 식재면적 1ha에 묘목 간 거리 5m로 정사각형 식재를 하고자 한다. 총소요 묘목본수는? [2009.7/2007.4]

① 400본 ② 500본
③ 1,200본 ④ 3,000본

해설

$$식재할 \ 묘목수 = \frac{식재면적}{묘목\ 간\ 간격(가로 \times 세로)}$$

$$= \frac{1 \times 10,000}{5 \times 5} \ (\because \ 1ha = 10,000m^2)$$

$$= 400본$$

답 ①

5. 묘목을 1.8m×1.8m 정방형으로 식재할 때 1ha당 묘목의 본수로 가장 적당한 것은? [2005.10]

① 약 2,500본 ② 약 3,086본
③ 약 3,500본 ④ 약 5,000본

해설

$$식재할 \ 묘목수 = \frac{1 \times 10,000}{1.8 \times 1.8} \ (\because \ 1ha = 10,000m^2)$$

$$= 약 \ 3,086본$$

답 ②

48 가로 2.5m, 세로 2m인 직사각형 임지에 식재를 할 때 1ha에 심을 수 있는 나무의 수는? [2011.2]

① 1,000그루 ② 2,000그루
③ 2,500그루 ④ 3,000그루

해설

$$식재할 \ 묘목수 = \frac{식재면적}{묘목\ 간\ 간격(가로 \times 세로)}$$

$$= \frac{1 \times 10,000}{2.5 \times 2} \ (\because \ 1ha = 10,000m^2)$$

$$= 2,000그루$$

49 이태리포플러를 6ha에 조림하고자 할 때 묘목 소요 본수에 가장 가까운 것은 어느 것인가?

[2003.3]

① 3,600본 ② 4,800본
③ 6,000본 ④ 2,400본

해설 이태리포플러 1ha = 400본이므로 6×400 = 2,400본

50 우리나라에서 장기 용재수의 밀도는 1ha당 몇 그루인가? [2005.4/2002.7]

① 1,000그루   ② 2,000그루

③ 3,000그루   ④ 4,000그루

해설 일반적으로 장기 용재수의 밀도는 1ha당 3,000본 정도이나 연료림 등 단벌기 작업을 목적으로 조림할 때는 10,000~20,000본 정도로 밀식한다.

51 우리나라 조림수종의 경우 침엽수의 식재밀도는 일반적으로 ha당 몇 본 정도인가? [2009.3]

① 1,000본   ② 3,000본

③ 5,000본   ④ 9,000본

해설 침엽수의 식재밀도는 ha당 3,000본, 활엽수는 ha당 3,000~6,000본을 기준으로 한다.

52 유실수인 밤나무는 보통 1ha당 몇 본을 식재하는가? [2013.7/2011.4]

① 400본   ② 800본

③ 1,200본   ④ 3,000본

해설 밤나무는 일반적으로 식재면적 1ha에 묘목 간 거리 5m로 정방형 식재를 한다.
1ha = 10,000m²이므로 식재본수는 10,000/(5 × 5) = 400본이다.

53 다음 중 식재밀도에 대한 설명으로 옳지 않은 것은? [2012.7]

① 밀식조림이란 1ha당 5,000주 이상 식재한 것을 뜻한다.

② 소나무는 밀식하면 수고와 지하고가 높아진다.

③ 일반적으로 양수는 밀식하고 음수는 소식한다.

④ 지력이 다소 낮은 곳에서는 밀식하여 지력유지를 위해 노력하는 것이 좋다.

해설 ③ 일반적으로 양수는 소식하고 음수는 밀식한다.

식재지 관리

01 이 작업은 대개 어린나무가 자라서 갱신기에 이를 때까지 나무의 자람을 돕기 위해 6~8월 중에 실시하며, 9월 이후에는 조림목을 보호하기 위해 실시하지 않는 것이 좋은 작업은? [2015.1/2009.3]

① 간벌 ② 덩굴치기
③ 풀베기 ④ 가지치기

해설 ③ 조림지 중 잡초목이 적은 곳은 7월에 1회를 실시하고, 무성한 곳은 6월과 8월 두 차례에 걸쳐 실시하며 한·풍해가 우려되는 지역은 겨울 동안 주위의 잡초목에 의하여 조림목이 보호를 받도록 하는 것이 좋다.

02 다음 중 조림목의 보육을 위한 풀베기 방법으로 볼 수 없는 것은? [2012.2]

① 모두베기 ② 둘레베기
③ 골라베기 ④ 줄베기

해설 **풀베기의 형식**
• 모두베기 : 조림목은 남겨 놓고 그 밖의 모든 잡초목을 제거하는 방법
• 줄베기 : 조림목의 줄을 따라 해로운 식물을 제거하고, 줄 사이에 있는 풀은 남겨두는 방법
• 둘레베기 : 조림목의 둘레를 약 1m의 지름으로 둥글게 깎아내는 방법

03 다음은 무엇을 설명한 것인가? [2009.1]

조림목만 남기고 숲땅에 해로운 주변 식물을 모두 베어내는 방법이다. 식재목이 광선을 많이 요구하는 양수에 적용하는 방법으로, 소나무, 해송, 리기다소나무, 낙엽송 등의 조림지에 적합하다.

① 둘레깎기 ② 전면깎기
③ 줄깎기 ④ 줄깎기와 전면깎기

해설 전면깎기는 지력이 좋은 토양에서 풀들이 무성하게 자란 곳에서 실시한다.

04 소나무, 해송과 같은 양수의 수종에 적용되는 풀베기의 방법은? [2014.1]

① 전면깎기 ② 줄깎기
③ 둘레깎기 ④ 점깎기

> 해설 **풀베기의 적용**
> • 전면깎기(모두베기) : 조림목에 가장 많은 양의 광선을 줄 수 있고 지상식생의 피압으로 수형이 나빠지기 쉬운 양수에 적용
> • 줄베기 : 기후가 거친 곳이나 음수의 조림지에 적용
> • 둘레베기 : 강한 음수나 바람과 추위가 심한 조림지에 적용, 밀식조림지에는 적용이 어려움

05 어릴 때 많은 광선을 요구하지 않는 잣나무, 전나무 등에 적합한 밑깎기 작업 방법은? [2011.7]

① 전면깎기 ② 줄깎기
③ 둘레깎기 ④ 무더기깎기

> 해설 **줄깎기(조예)** : 식재열에 따라 줄로 쳐내는 법

06 지력이 좋고 수분이 많아 잡초가 무성하고 기후가 온난한 임지의 6년생 소나무 조림지에 적합한 밑깎기는? [2003.10]

① 전면깎기 ② 줄깎기
③ 둘레깎기 ④ 점깎기

> 해설 ① 임지가 비옥하거나 식재목이 광선을 많이 요구할 때 이용되는 방법이며, 강송이나 낙엽송 등의 조림지에 적합하다.

유사문제

조림목이 양수인 경우 조림지의 밑깎기 방법으로 가장 적합한 작업은? [2008.2]

① 둘레깎기 ② 전면깎기
③ 줄깎기 ④ 혼합깎기

> 해설 전면깎기는 조림목이 양수이고 어린 목(木)일 때 적합하다.

답 ②

---

07 다음 중 풀베기에서 전면깎기의 설명으로 바르지 못한 것은? [2013.1/2002.7]

① 조림지 전면에 해로운 지상식물을 깎는다.
② 양수인 수종에 실시한다.
③ 우리나라 북부지방에서 주로 실시하는 방법이다.
④ 땅힘이 좋은 곳에서 실시한다.

> **해설** ③ 전면깎기(전예)는 남부지방에 적합하다.

08 조림목을 중심으로 둘레의 잡초와 관목만을 제거하는 밑깎기(풀베기) 방법은? [2010.1]

① 모두베기   ② 줄베기
③ 둘레베기   ④ 부분베기

> **해설** ③ 둘레베기(평예, 점예) : 식재지의 둘레만을 베어내는 방법
> ① 모두베기(전예) : 식재지 전면에 대하여 쳐내는 법
> ② 줄베기(조예) : 식재열에 따라 줄로 쳐내는 법

유사문제

풀베기의 형식 중 조림목의 주변에 나는 잡초목만을 깎아버리는 방법을 무엇이라 하는가? [2011.4]

① 싹베기   ② 모두베기
③ 줄베기   ④ 둘레베기

> **해설** ④ 둘레베기(평예, 점예) : 식재지의 주변, 둘레만을 베어내는 방법
> ② 모두베기(전예) : 식재지 전면에 대하여 쳐내는 법
> ③ 줄베기(조예) : 식재열에 따라 줄로 쳐내는 법

답 ④

---

09 조림지 준비 작업에서 둘레베기 방법을 적용하는 데 적합한 수종은? [2010.7]

① 소나무
② 곰솔
③ 일본잎갈나무
④ 호두나무

10 밑깎기(下刈)의 가장 중요한 목적은? [2013.7/2007.9]

① 조림목에 안정된 환경을 만들어 주기 위함

② 겨울철에 동해를 방지하기 위함

③ 음수 수종의 생장을 도모하기 위함

④ 수목의 나이테 나비를 조절하기 위함

해설 밑깎기는 어린 임분의 육림작업 시 가장 중요한 작업으로 안정된 생육환경을 만들어 주기 위함이다.

11 다음 중 풀베기를 할 수 있는 가장 적당한 시기는? [2012.2/2005.10]

① 3~5월

② 6~8월

③ 9~11월

④ 12~2월

해설 풀베기는 일반적으로 6~8월에 실시한다.

12 일반적으로 밑깎기 작업에 적당한 계절은? [2014.1/2007.9]

① 봄 ② 여름

③ 가을 ④ 겨울

해설 밑깎기 작업은 6~7월 중 시행하며, 잡목이 무성할 경우 연 2회 실시한다.

13 산림보육을 유림(幼林)에 대한 보육과 성림(成林)에 대한 보육으로 나눌 때 유림에 대한 보육에 해당하는 것은? [2010.1]

① 가지치기 ② 간벌

③ 제벌 ④ 풀베기

해설 **유령림 보육** : 풀베기, 덩굴치기

14 풀베기를 끝낸 후 조림지에서 칡이나 머루 등의 식물을 제거하는 작업은? [2012.7]

① 간벌

② 제벌

③ 가지치기

④ 덩굴치기

> 해설 덩굴치기는 나무를 감아 피해를 주는 각종 덩굴식물을 제거하는 일로, 덩굴식물의 뿌리 속 저장양분을 소모한 7월경에 실시하는 것이 좋다.

15 우리나라 산지에서 수목에 가장 피해를 많이 주는 덩굴식물은? [2012.7/2007.4]

① 머루덩굴

② 칡덩굴

③ 다래덩굴

④ 담쟁이덩굴

> 해설 우리나라 산지에서 수목에 가장 피해를 많이 주는 칡덩굴은 어릴 때 캐내는 것이 가장 효과적이다.

16 다음 덩굴식물을 설명한 것 중 옳지 못한 것은? [2001.7]

① 대체적으로 햇빛을 좋아하는 식물이다.

② 움돋는 첫해에는 세력이 빈약하나 3년이 지나면 세력이 왕성해진다.

③ 잎과 줄기에 살포하는 약제로는 글라신 액제가 있다.

④ 덩굴을 잘라주면 쉽게 제거할 수 있다.

> 해설 덩굴은 쉽게 제거할 수 없으므로 물리적 및 화학적 제거 방법을 사용한다. 물리적 제거 방법으로 덩굴의 줄기를 제거하거나 뿌리를 굴취한다. 또한 화학적 제거 방법으로 디캄바 액제와 글라신 액제를 처리한다.

유사문제

덩굴식물을 설명한 것 중 옳지 않은 것은? [2011.4/2010.1]

① 대체적으로 햇빛을 좋아하는 식물이다.

② 칡이 항상 문제가 되고 있다.

③ 덩굴치기의 시기는 덩굴식물이 뿌리 속의 저장양분을 소모한 7월경이 좋다.

④ 덩굴을 잘라주면 쉽게 제거할 수 있다.

답 ④

14 ④ 15 ② 16 ④   **정답**

17 덩굴치기의 대상 식물만으로 구성된 것은? [2002.7]

① 개나리, 다래나무, 싸리나무

② 노박덩굴, 조팝나무, 자귀나무

③ 댕댕이덩굴, 개암나무, 화살나무

④ 칡, 등나무, 머루

해설 조림지에서 많이 발생하는 덩굴식물로는 칡, 다래, 머루, 담쟁이덩굴, 노박덩굴, 으름덩굴, 댕댕이덩굴, 등나무 등이 있다.

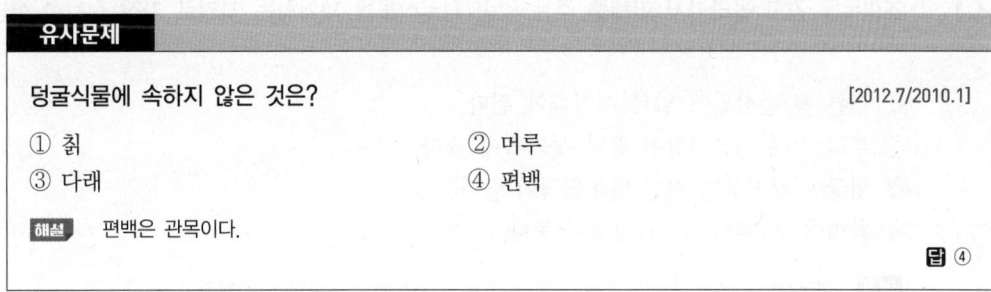

유사문제

덩굴식물에 속하지 않은 것은? [2012.7/2010.1]

① 칡 ② 머루

③ 다래 ④ 편백

해설 편백은 관목이다.

답 ④

18 다음 중 약제에 의한 덩굴류(만경류) 제거작업에 관한 설명으로 옳은 것은? [2015.1/2008.3]

① 작업량 이적은 겨울에 실시한다.

② 처리 후 24시간 이내에 강우가 예상될 때 살포하는 것이 약제 흡수에 좋다.

③ 제초제는 살충제보다 독성이 적으므로 약제 취급에 주의를 기울일 필요가 없다.

④ 칡 제거는 뿌리까지 죽일 수 있는 글리포세이트 액제가 좋다.

해설 ① 덩굴제거의 적기는 7월경이 적당하다.
② 강우가 예상될 때 살포하는 것을 중지한다.
③ 제초제는 고독성이므로 약제 취급에 주의를 기울여야 한다.

19 칡과 같은 만경류를 제거하는 방법이 잘못된 것은? [2012.2]

① 글라신 액제 처리시기는 칡의 경우 농번기를 피하며 겨울 또는 봄에 실시한다.

② 글라신 액제 원액을 흡수시킨 면봉은 칡 머리 부분에 송곳으로 구멍을 뚫고 삽입한다.

③ 글라신 액제와 물을 1 : 1로 혼합한 액을 주입기로 주입한다.

④ 만경류의 경우 되도록 어릴 때 제거하는 것이 효과적이다.

해설 • 글라신 액제 처리시기 : 덩굴류의 생장시기인 5~9월
• 디캄바 액제 처리시기 : 2~3월 중이나 낙엽이 진 후 10~11월

20 덩굴치기의 최적기는 언제인가? [2011.7]

① 3~4월   ② 5~6월

③ 7~8월   ④ 9~10월

해설 덩굴치기는 조림지에서 밑깎기 기간이 끝난 후 조림목이 울폐(鬱閉)될 때까지 2년마다 1회씩 실시한다.

21 조림목을 감고 올라가서 피해를 주는 각종 덩굴식물을 제거하는 시기로 가장 적합한 설명은? [2009.1]

① 이른 봄 춘삼월에 일찍 제거해야 된다.
② 뿌리 속에 양분저장이 끝난 늦가을이 좋다.
③ 덩굴이 무성하기 전인 5~6월경이 좋다.
④ 낙엽이 진 후인 10~11월경이 좋다.

해설 덩굴식물 제거의 시기는 덩굴식물 뿌리 속의 저장분을 소모한 5~6월경이 좋다.

22 다음 중 덩굴을 제거하기 위한 약제는 무엇인가? [2004.4]

① 이사디아민염(2,4-D)
② 이황화탄소(CS_2)
③ 만코지 수화제(다이센 엠 45)
④ 다수진 유제(다이아톤)

해설 2,4-D
모노클로로아세트산과 2,4-다이클로로페놀과의 반응으로 합성되는 제초제 농약으로 주성분은 2,4-다이클
로로페녹시아세트산이다.

23 질소고정균인 근류균과 공생하는 수종만으로 짝지어진 것은? [2011.7]

① 아까시나무, 싸리나무
② 오리나무, 신갈나무
③ 리기테다소나무, 은행나무
④ 단풍나무, 낙엽송

해설 자귀나무, 싸리나무, 아까시나무는 근류균과 공생하여 공기 중의 질소를 스스로의 양료로 이용하기 때문에
척박한 토양을 비옥하게 해주는 비료목이다.

24 나무를 심고 나서 바로 또는 몇 달 뒤에 비료를 주는 것으로, 묘목의 줄기를 중심으로 하여 가장 긴 가지의 길이를 반지름으로 하는 원둘레에 5~10cm의 깊이로 구멍을 파고 그 곳에 비료를 넣어주는 방법은?
[2009.7]

① 구덩이 전체 시비법

② 구덩이 밑 시비법

③ 구덩이 위 시비법

④ 측방 시비법

> **해설** 조림목의 가지 선단으로부터 수직으로 내린 곳에 5~10cm 깊이로 땅을 파고 측방으로 시비하는 측방 시비법이 식재목의 생장이나 활착률을 높이는 것으로 알려져 있다.

25 토양의 물리적 성질을 좋게 하고, 유익한 미생물의 활동을 도와 묘목 생장을 건전하게 하는 비료는?
[2005.4]

① 퇴비 ② 질소비료

③ 인산비료 ④ 칼륨비료

> **해설** 퇴비는 짚·잡초·낙엽 등을 퇴적하여 부숙(腐熟)시킨 비료로, 두엄이라고도 한다.

26 질소의 함유량이 20%인 비료가 있다. 이 비료를 80g 주었을 때 질소성분량으로는 몇 g을 준 셈이 되는가?
[2013.7/2007.4]

① 8g ② 16g

③ 20g ④ 80g

> **해설** 80g × 0.2 = 16g

27 임지비배에 알맞게 만들어진 15g의 고형비료에 질소, 인산, 칼륨 성분이 일반적으로 들어 있는 양은?
[2010.7]

① 2g ② 5g

③ 10g ④ 15g

> **해설** 임지비배에 알맞게 만들어진 고형비료에는 일반적으로 질소, 인산, 칼륨 성분비는 1 : 1 : 1이므로 각각 5g씩 들어 있다.

28 삽수의 발근이 비교적 잘되는 수종, 비교적 어려운 수종, 대단히 어려운 수종으로 분류할 때 비교적 잘되는 수종에 속하는 것은?　　　　　　　　　　　　　　　　　　　　[2009.7]

① 밤나무　　　　　　　　　　　　　　　② 측백나무
③ 느티나무　　　　　　　　　　　　　　④ 백합나무

> 해설
> • 삽수의 발근이 잘되는 수종 : 측백나무, 포플러류, 버드나무류, 은행나무, 사철나무, 개나리, 주목, 향나무, 치자나무, 삼나무 등
> • 삽수의 발근이 어려운 수종 : 밤나무, 느티나무, 백합나무, 소나무, 해송, 잣나무, 전나무, 단풍나무, 벚나무 등

29 임지와 임목의 건전한 생산성을 위한 생물적 임지보육작업으로 적합한 것은?　　　[2013.4/2010.1]

① 계단조림　　　　　　　　　　　　　　② 비료목 식재
③ 임지경토　　　　　　　　　　　　　　④ 임지피복

> 해설　임지보호
> • 생물적 임지보호 : 비료목, 균근균, 작업법의 적용, 하목의 식재
> • 물리적 임지보호 : 수평구의 설치, 계단조림, 임지경토, 관수, 배수, 임지피복

30 임지에 비료목을 식재하여 지력을 향상시킬 수 있는데 다음 중 비료목으로 적당한 수종은?

　　　　　　　　　　　　　　　　　　　　　　　　　　　　　　　　　　　　[2008.2]

① 오리나무류　　　　　　　　　　　　　② 전나무류
③ 소나무류　　　　　　　　　　　　　　④ 사시나무류

> 해설　비료목
> 임지(林地)의 지력을 증진시켜 임목의 생장을 촉진하기 위하여 식재하는 나무를 말한다. 근류균과 공생하며 토양에 질소를 공급하여 다른 나무가 토양 속 질소를 이용할 수 있도록 한다.
> • 콩과 식물(*Rhizobium*속) : 아까시나무류, 자귀나무류, 싸리류, 칡 등
> • 비콩과 식물[방사상균(*Actinnomycetes*)속] : 오리나무류, 보리수나무류, 소귀나무류, 갈매나무, 붉나무, 보리장나무 등

유사문제

1. 비료목으로 적합하지 않은 수종은?　　　　　　　　　　　　　　　　[2015.1/2003.10]

① 오리나무류　　　　　　　　　　　　② 자귀나무
③ 소나무　　　　　　　　　　　　　　④ 보리수나무

> **해설**　비료목 : 아까시나무류, 자귀나무류, 싸리류, 칡, 오리나무류, 보리수나무류, 소귀나무류, 갈매나무, 붉나무, 보리장
> 나무 등
>
> **답** ③

2. 다음 중 비료목의 효과가 가장 적은 수종은?　　　　　　　　　　　　　[2014.4]

① 자귀나무　　　　　　　　　　　　　② 아까시나무
③ 오리나무류　　　　　　　　　　　　④ 서어나무류

> **해설**　비료목 수종의 선택
> • 척박한 산지의 비료목 : 오리나무류, 아까시나무, 자귀나무, 싸리류, 칡, 족제비싸리, 소귀나무 등
> • 해안사구용 비료목 : 보리장나무, 자귀나무, 아까시나무, 오리나무류, 은백양, 족제비싸리 등
> • 광산의 설석지의 비료목 : 아까시나무, 오리나무류 등을 심을 수 있고, 미국에서는 백합나무, 플라타너스, 사시나
> 무류를 심고 있다.
>
> **답** ④

31　**비료목으로 취급되는 나무 중 콩과 식물에 속하지 않는 것은?**　　　　　[2009.1/2001.7]

① 아까시나무　　　　　　　　　　　② 보리수나무
③ 자귀나무　　　　　　　　　　　　④ 싸리나무

> **해설**　② 보리수나무는 보리수나무과의 낙엽관목으로 비교적 척박한 토양에서도 잘 자라고 엽량이 많으며, 또 질소함
> 량이 많아 토양개량의 기능이 있는 비료목으로 취급된다.
> **비료목 수종**
> • 콩과 식물(*Rhizobium*속) : 아까시나무류, 자귀나무류, 싸리류, 칡 등
> • 비콩과 식물[방사상균(*Actinnomycetes*)속] : 오리나무류, 보리수나무류, 소귀나무류, 갈매나무, 붉나무,
> 보리장나무 등

유사문제

콩과 식물의 비료목으로 가장 적당한 나무는?　　　　　　　　　　　　　[2009.3]

① 삼나무　　　　　　　　　　　　　② 자귀나무
③ 소나무　　　　　　　　　　　　　④ 전나무

> **해설**　콩과 식물에 속하는 자귀나무, 아까시나무는 근류균과 공생하여 공기 중의 질소를 스스로의 양료로 이용하기
> 때문에 척박한 토양을 비옥하게 해주는 비료목이다.
>
> **답** ②

01 다음 중 일반적인 산림무육의 목적에 대한 설명으로 가장 거리가 먼 것은? [2005.10]

① 임상의 정리
② 임목의 생장 촉진
③ 나무의 형질 향상
④ 병해충 방지

해설 산림무육의 목적은 갱신된 임분에 대하여 임상의 정리, 생장 촉진, 개체목의 형질 향상 등 삼림의 양적 및 질적 생산을 고도로 높이고자 함이다.

02 치수무육(어린나무가꾸기) 작업의 목적으로 가장 적합한 것은? [2013.1/2007.9]

① 목재를 생산하여 수익을 얻기 위함이다.
② 숲을 보기 좋게 하기 위함이다.
③ 산불피해를 줄이기 위함이다.
④ 불량목을 제거하여 치수의 생육공간을 충분히 제공하기 위함이다.

해설 치수무육(어린나무가꾸기) 작업의 목적은 임목 상호 간의 적정한 생육 환경을 제공하기 위함이다.

03 다음 중 제벌을 설명한 것으로 틀린 것은? [2012.7/2010.3/2003.3]

① 조림목이 임관을 형성한 뒤부터 간벌한 시기에 이르는 사이에 실시한다.
② 임상을 정비하여 불량목과 불량품종을 다 제거하여 간벌작업이 필요 없게 한다.
③ 임분 전체의 형질을 향상시키는 데 목적이 있다.
④ 조림지의 경우 쓸모없는 침입수종을 제거한다.

해설 제벌이 잘된 임분은 다음에 이어지는 간벌작업을 잘할 수 있으며, 따라서 보육목적을 잘 이룩할 수 있다.

04 맹아력이 강한 활엽수종은 여름철에 지상 1m 정도의 높이에서 줄기를 꺾어 누여 두면 뿌리목 부근에서 절단한 것보다 맹아의 힘을 누를 수 있다. 이는 무슨 작업의 설명인가? [2009.1]

① 풀베기 ② 덩굴치기
③ 제벌 ④ 간벌

해설 **제벌**
하예(밑깎기)작업이 끝나고 조림목이 완전임관을 형성하여 간벌기에 달하는 동안에 주림목(목적수종)을 억누르는 침입목과 주림목 중 성장형질이 불량한 나무를 벌채하는 조림행위를 말한다.

05 조림목 외의 수종을 제거하고 조림목이라도 형질이 불량한 나무를 벌채하는 무육작업은? [2008.3]

① 풀베기 ② 덩굴치기
③ 제벌 ④ 가지치기

해설 제벌이란 조림목이 임관을 형성한 뒤부터 간벌할 시기에 이르는 사이에 침입 수종의 제거를 주로 하고 아울러 자람과 형질이 매우 나쁜 것을 끊어 없애는 일을 말한다.

06 제벌작업에 관한 설명 중 틀린 것은? [2005.10]

① 토양의 수분관리, 임(林)내의 미세환경 등을 고려하여 하층식생은 보존한다.
② 제벌작업은 간벌작업 후 실시하는 작업단계로서 보육작업에서 가장 중요한 단계이다.
③ 제벌작업에 필요한 작업도구로는 낫, 톱, 도끼 등이 있다.
④ 제거 대상목으로는 쏙목, 형질불량목, 밀생목 등이 있다.

해설 ② 제벌작업 후 간벌작업이 실시된다.

07 조림의 기능 중 수종 구성의 조절에 대한 설명으로 옳은 것은? [2014.4]

① 유용수종의 도입은 인공식재로만 가능하다.
② 외지로부터 수종 도입은 고려대상이 아니다.
③ 유용수종을 남기고 원하지 않는 수종은 제거하는 일이다.
④ 주로 경제성 측면에서 수행하고 생물학적 측면은 고려대상이 아니다.

08 잡목 솎아내기 작업이 가장 적합한 시기는? [2008.2/2005.4]

① 봄~초여름   ② 여름~초가을

③ 가을~초겨울   ④ 겨울~초봄

> **해설** 나무의 고사상태를 알고 맹아력을 감소시키기 위해서 잡목 솎아내기 작업(제벌)은 여름철에 실행하는 것이 좋고 적어도 초가을까지는 작업을 끝내도록 한다.

09 다음 중 무육작업과 관계있는 작업으로, 나머지 셋과는 구별되는 것은? [2008.2]

① 개벌작업   ② 산벌작업

③ 택벌작업   ④ 제벌작업

> **해설** 무육작업은 갱신(更新) 및 조림에 의하여 산림이 아직 울폐되기 전 나무가 어릴 때 실시하는 밑깎기 · 덩굴치기 · 제벌작업 등과 나무가 자라서 산림이 울폐된 후 실시하는 간벌(間伐) 및 가지치기 작업 등이 있다.

10 제벌작업에서 제거대상목이 아닌 것은? [2014.4/2002.4]

① 폭목

② 하층식생

③ 열등 형질목

④ 침입목 또는 가해목

> **해설** 제벌(잡목 솎아내기, 어린나무가꾸기)
> * 베어내야 할 나무
>   - 불량 형질목 및 병해목 제거
>   - 상층의 대경목 및 폭목 제거(변형성장한 불량목)
>   - 조림목에 피해를 주는 쓸모없는 나무(침입목)
>   - 조림목 중 병충해 피해를 입었거나 줄기가 구부러지고 잘 자라지 못하는 나무(가해목)
> * 남겨야 할 나무
>   - 잘 자란 조림목, 건전하게 자생하고 있는 나무, 하층식생
>   - 남겨야 할 나무의 큰 가지 아래 생장이 쇠퇴한 가지 제거
>   - 침엽수 조림지에서 건전하게 자생하고 있는 활엽수가 있는 경우에는 가꾸어주고 조림목 대 활엽수의 혼효비율을 7 : 3 정도로 하는 것이 좋다.

11 폭목(暴木)에 관한 설명으로 가장 옳은 것은? [2008.2]

① 폭목은 대개 다른 나무의 생장에 방해가 되는 가압목(可壓木)이다.
② 폭목은 수관폭이 좁은 활엽수에 해당된다.
③ 폭목은 인접목과 생육공간에 관계없이 완전히 제거한다.
④ 폭이 군상으로 있으면 모두 제거한다.

해설 폭목은 변형성장한 불량목으로 직경생장에 비하여 수관이 크거나 경사생장을 하여 인접하는 임목의 생장에 악영향을 미치고 있기 때문에 벌기 전에 벌채할 필요가 있다. 수관이 광대하고 위로 솟아난 것으로 부당하게 넓은 임지를 차지하고 있다.

12 다음 중 어린나무가꾸기 임분에서 육림작업 시 최초의 작업은? [2003.3]

① 풀베기 작업   ② 가지치기 작업
③ 간벌작업   ④ 제벌작업

해설 **육림작업** : 풀베기 작업 – 덩굴제거 – 제벌작업 – 가지치기 작업 – 간벌작업

13 잡목 솎아내기(제벌) 작업을 처음 시작하는 시기로 가장 알맞은 것은? [2005.4]

① 덩굴치기가 끝난 1~2년 뒤부터
② 밑깎기가 끝난 2~3년 뒤부터
③ 가지치기가 끝난 5~6년 뒤부터
④ 솎아베기가 끝난 6~9년 뒤부터

해설 제벌은 조림 후 5~10년, 풀베기 작업 후 2~3년이 지난 뒤 실시한다.

14 제벌을 6~8월 중에 실시하는 가장 적당한 사유는? [2011.4]

① 제거대상목의 맹아력이 약한 기간이므로
② 제벌대상목이 왕성하게 성장을 하므로
③ 연료생산량이 많으므로
④ 작업인부를 구하기 쉬우므로

해설 나무의 고사상태를 알고 맹아력을 감소시키기 위해서 잡목 솎아내기 작업(제벌)은 여름철에 실행하는 것이 좋고 적어도 초가을까지는 작업을 끝내도록 한다.

15 제벌시기로 적당하지 않은 설명은?   [2011.4]

① 겨울철에 실행하는 것이 좋다.

② 여름철에 실행하는 것이 좋다.

③ 간벌이 시작될 때까지 2~3회 제벌을 하는 것이 원칙이다.

④ 미국에서는 조림목의 흉고직경이 10cm 이하일 때 시행한다.

> **해설** 제벌은 여름철에 실행하는 것이 좋다.

16 어린나무가꾸기에 관한 설명으로 옳지 않은 것은?   [2014.4]

① 임분에서 대상 수종이 아닌 수종을 제거하는 것이다.

② 일반적으로 비용이 저렴하여 가능한 작업을 많이 한다.

③ 여름철에 실행하여 늦어도 11월 전에 종료하는 것이 좋다.

④ 약 6cm 이상의 우세목이 임분 내에서 50% 이상 다수 분포될 때까지의 단계를 말한다.

17 어린나무가꾸기 작업 시 맹아력이 왕성한 활엽수종의 맹아 발생 및 성장을 약화시키고자 할 때 어떻게
하는 것이 가장 좋은가?   [2015.1/2011.7]

① 겨울에서 초봄 사이에 수간 높이를 낮게 자른다.

② 겨울에서 초봄 사이에 수간 높이를 높게 자른다.

③ 여름에서 초가을 사이에 수간 높이를 낮게 자른다.

④ 여름에서 초가을 사이에 수간 높이를 높게 자른다.

> **해설** 맹아력이 강한 활엽수종은 제초제를 사용하거나, 때로는 여름에 지상 1m 정도 되는 곳에서 줄기를 꺾어
> 뉘여두면 맹아의 힘을 누를 수 있다.

18 다음 중 제벌의 살목제로 쓸 수 없는 것은?   [2014.4]

① N.A.A

② Ammate

③ 2,4-D

④ 2,4,5-T

> **해설** N.A.A는 식물의 발근·생장을 촉진한다.

01 다음 중 가지치기를 시행하기에 가장 적절한 시기는?　　　　　　　　　　　[2009.3]

① 초봄부터 여름

② 늦봄부터 늦가을

③ 초여름부터 늦가을

④ 늦가을부터 초봄

해설　생장휴지기인 11월부터 이듬해 3월까지가 가지치기의 적기이다.

02 다음 중 가지치기에 대한 설명으로 옳지 않은 것은?　　　　　　　　　　　[2014.4]

① 하층목 보호 및 생장 촉진한다.

② 임목 간 생존경쟁을 심화시킬 수 있다.

③ 옹이가 없는 완만재로 생산 가능하다.

④ 목표생산재가 톱밥, 펄프 등의 일반소경재는 하지 않는다.

해설　**가지치기의 장점**
  • 임목 간의 부분적 균형에 도움을 준다.
  • 수고생장을 촉진한다.
  • 연륜폭을 조절해서 수간의 완만도를 높인다.
  • 하목의 수광량을 증가시켜 생장을 촉진시킨다.

03 산림 내 가지치기 작업의 주된 목적은 무엇인가?　　　　　　　　　　　[2004.10]

① 우량목재의 생산

② 중간수입

③ 각종 위해의 방지

④ 연료 공급

해설　**가지치기** : 우량한 목재를 생산할 목적으로 가지의 일부분을 계획적으로 잘라내는 것

04 가지치기의 목적으로 가장 적합한 것은?

[2014.1]

① 경제성 높은 목재 생산
② 연료림 조성
③ 맹아력 증진
④ 산불 예방

해설 **가지치기의 목적**
- 수관의 일부를 구성하는 가지의 일부를 계획적으로 끊어줌으로서 마디가 없는 질 높은 목재를 생산하기 위해서이다.
- 옹이가 없고 가치가 높은 목재를 생산할 뿐만 아니라 건강한 숲환경을 조성하기 위하여 실시한다.

05 다음 가지치기의 목적에 대한 설명으로 틀린 것은?

[2011.7]

① 옹이가 없는 경제성 높은 목재를 생산한다.
② 하목을 보호하고 생장을 촉진시킨다.
③ 나무끼리의 생존경쟁을 완화시킨다.
④ 산림의 위해를 증가시킨다.

해설 가지치기는 산림의 위해를 감소시킨다.

06 다음 중 가지치기 방법으로 옳은 것은?

[2012.7/2003.10]

① 가지치기는 수종 및 경영목적에 따라 결정되어야 한다.
② 가지치기 시기는 생장이 왕성한 여름에 실시한다.
③ 활엽수는 지융부를 제거한다.
④ 절단부가 융합이 늦어도 관계없으므로 굵은 가지는 제거해도 된다.

해설 ② 가지치기 시기는 생장휴지기인 겨울에 실시한다.
③ 활엽수 가지치기는 지융부를 손상하지 않도록 한다.
④ 활엽수의 경우 절단부가 융합이 잘 안되므로 직경 5cm 이상의 가지는 원칙적으로 자르지 않는다.

07 다음 중 가지치기의 장점이 아닌 것은? [2011.4/2003.3]

① 하목을 보호하고 생장을 촉진시킨다.
② 나무끼리의 생존경쟁을 완화시킨다.
③ 줄기에 부정아가 생겨 미관을 아름답게 한다.
④ 삼림의 위해를 감소시킨다.

해설 ③ 부정아가 발생하는 것은 가지치기의 단점에 해당한다.

08 삼나무, 편백 등의 장령림에서 가지치기는 수고의 어느 정도로 쳐 주는가? [2001.7]

① 1/2   ② 1/3
③ 1/4   ④ 3/5

해설 삼나무, 편백 등의 유령림에서는 수고의 1/2, 장령림에서는 수고의 3/5 정도를 가지치기한다.

09 가장 어린나이에서부터 가지치기를 실시해야 하는 나무는? [2011.2]

① 단풍나무   ② 물푸레나무
③ 낙엽송   ④ 벚나무

해설 침엽수는 어린나이에 가지치기를 실시하는 것이 좋다.

10 굵은 생가지치기 시 위험성이 적은 수종은? [2015.1/2011.7]

① 단풍나무   ② 물푸레나무
③ 벚나무   ④ 포플러류

해설 • 생가지치기시 가장 위험한 수종 : 벚나무, 물푸레나무, 단풍나무, 느릅나무 등
• 특별히 굵은 생가지가 아니면 위험성이 거의 없는 수종 : 소나무, 편백나무, 낙엽송, 삼나무, 포플러류 등

11 그림의 은선은 가지의 기부가 굵은 지융부가 있는 활엽수의 가지치기 부위를 나타낸 것이다. 가장 적당한 부위는? [2008.10]

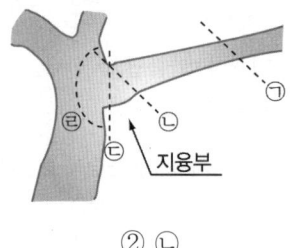

① ㉠　　　　　　　　　　　② ㉡
③ ㉢　　　　　　　　　　　④ ㉣

해설 살아있는 가지는 지융부에 가깝게 제거한다.

12 그림은 침엽수의 가지치기를 표시한 것이다. 가지치기가 가장 잘된 부위는? [2002.7]

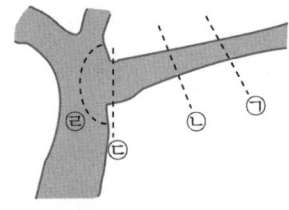

① ㉠　　　　　　　　　　　② ㉡
③ ㉢　　　　　　　　　　　④ ㉣

해설 침엽수는 절단면이 줄기와 평행하도록 자른다.

13 침엽수의 가지를 제거하는 방법으로 가장 옳은 것은? [2013.1/2010.3/2007.4]

① 가지가 뻗은 방향에 직각되게 자른다.
② 수간에 평행하게 자른다.
③ 가지 밑살의 끝부분에서 자른다.
④ 수간에 오목한 자국이 생기게 자른다.

해설 절단면이 평활하도록 가지치기 톱을 사용하며 침엽수는 줄기와 평행이 되도록 절단한다.

14 다음 중 나무의 가지를 자르는 방법으로 옳지 않은 것은? [2014.1]

① 고사지는 제거한다.
② 침엽수는 절단면이 줄기와 평행하게 가지를 자른다.
③ 활엽수에서 지름 5cm 이상의 큰 가지 위주로 자른다.
④ 수액유동이 시작되기 직전인 성장휴지기에 하는 것이 좋다.

> **해설** 활엽수 가지치기 시에 직경 5cm 이상의 가지는 자르지 않도록 한다.

15 포플러를 식재한 후 6~7년 된 나무일 때 가장 적당한 가지치기 작업의 정도는 얼마인가?

[2008.3/2004.10]

① 나무 높이의 1/3 정도 　　② 나무 높이의 1/2 정도
③ 나무 높이의 8~10m 정도 　　④ 전 수간의 2/3 정도

> **해설** 포플러의 가지치기
> • 0~8년생 : 나무 높이의 1/3 정도
> • 8~15년생 : 나무 높이의 1/2 정도
> • 15년생 이후 : 지면으로부터 8~10m 정도

유사문제

가지치기의 시기 및 정도에 있어서 식재 후 8년째까지는 수고의 어느 정도까지 가지치기를 하는 것이
좋은가?(단, 포플러인 경우) [2004.4]

① 1/2 　　　　　　　　② 1/3
③ 2/3 　　　　　　　　④ 1/4

> **해설** 포플러는 8년생까지는 수고의 약 1/3, 8~15년생은 수고의 1/2, 15년생 이후에는 지상부의 높이 8~10m까지
> 가지치기한다.
>
> **답** ②

---

16 일반적으로 가지치기 작업 시에 자르지 말아야 할 가지의 최소지름의 기준은? [2014.1]

① 5cm 　　　　　　　　② 10cm
③ 15cm 　　　　　　　④ 20cm

> **해설** 활엽수의 경우 상처의 유합이 잘 안되고 썩기 쉬우므로 직경 5cm 이상의 가지는 자르지 않도록 한다.

속아베기

01 다음 중 무육작업의 순서로서 바르게 나타낸 것은? [2015.1/2004.10]

① 풀베기 – 덩굴제거 – 제벌 – 가지치기 – 간벌
② 풀베기 – 덩굴제거 – 가지치기 – 제벌 – 간벌
③ 풀베기 – 덩굴제거 – 가지치기 – 간벌 – 제벌
④ 풀베기 – 가지치기 – 덩굴제거 – 간벌 – 제벌

해설 **무육작업의 순서** : 풀베기 – 덩굴제거 – 제벌(잡목 속아베기) – 가지치기 – 간벌(속아베기)

유사문제

조림지의 보육단계가 올바르게 나열된 것은? [2004.4]

① 풀베기 – 잡목 속아내기(제벌) – 가지치기 – 간벌
② 풀베기 – 간벌 – 잡목 속아내기(제벌) – 가지치기
③ 간벌 – 잡목 속아내기(제벌) – 풀베기 – 가지치기
④ 간벌 – 풀베기 – 잡목 속아내기(제벌) – 가지치기

해설 **조림지의 보육단계** : 풀베기 – 제벌 – 가지치기 – 간벌

답 ①

---

02 무육작업이라고 할 수 없는 것은? [2013.7/2011.4]

① 풀베기
② 속아베기(간벌)
③ 가지치기
④ 갱신

해설 무육작업은 어린나무를 우량한 목재로 키우는 과정의 모든 작업을 의미하며, 풀베기 – 덩굴제거 – 제벌 – 가지치기 – 간벌 순으로 이루어진다.

03 다음 그림에서 제벌작업 시 제거되어야 할 나무로 가장 잘 짝지어진 것은? [2013.1/2009.7]

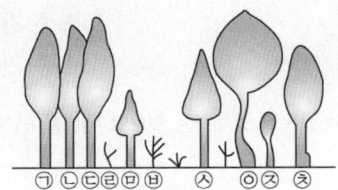

① ㉠, ㉰ ② ㉣, ㉱
③ ㉦, ㉧ ④ ㉡, ㉰

> **해설** 제벌은 조림목이 임관을 형성한 뒤부터 간벌할 시기에 이르는 사이에 침입수종의 제거를 하고, 아울러 조림목 중 자람과 형질이 매우 나쁜 것을 제거하는 것이다.

04 간벌에 대한 설명으로 틀린 것은? [2009.3]

① 임분구성을 조절하기 위함이다.
② 나무를 솎아내어 남게 되는 나무에 더 넓은 공간을 주어 지름생산을 촉진하고 숲을 건전하게 한다.
③ 벌기가 되기 전에 나무를 솎아베어 중간수입을 얻을 수 있다.
④ 밑나무(下木)를 조림하기 위함이다.

> **해설** 솎아베기(간벌)는 조림목의 생육공간 및 임분구성 조절이 목적이다.

유사문제

간벌에 관한 설명으로 옳지 않은 것은? [2014.1]

① 솎아베기라고도 한다.
② 임관을 울폐시켜 각종 재해에 대비하고자 한다.
③ 조림목의 생육공간 및 임분구성 조절이 목적이다.
④ 임분의 수직구조 및 안정화를 도모한다.

> **해설** ② 임관이 항상 울폐한 상태에 있어 임지와 치수를 보호하는 것은 택벌작업이다.

답 ②

---

05 데라사끼(寺崎)식 간벌에 있어서 간벌량이 가장 적은 간벌방식은? [2009.3]

① A종 간벌 ② B종 간벌
③ C종 간벌 ④ D종 간벌

> **해설** **A종 간벌** : 4급목과 5급목을 벌채하는 것으로 임분을 구성하는 주요 임목은 그대로 두고 임내를 정리하는 정도의 간벌이다.

06 정성간벌에서 임내를 정리하는 정도의 약도간벌에 속하는 것은? [2010.7]

① A종 간벌   ② B종 간벌
③ C종 간벌   ④ D종 간벌

> 해설 **A종 간벌** : 4급목과 5급목을 벌채하는 것으로 임분을 구성하는 주요 임목은 그대로 두고 임내를 정리하는 정도의 간벌이다.

07 다음 중 상층간벌은 무엇인가? [2005.4]

① A종 간벌   ② B종 간벌
③ C종 간벌   ④ D종 간벌

> 해설 **D종 간벌** : 상층임관을 강하게 벌채하고 3급목을 남겨서 수간과 임상이 직사광선을 받지 않도록 하는 것이다.

08 B종 간벌을 가장 옳게 설명한 것은? [2013.4/2009.3]

① 4·5급목을 전부 벌채하고 2급목의 소수를 벌채하는 것
② 최하층의 4·5급목 전부와 3급목의 일부, 그리고 2급목의 상당수를 벌채하는 것
③ 4·5급목의 전부와 3급목의 대부분을 벌채하고 때에 따라서는 1급목의 일부를 벌채하는 것
④ 4·5급목의 전부와 특히 1급목의 일부를 벌채하는 것

> 해설 **B종 간벌** : 최하층의 4·5급목 전부와 3급목의 일부, 그리고 2급목의 상당수를 벌채하는 것으로서 C종 간벌과 함께 단층목에 있어서 가장 넓게 실시된다.

유사문제

간벌의 기준이 되며 수관급 3급목이 양분의 중요 구성인자가 되고 1급목이 비교적 적은 곳에서 적용되는 간벌방식으로, 가장 널리 적용되는 간벌방식은 어느 것인가? [2008.10/2004.4]

① A종 간벌   ② B종 간벌
③ C종 간벌   ④ D종 간벌

> 해설 B종 간벌은 가장 널리 적용되는 방법으로 3급목의 대부분과 2급목의 일부 및 1급목 전부를 남겨둔다.
>
> 🖐 답 ②

09 나무를 심어 10년이 지나면 개체 간의 우열이 생긴다. 다음 그림의 수관급을 나타낸 숲의 단면도에서 3급목에 해당하는 것은? [2009.3]

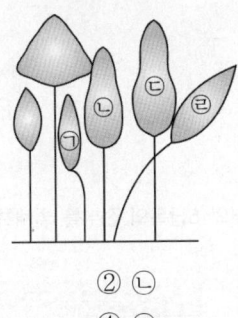

① ㉠   ② ㉡
③ ㉢   ④ ㉣

해설 **3급목**
생장은 뒤떨어져 있으나 수관과 줄기가 정상적이고 그 둘레의 1, 2급목이 제거되면 생장을 계속할 수 있는 나무를 말한다.

유사문제

다음 그림은 수관급을 나타낸 숲의 단면도이다. 3급목에 해당하는 것은? [2003.10]

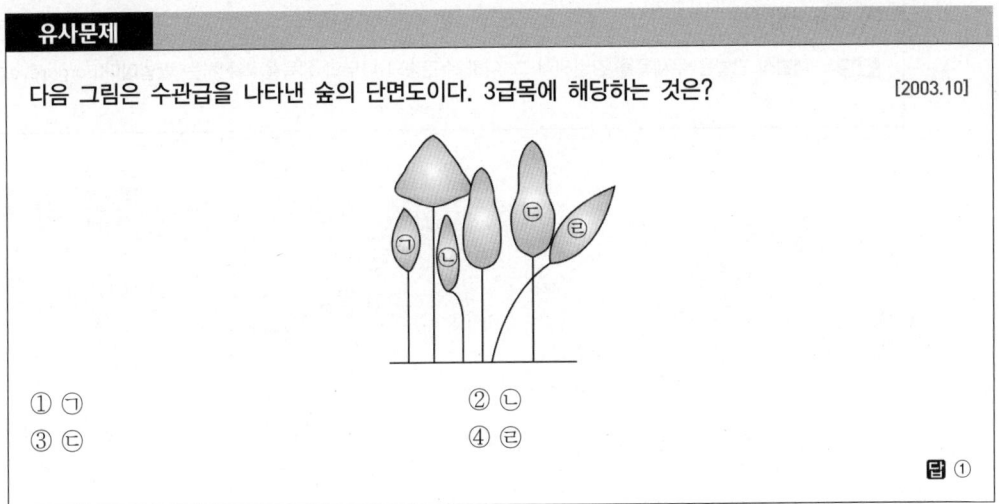

① ㉠   ② ㉡
③ ㉢   ④ ㉣

답 ①

---

10 상층임관을 구성하고 있으며 병해를 받는 임목의 수관급은? [2001.7]

① 1급목   ② 2급목
③ 3급목   ④ 4급목

해설 **2급목**
수관의 발달이 이웃한 나무에 의하여 방해를 받아 정상적이지 못하고 성장에 알맞은 공간을 갖지 못하고 있거나 그 형태가 불량한 것을 말한다.

11 일찍부터 수확을 올리고 남은 임목에 충분한 공간을 주어 우세목으로 만드는 데 그 목적이 있고 1급목이 주간벌 대상이 되는 간벌방식은?   [2009.1]

① 택벌식 간벌
② 기계적 간벌
③ 하층간벌
④ 수관간벌

> **해설** 택벌식 간벌은 1급목 전부와 5급목의 전부를 벌채하는 방법으로 일종의 상층간벌에 속한다.

유사문제

1급목 중 가장 큰 것, 때로는 1급목의 전부와 5급목을 벌채하는 간벌법은?   [2002.4]

① 택벌식 간벌
② 기계적 간벌
③ 하층간벌
④ 자유간벌

> **해설** 택벌식 간벌은 우세목을 간벌해서 그 이하 수관층의 나무의 생육을 촉진하는 방법이다(Borggreve법).

답 ①

---

12 C종 간벌(강도간벌)을 실시한 후에 남겨지는 수관급은?   [2005.10]

① 1급목만 남아있다.
② 1급목과 2급목만 남아있다.
③ 1급목과 3급목 일부가 남아있다.
④ 1급목 일부와 2급목, 3급목이 남아있다.

> **해설** C종 간벌(강도간벌)
> 2 · 4 · 5급목은 전부, 3급목은 대부분을 벌채하고, 1급목도 다른 1급목에 지장을 주면 벌채하므로 1급목과 3급목 일부가 남아있게 된다.

13 침엽수종이 간벌재가 경제적인 가치에 도달하게 되었을 때 처음 간벌은 보통 몇 년생일 때 실시하는가?

[2012.4/2010.7]

① 5~10년   ② 15~20년

③ 25~30년   ④ 35~40년

해설 첫 번째 간벌시기
- 침엽수종 : 15~20년생일 때
- 활엽수종 : 30~40년생일 때

유사문제

소나무 등 침엽수종은 대개 몇 년생일 때 간벌을 개시하는 것이 적당한가?(단, 인공림에서 가지치기, 솎아베기의 경우로 횟수는 1회이고, 식재밀도는 5,000본/ha 기준이다)   [2010.1]

① 8년 이내   ② 15~20년

③ 30~50년   ④ 50~70년

해설 침엽수종에 대한 간벌개시임령

구분	식재밀도(본/ha)	간벌개시임령(년)
소나무	5,000	15~20
잣나무	3,000	15~20
낙엽송	3,000	10~15
삼나무	3,500	15~20
편백	4,000	20~25
가문비나무	4,000	20~25
전나무	4,500	20~25

답 ②

---

14 낙엽송이나 잣나무와 같은 바늘잎나무는 대개 몇 년을 전후하여 첫 번째 솎아베기를 하는가?

[2009.7]

① 5년   ② 10년

③ 15년   ④ 20년

해설 낙엽송, 잣나무, 소나무의 첫 번째 솎아베기 시기 : 7~15년

15 솎아베기가 잘된 임지(林地), 유령림 단계에서 집약적으로 관리된 임분에서 생략이 가능한 산벌작업 방식은? [2005.10]

① 예비벌 　　　　　　　　　　② 하종벌
③ 후벌 　　　　　　　　　　　④ 종벌

해설　예비벌을 생략할 수 있는 경우
- 유령림단계에서 집약적으로 관리된 임분
- 치수가 이미 임내에 상당히 발생되어 있는 임분
- 천연림 중에서 과숙임분으로서 임관이 이미 소개되어 있는 임분

16 다음 중 간벌의 효과가 아닌 것은? [2005.4]

① 숲을 건강하게 만든다.
② 나무의 생육을 촉진시킨다.
③ 중간 수입을 얻을 수 있다.
④ 재적생장은 증가하지 않으나 형질생장은 증가한다.

해설　④ 재적생장과 형질생장을 증가시킨다.

유사문제

간벌의 효과에 대한 설명으로 틀린 것은? [2010.3]

① 지름생장을 촉진하고 숲을 건전하게 만든다.
② 빽빽한 밀도로 경쟁을 촉진시켜 나무의 형질을 좋게 한다.
③ 벌채가 되기 전에 나무를 솎아 베어 중간 수입을 얻을 수 있다.
④ 나무를 솎아 벤 곳에 잡초가 무성하게 되어 표토의 유실을 막고 빗물을 오래 머무르게 하여 숲 땅이 비옥해진다.

해설　간벌의 효과
- 직경성장을 촉진하여 연륜폭이 넓어진다.
- 생산될 목재의 형질을 좋게 한다.
- 벌기수확은 양적·질적으로 매우 높아진다.
- 임목을 건전하게 발육시켜 여러 가지 해에 대한 저항력을 높인다.
- 우량한 개체를 남겨서 임분의 유전적 형질을 향상시킨다.
- 산불의 위험성을 감소시킨다.
- 조기에 간벌수확이 얻어진다.
- 입지조건의 개량에 도움을 준다.

답 ②

17 Hawley의 간벌양식 중 흉고직경급이 낮은 수목이 가장 많이 벌채되는 것은? [2014.4]

① 수관간벌
② 하층간벌
③ 택벌식 간벌
④ 기계적 간벌

해설 • 하층간벌(보통간벌, 독일식 간벌법)
 – 피압된 가장 낮은 수관층의 나무를 벌채하고 점차로 높은 층의 나무를 벌채하는 방법이다.
 – 강도 높은 하층간벌이 실시된 후 우세목과 준우세목이 남으며 침엽수종의 일제임분에 적용하는 것이 알맞다.
• 수관간벌(프랑스법, 덴마크법)
 – 상층임관을 소개해서 같은 층을 구성하고 있는 우량개체의 생육을 촉진시킨다.
 – 주로 준우세목이 벌채되며, 우량목에 지장을 주는 중간목과 우세목의 일부도 벌채한다.
• 택벌식 간벌(Borggreve법)
 – 우세목을 간벌해서 그 이하의 임관층 나무의 생육을 촉진시킨다.
 – 수익성이 없다고 생각되는 나무는 벌채 대상목으로 하지 않는다.
 – 잔존될 하층목은 왕성하고 잘 발달한 수관을 가지고 있어야 하며, 소개에 따라 잘 반응할 가능성을 지니고 있어야 한다.
• 기계적 간벌
 – 간벌 후에 남겨질 수목간 거리를 사전에 정해 놓고 수관의 위치와 모양에 상관없이 실시한다.
 – 수고가 비슷하고 형지에 차이가 잘 인정되지 않는 유령임분에 흔히 적용된다.
 – 기계적 간벌은 등거리간벌과 열식간벌이 있다.

18 미래목의 구비요건이 아닌 것은? [2005.4]

① 적정한 간격을 유지할 것
② 수간이 곧고 수관폭이 좁을 것
③ 상층 임관을 구성하고 건전할 것
④ 주위 임목보다 월등히 수고가 높을 것

해설 **미래목의 구비요건**
• 수종 : 침・활엽수림에서 모두 실행이 가능하고 혼효림에서는 유용수종을 우선 선발하되 그 임지의 우점수종이어야 한다.
• 형질 : 수간이 밋밋하며 갈라지지 않고 병해충 및 물리적인 피해가 없으며 이상형상 등이 없는 임목이어야 한다.
• 건전하고 생장이 왕성한 임목(근부, 수간 및 수간)으로 피압을 받지 않은 상층임목이어야 한다.
• 미래목 간의 거리는 최소한 4m 이상이 되도록 한다.

19 다음과 같은 작업을 실시하는 간벌의 종류는 무엇인가? [2004.10]

> • 1급목 : 일부만 자른다.
> • 2급목 : 모두 자른다.
> • 3급목 : 자르지 않는다.
> • 4급목 : 자르지 않는다.

① A종 간벌　　　　　　　　　　② B종 간벌
③ C종 간벌　　　　　　　　　　④ E종 간벌

해설　① 4・5급 전부 벌채
　　　② 4・5급 전부, 3급 일부, 2급 상당수 벌채
　　　③ 2・4・5급 전부, 3급 대부분, 1급 일부 벌채

20 1급목의 일부도 벌채하는 하층간벌 형식으로 솎아내는 간벌은? [2010.7]

① A종 간벌　　　　　　　　　　② B종 간벌
③ C종 간벌　　　　　　　　　　④ D종 간벌

해설　C종 간벌은 2・4・5급목 전부, 3급목 대부분을 벌채하고 1급목 중 다른 1급목에 지장을 주는 것도 벌채한다.

21 어린 임분에 대한 간벌량 결정에 가장 많이 이용되는 것은? [2004.4]

① 그루수율　　　　　　　　　　② 재적률
③ 가슴높이 직경률　　　　　　　④ 가슴높이 단면적률

해설　간벌량을 결정할 때는 간벌대상 임분의 평균수고, 평균직경, 임령 등에 대한 적정본수, 재적, 흉고단면적 합계 등이 결정되어야 하며, 이것을 결정하는 데는 임분수확표나 밀도관리도 등을 사용하여야 한다.

22 같은 동령 임분에 대하여 양식의 간벌을 적용하였을 때 어느 정도 굵기의 나무가 어느 정도로 벌채된다는 사실을 비교한 것이다. 하층 간벌을 나타낸 것은?(단, X축은 가슴높이 지름을, Y축은 1ha당 나무의 그루수를 나타낸다)

[2004.4]

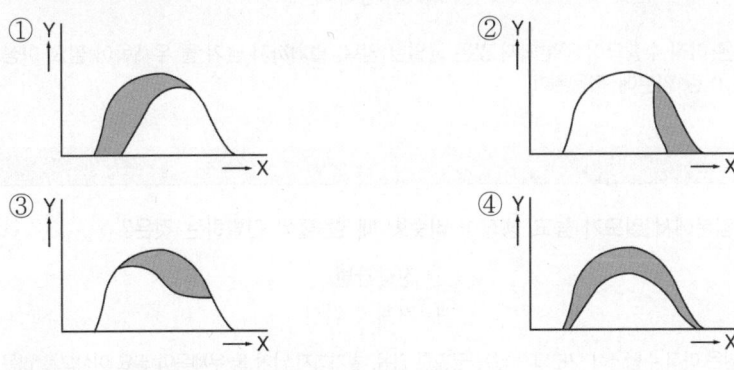

해설 ② 수관간벌, ③ 상층간벌, ④ 기계적 간벌

23 다음은 간벌의 종류에 따라 그루수율과 재적률을 나타낸 것이다. 이 중 옳게 짝지어진 것은?

[2003.10]

	간벌의 종류	그루수율(%)	재적률(%)
①	A종	10~15	2~6
②	B종	20~35	12~25
③	C종	30~40	45~60
④	D종	25~35	25~30

해설 간벌률

간벌의 종류	그루수율(%)	재적률(%)
A종	25~35	15~20
B종	35~45	20~30
C종	45~60	30~40
D종	25~35	25~30

24 다음 중 밀도가 높은 어린 임분에 적용하는 간벌 방법은? [2003.3]

① 하층간벌   ② 택벌식 간벌

③ 상층간벌   ④ 기계적 간벌

> **해설** 기계적 간벌은 아직 수행급이 구분되지 않은 균일한 임목, 벌기까지 남겨 둘 우세목이 필요 이상으로 많은 밀도가 높은 어린 임분에 적용된다.

유사문제

조림지 중 어린 임분에서 밀도가 높고 생장이 비슷할 때 한 줄씩 간벌하는 것은? [2010.7]

① 정성간벌   ② 정량간벌

③ 도태간벌   ④ 기계적 간벌

> **해설** 기계적 간벌은 아직 수행급이 구분되지 않은 균일한 임목, 벌기까지 남겨 둘 우세목이 필요 이상으로 많은 밀도가 높은 어린 임분에 적용된다.

답 ④

---

25 간벌량이 가장 많은 간벌 방식은? [2002.7]

① A종 간벌   ② B종 간벌

③ C종 간벌   ④ D종 간벌

> **해설** C종 간벌(강도간벌)
> 2·4·5급목 전부, 3급목 일부분을 벌채하고 1급목 중 다른 1급목에 지장을 주는 것도 벌채한다.

---

26 삼림을 가꾸기 위한 벌채(撫育伐)에 속하는 것은? [2002.4]

① 택벌작업   ② 산벌작업

③ 간벌작업   ④ 중림작업

> **해설** 간벌작업은 경관의 유지와 개선을 위해 밀도 조절이 필요한 삼림에서 진행된다.

27 다음 중 동일 조건하에서 종자의 비산력(飛散力)이 가장 큰 것은? [2011.2]

① 상수리나무 　　　　　　　　② 소나무
③ 잣나무 　　　　　　　　　　④ 주목

> **해설**　소나무는 종자가 가벼워 비산력이 크다. 따라서 1ha당 15~30본 정도를 남기면 골고루 산재시킬 수 있으나 종자가 무거워 비산력이 작은 활엽수종은 50본 이상을 남겨야 한다.

28 간벌 시 잔존시켜야 할 나무가 아닌 것은? [2011.4]

① 우량하고 건강하며 크고 가치 있는 나무
② 혼효림 수종으로 가치 있는 나무
③ 우량목이나 지표면을 보호하고 있는 나무
④ 병든 나무이나 대경목인 나무

> **해설**　고사목 및 피해목은 우선적으로 제거되어야 한다.

29 정성간벌의 설명으로 틀린 것은? [2011.2]

① 간벌한 시기, 간벌할 나무의 수와 재적을 미리 정한다.
② 간벌목의 선정이 기술자의 주관에 따라 크게 영향을 받는다.
③ 간벌을 되풀이하는데 미리 한계를 정하기가 어렵다.
④ 상층간벌과 하층간벌이 있다.

> **해설**　**솎아베기 종류**
> • 정성간벌 : 각 임목의 품질향상을 중요시 한 간벌 방법으로, 줄기의 형태와 수관의 특성으로 구분되는 수관급을 바탕으로 정해진 상층간벌이나 하층간벌 등 간벌 양식에 따라 간벌 대상목을 선정한다.
> • 정량간벌 : 우량하고 바람직한 현실 임분에서 자료를 얻어 만들어진 기준으로, 솎아베기의 실행 기준을 간벌량에 두고 입목 밀도를 조절해 나가며, 간벌량은 본수, 흉고직경, 흉고단면적 합계, 재적 등을 기준으로 산정한다.
> • 도태간벌 : 최고의 가치 생장을 위해 형질이 우수한 미래목을 집중적으로 선발·탐색하여 그 발달을 조장시켜 주는 무육 목표를 갖고 있다.
> • 기계적 간벌 : 간벌 후에 남겨질 나무 사이의 거리를 사전에 정해 놓고 수형급과 상관없이 벌채하는 간벌 방법으로, 남겨지는 나무 사이의 거리를 비슷하게 하는 등거리 간벌과 벌채 기준을 식재열에 두고 띠 모양으로 벌채하는 열식간벌이 있다.

30 데라사끼의 수관급 구분에서 너무 피압되어서 충분한 공간을 주어도 쓸만한 나무로 될 가능성이 없는 것은?
[2011.2]

① 1급목
② 2급목
③ 3급목
④ 4급목

해설 데라사끼의 수관급 구분에서 4급목은 아직 생활수관을 가지고 있으나 너무 피압되어서 공간을 주어도 좋은 나무로 성장할 가능성이 없다.

31 간벌을 실시하는 필요성과 관계가 먼 것은?
[2011.4]

① 생육공간 조절
② 생장 조절
③ 임분 수직 구조개선으로 임분 안정화 도모
④ 유기물의 생산량 감소

해설 **간벌의 효과**
• 직경성장을 촉진하여 연륜폭이 넓어진다.
• 생산될 목재의 형질을 좋게 한다.
• 벌기수확은 양적·질적으로 매우 높아진다.
• 임목을 건전하게 발육시켜 여러 가지 해에 대한 저항력을 높인다.
• 우량한 개체를 남겨서 임분의 유전적 형질을 향상시킨다.
• 산불의 위험성을 감소시킨다.
• 조기에 간벌수확이 얻어진다.
• 입지조건의 개량에 도움을 준다.

32 수관급에서 열세목과 우세목이란 무엇을 결정하는 것인가?
[2012.4]

① 수관이 임관층의 윗부분에 있는지, 아랫부분에 있는지의 식별
② 가지가 정상적으로 뻗어 있는지의 식별
③ 줄기가 곧은지 굽은지 식별
④ 수관의 굴곡 정도 식별

해설 우세목이란 수관이 상층임관을 형성하는 생장상태가 상대적으로 뛰어난 나무를 이르는 말로 그 반대의 수목을 열세목이라고 한다.

33 냉한대 침엽수림을 구성하는 대표적인 우점수종에 속하지 않는 것은?
[2011.7]

① 오리나무류
② 소나무류
③ 가문비나무류
④ 전나무류

해설 ① 오리나무는 산기슭이나 논둑의 습지 근처에서 자라는 낙엽활엽교목이다.

CHAPTER 06 천연림가꾸기

01 천연갱신에 대한 설명으로 틀린 것은? [2009.7]

① 천연갱신은 그 임지의 기후와 토질에 가장 적합한 수종이 생육하게 되므로 각종 위해에 대한 저항력이 크다.

② 천연갱신지의 치수는 모수보호를 받아 안성된 생육환경을 제공받는다.

③ 인공조림에서와 같이 수종 선정의 잘못으로 인해 실패할 염려가 많다.

④ 임지가 나출되는 일이 드물며 적당한 수종이 발생하고 혼효되기 때문에 지력 유지에 적합하다.

> **해설** ③ 모수가 되는 임목은 이미 그 지역에서 생육하여 조림지의 기후·토양에 적응한 것이므로 인공조림에서와 같이 수종이 잘못 선정되어 실패할 염려가 없다.

02 다음 중 인공갱신과 비교하여 천연갱신의 장점이 아닌 것은? [2013.1/2007.9]

① 자연환경의 보존 및 생태계 유지측면에서 유리하다.

② 성숙한 나무로부터 종자가 저절로 떨어져서 숲이 조성된다.

③ 생산되는 목재가 균일하며 작업이 단순하다.

④ 보안림, 국립공원 또는 풍치를 위한 숲은 주로 천연갱신에 의한다.

> **해설** ③ 균일한 목재생산을 집약적으로 하기 위해서는 인공조림을 한다.

유사문제

다음 중 천연갱신의 장점이 아닌 것은? [2005.4]

① 환경에 잘 적응된 나무로 구성되어 있다.

② 경비가 거의 들지 않는다.

③ 생산된 목재가 균일하다.

④ 숲과 땅을 보호한다.

> **해설** ③ 생산된 목재가 균일한 것은 인공갱신의 특징이다.

답 ③

정답 1 ③   2 ③

03 임지에 서 있는 성숙한 나무로부터 종자가 떨어져 어린나무를 발생시키는 갱신 방법은?

[2011.4/2007.9/2005.4]

① 천연하종갱신
② 인공조림
③ 맹아갱신
④ 파종조림

> **해설** 천연하종갱신(天然下種更新)은 자연적으로 종자가 낙하하여 지표면에 닿아 새싹이 나는 것으로 상방 천연하종 갱신과 측방 천연하종갱신이 있다.

04 인공조림의 장점으로 옳은 것은?

[2015.1/2004.4]

① 좋은 종자로 묘목을 기르고 무육작업에 힘을 써서 원하는 목재를 생산할 수 있다.
② 어떤 숲땅에 서 있는 성숙한 나무로부터 종자가 저절로 떨어져 자라기 때문에 인건비가 절감된다.
③ 오랜 세월을 지내는 동안 그곳의 환경에 적응되어 견디어내는 힘이 강하다.
④ 우량한 나무들을 남겨 다음 대를 이을 수 있게 할 수 있다.

> **해설** 인공조림이란 무(無)임지나 기존의 임목을 끊어 내고 그곳에 파종 또는 식재 등의 수단으로 삼림을 조성하는 것을 말한다. 인공조림에 있어서는 조림할 수종과 종자의 선택의 폭이 넓어진다. 그 곳에 없었던 유망수종과 품종, 그리고 채종원이나 채종림에서 생산된 우량종자를 적극적으로 도입할 수 있다.

05 임분갱신에 관한 설명 중 틀린 것은?

[2014.1]

① 파종조림, 식재조림은 인공갱신에 속한다.
② 맹아갱신은 대경 우량재 생산이 곤란하다.
③ 천연하종갱신은 경제적이고 적지적수가 될 수 있다.
④ 모든 임분갱신은 천연하종갱신으로 하는 것이 좋다.

> **해설** 천연하종갱신의 결정은 다음과 같은 여러 인자를 고려해야 한다.
> • 임목생육과 임지와의 관계
>   – 갱신력 : 종자결실량이 풍부하고, 치수기에 생장이 빠른 수종
>   – 지력 : 수종에 따른 지력요구도를 고려, 지력 향상에 유리한 수종
>   – 각종 위해에 대한 적응성 : 병충해, 기상해 및 각종 위해에 저항력이 큰 수종
> • 임업경영 및 경제적 조건과의 관계
>   – 생장량 : 임목의 생장속도에 따른 경영목표 설정
>   – 재질 : 재질에 따른 시장수요의 변동
>   – 재종 : 지역시장에 필요한 목재의 생산 가능성
> • 갱신에 영향하는 인자
>   – 종자공급 : 소실되는 종자량 이상의 종자공급이 필요
>   – 발아환경 : 종자발아에 적합한 환경 조성
>   – 치수생육 : 발생된 치수생육에 적합한 상태 유지

3 ① 4 ① 5 ④ **정답**

06 수풀의 작업종 중에서 어미나무 작업에 의해 갱신되는 임분은 어떤 형태인가? [2012.2/2007.9/2004.10]

① 복층림 　　　　　　　　　　② 천연림

③ 동령림 　　　　　　　　　　④ 혼효림

해설　모수작업에 의해 나타나는 산림은 동령림이다. 동령림은 모든 수목의 연령이 비슷한 임목으로 구성된 산림이다.

07 대면적의 임분이 일시에 벌채되어 동령림으로 구성되는 작업종으로 옳은 것은? [2014.1]

① 개벌작업 　　　　　　　　　② 산벌작업

③ 택벌작업 　　　　　　　　　④ 모수작업

해설　개벌작업은 갱신하고자 하는 임지 위에 있는 임목을 일시에 벌채하여 이용하고, 그 적지에 새로운 임분을 조성시키는 방법이다.

유사문제

현재의 숲을 일시에 다른 수종으로 변경하고자 할 때 가장 좋은 방법은? [2012.4/2010.1/2007.9/2003.3]

① 개벌작업 　　　　　　　　　② 모수작업

③ 택벌작업 　　　　　　　　　④ 산벌작업

해설　개벌작업은 갱신시킬 대상임지의 임분을 일시에 벌채로 제거하고 갱신 목적에 맞게 새로운 임형을 조성시키는 것을 말한다.

답 ①

---

08 예비벌을 실시하는 목적과 거리가 먼 것은? [2009.7]

① 잔존목의 결실 촉진

② 부식질의 분해 촉진

③ 어린나무의 발생에 적합한 환경 조성

④ 벌목의 반출 용이

해설　**예비벌**
임목의 결실촉진과 풍해에 대한 저항력 증대를 도모하는 갱신준비 벌채로 지표 유기물의 분해가 촉진되고 산포된 종자의 발아 및 치수생육에 유리한 환경을 조성한다.

09 종자 채취 시 모수의 특성으로 적합하지 않은 것은? [2005.10]

① 성장이 빠를 것

② 재질이 우량할 것

③ 가지가 많을 것

④ 결실량이 많을 것

> 해설 가지가 많은 것보다는 가지의 형태가 좋아야 한다. 즉, 3~4년생의 생육이 왕성하고 품종의 특성을 잘 갖춘 나무가 적합하다.

10 종자를 채취하기 위한 모수로서 가장 적당한 임목은? [2005.4]

① 유령목 ② 장령목

③ 노령목 ④ 치수림

> 해설 종자를 채취할 채종모수는 줄기가 통직하고, 건전하며 왕성한 생장을 하는 나무여야 하므로 장령기에 접어들수록 좋고, 어린나무나 노쇠목은 피한다.

11 다음 수종 중 측면맹아력이 가장 강한 수종은? [2013.7/2009.1]

① 잣나무 ② 아까시나무

③ 낙엽송 ④ 소나무

> 해설 아까시나무는 측면맹아력이 강하고 내한성, 내염성, 내공해성 등이 모두 강하여 심고 가꾸기가 쉽다.

12 삼림의 효용 중 휴양 기능에 속하는 것은? [2002.4]

① 홍수를 방지한다.

② 수원을 조절한다.

③ 향료, 약품, 조미료 등을 공급한다.

④ 공기를 정화한다.

> 해설 ①·② 공익적 기능
> ③ 경제적 기능
> ※ 삼림의 효용 : 기상조건의 완화, 수원(水源) 함양, 자연재해의 방지, 방화·소음 방지, 대기정화, 조수(鳥獸)의 보호, 보건휴양, 풍치보전, 환경지표, 자연교육장 등

13 단순림으로 구성된 수종은? [2002.4]

① 소나무와 참나무로 구성된 산림이다.

② 소나무로 구성된 산림이다.

③ 낙엽송, 소나무로 구성된 산림이다.

④ 잣나무와 참나무로 구성된 산림이다.

해설 한 가지 수종으로만 구성된 산림을 단순림이라 한다.

14 천연 침엽수림의 특징에 관한 설명 중 틀린 것은? [2001.7]

① 혼효림으로 구성되는 경향이 있고, 단위면적당 본수가 적다.

② 주로 한대림에 분포되며, 재질이 우수하다.

③ 수간이 곧고 수관이 밀하다.

④ 하부식생이 거의 없고 침엽이 조부식 상태로 많이 쌓인다.

해설 ① 침엽수림은 단순림으로 구성되는 경향이 있고, 단위면적당 본수가 많다.

15 천연림 보육작업의 목적으로 보기 어려운 것은? [2008.2]

① 임지 환경에 맞는 건강한 산림을 유지시킬 수 있다.

② 쓸모없게 될 가능성이 있는 숲을 경제림으로 만들 수 있다.

③ 표고자목, 해태목 등 소경재 생산을 주목적으로 한다.

④ 적은 투자로 용재림을 조성할 수 있다.

해설 **천연림 보육작업**
• 인공조림지가 아닌 천연림에서 나무를 가꾸는 작업을 말하며 작업종은 간벌작업, 가지치기, 임내정리 등이 있다.
• 우량 대경재 이상을 생산할 수 있는 천연림을 대상으로 한다.

16 소경재의 용도로 적합하지 않은 것은? [2010.7]

① 토목용 말목 및 비계목

② 건축자재, 집성재

③ 지주, 칩용재

④ 송판 제재

17 수형목(秀型木) 선발에 가장 용이한 임분은? [2004.4]

① 인공잡림 ② 인공동령림
③ 천연림 ④ 이령림

> **해설** 수형목의 선발은 인공림과 천연림 어디에서나 할 수 있으나, 천연림에서는 동일 계통의 임목이 집단적으로 생육하고 있을 경우가 많아서 너무 가까운 거리에서 선발할 때에는 선발이 중복될 가능성이 많으므로 될 수 있는 대로 서로 떨어진 곳에서 선발할 필요가 있다. 또한 성장을 비교하기 위해서는 이령림보다는 동령림이 편리하다.

18 왜림작업으로 가장 적합한 수종은? [2009.7/2007.4]

① 전나무 ② 가문비나무
③ 아까시나무 ④ 향나무

> **해설** 왜림작업이란 활엽수림에서 연료재 생산을 목적으로 비교적 짧은 벌기령으로 개벌하고 근주(根株)로부터 나오는 맹아로 갱신하는 방법을 말한다. 주로 아까시나무, 참나무류의 수종에 많이 적용한다.

19 임목벌채를 개벌작업으로 실행할 때 1개 벌구를 몇 ha 내외로 실행하는가?(단, 경제림 단지 내의 경우는 제외한다) [2009.7]

① 1ha ② 5ha
③ 10ha ④ 20ha

> **해설** 임지는 1개 벌구를 5ha 이내로 구획한다.

20 다음 보육의 설명 중 바르게 설명되지 않는 것은? [2003.3]

① 유령림 보육 시 절단부위는 산물의 이용 또는 차기작업 등을 고려하여 가급적 지상 가까이 자른다.
② 치수림 보육 시 가지치기와 간벌은 그 목적과 방법이 같다.
③ 보육대상목에 직접 피해를 주지 않는 하층식생은 보존시킨다.
④ 임연목은 가급적 남긴다.

> **해설** 성림(成林)에 대한 보육으로 가지치기와 간벌은 그 목적과 방법이 다르다. 가지치기는 우량한 목재를 얻기 위해 가지의 일부를 계획적으로 끊어 주는 작업이고 간벌은 미숙한 임분에 대하여 일부 임목을 벌채해서 남게 될 나무의 자람을 촉진시키고 유용한 목재의 총생산량을 증가시키기 위함이다.

21 우죽덮기의 효과라고 볼 수 없는 것은? [2003.3]

① 잡초발생 촉진
② 임지건조 예방
③ 표토유실 방지
④ 양분공급

해설 우죽덮기는 낙지나 관목의 가지를 잘라 숲땅의 표면을 덮어주는 일을 말하는데 잡초의 발생을 억제한다.

22 산림 보육작업 시 보육대상목(가치있는 수종)으로 볼 수 없는 것은? [2002.4]

① 소나무
② 참나무
③ 박달나무
④ 버드나무

해설 미래목 및 중용목으로 잔존시켜 보육하여야 할 대상 수종은 소나무, 상수리나무, 굴참나무, 신갈나무, 자작나무, 거제수나무, 박달나무, 물박달나무, 피나무, 찰피나무, 물푸레나무, 들메나무, 음나무, 가래나무, 고로쇠나무 등 유용 경제수종으로 한다.

23 임지의 생산력을 유지하고 또 증진시키기 위한 임지의 보육 방법이 아닌 것은? [2011.7]

① 건조한 남향임지에 수평구를 설치한다.
② 비료목을 심는다.
③ 개벌작업을 자주 실시한다.
④ 나뭇가지나 관목 등으로 임지를 피복한다.

해설 개벌로 인한 임지의 노출로 표토(表土)·부식(腐植)의 유출, 임지의 붕괴(崩壞), 급격한 환경의 변화 등으로 임지가 불량해지고, 기상·병충의 피해로 조림에 실패할 우려가 있다.
임지보호
• 생물적 임지보호 : 비료목, 균근균, 하목의 식재
• 물리적 임지보호 : 수평구의 설치, 계단조림, 임지경토, 관수, 배수, 임지피복

유사문제

다음 중 임지의 보호방법으로 옳지 않은 것은? [2012.2]

① 비료목을 식재한다.
② 황폐한 임지는 등고선 방향으로 수평구를 설치한다.
③ 임지 표면의 낙엽과 가지를 모두 제거한다.
④ 균근균을 배양하여 임지에 공급한다.

해설 ③ 지력을 유지·증진하려면 낙엽과 낙지를 보호한다.

답 ③

---

24 치수림(稚樹林) 보육에 필요 없는 작업은? [2011.2]

① 덩굴식물 제거
② 미래목의 선정 보육
③ 우량 형질의 맹아 보육
④ 목적 수종에 피해를 주는 잡목 제거

해설 ② 치수림 보육은 장차 유령림 보육 시 미래목을 선정할 수 있는 기반을 조성하는 단계이다.

25 임목을 생산 벌채하고 이용하고, 또 그곳에 새로운 숲을 조성하는 작업체계를 기술적으로 무엇이라 하는가? [2012.7]

① 무육작업
② 산림작업종
③ 제벌작업
④ 임목개량

해설 산림을 조성하여 이것을 목적에 따라 보육하고 벌기에 달하면 벌채하여 이용하며 또한 후계림의 도입을 중심적으로 처리한다. 즉, 조성, 무육, 수확, 갱신 등의 일관된 산림작업의 체계를 산림작업종이라고 한다.

26 흉고직경이 6~16cm의 임목을 나타낸 것은? [2012.4]

① 치수
② 소경목
③ 중경목
④ 대경목

해설 • 치수 : 흉고직경 6cm 미만의 임목
• 소경목 : 흉고직경 6~16cm의 임목
• 중경목 : 흉고직경 18~28cm의 임목
• 대경목 : 흉고직경 30cm 이상의 임목

27 다음 중 교목(또는 고목)에 해당하는 수종은? [2012.7]

① 개나리
② 회양목
③ 소나무
④ 반송

해설 교목은 단간성이고 성숙했을 때 수고는 8m(자람에 따라 4~5m)를 넘으며, 줄기와 수관의 구별이 뚜렷한 수종을 말한다. 느티나무, 은행나무, 소나무, 사시나무, 녹나무, 낙엽송 등이 있다.

24 ② 25 ② 26 ② 27 ③ 정답

28 회귀년(回歸年)을 필요로 하는 벌채방식은? [2009.7]

① 개벌작업

② 군상산벌작업

③ 택벌작업

④ 보잔목작업

해설 택벌작업은 택벌림의 전 구역을 몇 개의 벌채구로 구분하고 한 구역을 택벌한 후 다시 처음 구역으로 되돌아오는 순환택벌을 한다.

유사문제

대체로 음수 수종의 벌채작업으로 적용되며, 회귀년을 사용하여 벌채하는 작업법은 어느 것인가? [2002.7]

① 개벌작업

② 산벌작업

③ 어미나무작업

④ 택벌작업

해설 택벌작업은 순환택벌에 의한 회귀년을 사용하며, 양수 수종에 적용하기 곤란하고 음수 수종의 무거운 종자수종에 유리하다.

답 ④

---

29 다음 설명에 해당하는 벌채 방법은? [2015.1/2013.1]

숲을 띠 모양으로 나누고 순차적으로 개벌해 나가면서 갱신을 끝내는 방법으로 이때 띠 모양의 구역을 교대로 벌채하여 두 번만에 모두 개벌하는 것

① 연속대상개벌작업

② 군상개벌작업

③ 대상택벌작업

④ 교호대상개벌작업

해설 교호대상개벌작업에서는 갱신대상지를 교호로 개벌하여 잔존임분으로부터 측방천연하종에 의하여 갱신을 실시한 후 갱신이 완료되면 나머지 잔존대상지를 갱신하는 방법으로 전임분을 2회에 걸쳐 완료시킬 수 있다.

유사문제

수풀을 띠 모양으로 구획하고, 교대로 두 번의 개벌에 의해 갱신을 끝내는 방법은? [2007.4]

① 대상개벌작업

② 연속대상개벌작업

③ 군상개벌작업

④ 모수작업

답 ①

---

30 다음 중 벌목구역 및 갱신기간이 가장 뚜렷하지 않은 벌채 방식은? [2010.7]

① 택벌작업
② 개벌작업
③ 군상산벌작업
④ 모수작업

> **해설** 택벌작업은 벌기, 벌채량, 벌채방법 및 벌채구역의 제한이 없고, 성숙한 일부 임목만을 국소적으로 골라 벌채하는 방법이다. 택벌작업은 윤벌기가 없는 대신 순환기(循環期, Cutting Cycle)를 대개 3~8년으로 하여 반복된다. 이것은 한정된 수량의 대경목만을 벌채 수확하여 적정한 상태로 항상 임분을 유지시키는 데 의미가 있다.

31 대나무 숲의 갱신은 원칙적으로 어떤 방법으로 벌채하는가? [2009.7]

① 개벌작업
② 산벌작업
③ 택벌작업
④ 중림작업

> **해설** 대나무 숲은 택벌작업에 의하여 매년 노죽(老竹)을 벌채 수확만 하면 땅속줄기에 의하여 자동적으로 갱신이 이루어져 재조림할 필요가 없다.

32 군상개벌작업 시 군상지는 일반적으로 얼마 정도 간격으로 벌채를 실시하는가? [2014.4]

① 2~3년
② 4~5년
③ 6~7년
④ 8~9년

> **해설** 치수가 생장함에 따라 갱신면을 4~5년 간격으로 점차 바깥쪽으로 개벌하여 모든 임분의 갱신을 완료한다.

33 성숙한 임분을 대상으로 벌채를 실시할 때 모수가 되는 임목을 산생시키거나 군상으로 남겨두어 갱신에 필요한 종자를 공급하게 하고 그 밖의 임목은 개벌하는 갱신법은? [2009.7]

① 보잔목법
② 택벌작업법
③ 보속작업법
④ 모수작업법

> **해설** ④ 남겨질 모수는 산생(한 그루씩 흩어져 있음)시키거나 군생(몇 그루씩 무더기로 남김)시켜 갱신에 필요한 종자를 공급하게 하고 갱신이 끝나면 모수는 벌채된다.

34 현재 리기다소나무로 조성되어 있는 숲을 잣나무 숲으로 전면 갱신하고자 할 때 가장 적합한 작업종은?

[2009.7/2001.7]

① 개벌작업   ② 제벌작업
③ 산벌작업   ④ 택벌작업

해설 개벌작업은 임분의 전임목을 일시에 개벌한 후 측방천연하종에 의하여 갱신하는 방법이다.

35 측방천연하종 갱신을 할 때 항상 염두에 두고 고려해야 할 사항은?

[2010.1]

① 바람   ② 충해
③ 비효   ④ 지력

해설 **측방천연하종** : 소나무류처럼 가벼운 종자가 성숙한 뒤 바람에 날려 임목의 측방으로 떨어져서 그것이 발아해서
묘목이 되는 것

36 대면적개벌 천연하종갱신법의 장단점에 관한 설명으로 옳은 것은?

[2014.1]

① 음수의 갱신에 적용한다.
② 새로운 수종 도입이 불가하다.
③ 성숙임분갱신에는 부적당하다.
④ 토양의 이화학적 성질이 나빠진다.

해설 ① 양수의 갱신에 적용한다.
② 인공식재로 갱신하면 새로운 수종 도입이 가능하다.
③ 성숙임분갱신에 적당하다.

37 택벌작업의 특징이 아닌 것은? [2010.1]

① 임지가 항시 나무로 덮여 보호를 받게 되고 지력이 높게 유지된다.
② 상층의 성숙목은 햇볕을 충분히 받기 때문에 결실이 잘된다.
③ 병충해에 대한 저항력이 매우 낮다.
④ 면적이 좁은 수풀에서 보속생산을 하는 데 가장 알맞은 방법이다.

> **해설** ③ 병충해에 대한 저항력이 높다.

38 택벌작업에서 벌채목을 정할 때 생태적 측면에서 가장 중점을 두어야 할 사항은?

[2013.4/2009.7/2007.4]

① 우량목의 생산
② 간벌과 가지치기
③ 대경목 중심의 벌채
④ 숲의 보호와 무육

> **해설** 택벌작업은 산림의 무육을 첫째 목표로 하고 임목의 갱신과 이용을 고려하는 방식이므로 벌채목 선정에 주의를 요한다.

39 모수작업에 대한 설명으로 틀린 것은? [2010.7]

① 남겨질 모수의 수는 전체 나무의 수에 비하여 극히 적으며 갱신이 끝나면 벌채 이용된다.
② 모수가 신임분의 상층을 구성하는 점을 제외하고는 동령림이 조성된다.
③ 모수로 남겨야 할 임목은 전 임목에 대하여 본수로는 20~30%이다.
④ 남는 나무는 한 그루씩 외따로 서게 되는 일도 있고 때로는 몇 그루씩 무더기로 남기도 한다.

> **해설** 모수로 남겨야 할 임목은 전 임목에 대하여 본수의 2~3%, 재적의 약 10%이다.

유사문제

모수작업에 관한 설명으로 옳지 않은 것은? [2015.1/2012.1]

① 갱신에 필요한 종자공급보다 갱신된 어린나무의 보호를 위한 작업이다.
② 남겨질 모수는 전체 나무의 수에 비해 극히 적은 일부에 지나지 않는다.
③ 모수는 결실이 양호한 성숙목을 선정한다.
④ 양수의 갱신에 적합하다.

> **해설** **모수작업** : 성숙한 임분을 대상으로 벌채를 실시할 때 모수가 되는 임목을 산생시키거나 군상으로 남겨두어 갱신에 필요한 종자를 공급하게 하고 그 밖의 임목은 개벌하는 갱신법이다.

답 ①

40 다음 중 모수의 조건으로 적합하지 않은 것은? [2008.3/2003.10]

① 유전적 형질이 좋아야 한다.
② 풍도에 대하여 저항력이 있어야 한다.
③ 종자는 많이 생산하지 않아도 된다.
④ 우세목 중에서 고르도록 한다.

해설 모수는 형질이 좋고 결실이 잘되어야 하며, 종자는 많이 생산할 수 있는 개체를 남겨야 한다.

유사문제

모수작업으로 임목벌채를 시행할 때 모수의 조건으로 틀린 것은? [2010.3]

① 음수 수종일 것
② 바람에 대한 저항이 강할 것
③ 결실 연령에 도달할 것
④ 유전적 형질이 좋은 나무일 것

답 ①

---

41 다음 중 어미나무 작업(모수작업)의 장점이 아닌 것은? [2009.3]

① 택벌작업에 비해 미관상 가장 아름다운 숲이 된다.
② 양수 수종의 갱신에 적합하다.
③ 벌채작업이 한 지역에 집중되므로 작업이 간단하고 경제적이다.
④ 남겨질 어미나무의 종류를 조절하여 수종의 구성을 변화시킬 수 있다.

해설 미관상 가장 아름다운 숲은 택벌작업에 의해 조성된다.

---

42 다음 중 왜림작업의 장점에 대한 설명으로 틀린 것은? [2009.3]

① 경제성이 크다.
② 땔감 등 물질생산이나 소경목을 생산하고자 할 때 알맞은 방법이다.
③ 작업이 간단하고 작업에 대한 확실성이 있다.
④ 벌기가 짧기 때문에 농가에서도 쉽게 할 수 있다.

해설 ① 교림작업보다 경제성이 떨어진다.

43 개벌왜림작업법의 특징에 대한 설명으로 맞는 것은? [2010.1]

① 자본의 회수가 늦다.

② 큰 목재를 생산할 수 없다.

③ 비용이 많이 든다.

④ 병충해 등 환경인자에 대한 저항력이 비교적 적다.

> **해설** • 개벌왜림작업의 장점
> - 작업이 간단하고 갱신도 확실하며 단벌기 경영에 적합하다.
> - 비용이 적게 들고 자본의 회수가 빠르다.
> - 병충해 등 환경인자에 대한 저항력이 비교적 크다.
> - 단위면적당 유기물질의 연평균생산량이 최고치에 달한다. 이것은 윤벌기가 생장왕성기에 일치하고, 또 묘목을 식재해서 일정한 밀도를 얻을 때까지의 예비기간이 생략되기 때문이다.
> - 모수의 유전형질을 유지시키는 데 가장 좋은 방법이다.
> - 야생동물의 보호·관리를 위하여 적당한 경우가 많다.
> • 개벌왜림작업의 단점
> - 큰 용재를 생산할 수 없다.
> - 맹아는 자람이 빠르고, 양료의 요구도가 높으므로 지력이 좋지 않은 이상 경영이 어렵다.

44 다음 중 왜림작업의 가장 큰 단점은? [2008.3]

① 갱신이 복잡하다.

② 경제성이 적다.

③ 자본이 많이 든다.

④ 여러 가지 피해에 대한 저항이 적다.

> **해설** ② 지력의 소모가 심하여 경제적으로 교림작업보다 불리하다.

45 다음 중 왜림작업으로 가장 적합한 수종은? [2014.1]

① 전나무 ② 향나무
③ 아까시나무 ④ 가문비나무

> **해설** 참나무류, 오리나무류, 단풍나무류, 물푸레나무류, 서어나무류, 아까시나무, 자작나무류, 느릅나무류, 너도밤나무 등은 주간이 절단되었을 때 아래쪽에서 맹아가 잘 발생하기 때문에 왜림작업에 적합하다.

43 ② 44 ② 45 ③ **정답**

46 비교적 짧은 기간 동안에 몇 차례로 나누어 베고 마지막에 모든 나무를 벌채하여 숲을 조성하는 방식으로 갱신된 숲은 동령림으로 취급되는 작업방식은? [2013.1/2011.2/2009.3]

① 중림작업
② 왜림작업
③ 개벌작업
④ 산벌작업

해설 ① 중림작업 : 한 구역 안에서 용재 생산을 목적으로 하는 교림작업(상목)과 연료목 생산을 목적으로 하는 왜림작업(하목)을 동시에 실시하는 것이다.
② 왜림작업 : 비교적 짧은 벌기령으로 개벌하고 근주(根株)로부터 나오는 맹아로 갱신하는 방법이다.
③ 개벌작업 : 현존 임분의 전체를 1회의 벌채로 제거한다.

유사문제

작업종 중 비교적 짧은 갱신기간 중에 몇 차례의 갱신벌채로써 모든 나무를 제거, 이용하는 동시에 그곳에 새로운 임분이 나타나게 하는 작업은? [2009.1]

① 개벌작업
② 모수작업
③ 산벌작업
④ 택벌작업

해설 산벌작업은 비교적 짧은 기간 동안 몇 차례로 나누어 베고 마지막에 모든 나무를 벌채하여 숲을 조성하는 방식으로 갱신된 숲은 동령림으로 취급된다.

답 ③

---

47 산벌작업에 대한 설명으로 옳은 것은? [2014.4]

① 갱신이 완료된 후 하종벌 작업을 한다.
② 1회의 벌채로 갱신이 완료되어 경제적이다.
③ 초기 작업과정은 간벌작업과 유사한 면이 있다.
④ 갱신법들 중 가장 생태적으로 안정된 숲을 만들 수 있다.

해설 간벌(솎아베기)작업 : 남게 될 나무의 자람을 촉진시키고 유용한 목재의 총생산량을 증가시키고자 할 때 그 벌채를 간벌이라고 한다.
※ 산벌작업 : 윤벌기에 비하여 비교적 짧은 갱신기간 중에 몇 차례에 걸친 벌채로 갱신면상에 있는 임목을 완전히 제거하는 방법이다.
• 윤벌기가 완료되기 이전에 갱신이 완료되는 갱신작업(예비벌, 하종벌, 후벌의 단계를 거침)이다.
• 특성
 – 성숙목이 많은 불규칙한 산림에 적용될 수 있으나 동령림갱신에 가장 알맞은 방법이다.
 – 산벌작업의 갱신기간은 10~20년 정도로 윤벌기의 1/5 이하이며, 회귀년은 보통 30~40년 정도이다.
 – 산벌작업은 윤벌기가 완료되기 이전에 갱신이 완료되는 전갱작업. 즉, 갱신기간이 벌기보다 짧다.

48 택벌작업 시 벌채하지 말아야 하는 나무는? [2009.1]

① 피압목

② 병해목

③ 어미나무(母樹)

④ 원하지 않는 종류의 나무

해설 모수로서 필요한 나무는 벌채해서는 안 된다.

49 벌구형태 크기에 따라 개벌작업을 구분할 때 소면적 개벌의 일반적인 갱신대상지 면적은 얼마인가? [2009.1]

① 1ha 미만
② 1ha 또는 1~5ha
③ 5ha 이상
④ 50ha 이상

해설 • 중면적 개벌 : 1ha 이상 5ha 미만
• 대면적 개벌 : 5ha 이상

50 벌구(伐區) 위에 서 있는 임목 전부(경우에 따라서는 대부분)를 일시에 벌채하는 채벌종은? [2009.1]

① 개벌
② 벌구
③ 택벌
④ 모수작업

해설 개벌
벌구 위에 서 있는 임목 전부를 일시에 벌채하는 것으로 1벌이라고도 한다.

51 다음 중 산벌작업과 관계없는 작업은? [2009.1]

① 예비벌
② 하종벌
③ 후벌
④ 초벌

해설 산벌작업은 임분을 예비벌, 하종벌, 후벌 등 3단계 갱신벌채로 실시하여 갱신하는 방법이다.

48 ③   49 ①   50 ①   51 ④   **정답**

52 산벌작업의 작업순서로 가장 올바른 것은? [2013.7/2011.7/2008.10]

① 예비벌 → 하종벌 → 후벌
② 하종벌 → 후벌 → 예비벌
③ 후벌 → 예비벌 → 하종벌
④ 후벌 → 하종벌 → 예비벌

> **해설** **산벌작업**
> • 예비벌 : 갱신준비
> • 하종벌 : 치수의 발생을 완성
> • 후벌 : 치수의 발육을 촉진

유사문제

예비벌 → 하종벌 → 후벌에 의하여 갱신되는 작업법은? [2012.2/2009.3]

① 택벌작업   ② 개벌작업
③ 산벌작업   ④ 모수작업

> **해설** 산벌작업은 임분을 예비벌, 하종벌, 후벌 등 3단계 갱신벌채를 실시하여 갱신하는 방법이다.

답 ③

---

53 다음 중 왜림작업의 움돋이를 위한 줄기베기에 적합한 것은? [2011.7/2008.10/2008.3/2005.10/2002.4]

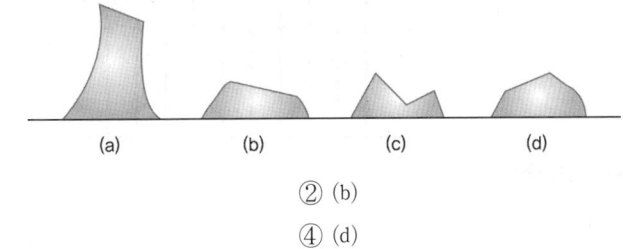

(a)   (b)   (c)   (d)

① (a)   ② (b)
③ (c)   ④ (d)

> **해설** ② (b) 낮고 평활하며 가장 좋다.
> ① (a) 너무 높다.
> ③ (c) 물이 고여 썩기 쉽다.
> ④ (d) (c)보다 좋지만 약간 높다.

54 연료림작업에 가장 적합한 작업종은? [2013.4/2011.4/2009.1]

① 개벌작업

② 산벌작업

③ 중림작업

④ 왜림작업

> **해설** 왜림작업은 활엽수림에서 연료재 생산을 목적으로 비교적 짧은 벌기령으로 개벌하고 근주(根株)로부터 나오는 맹아로 갱신하는 방법이다.

유사문제

주로 연료를 채취하기 위하여 벌기를 짧게 하는 작업방식은 어디에 속하는가? [2003.10]

① 모수작업

② 택벌작업

③ 왜림작업(저림작업)

④ 산벌작업(우산베기작업)

> **해설** 왜림작업은 활엽수림에서 연료재 생산을 목적으로 비교적 짧은 벌기령으로 개벌하고 근주로부터 나오는 맹아로 갱신하는 방법이다.

답 ③

---

55 아래 그림과 같은 1조 2대인 임형에서 가장 알맞은 벌채방법은? [2008.10/2003.3]

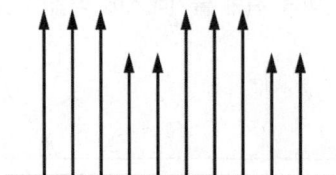

① 연속대상개벌작업

② 산벌작업

③ 택벌작업

④ 교호대상개벌작업

> **해설** **교호대상개벌작업**
> 벌채 예정지를 띠 모양으로 구획하고 교대로 두 번의 개벌에 의하여 갱신을 끝내는 방법이다.

56 다음 중 산벌작업의 장점으로 옳은 것은?　　　　　　　　　　[2008.3/2005.4]

① 벌채 대상목이 흩어져 있어서 작업이 다소 복잡하다.
② 천연갱신으로만 진행될 때에는 갱신기간이 짧아진다.
③ 음수의 갱신에 잘 적용될 수 있다.
④ 일시에 모두 갱신을 하므로 경제적이다.

해설　①·② 산벌작업의 단점이다.
　　　④ 개벌작업의 장점이다.

유사문제

산벌작업의 장점이 아닌 것은?　　　　　　　　　　[2002.7]

① 수풀이 아름답다.
② 음수의 갱신에 잘 적용될 수 있다.
③ 숲 땅의 생산력을 보호하는 데 이롭다.
④ 후벌 시 어린나무가 보호된다.

해설　산목이 벌채될 때 어린나무를 상하게 하기 쉽다.

답 ④

---

57 개벌작업의 특성에 대해 설명한 것 중 틀린 것은?　　　　　　　　　　[2008.10/2002.7]

① 개벌작업을 할 때 형성되는 임분은 대개 단순림이다.
② 개벌작업에 의하여 갱신된 새로운 임분은 동령림을 형성하게 된다.
③ 개벌작업은 어릴 때 음성을 띠는 수종에 제일 적합하다.
④ 개벌작업은 작업이 복잡하지 않아 시행하기 쉬운 편이다.

해설　③ 개벌작업은 주로 양성을 띠는 수종(陽樹)에 적용된다.

---

58 윤벌기가 100년이고 작업구의 수가 5개인 지역에서의 회귀년은?　　　　　　　　　　[2008.3/2001.7]

① 10년　　　　　　　　　　② 20년
③ 25년　　　　　　　　　　④ 50년

해설　회귀년 = 윤벌기/벌채구 = 100/5 = 20년

59 벌기가 짧은 산벌 후에는 일반적으로 어떤 임분이 형성되는가?　　　[2008.3]

① 이령림　　　　　　　　　② 동령림
③ 복림　　　　　　　　　　④ 다층림

> **해설**　**동령림**
> 모든 나무의 나이가 같은 경우로, 일반적으로 임령의 범위가 평균 임령의 20% 이내이면 동령림으로 볼
> 수 있다.

60 다음 중 맹아갱신으로 천연갱신을 하는 데 적합한 수종으로만 묶인 것은?　　　[2008.2]

① 소나무, 잣나무
② 포플러류, 낙엽송
③ 상수리나무, 아까시나무
④ 오동나무, 잎갈나무

> **해설**　맹아에 의한 천연갱신은 근주에서 맹아가 발생할 수 있는 수종에 한하는데 현재 우리나라에서 맹아에 의한
> 천연갱신이 가능한 수종으로는 상수리나무, 참나무류, 아까시나무, 오리나무류 등을 들 수 있다.

61 임지가 넓을 때 보통 3개의 벌채 열구를 편성하고, 이것을 세 번의 처리로 벌채 갱신하는 작업종은?

　　　[2008.2]

① 군상개벌작업　　　　　　② 연속대상개벌작업
③ 중림작업　　　　　　　　④ 보잔목 작업

> **해설**　연속대상개벌작업은 먼저 1대가 개벌되고 측방 천연하종으로 갱신된 뒤 제2대, 제3대의 순으로 갱신이 진행
> 된다.

62 임업상 지력을 유지·증진하기 위하여 필요한 주요 사항에 해당하지 않는 것은?　　　[2008.2]

① 적당한 비음(庇陰)을 유지한다.
② 개벌을 한다.
③ 낙엽, 낙지를 보호한다.
④ 토양산도를 교정한다.

> **해설**　개벌작업 시 입지를 황폐화시키고 지력을 저하시킬 수 있다.

63 중림작업에 대한 설명으로 옳은 것은? [2008.2]

① 작업의 형태는 개별작업과 비슷하다.

② 주로 하목은 연료 생산에 목적을 두고 상목은 용재에 목적을 둔다.

③ 상목은 맹아가 왕성하게 발생해야 하는 음성의 나무를 택한다.

④ 연료림 조성에 가장 적당한 방법이다.

> **해설** 중림작업은 한 구역 안에서 용재 생산을 목적으로 하는 교림작업(상목)과 연료목 생산을 목적으로 하는 왜림작업(하목)을 동시에 실시하는 것이다.

64 개별작업의 변법으로 어미나무를 남겨 종자공급에 이용하고 갱신이 완료된 후 벌채에 이용하는 작업은? [2008.2]

① 간단작업 　　　　　　　　　② 택벌작업

③ 보속작업 　　　　　　　　　④ 모수작업

> **해설** 모수작업이란 성숙 임목을 벌채할 때 그 일부분을 임지에 남겨 두어 갱신에 필요한 종자를 공급하게 하고 그 밖의 임목은 개별되는 것을 말한다. 모수작업에 의해서 나타나는 수풀은 일제림이고, 벌채 적지에 발생하는 어린나무의 연령 차이는 10∼20년이다.

65 다음 중 택벌림에 대한 설명으로 틀린 것은? [2012.2]

① 병해와 충해에 저항력이 높다.

② 음수의 갱신에는 부적당하다.

③ 임관이 항상 울폐한 상태에 있으므로 임지와 어린나무가 보호를 받는다.

④ 숲의 심미적 가치가 좋다.

> **해설** 택벌림은 음수의 갱신이 잘되고, 양수 수종 갱신이 어렵다.

66 다음 중 택벌림이 갖는 임분 구조는? [2008.2]

① 동령림형 　　　　　　　　　② 일제림형

③ 이령림형 　　　　　　　　　④ 단순림형

> **해설** 택벌림의 임분은 항상 크고 작은 나무가 섞여 있는 이령림형 모습을 나타낸다.

67 택벌림의 전 구역을 몇 개의 벌채 열구로 구분하고 한 구역을 벌채한 다음 순차적으로 다음 구역을 벌채하고 다시 첫 번째 구역으로 되돌아서 같은 택벌을 계속한다. 이때 제자리에 다시 돌아오게 되는 기간을 무엇이라 하는가? [2014.1/2007.9]

① 윤벌기
② 회귀년
③ 간벌기간
④ 벌채시기

해설 순환택벌 시 처음 구역으로 되돌아오는 데 소요되는 기간을 회귀년이라 한다.

유사문제

대상택벌작업(帶狀擇伐作業)에서 벌채연구(伐採列區)를 한 바퀴 돌아서 벌채하는 기간은? [2010.3]

① 윤벌기
② 회귀년
③ 갱신기간
④ 갱정기

답 ②

---

68 산림토양의 생산력을 유지하기 위한 방법이 아닌 것은? [2007.9]

① 자연의 힘에 의해 스스로 생산력이 유지되도록 해준다.
② 대면적 개벌을 통하여 피해를 최소화한다.
③ 산림작업으로 발생되는 잎 등의 산물은 작업지에 남겨둔다.
④ 산불을 예방한다.

해설 개벌작업을 할 경우 표토 유실의 우려가 있다.

---

69 모수작업에 관한 설명으로 옳지 않은 것은? [2014.4]

① 음수 수종 갱신에 적합하다.
② 벌채작업이 집중되어 경제적으로 유리하다.
③ 주로 종자가 가볍고 쉽게 발아하는 수종에 적용한다.
④ 모수의 종류와 양을 적절히 조절하여 수종의 구성을 변화시킬 수 있다.

해설 **모수작업의 장점**
• 벌채작업이 한 지역에 집중되므로 경제적인 작업을 진행할 수 있다.
• 임지를 정비해 줌으로써 노출된 임지의 갱신이 이루어질 수 있다.
• 개벌작업 다음으로 작업이 간편하다.
• 개벌작업보다는 신생 임분의 종적 구성을 더 잘 조절할 수 있다.
• 모수가 종자를 공급하므로 넓은 면적이 일시에 벌채되고 갱신이 될 수 있다.
• 양성을 띤 수종의 갱신에 적당하다.
• 갱신이 성공될 때까지 모수를 남겨 둠으로써 갱신이 실패할 염려가 적고 비용도 적게 든다.

70 산벌작업 시 임목의 종자를 공급하여 치수의 발생을 도모하기 위한 벌채는? [2007.9]

① 예비벌 ② 하종벌

③ 후벌 ④ 종벌

해설 하종벌은 치수의 발생을 도모하고, 후벌은 치수의 발육을 촉진한다.

71 다음 중 모수작업의 모수에 대한 설명으로 틀린 것은? [2007.9/2004.10]

① 바람에 대한 저항이 강할 것

② 결실연령에 도달할 것

③ 유전적 형질이 좋은 나무일 것

④ 음수 수종일 것

해설 ④ 모수작업은 양수(陽樹)의 갱신에 적당하다.

72 모수작업은 전 재적의 약 몇 %의 나무를 베는가? [2010.3]

① 60% ② 70%

③ 80% ④ 90%

해설 모수로 남겨야 할 임목은 전 임목에 대하여 본수의 2~3%, 재적의 약 10%이다.

73 다음 용재 중 생산목적의 수종이 아닌 것은? [2007.4]

① 소나무 ② 참나무류

③ 느티나무 ④ 호두나무

해설 호두나무는 유실수이다.

74 산벌작업 중 어린나무의 높이가 1~2m 가량이 되면 위층에 있는 나무를 모조리 베어 버리는 벌채 방법은?　　　　　　　　　　　　　　　　　　　　　　　　　　　　　　[2012.7/2007.4]

① 예비벌　　　　　　　　　　　　　② 하종벌

③ 수광벌　　　　　　　　　　　　　④ 후벌

> **해설**　후벌의 목적은 노령목을 서서히 벌채 제거함으로써 갱신되는 유령임분을 보호에서 벗어나게 하는 데 있다. 후벌은 2~5년의 간격으로 반복되고 2~20년에 걸쳐 완료된다.

75 모수작업에 의해 천연갱신을 하는 데 가장 적합한 수종은?　　　　　　　　　　[2007.4]

① 굴참나무　　　　　　　　　　　② 잣나무

③ 소나무　　　　　　　　　　　　④ 밤나무

> **해설**　벌기에 달한 임목을 벌채하고 천연하종(天然下種)에 의하여 후계림(後繼林)을 조성하려 할 때는 주로 모수작업에 의하며, 바람직한 수종은 소나무·해송·강송 등이다.

유사문제

1. 다음 수종 중 천연갱신이 용이한 수종은?　　　　　　　　　　　　　　　[2002.4]

① 잣나무　　　　　　　　　　　② 낙엽송

③ 소나무　　　　　　　　　　　④ 가래나무

> **해설**　소나무 종자는 성숙한 뒤 바람에 날려서 입목의 측방으로 떨어지는 측방 천연하종이다.
>
> **답** ③

2. 종자의 비산력이 커서 1ha에 15~30본 정도로 골고루 산재시켜 모수작업에 의한 천연갱신을 하기에 가장 적합한 수종은?　　　　　　　　　　　　　　　　　　　　[2010.1]

① 굴참나무　　　　　　　　　　② 잣나무

③ 소나무　　　　　　　　　　　④ 너도밤나무

> **해설**　소나무는 일반적으로 천연하종갱신이 잘되는 수종이므로 묘목을 심어서 조림하는 경우는 드물다.
>
> **답** ③

---

76 택벌림형의 임분에서 가장 수가 많은 수목은?　　　　　　　　　　　　　[2007.4]

① 유령목　　　　　　　　　　　　② 장령목

③ 노령목　　　　　　　　　　　　④ 굵은 수목

> **해설**　택벌림형은 항상 크고 작은 나무가 섞여 있는 이령림의 모습을 나타내고 있으며, 이 중 가장 많은 것은 유령목이다.

77 천연하종갱신이 가장 안전한 작업법으로 갱신기간을 짧게 하면 동령림이 조성되고, 길게 하면 이령림이 성립되는 방법으로 가장 적당한 것은? [2005.10]

① 중림작업
② 왜림작업
③ 개벌작업
④ 산벌작업

> **해설** 산벌작업(傘伐作業)
> 산벌갱신에서는 갱신기간을 짧게 하면 동령림이 조성되고, 길게 하면 이령림으로 성립된다. 그렇지만 벌기령이 긴 시업림에서 신생림(新生林) 이후는 거의 일제림으로 형성되는 것이 일반적이다. 벌채는 예비벌, 하종벌, 후벌의 순으로 이루어진다.

78 다음 중 동령림의 장점으로 가장 적당한 것은? [2005.10]

① 지력보호상 유리하다.
② 갱신이 짧은 시간 내에 이루어진다.
③ 풍해가 매우 적다.
④ 동령림 내 작은 나무들이 장차 유용임목으로 된다.

> **해설** 동령림(同齡林, Even-aged Forest)은 수령(樹齡)이 비슷한 임목으로 구성된 산림으로 갱신기간을 짧게 하면 동령림이 형성된다.

유사문제

동령림과 이령림의 차이점에 대한 설명 중에서 동령림의 특징에 해당되는 것은? [2010.3]

① 풍해가 매우 적다.
② 갱신이 짧은 시간 내에 이루어진다.
③ 임상유기물이 지속적으로 축적된다.
④ 동령림 내 작은 나무들이 장차 유용임목으로 된다.

> **해설** 동령림과 이령림의 차이점

분류	동령림	이령림
임관	얇고 수평적	깊고 복잡
풍해	불안전	안전
소경목	피압된다.	장차 유용임목으로 된다.
갱신	단기적	윤벌기 전체에 걸친다.
지력	감퇴된다.	유리하다.
임지정비	쉽다.	어렵다.
내해성	많다.	적다.

답 ②

79 중림작업에서 하목의 윤벌기는 보통 몇 년인가? [2007.4]

① 1년   ② 5년

③ 8년   ④ 20년

해설   하목의 윤벌기는 보통 10~20년이고 상목의 윤벌기는 하목의 2~4배이다.

80 다음 중 택벌작업의 장점이 아닌 것은? [2005.4]

① 경관 조성

② 건전한 생태계 유지

③ 토양침식 조장

④ 보속적인 생산

해설   ③ 지력 유지와 국토 보전적 가치가 크다.

유사문제

1. 다음 중 택벌작업의 장점에 대한 설명으로 틀린 것은?   [2009.7]

① 숲땅이 항상 나무로 덮여 있어 보호를 받게 되고, 겉흙이 유실되지 않는다.

② 위층의 나무는 햇빛을 잘 받아 결실이 잘된다.

③ 양수의 갱신이 잘된다.

④ 미관상 가장 아름다운 숲이 된다.

해설   ③ 음수 수종 중에 무거운 종자수종에 유리하다.

답 ③

2. 택벌림의 장점으로 볼 수 없는 것은?   [2012.7]

① 면적이 작은 숲에서 보속생산을 하는 데 적당하다.

② 임지와 어린나무가 보호를 받는다.

③ 숲의 심미적 가치가 높다.

④ 양수의 갱신에 적합하다.

해설   ④ 음수의 갱신에 적합하다.

답 ④

81 왜림작업의 경영을 설명한 것 중 가장 적당하지 않은 것은? [2005.10/2003.3]

① 땔감이나 소형재를 생산하기에 알맞다.
② 벌기가 짧아 적은 자본으로 경영할 수 있다.
③ 벌채점을 지상 1.5m 정도 되도록 높게 하는 것이 좋다.
④ 벌채시기는 근부에 많은 양분이 저장된 늦가을부터 초봄 사이에 실시한다.

해설 ③ 벌채점은 가능한 낮게 하는 것이 좋으며 벌채점을 지상 1~4m 정도로 높게 하는 것은 두목작업법이다.

82 인공갱신에 대한 설명 중 가장 옳은 것은? [2005.4]

① 천연 치수에 의하여 임분을 형성시킨다.
② 개벌작업에 의한 갱신을 말한다.
③ 무육작업을 말한다.
④ 묘목을 식재하여 임분을 형성시킨다.

해설 인공갱신은 묘목식재, 인공파종 또는 삽목 등의 인공적인 조림에 의해 후계림을 조성한다.

83 어떤 삼림을 그림과 같이 띠 모양으로 나누고 1983년에 A의 ㉠과 B의 ㉠을 벌채 이용하고, 1988년에 A의 ㉡과 B의 ㉡을 각각 모두 벌채하였다면 이는 무슨 작업종인가? [2005.4]

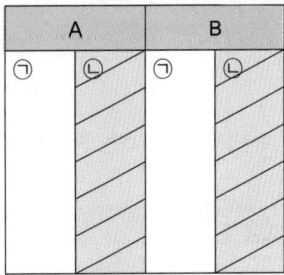

① 대상개벌작업
② 군상산벌작업
③ 연속대상개벌작업
④ 군생모수작업

해설 그림은 교호대상개벌작업으로 1차 벌채와 2차 벌채의 사이 간격은 5~10년이다.

84 다음 중 대면적의 임분이 일시에 벌채되어 동령림으로 구성되는 작업종은 무엇인가? [2004.10]

① 개벌작업
② 산벌작업
③ 택벌작업
④ 모수작업

> 해설 개벌작업은 현존 임분의 전체를 1회의 벌채로 제거하는 것으로 개벌 후 성립되는 임분은 모두 동령림을 형성한다.

85 소나무를 상목(上木)으로 하였을 때 가장 적당한 하목용 수목은? [2004.10/2002.7]

① 상수리나무, 오리나무
② 전나무, 떡갈나무
③ 리기다소나무, 물푸레나무
④ 느티나무, 잣나무

> 해설 상목으로 침엽수종을, 하목으로 활엽수종을 선택한다.

86 산벌작업 중 식생의 발생준비를 위한 작업은? [2004.10]

① 예비벌
② 하종벌
③ 후벌
④ 종벌

> 해설 예비벌은 임목의 결실 촉진과 풍해에 대한 저항력 증대를 도모하기 위한 준비벌채이다.

유사문제

임관을 약하게 소개시켜 나무가 햇빛을 받아 결실을 하는 데 이롭게 하고, 한편으로는 임지에 쌓여있는 부식질의 분해를 촉진시켜 어린나무의 발생을 촉진시키는 산벌작업 방법은? [2001.7]

① 예비벌
② 하종벌
③ 후벌
④ 순차벌

> 해설 예비벌(豫備伐)은 임목의 종자결실을 촉진하고 지표의 종자착상(種子着床) 상태를 좋게 하기 위하여 실시한다.
> 답 ①

---

87 다음 중 풍치가 좋고 계속적으로 목재 생산이 가능한 작업종은? [2004.4]

① 개벌작업
② 택벌작업
③ 중림작업
④ 모수작업

해설　택벌작업은 무육, 벌채 및 이용이 동시에 이루어지며 공간 및 토양이 입체적으로 이용되어 미적으로도 가장 훌륭한 임형을 나타낸다.

88 다음 중 개벌작업의 장점에 해당되지 않는 것은? [2004.4]

① 미관상 가장 아름다운 수풀로 된다.
② 성숙한 임목의 숲에 적용할 수 있는 가장 간편한 방법이다.
③ 벌채작업이 한 지역에 집중되므로 작업이 경제적으로 진행될 수 있다.
④ 현재의 수종을 다른 수종으로 변경하고자 할 때 적절한 방법이다.

해설　① 미관상 가장 아름다운 임형이 형성되는 것은 택벌작업이다.
※ 개벌작업의 장점
- 작업의 실행이 용이하고 빠르게 될 수 있으며 높은 기술을 요하지 않는다.
- 양수의 갱신에 적용될 수 있다.
- 벌채, 운재 등 작업이 집중되기 때문에 비용이 절약되고 치수에 손상을 입히는 일이 적다.
- 동일한 규격의 목재를 생산할 수 있어서 경제적으로 유리할 수 있다.
- 동령일제림이 형성되기 때문에 각종 보육작업을 편리하게 할 수 있다.
- 인공식재로 갱신하면 새로운 수종을 도입할 수 있다.
- 성숙한 임분을 갱신하는 데 알맞은 방법이다.

유사문제

1. 다음 중 개벌작업의 가장 큰 장점은? [2007.4]

① 잡초, 관목 등 식생이 무성하게 된다.
② 수풀이 아름답다.
③ 수풀이 단조롭다.
④ 경제적 수입이 좋다.

해설　개벌작업은 비슷한 크기의 목재를 일시에 한번에 획득하므로 경제적으로 유리하다.

답 ④

2. 다음 중 개벌작업의 장점이 아닌 것은? [2009.1]

① 성숙한 나무로 된 임분에 적당하다.
② 숲 땅이 항상 나무로 덮여 있어 보호를 받고, 겉흙이 유실되지 않는다.
③ 벌채 작업이 일정한 면적에 집중되어 있다.
④ 수종을 변경하고자 할 때 좋은 방법이다.

해설　개벌작업의 단점으로 임지를 황폐화시키기 쉽고, 표토가 유실될 수 있다.

답 ②

3. 다음 중 개벌작업의 장점은?　　　　　　　　　　　　　　　　　　[2009.7]

① 잡초, 관목 등 식생이 무성하게 된다.
② 병충해가 한 번 발생되어도 크게 번지지 않는다.
③ 수풀이 단조롭고 아름답다.
④ 작업이 한 지역에 집중되어 간편하고 경제적으로 진행될 수 있다.

> **해설**　④ 비슷한 크기의 목재를 일시에 수확하므로 경제적으로 유리하다.

답 ④

4. 개벌작업의 장점에 해당되지 않는 것은?　　　　　　　　　　　　　[2014.4]

① 성숙한 임목의 숲에 적용할 수 있는 가장 간편한 방법이다.
② 현재의 수종을 다른 수종으로 변경하고자 할 때 적절한 방법이다.
③ 다양한 크기의 목재를 일시에 생산하므로 경제적 수입면에서 좋다.
④ 벌채작업이 한지역에 집중되므로 작업이 경제적으로 진행될 수 있다.

> **해설**　**개벌작업** : 갱신하고자 하는 임지 위에 있는 임목을 일시에 벌채하여 이용하고, 그 적지에 새로운 임분을 조성시키는
> 방법

답 ③

89　다음 중 왜림의 특징이 아닌 것은?　　　　　　　　　　　　[2012.4/2004.10]

① 맹아로 갱신된다.
② 벌기가 길다.
③ 수고가 낮다.
④ 땔감 생산용으로 알맞다.

> **해설**　② 벌기가 짧고 단위면적당 물질생산량이 많다.

90　주로 맹아에 의하여 갱신되는 작업종은?　　　　　　　　　　[2014.4/2004.4]

① 왜림작업　　　　　　　　　② 교림작업
③ 산벌작업　　　　　　　　　④ 용재림작업

> **해설**　왜림작업은 활엽수림에서 연료재 생산을 목적으로 비교적 짧은 벌기령으로 개벌 근주(根株)로부터 나오는
> 맹아로써 갱신하는 방법이다.

91 다음 중 택벌림형을 바르게 나타낸 것은? [2003.10]

① 어린나무가 대부분의 면적을 점유한다.
② 치수와 장령목의 두 계층이 같은 면적을 점유한다.
③ 1년생부터 윤벌기에 달한 나무가 같은 면적을 점유한다.
④ 장령목과 노령목이 보다 많은 면적을 점유한다.

> **해설** ③ 택벌림형은 이론적으로 1년생부터 윤벌기에 달한 나무가 같은 면적을 점유하여 이령림의 모습을 나타낸다.

92 종자가 비교적 가벼워서 잘 날아갈 수 있는 수종에만 적용될 수 있는 작업은? [2003.10]

① 개벌작업 　　　　　② 중림작업
③ 택벌작업 　　　　　④ 모수작업

> **해설** 모수작업은 종자나 열매가 작아 바람에 날려 멀리 전파될 수 있는 수종에 알맞다.

> **유사문제**
>
> 종자가 비교적 가벼워서 잘 날아갈 수 있는 수종에 가장 적합한 갱신작업은? [2014.1]
>
> ① 모수작업 　　　　　② 중림작업
> ③ 택벌작업 　　　　　④ 왜림작업
>
> > **해설** 모수작업은 주로 소나무류 등과 같은 양수에 적용되는데, 종자가 작아 바람에 날려 멀리 전파될 수 있는 수종에 알맞다.
> >
> > **답** ①

93 다음 중 대면적 개벌 천연하종갱신의 장점이 아닌 것은? [2010.7/2003.10]

① 양수의 갱신에 적용될 수 있다.
② 작업실행이 용이하고 빠르게 될 수 있다.
③ 동일규격의 목재생산으로 경제적으로 유리할 수 있다.
④ 동령 일제림으로 병해충 및 위해에 강하다.

> **해설** ④ 동령 일제림이 형성되어 각종 위해에 대한 저항력이 약해지고, 한번 해를 입을 경우 쉽게 광범위하게 확대된다.

94 다음 중 천연하종갱신이 가장 안전한 작업법은? [2003.3]

① 중림작업 ② 왜림작업
③ 개벌작업 ④ 산벌작업

> **해설** 산벌작업은 일제림이 벌기에 달하였을 때 천연하종갱신을 목적으로 성숙목을 몇 회로 나누어 벌채하는 방법을 말한다.

95 윤벌기까지 어미나무(母樹)를 보존하는 어미나무(母樹) 작업의 변법은? [2001.7]

① 보잔목 작업 ② 개벌작업
③ 산작업 ④ 택벌작업

> **해설** 보잔모수법이라고도 하며, 모수작업을 할 때 남겨 둘 모수의 수를 좀 많게 하고, 이것을 다음 벌기까지 남겨서 품질이 좋은 대경재생산을 목적으로 한다.

96 다음 제시된 특징을 갖는 작업종은? [2013.4/2008.10/2002.4]

> • 임지가 노출되지 않고 항상 보호되며, 표토의 유실이 없다.
> • 음수갱신에 좋고 임지의 생산력이 높다.
> • 미관상 가장 아름답다.
> • 작업에 많은 기술을 요하고 매우 복잡하다.

① 산벌작업 ② 택벌작업
③ 모수작업 ④ 중림작업

> **해설** 택벌작업은 벌기, 벌채량, 벌채방법 및 벌채구역의 제한이 없고, 성숙한 일부 임목만을 국소적으로 골라 벌채하는 방법이다. 택벌작업은 윤벌기가 없는 대신 순환기(循環期, Cutting Cycle)를 대개 3~8년으로 반복된다. 이것은 한정된 수량의 대경목만을 벌채 수확하여 적정한 상태로 항상 임분을 유지시키는 데 의미가 있다.

97 다음 중 산벌작업에서 갱신기간을 나타내는 것은? [2013.1/2002.7]

① 예비벌부터 하종벌까지　　　　② 하종벌부터 후벌까지

③ 후벌부터 하종벌까지　　　　④ 수광벌부터 종벌까지

> **해설** 치수의 발생을 완성하는 하종벌부터 후벌의 마지막 벌채인 종벌까지의 기간을 갱신기간이라 한다.

98 다음 작업종 중 국토보존 및 지력유지에 가장 적합한 작업종은? [2002.4]

① 택벌작업　　　　　　　　② 왜림작업

③ 중림작업　　　　　　　　④ 개벌작업

> **해설** 택벌작업은 임지가 항상 나무로 덮여 있는 상태에 있으므로 지력이 유지되고 국토보존에 가치가 크다.

99 갱신기간에 제한이 없고 성숙 임분만 일부 벌채되는 작업종은? [2011.4/2003.3]

① 개벌작업　　　　　　　　② 모수작업

③ 산벌작업　　　　　　　　④ 택벌작업

> **해설** 택벌작업은 임분을 구성하고 있는 임목 중 성숙한 임목만을 국소적으로 추출·벌채하고 그곳의 갱신이 이루어지게 하는 방법이다.

유사문제

크고 작은 나무들이 혼생되어 있는 복층림으로 이루어진 임상에서 성숙한 임목을 국소적으로 잘라 벌채하는 작업 방법은? [2010.3]

① 개벌작업　　　　　　　　② 모수작업

③ 산벌작업　　　　　　　　④ 택벌작업

> **해설** ① 개벌작업 : 갱신하고자 하는 임지 위에 있는 임목을 일시에 벌채하여 이용하고, 그 적지에 새로운 임분을 조성시키는 방법
> ② 모수작업 : 갱신시킬 임지에 종자공급을 위한 모수를 단목적 또는 군상으로 남기고, 그 밖의 모든 임목을 전부 벌채하는 방법
> ③ 산벌작업 : 윤벌기에 비하여 비교적 짧은 갱신기간 중에 몇 차례에 걸친 벌채로 갱신면 상에 있는 임목을 완전히 제거하는 작업
>
> **답** ④

100 용재 생산과 연료 생산을 병행한 작업종은? [2002.7]

① 택벌작업 ② 산벌작업
③ 중림작업 ④ 왜림작업

해설 중림작업은 용재 생산을 하는 교림작업과 연료재 생산을 하는 왜림작업을 동시에 실시하는 것이다.

유사문제

교림작업과 왜림작업을 혼합한 갱신작업으로 동일 임지에서 건축재(일반용재)와 신탄재를 동시에 생산하는 것을 목적으로 하는 작업종은? [2013.4/2011.7/2005.10]

① 개벌작업 ② 산벌작업
③ 중림작업 ④ 왜림작업

해설 ③ 동일 임지에 교림(상목)과 왜림(하목)을 동시에 실시하는 것으로, 상목으로서 교림은 일반용재를 생산하고, 하목으로서 왜림은 연료재와 소경목을 생산한다.

답 ③

101 다음 중 잘못 짝지어진 것은? [2001.7]

① 택벌작업 – 회귀년
② 개벌작업 – 임지황폐
③ 모수작업 – 예비벌
④ 왜림작업 – 연료림

해설 ③ 산벌작업 : 예비벌

102 중림작업에서 하목으로 가장 적당하지 않은 수종은? [2010.7]

① 참나무류 ② 서어나무류
③ 느릅나무 ④ 전나무

해설 ④ 전나무는 상목의 피압(被壓) 아래에서 생장 속도가 느리고 맹아력이 약하여 하목으로 적합하지 않다.

103 중림작업에서 택벌적으로 벌채되는 상층목의 영급은? [2011.2]

① 하층목의 벌기의 배수가 된다.

② 하층목의 벌기의 5배가 된다.

③ 하층목의 벌기의 10배가 된다.

④ 하층목의 벌기의 20배가 된다.

해설 중림작업 시 상층목은 하층목의 2~4배의 벌기로 한다.

104 숲의 생성이 종자에서 발생한 치수(稚樹)가 기원이 되어 이루어진 숲은? [2011.2]

① 순림 ② 교림

③ 혼효림 ④ 동령림

해설 교림은 임목이 주로 종자로 양성된 묘목으로 성립된 것으로 높은 수고를 가지며 성숙해서 열매를 맺게 된다.

105 택벌작업 시 벌구의 수를 10개로 만들면 회귀년은 얼마인가?(단, 윤벌기는 100년으로 한다) [2011.4]

① 5년 ② 10년

③ 20년 ④ 30년

해설 회귀년 = 윤벌기 / 벌채구
= 100 / 10 = 10년

106 경제림 조성을 위한 작업종에서 임목들을 소군상, 군상, 단상형태로 불규칙적으로 벌채하는 갱신법은? [2011.7]

① 대상벌 ② 군상벌

③ 택벌 ④ 대벌

해설 **군상벌** : 임지가 평탄치 못하고 지력의 차이가 심하거나 산림이 불규칙하여 숲이 불규칙하게 형성된 곳의 소면적 벌채작업

107 택벌작업에 대한 특성을 올바르게 설명하고 있는 것은? [2011.7]

① 택벌이 실시된 임분은 크고 작은 나무들이 뒤섞여 함께 자라므로 다층을 이룬 숲의 구조가 되도록 하는 작업
② 인공조림으로 이루어진 일제 동령 임분에 행하는 작업
③ 혼효림으로 저림, 교림을 동일 임지 위에 성립시키는 작업
④ 벌채 적지에 모수를 남겨 치수보호 잔존 모수의 생장 촉진을 위한 작업

> **해설** 택벌작업은 벌기, 벌채량, 벌채방법 및 벌채구역의 제한이 없고, 성숙한 일부 임목만을 국소적으로 골라 벌채하는 방법이다. 택벌작업은 윤벌기가 없는 대신 순환기를 대개 3~8년으로 반복한다. 이것은 한정된 수량의 대경목만을 벌채 수확하여 적정한 상태로 항상 임분을 유지시키는 데 의미가 있다.

108 측면맹아의 발생이 어려운 나무는? [2011.7]

① 신갈나무
② 당단풍나무
③ 물푸레나무
④ 전나무

> **해설** 신갈나무, 단풍나무, 물푸레나무는 측면맹아 발생이 강한 나무이다.

109 임목의 생장휴지기에 작업을 실시하면 작업효과를 얻을 수 없는 것은? [2012.4]

① 간벌
② 제벌
③ 맹아갱신
④ 가지치기

PART 02

임업기계

CHAPTER 01 산림조성사업 안전관리

CHAPTER 02 산림작업 도구 및 재료

CHAPTER 03 임업기계 운용

산림조성사업 안전관리

CHAPTER 01

---

01 산림작업에서 개인 안전복장 착용 시 준수사항으로 가장 거리가 먼 것은? [2009.7]

① 몸에 맞는 작업복을 입어야 한다.

② 겨울에는 춥지 않게 목도리를 해야 한다.

③ 가지치기 작업을 할 때에는 얼굴보호망을 쓴다.

④ 안전화를 반드시 착용한다.

해설 겨울에는 춥지 않게 작업복을 입어야 하지만 목도리 착용은 작업에 방해를 줄 수 있다.

유사문제

산림작업에서 개인 안전복장 착용 시 준수사항으로 가장 옳지 않은 것은? [2014.4]

① 몸에 맞는 작업복을 입어야 한다.

② 안전화와 안전장갑을 착용한다.

③ 가지치기 작업할 때는 얼굴보호망을 쓴다.

④ 작업복 바지는 멜빵있는 바지는 입지 않는다.

해설 작업복 하의는 예민한 신체기관인 콩팥부위에 압박을 주지 않는 멜빵있는 바지가 좋다.

답 ④

---

02 벌목작업 시 고려할 사항이 아닌 것은? [2012.7/2009.7/2007.9/2005.10]

① 벌목 방향을 정확히 하여야 한다.

② 안전사고를 예방하기 위한 준칙을 철저히 지켜야 한다.

③ 잔존목의 이용재적이 많이 나오도록 한다.

④ 주변 임목의 피해를 가능한 감소시켜야 한다.

해설 ③ 잔존목이 아니라 벌도목의 이용재적이 많이 나오도록 한다.

정답 1 ② 2 ③

03 기계톱 사용 시 안전사항으로 틀린 것은? [2009.3]

① 이동 시에는 엔진을 반드시 정지시킨다.

② 안내판 코로 작업하는 것은 매우 위험하므로 주의하여야 한다.

③ 톱 운반 시 반드시 안내판을 보호집에 넣어야 한다.

④ 평지와 경사지를 오를 때에는 안내판이 앞쪽으로 향하도록 한다.

해설 기계톱을 가지고 경사지를 오를 경우 톱날이 땅에 닿지 않도록 주의한다.

04 벌목작업 시 작업로 간격(최소 안전작업 거리)기준으로 적당한 것은? [2009.1]

① 벌도 될 나무 높이의 1배

② 벌도 될 나무 높이의 2배

③ 벌도 될 나무 높이의 3배

④ 벌도 될 나무 높이의 4배

해설 벌목작업 시 등의 위험 방지(산업안전보건기준에 관한 규칙 제405조 제1항 제3호)
벌목작업 중에는 벌목하려는 나무로부터 해당 나무 높이의 2배에 해당하는 직선거리 안에서 다른 작업을 하지 않을 것

유사문제

벌목작업 시 2인1조로 2개팀이 작업을 하고 있다. 각 작업팀 간의 벌도목 수고로부터 최소 안전거리로 가장 적합한 것은?(단, 벌도목의 수고를 기준으로 한다) [2008.10/2004.10/2002.7]

① 1배 이상

② 2배 이상

③ 3배 이상

④ 4배 이상

답 ②

05 산림작업을 위한 안전사고 예방 준칙으로 올바른 것은? [2013.1/2008.10/2003.3]

① 긴장하고 경직되게 할 것
② 비정규적으로 휴식할 것
③ 휴식 직후는 최고의 작업속도를 높일 것
④ 몸 전체를 고르게 움직이게 작업할 것

해설 ① 긴장하지 말고 부드럽게 할 것
② 규칙적인 휴식을 취할 것
③ 휴식 직후는 작업속도를 서서히 높일 것

유사문제

1. 산림작업 시 안전사고 예방수칙 중 틀린 것은? [2015.1/2007.9]

① 긴장하지 말고 부드럽게 작업에 임할 것
② 몸 전체를 고르게 움직이며 작업할 것
③ 작업복은 작업종과 일기에 따라 착용할 것
④ 안전사고 예방을 위하여 가능한 혼자 작업할 것

해설 ④ 안전사고 예방을 위하여 가능한 조별로 작업할 것

답 ④

2. 산림작업 안전사고 예방수칙으로 옳지 않은 것은? [2014.1]

① 몸 전체를 고르게 움직이며 작업할 것
② 긴장하지 말고 부드럽게 작업에 임할 것
③ 작업복은 작업종과 일기에 따라 착용할 것
④ 안전사고 예방을 위하여 가능한 혼자 작업할 것

해설 ④ 유사시를 대비하여 혼자서 작업하지 말 것

답 ④

3. 산림작업 시 안전사고 예방을 위하여 지켜야 할 사항과 거리가 먼 것은? [2011.4]

① 작업실행에 심사숙고 할 것
② 긴장하지 말고 부드럽게 할 것
③ 휴식 직후에는 서서히 작업속도를 높일 것
④ 휴식과는 관계없이 능률을 높이기 위하여 열심히 할 것

해설 안전사고 예방 및 작업의 능률을 높이기 위해서 적당한 휴식은 필수적이다.

답 ④

06 산림작업의 안전사고 발생원인이 아닌 것은? [2013.1/2012.7/2008.10/2003.3]

① 계획 없이 일을 서둘러 할 때
② 안일한 생각으로 태만히 작업을 할 때
③ 과로하거나 과중한 작업을 수행할 때
④ 위험을 예측하고 겸손한 태도를 지녔을 때

해설 ④ 위험을 예측하지 못하거나 자만심이 충만할 때 안전사고가 발생한다.

07 산림작업도구에 대한 설명으로 옳지 않은 것은? [2014.4]

① 자루의 재료는 가볍고 열전도율이 높아야 한다.
② 도구의 크기와 형태는 작업자의 신체에 적합해야 한다.
③ 작업자의 힘이 최대한 도구 날 부분에 전달할 수 있어야 한다.
④ 도구의 날 부분은 작업 목적에 효과적일 수 있도록 단단하고 날카로워야 한다.

08 다음 중 산림작업을 위한 개인 안전장비로 가장 거리가 먼 것은? [2012.7/2010.3/2008.3/2005.10]

① 안전헬멧　　　　　　　　② 안전화
③ 구급낭　　　　　　　　　④ 얼굴보호망

해설 ① · ② · ④ 외에 귀마개, 안전장갑, 안전복 등이 있다.

09 산림작업을 위한 안전장비가 아닌 것은? [2011.2]

① 안전헬멧　　　　　　　　② 귀마개
③ 얼굴보호망　　　　　　　④ 마스크

해설 **산림작업에 사용되는 안전장비**
　• 안전모(헬멧), 귀마개, 얼굴보호망
　• 안전장갑
　• 무릎 보호대 및 안전화
　• 안전복 등

10 다음 중 벌목 조재 작업 시 사고율이 가장 높은 신체부위는? [2008.3/2004.10]

① 머리   ② 손가락

③ 다리   ④ 몸통

11 식재작업 시 유의할 사항으로 틀린 것은? [2012.4/2010.3/2008.2]

① 식재괭이 자루가 안전한가 확인한다.

② 경사지에서는 상하로 서서 작업한다.

③ 작업자 간의 안전거리를 유지한다.

④ 안전장비를 착용한다.

> 해설   작업자들이 경사면 상하에 동시에 서서 작업해서는 안 된다.

12 안전장비의 주요 기능에 대한 설명으로 적절하지 않은 것은? [2010.3/2007.9]

① 안전헬멧 – 떨어지는 나뭇가지나 돌 등으로부터 보호

② 귀마개 – 난청을 예방하고 귀 보호

③ 얼굴보호망 – 자외선 등으로부터 피부 보호

④ 안전복 – 추위나 더위, 오염이나 각종 상해로부터 신체 보호

> 해설   ③ 얼굴보호망 : 눈을 보호하는 안전장비

13 집재작업의 초크설치 작업 시 주의사항 중 틀린 것은? [2010.7/2007.9]

① 초크설치 작업 시 작업자의 위치는 작업줄의 내각에 있어야 한다.

② 초크고리 등 장비의 이상 유무는 항상 점검하고 결함이 없는 것을 사용해야 한다.

③ 무리한 측방집재나 견인작업은 가능한 피한다.

④ 초크작업원은 로딩블록을 원목이 있는 지점까지 유도하여 정지시킨 상태에서 초크설치를 한다.

> 해설   ① 작업줄의 내각은 위험한 지역이므로 출입을 금지한다.

14 산림작업 시 준수해야 할 사항이 아닌 것은? [2007.4/2004.4/2002.7]

① 안전장비를 착용한다.
② 한 가지 작업을 계속한다.
③ 규칙적으로 휴식한다.
④ 서서히 작업속도를 높인다.

> **해설** 한 가지 작업을 계속하게 되면 작업 피로도가 누적되어 안전사고가 발생할 수 있다.

15 수확작업에 미치는 요인 중 겨울 작업의 장점으로 가장 적합한 것은? [2007.4]

① 인력수급이 원활하지 못하다.
② 수액 정지기간에 작업하므로 양질의 목재를 얻을 수 있다.
③ 작업장으로의 접근이 용이하다.
④ 벌도목이 쉽게 건조되어 집재시 유리하다.

> **해설** 겨울철에는 나무의 수액 이동이 정지되어 양분 축적이 많고 병원균의 오염 전파가 적은 시기이다.

16 다음 작업환경 중 인체에 직접적인 영향을 미치지 않는 것은? [2007.4/2004.4]

① 소음   ② 진동
③ 분진   ④ 작업인원

> **해설** 소음, 진동, 분진, 기온, 습도, 복사열, 기류, 조명 등은 작업자에게 직접적인 영향을 주는 물리적 환경 요인이다.

17 다음 설명에 해당하는 작업단계는? [2012.4/2008.2]

일부의 작업은 인력작업으로 이루어지고 일부는 기계작업이 공존하는 단계로서, 벌목작업은 인력작업인 체인톱으로 실시하고 집재작업은 기계를 이용하는 단계

① 인력 작업단계   ② 자동화 작업단계
③ 부분기계화 작업단계   ④ 완전기계화 작업단계

> **해설** ① 인력 작업단계 : 거의 모든 작업이 손도구나 휴대용 동력작업기(체인톱 등)를 이용
> ④ 완전기계화 작업단계 : 임목의 벌목작업부터 전 작업과정을 완전기계화하는 단계

18 다음 중 벌목과 운재계획의 수립을 위한 조사항목에 해당하지 않는 것은? [2010.7]

① 벌목구역에 대한 조사
② 반출방법에 대한 조사
③ 반출노선의 측량과 집재지점의 선정
④ 기상에 대한 조사

19 작업장에서 작업자 배치 시 가장 먼저 고려해야 할 사항은? [2012.4/2003.10]

① 작업능률 극대화　　　　　② 안전성 최대화
③ 감독의 난이도　　　　　　④ 작업량 배정

해설　작업장에서는 작업자의 안전이 가장 우선한다.

20 벌목작업 시 안전사고예방을 위하여 지켜야 하는 사항으로 옳지 않은 것은? [2016.7]

① 벌목방향은 작업자의 안전 및 집재를 고려하여 결정한다.
② 도피로는 사전에 결정하고 방해물도 제거한다.
③ 벌목구역 안에는 반드시 작업자만 있어야 한다.
④ 조재작업 시 벌도목의 경사면 아래에서 작업을 한다.

해설　④ 벌목 및 조재작업을 할 때에는 작업면보다는 경사면 아래의 출입을 통제하여야 한다.

21 얼어 있는 나무의 벌목 시 유의할 사항으로 올바른 것은? [2003.10]

① 얼어 있는 가지는 다른 나무에 걸리는 확률이 적다.
② 추구는 정확하고 작게 만들어 주어야 한다.
③ 쐐기를 적극 사용하는 것이 좋다.
④ 나무쐐기는 얇게 만들고 모래를 뿌려 사용한다.

해설　① 얼어 있는 가지는 유연성이 없으므로 다른 나무에 걸리는 확률이 높다.
　　　② 추구는 정확하고 충분히 만들어 주어야 한다.
　　　③ 쐐기는 사용하지 않는 것이 좋다.

22 벌목작업에서 능률과 안전을 함께 고려할 때 가장 적합한 작업 조편성은?   [2003.3]

① 1인 1조
② 2인 1조
③ 3인 1조
④ 4인 1조

해설 2인 1조는 2인의 지식과 경험을 합하여 작업하므로 융통성과 작업능률을 올릴 수 있다.

23 산림작업 중에서 사고율이 가장 높은 작업공종은 어느 것인가?   [2002.4]

① 조림작업
② 육림작업
③ 임도시설작업
④ 임목수확작업

해설 임목수확작업은 입목을 벌도하여 일정 규격의 원목으로 조재하거나, 간단하게 조재작업을 한 집재목을 시장이나 공장으로 운반하는 작업이다. 산림작업 중에서 가장 힘든 작업으로 사고율이 가장 높다.

24 노동의 경중은 에너지대사율로 표시하는데 다음 중 표시 방법으로 옳은 것은?   [2012.2/2010.1]

① PPM
② RMR
③ GNP
④ MRA

해설 비교에너지대사율(RMR ; Relative Metabolic Rate)
• 에너지대사율은 같은 작업의 노동대사에 보여지는 개인차는 보이지 않으므로 많은 사람들이 공통으로 사용할 수 있는 근육노동강도의 지수이다.

• 작업대사율 = $\dfrac{\text{작업 시 소비열량} - \text{같은 시간의 안정 시 소비열량}}{\text{기초대사량}} = \dfrac{\text{작업(근로)대사량}}{\text{기초대사량}}$

25 안전사고 예방기본대책에서 예방 효과가 큰 순서로 올바르게 나열된 것은?   [2013.4/2010.3]

① 위험제거 → 위험으로부터 멀리 떨어짐 → 위험고정 → 개인안전보호
② 개인안전보호 → 위험고정 → 위험제거 → 위험으로부터 멀리 떨어짐
③ 위험고정 → 개인안전보호 → 위험제거 → 위험으로부터 멀리 떨어짐
④ 위험으로부터 멀리 떨어짐 → 개인안전보호 → 위험제거 → 위험고정

26 산림작업 시 사용되는 안전장비로 적합하지 않은 것은? [2011.7]

① 안전헬멧, 얼굴보호망
② 귀마개, 안전화
③ 안전작업복, 안전장갑
④ 휴대용라디오, 쌍안경

> 해설 ④ 휴대용라디오와 쌍안경은 안전장비로 보기 어렵다.

27 산림작업용 안전화가 갖추어야 할 조건으로 옳지 않은 것은? [2014.4]

① 철판으로 보호된 안전화 코
② 미끄러짐을 막을 수 있는 바닥판
③ 땀의 배출을 최소화하는 고무재질
④ 발이 찔리지 않도록 되어있는 특수보호 재료

> 해설 **안전장비 안전화**
> 미끄러짐을 막고 습기와 추위로부터 발을 보호하여 돌부리에 부딪히거나 무거운 물체에 짓눌리는 것을 방지하고 체인톱과 같은 절단, 도끼 등의 타격, 낫 끝과 같이 예리한 도구로 발이 찔리는 것을 예방하도록 제작되어야 한다. 그 외에 철판으로 보호된 안전한 코, 미끄럼을 막을 수 있는 바닥판 및 발이 찔리지 않도록 되어 있는 특수보호된 것이면 좋다.

28 노동의 경중에 따른 에너지 대사율 중 임업노동이 속하는 중노동 작업은 얼마인가? [2011.4]

① 0~1
② 1~2
③ 4~7
④ 7 이상

> 해설 **노동의 경중에 따른 에너지 대사율**
> • 경노동 : 0~1
> • 강노동 : 2~4
> • 격노동 : 7 이상
> • 중등노동 : 1~2
> • 중노동 : 4~7

29 다음 중 산림작업이 어려운 이유가 아닌 것은? [2012.2]

① 비, 바람 등과 같은 기상조건에 영향을 덜 받는다.
② 산림작업도구 및 기계 자체가 위험성을 내포하고 있다.
③ 독사, 독충, 구르는 돌 등에 의해 피해를 받기 쉽다.
④ 산악지의 장애물과 경사로 인해 미끄러지기 쉽다.

> 해설 ① 대부분의 작업이 산지에서 이루어지기 때문에 지형, 기상조건의 영향을 많이 받는다.

30 체인톱 사용상의 벌목 조재 시 안전사고 방지의 장비 중 불필요한 것은? [2012.4]

① 방진용 가죽장갑

② 소음방지용 귀마개

③ 헬멧

④ 마세티

> **해설** 마세티(Machete)
> 벌목작업에 방해가 되는 덩굴, 잡목, 잡초 등의 벌채에 사용되는 다용도 기구이다. 우리 나라에서는 무육낫이라고 하여 일부 도입된 것과 비슷하며 그 형태가 칼 모양, 낫 모양, 도끼 모양 등 여러 가지가 있다.

31 기계톱에 의한 벌목 조재작업상 주의점으로 가장 부적합한 것은? [2015.4]

① 작업 개시 전 작업 용구 점검

② 벌목 후에 이동 시 엔진 가동상태로 이동

③ 벌도 시 만약의 경우를 대비해서 대피로를 미리 선정

④ 복장은 간편하며 몸을 보호할 수 있는 것으로 소음 방지용 귀마개 착용

> **해설** ② 이동할 때에는 반드시 엔진을 정지하여야 한다.

32 임목 벌도작업에서 수구의 각도는? [2004.10]

① 10~20°

② 30~45°

③ 50~65°

④ 75~85°

> **해설** 방향베기(수구)는 수평으로 입목 지름의 1/5~1/3 정도, 빗자르기 각도는 30~45° 정도 유지한다.

33 소경재 벌목을 위해 비스듬히 절단할 때는 수구를 만들지 않는 경우 벌목 방향으로 몇 도 정도 경사를 두어 바로 벌채하는가? [2013.1/2007.9]

① 20°
② 30°
③ 40°
④ 50°

해설 직경 15cm 이하의 소경목은 방향베기와 따라베기를 하지 않고 20° 정도의 기울기로 벌목작업이 가능하다.

유사문제

소경재 벌목방법에서 벌목방향으로 20° 정도 경사를 두어 벌목하는 방법은? [2013.4/2010.1]

① 비스듬히 절단하는 방법
② 간이수구 절단방법
③ 수구·추구에 의한 절단방법
④ 지렛대를 이용한 방법

답 ①

CHAPTER 02 산림작업 도구 및 재료

01 산림무육도구로서 가장 적합하지 않은 것은? [2009.7]

① 소형 손톱
② 재래식 낫
③ 손도끼
④ 소형 전정가위

해설 ③ 손도끼는 벌목작업용 도구이다.

유사문제

1. 다음 중 산림무육도구가 아닌 것은? [2014.1]

① 스위스 보육낫
② 가지치기톱
③ 양날괭이
④ 전정가위

해설 ③ 각식재용 양날괭이는 식재용 기구이다.

답 ③

2. 산림작업에 사용하는 식재도구로 옳지 않은 것은? [2014.1]

① 재래식 삽
② 재래식 낫
③ 재래식 괭이
④ 각식재용 양날괭이

해설 ② 재래식 낫은 풀베기 작업도구로 적합한 육림용 기구이다.

답 ②

---

1 ③ 정답

02 도끼자루의 길이는 어떤 것이 가장 좋은가? [2009.7]

① 작업자 신장의 1/3 정도가 좋다.
② 작업자 팔 길이 정도가 좋다.
③ 작업자 팔 길이보다 짧아야 한다.
④ 작업자 신장의 1/2이 좋다.

해설 특별한 경우를 제외하고 사용하기 편리하도록 작업자의 팔 길이 정도가 좋다.

유사문제

1. 특수한 경우를 제외하고 일반적인 도끼자루의 길이로 가장 적합한 것은? [2008.3]

① 길이에 관계없다.
② 사용자 팔 길이의 1/3 정도면 된다.
③ 사용자 팔 길이의 반 정도면 된다.
④ 사용자의 팔 길이 정도면 된다.

해설 도끼자루의 길이는 특수한 경우를 제외하고는 사용자의 팔 길이 정도가 적당하다.

답 ④

2. 산림작업용 도구 자루의 길이는 얼마 정도가 가장 적당한가? [2004.4]

① 작업자의 팔 길이
② 작업자의 팔 길이의 2배
③ 도구 작업 날의 2배
④ 도구 날의 길이 정도

답 ①

---

03 일반적으로 가지치기 도끼의 무게는 몇 g 정도인가? [2009.7]

① 650~800
② 850~1,250
③ 1,400~1,800
④ 2,000~2,500

해설 **가지치기용 도끼**
• 무게 : 850~1,250g
• 날의 각도 : 8~10°

04 도끼자루용 원목으로 가장 적합한 수종은?   [2009.3]

① 소나무   ② 감나무

③ 물푸레나무   ④ 이태리포플러

해설 물푸레나무는 재질이 단단하여 칼자루, 도끼자루와 생활용품 등 다목적으로 쓰이고 있다.

05 산림도구를 만들기 위한 자루용 원목으로 사용되는 목재로서 가치가 없는 것은?   [2010.3]

① 침엽수 목재   ② 목질 섬유가 긴 나무

③ 탄력이 크고 질긴 나무   ④ 옹이, 갈라진 흠이 없는 나무

해설 일반적으로 침엽수의 목재에는 연목재가 많아 자루용 원목으로는 가치가 없다.

06 경사지나 평지 등 모든 곳에 사용하는 일반적인 사식재괭이 날의 자루에 대한 적정한 각도(A) 범위는?

[2009.3]

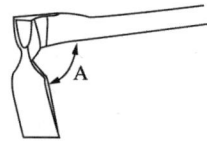

① 60~70°   ② 75~80°

③ 80~85°   ④ 85~90°

해설 사식재괭이는 대묘보다 소묘의 사식에 적합하며 날의 자루에 대한 각도는 60~70°가 적당하다.

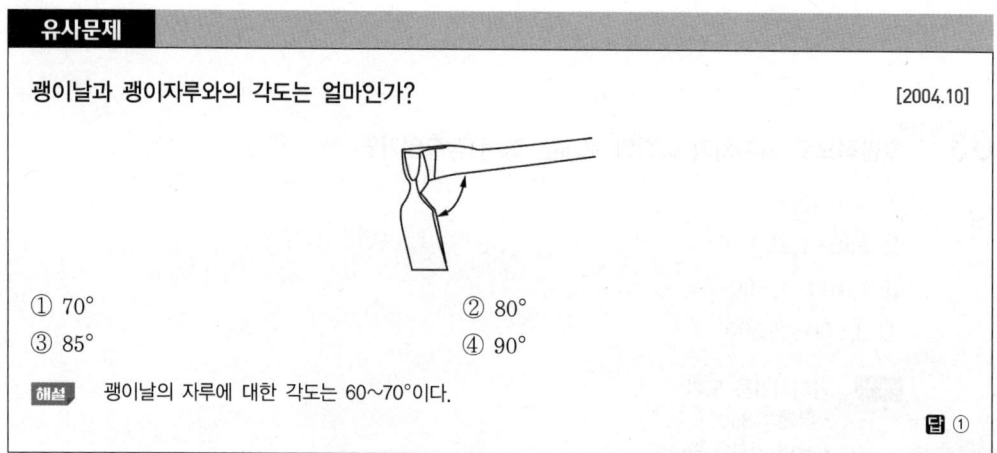

유사문제

괭이날과 괭이자루와의 각도는 얼마인가?   [2004.10]

① 70°   ② 80°

③ 85°   ④ 90°

해설 괭이날의 자루에 대한 각도는 60~70°이다.

답 ①

07 벌목작업에 사용하는 무거운 벌목용 도끼의 날 각도로 가장 적합한 것은? [2009.3/2008.3/2004.4]

① 2~4° ② 5~7°
③ 9~12° ④ 15~20°

해설 벌목용 도끼 : 무게 1,400~1,800g, 날의 각도 9~12°

08 그림 중 사피에 해당하는 것은? [2009.3/2002.7]

①  ②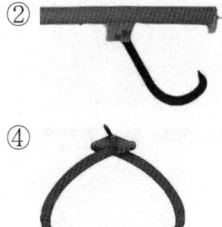

③  ④

해설 사피는 산악지대에서 벌도목을 끌 때 사용하는 도구이다.

09 침·활엽수 유령림의 무육작업에 사용하고, 직경 5cm 내외의 잡목 및 불량목을 제거하기에 가장 적합한 도구는? [2009.3/2003.10]

① 예취기 ② 스위스보육낫
③ 소형 전정가위 ④ 소형 손톱

해설 스위스보육낫은 손잡이 끝에 손이 미끄러지지 않도록 받침쇠가 있어 침·활엽수 유령림의 무육작업에 적합하다.

10 벌목도구의 사용법을 설명한 것으로 틀린 것은? [2011.2/2009.1/2002.4]

① 목재 돌림대는 벌목 중 나무에 걸려 있는 벌도목과 땅 위에 있는 벌도목의 방향전환 및 돌리는 작업에 주로 사용된다.

② 지렛대와 밀개는 밀집된 간벌지에서 벌도방향 유인과 잘린 나무 방향전환에 유용하게 사용된다.

③ 쐐기는 톱의 끼임을 방지하기 위하여 사용한다.

④ 스웨디쉬 갈고리는 기울어진 나무의 방향전환에 주로 사용되는 방향 갈고리이다.

> 해설 스웨디쉬 갈고리는 소경재를 운반하기 위한 갈고리이다.

11 벌목작업에서 쐐기는 주로 벌도방향의 결정과 안전작업을 위해 사용된다. 목재 쐐기를 만드는 데 적당한 수종이 아닌 것은? [2010.7]

① 아까시나무   ② 단풍나무

③ 참나무류   ④ 리기다소나무

> 해설 리기다소나무는 목재로는 질이 좋지 않아 목재 쐐기 등으로는 쓰이지 않으며 거의 사방조림용으로 이용된다.

12 벌목작업도구가 아닌 것은? [2011.7/2009.1]

① 지렛대   ② 밀개

③ 사피   ④ 양날괭이

> 해설 ④ 각식재용으로 형태에 따라 타원형과 네모형으로 구분되며 한쪽 날은 괭이로서 땅을 벌리는 데 사용하고 다른 한쪽 날은 도끼로서 땅을 가르는 데 사용된다.

유사문제

다음 중 벌목작업도구가 아닌 것은? [2002.10]

① 지렛대   ② 밀개

③ 사피   ④ 이리톱

> 해설 ④ 이리톱은 숲가꾸기(육림) 작업용 소도구이다.

답 ④

---

13 벌목작업 시 벌도목의 가지치기용 도끼날의 각도로 다음 중 가장 적합한 것은? [2009.1]

① 3~5°   ② 8~10°

③ 30~35°   ④ 36~40°

해설 벌목용 도끼의 경우 9~12°, 가지치기용 도끼의 경우 8~10°로 한다.

14 벌도목에 있어서 작은 가지의 가지치기에 가장 효율적인 도구는? [2008.10]

① 도끼   ② 톱

③ 기계톱   ④ 쐐기

해설 도끼는 작업 목적에 따라 벌목용, 가지치기용, 각목다듬기용, 장작패기용 및 소형 손도끼로 구분한다.

15 측척이란 무엇에 사용되는 도구인가? [2013.1/2010.7/2008.3]

① 벌도목의 방향전환에 사용되는 도구이다.

② 침엽수의 박피를 위한 도구이다.

③ 벌채목을 규격재로 자를 때 표시하는 도구이다.

④ 산악지대 벌목지에서 사용되는 도구로서 방향전환 및 끌어내기를 동시에 할 수 있는 도구이다.

해설 측척은 벌채목을 규격재로 자를 때 표시하는 도구로 흔히 나무막대를 사용한다.

16 전정가위는 일정한 일을 하기 위하여 힘을 적게 들이려는 역학적 원리에서 고안된 것으로 어떤 원리를 이용한 도구인가? [2008.3/2002.7]

① 빗면의 원리   ② 도르레의 원리

③ 삼투압의 원리   ④ 지렛대의 원리

해설 전정가위는 지렛대의 원리에 바탕을 둔 것으로 지레의 작용점·받침점·힘점의 상호관계에 의하여 작은 힘으로도 큰 힘의 효과를 볼 수 있도록 해주는 도구이다.

17 도끼자루가 알맞게 끼어 있는지 점검하고자 한다. 아래 그림에서 "가"와 "나"에 대한 조건으로 가장 올바른 것은?

[2008.2/2002.7]

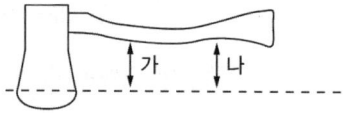

① "가"의 길이가 "나"보다 길어야 한다.
② "가"의 길이가 "나"보다 짧아야 한다.
③ "가"와 "나"의 길이가 같아야 한다.
④ "가"와 "나"의 길이는 2배 이상 차이가 있어야 한다.

18 산림작업용 도끼의 날을 갈 때 날카로운 삼각형으로 연마하지 않고 그림과 같이 아치형으로 연마하는 이유로 가장 적합한 것은?

[2012.7/2010.1/2008.2/2005.10/2003.3]

① 도끼 날이 목재에 끼이는 것을 막기 위하여
② 연마하기가 쉽기 때문에
③ 도끼 날의 마모를 줄이기 위하여
④ 마찰을 줄이기 위하여

해설 날이 너무 날카로운 삼각형이 되면 벌목 시 날이 나무 속에 끼게 되므로 도끼의 날을 갈 때 아치형으로 연마한다.

19 다음 중 용도가 같은 도구만으로 바르게 구성된 것은?

[2010.3/2008.2/2005.10]

① 스위스보육낫, 손도끼
② 재래식 낫, 가지치기톱
③ 고지절단용 가지치기톱, 소형 손톱
④ 손도끼, 무육용 이리톱

해설 • 고지절단용 가지치기톱, 소형 손톱 : 가지치기용
• 재래식 낫 : 풀베기용 소도구
• 손도끼 : 벌목작업용 소도구

20 다음에 해당하는 톱으로 옳은 것은? [2014.1]

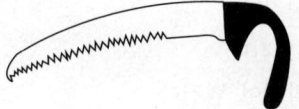

① 제재용 톱　　　　　　　② 무육용 이리톱
③ 벌도작업용 톱　　　　　　④ 조재작업용 톱

해설　**무육용 이리톱** : 역학을 고려하여 손잡이가 구부러져 있어 가지치기와 어린나무가꾸기 작업에 적합하다.

21 다음 장비 중 가지치기 작업에 직접적으로 사용하지 않는 장비는? [2007.9]

① 사다리
② 높은 가지치기 낫톱
③ 뉴만식 가지절단기
④ 윤척

해설　윤척(輪尺, caliper)은 임목의 지름을 측정하는 기구이다.

22 다음 중 벌목작업 시 사용되는 도구로만 나열되어 있는 것은? [2004.4]

① 체인톱, 도끼, 쐐기, 지렛대, 박피삽, 밀개
② 체인톱, 쐐기, 밀개, 윤척, 갈고리, 운반용 집개
③ 체인톱, 목재 돌림대, 지렛대, 낫, 밀개, 사피, 윈치
④ 체인톱, 사다리, 박피삽, 밀개, 갈고리, 각식재괭이

해설　② 윤척은 임목측정용이다.
　　　③ 낫은 육림용, 윈치는 임목집재용이다.
　　　④ 각식재괭이는 조림사업용이다.

유사문제

다음 중 벌목용 작업도구가 아닌 것은? [2015.1/2007.4]

① 쐐기　　　　　　　　　② 목재돌림대
③ 밀개　　　　　　　　　④ 식혈봉

해설　**벌목용 작업도구** : 톱, 도끼, 쐐기, 밀대(밀개), 목재돌림대, 갈고리, 체인톱, 벌채수확기계 등　　**답** ④

---

23 벌목조재작업 시 다른 나무에 걸린 벌채목의 처리로 옳지 않은 것은? [2015.1/2014.1]

① 지렛대를 이용하여 넘긴다.
② 걸린 나무를 흔들어 넘긴다.
③ 걸려있는 나무를 토막내어 넘긴다.
④ 소형견인기나 로프를 이용하여 넘긴다.

해설   ③ 다른 나무에 걸린 벌채목은 걸린 나무를 흔들거나 지렛대 혹은 소형 견인기나 로프를 이용하여 넘긴다.

24 다음 중 작업도구와 능률에 관한 기술로 가장 거리가 먼 것은? [2013.7/2005.10/2003.10]

① 자루의 길이는 적당히 길수록 힘이 강해진다.
② 도구의 날 끝 각도가 클수록 나무가 잘 빠개진다.
③ 도구는 가벼울수록, 내려치는 속도가 늦을수록 힘이 세어진다.
④ 도구의 날은 날카로운 것이 땅을 잘 파거나 자를 수 있다.

해설   ③ 도구는 적당한 무게를 가져야 내려치는 속도가 빨라져 능률이 좋다.

유사문제

무육 도구의 힘을 크게 하는 방법으로 알맞은 것은? [2004.10]

① 도구는 가벼울수록 힘을 크게 낼 수 있다.
② 도구의 자루는 짧을수록 큰 힘을 낼 수 있다.
③ 도구 날의 끝 각도가 적당히 클수록 나무가 잘 잘라진다.
④ 도구를 내려치는 속도와 도구의 힘과는 관계없다.

해설   ① 도구는 적당히 무거울수록 힘을 크게 낼 수 있다.
　　　② 도구의 자루는 적당히 길수록 힘을 크게 낼 수 있다.
　　　④ 도구를 내려치는 속도가 빠를수록 힘을 크게 낼 수 있다.   **답** ③

---

25 다음 중 도구자루로서 사용되는 목재의 가치가 없는 것은? [2005.10]

① 침엽수 목재
② 탄력이 좋은 활엽수 목재
③ 섬유장이 긴 것
④ 부드럽고 섬유장이 질긴 것

해설   도구자루로서 사용되는 목재로는 침엽수보다 활엽수가 적당하다.

26 다음 중 도끼자루 제작에 가장 적합한 수종으로 묶어진 것은? [2015.1/2013.1/2005.4]

① 소나무, 호두나무, 가래나무

② 호두나무, 가래나무, 물푸레나무

③ 가래나무, 물푸레나무, 전나무

④ 물푸레나무, 소나무, 전나무

> **해설**
> • 호두나무 : 목질이 단단하고 치밀하며 윤택성 있는 목재
> • 가래나무 : 호두나무보다 더 치밀하고 단단하여 총상(銃床)과 비행기의 내장재로 특수하게 쓰이는 목재
> • 물푸레나무 : 재질이 치밀하고 강인하며 목색이 은빛 나는 고급재

27 다음 수종 중 산림작업용 도구 자루로 가장 적합한 것은? [2012.4]

① 오동나무

② 느티나무

③ 소나무

④ 히말라야시다

> **해설** 자루 용재에 알맞은 수종은 박달나무, 들메나무, 물푸레나무, 가시나무, 단풍나무, 호두나무, 가래나무, 느티나무, 참나무류 등 탄력이 좋고 목질섬유(섬유장)가 길고 질긴 활엽수가 적당하다.

28 손톱의 톱니 높이가 일정하지 않고 높고 낮은 톱니가 있을 경우 나타나는 현상은? [2005.4]

① 톱질이 힘들어 작업 능률이 낮아진다.

② 톱이 원하는 방향으로 나가지 않고 비틀려 나간다.

③ 절단면이 깨끗하게 절단되지 않는다.

④ 톱의 수명이 길어진다.

> **해설** 톱니 높이가 일정하지 않으면 톱질이 힘들어 작업 능률이 낮아진다.

29 제벌작업 및 간벌작업 시 간벌목의 표시, 단근작업, 도구자루 제작 등에 사용되는 도끼는? [2005.4]

① 벌목용 도끼　　　　　　　　② 가지치기용 도끼

③ 장작패기용 도끼　　　　　　④ 손도끼

해설　④ 손도끼는 소형으로 휴대가 간편하고 경량이어서 작업이 용이하다.

30 다음 중 천연림 보육작업에 사용하지 않는 작업도구는? [2004.10]

① 소형 기계톱　　　　　　　　② 소형 천공기

③ 무육톱　　　　　　　　　　　④ 무육낫

해설　미래목의 가지치기는 반드시 톱이나 낫을 사용하여 실시한다.

31 다음 중 유령림 무육작업에 사용되는 도구로서 부적당한 것은? [2004.10]

① 톱　　　　　　　　　　　　② 소형 기계톱

③ 낫　　　　　　　　　　　　④ 전정가위

해설　② 벌목작업용 도구

32 조림용 도구가 아닌 것은? [2011.7]

① 식혈봉

② 각식재용 양날괭이

③ 아이디얼 식혈삽

④ 쐐기

해설　쐐기는 벌목용 작업도구로, 톱의 끼임을 방지하기 위하여 사용한다.

33 초보자가 사용하기 편리하고 모래 등이 많이 박힌 도로변 가로수 정리용으로 적합한 체인톱 톱날의 종류는?

[2014.1]

① 끌형 톱날
② 대패형 톱날
③ 반끌형 톱날
④ L형 톱날

해설 **톱체인의 종류**
- 대패형(Chipper) 톱체인 – 원형
  - 톱날의 모양이 둥근 것으로 톱니의 마멸이 적고 원형줄로 톱니세우기가 쉽다.
  - 절삭저항이 크나 비교적 안전하므로 초보자가 사용하기 쉽다.
  - 가로수와 같이 모래나 흙이 묻어 있는 나무를 벌목할 때 많이 이용된다.
- 반끌형(Semi-chisel) 톱체인
  - 윗톱날과 가로톱날의 접합부가 둥글고 톱날세우기는 원형줄을 사용한다.
  - 목공용이나 가정용 등 일반적으로 많이 사용된다.
- 끌형(Chisel) 톱체인
  - 톱날이 각이 져서 각줄을 사용하여 톱니를 세워야 하고 절삭저항이 작다.
  - 숙련자는 높은 능률을 올릴 수 있으나 초보자는 사용할 수 없다.
- 개량끌형(Super-chisel) 톱체인
  - 더욱 개량된 것으로 보통 각형이며 원형줄로 톱니를 세운다.
  - 숙련자의 사용으로 능률을 배가시킬 수 있다.
- 톱 파일링형(Top-filing) 톱날 : 체인톱 내장 자동톱날갈기 구조로서 평줄로 톱날을 세운다.

34 도구의 날을 보호하기 위하여 필요한 것은?

[2004.4]

① 공구함
② 날집
③ 공구석
④ 숫돌

35 다음 도구 중 소경목 벌목에 쓰이지 않는 도구는?

[2004.4]

① 도끼
② 활톱
③ 2인용 톱
④ 체인톱

해설 2인용 톱은 팀워크가 필요한 도구로 주로 대경목 벌목에 쓰인다.

36 도구의 날을 가는 요령을 설명하였다. 틀린 것은? [2003.10/2001.7]

① 도끼의 날은 침엽수용을 활엽수용보다 더 둔하게 연마하여야 한다.
② 도끼의 날은 활엽수용을 침엽수용보다 더 둔하게 갈아준다.
③ 톱의 날은 침엽수용보다 활엽수용을 더 둔하게 갈아준다.
④ 톱니의 젖힘은 침엽수용을 활엽수용보다 더 넓게 젖혀준다.

해설 도끼 및 톱의 날은 침엽수용이 활엽수용보다 더 날카롭다.

37 톱니 가는 방법 중 제일 먼저 실시해야 되는 작업은? [2010.1]

① 톱니 높이가 같도록 갈아준다.
② 톱니날을 갈아준다.
③ 톱니젖힘을 한다.
④ 톱니 폭을 잰다.

해설 톱니 높이가 일직선상에 있지 않을 경우 톱질의 능률이 낮아진다.

38 집재지에서 통나무를 끌어 내리는 데 많이 사용하는 것은? [2015.1/2010.7/2003.3]

① 피비   ② 캔트 훅
③ 피카룬   ④ 사피

해설 사피는 산악지대에서 벌도목을 끌 때 사용하는 도구이다.

39 소형 벌목 보조용 도구이다. 그림과 그 명칭이 바르게 된 것은? [2003.3]

① 절단용 쐐기   ② 벌목용 쐐기

③ 박피기   ④ 벌도지레

   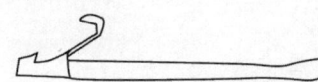

해설 ① 벌목용 쐐기, ② 절단용 쐐기, ④ 지렛대

40 다음 작업도구 관리에 관한 설명 중 옳지 않은 것은? [2002.7]

① 손톱 손질에서 침엽수용은 활엽수용보다 더 톱니를 많이 젖혀준다.
② 낫, 도끼날 관리에서는 가급적 절단 시 접촉면이 작게 타원형으로 갈아줘야 힘이 적게 든다.
③ 도구관리는 많은 시간이 소요되므로 자주 실시하는 것보다 1주에 한번 정도가 적합하다.
④ 도구관리는 날 부분도 중요하지만 자루 부위도 중요하다.

41 산림작업 장비의 보관 방법이 틀린 것은? [2002.4]

① 오물을 제거하고 깨끗하게 한다.
② 일일정비 후 지하실이나 밀폐된 곳에 보관한다.
③ 건조하고 신선한 곳에 보관한다.
④ 장시간 보관할 때는 연료를 넣어두지 않는 것이 좋다.

> 해설 지하실이나 밀폐된 곳은 기온차로 습기가 발생할 수 있다.

42 다음 그림의 명칭과 사용되는 용도가 바르게 연결된 것은? [2011.4/2002.4]

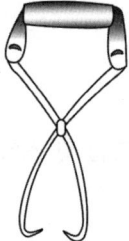

① 스웨디쉬형 갈고리 – 소경재 인력 집재
② 손잡이형 갈고리 – 대경재 인력 집재
③ 슈바쯔발더형 방향갈고리 – 대경재 인력 집재
④ 박크셔방향갈고리 – 벌도목의 방향 유도

> 해설 소경재를 운반하기 위한 스프링집게 스웨디쉬갈고리이다.

43 다음 중 조림용 도구의 설명으로 틀린 것은? [2013.4/2010.7/2001.7]

① 각식재용 양날괭이 – 형태에 따라 타원형과 네모형으로 구분되며 한쪽 날은 괭이로서 땅을 벌리는 데 사용하고 다른 한쪽 날은 도끼로서 땅을 가르는 데 사용된다.
② 사식재 괭이 – 경사지, 평지 등에 사용하고 대묘보다 소묘의 사식에 적합하다.
③ 손도끼 – 조림용 묘목의 긴 뿌리의 단근작업에 이용되며, 짧은 시간에 많은 뿌리를 자를 수 있다.
④ 재래식 괭이 – 규격품으로 오래전부터 사용되어 오던 작업도구로 산림작업에서 풀베기, 단근 등에 이용된다.

> **해설** ④ 재래식 괭이는 산림작업에서 땅을 파거나 흙덩이를 부수는 데 사용된다.

44 산림작업도구인 각식재용 양날괭이에 대한 설명으로 틀린 것은? [2012.2/2010.3]

① 형태에 따라 타원형과 네모형이 있다.
② 도끼날 부분은 질긴 뿌리를 자르는 것으로만 사용한다.
③ 타원형은 자갈이 섞이고 지중에 뿌리가 있는 곳에서 사용한다.
④ 네모형은 땅이 무르고 자갈이 없으며 잡초가 많은 곳에 사용한다.

> **해설** ② 형태에 따라 타원형과 네모형으로 구분되며 한쪽 날은 괭이로서 땅을 벌리는 데 사용하고 다른 한쪽 날은 도끼로서 땅을 가르는 데 사용된다.

45 와이어로프를 구성하는 스트랜드 조합 및 스트랜드를 구성하는 와이어로프의 조합방법 중 24분선 6꼬임 표기로 옳은 것은? [2011.2]

① 24 × 6
② 6 × 24
③ IWRC 6 × S(24)
④ IWRC 24 × S(6)

> **해설** • X분선 Y꼬임 → Y × X
> • 24분선 6꼬임 → 6 × 24

46 가선집재의 가공본줄로 사용되는 와이어로프의 최대장력이 2.5ton이다. 이 로프에 500kg의 벌목된 나무를 운반한다면 이 로프의 안전계수는 얼마인가? [2014.4]

① 0.05　　　　　　　　　　　　② 5

③ 200　　　　　　　　　　　　④ 1,250

해설

$$안전계수 = \frac{와이어로프의\ 최대하중(kg)}{들어올리거나\ 당기는\ 실제하중(kg)}$$

$$= \frac{2,500}{500} = 5$$

47 임업용 와이어로프의 용도 중 작업선의 안전계수 기준은?

① 2.7 이상　　　　　　　　　② 4.0 이상

③ 6.0 이상　　　　　　　　　④ 7.5 이상

해설 **와이어로프의 용도별 안전계수**
- 가공본줄 : 2.7
- 작업줄 : 4.0
- 버팀줄 : 4.0
- 예인줄 : 4.0
- 호이스트줄 : 6.0
- 매달기줄 : 6.0

48 다음 중 와이어로프의 선택 시 고려사항이 아닌 것은? [2011.7]

① 용도　　　　　　　　　　　② 드럼의 지름

③ 도르래의 통과 횟수　　　　④ 벌채원목의 수종

해설 와이어로프를 선택하기 위해서는 용도, 드럼의 지름, 도르래의 통과 횟수 등을 고려하여야 한다. 벌채원목의 수종은 와이어로프 선택에 직접적 관련성이 없다.

49 와이어로프 교체기준이 아닌 것은? [2011.4]

① 킹크가 발생한 경우

② 소선이 절단된 경우

③ 형태 변형 및 부식이 현저한 경우

④ 와이어로프 직경의 감소가 공칭 직경 5% 이내인 경우

해설 **와이어로프의 교체 기준**
- 와이어로프의 한 꼬임에서 끊어진 소선의 수가 10% 이상인 것
- 지름의 감소가 공칭지름의 7%를 초과하는 것
- 꼬인 것
- 심하게 변형되거나 부식된 것

50 다음 중 조림 및 육림용 기계가 아닌 것은? [2014.4]

① 윈치
② 예불기
③ 체인톱
④ 동력지타기

해설 ① 소형윈치 : 집재용 윈치, 크레인, 파미윈치 등
  • 집재용 윈치 : 소형 집재차량은 집재 및 적재용 윈치를 사용한다.
  • 크레인 : 적재작업을 원활히 수행하기 위하여 소형차에는 윈치 부착 크레인, 적재집재차량에는 그래플크 레인을 장착한 것이 많다.
  • 파미윈치 : 트랙터의 동력을 이용한 지면끌기식 집재기계이다.
② 예불기 : 풀 깎는 기계
③ 체인톱 : 기계톱
④ 동력지타기 : 가지 자르는 기계

51 조림작업 시 조림목을 심을 구덩이를 파는 데 사용되는 기계는? [2007.4]

① 예불기
② 지타기
③ 식혈기
④ 하예기

해설 식혈기는 주로 묘목식재를 위한 구멍을 뚫는 데 사용되는 기계로서, 보통 체인톱이나 예불기 등에 사용되는 엔진에 식혈기용 칼날을 부착하여 사용한다.

52 어깨걸이식 예불기를 메고 바른 자세로서 손을 떼었을 때 지상으로부터 날까지의 가장 적절한 높이는 몇 cm 정도인가? [2014.1]

① 5~10
② 10~20
③ 20~30
④ 30~40

53 다음 중 원형기계톱 사용 시 기계톱이 목재 사이에 끼었을 때 사용하는 것은? [2011.7]

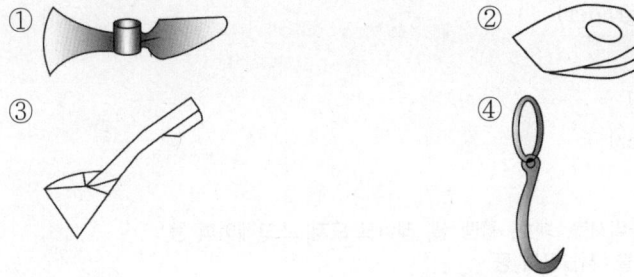

① ② ③ ④

해설 ② 쐐기, ① 각식재용 양날괭이, ③ 박피기, ④ 원목 선회용 도구

54 와이어로프의 꼬임과 스트랜드의 꼬임방향이 같은 방향으로 된 것은? [2012.7]

① 보통꼬임
② 교차꼬임
③ 랭꼬임
④ 랭보통꼬임

해설 와이어로프의 꼬임과 스트랜드의 꼬임방향이 반대로 된 것을 보통꼬임(작업줄), 같은 방향으로 된 것을 랭(Lang)꼬임(가공본줄)이라 한다.

55 다음 그림에서 톱니의 명칭이 잘못된 것은? [2012.7]

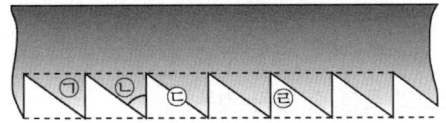

① ㉠ 톱니가슴
② ㉡ 톱니꼭지각
③ ㉢ 톱니등
④ ㉣ 톱니꼭지선

해설 ④ ㉣번은 톱니홈이다.

56 다음 중 산림토목용 기계의 범주에 포함되는 기계는? [2010.7]

① 모터 그레이더(motor grader)
② 집재기
③ 벌도기(feller buncher)
④ 적재집재차량(forwarder)

> 해설 **산림토목용 기계**
> • 굴착기계 : 불도저, 파워셔블, 백호, 클램 셸, 레이크 도저, 스크레이퍼 등
> • 적재기계 : 트랙터 셔블, 셔블로더 등
> • 운반기계 : 스크레이퍼, 불도저, 덤프트럭, 벨트 컨베이어 등
> • 정지 및 전압기계 : 모터 그레이더(정지기계)와 스크래퍼 등과 로드롤러(머캐덤롤러, 탠덤롤러, 탬핑롤러 등), 타이어롤러, 진동컴팩터, 래머, 탬퍼 등

57 산림작업의 기계화가 갖는 목적이 아닌 것은? [2010.3]

① 상품가치의 하락
② 생산비용의 절감
③ 노동생산성의 향상
④ 중노동으로부터 해방

> 해설 **임업기계화의 3대 목적** : 노동생산성의 향상, 생산비용의 절감, 중노동으로부터의 해방

58 임목수확작업 기계화의 특징 중 틀린 것은? [2007.4/2003.10]

① 작업원의 숙련도가 작업능률에 미치는 영향이 크다.
② 자연조건의 영향을 많이 받는다.
③ 재료인 입목의 규격화가 불가능하므로 재료에 맞는 기계를 선택해야 한다.
④ 작업의 소규모화에 따라 다공정 기계장비보다 전문기계장비가 경제적이다.

> 해설 작업의 소규모화에 따라 전문기계장비보다 다공정 기계장비가 경제적이다.

56 ① 57 ① 58 ④ 정답

59 다음 중 산림수확 기계장비로만 묶어진 것은?   [2007.4]

① 아크야윈치, 타워야더

② 모터그레이더, 포워더

③ 칩파기, 아크야윈치

④ 모터그레이더, 칩파기

> 해설 • 아크야윈치 : 소형 집재기
> • 타워야더 : 가선집재기
> • 모터그레이더 : 노반다지기
> • 포워더 : 집재운반
> • 칩파기 : 분쇄기

60 다음 설명에 가장 알맞은 임업기계장비는?   [2011.7/2010.1]

> • 전목 집재작업 시 작업공정에 알맞은 기계장비이다.
> • 인공 철기둥과 가선집재장치를 트럭, 트랙터, 임내차 등에 탑재하여 주로 급경사지의 집재작업에 적용하는 이동식 차량형 집재기계로서 가선의 설치, 철수, 이동이 용이한 가선집재전용 고성능 농업기계이다.
> • 일본에서 개발 보급된 RME-300T 기종이 있다.

① 프로세서   ② 타워야더

③ 포워더   ④ 리모컨 윈치

> 해설 ② 타워야더 : 가선집재기
> ①·③ 프로세서, 포워더 : 다공정작업
> ④ 리모컨 윈치 : 집재작업

61 트랙터를 이용한 집재 조건의 설명으로 틀린 것은?   [2007.4]

① 작업지 경사는 25% 이내에서 직접주행이 가능하다.

② 부착되어 있는 윈치에 의한 최대 집재 거리는 100m이다.

③ 작업지 경사도 25° 이상에서도 직접주행이 가능하다.

④ 농업용 트랙터에 작업 윈치를 부착하여 사용한다.

> 해설 트랙터 집재기는 일반적으로 평탄지나 경사지에 적당한 집재기이다.

62 임업용 트랙터를 사용하는 데 있어 집재목과 트랙터 간의 허용각도와 안전각도로 옳은 것은?

[2014.1]

① 허용각도 = 최대 15°, 안전각도 = 0~10°
② 허용각도 = 최대 30°, 안전각도 = 0~30°
③ 허용각도 = 최대 35°, 안전각도 = 0~40°
④ 허용각도 = 최대 90°, 안전각도 = 0~45°

63 임업기계의 분류에서 조림 및 육림기계가 아닌 것은?

[2010.3]

① 예불기
② 지타기
③ 식혈기
④ 프로세서

> **해설** ④ 프로세서는 가지자르기, 작동을 동시에 하는 다공정장비이다.

64 다음 중 벌목과 소경목의 집재는 가능하나 지타 및 절단(토막내기) 작업을 할 수 없는 고성능 임목수확 장비는?

[2005.4]

① 펠러번처
② 하베스터
③ 프로세서
④ 포워더

> **해설** ① 펠러번처는 벌목과 집재 기능만 가진 장비이다.

65 다음 중 가선집재기계로 옳지 않은 것은?

[2014.1]

① 하베스터
② 자주식 반송기
③ 썰매식 집재기
④ 이동식 타워형 집재기

> **해설** ① 하베스터 : 임내를 이동하면서 입목의 벌도·가지제거·절단작동 등의 작업을 하는 기계로서 벌도 및 조재작업을 1대의 기계로 연속작업을 할 수 있는 다공정 처리기계

66 트랙터 중 차체굴절식 조향방식의 트랙터의 장점이 아닌 것은? [2004.4]

① 연료의 소비량 절약
② 회전반경의 단축
③ 요철형 지면에서의 견인력 향상
④ 차체의 안전성 확보

해설 차체굴절방식은 특히 앞바퀴의 궤적을 뒷바퀴가 그대로 따르기 때문에 지형이 험한 경우에 매우 효율적이며, 또한 회전반경을 줄일 수 있어 임업용 트랙터에 많이 적용하는 방식이다.

67 트랙터 부착형 윈치(파르미윈치) 작업 방법 중 설명이 올바른 것은? [2003.10]

① 작업로에 진입하여 작업할 수 없음
② 견인작업 시 와이어 로프 외각은 위험한 지역임
③ 지면끌기 집재작업 방식임
④ 견인거리가 100~200m임

해설 **파르미윈치**
지면끌기식 집재작업을 하는 기계로서 상향은 약 60m, 하향은 30m 정도로 견인력과 윈치속도는 가선기계만큼 빠르다.

68 전목집재작업 시 작업공정에 알맞은 기계장비로 연결된 것은? [2003.10]

① 벌목작업 – 프로세서
② 전목집재작업 – 타워야더
③ 조재작업 – 포워더
④ 운재작업 – 리모컨 윈치

해설 ① 다공정작업 : 프로세서
③ 다공정작업 : 포워더
④ 집재작업 : 리모컨 윈치

69 다음 중 집재와 운재에 사용되는 기계 및 기구가 아닌 것은? [2002.7]

① 플라스틱 수라

② 단선순환식 삭도집재기

③ 윈치부착 농업용 트랙터

④ 자동지타기

해설 자동지타기는 가지치기용 기계이다.

70 다음 중 자동지타기를 사용하여 가지치기하는 입목으로 적합한 것은? [2010.7]

① 가지가 가늘고 통직하게 잘 자란 나무

② 가지가 굵고 수간이 구불구불한 나무

③ 가지가 가늘고 수간이 쌍갈래로 자란 나무

④ 가지가 굵고 휘어진 나무

해설 자동지타기는 옹이가 없는 우량한 원목을 생산하기 위하여 나무의 수간을 오르내리며 가지치기하는 기계로, 가지가 가늘고 곧은 것이 적합하다.

71 현장에서 사용하고 있는 자동지타기의 문제점이 아닌 것은? [2010.1]

① 우천 시 미끄러짐

② 바퀴에 의한 상처

③ 임목의 형상에 기인한 상처

④ 인력에 의한 가지치기 작업보다 더 높은 위치까지 작업불가

해설 실제 지타기를 사용하고 있는 현장에서 보고된 문제점은 엔진고장, 임목의 형상에 기인한 상처, 바퀴에 의한 상처, 센서 이상, 우천 시 바퀴의 미끄러짐 등이다.

72 소형원치의 활용 범위가 아닌 것은? [2015.1/2011.2]

① 소집재 작업

② 조재 작업

③ 수라설치 작업

④ 직접견인

해설 **소형원치의 활용 범위**
- 수라 운반설치 작업
- 삭도 및 집재기 설치 보조 작업
- 임도지장목의 집재 작업
- 견인 작업

73 소형윈치의 일반적인 사용목적으로 옳지 않은 것은? [2014.4]

① 대경재의 장거리 집재용
② 수라 설치를 위한 수라 견인용
③ 설치된 수라의 집재선까지의 횡집재용
④ 대형 집재장비의 집재선까지의 소집재용

74 다음 중 임업기계화의 목적이 아닌 것은? [2011.7]

① 노동생산성의 향상
② 생산비용의 절감
③ 임업기계의 가동률 저감
④ 중노동으로부터의 해방

해설 임업기계화의 3대 목적 : 노동생산성의 향상, 생산비용의 절감, 중노동으로부터의 해방

75 다음 중 벌도뿐만 아니라 초두부제거, 가지제거 작업을 거쳐 일정 길이의 원목생산에 이르는 조재작업을 동시에 수행할 수 있는 기계는?(단, 기계는 다른 부착물과 변형이 없는 기본 형태이다)

[2015.1/2011.7]

① 펠러(feller) ② 펠러번처(feller buncher)
③ 펠러스키더(feller skidder) ④ 하베스터(harvester)

해설 하베스터(harvester)
임내를 이동하면서 임목의 벌도, 가지치기, 절단작업을 하는 기계로서 1대의 기계로 벌도 및 조재작업을 할 수 있는 기계이다.

76 2행정 내연기관에서 연료에 오일을 첨가시키는 이유로 가장 적합한 것은?

[2013.7/2011.2/2009.3/2005.4/2003.3]

① 점화를 쉽게 하기 위해서
② 엔진 내부에 윤활작용을 시키기 위하여
③ 엔진 회전을 저속으로 하기 위하여
④ 체인의 마모를 줄이기 위하여

해설 2행정기관은 윤활작용과 동시에 연소되어야 하므로 주로 광물성 윤활유를 사용한다.

77 기계톱 기화기의 연료유입과 거리가 먼 것은? [2009.7]

① 피스톤의 상하운동
② 베르누이의 원리
③ 연료펌프막
④ 뜨게실

해설 뜨게실은 연료의 유면을 일정하게 유지하는 역할을 한다.
기화기의 원리
기관의 흡입행정이 진행되는 동안, 즉 피스톤의 하향운동에 의해 실린더 내에 부압이 형성되면 공기는 기화기를 거쳐서 실린더에 공급된다. 기화기에 유입된 공기는 벤투리를 통과하면서 속도가 상승된다(베르누이의 원리). 벤투리의 단면적이 가장 좁은 부분에서 공기의 유동속도가 가장 빠르고, 대기압과의 압력차도 가장 크기 때문에 바로 이 부분에 연료출구(Main Nozzle)를 설치한다. 메인노즐 선단의 압력과 대기압과의 압력차에 의해서 연료는 메인노즐로부터 분출된다. 메인노즐로부터 분출된 연료는 벤투리를 통과하는 공기에 의해 무화, 혼합된다.

78 4행정 엔진과 비교한 2행정 엔진의 설명으로 올바른 것은? [2015.1/2011.7/2009.3]

① 저속운전이 용이하다.
② 점화가 어렵다.
③ 무게가 무겁다.
④ 휘발유와 오일소비가 적다.

해설 **2행정 엔진의 특징**
• 저속운전이 어렵다.
• 중량이 가볍다.
• 휘발유와 오일소비가 많다.
• 점화가 어렵다.
• 동일배기량에 비해 출력이 크다.
• 배기음이 크다.

유사문제

2행정기관을 4행정기관과 비교했을 때, 2행정기관의 특징에 대한 설명으로 틀린 것은? [2013.7/2010.1]

① 배기음이 낮다.
② 휘발유와 오일소비가 크다.
③ 동일배기량에 비해 출력이 크다.
④ 저속운전이 곤란하다.

해설 무게는 가벼우나 배기음이 크다.

답 ①

---

79 외기온도에 따른 윤활유 점액도가 올바른 것은? [2010.7/2004.10]

① 30~60℃ : SAE 30

② 10~30℃ : SAE 10

③ −30~−10℃ : SAE 20W

④ −60~−30℃ : SAE 30W

해설 외기온도에 따른 윤활유 점액도
- 외기온도 +10~+40℃ : SAE 30
- 외기온도 −10~+10℃ : SAE 20
- 외기온도 −30~−10℃ : SAE 20W
※ W는 'Winter'의 약자로 겨울용을 의미한다.

유사문제

1. 다음 윤활유의 외부기온에 따른 점액도의 선택기준으로 틀린 것은? [2008.2]

① 외기온도 +10~+40℃ = SAE 30

② 외기온도 −10~+10℃ = SAE 20

③ 외기온도 −30~−10℃ = SAE 20W

④ 외기온도 −30~+40℃ = SAE 30

답 ④

2. 기계톱 윤활유의 점액도가 SAE 20W일 때 사용 외기온도는 몇 ℃가 적당한가? [2009.7]

① 10~20℃

② −30~−10℃

③ −10~10℃

④ 30~50℃

해설 SAE 20W : 'W'는 겨울용을 표시하며 외기온도 범위는 −30~−10℃ 정도이다.

답 ②

3. 외기온도에 따른 윤활유 점액도로 올바르게 짝지은 것은? [2014.1]

① +30~+60℃ : SAE 30

② +10~+30℃ : SAE 10

③ −60~−30℃ : SAE 30W

④ −30~−10℃ : SAE 20W

답 ④

80 봄과 가을에 사용하기 적합한 윤활유의 점도로 가장 적합한 것은? [2008.3]

① SAE 10~20　　　　　　　② SAE 30

③ SAE 40~50　　　　　　　④ SAE 50 이상

해설 **계절에 따른 SAE의 분류**
- SAE 30 : 봄, 가을철
- SAE 40 : 여름철
- SAE 20W : 겨울철

※ SAE는 미국자동차기술협회(Society of Automotive Engineers)의 약자이다.

유사문제

체인톱에 사용하는 오일의 점액도를 표시한 것 중 겨울용(−25℃)으로 가장 적당한 것은?

[2011.2/2007.9]

① SAE 20　　　　　　　② SAE 30

③ SAE 50　　　　　　　④ SAE 20W

답 ④

---

81 체인톱의 연료는 휘발유에 무엇이 혼합되었는가? [2012.4/2010.7/2001.7]

① 기어 오일　　　　　　　② 엔진오일

③ 그리스　　　　　　　　④ 방청유

해설 체인톱에 사용되는 연료는 휘발유와 윤활유(2사이클 전용 오일)의 혼합유를 사용하는데, 이때 사용되는 휘발유는 옥탄가가 낮은 휘발유를 써야 한다. 옥탄가가 높은 휘발유를 사용하면 사전점화 또는 고폭발로 인하여 치명적인 기계손상을 입게 된다.

82 기계톱의 연료 배합 시 휘발유 20L에 필요한 엔진오일의 양은? [2014.4/2013.7/2009.7/2009.3]

① 0.2L
② 0.4L
③ 0.6L
④ 0.8L

> **해설** 휘발유 : 엔진오일 = 25 : 1
> 휘발유 20L일 때 엔진오일 양 = 20/25 = 0.8L

유사문제

1. 휘발유 1.8L에 혼합하는 엔진오일의 적절한 양(L)은?(단, 휘발유와 엔진오일의 혼합비는 1 : 25로 한다)
[2011.2]

① 0.072L
② 0.72L
③ 1.8L
④ 3.6L

> **해설** 휘발유와 오일의 혼합비율은 25 : 1이므로 휘발유 1.8L일 때 엔진오일의 양은 1.8/25 = 0.072L
>
> **답** ①

2. 아크야윈치(썰매형 윈치)의 혼합연료 제조 시 50L 휘발유는 얼마의 엔진오일과 섞어야 하는가?
[2008.3/2005.4]

① 1L
② 2L
③ 10L
④ 20L

> **해설** 휘발유와 오일의 혼합비율은 25 : 1이므로 휘발유 50L일 때 엔진오일의 양은 50/25 = 2L
>
> **답** ②

3. 기계톱의 연료와 오일을 혼합할 때 휘발유 15L이면 오일의 양은 약 몇 L가 필요한가?(단, 오일의 혼합비율은 25 : 1이다)
[2015.1/2011.7]

① 0.1
② 0.3
③ 0.6
④ 1.2

> **해설** 휘발유와 오일의 혼합비율은 25 : 1이므로 휘발유 15L일 때 엔진오일의 양은 15/25 = 0.6L
>
> **답** ③

---

83 윤활유의 선택은 기계톱의 어느 부분의 수명과 직결되는가? [2010.1]

① 안내판
② 연료통의 수명
③ 초크밸브
④ 점화플러그

> **해설** 오일은 톱체인의 작용을 원활하게 하고 안내판과의 마찰을 경감시켜 톱체인에 눌어붙는 것을 방지 한다.

84 체인톱에 사용되는 오일에 관한 설명으로 옳은 것은? [2009.3/2004.4]

① 묽은 윤활유를 사용하면 톱날의 수명이 길어진다.
② 윤활유가 가이드 바 홈 속에 들어가지 않게 한다.
③ 윤활유 점액도를 표시하는 SAE는 미국윤활유협회 약자이다.
④ 윤활유 점액도를 표시하는 SAE 10W-40에서 수치가 높을수록 점도가 높다.

> **해설** ① 묽은 윤활유를 사용하면 톱날의 수명이 짧아진다.
> ② 윤활유는 가이드 바 홈 속에 침투해야 한다.
> ③ SAE는 미국자동차기술협회(Society of Automotive Engineers)의 약자이다.

유사문제

체인톱에 사용하는 윤활유의 설명이 올바른 것은? [2012.4/2002.7]

① 윤활유의 점액도 표시는 사용 외기온도로 구분된다.
② 윤활유 등급을 표시하는 기호의 번호가 높을수록 점액도가 낮다.
③ 윤활유 SAE 20W 중 'W'는 중량을 의미한다.
④ 윤활유 SAE 30 중 'SAE'는 국제자동차협회의 약자이다.

> **해설** ② 윤활유 등급을 표시하는 기호의 번호가 높을수록 점액도가 높다.
> ③ W는 'Winter'의 약자로 4계절용을 의미한다.
> ④ SAE는 미국 자동차 기술협회(Society of Automotive Engineers)의 약자이다.

답 ①

---

85 기계톱 체인에 오일이 적게 공급될 때 예상되는 고장 원인으로 옳지 않은 것은? [2014.1]

① 기화기 내의 연료체가 막혀있다.
② 흡수호스 또는 전기도선에 결함이 있다.
③ 흡입 통풍관의 필터가 작동하지 않는다.
④ 오일펌프가 잘못되어 공기가 들어가 있다.

> **해설** **기계톱 체인에 오일이 적게 공급될 때 예상되는 고장 원인**
> • 흡수호스 또는 전기도선에 결함이 있다.
> • 흡입 통풍관의 필터가 작동하지 않는다(막혀있다).
> • 도선이 막혀있다.
> • 안내판으로 가는 오일구멍이 막혀있다.
> • 오일펌프가 잘못되어 공기가 들어가 있다.
> • 오일펌프가 잘못 결합되어 있다.

86 기계톱의 오일을 급유하는 과정에서 묽은 윤활유를 사용하게 되었을 때 나타나는 가장 주된 현상은?

[2010.3]

① 체인이 작동되지 않는다.
② 가이드 바의 마모가 빨리 된다.
③ 엔진의 내부가 쉽게 마모된다.
④ 엔진이 과열되어 화재 위험이 높다.

해설 묽은 윤활유를 사용하면 체인과 가이드바 사이에 충분한 윤활막이 형성되지 못해 마찰이 증가하고 마모가 빨라져 톱날의 수명이 짧아진다.

87 체인톱과 예불기 등 2행정기관의 연료로 적합한 것은?

[2009.1/2005.10]

① 가솔린과 경유
② 가솔린과 오일 혼합유
③ 경유와 오일
④ 가솔린과 석유 혼합유

해설 2행정기관은 반드시 가솔린에 윤활유(오일)를 약간 혼합하여 사용하며, 배합비는 가솔린 : 윤활유 = 25 : 1이 적당하다.

88 혼합연료에 오일의 함유비가 높을 경우 나타나는 현상으로 틀린 것은?

[2014.4/2009.1]

① 연료의 연소가 불충분하여 매연이 증가한다.
② 스파크플러그에 오일이 덮게 된다.
③ 오일이 연소실에 쌓인다.
④ 엔진을 마모시킨다.

해설 오일의 함유비가 낮을 경우 엔진을 마모시킨다.

89 2행정기관의 기계톱에 사용하는 혼합연료의 취급방법으로 가장 적합한 것은? [2012.4/2008.10/2005.4]

① 각 연료를 혼합하지 않고 주입하여 사용한다.
② 주입하기 전 잘 흔들어서 혼합한 뒤 주입한다.
③ 오일만을 추가하여 사용한다.
④ 휘발유만 추가하여 사용한다.

해설 기계톱의 연료는 보통 휘발유 : 엔진오일 = 25 : 1 비율로 혼합연료를 사용한다. 주입하기 전 혼합된 연료를 혼합시킨다.

90 기계톱 연료에 대한 설명 중 올바른 것은? [2013.1/2008.10/2004.10]

① 연료는 휘발유 10L에 엔진오일 0.4L를 혼합하여 사용한다.
② 옥탄가가 높은 휘발유를 사용한다.
③ 작업 도중 연료 보충은 엔진가동 상태로 혼합한다.
④ 연료통을 흔들지 않고 기계톱에 급유한다.

> **해설** 휘발유와 오일의 혼합비는 25:1로 혼합하므로 휘발유가 10L라면 10/25 = 0.4L의 엔진오일을 혼합한다.

91 기계톱에 사용되는 연료의 설명으로 틀린 것은? [2013.4/2008.3]

① 기계톱은 2행정기관이므로 혼합유를 사용한다.
② 급유시는 연료를 잘 흔들어 섞어준 뒤에 급유해야 한다.
③ 옥탄가가 높은 휘발유가 시동이 잘 걸리고 출력이 높아 편리하다.
④ 불법 제조된 휘발유를 사용하면 오일막 또는 연료호스가 녹고 연료통 내막을 부식시킨다.

> **해설** ③ 내폭성이 낮은 저옥탄가의 가솔린을 사용하여야 한다.

92 다음 중 임업분야의 2행정기관용으로 가장 적합한 연료는? [2008.2]

① 휘발유   ② 경유
③ 석유   ④ 벙커씨유

> **해설** 일반적으로 2행정기관은 휘발유와 윤활유를 섞어서 사용한다.

93 기계톱의 이용 시 오일함유비가 낮은 연료의 사용으로 나타나는 현상으로 가장 적당한 것은?

[2007.4]

① 스파크플러그에 오일막이 생겨 노킹이 발생할 수 있다.
② 엔진 내부에 기름칠이 적게 되어 엔진을 마모시킨다.
③ 오일이 연소되어 흰색 연기가 배출된다.
④ 오일이 연소되어 토적물이 연소실에 쌓인다.

> **해설** ② 오일함유비가 낮을 경우에는 엔진 내부에 기름칠이 적게 되어 엔진을 마모시킨다.

94 체인톱에 혼합연료를 사용하는 이유가 아닌 것은? [2007.4/2002.7]

① 기계의 압축을 좋게 한다.
② 연동 부분의 마모를 줄인다.
③ 밀봉 작용을 한다.
④ 폭발력을 좋게 한다.

해설 체인톱에는 내폭성이 낮은 저옥탄가의 가솔린을 사용하여야 한다.

95 체인톱 연료 주입 시 오일(체인윤활유)을 먼저 넣고 연료를 주유하는 이유로 가장 알맞은 것은? [2005.10]

① 오일이 무겁기 때문에
② 연료를 잘 흔들 시간이 필요하기 때문에
③ 연료통 마개가 오일 주유통보다 앞에 있기 때문에
④ 오일을 반드시 주유해서 체인 손상을 예방해야 하기 때문에

해설 체인톱 연료 주입 시 오일을 먼저 넣고 연료를 주유하는 이유는 엔진과 안내판 마모 및 체인 손상을 예방하기 위함이다. 미리 용기에 혼합시켜 놓았을 경우에는 주유하기 전 잘 흔들어 혼합시켜야 한다.

96 기계톱 등 2행정기관에 연료 주입 시 오일 주입을 먼저하고 다음에 연료 주입을 하는 이유는? [2004.10]

① 오일 혼합량이 많아지는 것을 막기 위하여
② 오일 주입을 잊어 엔진이 마모되는 것을 막기 위하여
③ 오일통에 오물이 들어가지 않도록 하기 위하여
④ 연료 소비량을 줄이기 위하여

해설 2행정기관은 엔진의 마모를 막기 위해 기본적으로 오일과 연료를 일정한 비율로 혼합한 뒤 주입한다.

97 윤활유의 작용으로 틀린 것은? [2003.10/2001.7]

① 청소작용   ② 냉각작용
③ 윤활작용   ④ 오염작용

해설 **윤활유의 작용** : 냉각작용, 청결작용, 수명연장, 내마모성, 윤활작용, 기밀작용

98 디젤기관에 사용되는 연료의 종류는?

[2001.7]

① 가솔린
② 경유
③ 석유
④ 오일

해설　가솔린기관의 연료는 휘발유(가솔린)이고, 디젤기관의 연료는 경유(디젤유)이다.

99 기관 윤활유에 요구되는 특성이 아닌 것은?

[2011.2]

① 점도가 적당할 것
② 등고점이 낮을 것
③ 인화점이 낮을 것
④ 열과 산의 저항력이 클 것

해설　윤활유에 요구되는 특성
- 적정한 점도 유지
- 뛰어난 산화안정성
- 뛰어난 청정분산성
- 부식 및 마모방지성
- 기포생성이 적어야 함

유사문제

다음 중 윤활유로서 구비해야 할 성질이 아닌 것은?

[2015.1/2011.4]

① 유성이 좋아야 한다.
② 점도가 적당해야 한다.
③ 온도에 의한 점도의 변화가 커야 한다.
④ 부식성이 없어야 한다.

답 ③

임업기계 운용

01 기계톱날을 연마하고자 할 때 필요없는 공구는? [2009.7]

① 마름모줄

② 원형줄

③ 깊이제한척

④ 쇠톱

해설 쇠톱은 가지치기용으로 쓰인다.

유사문제

체인톱날을 연마하고자 할 때 필요 없는 것은? [2007.4/2002.4]

① 평줄 ② 원형줄

③ 깊이제한척 ④ 반원형줄

해설 일반적으로 체인톱날의 깊이제한부는 평줄을 사용하여 연마한다.

답 ④

02 삼각톱날의 연마 준비물이 아닌 것은? [2009.7]

① 평줄

② 원형 연마석

③ 톱니젖힘쇠

④ 원형줄

해설 원형줄은 기계톱날의 연마공구이다.

유사문제

다음 중 삼각톱날의 연마 준비물이 아닌 것은? [2011.2/2008.2]

① 마름모줄 ② 원형 연마석

③ 톱니젖힘쇠 ④ 원형줄

해설 원형줄은 체인톱날을 연마할 때 필요한 도구이다.

답 ④

03 다음 중 기계톱 사용이 가능한 지역은? [2010.7]

① 어린이와 동물이 뛰어 노는 곳
② 특정 동·식물이 분포하는 곳
③ 밀폐된 실내
④ 숲 속의 작업장

04 벌도작업 시 정확한 작업을 할 수 있도록 지지 역할 및 완충과 지레받침대 역할을 하는 것은?

[2009.7]

① 안내판   ② 체인브레이크
③ 지레발톱   ④ 스파크플러그

> 해설 지레발톱은 작동작업 시 정확한 작업위치를 선정함과 동시에 체인톱을 지지하여 지렛대 역할을 함으로써 작업을 수월하게 한다.

05 대패형 톱날의 창날각도로 가장 적당한 것은? [2014.1]

① 30°   ② 35°
③ 60°   ④ 80°

> 해설 **톱날의 종류별 연마각도**

구분	대패형 톱날	반끌형 톱날	끌형 톱날
창날각	35°	35°	30°
가슴각	90°	85°	80°
지붕각	60°	60°	60°
연마방법	수 평	수평에서 위로 10° 상향	수평에서 위로 10° 상향

06 삼각톱니 가는 방법 중 톱니젖힘의 크기는 침엽수와 활엽수 각각 몇 mm로 작업하는가?

[2015.1/2012.4/2010.7/2009.7/2003.3]

① 침엽수 0.3~0.5, 활엽수 0.2~0.3
② 침엽수 0.2~0.3, 활엽수 0.3~0.5
③ 침엽수 0.3~0.4, 활엽수 0.4~0.6
④ 침엽수 0.4~0.6, 활엽수 0.3~0.4

해설 톱니젖힘의 크기는 0.2~0.5mm가 적당하다.
• 침엽수 : 0.3~0.5mm
• 활엽수 : 0.2~0.3mm

07 기계톱작업에서 절삭두께 높이에 영향을 주는 것으로 옳게 연마하여 작업능률과 기계 및 체인의 수명을 높여야 하는 것은?

[2009.7]

① 전동쇠
② 지레발톱
③ 안내판
④ 깊이제한부

08 풀베기작업, 조림지 정리, 어린나무가꾸기 작업용으로 사용되는 예불기 날의 형태는?

[2009.7]

① ② ③ ④

해설 풀베기작업 및 지존작업(조림지 정리)에는 원형 톱날을 사용한다.
예초기 칼날의 종류에 따른 작업 대상물

나일론 날	2날	3날	4날	5날	톱날
연하면서 키 작은 잡초	연하면서 키 작은 잡초	비교적 키 작은 잡초	키 작은 잡초	억센 잡초	지름 5~10cm 이하 관목

09 기계톱으로 원목을 절단할 경우 절단면에 파상무늬가 생기며 체인이 한쪽으로 기운다면 어떤 원인인가? [2011.7/2009.7]

① 측면날의 각도가 서로 다르다.
② 창날각이 고르지 못하다.
③ 톱날의 길이가 서로 다르다.
④ 깊이제한부가 서로 다르다.

해설 ② 창날각이 서로 다를 경우 절단면에 빨래판처럼 파상무늬가 생기게 된다.

10 기계톱날 세우기 각도로 올바른 것은? [2009.7]

① 반끌형 : 가슴각 80°
② 끌형 : 가슴각 80°
③ 반끌형 : 창날각 30°
④ 끌형 : 창날각 35°

해설 ① 반끌형 : 가슴각 85°
③ 반끌형 : 창날각 35°
④ 끌형 : 창날각 30°

11 벌도된 나무를 기계톱으로 가지치기를 할 때의 작업 방법으로 옳은 것은? [2011.2]

① 전진하면서 작업한다.
② 안내판이 긴 중기계톱을 사용하는 것이 효율적이다.
③ 작업자는 벌도된 나무로부터 가급적 먼 간격을 두고 작업한다.
④ 벌목한 나무는 몸과 기계톱 사이에 놓고 작업을 하지 않는다.

해설 ② 안내판의 길이가 적당한 가벼운 소형 기계톱을 사용한다.
③ 작업자는 벌목한 나무에 가까이에 서서 작업하며, 체인톱은 자연스럽게 움직여야 한다.
④ 벌목한 나무를 몸과 체인톱 사이에 놓고 작업한다.

12 그림에서 체인의 날 길이가 모두 같지 않으면 어떤 현상이 나타나는가? [2009.3]

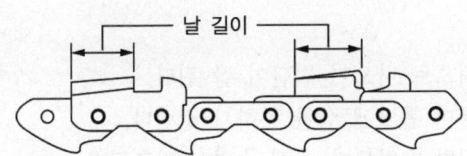

① 톱이 심하게 튀거나 부하가 걸리며 안내판 작용이 어렵다.
② 절삭깊이가 깊게 되어 기계에 무리가 가지 않는다.
③ 절삭이 잘되어 능률이 높아진다.
④ 절삭이 얇게 되어 기계능률이 낮아진다.

해설 톱날의 길이가 서로 다르면 톱이 심하게 튀거나 부하가 걸리며 안내판 작용이 어렵다.

13 경운기의 벨트 조정은 벨트 가운데를 손가락으로 눌러서 몇 cm 정도 처지는 상태가 좋은가? [2009.3]

① 0.5~1cm
② 2~3cm
③ 7~10cm
④ 11~15cm

해설 벨트가 늘어져 있을 때 벨트의 유격은 2~3cm 정도 되도록 조정한다.

14 삼각톱니 관리 시 목재와의 마찰을 부드럽게 하기 위하여 톱니젖힘을 한다. 젖힘의 크기(폭)는 어느 정도가 가장 적당한가? [2009.3]

① 0.5~0.1mm
② 0.2~0.5mm
③ 0.6~0.8mm
④ 0.9~0.11mm

해설 톱니젖힘의 크기는 0.2~0.5mm가 적당하다.

15 체인 톱날 연마 시 깊이제한부를 너무 낮게 연마했을 때 나타나는 현상으로 틀린 것은?

[2013.1/2009.3]

① 톱밥이 정상적으로 나오며 절단이 잘 된다.
② 톱밥이 두꺼우며 톱날에 심한 부하가 걸린다.
③ 안내판과 톱니발의 마모가 심해 수명이 단축된다.
④ 체인이 절단되면서 사고가 날 수 있다.

> **해설** 절삭날의 높이와 깊이제한부의 높이차에 따라 절삭두께가 달라진다.

16 다음 중 체인톱날을 구성하는 부품 명칭이 아닌 것은?

[2014.4]

① 리벳
② 이음쇠
③ 전동쇠
④ 스프로킷

> **해설** 안내판을 고속으로 회전하는 체인에 톱날을 부착한 것으로 톱날의 모양에 따라 치퍼형, 치젤형, 톱파일형, 안전형 톱체인 등이 있다. 치퍼형 톱체인은 톱날 좌우 각 1매, 전동쇠 4매, 이음쇠 6매, 리벳 8개로 구성된다.

17 체인톱 엔진 회전수를 조정할 수 있는 장치는?

[2009.3/2004.4]

① 스로틀레버
② 스프로킷
③ 에어필터
④ 스파크플러그

> **해설** 작업원이 체인톱을 확실히 잡고 있어야 스로틀레버가 작동하여 체인톱날이 회전하게 된다.
> ② 크랭크축에 연결되어 회전함으로써 톱체인을 회전시킨다.
> ③ 기관에 흡입되는 공기 중에 먼지나 톱밥 등의 오물을 제거하는 기능을 한다.
> ④ 점화장치로 실린더 내 연소실에 압축된 혼합기를 점화한다.

18 트랙터 부착형 집재기인 파미윈치에 대한 설명으로 올바른 것은? [2009.3]

① 작업로에 진입하여 작업할 수 없다.
② 견인작업 시 와이어 로프 외각은 위험한 지역이다.
③ 트랙터의 동력을 이용한 지면끌기식 집재기계이다.
④ 일반적으로 견인거리가 100~200m이다.

> **해설** 파미윈치
> 지면끌기식 집재작업하는 기계로서 상향은 약 60m, 하향은 30m 정도로 견인력과 윈치속도는 가선기계만큼 빠르다.

19 체인톱 몸체와 체인작동부 사이에 있는 손톱의 날처럼 생긴 스파이크를 절단작업 시 나무에 박고 작업을 할 때는 어떤 효과가 있는가? [2011.2/2009.3/2005.4]

① 절단이 빨리 된다.
② 진동이 적고 쉽게 작업할 수 있다.
③ 체인이 끊어졌을 때 잡아주는 역할을 한다.
④ 체인마모를 감소시켜 준다.

> **해설** 스파이크(Spike, 지레발톱)
> 작동작업 시 정확한 작업위치를 선정함과 동시에 체인톱을 지지하여 지렛대 역할을 함으로써 작업을 수월하게 한다.

20 어깨걸이식 예불기를 메고 손을 떼었을 때 지상으로부터 날까지의 가장 적절한 높이는 몇 cm 정도인가? [2013.4/2009.1]

① 5~10cm ② 10~20cm
③ 20~30cm ④ 30~40cm

> **해설** 예불기의 톱날은 지면으로부터 10~20cm의 높이에 위치하는 것이 적당하다.

21 체인톱니 3개의 리벳 간의 간격이 16.5mm일 때 톱니의 피치는 몇 인치(")인가? [2009.1/2007.4]

① 0.404 ② 3/8
③ 0.325 ④ 1/4

> **해설** 톱니의 피치 = 16.5/2 = 8.25mm
> 1inch = 2.54cm = 25.4mm이므로
> 8.25/25.4 ≒ 0.325inch

22 기계톱의 기관에 흡입되는 공기 중의 먼지를 제거하는 작용을 하는 것은? [2010.1]

① 피스톤
② 크랭크축
③ 에어필터
④ 연료탱크

> 해설 ① 피스톤은 폭발행정에서 고온·고압의 가스압력을 받아 실린더 내를 왕복운동하며, 커넥팅로드를 통해 크랭크축에 회전력을 발생시킨다.
> ② 크랭크축은 피스톤의 왕복운동과 크랭크축의 회전운동을 상호변환시키는 역할을 한다.

23 예불기 작업 방법으로 가장 올바른 것은? [2009.1/2002.4]

① 소경재를 절단할 때는 수평으로 절단한다.
② 예불기의 톱날은 지상으로부터 20~30cm의 높이에 위치하는 것이 적당하다.
③ 1년생 잡초 및 초년생 관목베기의 작업폭은 1.5m가 적당하다.
④ 항상 왼발을 앞으로 하고 전진할 때는 오른발을 앞으로 이동시킨다.

> 해설 ① 5~10° 각도로 기울여 절단한다.
> ② 예불기의 톱날은 지상으로부터 10cm 내외의 높이를 유지한다.

24 동력가지치기톱 사용에 대한 설명으로 옳지 않은 것은? [2014.1]

① 작업진행순서는 나무 아래에서 위로 향한다.
② 큰 가지는 반드시 아래쪽에 1/3 정도 베고 위에서 아래로 향한다.
③ 작업자와 가지치기봉과의 각도는 약 70도 정도를 유지해야 한다.
④ 큰 가지나 긴 가지는 가능한 톱날이 끼지 않도록 3단계 정도로 나누어 자른다.

25 기계톱의 각 부분별 기능 중 목재의 절삭 두께를 결정하는 것은? [2009.1]

① 톱날의 지붕각
② 깊이제한부
③ 전동쇠
④ 톱날의 가슴각

유사문제

기계톱날의 구성요소 중 목재의 절삭 두께에 영향을 주는 것은? [2013.1/2010.3]

① 창날각
② 지붕각
③ 전동쇠
④ 깊이제한부

답 ④

---

22 ③ 23 ③ 24 ① 25 ② **정답**

26 소경재 임분작업을 하려고 이리톱의 톱날갈기를 할 때 가장 적당한 가슴각은 얼마인가?

[2013.4/2009.1]

① 침엽수는 60°, 활엽수는 60°이다.
② 침엽수는 60°, 활엽수는 75°이다.
③ 침엽수는 70°, 활엽수는 70°이다.
④ 침엽수는 70°, 활엽수는 60°이다.

해설 톱니가슴각은 침엽수 60°, 활엽수 75°가 되도록 한다.

27 1PS에 대한 설명으로 옳은 것은?

[2014.1]

① 45kg을 1초에 1m 들어 올린다.
② 55kg을 1초에 1m 들어 올린다.
③ 65kg을 1초에 1m 들어 올린다.
④ 75kg을 1초에 1m 들어 올린다.

해설 1PS = 75kg · m/s

28 체인톱의 안전 사용에 대한 설명으로 틀린 것은?

[2009.1/2007.9]

① 안전작업에 필요한 각종 장비를 반드시 착용한다.
② 절단작업 시는 충분히 스로틀레버를 잡아 가속한 후 사용한다.
③ 위험한 부분은 반드시 안내판 코로 찔러 베기를 한다.
④ 기계 작업 전이나 작업 중 음주는 시각, 감각, 판단상의 장애를 일으킨다.

해설 ③ 안내판 코로 작업하는 것은 매우 위험하고 갑자기 튀어 오를 때 치명적인 사고를 당할 수 있다. 안내판 코에 나무가 닿으면 체인 브레이크가 자동으로 작동된다.

29 일반적인 소형동력원치의 용도가 아닌 것은?

[2009.1]

① 임도지장목의 집재 작업
② 삭도 및 집재기 설치 보조 작업
③ 주벌재 집재작업
④ 수라 운반설치작업

30 체인톱의 점화부인 스파크플러그(점화플러그) 정비는 시기적으로 무슨 정비에 해당하는가? [2001.7]

① 일일정비 ② 주간정비
③ 월간정비 ④ 계절정비

해설 주간정비사항 : 안내판, 체인톱날, 점화부분, 체인톱 본체

31 임업기계용 휴대용 중형기계톱의 엔진출력은 일반적으로 몇 kW(PS)인가? [2008.10]

① 2.2(3.0) ② 3.3(4.5)
③ 4.0(5.5) ④ 5.5(7.5)

해설 중형 체인톱
• 엔진출력 : 3.3kW(4.5PS)
• 무게 : 6~9kg
• 중경재의 벌목작업에 사용

32 다음 그림은 기계톱니의 모형도이다. 이 톱니의 명칭은 무엇인가? [2008.10]

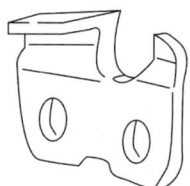

① 대패형 ② 반끌형
③ 끌 형 ④ 슈퍼형

33 기계톱 체인을 갈기 위하여 적합한 직경의 원통줄이 사용되어야 한다. 아래 그림에서 원통줄의 선정이 가장 잘된 것은? [2011.7/2008.10/2005.10]

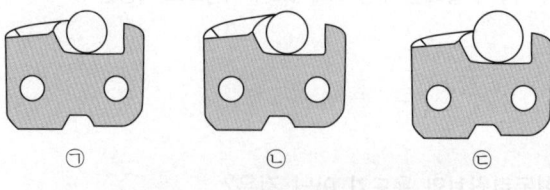

① ㉠ ② ㉡
③ ㉢ ④ 모두 잘못되었다.

해설 ㉠ 줄의 지름 1/10이 상부날 위로 올라오는 것이 좋다.
㉡ 규격보다 작은 줄
㉢ 규격보다 굵은 줄

34 다음 중 체인톱에 붙어 있는 안전장치가 아닌 것은? [2008.10]

① 체인 브레이크
② 전방 보호판
③ 체인잡이 볼트
④ 안내판 코

> **해설** **체인톱의 안전장치**
> • 체인 브레이크
> • 체인잡이
> • 핸드가드(전방 보호판)
> • 방진고무

35 대표적인 다공정 처리기계로서 벌도, 가지치기, 조재목 다듬질, 토막내기 작업을 모두 수행할 수 있는 장비는? [2008.10]

① 하베스터
② 펠러번처
③ 프로세서
④ 포워더

> **해설** ① 임내를 이동하면서 임목의 벌도, 가지치기, 절단작업을 하는 기계로서 1대의 기계로 벌도 및 조재작업을 할 수 있는 기계이다.

36 벌도된 나무에 가지치기와 조재작업을 하는 임업기계는? [2014.4]

① 포워더
② 프로세서
③ 스윙야더
④ 원목집게

> **해설** **프로세서(processor)**
> 하베스터와 유사하나 벌도 기능만 없는 장비. 즉, 일반적으로 전목재의 가지를 제거하는 가지자르기 작업, 재장을 측정하는 조재목 마름질 작업, 통나무자르기 등 일련의 조재작업을 한 공정으로 수행하여 원목을 한 곳에 쌓을 수 있는 장비

37 기계톱의 체인장력 조정나사가 움직여 주는 부품명은? [2008.10]

① 스프로킷
② 안내판
③ 체 인
④ 전방손잡이

> **해설** 안내판의 뒤끝 부근에는 절단톱날의 장력을 조정하기 위한 조정나사의 머리 부분을 끼울 수 있는 구멍이 있다.

38 예불기(하예기) 작업 시 작업자 간의 최소 안전거리로 적합한 것은? [2012.2/2010.3/2008.10]

① 3m   ② 5m

③ 7m   ④ 10m

해설 작업 시 안전공간(작업반경 10m 이상)을 확보하면서 작업한다.

39 체인톱 기화기의 벤투리관으로 유입된 연료량은 무엇에 의해 조정될 수 있는가?

[2012.2/2008.10/2003.10]

① 저속조정나사 노즐

② 지뢰쇠와 연료유입 조정니들 밸브

③ 고속조정나사와 공전조정나사

④ 배출 밸브막과 펌프막

40 체인톱 톱날의 깊이제한부는 어떠한 역할을 하는가? [2008.3/2002.7]

① 체인 보호   ② 톱날 연결

③ 절삭두께 조절   ④ 줄의 굵기 선택 보조

해설 깊이제한부는 절삭깊이 및 절삭각도를 조절하고 절삭된 톱밥을 밀어내는 등 절삭량을 결정하는 중요한 요소이다.

유사문제

체인톱 체인의 깊이제한부 역할이 아닌 것은? [2007.9/2005.4]

① 절삭된 톱밥을 밀어낸다.

② 절삭깊이를 조절한다.

③ 절삭 폭을 조절한다.

④ 절삭각도를 조절한다.

해설 깊이제한부는 절삭깊이 및 절삭각도를 조절하고 절삭된 톱밥을 밀어내는 등 절삭량을 결정하는 중요한 요소이다.

답 ③

---

38 ④ 39 ③ 40 ③   정답

41 다음 중 체인톱의 장기 보관 방법으로 틀린 것은? [2008.3/2001.7]

① 방청유를 발라서 보관한다.

② 오일통과 연료통을 비워서 보관한다.

③ 비닐봉지에 싸서 지하실에 보관한다.

④ 청소를 깨끗이 하여 보관한다.

> **해설** 체인톱의 장기 보관시 주의사항
> • 연료와 오일을 비운다.
> • 건조한 장소에 먼지가 쌓이지 않도록 보존시킨다.
> • 특수 오일로 엔진 내부를 보호해 주거나, 혹은 매월 10분씩 가동을 시켜 엔진의 수명을 연장시켜 준다.

유사문제

기계톱을 장기 보관 시 주의사항 중 틀린 것은? [2010.3]

① 연료와 오일을 가득 채워둔다.

② 건조한 방에 먼지를 받지 않도록 보관한다.

③ 연간 1회씩 전문적 검사관에 의해 검사를 받는다.

④ 특수오일로 엔진 내부를 보호해주거나 매월 10분씩 가동시켜 준다.

> **해설** ① 연료와 오일을 비운다.

답 ①

---

42 손톱의 톱니 높이가 일직선상에 있지 않을 경우 어떤 현상이 나타날 것인가? [2010.7/2008.3]

① 톱밥의 폭이 커진다.

② 톱질의 능률이 낮아진다.

③ 톱질이 깊게 된다.

④ 특별한 영향이 없다.

> **해설** 톱니 높이가 일직선상에 있지 않을 경우 톱질의 능률이 낮아진다.

---

43 체인톱의 부속장치 중 스로틀레버 차단판은 무슨 역할을 하는가? [2008.3]

① 엔진 가동시 진동을 차단한다.

② 액셀레버가 작동되지 않도록 차단한다.

③ 연료의 주입을 촉진한다.

④ 연료의 누수를 조정한다.

> **해설** 스로틀레버 차단판
> 톱을 정확히 잡지 않거나 시동을 건 상태로 방향을 전환할 때 장애물에 의해 액셀레버가 작동되지 않도록 차단하는 장치이다.

44 체인의 종류와 관계없는 것은? [2008.3]

① Micro Chisel   ② S-70

③ Super 70   ④ Oregon-sage

45 벌도된 나무를 체인톱으로 가지치기할 때에 가장 적합한 작업 방법은? [2011.2/2008.2]

① 안내판이 짧은 중기계톱을 사용한다.

② 벌도된 나무에 체인톱을 가능한 얹어 놓고 작업한다.

③ 작업자는 벌도된 나무로부터 가급적 먼 간격을 두고 작업한다.

④ 체인톱을 벌도목 위에 밀착시키지 않고 작업한다.

> **해설** ① 안내판의 길이는 30~40cm 정도의 경기계톱이 적당하다.
> ③ 작업자는 벌도된 나무로부터 가급적 가깝게 작업한다.
> ④ 체인톱을 벌도목 위에 밀착시키고 작업한다.

46 체인톱의 엔진에 과열현상이 일어났을 경우 예상되는 원인으로 가장 거리가 먼 것은? [2008.2]

① 클러치가 손상되어 있다.

② 기화기 조절이 잘못되어 있다.

③ 연료 내에 오일 혼합량이 적다.

④ 점화코일과 단류장치에 결함이 있다.

> **해설** 클러치가 손상되면 엔진 공전시에도 체인이 가동된다.

47 예불기의 톱 회전 방향은? [2008.2/2004.10/2002.7]

① 시계방향

② 시계반대방향

③ 일정하지 않은 방향

④ 작업자 중심방향

> **해설** 예불기의 톱날의 회전 방향은 좌측(시계반대방향)이다.

48 예불기의 원형 톱날 사용 시 안전하고 예방을 위해 사용 금지된 부분은? [2014.4]

① 시계점 12~3시 방향　　　　② 시계점 3~6시 방향

③ 시계점 6~9시 방향　　　　④ 시계점 9~12시 방향

49 예불기의 장치 중 불량하면 엔진의 힘이 줄고 연료소모량을 많아지게 하는 것은? [2008.2/2003.3]

① 액셀레버　　　　　　　② 공기여과장치

③ 공기필터 덮개　　　　　④ 연료탱크

해설　공기여과장치가 불량하면 기화기 내 연료 농도가 진해져 엔진의 힘이 떨어진다.
공기여과장치가 더럽혀져 있는 경우의 고장
• 점화에 이상이 있고 엔진에 힘이 없다.
• 비정상적으로 연료소비량이 많다.
• 엔진가동이 불규칙적이다.

50 다음 그림은 체인톱 체인의 날부위(대패형 톱날)를 위에서 내려다 본 그림이다. 그림의 각도를 창날각 이라고 할 때 이 각도(A)는 얼마 크기로 갈아주어야 적합한가? [2008.2/2002.4]

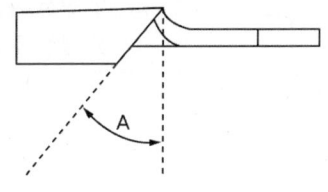

① 20°　　　　　　　　　② 35°

③ 40°　　　　　　　　　④ 65°

해설　대패형과 반끌형 톱날은 35°, 끌형 톱날은 30°로 갈아준다.
톱날의 종류별 연마각도

구분	대패형 톱날	반끌형 톱날	끌형 톱날
창날각	35°	35°	30°
가슴각	90°	85°	80°
지붕각	60°	60°	60°
연마방법	수평	수평에서 위로 10° 상향	수평에서 위로 10° 상향

1. 다음 중 반끌형 톱날의 연마각도로 맞는 것은? [2012.2]

① 창날각 : 35° ② 가슴각 : 60°
③ 지붕각 : 85° ④ 수직각 : 45°

해설 ② 가슴각 : 85°
③ 지붕각 : 60°

답 ①

2. 기계톱날의 연마 각도에 대한 설명 중 틀린 것은? [2010.3]

① 끌형 톱날의 창날각 연마각도는 30°이다.
② 대패형 톱날과 반끌형 톱날의 창날각 연마각도는 각각 35°, 40°이다.
③ 끌형, 대패형, 반끌형 톱날의 지붕각 연마각도는 60°로 동일하다.
④ 가슴각 연마각도는 대패형 90°, 반끌형 85°, 끌형 80°이다.

해설 • 대패형 톱날 : 창날각 35°, 가슴각 90°, 지붕각 60°
• 반끌형 톱날 : 가슴각 85°, 창날각 35°, 지붕각 60°

답 ②

3. 체인톱의 대패형 톱날 연마 중 옳은 것은? [2015.1/2014.4/2007.4/2002.7]

① 가슴각을 60°로 연마하였다.
② 가슴각을 90°로 연마하였다.
③ 창날각을 40°로 연마하였다.
④ 창날각을 25°로 연마하였다.

답 ②

4. 다음 중 체인톱날 종류에 따른 각 부의 연마 각도로 올바른 것은? [2013.1/2005.4]

① 반끌형 가슴각 80° ② 끌형 가슴각 80°
③ 반끌형 창날각 30° ④ 끌형 창날각 35°

해설 ① 반끌형 가슴각 85°
③ 반끌형 창날각 35°
④ 끌형 창날각 30°

답 ②

51 다음 중 기계톱 부품인 스파이크의 기능으로 적합한 것은? [2008.2]

① 동력 차단
② 체인 절단 시 체인 잡기
③ 정확한 작업위치 선정
④ 동력 전달

> **해설** 스파이크(Spike)는 작업 시 정확한 작업위치를 선정함과 동시에 체인톱을 지지하여 지렛대 역할을 함으로써 작업을 수월하게 한다.

유사문제

1. 체인톱의 부속장치 중 지레발톱은 무슨 역할을 하는가? [2010.1/2004.4]

① 체인톱의 안전장치의 일부로서 체인의 원활한 회전 및 정지를 돕는다.
② 정확한 작업을 할 수 있도록 지지 역할 및 완충과 지레 받침대 역할을 한다.
③ 안내판의 보호 역할을 해준다.
④ 벌도목 가지치기 시 균형을 잡아준다.

> **해설** 스파이크(Spike, 지레발톱)는 작동작업 시 정확한 작업위치를 선정함과 동시에 체인톱을 지지하여 지렛대 역할을 함으로써 작업을 수월하게 한다.
>
> **답** ②

2. 다음 그림은 기계톱의 각 부분의 구조이다. 번호 ㉣의 지레발톱에 대한 설명이 올바른 것은? [2013.7/2010.3]

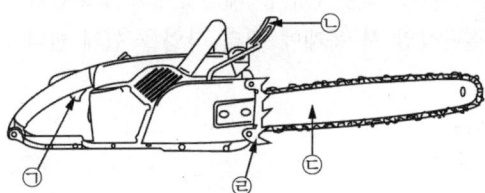

① 악셀레버의 차단기이다.
② 기계톱을 조종하는 앞손잡이다.
③ 나무를 절삭하며, 보통 안전용 체인덮개로 보호한다.
④ 정확히 작업을 할 수 있도록 지지역할 및 완충과 받침대 역할을 한다.

> **해설** 지레발톱은 작동작업 시 정확한 작업위치를 선정함과 동시에 체인톱을 지지하여 지렛대 역할을 함으로써 작업을 수월하게 한다.
>
> **답** ④

52 다음 예불기 날의 종류별 용도가 잘못 연결된 것은?　　　　　　　　　　[2008.2]

① 나일론줄 – 잔디 및 1년생 초본류
② 삼각날 – 사용범위 직경 2cm까지의 관목류 제거용
③ 지름 200mm 원형톱날 – 사용범위 직경 10cm까지의 풀베기 및 지존 작업용
④ 지름 200mm 기계톱날형 원형톱날 – 사용범위 직경 2cm까지의 관목류 제거용

> 해설　④ 지름 200mm 기계톱날형 원형톱날 : 사용범위 직경 20cm까지의 조림지 정리작업용, 천연림 보육작업용

53 다음 그림은 체인톱의 각 부분의 구조이다. 번호에 해당하는 설명이 올바른 것은?　　[2007.9]

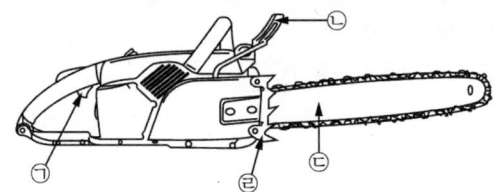

① ㉠ 액셀레버 차단기이다.
② ㉡ 체인톱을 조종하는 앞손잡이이다.
③ ㉢ 나무를 절삭하며, 보통 안전용 체인덮개로 보호한다.
④ ㉣ 벌목 및 절단작업 시 목재에 찔러 작업을 쉽게 한다.

> 해설　④ 스파이크
> 　　　① 스로틀레버
> 　　　② 손 보호 장치
> 　　　③ 안내판

54 체인톱 체인의 일시보관 시 어떻게 하면 체인 수명을 연장하고 파손을 예방할 수 있는가?
　　　　　　　　　　　　　　　　　　　　　　　　　　[2007.9/2005.4/2003.3]

① 가솔린통에 넣어 둔다.
② 석유통에 넣어둔다.
③ 오일(윤활유)통에 넣어둔다.
④ 그리스통에 넣어둔다.

> 해설　체인을 휘발유 또는 석유로 깨끗하게 청소한 다음 윤활유에 담가둔다.

55 체인톱에 보통 휘발유가 아닌 불법제조 휘발유 사용 시 예상되는 문제점은? [2011.7/2007.9/2003.10]

① 기화기막 또는 연료호스가 녹고 연료통 내막을 부식시킨다.
② 연료통 내막이 강화된다.
③ 연료호스가 경화되어 수명이 길어진다.
④ 오일막이 생긴다.

해설 불법제조 휘발유 사용 시 연료계통에 문제가 발생할 수 있다.

56 안내판 홈이 닳아 홈의 간격이 체인 연결쇠(그림의 a)의 두께보다 클 경우에 체인톱 작동 시 압력을 가하면 어떻게 되는가?
[2007.9/2005.4]

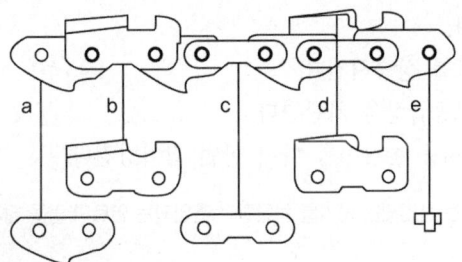

① 체인이 가동되지 않고 정지한다.
② 절삭률이 높아져 기계 효율이 높아진다.
③ 절삭 방향이 비뚫게 나갈 위험이 높다.
④ 연료 소모량이 낮아진다.

57 피치가 3/8인치인 대패형 톱날의 경우 처음 줄을 이용하여 연마하려고 할 때 줄의 지름으로 가장 적합한 것은?
[2007.4/2001.7]

① 5.5mm
② 4.8mm
③ 4.0mm
④ 3.5mm

해설 피치가 3/8인치인 대패형 톱날의 경우 줄의 지름은 5.5mm이다.

58 냉각된 체인톱을 시동 시 초크를 닫으면 어떻게 되는가? [2007.4]

① 기화기에 공기 유입량을 많게 한다.
② 기화기의 온도를 상승시킨다.
③ 기화기에 공기 유입량을 차단한다.
④ 기화기에 연료공급량을 차단한다.

해설 시동단계에서 연소실에서 점화가능한 공기와 연료의 혼합가스를 만들기 위해 초크판으로 공기유입구를 닫는다.

59 냉각되어 있는 기계톱을 시동하려고 한다. 엔진에 시동이 걸렸다가 곧 꺼져버렸다면 어떻게 하여야 되는가? [2010.3]

① 초크를 닫는다.
② 기화기의 온도를 상승시킨다.
③ 기화기에 연료공급량을 차단한다.
④ 초크를 열고 시동 손잡이를 다시 한번 잡아당긴다.

해설 초크(Choke)는 흡입되는 공기를 차단하여 흡입되는 연료의 양을 많게 흡입시켜 시동이 잘되게 하는 장치이다.

60 임업기계용 체인톱 점화플러그의 전극간격으로 다음 중 가장 적합한 것은? [2010.1/2007.4]

① 0.4~0.5mm   ② 1.0~1.2mm
③ 1.5~1.7mm   ④ 2.0~2.5mm

해설 점화플러그의 전극간격은 0.4~0.5mm로 조정한다.

유사문제

체인톱의 스파크플러그의 전극간격이 가장 옳은 것은?   [2002.7]

① 0.1~0.2mm   ② 0.7~0.8mm
③ 0.4~0.5mm   ④ 0.9~1.0mm

답 ③

61 다음 중 체인톱 LA 나사의 주요 기능으로 가장 적당한 것은? [2005.10]

① 액셀레버의 보조역할을 한다.
② 공전조정나사이다.
③ 고속조정나사이다.
④ 체인회전력 조정나사이다.

해설 H = 고속조정나사, L = 저속조정나사, LA = 공전조정나사

62 체인톱으로 가지치기를 할 때 지켜야 할 유의사항이 아닌 것은? [2005.10]

① 안내판이 길고 무거운 대형 기계톱을 사용한다.
② 전진하면서 작업한다.
③ 벌목한 나무를 몸과 체인톱 사이에 놓고 작업한다.
④ 작업자는 벌목한 나무에 가까이에 서서 작업하며, 체인톱은 자연스럽게 움직여야 한다.

해설 ① 체인톱으로 가지치기를 할 때는 가벼운 소형 기계톱을 사용한다.

유사문제

벌목한 나무를 기계톱으로 가지치기할 때 유의할 사항으로 가장 옳은 것은? [2014.4]

① 후진하면서 작업한다.
② 안내판이 짧은 기계톱을 사용한다.
③ 벌목한 나무를 몸과 기계톱 밖에 놓고 작업한다.
④ 작업자는 벌목한 나무와 멀리 떨어져 서서 작업한다.

해설 ② 기계톱으로 가지치기를 할 때는 가벼운 소형 기계톱을 사용한다.
① 전진하면서 작업한다.
③ 벌목한 나무를 몸과 기계톱 사이에 놓고 작업한다.
④ 작업자는 벌목한 나무에 가까이에 서서 작업하며, 기계톱은 자연스럽게 움직여야 한다.

답 ②

---

63 체인장력 조정나사가 움직여 주는 부품명은? [2005.10]

① 스프로킷 ② 안내판
③ 체인 ④ 전방손잡이

해설 안내판의 뒤끝 부근에는 절단톱날의 장력을 조정하기 위한 조정나사의 머리부분을 끼울 수 있는 구멍이 있다.

64 다음 중 체인톱의 동력연결은 어떤 힘에 의하여 스프로킷에 전달되는가? [2005.10/2003.10]

① 원심력과 마찰력 ② 반력

③ 중력과 마찰력 ④ 구심력

> **해설** • 체인톱은 일반적으로 원동기에서 얻게 되는 동력을 크랭크축의 동력취출부에 부착된 원심클러치를 통해서 스프로킷에 전달하여 체인에 의해 안내판에 붙어 있는 절단톱날(Saw Chain)을 구동하는 기구로 되어 있다.
> • 동력전달부는 원동기의 동력을 톱 체인에 전달하는 부분으로서, 직접 전동형식은 원심클러치와 스프로킷 (Sprocket)으로 이루어져 있고, 기어 전동(Gear Drive)형은 원심 클러치·감속장치 및 스프로킷으로 구성되어 있다.

65 다음 [보기] 내의 (   )에 적당한 값을 순서대로 나열한 것은? [2015.1/2013.1/2010.7/2005.10]

> 체인톱의 체인규격은 피치(Pitch)로 표시하는데, 이는 서로 접해 있는 (   )개의 리벳간격을 (   )로 나눈 값을 나타낸다.

① 2, 3 ② 3, 2

③ 3, 4 ④ 4, 3

> **해설** 피치(Pitch)란 서로 접하여 있는 3개 리벳간격의 1/2 길이를 말하며, 보통 인치(Inch)를 사용한다.

유사문제

기계톱에서 톱니의 1피치(인치)는 어떻게 표시하는가? [2011.4]

① 2개의 리벳 간의 간격을 3으로 나눈 것

② 3개의 리벳 간의 간격을 2로 나눈 것

③ 5개의 리벳 간의 간격을 3으로 나눈 것

④ 3개의 리벳 간의 간격을 5로 나눈 것

> **해설** 1피치는 서로 접하여 있는 3개의 리벳간격을 2로 나눈 값이다.

답 ②

---

66 기계톱체인은 몇 개의 부품으로 구성되어 있는가? [2004.10]

① 4개 ② 5개

③ 6개 ④ 8개

> **해설** **톱체인부** : 쏘체인, 안내판, 체인장력조절장치, 체인덮개

67 체인톱 엔진이 돌지 않을 시 예상되는 고장 원인이 아닌 것은? [2014.1]

① 기화기 조절이 잘못되어 있다.

② 기화기 내 연료체가 막혀있다.

③ 기화기 내 공전노즐이 막혀있다.

④ 기화기 내 펌프질하는 막에 결함이 있다.

> **해설** 체인톱 엔진이 돌지 않을 시 예상되는 원인
> - 탱크가 비어 있다.
> - 전원스위치가 열려 있다.
> - 흡수호스 또는 전기도선에 결함이 있다.
> - 흡입 통풍관의 필터가 작동하지 않는다(막혀 있다).
> - 도선이 막혀 있다.
> - 기화기 내의 연료체가 막혀 있다.
> - 기화기 조절이 잘못되어 있다.
> - 기화기 내 펌프질하는 막(엷은 막)에 결함이 있다.
> - 기화기에 결함이 있다.
> - 연료탱크의 공기주입이 막혀 있다.
> - 플러그 수명이 다 되었거나 더러워져 있다.
> - 플러그 점화케이블이 결합되었다.
> - 점화코일과 단류장치에 결함이 있다.

68 체인톱 엔진이 고속상태에서 갑자기 정지하였다면 그 이유로 가장 적합한 것은? [2005.4/2002.4]

① 연료 탱크가 비어 있다.

② 에어필터가 더럽혀져 있다.

③ 기화기 조절이 잘못되어 있다.

④ 클러치가 손상되어 있다.

> **해설** 엔진이 고속 상태에서 갑자기 정지하는 원인은 연료 탱크가 비어 있거나 연료 탱크의 공기주입이 막혀있는 경우이다.
> ② · ③ 엔진회전 불안정
> ④ 엔진회전 정상

유사문제

기계톱의 엔진이 고속상태에서 정지되면 예상되는 고장원인은? [2007.4]

① 연료 내 오일 혼합량이 적다.

② 에어필터가 더럽혀져 있다.

③ 연료 탱크에 공기 주입이 막혀있다.

④ 엔진이 너무 그을려 있다.

> **해설** 톱밥 등으로 공기주입구가 막히면 공기가 공급되지 않아 톱이 정지하게 된다.

답 ③

---

69 체인톱의 연료통(또는 연료통 덮개)에 있는 공기구멍이 막혀 있으면 어떤 현상이 나타나는가?

[2005.4]

① 연료가 새지 않아 운반 시 편리하다.
② 연료의 소모량을 많게 하여 연료비가 높게 된다.
③ 연료를 기화기로 뿜어 올리지 못해 엔진가동이 안 된다.
④ 가솔린과 오일이 분리되어 가솔린만 기화기로 들어간다.

해설 연료탱크에 공기주입이 안 되면 기화기가 연료를 흡수하지 못하여 엔진가동이 안 되거나 엔진이 고속 상태에서 정지한다.

70 기계톱의 오일펌프가 고장나 오일을 뿜어주지 못하면 어떤 현상이 나타나는가?

[2004.10]

① 안내판과 체인 마모가 높아진다.
② 엔진의 내부가 쉽게 마모된다.
③ 체인이 작동되지 않는다.
④ 엔진이 과열되어 화재 위험이 높다.

해설 오일은 톱체인의 작용을 원활하게 하고 안내판과의 마찰을 경감시켜 톱체인에 눌어붙는 것을 방지한다.

71 다음 그림의 도구는 무슨 용도로 쓰이는가?

[2004.10]

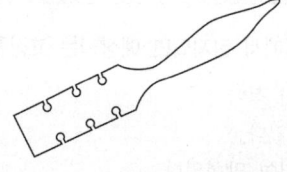

① 톱날 갈기　　　　　　　② 톱날의 각도측정
③ 톱니 젖힘　　　　　　　④ 톱니 꼭지선 조정

해설 톱니 젖힘은 나무와의 마찰을 줄이기 위해 사용한다.

72 'STIHL 028AV'에서 'AV'란 무슨 뜻인가?   [2004.10]

① 기계모델명   ② 기계회사명
③ 전자식 점화장치   ④ 진동 예방장치 부착

> **해설** • STIHL : 제조회사
> • 028 : 규격
> • AV : 진동 예방장치 부착

유사문제

체인톱을 구입하니 'STIHL 028 AV'라고 표시되어 있다. 여기에서 'AV'란 무슨 뜻인가?   [2003.3]

① 체인톱의 고유명칭이다.
② 진동 방지장치가 부착되어 있다.
③ 스톱장치가 부착되어 있다.
④ 애프터서비스를 해 준다는 뜻이다.

> **해설** • STIHL : 제조회사
> • 028 : 규격
> • AV : 진동 예방장치 부착

답 ②

---

73 연간 체인톱 가동 시간이 600시간일 경우 연간 체인 소모는 몇 개가 되는가?   [2004.4]

① 1개   ② 2개
③ 3개   ④ 4개

> **해설** 체인의 수명은 약 150시간이므로 600/150 = 4개가 소모된다.

---

74 체인톱날 연마 시 깊이제한부를 너무 깊게 연마하였다. 나타나는 현상으로 틀린 것은?   [2004.4]

① 톱밥이 정상으로 나오며 절단이 잘 된다.
② 톱밥이 두꺼우며 톱날에 심한 부하가 걸린다.
③ 안내판과 톱날의 마모가 심해 수명이 단축된다.
④ 체인이 절단된다.

> **해설** 절삭날의 높이와 깊이제한부의 높이차에 따라 절삭 두께가 달라진다.

75 체인톱의 경우 엔진에 과열 현상이 일어났을 경우 점검해야 할 내용으로 옳지 못한 것은? [2004.4]

① 장시간 사용했기 때문이다.

② 기화기 조절이 잘못되어 있다.

③ 연료 내에 오일 혼합량이 적다.

④ 점화코일과 단류장치에 결함이 있다.

> **해설** 체인톱의 엔진에 과열현상이 일어났을 경우 예상되는 원인은 기화기 조절 불량, 연료 내에 오일 혼합량 부족, 점화코일과 단류장치의 결함 등이 있다.

76 어깨걸이식 예불기를 메고 손을 떼었을 때 지상으로부터 날까지의 적절한 높이는? [2004.4]

① 5~10cm   ② 10~20cm

③ 20~30cm   ④ 30~40cm

> **해설** 예불(취)기는 휴대형식에 따라 어깨걸이식(Shoulder Type), 등걸이식(Knapsack Type) 및 손걸이식(Hand Type)으로 나뉘며, 지상으로부터 날까지 10~20cm 높이가 적절하다.

77 체인톱(chain saw)의 구조 중 체인톱날에 대한 설명이 올바른 것은? [2003.10]

① 평균사용 수명시간이 약 300시간이다.

② 규격은 피치(Pitch)로 표시하며 스프로킷의 피치와 일치하여야 한다.

③ 1피치는 리벳 4개 길이의 평균 길이이다.

④ 톱날 구성은 우측톱니, 전동쇠, 이음쇠, 좌측톱니로 이루어져 있다.

> **해설** ① 평균사용 수명시간이 약 150시간이다.
> ③ 1피치는 서로 접하여 있는 3개의 리벳간격을 2로 나눈 값이다.
> ④ 톱날 구성은 좌측 절단톱날 1개, 우측 절단톱날 1개, 구동링크 4개, 결합판(Side Link) 6개, 결합 리벳 8개로 구성되어 있다.

78 체인톱 엔진 회전수를 조정할 수 있는 장치는? [2014.1]

① 에어필터   ② 스프로킷

③ 스로틀레버   ④ 스파크플러그

> **해설** ③ 작업원이 체인톱을 확실히 잡고 있어야 스로틀레버가 작동하여 체인톱날이 회전하게 된다.
> ① 기관에 흡입되는 공기 중에 먼지나 톱밥 등의 오물을 제거하는 기능을 한다.
> ② 크랭크축에 연결되어 회전함으로써 톱체인을 회전시킨다.
> ④ 점화장치로 실린더 내 연소실에 압축된 혼합기를 점화한다.

79 체인톱의 기화기에는 몇 개의 연료분사구가 있는가? [2003.10]

① 2개 ② 3개
③ 4개 ④ 5개

해설 **연료분사구** : 제1공전노즐, 제2공전노즐, 주노즐

80 체인톱의 안내판과 체인의 수명을 나타낸 것 중 가장 옳은 것은? [2003.10/2002.4]

① 150시간과 300시간 ② 300시간과 450시간
③ 450시간과 150시간 ④ 500시간과 300시간

해설 **체인톱의 사용시간**
• 몸통의 수명 : 약 1,500시간
• 안내판 수명 : 약 450시간
• 체인의 수명 : 약 150시간

유사문제

FAO에서 규정하는 정비별 예상수명 중 체인톱의 수명은? [2003.3]

① 1,000시간 ② 1,500시간
③ 2,000시간 ④ 2,500시간

해설 체인톱의 몸통의 수명은 약 1,500시간이다.

답 ②

---

81 분해된 체인톱 체인(chain) 및 안내판(guide bar)을 다시 결합할 때 제일 먼저 해야 될 사항은?
[2003.10]

① 체인과 안내판을 스프로킷에 건다.
② 체인의 조정나사를 돌려 조정한다.
③ 안내판 덮개조임나사를 손으로 조여준다.
④ 체인장력조정나사를 시계반대방향으로 돌린다.

해설 분해된 체인톱 체인과 안내판을 조립할 때는 분해할 때와 반대로 장력조정나사를 시계반대방향으로 돌린다.

82 다음 그림은 체인톱 안내판의 모형이다. 벌목 작업 시 원칙적으로 사용해서는 안 되는 부분은?

[2003.3]

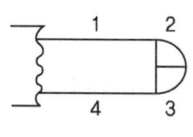

① 1   ② 2

③ 3   ④ 4

해설 2번은 안내판 코로서 원칙적으로 쓰지 않는다.

83 톱니를 갈 때 약간 둔하게 갈아야 톱의 수명도 길어지고 작업능률도 높은 벌목지는?

[2013.1/2003.3]

① 소나무 벌목지   ② 포플러 벌목지

③ 잣나무 벌목지   ④ 참나무 벌목지

84 체인톱 체인을 2개 구입하여 매일 교대하여 사용하는 것이 유리한 이유로 볼 수 없는 것은?

[2003.3]

① 체인이 파손되었을 때 즉시 교체할 수 있기 때문이다.

② 체인 2개와 안내판 1개의 마모율이 같기 때문이다.

③ 체인의 작업능률을 높이기 때문이다.

④ 체인 2개와 스프로킷 1개의 마모율이 같기 때문이다.

85 가로수와 같이 모래나 흙이 묻어 있는 나무를 벌목할 때 적당한 톱날은 어느 것인가? [2003.3]

① 끌형 톱날   ② 원형 톱날

③ 반끌형 톱날   ④ 마이크로 톱날

해설 ② 일반적으로 많이 보급된 표준톱날로서 초보자가 사용하는 데 안정성이 있으며 도로변 가로수 정리용으로 적합하다.

86 인체공학 측면에서 체인톱이 갖는 가장 큰 문제점은? [2002.7]

① 소음, 진동
② 배기가스, 오일
③ 체인 속도
④ 무게, 연료 소모량

> **해설** 체인톱 등에서 발생하는 소음에 장기간 노출되면 난청이 발생할 수 있으므로 스펀지 형태의 귀마개를 사용하고, 진동에 대해서는 방진장갑을 착용하여 진동장해를 방지한다.

87 체인톱 사용관리 시 지켜야 할 사항이 아닌 것은 어느 것인가? [2002.7]

① 톱날이 움직일 때는 이동금지
② 연료주입을 할 때는 금연
③ 안전모, 안전장비를 착용할 것
④ 시동을 걸 때에는 반드시 톱날집을 끼울 것

> **해설** 시동을 걸 때에는 주위의 사람에 대하여 주의하고 지면이 안전한 곳에서 손과 발로써 단단히 체인톱을 누르고 건다.

88 체인톱 기화기에 있어 공기를 유입시키거나 닫아 주는 판은 몇 개가 있는가? [2010.1/2002.4]

① 1개
② 2개
③ 3개
④ 4개

> **해설** ② 초크판, 스로틀셔터판

89 손톱의 톱니 높이가 아래 그림과 같이 모두 같지 않을 경우 어떤 현상이 나타나는가? [2002.4]

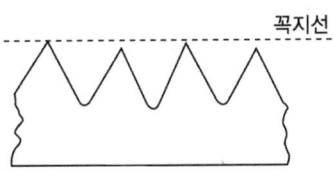
꼭지선

① 톱이 목재 사이에 낀다.
② 잡아당기고 미는 데 힘이 든다.
③ 잡아당기고 밀기가 용이하다.
④ 톱의 수명이 단축된다.

> **해설** 톱니의 꼭지선이 일정하지 않으면 톱질할 때 힘이 든다.

90 체인톱에서 초크 나사는 어떠한 역할을 하는가? [2011.2/2002.4]

① 연료펌프 조정
② 오일펌프 조정
③ 시동 시 냉각공기량 차단
④ 공전 시 공기주입량 차단

해설 초크 나사는 기관의 흡입공기를 조절한다. 냉각된 상태의 기관을 시동할 경우, 일반적으로 기화가 나쁘므로 짙은 혼합비가 요구되는데, 이 때문에 시동 시에 공기의 유입을 저지하고, 다량의 연료를 유출시키는 역할을 담당한다.

91 기계톱 몸통과 작업기와의 연결부위에 고무뭉치가 끼어 있다. 무슨 역할을 하는가? [2012.4/2001.7]

① 소음예방　　　　　　　② 진동예방
③ 방청작용　　　　　　　④ 냉각작용

해설 기계톱으로부터 발생하는 진동을 완화시키기 위해서 방진고무가 부착되어 있다.

92 안내판 코 윗부분에 요철이 생기는 이유는 무엇인가? [2001.7]

① 체인이 느슨하여 생긴다.
② 체인이 팽팽하여 생긴다.
③ 전동쇠가 마모되었기 때문이다.
④ 사용상의 문제가 있다.

93 기계톱의 시동을 작동할 때 플러그의 조기점화가 원인이 되어 일어나는 현상은? [2010.1]

① 엔진에 열이 많이 발생한다.
② 노킹현상이 발생한다.
③ 스타트를 할 때 엔진이 뒤로 튕긴다.
④ 공전 시에도 체인이 회전을 한다.

94 기계톱날 연마에 사용하는 원형줄을 선택할 때는 톱니의 상부보다 줄 지름의 얼마 정도가 상부날 위로 올라가는 것을 선택하는가? [2010.3]

① 1/2
② 1/5
③ 1/6
④ 1/10

해설 줄의 지름 1/10이 상부날 위로 올라오는 것이 좋다.

95 기계톱의 안전장치로만 나열되어 있는 것은? [2011.2]

① 방진고무, 전방손잡이보호판, 후방손잡이, 에어필터
② 체인잡이 볼트, 스프로킷, 에어필터, 체인 브레이크
③ 기계톱날, 안내판, 지레발톱, 스파크플러그
④ 체인 브레이크, 전방손잡이보호판, 후방손잡이보호판, 체인잡이 볼트

해설 **기계톱의 안전장치** : 체인 브레이크, 체인잡이, 핸드가드(전방보호판), 방진고무

유사문제

체인톱 안전장치가 아닌 것은? [2003.10]

① 톱날 안내판
② 체인잡이 볼트
③ 스로틀레버 차단판
④ 후방 보호판

해설 안내판의 바깥둘레에는 절단톱날이 회전하기 위한 폭 1.7mm 내외의 골이 파져 있는데, 톱날을 고속주행시키는 안내용 레일의 역할을 한다.

답 ①

---

96 다음 중 현재 우리나라 임업에서 널리 사용되는 기계톱 안내판(guide bar)의 길이는? [2011.2]

① 20cm
② 30~60cm
③ 70~100cm
④ 100cm 이상

해설 안내판의 길이는 49cc 이하일 때는 33cm, 50~60cc급은 40cm급을 사용하며, 기계톱 앞 손잡이를 한 손으로 들었을 때 지면과 약 15° 각도를 이루는 것이 적당하다.

97 기계톱의 동력전달 순서를 바르게 나타낸 것은? [2011.2]

① 피스톤 → 스프로킷 → 크랭크축 → 클러치 → 체인톱날
② 피스톤 → 크랭크축 → 스프로킷 → 클러치 → 체인톱날
③ 피스톤 → 스프로킷 → 클러치 → 크랭크축 → 체인톱날
④ 피스톤 → 크랭크축 → 클러치 → 스프로킷 → 체인톱날

해설 **기계톱의 동력전달 순서**
피스톤 → 크랭크축 → 클러치 → 스프로킷 → 체인톱날

유사문제

기계톱은 원동기부, 동력전달부 및 톱체인부로 구분된다. 다음 중 동력전달부가 아닌 것은? [2011.7]

① 에어필터   ② 원심클러치
③ 스프로킷   ④ 안내판

해설 에어필터는 기관에 흡입되는 공기 중에 먼지나 톱밥 등의 오물을 제거하는 기능을 한다.

답 ①

---

98 기계톱에서 톱니의 부분별 기능에 대한 설명 중 틀린 것은? [2011.2]

① 톱니가슴각 부분으로 나무를 절단한다.
② 꼭지각이 적을수록 톱니가 약하다.
③ 톱니 홈은 톱밥이 임시 머문 후 빠져나가는 곳이다.
④ 꼭지선이 일정하지 않으면 톱질할 때 힘이 적게 된다.

해설 ④ 톱니 높이가 일정하지 않으면 톱질이 힘들어지고 작업능률이 낮아진다.

---

99 기계톱의 성능을 판단할 때 필요한 조건으로 옳지 않은 것은? [2014.4]

① 취급 방법 및 사용법이 간편
② 부품의 공급이 용이하고 가격이 저렴
③ 소음과 진동을 줄일 수 있도록 무거움
④ 연료비, 수리비, 유지비 등 경비가 적게 소요

해설 **체인톱의 조건**
• 무게가 가볍고 소형이며 취급방법이 간편할 것
• 견고하고 가동율이 높으며 절단능력이 좋을 것
• 소음과 진동이 적고 내구력이 높을 것
• 근주의 높이를 되도록 낮게 전달할 수 있을 것
• 연료의 소비, 수리비, 유지비 등 경비가 적게 소요될 것
• 부품의 공급이 용이하고 가격이 저렴할 것

100 기계톱 엔진의 공회전 시 체인톱날이 작동하는 원인은? [2011.2]

① 원심클러치의 불량

② 기계톱날 장력 조정의 불량

③ 점화코일과 단류장치의 결함

④ 오일과 연료 혼합비의 부정확

해설 원심클러치가 제대로 작동되지 않을 경우 공회전 시 체인톱날이 작동할 수 있다.

101 다음 중 기계톱의 사용 용도가 아닌 것은? [2011.4]

① 인력벌목 ② 풀베기

③ 조림지 정리작업 ④ 지타작업

102 기계톱의 구비조건으로 맞지 않은 것은? [2012.7/2011.7]

① 중량이 무겁고 대형이어야 한다.

② 소음과 진동이 적고 내구성이 높아야 한다.

③ 벌근의 높이를 되도록 낮게 절단할 수 있어야 한다.

④ 부품공급이 용이하고 가격이 저렴하여야 한다.

해설 기계톱의 중량이 가볍고 소형이며 취급방법이 간편한 것이 사용하기 쉽다.

103 기계톱 운전, 작업 시 유의사항으로 옳지 않은 것은? [2014.1]

① 벌목 가동 중 톱을 빼낼 때는 톱을 비틀어서 빼낸다.
② 절단작업 시 충분히 스로틀레버를 잡아주어야 한다.
③ 안내판의 끝부분으로 작업하지 않는다.
④ 이동 시는 반드시 엔진을 정지한다.

104 예불기 사용에 따른 설명으로 맞지 않은 것은? [2011.2]

① 작업자의 최소안전거리는 10m 이상이다.
② 톱날의 회전방향은 시계방향이다.
③ 작업은 등고선방향으로 진행한다.
④ 일반적으로 공랭식 2행정 가솔린엔진을 이용한다.

> **해설** ② 예불기의 톱날의 회전방향은 좌측방향(시계반대방향)이다.

105 예불기 운전 및 작업상 유의사항으로 옳지 않은 것은? [2011.7]

① 발 끝에 예불기의 톱날이 접촉되지 않도록 주의한다.
② 작업 방향은 톱날의 회전방향이 좌측이므로 우측에서 좌측으로 실시한다.
③ 주변에 사람 유무를 확인하고 엔진을 시동한다.
④ 작업원 간 거리는 가능한 5m 이내로 최대한 근접한 거리에서 실행한다.

> **해설** 예불기로 작업 시 안전공간(작업반경 10m 이상)을 확보하면서 작업한다.

106 소형윈치(아키아 윈치)의 동력전달 장치 중 엔진동력을 윈치 드럼으로 전달하는 부분의 명칭은?
[2011.7]

① 스로틀레버   ② 윈치 클러치
③ V벨트   ④ 안전커버

> **해설** V벨트는 엔진의 동력을 윈치 드럼으로 전달하는 역할을 한다.

107 다음 그림에서 소경재 벌목작업의 간이수구에 의한 절단 방법으로 가장 적합한 것은? [2012.2]

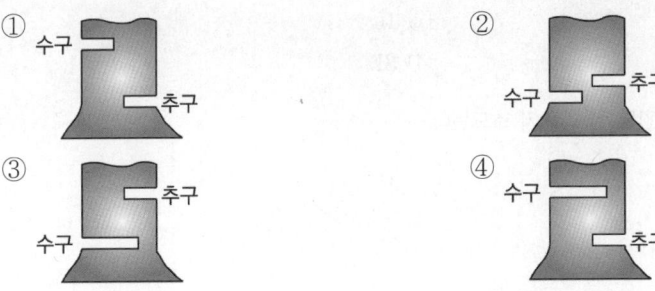

① 수구 / 추구
② 수구 / 추구
③ 추구 / 수구
④ 수구 / 추구

108 아크야윈치(썰매형 윈치)의 집재작업 시 올바른 작업 준비사항은? [2012.7]

① 작업노선 중앙에 지주목이 있도록 노선을 정리
② 작업노선은 경사를 따라 좌우로 설치
③ 작업노선상에 있는 그루터기는 30cm 이하로 정리
④ 기계를 고정시키는 말뚝 설치

해설 ② 작업노선은 경사면을 따라 상하로 직선이 되도록 한다.
③ 작업노선상에 있는 지장목은 지면과 같이 정리하여 집재작업 시 걸림이 없도록 한다.

109 현장에서 사용하고 있는 동력 가지치기톱(PS50)의 작업 방법 중 잘못된 것은? [2012.7]

① 작업자와 가지치기봉과의 각도가 최소한 70°를 유지하여야 한다.
② 가지치기 작업은 아래쪽에서 위쪽 방향으로 실시한다.
③ 큰 가지는 반드시 아래쪽에서 1/3 정도를 먼저 작업한 후 위에서 아래로 안전하게 작업한다.
④ 큰 가지나 긴 가지는 한번에 자르게 되면 톱날이 끼이게 되므로 끝에서부터 3단계로 나누어 자른다.

해설 ② 가지치기 작업은 위쪽에서 아래쪽 방향으로 실시한다.

110 예불기의 연료는 시간당 약 몇 L가 소모되는 것으로 보고 준비하는 것이 좋은가? [2010.1/2009.1]

① 0.5L
② 1L
③ 2L
④ 3L

해설 예불기의 연료는 시간당 약 0.5L가 소모된다.

111 예불기의 기어케이스에 #90~120 기어오일을 주유할 때 약 몇 cc 정도가 가장 적당한가? [2009.1]

① 5~10cc
② 10~15cc
③ 20~25cc
④ 30~35cc

해설 #90~120 기어오일을 약 20~25cc 정도 주유한다.

유사문제

예불기의 기어케이스에 기어오일을 주유하는 양은? [2002.7]

① #10의 기어오일을 25~30cc
② #30~50의 기어오일을 10~15cc
③ #50~70의 기어오일을 40~50cc
④ #90~120의 기어오일을 20~25cc

해설 #90~120 기어오일을 약 20~25cc 정도 주유한다.

답 ④

112 예불기는 누계사용시간이 얼마일 때마다 그리스(윤활유)를 교환해야 하는가? [2008.2/2004.4]

① 200시간
② 50시간
③ 20시간
④ 1시간

해설 누계사용시간이 20시간되었을 때마다 그리스를 전부 교환해준다.

113 체인톱과 예불기의 연료 혼합비로 가장 적합한 것은? [2014.1/2007.9]

① 휘발유 : 오일 = 15 : 1
② 휘발유 : 오일 = 25 : 1
③ 휘발유 : 오일 = 45 : 1
④ 휘발유 : 오일 = 65 : 1

해설 체인톱에 사용하는 연료 혼합비
• 휘발유 : 윤활유(엔진오일) = 25 : 1
• 휘발유 : 체인톱 전용 윤활유 = 40 : 1

유사문제

체인톱에 사용하는 연료의 배합기준으로 맞는 것은? [2003.3]

① 휘발유 25 : 엔진오일 1
② 휘발유 20 : 엔진오일 1
③ 휘발유 1 : 엔진오일 25
④ 휘발유 1 : 엔진오일 20

답 ①

---

114 산림작업용 예불기로 6시간 작업하려면 혼합연료 소요량은 얼마인가? [2010.3/2002.4]

① 2L ② 3L
③ 20L ④ 30L

해설 예불기의 연료는 1시간당 약 0.5L가 소모되므로 0.5 × 6 = 3L

---

115 일반적으로 가솔린과 오일을 25 : 1로 혼합하여 연료로 사용하는 기계장비로 묶어져 있는 것은?

[2011.4]

① 예불기, 기계톱
② 예불기, 타워야더
③ 파미윈치, 타워야더
④ 파미윈치, 아크야윈치

해설 예불기, 기계톱 등 2행정기관은 반드시 가솔린에 윤활유(오일)를 약간 혼합하여 사용하며, 배합비는 가솔린 : 윤활유 = 25 : 1이 적당하다.

116 기계톱의 일반적인 정비, 점검 원칙에 맞지 않는 것은?

[2010.7]

① 새로운 기계톱은 사용 전에 반드시 안내서를 정독한다.
② 규정된 혼합비에 따라 배합된 연료를 사용하여 가동시킨다.
③ 새로운 기계톱은 높은 엔진 회전하에 가동시킨다.
④ 체인톱 조립 시 필히 알맞은 도구를 사용하여야 한다.

해설 ③ 낮은 엔진 회전하에 가동시킨다.

117 기계톱 일일정비의 대상이 아닌 것은?

[2013.7/2011.4/2009.7]

① 에어필터(공기청정기)의 청소
② 안내판 손질
③ 휘발유와 오일의 혼합
④ 스파크플러그 전극 간격 조정

해설 점화플러그 전극의 간격 조정은 정기점검사항이다.

유사문제

1. 기계톱의 일일정비사항에 해당하지 않는 것은?

[2010.1]

① 휘발유와 오일의 혼합
② 에어필터의 청소
③ 안내판의 손질
④ 연료통과 연료필터의 청소

해설 체인톱의 정비사항
• 일일점검사항 : 에어필터 청소, 안내판 점검, 휘발유와 오일 혼합
• 주간정비사항 : 안내판, 체인톱날, 점화부분, 체인톱 본체
• 분기점검사항 : 연료통과 연료필터의 청소, 시동줄 및 시동스프링 점검, 냉각장치, 전자 점화장치 등

답 ④

2. 체인톱 일일정비의 대상이 아닌 것은?

[2002.4]

① 에어필터(공기청정기)
② 안내판 오일 주입구
③ 체인 날갈기
④ 플러그 전극간격 조정

해설 스파크플러그의 양극간격 조정(0.4~0.5mm)은 주간정비사항이다.

답 ④

118 소형 동력원치의 사용에 있어 일일점검사항이 아닌 것은? [2009.7]

① 와이어로프 점검

② 기어오일의 점검

③ 공기여과기 청소

④ 볼트 및 너트의 점검

해설 기어오일은 엔진오일과 같이 일상적으로 점검해 볼 수 없으므로 주기적으로 교환한다.

119 체인톱 에어필터(공기청정기)의 정비 방법으로 적합한 것은? [2009.1/2004.4/2002.7/2001.7]

① 매일 작업 중 또는 작업 후에 손질

② 2~3일 사용 후 한번씩 손질

③ 1주간 사용 후 손질

④ 1개월간 사용 후 손질

해설 에어필터는 반드시 1일 1회 이상 청소한다.
　　　일일점검사항 : 에어필터 청소, 안내판 점검, 휘발유와 오일 혼합

120 체인톱의 주간정비사항으로만 조합된 것은? [2012.2/2009.1]

① 스파크플러그 청소 및 간극 조정

② 기화기 연료막 점검 및 엔진오일 펌프 청소

③ 유압밸브 및 호스 점검

④ 연료통 및 여과기 청소

해설 점화플러그의 외부를 점검하고 간격을 0.4~0.5mm로 조정한다.

121 기계톱의 에어필터 정비주기로 가장 적합한 것은?

① 1일 1회 이상 정비
② 2~3일에 1회 정비
③ 매주 1회 정비
④ 보관시에만 정비

해설 1일 1회 이상 정비사항 : 에어필터 청소, 안내판 손질, 휘발유와 오일의 혼합

122 기계톱의 에어필터 청소 방법으로 옳지 않은 것은?

[2014.4]

① 혼합유를 사용하여 청소하면 더욱 효과적이다.
② 연료와 공기의 혼합비를 유지하기 위해 청소한다.
③ 일반적으로 1일 1회 이상 청소하고, 작업조건에 따라 수시로 청소한다.
④ 톱밥찌꺼기나 오물은 부드러운 솔을 맑은 휘발유나 경유에 묻혀 씻어낸다.

123 공기청정기(air filter)를 일일정비하지 않고 계속 사용하면 어떤 현상이 나타나는가?

[2003.10]

① 연료소비량이 적어진다.
② 엔진의 힘이 약해진다.
③ 카뷰레터가 마모된다.
④ 기계 전체의 능률이 높아진다.

해설 공기청정기가 오염되면 공기흡입 과정에서 흡입저항이 발생되어 농후한 혼합기가 엔진으로 유입되면 엔진출력이 저하된다.

124 이리톱니 정비 시 각도가 올바른 것은? [2007.9]

① 톱니꼭지각 : 56~60°

② 톱니등각 : 56~60°

③ 톱니가슴각(침엽수) : 70°

④ 톱니가슴각(활엽수) : 60°

> **해설** ② 톱니등각 : 35°
> ③ 톱니가슴각(침엽수) : 60°
> ④ 톱니가슴각(활엽수) : 75°

125 백호의 장비 규격 표시 방법으로 옳은 것은? [2014.4]

① 차체의 길이(m)

② 차체의 무게(ton)

③ 표준 견인력(ton)

④ 표준버켓 용량(m^3)

126 체인을 갈 때 가장 적합한 방법은? [2004.10]

① 줄질을 적게 자주 한다.

② 줄질을 한 번에 많이 한다.

③ 줄질은 작업 완료 후 실내에서 한다.

④ 체인은 수리공장에서 간다.

> **해설** 줄질 횟수는 톱을 얼마나 자주 사용하느냐에 달려 있지만 체인의 날이 무뎌진 것 같은 경우에 줄질한다.
> 체인은 날카롭게 하는 것이 중요하기 때문에 하루에도 체인을 여러 차례 줄질할 수 있다.

127 플라스틱 수라의 속도조절장치를 설치하는 종단경사로 가장 적당한 것은? [2014.4]

① 20~30%

② 30~40%

③ 40~50%

④ 50~60%

128 다음 중 임업기계의 외관검사 정비방법에 대한 설명으로 틀린 것은? [2011.4]

① 기계의 외관이나 분해하지 않아도 볼 수 있는 내부를 검사하여, 볼트, 너트, 나사류의 조임, 결손 등을 점검한다.

② 회전을 정지하여 각 축 부위의 발열 상태를 점검하여 뜨겁게 느껴질 때에는 이상이 발생한 것이다.

③ 주철제 브레이크 드럼, 기어박스 등을 맨손으로 만져 보아 점검한다.

④ 오일 유출은 없는가 확인하고 밀폐된 기어박스 등으로부터 오일이 나오고 있는 경우에는 오일씰의 마모, 개스켓의 불량 등을 생각할 수 있다.

해설 뜨거운 열에 의한 화상의 위험이 있으므로 점검 시 맨손으로 만지지 않도록 한다.

산림보호

CHAPTER 01   산림병해충 예찰

CHAPTER 02   산림병해충 방제

CHAPTER 03   산불진화

산림병해충 예찰

01 식물에 직접적인 피해를 주는 기생성 종자식물이 아닌 것은? [2009.1]

① 겨우살이
② 새삼
③ 오리나무더부살이
④ 일일초

> **해설** **기생성 종자식물**
> • 줄기기생 : 겨우살이, 새삼
> • 뿌리기생 : 열당과(쑥더부살이, 오리나무더부살이 등)

02 한상(寒傷)에 대한 설명으로 옳은 것은? [2013.4/2011.2/2008.10/2004.4]

① 식물체의 조직 내에 결빙현상은 발생하지 않지만, 저온으로 인해 생리적으로 장애를 받는 것을 말한다.
② 온대식물은 한상의 피해를 받기 쉽다.
③ 저온으로 인해 식물체 조직 내에 결빙현상이 발생하여 식물체를 죽게 하는 것을 말한다.
④ 한겨울 밤 수액이 저온으로 인해 얼면서 부피가 증가할 때 수간이 갈라지는 현상을 말한다.

> **해설** 한상은 0℃ 이하의 기온에서 열대식물 등이 식물체 내에 결빙(結氷)이 일어나지는 않으나, 차가운 성질로 인해 생활기능이 잔해를 받아 죽음에 이르는 것을 말한다.

03 겨울철 저온에 의한 나무의 피해가 가장 큰 상혈(霜穴) 발생 지형은? [2013.4/2010.1]

① 사면을 따라 오목하게 들어간 곳
② 바람이 잘 통하는 평탄한 곳
③ 북풍을 막아주는 남향의 지형
④ 계곡이 아닌 햇볕이 잘 드는 곳

> **해설** 저지대에 한기가 밑으로 내려와 머물게 되어 저온의 해를 입는다. 분지형을 이룬 지점에서 많은 피해를 입는다 (골짜기, 계곡).

04 묘상의 서릿발 피해를 막기 위한 방법으로 적당하지 않은 것은? [2008.3/2002.4]

① 모래나 유기물을 섞어 토질을 개량한다.
② 배수를 좋게 하여 토양수분을 감소시킨다.
③ 점토질 토양을 섞어 토질을 개선하여 준다.
④ 짚이나 왕겨 또는 낙엽 등으로 덮어준다.

해설 서릿발(상주, 霜柱) 피해는 점토질 토양에서 잘 생기므로 점토질 토양이 아닌 사질 또는 유기질 토양을 섞어서 토질을 개선한다.

05 저온에 의한 나무의 피해는 지형과 방위에 따라 차이가 많이 난다. 다음 지형 중 피해가 가장 많은 지형은 어느 곳인가? [2008.2]

① 습기가 많은 낮은 지역이나 분지
② 바람이 잘 통하는 평탄한 곳
③ 북풍을 막아주는 남향의 지형
④ 계곡이 아닌 햇볕이 잘 드는 곳

해설 습기가 많은 저지대, 계곡 사이, 분지 등이 피해가 크다.

06 토양 중에서 수분이 부족하여 생기는 피해는? [2012.7]

① 볕데기(皮燒)   ② 상해(霜害)
③ 한해(旱害)   ④ 열사(熱死)

해설 ① 볕데기(皮燒) : 수간이 태양광선의 직사를 받았을 때 수피의 일부에 급격한 수분증발이 생겨 조직이 마르는 현상
② 상해(霜害) : 이른 봄 식물의 발육이 시작된 후 급격한 온도저하가 일어나 어린 지엽이 손상되는 현상
④ 열사(熱死) : 7~8월경 토양이 건조되기 쉬울 때 암흑색의 사질 부식토에서 태양열을 흡수함으로써 발생

07 기생식물에 의한 피해인 새삼에 대한 설명이다. 옳지 않은 것은? [2011.4/2003.10]

① 1년생초로서 철사같고 황적색이다.
② 잎은 비닐잎처럼 생기고 삼각형이며 길이가 2mm 내외이다.
③ 꽃은 2~3월에 피며 희고 덩어리처럼 된다.
④ 기주식물의 조직 속에 흡근을 박고 양분을 섭취한다.

해설 ③ 꽃은 희고 작은 통꽃이 8~9월에 핀다.

08 식물에 병을 일으키는 병원체 중 균사를 갖고 있어 일명 사상균(絲狀菌)이라고 불리는 것은?

[2009.7/2002.7]

① 진균
② 세균
③ 바이러스
④ 선충

해설 진균은 곰팡이라고도 하며, 조균류 · 자낭균류 · 담자균류 · 불완전균류 등으로 나뉜다.

09 다음 중 일종의 생리적인 병해에 해당하는 것은?

[2009.7/2007.9/2002.4]

① 대나무류 개화병
② 낙엽송 가지끝마름병
③ 소나무 잎떨림병
④ 소나무 뿌리썩음병

해설 ② · ③ · ④ 병원체 진균(자낭균)에 의한 병해

유사문제

대나무류 개화병의 발병 원인은?

[2010.1]

① 세균감염
② 동해
③ 생리적 현상
④ 바이러스 감염

해설 대나무류 개화병은 생리적인 병해에 해당한다.

답 ③

10 담배장님노린재에 의하여 매개 전염되는 병은?

[2009.7/2009.1/2005.10/2002.7]

① 오동나무 빗자루병
② 대추나무 빗자루병
③ 잣나무 털녹병
④ 소나무 잎녹병

해설 오동나무 빗자루병은 마이코플라스마의 일종인 파이토플라스마(Phytoplasma)의 감염에 의해 일어나는데, 우리나라에서는 담배장님노린재 · 썩덩나무노린재 · 오동나무애매미충 등 3종의 흡즙성 해충이 병원균을 매개하는 것으로 알려져 있다. 담배장님노린재에 의한 감염을 막기 위해 7월 상순~9월 하순에 살충제를 2주 간격으로 살포한다.

11 병원체는 자낭균 중에서 나출자낭을 형성하는 *Taphrina wiesneri* 이고 포플러나 복숭아 잎의 뒷면에 나출자낭을 형성하고 오갈병을 일으키는 병은? [2009.7]

① 오동나무 빗자루병　　　　　② 벚나무 빗자루병
③ 대추나무 빗자루병　　　　　④ 붉나무 빗자루병

> **해설**　벚나무 빗자루병
> 가지의 일부가 부풀어 오르고, 이곳에서 잔가지가 불규칙하게 무더기로 자라 나와 마치 빗자루나 커다란 까치둥지 모양을 띤다. 건전한 가지에서 꽃이 필 때 병든 가지(병집)에서는 꽃이 피지 않고 작은 잎만 빽빽하게 자라 나온다. 병든 가지에서는 매년 잎만 피다가 보통 4~5년이 지나면 가지 전체가 말라죽는다. 4월 하순쯤에 병든 가지의 잎은 가장자리부터 갈색 내지 흑갈색으로 변하면서 말라죽으며, 잎 뒷면에는 회백색의 가루 같은 것(병원균의 자낭충)이 나타난다.

12 병원균의 침입방법 중 나무의 상처 부위로 침입을 하는 대표적인 병균은? [2009.3]

① 밤나무 줄기마름병균　　　　② 소나무 잎떨림병균
③ 삼나무 붉은마름병균　　　　④ 향나무 녹병균

> **해설**　②·③ 기공 및 피목 등으로 침입
> ④ 식물체 표면의 각피나 뿌리 표피로 침입

13 뿌리썩음병을 일으키는 병원균 중 담자균은? [2009.3]

① *Rhizina undulata*　　　　② *Phytophthora cactorum*
③ *Armillaria mellea*　　　　④ *Rhizoctonia solani*

> **해설**　아밀라리아 뿌리썩음병(Armillaria Root rot)
> 침엽수와 활엽수를 가해하고, 최근 잣나무림에서 많이 발생되고 있으며, 뿌리와 뿌리목 부위의 줄기를 가해하여 수목을 고사시킨다.

14 수목의 그을음병(Sooty mold)에 대한 설명으로 옳은 것은? [2009.3/2007.9]

① 수목의 잎 또는 가지에 형성된 검은색을 띠는 것은 무성하게 자란 세균이다.
② 병원균은 진딧물과 같은 곤충의 분비물에서 양분을 섭취한다.
③ 이 병에 감염된 수목은 수목의 수세가 악화되면서 급격히 말라죽는다.
④ 병원균은 기공으로 침입하며 침입균사는 원형질 막을 파괴시킨다.

> **해설**　그을음병은 통풍불량, 음습, 질소질 과다시비로 인하여 발생된다. 깍지벌레, 진딧물의 배설에 의하여 병원균이 번식되어 줄기와 잎이 흑색으로 보인다.

15 수목 병해는 병원체의 감염특성으로 인하여 특징적인 병징을 만든다. 다음의 병명 중 바이러스에 의하여 발생되는 병은 무엇인가?   [2015.1/2011.4/2008.10/2005.4]

① 흰가루병   ② 떡병
③ 모자이크병   ④ 청변병

> **해설** ③ 다양한 바이러스 균주에 의해 생기는 식물의 병으로 보통 잎에 밝고 어두운 녹색 또는 노란색의 반점이나
> 줄무늬 등이 생긴다.
> ※ 모자이크병의 병원체
> • Cucumber Mosaic virus(CMV)
> • Turnip Mosaic virus(TUMV)
> • Radish Vein clearing virus(RVCV)

유사문제

다음 중 바이러스에 의하여 발생되는 수목 병해로 옳은 것은?   [2014.1]

① 청변병   ② 불마름병
③ 뿌리혹병   ④ 모자이크병

답 ④

---

16 바이러스병의 진단 방법으로 틀린 것은?   [2009.3]

① 병징을 이용한 육안진단
② 지표식물을 이용한 생물검정
③ 인공태양에 의한 배양적 진단
④ 전자현미경을 이용한 진단

> **해설** 바이러스병의 진단방법
> • 병의 발생생태에 따른 진단
> • 외부 병징의 관찰에 따른 진단
> • 검정식물을 이용한 진단
> • 전자현미경을 이용한 진단
> • 혈청학적 진단
> • 유전자적 진단

17 포플러 잎녹병의 중간기주는? [2009.1/2002.7]

① 오동나무   ② 오리나무
③ 낙엽송   ④ 졸참나무

해설 포플러 잎녹병의 중간기주 : 낙엽송(일본잎갈나무), 현호색, 줄꽃주머니

유사문제

포플러 잎녹병의 중간숙주는?   [2013.4/2010.7/2008.10/2003.3]

① 향나무   ② 까치밥나무
③ 낙엽송   ④ 송이풀

답 ③

---

18 밤나무 줄기마름병과 관련된 설명으로 틀린 것은? [2009.1]

① 밤나무 줄기마름병은 잣나무 털녹병, 느릅나무 시들음병과 더불어 20세기의 3대 수목병해였다.
② 병환부의 수피가 처음에는 황갈색 내지 적갈색으로 변한다.
③ 밤나무 줄기마름병은 서양의 풍토병으로 미국과 유럽의 밤나무림을 황폐화시켰다.
④ 병원균은 병환부에서 균사 또는 포자의 형태로 월동한다.

해설 ③ 밤나무 줄기마름병은 동북아시아 지역에서만 존재하던 일종의 풍토병이다.

---

19 수목병원균의 전염원이 아닌 것은? [2009.1]

① 바이러스   ② 새
③ 기생식물의 종자   ④ 포자

해설 수목의 병은 생물성 병원에 의한 기생성 병(바이러스, 진균, 세균 등)과 비생물성 병원에 의한 비기생성 병이 있다.

20 수목 뿌리혹병의 병원체와 전염 방법을 가장 바르게 설명한 것은? [2009.1/2005.10]

① 병원체는 파이토플라스마이며, 마름무늬매미충이 전염시킨다.
② 병원체는 바이러스이며, 병든 나무에서 종자를 채취하여 번식할 때 전염된다.
③ 병원체는 세균이며, 접목 시 감염이 잘되고, 상처를 통하여 침입이 된다.
④ 병원체가 진균류이며, 중간기주인 송이풀로 기주 전환을 한다.

해설 뿌리혹병은 병원균의 침입에 의해 혹이 발생하며, 발생 부위는 주로 뿌리 및 지제부 밑의 줄기이나 가끔 지상부 줄기에 상처를 통해 발병하기도 한다.

유사문제

대부분의 균류, 세균, 파이토플라스마 및 바이러스 등의 병원체가 식물조직에 침입하는 방법은?
[2010.7]

① 각피 침입   ② 화기(火器) 침입
③ 상처를 통한 침입   ④ 자연개구(開口)를 통한 침입

해설 상처를 통한 침입
• 여러 가지 세균과 바이러스는 상처를 통해서만 침입
• 밤나무 줄기마름병균, 포플러의 각종 줄기마름병균, 근두암종병균, 낙엽송 끝마름병균, 각종 목재부후균 등

답 ③

---

21 불완전균류에 대한 설명으로 옳은 것은? [2011.2/2008.10/2004.10]

① 자낭 속에 자낭포자를 8개 갖고 있다.
② 유성세대(有性世代)로 알려져 있는 균류이다.
③ 무성세대(無性世代)만으로 분류된 균이다.
④ 버섯종류를 총칭한다.

해설 불완전균류는 자낭균류와 담자균류 중에서 유성생식기가 분명하지 않고 부성세대만 일러저 있는 균이다. 즉, 무성적으로 만들어지는 포자낭포자나 분생자의 형성 단계에서 번식하는 균류이다.

---

22 오동나무 빗자루병의 매개충이 아닌 것은? [2014.4]

① 솔수염하늘소   ② 담배장님노린재
③ 썩덩나무노린재   ④ 오동나무매미충

해설 오동나무 빗자루병
• 병징 : 병든 나무에는 연약한 잔가지가 많이 발생하고 담녹색의 아주 작은 잎이 밀생하여 마치 빗자루나 새집둥우리와 같은 모양을 이룬다.
• 병원체 및 병원 : 병원은 마이코플라스마이며 담배장님노린재에 의해 매개되며 병든 나무의 분근을 통해서도 전염된다.

23 경기도 가평에서 처음 발견된 병으로 줄기에 병징이 나타나면 어린나무는 대부분이 1~2년 내에 말라 죽고 20년생 이상의 큰 나무는 병이 수년간 지속되다가 마침내 말라 죽는 수병은? [2010.7]

① 잣나무 털녹병
② 소나무 모잘록병
③ 오동나무 탄저병
④ 오리나무 갈색무늬병

> **해설** 잣나무 털녹병은 줄기에 병징이 나타나면 어린 조림목은 대부분 당해에 말라 죽으며, 20년생 이상의 성목에서는 병이 수년간 지속되다가 말라 죽는다.

24 병원균이 기주식물의 조직 내에서 월동하지 않는 것은? [2012.4]

① 뿌리혹병
② 벚나무 빗자루병
③ 포플러 흰가루병
④ 낙엽송 가지끝마름병

> **해설** 흰가루병은 주로 자낭구의 형으로 병든 낙엽 위에 붙어서 월동하고 이듬해 봄에 자낭 포자를 내어 제1차 전염을 일으킨다.

25 병원체의 침입경로는 여러 가지 경로를 통하여 감염되어 나무에 병을 일으킨다. 곤충이나 작은 동물의 몸에 붙거나 체내에 들어간 상태로 널리 분산되는 병은? [2011.2/2008.10]

① 잣나무 털녹병
② 향나무 녹병
③ 오동나무 빗자루병
④ 모잘록병

> **해설** 오동나무 빗자루병은 담배장님노린재, 썩덩나무노린재, 오동나무애매미충 등의 곤충에 의해 매개 전염되고, 병에 걸린 나무의 분근을 통해서도 전염된다.

26 수병의 예방법으로 임업적(생태적) 방제법과 거리가 가장 먼 것은? [2011.4/2008.3/2003.10]

① 그 지역에 알맞은 조림수종의 선택
② 위생법에 의한 철저한 식물 검역 제도 도입
③ 단순림보다는 침엽수와 활엽수의 혼효림 조성
④ 육림작업을 적기에 실시하고, 벌채를 벌기령에 맞추어 실시

해설 **임업적 방제법**
• 수종선택 : 내병성 품종 육성
• 육림작업에 의한 환경개선 : 혼효림의 조성
• 보호수대(방풍림) 설치
• 벌채시기 : 제벌 및 간벌

27 수목의 주요 병원체가 균류에 의한 병은? [2014.1]

① 뽕나무 오갈병
② 잣나무 털녹병
③ 소나무 재선충병
④ 대추나무 빗자루병

해설 ② 잣나무 털녹병 : 병원균은 *Cronartium ribicola* Fisher이며, 잣나무와 중간기주인 송이풀, 까치밥나무 등에 기주교대를 하는 이종기생균이다.
①・④ 뽕나무 오갈병, 대추나무 빗자루병 : 파이토플라스마에 의해 발생한다.
③ 소나무 재선충병 : 소나무재선충이 소나무 시들음병을 야기한다.

28 늦봄부터 늦가을까지 주로 묘목에 많이 발생하는 병해로서 잎의 뒷면에 표징이 나타나며, 어린눈을 침해하면 잎이 오그라들고 기형이 되는 것은? [2011.2/2008.3]

① 소나무 그을음병
② 잣나무 털녹병
③ 밤나무 흰가루병
④ 소나무 혹병

해설 **밤나무 흰가루병**
6~7월 또는 장마철 이후에 잎 표면과 뒷면에 백색의 반점이 생기며, 점차 확대되어 가을이 되면 잎 전체를 하얗게 덮는다.

유사문제

늦봄부터 늦가을까지 주로 묘목에 많이 발생하는 병해는? [2004.4]

① 소나무 그을음병
② 잣나무 털녹병
③ 밤나무 흰가루병
④ 소나무 혹병

해설 흰가루병은 임지수목의 경우 피해가 심하지 않으나, 밤나무 묘목의 경우 늦봄부터 가을까지 많이 발생한다.
답 ③

---

29 참나무류의 병의 발생에 밀접하게 관계하는 병은? [2008.3]

① 소나무 혹병　　　　　　　② 소나무 잎녹병
③ 잣나무 털녹병　　　　　　④ 향나무 녹병

> **해설** 소나무 혹병의 중간기주는 졸참나무, 신갈나무 등 참나무류이다.

30 참나무 시들음병을 매개하는 광릉긴나무좀을 구제하는 가장 효율적인 방제법은? [2014.1]

① 피해목 약제 수간주사
② 피해목 약제 수관살포
③ 피해 임지 약제 지면처리
④ 피해목 벌목 후 벌목재 살충 및 살균제 훈증처리

> **해설** 참나무 시들음병은 피해목을 벌채해 약제를 뿌리고 비닐로 씌워 훈증처리한다.

31 잣나무 털녹병(모수병)의 병징 및 표징은 줄기에 나타난다. 병원균의 침입 부위는 어디인가? [2008.2/2002.4]

① 잎　　　　　　　　　　　② 줄기
③ 종자　　　　　　　　　　④ 뿌리

> **해설** **잣나무 털녹병**
> 병균이 8월 하순경에 잣나무 잎으로 침입하면 잎에는 적갈색에서 황색의 작은 병반이 형성된다. 그 후 점차 줄기로 침입하여 2~4년간 조직 속에 잠복하였다가 4월 하순~6월 하순에 녹포자퇴로 분출한다. 이것이 터지면서 노란색의 녹포자가 중간기주인 송이풀류나 까치밥나무류로 날아가 전염된다.

32 향나무 녹병의 방제법으로 틀린 것은? [2010.7/2008.2]

① 보르도액을 살포한다.
② 중간기주를 제거한다.
③ 향나무의 감염된 수피를 제거·소각한다.
④ 주변에 배나무를 식재하여 보호한다.

> **해설** ④ 배나무는 중간기주이므로 주변에 식재하지 않아야 한다.

33 다음 중 담자균류에 의한 수병은?   [2013.4/2008.2]

① 소나무 혹병
② 밤나무 줄기마름병
③ 그을음병
④ 오동나무 탄저병

해설   ② · ③ 자낭균류에 의해 발생
       ④ 불완전균류에 의해 발생

유사문제

1. 다음 중 담자균류에 의한 주요 수병으로 보기 어려운 것은?   [2012.7/2005.10]

① 잣나무 잎녹병
② 전나무 빗자루병
③ 낙엽송 가지끝마름병
④ 밤나무 녹병

해설   ③ 자낭균류에 의해 발생

답 ③

2. 수목 병해 중 담자균에 의한 수병으로 분류되는 것은?   [2005.4]

① 낙엽송 잎떨림병
② 잣나무 털녹병
③ 벚나무 빗자루병
④ 밤나무 줄기마름병

해설   ① · ③ · ④ 진균(자낭균)에 의해 발생

답 ②

3. 담자균류에 의해서 발생되는 수병(樹病)은?   [2003.3]

① 소나무 잎떨림병
② 잣나무 털녹병
③ 낙엽송 가지끝마름병
④ 벚나무 빗자루병

해설   ① · ③ · ④ 자낭균류에 의해 발생

답 ②

34 다음 중 수목병해의 자낭균류에 대한 설명으로 옳지 않은 것은? [2014.4]

① 곰팡이 중에서 가장 큰 분류군이다.
② 일반적으로 8개의 자낭포자를 형성한다.
③ 소나무 혹병, 잣나무 잎떨림병 등의 발병원인이다.
④ 무성세대는 분생포자, 유성세대는 자낭포자를 형성한다.

> **해설** **자낭균의 특징**
> • 1개의 자낭 속에는 보통 8개의 자낭포자가 들어 있다.
> • 자낭균은 분생포자로 이루어지는 무성생식(불완전세대)과 자낭포자로 이루어지는 유성생식(완전세대)으로 세대를 이어간다.
> • 자낭포자는 월동 후의 제1차 전염원이 되며, 분생포자는 그 후 월동기까지 몇 번에 걸쳐 형성되어 제2차 전염원의 역할을 한다.
> • 병의 종류는 벚나무의 빗자루병, 수목의 흰가루병, 수목의 그을음병, 밤나무의 줄기마름병, 소나무의 잎떨림병, 낙엽송의 잎떨림병, 낙엽송의 끝마름병 등이 있다.
> • 소나무 혹병은 담자균에 의한 수병이다.

35 다음 산림사업과 병의 발생에 대한 설명 중 틀린 것은? [2008.2/2004.4]

① 천연림은 성립과정에서 여러 가지 도태압을 겪어 왔으므로 특정 병해에 대한 저항성이 강하다.
② 복층림(複層林)의 하층목은 상층목보다 내음성(耐陰性) 수종을 선택하여야 한다.
③ 천연림 내에서는 급격한 환경변화가 적다.
④ 혼효림(混淆林)은 구성 수종이 다양하여 대면적 산림 피해가 발생하기 쉽다.

> **해설** ④ 일반적으로 혼효림에 비하여 단순림이 해충발생에 의한 피해가 많다. 혼효림은 구성 수종이 다양하여 단순림보다 대면적 산림 피해가 발생하기 어렵다.

36 다음 중 곰팡이에 의하여 발생하는 병은? [2007.9]

① 오동나무 빗자루병　　　② 벚나무 빗자루병
③ 대추나무 빗자루병　　　④ 붉나무 빗자루병

> **해설** ② 진균(자낭균)에 의해 발생
> ① · ③ · ④ 파이토플라스마에 의해 발생

37 수목의 병을 사전에 예방하기 위하여 실행하는 방법 중 틀린 것은? [2007.9]

① 돌려짓기(윤작)를 한다.
② 묘목의 검사를 철저히 한다.
③ 작업기구의 소독을 철저히 한다.
④ 가능한 같은 장소에 이어짓기(연작)를 한다.

> **해설** ④ 같은 장소에 이어짓기(연작)를 하면 병원균의 밀도가 높아져 병이 많이 발생한다.

38 수목에서 발생하는 근두암종병의 병징을 바르게 설명한 것은? [2007.4]

① 뿌리나 줄기의 땅 접촉 부분에 많이 발생되고 처음에는 병환부가 비대하여 흰색을 띤다.
② 껍질의 안쪽이 검은색으로 변색이 되고 약간 오목하게 들어간다.
③ 껍질의 안쪽이 검은색으로 변색이 되고 나쁜 냄새가 난다.
④ 뿌리를 둘러싸고 있는 갈색 또는 흑갈색의 가늘고 긴 실모양의 균사 덩어리를 볼 수 있다.

> **해설** **근두암종병의 병징**
> 지제근부나 접목부에 발생하는 발병 초기의 혹은 백색 또는 황백색으로 연하나, 서서히 비대하여 늙게 되면 흙갈색으로 와권상의 작은 공 크기 정도의 혹으로 된다. 근부에서는 1개에서부터 여러 개의 혹이 생기며 세근에 발생하면 뿌리가 고사하는 것도 있으나, 굵은 뿌리에서는 매년 새로운 구상의 작은 덩어리가 늙은 혹을 파괴시키면서 비대하여 뿌리의 양분흡수를 저해한다.

39 소나무 잎녹병에 있어서 여름포자(하포자)의 중간숙주가 되는 것은? [2010.3/2007.4]

① 황벽나무
② 잎갈나무
③ 까치밥나무
④ 참나무류

> **해설** 황벽나무는 소나무 잎녹병의 중간기주목으로 소나무림 지대에서는 가급적 조림을 삼가야 한다.

40 소나무 잎떨림병의 병원균이 월동하는 형태는? [2014.4]

① 자낭각
② 소생자
③ 자낭포자
④ 분생포자

> **해설** **소나무 잎떨림병**
> • 병징 : 7~9월에 발병하여 잎에 다갈색의 병반이 형성되나, 병세는 더 이상 진전하지 않고 일단 정지된다.
> • 병원균 및 병환 : 땅 위에 떨어진 병든 잎에서 자낭포자의 형으로 월동하여 다음 해의 전염원이 된다.
> • 방제법 : 묘포에서는 비배관리를 잘하고, 병든 잎을 모아서 태운다.

41 잣나무넓적잎벌의 월동 형태는?

[2007.4]

① 유충   ② 번데기

③ 알   ④ 성충

> **해설** 잣나무넓적잎벌은 땅속 5~25cm에서 유충의 형태로 월동한다.

42 대추나무 빗자루병의 병원인 것은?

[2010.1/2008.10/2004.10]

① 바이러스   ② 파이토플라스마

③ 세균   ④ 진균

> **해설** **대추나무 빗자루병**
> - 병원균 : 파이토플라스마로 전신성 병이므로 병든 나무의 분주를 통해 차례로 전염된다.
> - 매개충 : 마름무늬매미충

43 대추나무 빗자루병, 오동나무 빗자루병 그리고 뽕나무 오갈병은 어느 병원에 의한 것인가?

[2008.3/2004.4]

① 바이러스   ② 파이토플라스마

③ 세균   ④ 진균

> **해설** 빗자루병의 병원체는 바이러스와 세균의 중간 미생물인 파이토플라스마이며, 매개충에 의해 전염된다.

44 파이토플라스마와 관계없는 수병은?

[2013.1/2007.4/2005.4/2002.4]

① 오동나무 빗자루병   ② 대추나무 빗자루병

③ 뽕나무 오갈병   ④ 벚나무 빗자루병

> **해설** 벚나무 빗자루병은 진균[자낭균(*Taphrina wiesneri*)]에 의해 발병한다.

45 파이토플라스마에 의한 병해에 해당하는 것은? [2015.1/2014.4]

① 뽕나무 오갈병
② 벚나무 빗자루병
③ 참나무 시들음병
④ 밤나무 줄기마름병

해설 **병원체 및 병원** : 병원은 파이토플라스마이며, 마름무늬매미충에 의해 매개되고 접목에 의해서도 전염된다.

유사문제

1. 다음 중 파이토플라스마(*Phytoplasma*)에 의한 수병은? [2001.7]

① 아까시나무 모자이크병
② 오동나무 빗자루병
③ 뿌리혹병(근두암종병)
④ 소나무 잎떨림병

답 ②

2. 파이토플라스마에 의한 주요 수목병이 아닌 것은? [2010.7]

① 붉나무 빗자루병
② 잣나무 털녹병
③ 오동나무 빗자루병
④ 대추나무 빗자루병

해설 잣나무 털녹병은 담자균에 의한 수병이다. 답 ②

3. 다음 중 파이토플라스마(*Phytoplasma*)에 의한 수병은? [2005.10]

① 아까시나무 모자이크병
② 오동나무 빗자루병
③ 뿌리혹병(근두암종병)
④ 소나무 잎떨림병

해설 **오동나무 빗자루병**
파이토플라스마 감염에 의해 발생되며, 감염된 나무의 새로 자란 순에서 곁눈이 터져서 새순을 형성하는 것을 이른 가을까지 계속한다. 연약한 가는 가지가 총생하고, 옅은 녹색에서 갈색의 작은 잎이 밀생하여 마치 빗자루나 새집 둥지같은 병징이 나타난다.

답 ②

46 대추나무 빗자루병의 병원체 및 치료법에 대한 설명으로 옳은 것은?

① 재선충 – 살선충제
② 바이러스 – 침투성 살균제
③ 파이토플라스마 – 항생제
④ 녹병균(*Gymnosporangium* spp.) – 침투성 살균제

> **해설** 대추나무 빗자루병 방제법
> • 병징이 심한 나무는 뿌리째 캐내어 태워버린다.
> • 병징이 심하지 않은 나무는 4월 말경에서 9월 중순에 1,000~2,000ppm의 옥시테트라사이클린을 주당 1,000~2,000mL를 수간주입한다.

47 옥시테트라사이클린 수화제를 수간에 주입하여 치료하는 수병은? [2007.4]

① 포플러 모자이크병
② 대추나무 빗자루병
③ 근두암종병
④ 잣나무 털녹병

> **해설** 파이토플라스마에 의한 대추나무 빗자루병은 옥시테트라사이클린을 수간주입하거나 침지하여 방제한다.

48 밤나무 줄기마름병과 관련된 설명으로 틀린 것은? [2007.4]

① 밤나무 줄기마름병은 잣나무 털녹병, 느릅나무 시들음병과 더불어 20세기의 3대 수목 병해였다.
② 병환부의 수피가 처음에는 황갈색 내지 적갈색으로 변한다.
③ 밤나무 줄기마름병은 서양의 풍토병으로 미국과 유럽의 밤나무림을 황폐화시켰다.
④ 병원균은 병환부에서 균사 또는 포자의 형으로 월동한다.

49 수목 병해 원인 중 세균에 의한 수병으로 옳은 것은? [2014.4]

① 모잘록병 ② 그을음병
③ 흰가루병 ④ 뿌리혹병

> **해설** ④ 뿌리혹병 : 세균에 의한 수병
> ① 모잘록병 : 조균류에 의한 수병
> ②·③ 그을음병, 흰가루병 : 자낭균에 의한 수병

50 포플러 잎녹병의 증상에 해당되는 설명은? [2010.1]

① 잎 표면에 검은색 반점무늬가 생기고 점점 커지면서 낙엽이 된다.
② 잎자루가 검게 변하여 낙엽이 된다.
③ 병든 나무가 급속히 말라 죽는다.
④ 잎 뒷면에 누런색의 여름포자가 형성된다.

> **해설** 포플러 잎녹병균은 병든 낙엽에서 겨울포자 상태로 겨울을 나고, 4~5월에 겨울포자가 발아하여 만들어진 담자포자가 바람에 의해 낙엽송으로 날려가 새로 나온 잎을 감염하여 잎의 뒷면에 직경 1~2mm 되는 오렌지색의 녹포자덩이를 만든다.

51 다음 중 포플러와 낙엽송을 섞어서 심지 않는 이유는? [2005.10]

① 낙엽송의 생육이 현저하게 나빠지기 때문이다.
② 두 수종이 미량요소의 요구가 많기 때문이다.
③ 포플러 잎녹병의 중간기주가 낙엽송이기 때문이다.
④ 낙엽송 끝마름병의 중간기주가 포플러이기 때문이다.

> **해설** ③ 포플러의 잎녹병균은 포플러와 중간기주인 낙엽송 사이를 오가며 생활하는 성질(기주교대)을 가지고 있다.

52 향나무 녹병균의 겨울포자가 발아한 그림이다. A는 무엇인가? [2005.10/2002.7]

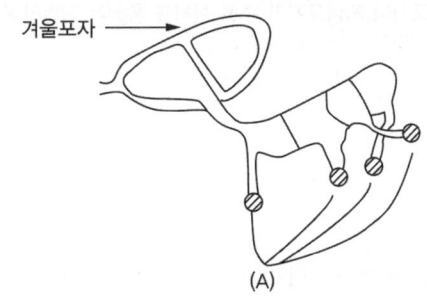

① 녹포자
② 자낭포자
③ 담자포자(소생자)
④ 여름포자

> **해설** 향나무 녹병의 포자는 겨울포자, 소생자(담자포자), 녹병포자, 녹포자 등 4개가 있으며 여름포자는 생성되지 않는다. 그림처럼 겨울포자가 발아하여 전균사(담병자)를 내고 그 위에 4개의 포자(소생자)를 형성한다.

53 포플러 잎 뒷면에 초여름 오렌지색의 작은 가루덩이가 생기고 정상적인 나무보다 먼저 낙엽이 지는 현상을 나타내는 나무의 병은? [2005.4]

① 포플러 잎녹병
② 포플러 갈반병
③ 포플러 점무늬잎떨림병
④ 포플러 잎마름병

해설 포플러 잎녹병균은 병든 낙엽에서 겨울포자 상태로 겨울을 나고, 4~5월에 겨울포자가 발아하여 만들어진 담자포자가 바람에 의해 낙엽송으로 날려가 새로 나온 잎을 감염하여 잎의 뒷면에 직경 1~2mm 되는 오렌지색의 녹포자덩이를 만든다.

54 병원체가 상처를 통해서 침입하는 것은? [2005.4]

① 밤나무 줄기마름병균
② 소나무 잎떨림병균
③ 삼나무 붉은마름병균
④ 향나무 녹병균

해설 밤나무 줄기마름병은 밤나무 줄기와 가지의 상처를 중심으로 병반이 형성되는데, 초기에는 황갈색이나 적갈색으로 변하고 약간 움푹해지며 수피가 부풀어 오른다.

55 밤나무 줄기마름병, 포플러 줄기마름병 등의 병원체는 다음의 어느 방법으로 침입하는가? [2003.3]

① 각피 침입
② 상처를 통한 침입
③ 자연개구(開口)를 통한 침입
④ 화기(花器) 침입

해설 줄기마름병
병원균의 분생포자나 자낭포자가 주로 상처를 통해서 침입하여 수피 아래의 형성층에서 균사가 생장하며 조직을 감염시킨다.

56 주로 5~20년생에 많이 발생하며 20년생 이상된 큰 나무에도 피해를 주는 수병은? [2004.10]

① 소나무 모잘록병
② 잣나무 털녹병
③ 오동나무 탄저병
④ 오리나무 갈색무늬병

해설 잣나무 털녹병은 주로 5~20년생 잣나무에 많이 발생하고 병든 나무는 줄기의 형성층이 파괴되며 병든 부위가 부풀면서 윗부분이 말라죽는다.

53 ① 54 ① 55 ② 56 ② 정답

57 잣나무 털녹병의 중간기주는?   [2004.10]

① 참나무   ② 송이풀
③ 낙엽송   ④ 들국화

해설 잣나무 털녹병의 중간기주는 송이풀류, 까치밥나무류이다.

58 잣나무 털녹병의 중간기주로 병의 예방을 위해서 잣나무 부근에 식재를 피해야 할 수종은?

[2010.3]

① 소나무   ② 비자나무
③ 참중나무   ④ 까치밥나무

해설 잣나무의 털녹병을 예방하기 위해 송이풀과 까치밥나무류를 제거해야 한다.

59 소나무 혹병의 중간기주는?   [2014.1]

① 낙엽송   ② 송이풀
③ 졸참나무   ④ 까치밥나무

해설 소나무 혹병의 중간기주는 졸참나무, 신갈나무 등 참나무류이다.

60 가지 끝이 밑으로 구부러져 농갈색 갈고리 모양으로 되어 낙엽되는 병은?   [2010.3/2004.4]

① 낙엽송 가지끝마름병
② 낙엽송 낙엽병
③ 향나무 녹병
④ 잣나무 털녹병

해설 ① 병든 나무의 새순 끝은 낚시바늘 모양으로 굽은 것과 꼿꼿하게 서 있는 것 두 가지 증상이 나타난다.

61 병원체의 감염에 의한 병징 중 변색에 해당하는 것은? [2012.4]

① 오갈 ② 함몰
③ 모자이크 ④ 위조

해설 ① 오갈 : 모양이 변형되어 오그라들거나 두터워진다.
④ 위조(시들음) : 수목의 전체 또는 일부가 수분의 공급부족으로 시든다.

62 다음의 수목병해 중 병징은 있으나 표징이 전혀 없는 것은? [2004.4]

① 오동나무 빗자루병 ② 잣나무 털녹병
③ 낙엽송 잎떨림병 ④ 밤나무 흰가루병

해설 ① 바이러스, 마이코플라스마에 의한 병은 병징만 나타나고 표징이 전혀 없다.
②·③·④ 진균에 의한 병

> **유사문제**
>
> **수목병해 중 병징은 있으나 표징이 없는 것은?** [2010.7]
>
> ① 낙엽송 잎떨림병 ② 잣나무 털녹병
> ③ 오동나무 빗자루병 ④ 삼나무 붉은마름병
>
> 해설 병원체가 진균일 때에는 거의 대부분 환부에 표징이 나타나지만 비전염성병이나 바이러스병, 마이코플라스마(오동나무·대추나무 빗자루병 등)에 의한 병에 있어서는 병징만 나타나고 표징은 나타나지 않는다.
>
> 답 ③

63 소나무좀의 월동 장소와 형태는 다음 중 어떤 것인가? [2003.10]

① 알로 목질부에서 월동
② 유충으로 땅속에서 월동
③ 번데기로 소나무 껍질 사이에서 월동
④ 엄지벌레로 지면 근처 수피 속에서 월동

해설 성충이 벌채된 나무나 수세가 쇠약한 수피 밑 형성층에 세로로 10cm 정도의 구멍을 뚫고 60개 내외의 알을 낳는다.

64 쇠약하거나 죽은 소나무 및 벌채목에 주로 발생하는 해충은? [2014.4]

① 솔나방 ② 소나무좀
③ 솔잎혹파리 ④ 소나무재선충

해설 **소나무좀(딱정벌레목 나무좀과)**
• 가해수종 : 소나무, 해송, 잣나무
• 피해
  – 수세가 쇠약한 벌목, 고사목에 기생한다.
  – 월동성충이 나무껍질을 뚫고 들어가 산란한 알에서 부화한 유충이 나무껍질 밑을 식해한다.
  – 쇠약한 나무나 벌채한 나무에 기생하지만 대발생할 때는 건전한 나무도 가해하여 고사시키기도 한다.
  – 신성충은 신초를 뚫고 들어가 고사시킨다. 고사된 신초는 구부러지거나 부러진 채 나무에 붙어 있는 데 이를 후식피해라 한다.

65 다음 수목의 병 중 기주교대를 하는 병이 아닌 것은? [2015.1/2003.10]

① 잣나무 털녹병 ② 소나무 혹병
③ 벗나무 빗자루병 ④ 소나무 잎녹병

해설 ① 중간기주 : 송이풀류, 까치밥나무류
② 중간기주 : 참나무
④ 중간기주 : 황벽나무

66 참나무와 관계있는 병은? [2003.10]

① 소나무 혹병 ② 소나무 잎녹병
③ 잣나무 털녹병 ④ 향나무 녹병

해설 소나무 혹병의 중간기주는 졸참나무, 신갈나무 등 참나무류이다.

67 토양 중에 서식하는 균류에 의하여 전염되는 병은? [2003.10]

① 소나무 잎녹병[엽수병(葉銹病)]
② 아까시나무 탄저병(炭疽病)
③ 오동나무 빗자루병[천구소병(天拘巢病)]
④ 모잘록병[묘입고병(苗立枯病)]

해설 모잘록병은 곰팡이의 일종인 *Rhizoctonia solani* 균에 의해 발생하는데 출아기에 줄기 지제부가 갈색으로 부패하여 잘록해지며, 지상부가 쓰러져 말라죽는 병해이다.

68 곰팡이(균류)의 기관은 영양기관과 번식기관으로 나눌 수 있다. 다음 중 번식기관이 아닌 것은?

[2003.3]

① 균핵
② 포자
③ 자낭반
④ 버섯

해설 균핵(菌核)은 균사 상호 간에 서로 엉키고 밀착되어 있는 균사 조직을 말한다.

69 수목의 병 중에서 비전염성인 것은?

[2002.7]

① 바이러스(virus)에 의한 병
② 부당한 토양조건에 의한 병
③ 진균류에 의한 병
④ 기생성 종자식물에 의한 병

해설 **비전염성 병원** : 토양조건, 기상조건, 영양장해, 농사작업, 공업부산물, 식물의 대사산물 등

70 겨우살이의 피해가 가장 심한 나무는?

[2001.7]

① 참나무
② 후박나무
③ 독일가문비나무
④ 은행나무

해설 겨우살이는 나무줄기 위에 사는 반기생식물로, 참나무·팽나무·뽕나무·떡갈나무·자작나무·버드나무·
오리나무·밤나무 등 여러 나무에 피해를 주는데 참나무류에서 가장 피해가 심하다.

71 물이나 토양에 의하여 병원체가 전반(傳搬)되어 발병하는 병원균은?

[2001.7]

① 묘목의 모잘록병균
② 잣나무 털녹병균
③ 족제비싸리 점무늬병균
④ 밤나무 흰가루병균

해설 모잘록병균, 벼 모썩음병, 벼 흰빛잎마름병, 토마토 풋마름병균 등은 물에 의해 퍼진다.

72 소나무 혹병의 녹병정자는 어디에서 월동하는가? [2001.7]

① 땅속에서

② 병원체 기주 내에서

③ 참나무 낙엽 속에서

④ 향나무 낙엽 속에서

해설 소나무의 가지나 줄기에 작은 혹이 해마다 비대해져서 나중에는 지름 20~30cm에 이른다. 12월에서 이듬해 2월에 걸쳐 혹의 표면에서 오렌지색 내지 황갈색의 점액(녹병포자)이 흘러 나오며, 이어서 4~5월경 혹의 표면이 거칠게 갈라지면서 갈라진 틈새에서 노란가루(녹포자)가 흩어져 나온다. 중간기주인 참나무류에는 5~6월경 잎 뒷면에 노란가루(여름포자)가 생기며, 8~9월에는 여름포자가 소실되고 흑갈색 머리칼모양의 겨울포사냉이가 잎 뒷면을 뒤덮는다.

73 밤나무 흰가루병에서 반복 전염을 하는 것은? [2001.7]

① 분생포자

② 자낭포자

③ 병자

④ 담포자

해설 **밤나무 흰가루병**
병원균은 늦봄부터 가을까지는 환부상에 형성된 분생포자에 의하여 전염을 되풀이하고, 가을이 되면 자낭구를 형성하여 낙엽상에서 월동을 한다. 이듬해 봄에 월동한 자낭구에서 방출된 자낭포가 밤나무를 침입해서 병을 일으키고, 환부에 분생포자를 형성하게 된다.

74 다음 중 수목병해의 개념 설명이 틀린 것은? [2011.4]

① 생물적 요인에 의한 수목병해는 전염성이다.

② 넓은 의미의 수목병은 수목의 세포나 조직이 생물적 또는 비생물적인 요인에 의하여 식물체 기능에 이상증상을 나타내는 것을 말하고, 이것을 표징이라고 한다.

③ 수목병의 발생은 3대 요소인 기주, 병원체, 환경의 상호관계에 의해 결정된다.

④ 주요 병원으로는 곰팡이, 세균, 선충, 바이러스, 파이토플라스마, 원생동물, 기생성 종자식물이 있다.

해설 ② 표징이란 병원체가 병든 수목의 표면에 드러나 눈으로 구분할 수 있는 것을 말한다.

75 불완전균류에 의한 병이 아닌 것은? [2011.7]

① 삼나무 붉은마름 ② 오동나무 탄저병
③ 오리나무 갈색무늬병 ④ 대추나무 빗자루병

> **해설** ④는 파이토플라스마에 의한 수병이다.

76 포플러 잎녹병 병원균의 상태를 가장 잘 나타낸 것은? [2011.2]

① 병원균이 포플러나 중간기주인 낙엽송과 현호색을 기주교대하는 2종 기생균이다.
② 포플러의 잎에 녹병정자와 녹포자를 형성한다.
③ 낙엽송의 잎에 여름포자와 겨울포자를 형성한다.
④ 여름에 잎뒷면에 노랑색의 소립점을 형성하고 겨울에는 잎이 담황색으로 변한다.

> **해설** 포플러의 잎녹병균은 포플러와 중간기주인 낙엽송 사이를 오가며 생활하는 기주교대 성질을 가지고 있다.
> 포플러 잎녹병균은 병든 낙엽에서 겨울포자 상태로 겨울을 나고, 4~5월에 겨울포자가 발아하여 만들어진
> 담자포자가 바람에 의해 낙엽송으로 날려가 새로 나온 잎을 감염하여 잎의 뒷면에 직경 1~2mm 되는 오렌지색
> 의 녹포자덩이를 만든다.

77 전신적(全身的) 병원균에 의한 병해에 해당하는 수병은? [2011.4]

① 오동나무 빗자루병 ② 소나무 혹병
③ 잣나무 털녹병 ④ 밤나무 줄기마름병

> **해설** 오동나무 빗자루병은 마이코플라스마의 일종인 파이토플라스마(Phytoplasma)의 감염에 의해 일어나는 수병
> 으로, 우리나라에서는 담배장님노린재, 썩덩나무노린재, 오동나무애매미충 등 3종의 흡즙성 해충이 병원균을
> 매개하는 것으로 알려져 있다.

78 녹병균에 의한 수병은 중간기주를 거쳐야 병이 전염된다. 다음 수종 중 향나무 녹병의 중간기주는?

[2015.1/2011.4]

① 송이풀 ② 상수리나무
③ 꽃아그배나무 ④ 낙엽송

> **해설** 향나무 녹병의 기주식물은 개아그배나무, 꽃아그배나무, 아그배나무, 능금나무, 야광나무, 털야광나무 등의
> 사과나무속 식물이다.

75 ④ 76 ① 77 ① 78 ③ **정답**

79 유관속시들음병의 기주 및 전파경로로 짝지어진 것으로 옳지 않은 것은? [2014.1]

① 흑변뿌리병 – 나무좀
② 감나무 시들음병 – 뿌리
③ 느릅나무 시들음병 – 나무좀
④ 참나무 시들음병 – 광릉긴나무좀

해설 감나무 시들음병은 벌레나 곰팡이 등의 병원체에 의해 전파된다.

80 아까시나무 모자이크병의 매개충은? [2013.4/2011.4]

① 솔잎깍지벌레
② 복숭아혹진딧물
③ 담배장님노린재
④ 솔잎혹파리

해설 복숭아혹진딧물은 TuMV(순무모자이크바이러스), CMV(오이모자이크바이러스) 등의 182종의 식물바이러스병을 옮기는 것으로 알려져 있다.

81 향나무 녹병균은 배나무를 중간숙주로 하는데 배나무에 기생하는 시기는? [2011.7]

① 1~2월
② 3~4월
③ 5~7월
④ 8~9월

해설 향나무 녹병균 포자는 4~5월이나 비가 오는 시기에 배나무로 날아가 침입하는데 이때(5월 초)가 배나무의 개화기 직후이다. 6~7월에 배나무의 잎과 열매 등에 오렌지색 별무늬로 나타난 후 녹포자를 형성하면 향나무에 날아가 기생하면서 균사 상태로 월동한다.

82 세균에 의해 발생되는 뿌리혹병에 관한 설명으로 옳은 것은? [2015.1/2012.4]

① 방제법으로는 유기물보다는 석회 사용량을 늘려야 한다.
② 초본식물에도 발생한다.
③ 주로 뿌리에 발생하며 가지에는 발생하지 않는다.
④ 병원균은 수목의 병환부에서는 월동하지 않고 토양 속에서 월동한다.

해설 ③ 보통 뿌리 및 땅가 부근에 발생하지만 지상부의 줄기나 가지에 발생하기도 한다.
④ 땅속에서 다년간 생존하며 병환부에서도 월동한다.

83 천막벌레나방의 설명으로 부적합한 것은? [2009.7]

① 버드나무, 살구나무 등을 가해한다.

② 유충이 실로 집을 짓고 모여 산다.

③ 성충 수컷(♂)은 황갈색을 띠고, 암컷(♀)은 담등색을 띤다.

④ 1년에 2회 발생한다.

> **해설** ④ 1년에 1회 발생(4월 중·하순경)하며, 알로 월동한다.

84 완전히 자란 유충이 9월 하순경부터 비온 뒤 벌레혹을 탈출, 지피물 밑이나 1~2cm 깊이의 흙속에 들어가 유충으로 월동하는 해충은? [2010.7]

① 소나무좀   ② 밤나무혹벌

③ 솔잎혹파리   ④ 가문비왕나무좀

> **해설** ③ 유충은 9월 하순~다음해 1월(최성기 11월 중순)에 충영(벌레혹)에서 탈출하여 지피물 밑 또는 흙속으로 들어가 월동한다.

85 솔잎혹파리의 방제에는 기생봉을 이식하는 생물학적 방제를 활용하고 있다. 다음 중 솔잎혹파리의 기생봉이 아닌 종은? [2009.7/2002.7]

① 솔잎혹파리먹좀벌   ② 혹파리등뿔먹좀벌

③ 솔잎벌   ④ 혹파리살이먹좀벌

> **해설** 주요 기생봉(기생벌)에는 솔잎혹파리먹좀벌, 혹파리살이먹좀벌, 혹파리등뿔먹좀벌, 혹파리반뿔먹좀벌 등 4종이 있는데, 가장 유력한 천적은 솔잎혹파리먹좀벌과 혹파리살이먹좀벌의 2종이다.

86 1988년 부산에서 처음 발견된 소나무재선충에 대한 설명으로 틀린 것은? [2013.7/2009.7]

① 매개충은 솔수염하늘소이다.

② 유충은 자라서 터널 끝에 번데기방[용실(蛹室)]을 만들고 그 안에서 번데기가 된다.

③ 소나무재선충은 후식상처를 통하여 수체 내로 이동해 들어간다.

④ 피해고사목은 벌채 후 매개충의 번식처를 없애기 위하여 임지 외로 반출한다.

> **해설** 고사목은 철저히 벌채하여 잔가지까지 소각하고 임지 외 반출을 금한다.

87 묘포에서 뿌리나 지접근부를 주로 가해하는 곤충과는? [2013.1/2009.3]

① 좀벌레과   ② 굴파리과

③ 비단벌레과   ④ 풍뎅이과

> **해설** 뿌리나 지접근부를 주로 가해하는 곤충
> - 노린재목 : 진딧물과
> - 벌목 : 개미과
> - 딱정벌레목 : 나무좀과, 바구미과, 풍뎅이과, 하늘소과

88 솔잎혹파리의 피해를 가장 심하게 받는 수종은? [2009.3/2007.9/2002.7]

① 소나무   ② 분비나무

③ 잣나무   ④ 리기다소나무

> **해설** 솔잎혹파리의 피해 수종은 소나무, 해송(곰솔)이다. 솔잎혹파리는 매년 새로 자라난 솔잎 사이에 알을 낳아 유충이 벌레혹을 만들고 그 속에서 즙액을 빨아먹어 소나무의 정상 생육을 저해하며 피해가 심할 경우 소나무를 고사시키는 해충이다.

89 솔노랑잎벌의 가해 형태에 대한 설명으로 옳은 것은? [2014.4]

① 주로 묵은 잎을 가해한다.

② 울폐된 임분에 많이 발생한다.

③ 새순의 줄기에서 수액을 빨아 먹는다.

④ 봄에 부화한 유충이 새로 나온 잎을 갉아 먹는다.

> **해설** 솔노랑잎벌(벌목 솔노랑잎벌과)
> - 가해수종 : 적송, 흑송 및 기타 소나무류
> - 생태
>   - 1년에 1회 발생하며 유충은 4월 중순~5월에 나타나고, 5월 중순경 노숙한 유충은 땅 속에서 고치가 된다.
>   - 9월 상순에 용화하고 10월 중·하순에 성충이 우화한다.
>   - 암컷은 솔잎의 조직 속에 7~8개의 알을 1열로 낳으며 알로 월동한다.
>   - 다음해 봄에 부화유충은 전년도의 솔잎만을 먹으며 끝에서부터 기부의 엽초부를 향하여 가해한다.
>   - 유충기간은 28일 정도이고 산란수는 60개 내외이다.

90 1년에 2회 발생하고 포플러류 등의 활엽수 잎을 가해하며 많은 피해를 주는 해충은? [2009.3]

① 천막벌레나방
② 미국흰불나방
③ 오리나무잎벌레
④ 밤나무혹벌

해설 미국흰불나방은 침엽수를 제외한 모든 활엽수를 가해하며, 1화기(6~7월) 피해는 심하지 않으나 2화기(7월 말~8월) 피해는 심하게 나타나므로 1화기에 피해를 발견할 경우 철저히 구제해야 한다.

유사문제

1. 1년에 2회 발생하며 포플러 등의 활엽수 160여 종의 잎을 먹어 많은 피해를 주는 해충은?

[2002.4]

① 텐트나방   ② 미국흰불나방
③ 오리나무잎벌레   ④ 밤나무순혹벌

해설 미국흰불나방은 잡식성 해충으로, 1년에 2회 발생하고 번데기로 월동한다. 제1화기보다 제2화기의 피해가 더 심하다.

답 ②

2. 활엽수의 잎을 가해하는 미국흰불나방에 대한 설명으로 틀린 것은? [2010.7]

① 보통 1년에 2~3회 발생한다.
② 잎 뒷면에 600~700개의 알을 낳는다.
③ 1화기 성충은 7월 하순부터 8월 중순에 우화한다.
④ 용화 장소는 수피 사이나 지피물 밑 등이며, 번데기로 월동한다.

해설 ③ 1화기 성충은 5월 중순~6월 상순에 우화하며 수명은 4~5일이다.

답 ③

---

91 충분히 자란 유충은 먹는 것을 중지하고 유충 시기의 껍질을 벗고 번데기가 되는데, 이와 같은 현상을 무엇이라 하는가?

[2015.1/2011.4/2009.3]

① 부화   ② 용화
③ 우화   ④ 난기

해설 ② 유충이 번데기가 되는 것
① 알에서 깨어나 유충이 되는 것
③ 번데기가 성충으로 바뀌어 태어나는 것
④ 알이 부화할 때까지의 기간

90 ② 91 ② 정답

92 측백나무, 편백나무, 나한백 등에 흔히 발생하여 치명적 피해를 주는 해충은? [2009.1]

① 향나무하늘소

② 밤색우단풍뎅이

③ 포도유리나방

④ 버들바구미

> **해설** 향나무 외에 측백나무, 편백나무, 화백나무 등에 피해를 주는 향나무하늘소는 수목의 굵은 가지를 고사시켜 수형을 파괴한다.

93 밤 열매에 피해를 주며 1년에 2~3회 발생하고 성충 최성기에 접촉성 살충제로 방제하면 효과가 큰 해충은? [2015.1/2009.1/2007.9/2003.10]

① 복숭아명나방

② 밤나무혹벌

③ 밤애기잎말이나방

④ 밤바구미

> **해설** 복숭아명나방은 1년에 2~3회 발생하고, 지피물이나 수피의 고치 속에서 유충으로 월동한다.

94 다음 중 소나무류의 천공성 해충은? [2009.1/2003.3]

① 소나무좀

② 소나무왕진딧물

③ 솔껍질깍지벌레

④ 잣나무넓적잎벌

> **해설** 소나무좀
> 연 1회 발생하며, 나무껍질 밑에서 성충으로 월동한다. 6월 초순에 번데기에서 우화한 성충은 주로 쇠약한 나무, 이식된 나무 또는 벌채한 나무에 세로로 10cm 정도의 구멍을 뚫고 60개 내외의 알을 낳는다.

95 성충기에는 밤나무 등의 활엽수의 잎을 가해하고, 유충기에는 뿌리를 가해하는 해충은? [2008.10]

① 솔나방

② 복숭아명나방

③ 박쥐나방

④ 풍뎅이

> **해설** 풍뎅이는 유충기에 땅속에서 굼벵이로 자라 잔디와 수목의 뿌리를 먹고, 성충이 되면 활엽수의 잎, 눈, 꽃을 가해한다.

유사문제

다음의 해충 중 일반적으로 묘포에서 뿌리를 가해하는 것은? [2005.10]

① 솜벌레과

② 굴파리과

③ 비단벌레과

④ 풍뎅이과

답 ④

---

96 다음 중 죽순나방의 가해 부위는? [2008.10]

① 벌채한 대나무   ② 어린 대잎
③ 죽순 끝 부분   ④ 죽순 밑 부분

> **해설** **죽순나방**
> 1년에 한 번 발생한다. 대나무 잎이나 풀에서 월동한 알이 5월 중순부터 6월 상순 사이에 부화하여 애벌레가
> 되며, 이 애벌레는 죽순의 연한 끝 부분에 구멍을 뚫고 들어가 위로 올라가면서 연한 부분을 갉아먹는다.

> **유사문제**
>
> 죽순나방은 죽순의 어느 부위를 가해하는가? [2010.7]
>
> ① 지피밑의 인접 부분
> ② 죽순의 뿌리 부분
> ③ 죽순의 연한 끝 부분
> ④ 죽순 밑 부분
>
> **답** ③

97 다음 중 식엽성 해충으로 옳은 것은? [2008.3]

① 말매미   ② 참나무재주나방
③ 밤나무왕진딧물   ④ 소나무깍지벌레

> **해설** ① · ③ · ④ 줄기를 가해하는 해충이다.

98 우리나라의 산림해충 중에서 많은 종류를 차지하고 있으며, 대개 외골격이 발달하여 단단하고, 씹는 입틀을 가지고 완전변태를 하는 것은? [2011.2/2008.3]

① 딱정벌레목   ② 나비목
③ 노린재목   ④ 벌목

> **해설** 딱정벌레목(Cleoptera)은 전 세계 알려진 곤충의 종 가운데 40%인 40만 여종을 차지하는 목이다. 나무
> 위에 사는 것이 가장 많다. 또한 초목의 잎줄기, 가지, 썩은 나무 속, 버섯, 물 속 등 거의 모든 곳에 서식한다.

99 알에서 부화한 곤충이 유충과 번데기를 거쳐 성충으로 발달하는 과정에서 겪는 형태적 변화를 뜻하는 용어는? [2013.7/2008.2]

① 우화
② 변태
③ 휴면
④ 생식

해설 **변태**
- 완전변태 : 알 → 유충(애벌레) → 번데기 → 성충
- 불완전변태 : 알 → 유충(애벌레) → 성충

100 다음 중 수목의 그을음병과 관계있는 대표적인 해충은? [2008.2]

① 깍지벌레
② 무당벌레
③ 담배장님노린재
④ 마름무늬매미충

해설 그을음병은 깍지벌레, 진딧물 등 흡즙성 해충이 기생하였던 나무에서 흔히 볼 수 있다.

101 진딧물이나 깍지벌레 등이 수목에 기생한 후 그 분비물 위에 번식하여 나무의 잎, 가지, 줄기가 검게 보이는 병은? [2012.2]

① 흰가루병
② 그을음병
③ 줄기마름병
④ 잎떨림병

해설
① 흰가루병 : 병원균에 감염되어 잎면에 불규칙한 크고 작은 여러 가지 모양의 흰 병반이 나타난다.
③ 줄기마름병 : 자낭균류에 감염되어 줄기와 굵은 가지가 국부적으로 고사하고 병든 부위의 수피가 터지며 함몰한다.
④ 잎떨림병 : 병든 나무의 잎, 꽃 등에 분리층이 형성되어 일찍 탈락한다.

102 곤충의 몸 밖으로 방출되어 같은 종끼리 통신을 할 때 이용되는 물질은? [2008.2]

① 호르몬(hormone)
② 페로몬(pheromone)
③ 테르펜(terpenes)
④ 퀴논(quinone)

해설 페로몬(pheromone)은 같은 종(種) 동물의 개체 사이의 의사소통에 사용되는 체외분비성 물질이다.

103 다음 중 곤충의 외분비샘에서 분비되는 대표적인 물질은? [2014.4]

① 침
② 페로몬
③ 유약호르몬
④ 알라타체호르몬

> **해설** 페로몬(pheromone)
> 곤충의 몸 밖으로 방출되어 같은 종끼리 통신을 할 때 이용되는 물질로, 수나방을 유인하는 암컷의 성물질,
> 왕바퀴의 직장에서 나오는 집합물질 등이 있고, 사회성 곤충의 집단생활에서 먹이를 발견한 개미의 족적물질,
> 위험을 알리는 경보물질, 일벌의 성소 발육을 억제하는 여왕물질 등으로서의 중요한 역할을 하고 있다.

104 곤충의 몸에 대한 설명으로 틀린 것은? [2008.2]

① 곤충의 체벽(體壁)은 표피, 진피층, 기저막으로 구성되어 있다.
② 부속지(附屬肢)들은 마디로 되어 있고 몸 전체도 여러 마디로 이루어진다.
③ 대부분의 곤충은 배에 각 1쌍씩 모두 6개의 다리를 가진다.
④ 기문(氣門)은 몸의 양 옆에 최대 10쌍이 있다.

> **해설** 3쌍의 다리는 배가 아니라 앞가슴, 가운데가슴, 뒷가슴에 각 1쌍씩 붙어 있다.

105 해충 입틀의 모양은 그들의 먹이와 밀접한 관계가 있다. 서로 연결이 잘못된 것은? [2001.7]

① 메뚜기 – 먹이를 씹어 먹는다.
② 매미 – 입틀을 꽂고 체액을 빨아 먹는다.
③ 나방 – 침으로 녹인 먹이를 빨아 올린다.
④ 응애 – 찔러서 핥아먹는다.

> **해설** ③ 나방·나비 – 빨아 먹는다.

106 곤충은 생활하는 도중에 환경이 좋지 않으면 발육을 일시적으로 정지한다. 이러한 현상을 가리키는
것은? [2007.4]

① 휴면
② 이주
③ 탈피
④ 변태

> **해설** ① 환경이 좋지 않을 때 곤충의 활동 또는 생장이 일시적으로 정체되거나 정지되는 일을 말하는데 겨울철의
> 휴면을 동면(冬眠, 겨울잠), 여름철의 휴면을 하면(夏眠)이라고 한다.

107 해충의 발생량 예찰에 관한 설명 중 틀린 것은?　　　　　　　　　　　　　　　　　[2007.4/2004.10]

① 깍지벌레와 같은 고착성 해충의 밀도표시는 가지의 길이를 단위로 한다.

② 해충으로 발생예찰은 발생시기와 발생량의 예찰을 주목적으로 방제수단의 강구에 필요하다.

③ 해충의 분포는 한 나무 내에서의 상하 또는 방위별 변이가 지역 내 임목 간의 변이보다 크다.

④ 땅속의 해충, 솔잎혹파리 월동 유충의 밀도는 면적단위이다.

> **해설** ③ 해충의 분포는 한 나무 내에서의 상하 또는 방위별 변이가 지역 내 임목 간의 변이보다 적다.

108 소나무 임분에서 발생된 설해목을 일찍 제거하지 못할 때 발생하기 쉬운 해충은?　　　[2005.4]

① 솔나방

② 솔잎혹파리

③ 소나무좀

④ 솔노랑잎벌

> **해설** 소나무좀은 피압목, 불량목, 풍해 또는 설해목, 병해충 피해목 등 수세가 약하여 회생이 불가능한 나무에서 발생한다.

109 다음 중 유충기에 임목의 뿌리를 가해하는 해충은?　　　　　　　　　　　　　　　[2010.1/2005.4]

① 버들재주나방

② 잣나무넓적잎벌

③ 애풍뎅이

④ 텐트나방

> **해설** 애풍뎅이의 성충은 잎이나 꽃을 가해하여 미관을 해치고, 유충은 땅속에서 가느다란 뿌리를 식해하기 때문에 지상부 생육이 지연되어 피해가 크다.

110 나무껍질을 물어뜯어 그 속에 알을 낳는 곤충들로 짝지어진 것은?　　　　　　　　[2005.4/2001.7]

① 솔나방, 흰불나방

② 잎벌, 멸구류

③ 메뚜기, 매미

④ 하늘소, 나무좀

> **해설** 하늘소, 나무좀은 천공성 해충이다.

111 다음은 나비목 유충의 모식도이다. 'ㄱ'의 이름은 무엇인가?

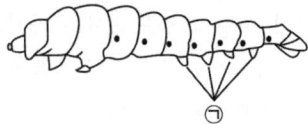

① 머리　　　　　　　　　② 다리
③ 복지　　　　　　　　　④ 기문

해설 나비목 유충은 흉지 3쌍, 복지 2~5쌍이 있다.

112 다음 중 나무 속(재질부)을 가해하는 해충은 어느 것인가?

① 하늘소　　　　　　　　② 미국흰불나방
③ 어스렝이나방　　　　　④ 깍지벌레

해설 ②·③ 잎을 가해하는 해충
④ 가지를 가해하는 해충

113 다음 해충 중 주로 수목의 잎을 가해하는 것으로 옳지 않은 것은?

① 어스렝이나방　　　　　② 솔알락명나방
③ 천막벌레나방　　　　　④ 솔노랑잎벌

해설 솔알락명나방은 잣송이를 가해하여 잣 수확을 감소시키는 주요 해충이다.

114 완전히 자란 유충이 9월 하순경부터 비온 뒤 벌레혹을 탈출하여 땅속에 들어가 월동하는 해충은?

① 솔잎혹파리　　　　　　② 밤나무순혹벌
③ 소나무좀　　　　　　　④ 가루나무좀

해설 솔잎혹파리 유충은 9월 하순~다음해 1월(최성기 11월 중순)에 충영(벌레혹)에서 탈출하여 땅속에 들어가
지피물 밑 또는 흙 속으로 들어가 월동한다.

115 후약충이 주로 겨울철에 가해하며, 전남·전북·경남지역 해안가 해송림에 큰 피해를 주고 있는 해충은?

[2004.4]

① 솔나방 ② 솔껍질깍지벌레
③ 소나무좀 ④ 솔잎혹파리

> **해설** 솔껍질깍지벌레는 해송과 적송 모두를 가해하나 주로 해송에 큰 피해를 주고 있다. 해안지방으로의 확산속도는 빠른 편이나 내륙지방으로의 확산은 느린 편이다.

116 나비목에 속하는 곤충은?

[2010.1/2003.10]

① 밤나방 ② 나무좀류
③ 깍지벌레 ④ 나무이

> **해설** ② 딱정벌레목
> ③·④ 매미목

117 다음 중 어스렝이나방의 월동 충태는?

[2010.1/2002.7]

① 성충 ② 유충
③ 알 ④ 번데기

> **해설** 어스렝이나방은 연 1회 발생하여 줄기의 수피 위에서 알로 월동한다.

118 다음 중 천공성 해충이 아닌 것은?

[2002.4]

① 밤바구미, 박쥐나방
② 소나무좀, 오리나무좀
③ 하늘소, 버들바구미
④ 밤나무순혹벌, 솔잎혹파리

> **해설** 밤나무순혹벌, 솔잎혹파리는 벌레혹(충영)을 형성하는 해충이다.

119 다음 중 소나무류의 목질부에 기생하여 치명적인 피해를 주며, 자체적으로 이동 능력이 없어 매개충인 솔수염하늘소에 의해 전파되는 것은? [2002.4]

① 소나무재선충
② 소나무좀
③ 솔잎혹파리
④ 솔껍질깍지벌레

해설 **소나무재선충**
크기 1mm 내외의 실같은 선충으로서 나무 조직 내의 수분, 양분 이동통로를 막아 나무를 죽게 하는 해충으로 가해수종은 해송, 적송, 잣나무 등이다. 솔수염하늘소와 공생 관계에 있어서 솔수염하늘소를 통해 나무에 옮는다.

120 분열조직을 해치는 곤충 중 똥을 밖으로 배출하기 않기 때문에 발견하기 어려운 것은? [2010.1]

① 박쥐나방
② 측백나무하늘소
③ 미끈이하늘소
④ 버들바구미

해설 측백나무하늘소는 톱밥 같은 가해 똥을 외부로 배출하지 않을뿐더러 외부에 침입공도 없어 피해 발견이 어렵다.

121 종실을 가해하는 해충은? [2013.4/2010.1]

① 솔알락명나방
② 느티나무벼룩바구미
③ 솔수염하늘소
④ 대벌레

해설 ② 느티나무벼룩바구미 : 가지를 가해한다.
③ 솔수염하늘소 : 가지를 가해한다.
④ 대벌레 : 잎을 가해한다.

122 임업경영상으로 볼 때 벌기(伐期)가 길면 많이 발생하는 해충은? [2011.4]

① 흡수성 해충
② 식엽성 해충
③ 천공성 해충
④ 뿌리 해충

123 밤나무순혹벌은 어떤 번식을 하는가? [2011.7]

① 다배생식   ② 단위생식

③ 유생생식   ④ 유성번식

해설   단위생식은 수정되지 않은 난자가 발육하여 성체가 되는 것으로 암컷만으로 생식하며 처녀생식, 단성생식이라고도 한다. 단위생식의 예로는 밤나무순혹벌, 민다듬이벌레, 벼물바구미, 수벌, 무화과깍지벌레, 여름철의 진딧물류 등이 있다.

124 다음 해충 중 소나무의 새순에 기생하여 양분을 빨아먹음으로써 수세를 약화시켜 새로운 순을 말려 죽이는 것은? [2012.2]

① 소나무좀   ② 박쥐나방

③ 향나무하늘소   ④ 나무가루깍지벌레

해설   ① 소나무좀 : 소나무, 해송, 잣나무 등의 주로 수세가 쇠약한 벌목, 고사목에 기생하며 유충이 나무껍질 밑을 갉아먹는다.
     ② 박쥐나방 : 유충이 여러 가지 초본식물의 줄기에 구멍을 뚫고 가해하다가 나무로 이동하여 가지의 껍질을 환상으로 또는 실로 철하면서 파먹어 들어간다.
     ③ 향나무하늘소 : 향나무 외에 측백나무, 편백나무, 화백나무 등에 피해를 주며 수목의 굵은 가지를 고사시켜 수형을 파괴한다.

125 곤충류에서 수컷의 정자를 저장하는 암컷의 기관은? [2012.4]

① 저정낭(seminal vesicle)   ② 수정낭(spermatheca)

③ 알집(ovary)   ④ 정집(testis)

해설   ② 암컷의 수정낭은 정자를 일시 보관하는 곳이다.

126 다음 선충에 대한 설명으로 틀린 것은? [2012.7]

① 대체로 실같이 가늘고 긴 모양을 하고 있다.

② 식물기생선충은 몸길이가 평균 1mm 내외이다.

③ 주로 식물의 뿌리를 물어 뜯어먹어 가해한다.

④ 선충에 의한 수병으로는 침엽수 묘목의 뿌리썩이선충병이 있다.

해설   ③ 기생선충은 머리 부분에 주사침 모양의 구침을 가지고 있으며 근육에 의해 구침이 앞뒤로 움직이면서 식물의 조직을 뚫고 들어가 즙액을 빨아 먹는다.

산림병해충 방제

01 동·식물 및 미생물에 의한 수목 및 산림피해에 대한 설명으로 틀린 것은? [2011.7/2008.2]

① 유용미생물이 사멸될 수 있으므로 묘포의 퇴비는 충분히 발효되지 않은 것을 사용한다.
② 임업에서는 대형 동물보다는 소형 동물에 의한 피해가 더 크다.
③ 조류의 산림에 대한 관계는 복잡하지만 대개 유익한 관계인 경우가 더 많다.
④ 풀베기는 여름 삼복(三伏) 중에 하는 것이 효과적이다.

> **해설** ① 묘포의 퇴비는 충분히 발효(완숙)된 것을 사용한다.

02 환경요인은 수목병을 발생시키는 요인으로서 중요하게 작용한다. 환경요인과 병을 연결한 것으로 틀린 것은? [2010.3]

① 강풍 – 잣나무 잎떨림병
② 상처 – 밤나무 줄기마름병
③ 대기오염 – 소나무 그을음잎마름병
④ 산불, 모닥불 – 리지나뿌리썩음병

> **해설** ① 온난화 : 잣나무 잎떨림병

03 포플러 잎녹병을 방제하는 방법으로 틀린 것은? [2009.7/2007.9/2002.4]

① 비교적 저항성인 포플러 계통을 식재한다.
② 4–4식 보르도액을 살포한다.
③ 병든 잎이 달렸던 가지를 잘라준다.
④ 중간기주 식물이 많이 분포하고 있는 곳을 피하여 식재한다.

> **해설** ③ 병든 잎이 달렸던 가지는 모아 태운다.

04 다음 중 모잘록병의 방제법이 아닌 것은? [2013.1/2009.7]

① 햇볕을 잘 쬐도록 한다.
② 파종량을 적게 하고 복토가 너무 두껍지 않도록 한다.
③ 인산질 비료를 적게 주어 묘목을 튼튼히 한다.
④ 병이 심한 묘포지는 돌려짓기를 한다.

해설   ③ 인산질 비료와 완숙한 퇴비를 충분히 시용한다.

유사문제

1. 묘포장에서 많이 발생하는 모잘록병 방제법으로 적당하지 않은 것은?   [2012.2/2009.3]

① 토양소독 및 종자소독을 한다.
② 돌려짓기를 한다.
③ 질소질 비료를 많이 준다.
④ 솎음질을 자주하여 생립본수(生立本數)를 조절한다.

해설   ③ 질소질 비료를 많이 주면 안 되고, 인산질 비료와 완숙한 퇴비를 충분히 준다.

답 ③

2. 모잘록병의 방제법으로 틀린 것은?   [2007.4]

① 모판을 배수와 통풍이 잘되게 하고 밀식을 삼가야 한다.
② 질소질 비료를 많이 주어 묘목을 튼튼하게 기른다.
③ 토양소독 및 종자소독을 한다.
④ 발병했을 때에는 묘목을 제거하고, 그 자리에 토양살균제를 관주한다.

답 ②

3. 모잘록병을 방제하기 위한 방법으로 타당하지 않은 것은?   [2004.4]

① 사이론 훈증제, 클로로피크린 등 약제를 살포한다.
② 종자소독을 철저히 한다.
③ 묘상에 수분이 충분히 있게 하여 묘목이 잘 자라게 한다.
④ 질소비료를 과용하지 말고 인산질 비료를 사용한다.

해설   ③ 묘상의 배수를 철저히 하여 과습을 피하고 통기성을 좋게 한다.

답 ③

4. 모잘록병을 방제하기 위한 방법으로 타당하지 않은 것은?   [2010.1]

① 밀식되지 않도록 파종량을 조절한다.
② 종자소독을 철저히 한다.
③ 묘상에 물이 과습되도록 충분히 준다.
④ 질산질비료의 과용을 삼가고 완숙퇴비를 사용한다.

해설   ③ 묘상이 과습하지 않도록 배수와 통풍에 주의하며, 햇볕이 잘 들도록 한다.

답 ③

05 침엽수 또는 활엽수의 잎과 줄기에 발생하는 그을음병을 가장 효과적으로 방제하는 방법은?

[2010.1]

① 살균제를 살포한다.
② 흡즙성 곤충을 방제한다.
③ 설탕물을 뿌린다.
④ 요소 엽면시비를 한다.

해설 **그을음병 방제법**
　　• 통기불량, 음습, 비료부족 또는 질소비료의 과용은 이 병의 발생유인이 되므로 이들 유인을 제거한다.
　　• 살충제로 진딧물·깍지벌레 등을 방제한다.

06 길항미생물이 식물병을 방제하는 작용기작으로 틀린 것은?

[2011.2/2008.3]

① 미생물이 항생물질을 생산한다.
② 미생물이 식물을 자극해 지베렐린을 유도한다.
③ 미생물이 병원균에 병을 일으킨다.
④ 미생물이 병원균과 양분경쟁을 한다.

해설 지베렐린(gibberellin)은 식물의 생장 조절 물질이다.

07 밤나무 흰가루병을 방제하는 방법으로 옳지 않은 것은?

[2012.7/2004.10]

① 가을에 낙엽과 병든 가지를 제거하여 불태운다.
② 묘포의 환경이 너무 습하지 않도록 주의한다.
③ 봄에 새눈이 나오기 전에 수화황제 등의 약제를 뿌린다.
④ 한여름 고온 시 석회황합제를 살포한다.

해설 ④ 흰가루병을 방제하기 위해 새눈이 나오기 전에 석회황합제나 수화성황제를 살포한다. 그러나 한여름에는
　　약해의 우려가 있으므로 다이센, 4-4식 보르도액 등을 살포한다.

08 피해목을 벌채한 후 약제 훈증처리의 방제가 필요한 수병은?

[2012.7/2011.7]

① 호두나무 탄저병
② 밤나무 줄기마름병
③ 참나무 시들음병
④ 잣나무 털녹병

해설 **참나무 시들음병의 방제**
　　침입공에 메프유제, 파프유제 500배액을 주입하고, 피해목을 벌채하여 1m 길이로 잘라 쌓은 후 메탐소디움
　　1m³당 1L 살포비닐을 씌워 밀봉하고 훈증처리하여 매개충을 살충한다.

09 1년에 1회 발생하며, 5령충으로 월동하는 것은? [2011.2/2008.3/2005.4]

① 솔나방
② 흰불나방
③ 매미나방
④ 어스렝이나방

해설 솔나방은 1년에 1회 발생하며, 5령충은 지피물이나 나무껍질 사이에서 월동하고, 4월부터 활동하여 솔잎을 먹는다.

유사문제

솔나방은 유충의 몇 영충(齡蟲)으로 월동하는가? [2009.7/2007.9/2002.4]

① 1령충 ② 3령충
③ 5령충 ④ 8령충

해설 솔나방은 1년에 1회 발생하며, 5령충으로 월동한다. 답 ③

10 해충의 월동 상태를 표시한 것 중 옳지 않은 것은? [2009.1]

① 천막벌레나방 – 알
② 어스렝이나방 – 번데기
③ 매미나방 – 알
④ 미국흰불나방 – 번데기

해설 ② 어스렝이나방은 알로 월동한다.

유사문제

해충의 월동 상태가 옳지 않은 것은? [2015.1/2014.1]

① 대벌레 – 성충
② 천막벌레나방 – 알
③ 어스렝이나방 – 알
④ 참나무재주나방 – 번데기

해설 ① 대벌레는 알로 월동한다. 답 ①

11 비행하는 곤충을 채집하기 위해 사용하는 트랩으로 옳지 않은 것은? [2014.4]

① 유아등
② 수반트랩
③ 미끼트랩
④ 끈끈이트랩

해설 ③ 미끼트랩 : 당분과 같은 미끼를 이용하여 채집하는 방법으로 서식곤충의 채집 방법에 속한다.

12 다음 해충 방제법으로 방제가 가능한 해충은? [2010.1]

- 디플루벤주론 액상수화제(14%)를 4,000배액으로 수관에 살포한다.
- 수피 사이, 판자 틈, 지피물 밑, 잡초의 뿌리 근처, 나무의 빈 공간에서 형성한 고치를 수시로 채집하여 소각한다.
- 알덩어리가 붙어 있는 잎을 채취하여 소각하며, 잎을 가해하고 있는 군서유충을 소살한다.
- 성충은 유아등이나, 흡입포충기를 설치하여 유인·포살한다.

① 죽순나방
② 집시나방
③ 텐트나방
④ 미국흰불나방

해설 **미국흰불나방 방제 방법**
- 약제 살포 : 5월 하순~10월 상순까지 잎을 가해하고 있는 유충을 약제 살포하여 구제한다. 디플루벤주론 액상수화제(14%)를 4,000배액으로 수관에 살포한다.
- 천적(핵다각체병바이러스) 살포 : 유령 유충가해기인 1화기 6월 중·하순, 2화기 8월 중·하순에 1ha당 450g의 병원균을 1,000배액으로 희석하여 수관에 살포한다.
- 번데기 채취 : 나무껍질 사이, 판자 틈, 지피물 밑, 잡초의 뿌리 근처, 나무의 공동에서 고치를 짓고 그 속에 들어 있는 번데기를 연중 채취한다. 특히 10월 중순부터 11월 하순까지, 익년 3월 상순부터 4월 하순까지 월동하고 있는 번데기를 채취하면 밀도를 감소시키므로 방제에 효과적이다.
- 알덩이 제거 : 5월 상순~8월 중순에 알덩이가 붙어 있는 잎을 따서 소각한다.
- 군서유충 포살 : 5월 하순~10월 상순까지 잎을 가해하고 있는 군서유충을 포살한다.
- 성충 유살 : 5월 중순부터 9월 중순의 성충활동시기에 피해임지 또는 그 주변에 유아등이나 흡입포충기를 설치하여 성충을 유살한다.

13 다음 중 솔나방의 방제 방법으로 틀린 것은? [2013.7/2009.1]

① 4월 중순~6월 중순과 9월 상순~10월 하순에 유충이 솔잎을 가해할 때 약제를 살포한다.
② 6월 하순부터 7월 중순까지 고치 속의 번데기를 집게로 따서 소각한다.
③ 솔나방의 기생성 천적이 발생할 수 있도록 가급적 단순림을 조성한다.
④ 볏짚, 가마니 또는 거적으로 잠복소를 설치한다.

해설 송충이가 먹을 수 있는 소나무 종류만으로 된 단순림의 조성을 피하고 송충이가 먹을 수 없는 활엽수종과 섞어 심는다.

14 사과나무 및 배나무 등의 잎을 가해하고 성충의 날개가루나 유충의 털이 사람의 피부에 묻으면 심한 통증과 피부염을 유발하는 해충은? [2014.1]

① 독나방
② 박쥐나방
③ 미국흰불나방
④ 어스렝이나방

해설 독나방[*Euproctis flava*(Bremer)]
- 나비목 독나방과
- 가해수종 : 사과나무, 배나무, 복숭아나무, 참나무, 감나무
- 피해 : 잎을 가해할 뿐만 아니라, 사람의 피부에 날개가루나 유충의 털이 붙으면 통증을 일으켜 여름철에 문제가 된다.

15 다음 중 잎을 가해하지 않는 해충은? [2013.7/2010.3/2008.10]

① 솔나방
② 오리나무잎벌레
③ 흰불나방
④ 소나무좀

해설 소나무좀은 소나무의 분열조직을 가해하는 해충이다.

16 번데기(5월 중순~6월 상순에 제1화기)의 형태로 나무껍질 사이나 돌 밑, 그 밖의 지피물 밑에서 고치를 짓고 월동을 하는 것으로 약 600~700개씩 산란하며, 수명이 4~5일인 것은? [2008.10]

① 솔나방
② 흰불나방
③ 매미나방
④ 텐트나방

해설 흰불나방의 제1회 성충은 5월 중·하순~6월에 나타나며 제2회 성충은 7~8월에 발생한다.

17 '송충이'라고도 불리며 5령 유충으로 월동을 하여 이듬해 4월경부터 잎을 갉아먹는 해충은? [2010.3/2008.10/2003.10]

① 솔잎혹파리
② 솔껍질깍지벌레
③ 솔나방
④ 소나무좀

해설 솔나방(*Dendrolimus spectabilis*)의 애벌레를 송충이라고 하는데, 유충은 4월 상순~7월 상순에 소나무의 잎을 갉아먹는 해충이다.

18 소나무와 곰솔의 새잎에 벌레혹(충영)을 만들어 피해를 주는 해충은? [2010.3/2008.3/2005.10/2003.10]

① 소나무좀
② 솔잎혹파리
③ 솔나방
④ 소나무재선충

> **해설** 유충이 6월 하순~10월 하순까지 솔잎 밑 부분에 벌레혹(충영)을 만들고 그 속에서 즙액을 빨아먹으므로 피해를 받은 잎은 생장이 중지되고 그 해에 변색되어 낙엽이 된다.

19 주로 쇠약한 나무나 벌채한 나무에 기생하는 특성이 있어 먹이나무를 설치하여 유인·포살할 수 있는 해충은? [2008.3]

① 소나무좀
② 포도유리나방
③ 오나무잎벌레
④ 매미나방

> **해설** 소나무좀은 소나무, 해송, 잣나무 등의 벌목, 고사목에 기생하므로 2~3월에 먹이나무를 설치하여 월동 성충을 여기에 산란시킨 후 5월에 먹이 나무를 박피하여 소각한다.

20 유충은 잎살만 먹고 잎맥을 남겨 잎이 그물모양이 되며, 성충은 주맥만 남기고 잎을 갉아먹는 해충은? [2011.7/2008.2]

① 삼나무독나방
② 버들재주나방
③ 오리나무잎벌레
④ 미류재주나방

> **해설** **오리나무잎벌레**
> 연 1회 발생하며, 성충으로 지피물 밑 또는 흙속에서 월동한다. 월동한 성충은 4월 하순부터 나와 새잎을 엽맥만 남기고 엽육을 먹으며 생활하다가 5월 중순~6월 하순에 300여 개의 알을 잎 뒷면에 50~60개씩 무더기로 산란한다. 15일 후에 부화한 유충은 잎 뒷면에서 머리를 나란히 하고 엽육을 먹으면서 성장하다가 나무 전체로 분산하여 식해하는데, 유충의 가해기간은 5월 하순~8월 상순이고 유충기간은 20일 내외이다.

18 ② 19 ① 20 ③ **정답**

21 다음 중 조림지에서 각종 초본식물의 하예(下刈)작업을 철저히 함으로써 가장 방제 효과가 큰 해충은?

[2008.2/2004.4]

① 소나무좀   ② 박쥐나방

③ 오리나무좀   ④ 버들바구미

> **해설** 박쥐나방은 연 1회 발생하며, 알로 월동한다. 부화 유충은 초본식물의 줄기에 구멍을 뚫고 가해하므로 하예(밑깎기)작업을 철저히 하여 초본류에 기생하는 유충을 제거한다.

22 다음 중 솔잎혹파리의 우화 최성기로 가장 적합한 것은?

[2012.4/2008.2]

① 4월 상순경   ② 6월 상순경

③ 9월 하순경   ④ 10월 상순경

> **해설** ② 성충은 보통 5월 중순에서 7월 초순에 발생하며, 그 중에서도 6월 중순에 가장 많이 발생한다.

23 피해를 받은 소나무 잎은 7월 상순경부터 생장이 정지되어 길이가 정상적인 길이의 1/2 가량이 되고 이와 같은 잎은 겨울 동안에 말라죽게 된다. 어떤 병해충의 피해인가?

[2007.9]

① 솔나방의 피해

② 솔잎혹파리의 피해

③ 소나무좀의 피해

④ 소나무 잎떨림병(엽진병)의 피해

> **해설** 솔잎혹파리는 유충시기에 솔잎 밑부분에 벌레혹(충영)을 만들고 그 속에서 수액을 빨아먹어 기생당한 솔잎을 말라죽게 한다.

24 다음 중 활엽수의 잎을 가해하는 흰불나방에 대한 설명으로 틀린 것은?

[2007.9]

① 보통 1년에 2회 발생한다.

② 잎 뒤에 600~700개의 알을 낳는다.

③ 알에서 깬 1령기 애벌레부터 분산하여 잎을 먹는다.

④ 용화 장소는 수피·지피물 밑 등이며, 번데기로 월동한다.

> **해설** ③ 5령기 애벌레부터 흩어져서 엽맥만 남기고 7월 중순~하순까지 잎을 가해한다.

25 유충이 4령기까지는 잎 뒤에 실을 토하여 만든 집 속에 떼지어 살지만 5령기부터 흩어져서 엽맥만 남기고 7월 중·하순까지 가해하며 생활하는 해충은? [2012.4]

① 독나방 ② 솔수염하늘소
③ 버들재주나방 ④ 미국흰불나방

해설 5월 하순부터 부화한 미국흰불나방 유충은 4령기까지 실을 토하여 잎을 싸고 그 속에서 군서생활을 하면서 엽육만을 식해하고 5령기부터 흩어져서 엽맥만 남기고 7월 중~하순까지 가해한다.

26 버즘나무, 벚나무, 포플러류 가로수를 주로 가해하는 미국흰불나방의 월동 형태는? [2014.4]

① 알 ② 유충
③ 성충 ④ 번데기

해설 미국흰불나방 : 1년에 보통 2회 발생(3회도 가능)하며 나무껍질 사이나 지피물 밑 등에서 고치를 짓고 그 속에서 번데기로 월동한다.

27 유아등으로 등화유살할 수 있는 해충은? [2012.2/2007.4]

① 오리나무잎벌레 ② 솔잎혹파리
③ 밤나무순혹벌 ④ 어스렝이나방

해설 등화유살 : 곤충의 주광성을 이용하여 곤충이 유아등에 모이게 하여 죽이는 방법으로, 9~10월에 어스렝이 나방에게 사용할 수 있다.

28 오리나무잎벌레는 어떤 상태로 월동을 하는가? [2007.4]

① 유충 ② 성충
③ 알 ④ 번데기

해설 오리나무잎벌레는 성충으로 낙엽 속이나 흙 속에서 겨울을 지낸다. 월동한 성충은 5월 중순부터 잎 뒷면에 50~60개씩 덩어리로 300여 개의 노란색 알을 산란한다.

29 다음 중 밤나무순혹벌을 방제하는 방법으로 가장 근본적인 것은? [2005.4]

① 저항성 품종재배
② 살충제 살포
③ 피해가지 제거
④ 천적벌 보호

해설 ① 내충성 품종으로 갱신하는 것이 가장 근본적인 방법이다.

30 밤나무혹벌의 생태와 방제에 대한 설명으로 옳은 것은? [2010.7]

① 땅속에서 번데기로 월동한다.
② 방사에 의한 천적으로는 방제효과가 없다.
③ 성충은 9월 하순~10월 하순에 우화한다.
④ 내충성 밤나무 품종으로 갱신하는 것이 방제에 효과적이다.

해설 ④ 내충성 품종인 산목률, 순역, 옥광률, 상림 등 토착종이나 유마, 이취, 삼조생, 이평 등 도입종으로 품종을 갱신하는 것이 가장 효과적이다.

31 다음 괄호 안에 적합한 내용은? [2004.10]

> 해충을 방제하기 위하여 수목에 잠복소를 설치하였다가 해충이 활동하기 전에 모아서 소각하는 방법을 (   )라고 한다.

① 생물적 방제
② 육림학적 방제
③ 화학적 방제
④ 기계적 방제

해설 기계적 방제법은 간단한 기구 또는 손으로 해충을 잡는 방법으로 포살, 유살, 차단 등이 있다.

32 해충저항성이 발생하지 않고 해충을 선별적으로 방제할 수 있는 방법은? [2014.1]

① 생물적 방제법
② 물리적 방제법
③ 임업적 방제법
④ 기계적 방제법

해설 생물적 방제법은 해충 개체군의 밀도를 생물에 의하여 억제하는 방법으로 기주 특이성이 커서 대상 해충만 선별적으로 방제할 수 있어 해충저항성이 발생하지 않는다.

33 다음 중 먹이나무를 설치하여 유인·포살할 수 있는 해충은? [2004.4]

① 소나무좀 　　　　　　　　② 포도유리나방
③ 오리나무잎벌레 　　　　　④ 집시나방

해설 　수세가 약한 나무를 제거하거나 먹이나무를 배치하여 소나무좀을 모은 다음 소각한다.

34 다음 중 진딧물을 포식하는 천적 곤충으로 가장 유명한 것은? [2003.10]

① 무당벌레 　　　　　　　　② 개미
③ 거미 　　　　　　　　　　④ 응애

해설 　① 몸길이는 약 7mm로 반구형이고 몸색은 노란색에서 검은색까지 매우 다양하며 광택이 난다. 산의 진딧물이
　　　있는 곳에 서식하며 진딧물을 잡아먹는 천적 곤충이다.

35 다음 중 솔나방의 월동형태와 월동장소를 바르게 짝지은 것은? [2011.4/2003.3]

① 알 – 낙엽 밑
② 유충 – 솔잎
③ 유충 – 낙엽 밑
④ 번데기 – 나무껍질

해설 　부화유충은 4회 탈피 후 5령충으로 지피물이나 나무껍질 속에서 월동한다.

36 다음 중 솔노랑잎벌의 가해형태를 바르게 설명한 것은? [2011.4/2003.3]

① 봄에 부화한 유충이 새로 나온 잎을 갉아먹는다.
② 새순의 줄기에서 수액을 빨아먹는다.
③ 솔잎의 기부를 잘라서 먹는다.
④ 전년도 잎을 끝에서부터 기부를 향하여 가해한다.

해설 　암컷 성충이 전년도 10~11월에 4~5일을 살면서 솔잎에 8개 정도의 알을 낳는데, 그 알들은 다음해 4~5월에
　　　부화하여 묵은 잎을 갉아먹기 시작한다.

33 ① 　34 ① 　35 ③ 　36 ④ 　정답

37 혹파리먹좀벌, 혹파리살이먹좀벌은 다음 중 어느 해충의 기생봉인가? [2003.3]

① 밤나무혹벌 ② 솔잎혹파리
③ 솔노랑잎벌 ④ 어스렝이나방

해설 솔잎혹파리에 기생하는 천적으로 솔잎혹파리먹좀벌(*Inostemma seoulis*), 혹파리살이먹좀벌(*Platygaster matsutama*), 혹파리등뿔먹좀벌(*Inostemma hockpari*), 혹파리반뿔먹좀벌(*Inostemma matsutama*)이 있다.

38 산림해충이 여름철의 밤에 불빛을 보면 모여드는 성질을 이용하여 방제하는 방법은? [2012.7]

① 차단법 ② 식이유살법
③ 잠복소유살법 ④ 등화유살법

해설 **등화유살법** : 곤충의 추광성(趨光性)을 이용하는 것으로 광원으로는 아세틸렌등, 전등 등을 이용한다.

39 등화유살로 가장 많이 구제할 수 있는 해충은? [2003.3]

① 거세미, 진딧물류
② 소나무좀, 바구미
③ 어스렝이나방, 풍뎅이
④ 응애, 측백하늘소

해설 등화유살은 곤충의 추광성을 이용하는 것으로 수은등, 흑색등, 청색등 같은 300~400μm의 단파장 광선을 이용한 유아등이 많이 이용되고 있다. 추광성이 있는 나방류 성충유살에 많이 이용되고 있으나 암컷보다 수컷이 많이 유인되고 암컷도 산란을 거의 끝낸 것이 많이 유인되는 경향이 있다.

40 유충과 성충 모두가 나무의 잎을 가해하는 해충은? [2013.7/2012.2/2010.3/2002.7]

① 밤나무어스렝이나방
② 오리나무잎벌레
③ 참나무재주나방
④ 솔나방

해설 오리나무잎벌레는 성충과 유충이 동시에 잎을 식해하는데, 유충의 가해기간은 5월 하순~8월 상순경이다. 6월 중순에 사이스린액제, 디프수화제를 수관살포하면 성충과 유충을 동시에 방제할 수 있다.

41 다음의 설명은 어느 해충을 가리키는가? [2013.1/2001.7]

> 성충의 몸길이는 2mm 정도이고 몸색깔은 담황색이며 유충이 솔잎의 기부에서 즙액을 빨아먹어 피해가 3~4년 계속되면 나무가 말라죽는다. 솔나방과 반대로 울창하고 습기가 많은 삼림에 크게 발생한다. 1년에 1회 발생하며 유충으로 지피물 속의 흙속에서 월동한다.

① 솔잎혹파리　　　　　　　　② 소나무가루깍지벌레
③ 소나무좀　　　　　　　　　④ 솔잎깍지벌레

해설　**솔잎혹파리**
우리나라 소나무와 해송에 피해를 주는 대표적인 해충으로 유충이 솔잎 밑 부분에서 벌레혹(충영)을 형성하고 수액을 빨아먹음으로써 소나무 신초의 생장을 방해하며, 피해를 입은 잎은 변색되어 낙엽이 된다.

42 집시나방의 설명으로 옳은 것은? [2001.7]

① 침엽수, 활엽수를 가리지 않는 잡식성이다.
② 연간 2회 발생하며 유충으로 월동한다.
③ 알은 낙엽이나 돌 밑 등에 무더기로 낳는다.
④ 천적으로는 꾀꼬리가 있다.

해설　② 연간 1회 발생하며 알로 월동한다.
③ 알은 나무줄기나 굵은 가지에 낳는다.
④ 천적으로는 기생벌레가 있다.

43 기생봉이나 포식곤충을 이용하여 해충을 방제하는 것을 무엇이라 하는가? [2011.7]

① 기계적 방제법　　　　　　　② 물리적 방제법
③ 임업적 방제법　　　　　　　④ 생물적 방제법

해설　병원체에 대한 길항미생물의 도입은 좁은 의미의 생물학적 방제법에 속한다.

44 솔잎혹파리의 월동 장소로 옳은 것은? [2011.2]

① 나무껍질 사이　　　　　　　② 땅속
③ 솔잎 사이　　　　　　　　　④ 나무 속

해설　솔잎혹파리의 유충은 9월 하순부터 다음해 1월(최성기 11월 중순)에 충영(벌레혹)에서 탈출하여 땅속에 들어가 지피물 밑 또는 흙 속으로 들어가 월동한다.

45 유충으로 월동하는 해충끼리 짝지어진 것은?　[2011.2]

① 참나무재주나방 – 잣나무넓적잎벌
② 미국흰불나방 – 누런솔잎벌
③ 매미나방 – 어스렝이나방
④ 독나방 – 버들재주나방

해설 ① 참나무재주나방(번데기) : 잣나무넓적잎벌(유충)
② 미국흰불나방(번데기) : 누런솔잎벌(번데기)
③ 매미나방(알) : 어스렝이나방(알)

46 다음 [보기]에 해당하는 것은?　[2011.2]

┌ 보기 ┐

부화유충은 소나무와 해송의 잎집이 쌓인 침엽 기부에 충영을 형성하고 그 안에서 흡즙함으로써
피해를 입은 침엽은 생장이 저해되어 조기에 변색, 고사할 뿐만 아니라 피해를 입은 입목은 침엽의
감소에 의하여 생장이 감퇴한다.

① 솔나방　　　　　　　　　　　② 솔잎혹파리
③ 소나무좀　　　　　　　　　　④ 솔노랑잎벌

해설 솔잎혹파리 유충은 6월 하순~10월 하순까지 소나무와 곰솔(해송)의 새 잎에 벌레혹(충영)을 만들고 그 속에서
즙액을 빨아먹으므로 피해를 받은 잎은 생장이 중지되고 그 해에 변색되어 낙엽이 된다.

47 대벌레의 연 발생세대수는?　[2011.7]

① 1세대　　　　　　　　　　　② 2세대
③ 3세대　　　　　　　　　　　④ 4세대

해설 대벌레는 연 1회 발생하며 7월부터 늦가을까지 산란한다.

48 어스렝이나방의 설명이 옳지 않은 것은?　[2011.7]

① 밤나무, 버즘나무 등의 잎을 먹는다.
② 날개 편 길이는 105~135mm, 몸길이는 45mm 정도이다.
③ 성충으로 월동한다.
④ 천적인 어스렝이알좀벌을 이용하여 방제한다.

해설 어스렝이나방이나 매미나방은 알의 형태로 월동한다.

49 임내(林內) 습도가 높은 곳에서 왕성한 활동을 보이는 해충은? [2011.7]

① 솔나방 ② 명나방
③ 응애 ④ 솔잎혹파리

해설 솔잎혹파리 유충은 6월 하순~10월 하순까지 소나무와 곰솔(해송)의 새 잎에 벌레혹(충영)을 만들고 그 속에서 즙액을 빨아먹으므로 피해를 받은 잎은 생장이 중지되고 그 해에 변색되어 낙엽이 된다.

50 유아등(誘蛾燈)을 이용한 솔나방의 구제 적기는? [2011.2]

① 3월 하순~4월 중순
② 5월 하순~6월 중순
③ 7월 하순~8월 중순
④ 9월 하순~10월 중순

해설 곤충의 주광성을 이용하여 유아등에 모이게 하여 죽이는 방법이 널리 이용된다. 솔나방의 경우는 성충이 왕성한 7월 하순~8월 중순이 적기이다.

51 다음 중 미국흰불나방이나 텐트나방의 유령기 유충을 구제하는 방법으로 가장 좋은 것은? [2011.7]

① 솜방망이로 태우는 소살법이 좋다.
② 나무 줄기에 끈끈이를 바르는 차단법이 좋다.
③ 먹이로 유인하여 잡는 먹이유살법이 좋다.
④ 묘포에서는 밭을 갈아주는 경운법을 쓰는 것이 좋다.

해설 **미국흰불나방 방제 방법**
• 약제살포 : 5월 하순~10월 상순까지 잎을 가해하고 있는 유충을 약제 살포하여 구제한다.
• 천적(핵다각체병바이러스) 살포 : 유령 유충가해기인 1화기 6월 중·하순, 2화기 8월 중·하순에 1ha당 450g의 병원균을 1,000배액으로 희석하여 수관에 살포한다.
• 번데기 채취 : 나무껍질 사이, 판자 틈, 지피물 밑, 잡초의 뿌리 근처, 나무의 공동에서 고치를 짓고 그 속에 들어 있는 번데기를 연중 채취한다. 특히 10월 중순부터 11월 하순까지, 익년 3월 상순부터 4월 하순까지 월동하고 있는 번데기를 채취하면 밀도를 감소시키므로 방제에 효과적이다.
• 알덩이 제거 : 5월 상순~8월 중순에 알덩이가 붙어 있는 잎을 따서 소각한다.
• 군서유충 포살 : 5월 하순~10월 상순까지 잎을 가해하고 있는 군서유충을 포살한다.
• 성충 유살 : 5월 중순부터 9월 중순의 성충활동시기에 피해임지 또는 그 주변에 유아등이나 흡입포충기를 설치하여 성충을 유살한다.

52 하늘소의 피해를 방제하기 위하여 철사로 찔러 죽이는 방법은 무슨 방제법에 속하는가? [2011.7]

① 생물적 방제법
② 화학적 방제법
③ 임업적 방제법
④ 기계적 방제법

해설 기계적 방제법은 간단한 기구 또는 손으로 해충을 잡는 방법으로 포살, 유살, 차단 등이 있다.

53 다음 중 대기오염의 임업적 방제법이 아닌 것은? [2002.4]

① 대기오염에 강한 수종으로 조림한다.
② 대면적의 개벌을 통하여 일시적인 조림을 한다.
③ 조림시에는 혼효림을 조성한다.
④ 내연성이 강하고 여러 번 이식을 한 대묘를 조림한다.

해설 ② 택벌림, 중림, 왜림으로 산림을 갱신한다.

54 해충의 직접적인 구제방법 중 기계적 방제법에 속하지 않는 것은? [2012.2]

① 포살법 ② 소살법
③ 유살법 ④ 냉각법

해설 기계적 방제법은 간단한 기구 또는 손으로 해충을 잡는 방법으로 포살, 유살, 차단 등이 있다.

55 성충의 몸길이는 7mm 내외이며 몸은 진한 남색이고, 알은 황색이며 타원형으로 장경이 1mm인 산림해충은? [2012.4]

① 오리나무잎벌레 ② 솔나방
③ 독나방 ④ 깍지벌레

해설 **오리나무잎벌레**
성충의 몸길이는 약 7mm이며 달걀 모양으로 광택있는 진한 남색을 띤다. 알은 타원형으로 장경이 약 1mm에 황색을 띠며, 유충은 약 10mm의 몸길이에 흑색을 띠고 검은 잔털이 드문드문 나 있다.

56 다음 ( ) 안에 적합한 내용은?

[2009.7]

> 해충을 방제하기 위하여 잠복에 적당한 장소를 인위적으로 준비해 두고 이곳으로 해충을 유인하여 방제하는 것을 ( )이라고 한다.

① 포살법
② 소살법
③ 경운법
④ 잠복장소유살법

해설　④ 곤충의 행동습성을 이용해 유인·포살하는 방법이다.
　　　① 직접 해충의 알이나 유충, 번데기 등을 손이나 간단한 기구를 써서 잡아 죽이는 방법이다.
　　　② 가해충을 태워 죽이는 방법이다.
　　　③ 땅을 갈아엎어 해충을 죽이는 방법이다.

57 훈증제에 대한 설명으로 틀린 것은?

[2009.7/2002.7]

① 질식사를 시키는 방법이므로 임내에서의 활용은 어렵다.
② 메틸브로마이드를 많이 사용한다.
③ 묘포장에서의 활용이 용이하다.
④ 약제는 액상으로 해충에 침투한다.

해설　④ 약제는 가스형태로 해충에 침투한다.

58 훈증제가 갖추어야 할 조건이 아닌 것은?

[2011.4/2008.10]

① 휘발성이 커서 일정한 시간 내에 살균 또는 살충할 수 있어야 한다.
② 인화성이 있어야 한다.
③ 침투성이 커야 한다.
④ 훈증할 목적물의 이화학적·생물학적 변화를 주어서는 안된다.

해설　훈증제의 조건 : 높은 증기압(High Vapor Pressure), 휘발성(Volatility), 확산성(Diffusion), 침투성(Penetration), 흡착성(Sorption), 저잔류성(Low Residue) 등

59 살충제의 부작용에 대한 설명 중 틀린 것은? [2012.2/2009.3]

① 천적류는 접촉제보다 소화중독제의 영향을 특히 많이 받는다.
② 살충제에 의한 영향은 새나 짐승과 같은 곤충의 분비물에서 양분을 섭취한다.
③ 같은 살충제를 오랫동안 사용하면 저항성 해충군이 출현한다.
④ 진딧물류나 응애류의 경우 살충제를 사용한 후 해충밀도가 급격히 증가할 수 있다.

해설 살충제 중 천적류에 가장 큰 영향을 미치는 종류는 접촉제이다.

60 다음의 산림해충 방제 방법 중 생물적 방제법에 속하지 않는 것은? [2009.3/2004.10/2002.4]

① 병원 미생물의 증식 이용
② 천적 곤충의 보호 이용
③ 식충 조류의 보호 이용
④ 혼효림 조성 및 내충성 수종 선정

해설 ④ 혼효림 조성 및 내충성 수종 선정은 임업적 방제법에 속한다.

61 농약의 효력을 높이기 위해 사용하는 다음 물질 중 농약에 섞어서 고착성, 확전성, 현수성을 높이기 위해 쓰이는 물질은? [2013.4/2009.3/2002.7]

① 훈증제   ② 불임제
③ 유인제   ④ 전착제

해설 전착제
농약 중 유화제·수화제·액제를 첨가하여 살포액의 물리성을 향상시키는 물질이다. 살포액을 대상으로 하는 작물이나 병해충의 표면에 균일하게 퍼지고(확전성) 잘 붙어(부착성) 풍우에도 유실하지 않는 성질(고착성)이나, 살포액에 침투성을 부가하여 약제를 작물의 조직 내에 침투시키는 성질(침투성)을 증강시킨다.

62 주제를 용액에 녹이고 거기에 유화제를 첨가하여 물과 섞이도록 한 약제는 무엇인가?

[2012.4/2010.7/2009.1]

① 용액   ② 유제
③ 수화제   ④ 분제

해설 유제(乳劑)
농약원제를 유기용매에 녹인 후 유화제를 혼합하여 액체 상태로 만든 것으로 한 가지 또는 몇 가지의 용매를 함유하고 있어 독특한 냄새가 난다.

63 살충제 중 유제(乳劑)에 대한 설명으로 옳지 않은 것은? [2014.1]

① 수화제에 비하여 살포용 약액조제가 편리하다.
② 포장, 우송, 보관이 용이하며 경비가 저렴하다.
③ 일반적으로 수화제나 다른 제형(劑型)보다 약효가 우수하다.
④ 살충제의 주제를 용제(溶劑)에 녹여 계면활성제를 유화제로 첨가하여 만든다.

> **해설** 유제
> • 물에 녹지 않는 농약의 주제를 용제에 용해시켜 계면활성제를 첨가한다.
> • 물과 혼합시 우유 모양의 유탁액이 된다.
> • 수화제보다 살포액의 조제가 편리하고 약효가 다소 높다.

64 농작물 또는 기타 저장물에 해충이 모이는 것을 막기 위해 쓰이는 약제는? [2010.7]

① 훈증제
② 훈연제
③ 기피제
④ 유인제

> **해설** ① 유효성분을 가스로 하여 해충을 방제하는 데 쓰이는 약제
> ② 유효성분을 연기의 상태로 하여 해충을 방제하는 데 쓰이는 약제
> ④ 해충을 유인해서 제거 및 포살하는 데 쓰이는 약제

65 다음 중 제초제의 작용기작이 아닌 것은? [2009.1/2007.9]

① 광합성의 저해
② 호르몬작용의 교란
③ 세포분열의 저해
④ 에너지생성 촉진

> **해설** 제초제의 작용기작
> • 옥신작용의 교란
> • 세포분열의 저해
> • 엽록소 형성 저해
> • 과산화물 생성형
> • 세포 괴사
> • 단백질의 합성 저해
> • 광합성의 저해
> • 광(光)활성형
> • 호흡 저해

63 ② 64 ③ 65 ④ **정답**

66 다음 (   ) 안에 들어갈 적당한 약제는?   [2011.7/2008.10]

(   )는 병원균의 포자가 기주인 식물에 부착하여 발아하는 것을 저지하거나 식물이 병원균에 대하여 저항성을 가지게 하는 약제를 의미한다.

① 직접살균제
② 보호살균제
③ 세포막 형성 저해제
④ 단백질 합성 저해제

해설   보호살균제는 병균이 식물체에 침투하는 것을 막아주는 약제로 석회보르도액, 수산화구리제 등이 있다.

유사문제

병원균의 포자가 기주인 식물에 부착하여 발아하는 것을 저지하거나 식물이 병원균에 대하여 저항성을 가지게 하는 약제는?   [2014.4/2005.10]

① 보호살균제
② 침투성 살충제
③ 세포막 형성 저해제
④ 단백질 형성 저해제

해설   **보호살균제**
병원균의 포자가 발아하여 식물체 내에 침입하는 것을 방지하기 위하여 사용하는 약제로서 병이 발생하기 전에 예방목적으로 사용한다. 예 석회보르도액, 수산화구리제 등

답 ①

---

67 농약의 약제 살포에 대한 설명으로 옳지 않은 것은?   [2010.1]

① 날씨는 구름이 끼고 바람이 적을 때가 좋다.
② 바람을 등지고 살포한다.
③ 균일하게 살포하고 얼룩이 생기지 않도록 한다.
④ 논풀의 제초제는 물대기의 조건에 따라 효과가 다르므로 사용 방법에 맞추어 살포한다.

해설   농약 살포작업은 뜨거운 한낮을 피해 아침, 저녁 서늘하고 바람이 적을 때를 택하여 바람을 등지고 해야 한다.

68 주로 유효성분을 연기의 상태로 해서 해충을 방제하는 데 쓰이는 약제는? [2010.1]

① 훈증제 ② 훈연제
③ 유인제 ④ 기피제

해설 ① 훈증제 : 약제가 기체로 되어 해충의 기문을 통하여 체내에 들어가 질식(窒息)을 일으키는 것
③ 유인제 : 해충을 유인해서 포살하는 데 사용되는 약제
④ 기피제 : 해충이 작물에 접근하는 것을 방해하는 물질

69 다음 중 살충제의 종류와 설명이 바르게 연결되지 않은 것은? [2005.10]

① 소화중독제 – 해충의 입을 통하여 소화관 내에 들어가 중독 작용을 일으킨다.
② 접촉제 – 해충의 체표면에 직·간접적으로 닿아 약제가 기문의 피부를 통하여 몸속으로 들어가
신경계통, 세포조직에 독작용을 일으킨다.
③ 훈증제 – 약제가 기체로 되어 해충의 기문을 통하여 체내에 들어가 질식을 일으킨다.
④ 침투성 살충제 – 약제가 해충의 피부를 통하여 직접적으로 침투하여 체내에서 독작용을 일으
킨다.

해설 **침투성 살충제**
살포한 약제가 잎, 줄기, 뿌리의 한 부분으로부터 침투되어 식물 전체에 퍼지게 하여 살충효과를 나타나게
한다.

70 다음 중 응애류에 대해서만 선택적으로 효과가 있는 약제는? [2012.7/2011.2/2008.3/2003.3]

① 살균제 ② 살충제
③ 살비제 ④ 살서제

해설 살비제는 주로 식물에 붙는 응애류를 죽이는 데 사용되며 켈센 등이 대표적인 약제이다.

유사문제

다음 중 살비제가 적용되는 해충은? [2003.10]

① 깍지벌레류
② 응애류
③ 방패벌레류
④ 솔잎혹파리의 유충

답 ②

---

71 살충제의 사용 형태에 대한 설명으로 틀린 것은? [2005.4/2008.3]

① 분제 살포는 물이 없는 곳에서도 사용할 수 있어 편리하나 약제의 가격이 비싼 편이며, 액제에 비하여 고착성이 떨어진다.

② 입제는 구형·원통형 또는 불규칙형 등이 있으며, 입제의 살포는 살립기를 사용하거나 고무장갑을 끼고 뿌릴 수 있어 편리하다.

③ 훈증제는 휘발성이 강한 물질로 독가스를 내게 하는 것으로, 보통 밀폐가 가능한 곳에서 사용한다.

④ 연무제 살포는 살포액 입자를 연무질로 하여 살포하는 것으로, 미립자가 오랫동안 공중에 떠 있을 수 있도록 바람이 부는 오후에 사용하는 것이 효과적이다.

> **해설** ④ 바람이 많이 부는 날에는 살포약액이 바람에 날려 인근에 피해를 줄 수 있으므로 사용을 피해야 한다.

72 다음 중 훈증처리 방법에 대한 설명으로 틀린 것은? [2008.2]

① 토양 속에 약제를 주입하는 방법도 있다.

② 임분 내 활용이 매우 용이하다.

③ 밀폐할 수 있는 곳에 주로 적용한다.

④ 휘발성이 강한 약제를 사용한다.

> **해설** 훈증제 사용 시 유의사항
> • 가스의 유실을 막기 위하여 기밀실이나 천막에서 사용한다.
> • 토양에서는 주입한 후 흙으로 덮거나 비닐 시트로 덮는다.
> • 사람에 해가 있을 수 있기 때문에 사용 시 안전에 유의해야 한다.
> • 특히 눈·코·입·피부 등과의 접촉을 피해야 한다.

73 다음 중 보르도액을 만드는 데 사용되는 약품들은? [2007.4]

① 황산구리와 석회질소

② 황산구리와 생석회

③ 황산구리와 유황합제

④ 황산구리와 탄산소다

> **해설** 보르도액의 원료로 사용되는 황산구리($CuSO_4 \cdot 5H_2O$)는 98.5% 이상의 순도(純度)를 지닌 것이어야 하며, 생석회(CaO)는 90% 이상의 순도를 지닌 것을 사용해야 한다.

74 다음 중 보르도액의 조제 절차가 틀린 것은? [2012.2]

① 원료로 사용되는 황산구리는 순도 98.5% 이상, 생석회는 순도 90% 이상을 사용하여야 좋은 보르도액을 만들 수 있다.
② 보르도액의 조제 시 황산구리는 양철통을 사용한다.
③ 필요한 물의 80~90%의 물에 황산구리를 녹여 묽은 황산구리액을 만든다.
④ 생석회는 소량의 물로 소화(消和)시킨 다음 필요한 물의 10~20%의 물에 넣어 석회유를 만든다.

> **해설**　② 보르도액 조제 시에는 금속제가 아닌 용기를 사용해야 한다. 철 등 금속제품은 황산구리와 복분해를 일으켜 약해의 원인이 된다.

75 만코지 수화제를 500배로 희석하여 ha당 1,000L를 살포하려면 소요되는 약량은? [2001.7]

① 2,000cc　　　　　　　　　　② 3,000cc
③ 1,000cc　　　　　　　　　　④ 4,000cc

> **해설**　소요약량 = 단위면적당 사용량/소요희석배수
> $= (1,000 \times 10^3)/500 = 2,000cc$

76 농약에서 보조제를 쓰는 목적과 거리가 먼 것은? [2010.3]

① 협력제는 유효성분의 효력을 증진시킨다.
② 전착제는 주제(主劑)의 전착력(展着力)을 좋게 한다.
③ 계면활성제는 유제의 유화성을 높이는 데 쓰인다.
④ 증량제는 분제에 있어서 유효성분의 농도를 높이기 위해 쓴다.

> **해설**　④ 증량제는 주성분의 농도를 낮추고 부피는 증가하여 식물체 또는 병해충의 표면에 균일하게 부착되도록 돕는다.

유사문제

다음 중에서 농약 주성분의 농도를 낮추기 위하여 사용하는 보조제는? [2014.1/2005.4]

① 전착제　　　　　　　　　　② 유화제
③ 증량제　　　　　　　　　　④ 용제

> **해설**　증량제(diluent, carrier)
> 주성분의 농도를 낮추고 부피는 증가하여 식물체 또는 병해충의 표면에 균일하게 부착되도록 돕는다.
>
> **답** ③

77 유제(乳劑)는 약제를 용제(溶劑)에 녹여 계면활성제를 유화제로 첨가하여 만든 농약이다. 다음 중 유제의 장점이 아닌 것은? [2004.10]

① 포장·우송·보관이 쉽고, 비용이 싸다.
② 수화제에 비하여 약액조제가 편리하다.
③ 다른 제형(劑型)보다 약효가 우수하다.
④ 야채류에는 수화제에 비하여 오염이 적다.

> **해설** ① 유제는 부착성, 확산성, 침투성 등을 높여주나 다른 제제에 비해 고가이다.

78 살균제로서 광범위하게 사용되고 있는 보르도액에 대한 설명 중 맞는 것은? [2004.4]

① 보호살균제이며 소나무 묘목의 잎마름병, 활엽수의 반점병, 잿빛곰팡이병 등에 효과가 우수하다.
② 직접살균제이며 흰가루병, 토양전염성 병에 효과가 좋다.
③ 치료제로서 대추나무, 오동나무의 빗자루병에도 효과가 우수하다.
④ 보르도액의 조제에 필요한 것은 황산구리과 생석회이며, 조제에 필요한 생석회의 양은 황산구리의 2배이다.

> **해설** 보르도액은 효력의 지속성이 큰 보호살균제로서 비교적 광범위한 병원균에 대하여 유효하다. 흔히 황산구리 450g보다 적은 양의 생석회로 만든 것을 소석회보르도액, 같은 양씩 가지고 만든 것을 보통석회보르도액, 황산구리보다 많은 양의 생석회로 만든 것을 과석회보르도액이라고 한다.

79 다음 중 농약 사용할 때 일반적인 주의사항과 거리가 먼 것은? [2003.10]

① 사용하는 물은 깨끗한 우물물이나 수돗물을 사용한다.
② 유제(乳劑)와 수화제(水和劑)는 가능한 혼합하여 사용한다.
③ 바람을 등지고 뿌린다.
④ 한 사람이 2시간 이상 뿌리지 않도록 한다.

> **해설** 유제와 수화제를 고농도로 혼합하면 수화제의 현수성이 약화될 수도 있다.

80 다음 살충제 중 가장 친환경적인 농약은? [2002.4]

① BT 수화제
② 디프 수화제
③ 베스트 수화제
④ 메프 수화제

> **해설** BT 수화제는 나방류 해충을 방제할 때 사용하는 농약으로서 농촌진흥청에서 친환경유기농자재로 등록된 친환경 제제이다.

81 묘포장에서 보르도액을 좋은 질의 재료를 사용하여 만들어 살포하였는데 분무기의 노즐 구멍이 자꾸 메워졌다고 한다. 이러한 현상이 발생하는 이유는 무엇인가? [2001.7]

① 만들 때 사용한 그릇이 철제(鐵製)였다.
② 황산구리 수용액을 석회유 쪽에 부어서 만들었다.
③ 석회유를 황산구리 수용액에 부어서 만들었다.
④ 만들 때 사용한 그릇이 목제통(木製桶)이었다.

> **해설** **보르도액의 조제**
> 먼저 금속제가 아닌 통 두 개를 준비하고, 한 통에는 황산구리를 넣어 전 소요량의 80~90%의 물에 녹여서 묽은 황산구리액을 만들고, 또 한 개의 통에는 생석회를 넣어 소량의 물로 소화(Slaking)시킨 다음, 나머지 10~20%의 물에 넣어 석회유(石灰乳)를 만든다. 그리고 완전히 냉각된 석회유를 잘 저으면서 여기에 황산구리 용액을 조금씩 넣어 주면 보르도액이 된다. 반드시 석회유에 황산구리 용액을 첨가하여야 하며 약액은 저온에서 반응시켜야 한다. 만약 황산구리용액에 석회유를 첨가하거나 약액을 따뜻한 상태에서 반응시키면 산성액으로 되므로 보르도액의 입자가 크게 되어 현수성이 불량하여 사용할 수 없게 된다. 철 등 금속제품은 황산구리와 복분해를 일으켜 약해의 원인이 된다.

82 살충기작에 의한 살충제의 분류 방법 중 나프탈렌, 크레오소트 등이 속하는 것은? [2013.4/2010.3]

① 소화중독제
② 기피제
③ 화학불임제
④ 침투성살충제

> **해설** **기피제** : 해충이 작물에 접근하는 것을 방해하는 물질(나프탈렌, 크레오소트 등)

83 산림해충의 방제 시 분제(紛劑) 살포에 대한 설명으로 틀린 것은? [2011.2]

① 인가 주변이나 큰 도로 가까이에 사용이 용이하다.

② 저녁 때는 상승기류가 없을 때 살포한다.

③ 단위 시간당 액제보다 넓은 면적을 살포할 수 있다.

④ 살포량은 줄기나 잎을 손으로 문질렀을 때 가루가 손에 묻을 정도이면 좋다.

해설 인가 주변에 분제 살포 시 인체에 해를 줄 수 있으므로 사용을 금해야 하며 바람이 많이 부는 날에도 살포약액이 날릴 수 있으므로 사용을 피해야 한다.

84 희석액 중의 약제 농도가 0.05%일 때 물 10L에 대한 약량은 몇 mL인가? [2011.7]

① 5mL   ② 10mL

③ 50mL   ④ 100mL

해설 물 1L에 약제의 농도가 0.05%이므로

$$\frac{x}{1,000\text{mL}} \times 100 = 0.05\%\text{이다.}$$

∴ $x = 0.5$mL(물 10L에 대한 약량은 5mL)

85 농약의 사용 목적 및 작용 특성에 따른 분류에서 보조제가 아닌 것은 어느 것인가? [2011.4]

① 전착제   ② 증량제

③ 용제   ④ 혼합제

해설 **보조제** : 약제의 효력을 충분히 발휘하도록 하기 위하여 첨가되는 보조물질을 말한다.
- 용제(solvent) : 주성분을 녹이기 위해 사용하는 용매이다.
- 증량제(diluent, carrier) : 주성분의 농도를 낮추고 부피는 증가하여 식물체 또는 병해충의 표면에 균일하게 부착되도록 돕는다.
- 유화제(emulsifier) : 유제(乳劑)의 유화성을 좋게 하기 위하여 사용하는 물질이다.
- 전착제(spreader) : 약제의 주성분이 식물체 또는 병해충의 표면에 잘 퍼지게 하거나 잘 부착되도록 돕는다..
- 협력제(synergist) : 유효성분의 생물활성을 증대시키기 위하여 사용한다.
- 약해경감제(herbicide safener) : 제초제는 식물체를 죽이는 약제이므로 작물에 어느 정도 약해를 보이기 때문에 이를 완화하기 위하여 사용한다.

86 다음 중 25%의 살균제 100cc를 0.05% 액으로 희석하는 데 소요되는 물의 양(cc)은?(단, 농약의 비중은 1이다) [2012.2]

① 39,900

② 49,900

③ 59,900

④ 69,900

해설 희석에 소요되는 물의 양 = 원액의 용량(cc) × (원액의 농도/희석하려는 농도 − 1) × 원액의 비중
∴ 100 × (25%/0.05% − 1) × 1 = 49,900

87 농약의 형태에 대한 영어표기 중 'EC'가 뜻하는 것은? [2012.2]

① 액제

② 유제

③ 수화제

④ 입제

해설 ① 액제 : SL
③ 수화제 : WP
④ 입제 : GR

01 다음 중 방화림(防火林) 조성용으로 가장 적합한 수종은? [2014.1]

① 편백 ② 삼나무
③ 소나무 ④ 가문비나무

해설 수목의 내화력

구분	강한 수종	약한 수종
침엽수	은행나무, 잎갈나무, 분비나무, 가문비나무, 개비자나무, 대왕송 등	소나무, 해송(곰솔), 삼나무, 편백 등
상록활엽수	아왜나무, 굴거리나무, 후피향나무, 붓순, 협죽도, 황벽나무, 동백나무, 비쭈기나무, 사철나무, 가시나무, 회양목 등	녹나무, 구실잣밤나무 등
낙엽활엽수	피나무, 고로쇠나무, 마가목, 고광나무, 가중나무, 네군도단풍나무, 난티나무, 참나무, 사시나무, 음나무, 수수꽃다리 등	아까시나무, 벚나무, 능수버들, 벽오동나무, 참죽나무, 조릿대 등

유사문제

다음 중 방화림(防火林) 조성용으로 가장 적합한 수종은? [2011.7/2009.7/2007.4]

① 소나무 ② 삼나무
③ 갈참나무 ④ 녹나무

해설 참나무류는 코르크층이 두꺼워 나무줄기에 불이 붙더라도 수피(껍질) 바로 안쪽에 있는 형성층이 다칠 우려가 상대적으로 적고, 맹아력이 대단히 강해서 화재 후에는 뿌리 부근에서 새순들이 맹렬한 기세로 뻗어 나와 새로운 숲을 형성하게 된다.

답 ③

---

02 대기 중 관계습도와 산불발생 위험도와의 관계 중 산불이 대단히 발생하기 쉽고 소방이 곤란한 습도는?

[2009.7]

① 60% 이상 ② 50~60%
③ 40~50% ④ 30% 이하

해설 ④ 산불이 매우 발생하기 쉽고 진화가 곤란함
① 산불이 거의 발생하지 않음
② 산불이 발생하나 연소 진행이 더딤
③ 산불이 발생하기 쉽고 연소 진행이 빠름

03 지표에 쌓여있는 낙엽, 지피물, 지상관목층, 갱신 치수 등이 불에 타는 화재는? [2009.3/2005.10]

① 지중화   ② 수간화

③ 수관화   ④ 지표화

> **해설** ④ 지표화는 지표에 있는 낙엽과 초류 등의 지피물과 지상관목, 어린나무 등이 불에 타는 것으로서 암석지나 초원 등지에 가장 흔히 일어나는 산불이다.
> ① 지중화는 이탄질이나 낙엽 등 유기물질이 타는 화재이다.
> ② 수간화는 나무의 줄기가 타는 불이며 지표화로부터 연소되는 경우가 많고 낙뢰로 발생한다.
> ③ 수관화는 대개의 경우 지표화 또는 수간화로부터 수관부에 불이 닿아 발전하는데, 한번 일어나면 화세도 강하고 진행속도가 빨라 끄기 어렵다.

04 다음 산림화재 중에서 가장 흔히 일어나는 산불은?   [2007.9/2002.4]

① 지중화   ② 지표화

③ 수관화   ④ 수간화

> **해설** 지표화는 지표에 있는 낙엽과 초류 등의 지피물과 지상관목, 어린나무 등이 불에 타는 것으로서 연소 속도는 4~7km/h 정도이며, 가장 흔히 일어나는 산불이다.

05 바람에 의하여 비화하는 현상은 어느 종류의 산불에서 가장 많이 발생하는가?   [2007.4]

① 수관화   ② 수간화

③ 지표화   ④ 지중화

> **해설** 수관화는 바람을 타고 바람이 부는 방향으로 'V'자형으로 연소 진행하게 되는데, 이때의 열기로 상승기류가 일어나게 되면 비화, 즉 불붙은 껍질(수피)·열매(구과) 등이 가깝게는 수십 미터, 멀게는 수 킬로미터까지 날아가 또 다른 산불을 야기한다.

06 최근에 산불이 발생하면 임내에 가연물이 많아 대형화되는 경우가 많다. 1990년대부터 2003년까지 조사된 산불 원인 중 산불발생 빈도가 가장 높은 것은?   [2013.4/2008.2]

① 어린이 불장난

② 성묘객의 실화

③ 입산자의 실화

④ 논·밭두렁 소각

> **해설** 산불 원인 중 입산자의 실화에 의한 것은 봄철의 경우 전체의 40~50%, 가을철에는 50~60%를 차지한다.
> ※ 산불 원인의 빈도 : 입산자의 실화 > 논·밭두렁 소각 > 담뱃불 실화 > 쓰레기 소각

07 경사가 급하고 구릉지가 많은 지형에서 연소방향 반대사면의 어느 곳이 불을 끌 수 있는 가장 좋은 장소인가? [2010.3]

① 8~9부 능선
② 5부 능선
③ 산복부 부근
④ 계곡 부근

해설 불길이 능선 넘어 8~9부 능선에 위치한 곳이 진화선 설치의 적정위치이다.

08 산불 발생의 설명으로 틀린 것은? [2008.3/2005.4]

① 활엽수보다 침엽수에서 산불이 일어나기 쉽다.
② 양수는 음수에 비하여 산불의 위험성이 높다.
③ 나이가 많은 큰 나무 숲이 어리고 작은 숲보다 산불의 위험도가 크다.
④ 3~5월의 건조 시에 산불이 가장 많이 일어난다.

해설 ③ 장령~성숙림은 잡초류가 감소하고 임내 습도도 높아 산불 위험성은 적다.

유사문제

산불이 발생하는 조건의 설명으로 틀린 것은? [2007.9/2005.10]

① 침엽수는 활엽수보다 산불이 일어나기 쉽다.
② 양수는 음수에 비해 산불이 일어나기 쉽다.
③ 나이가 많은 큰 나무가 될수록 산불이 일어나기 쉽다.
④ 단순림과 동령림이 혼효림 또는 이령림보다 산불이 일어나기 쉽다.

해설 20년생 이하의 유령림일수록 연소하기 쉬운 잡초류가 많기 때문에 산불이 일어나기 쉽다.

답 ③

---

09 산불에 관한 설명 중 틀린 것은? [2012.7/2002.7]

① 골짜기는 산줄기보다 피해가 적다.
② 교림은 왜림보다 피해가 적다.
③ 혼효림은 단순림보다 피해가 적다.
④ 동북면은 남서면보다 피해가 적다.

해설 ② 왜림은 대부분이 활엽수이므로 침엽수보다 피해가 적다.

10 다음 중 수관화 발생은 상대습도(관계습도)가 얼마일 때 가장 발생되기 쉬운가? [2013.1/2008.3]

① 25% 이하
② 30~40%
③ 50~60%
④ 60% 이상

해설 상대습도(관계습도)가 25% 이하이면 수관화(樹冠火 : 나무줄기가 연소하는 것)가 발생한다.

11 연해(煙害)의 방제 방법 중 임업적 방제에 관한 설명으로 틀린 것은? [2009.3]

① 연해가 예상되는 곳은 숲을 교림(喬林)으로 가꾼다.
② 갱신 시에는 대면적 개벌을 피한다.
③ 석회질 비료를 시비하여 토양관리에 힘쓴다.
④ 폭 100m 정도로 여러 층의 방비림을 조성한다.

해설 ① 연해가 예상되는 곳은 숲을 교림으로 하지 않고 중림 또는 왜림으로 가꾼다.

12 볕데기(皮燒)의 피해를 가장 덜 받는 수종은? [2009.1]

① 오동나무
② 후박나무
③ 굴참나무
④ 가문비나무

해설 일반적으로 코르크층의 발달이 불량한 오동나무, 후박나무, 가문비나무 등의 피해가 크다.

13 나무줄기에 뜨거운 직사광선을 쬐면 나무껍질의 일부에 급속한 수분 증발이 일어나거나 형성층 조직이 파괴되고, 그 부분의 껍질이 말라죽는 피해를 받기 쉬운 수종으로 짝지어진 것은? [2014.1]

① 소나무, 해송, 측백나무
② 참나무류, 낙엽송, 자작나무
③ 황벽나무, 굴참나무, 은행나무
④ 오동나무, 호두나무, 가문비나무

해설 볕데기(피소)
• 수간이 태양광선의 직사를 받았을 때 수피의 일부에 급격한 수분증발이 생겨 조직이 건고되는 현상이다.
• 피해수종 : 수피가 평활하고 코르크층이 발달되지 않은 오동나무, 후박나무, 호두나무, 버즘나무, 소태나무, 가문비나무 등의 수종에 피소를 일으키기 쉽다.

14 산불이 발생했을 경우 임목의 피해 정도를 설명한 것 중 틀린 것은? [2008.10]

① 침엽수가 활엽수보다 크다.
② 양수가 음수보다 크다.
③ 단순림과 동령림이 혼효림보다 크다.
④ 산불이 경사지를 올라갈 경우가 경사를 내려올 경우보다 크다.

해설 ④ 산불 피해율은 경사별로 볼 때는 급경사지가, 위치별로는 경사 아랫부분에서 발생한 산불의 피해가 가장 크다.

15 연해에 대한 임목의 피해 정도를 표시한 것 중 옳지 않은 것은? [2008.10/2005.10]

① 석회가 충분한 임지 > 석회가 부족한 임지
② 교림 > 왜림
③ 비옥지 > 척박지
④ 여름철 낮 > 겨울철 밤

해설 석회가 부족한 임지에서 연해가 크다.

16 바람의 피해를 막기 위한 방풍림에 대한 설명으로 가장 거리가 먼 것은? [2005.4]

① 방풍림의 너비는 10~20m를 보통으로 한다.
② 바람이 불어오는 쪽으로 수고의 30배까지 방풍효과가 있다.
③ 바람이 부는 방향으로는 수고의 15~20배까지 방풍효과가 있다.
④ 수종은 심근성이고 가지가 밀생하며, 생장이 빠른 것이 좋다.

해설 방풍림으로 알맞은 수종은 편백, 삼나무, 가시나무, 녹나무, 히말라야시다 등이며, 수고의 6~8배 되는 곳까지 풍속의 1/2이 감속되고, 수고의 15~20배까지 풍속이 감속되는 효과가 있다.

17 삼림에 발생된 산불 중 방화로 보는 산불은 어느 경우인가? [2004.10]

① 모닥불의 부주의,
② 제탄설비의 불완전
③ 고압 송전선의 누전
④ 쥐불의 연소 또는 기우 등 미신

해설 ①·② 과실 또는 부주의 요인
③ 우연적 요인

18 연해(煙害)에 저항성이 가장 강한 나무는? [2003.10]

① 소나무 ② 밤나무
③ 노간주나무 ④ 전나무

해설 노간주나무·은행나무·향나무 등은 침엽수로서, 연해(煙害)에 강한 수종이다.

유사문제

다음 중 연해(煙害)에 견디는 힘이 가장 강한 수종은? [2003.3]

① 은행나무 ② 소나무
③ 밤나무 ④ 전나무

해설 은행나무, 비자나무, 향나무, 노간주나무 등은 연해에 강한 침엽수종이다.

답 ①

---

19 임목 중 껍질데기(皮燒)의 해를 가장 많이 받는 수종은? [2012.7/2002.7]

① 오동나무 ② 소나무
③ 낙엽송 ④ 상수리나무

해설 껍질데기(피소)
나무 줄기가 강렬한 태양광선을 받았을 때 수피 일부에 급격한 수분증발이 생겨 형성층이 고사하고 그 부분의 수피가 말라죽는 현상이다. 일반적으로 오동나무, 후박나무, 호두나무, 가문비나무 등에서 피해가 크다.

---

20 산림 내의 낙엽을 채취하게 되므로 나타나는 피해와 가장 거리가 먼 것은? [2003.3]

① 낙엽채취는 산불 발생의 주요 원인이 된다.
② 낙엽채취는 토양의 양분을 약탈한다.
③ 낙엽채취는 생태계의 균형을 깨뜨린다.
④ 낙엽채취는 회복하기 어려운 삼림의 황폐를 초래한다.

해설 낙엽은 임지에서 유일한 유기질 공급원으로 그 채취는 생태계 파괴와 임지의 황폐를 초래하지만, 산불의 발생 원인과는 관계없다.

21 다음 중 보안림이 아닌 것은? [2003.3]

① 생활환경보안림

② 천연보호림

③ 어촌보안림

④ 경관보안림

> 해설 보안림의 종류에는 토석방비보안림, 생활환경보안림, 비사·해안방비보안림, 수원함양보안림, 어촌보안림, 경관보안림이 있다.

22 다음 중 내화력이 가장 강한 수종은? [2015.1/2011.4]

① 은행나무

② 소나무

③ 밤나무

④ 전나무

23 내화력이 강한 수종으로 짝지어진 것은? [2012.4]

① 단풍나무와 삼나무

② 소나무와 녹나무

③ 대왕송과 은행나무

④ 해송과 벽오동나무

> 해설 **내화력이 강한 수종**
> • 침엽수 : 은행나무, 잎갈나무, 분비나무, 가문비나무, 개비자나무, 대왕송 등
> • 상록활엽수 : 아왜나무, 굴거리나무, 후피향나무, 붓순, 협죽도, 황벽나무, 동백나무, 비쭈기나무, 사철나무, 가시나무, 회양목 등
> • 낙엽활엽수 : 피나무, 고로쇠나무, 마가목, 고광나무, 가중나무, 네군도단풍나무, 난티나무, 참나무, 사시나무, 음나무, 수수꽃다리 등

1. 내화력이 강한 수종으로만 바르게 짝지은 것은? [2014.4]

① 은행나무, 녹나무
② 대왕송, 참죽나무
③ 가문비나무, 회양목
④ 동백나무, 구실잣밤나무

답 ③

2. 내화성이 강한 수종으로 짝지어 있지 않은 것은? [2004.10]

① 은행나무, 굴거리나무
② 삼나무, 녹나무
③ 잎갈나무, 가중나무
④ 피나무, 황벽나무

해설 삼나무, 소나무, 편백, 녹나무 등은 내화성이 약한 수종이다.

답 ②

24 산불에 대해 내화력이 가장 약한 수종은? [2010.7]

① 삼나무
② 동백나무
③ 은행나무
④ 고로쇠나무

해설 **수목의 내화력**

구분	강한 수종	약한 수종
침엽수	은행나무, 낙엽송, 분비나무, 가문비나무, 개비자나무, 대왕송	소나무, 해송, 삼나무, 편백
상록활엽수	아왜나무, 굴거리나무, 후피향나무, 붓순, 황벽나무, 동백나무, 사철나무, 회양목	녹나무, 구실잣밤나무
낙엽활엽수	피나무, 고로쇠나무, 고광나무, 가중나무, 난티나무, 참나무, 사시나무, 음나무	아까시나무, 벚나무, 능수버들, 벽오동나무, 참죽나무, 조릿대

24 ① 정답

부록

과년도 + 최근
기출복원문제

- **2016년** 과년도 기출문제
- **2017~2024년** 과년도 기출복원문제
- **2025년** 최근 기출복원문제

01 모수작업법에 대한 설명으로 옳은 것은?

① 벌채가 집중되므로 경비가 많이 든다.
② 토양의 침식과 유실 우려가 거의 없다.
③ 종자의 비산능력을 갖추지 않은 수종도 가능하다.
④ 개별작업보다 신생임분의 구성을 잘 조절할 수 있다.

> 해설

모수작업법의 장단점

장점	• 벌채작업이 한 지역에 집중되므로 경제적인 작업을 진행할 수 있다. • 임지를 정비해 줌으로써 노출된 임지의 갱신이 이루어질 수 있다. • 개벌작업 다음으로 작업이 간편하다. • 개벌작업보다는 신생임분의 종적 구성을 더 잘 조절할 수 있다.
단점	• 토양의 침식과 유실 등이 우려된다. • 임지에 잡초와 관목이 무성하여 갱신에 지장을 주는 일이 많다. • 종자의 결실량과 비산능력을 갖춘 수종이어야 한다. • 전임지가 노출됨으로써 임지의 황폐가 오게 되어 종자발아와 치묘발육에 불리하다.

02 묘목을 단근할 때 나타나는 현상으로 옳은 것은?

① 주근 발달 촉진
② 활착률이 낮아짐
③ T/R률이 낮은 묘목 생산
④ 품질이 안 좋은 묘목 생산

> 해설

단근작업

묘목의 철 늦은 자람을 억제하고, 동시에 측근과 세근을 발달시켜 산지에 재식하였을 때 활착률(T/R률이 작을수록 활착률이 좋다)을 높이기 위하여 실시한다.

03 종자의 저장과 발아촉진을 겸하는 방법은?

① 냉습적법
② 노천매장법
③ 침수처리법
④ 황산처리법

> 해설

① 냉습적법 : 발아촉진을 위한 후숙에 중점을 두는 저장법으로 용기 안에 보호재료인 이끼, 토회, 모래 등을 종자와 섞어서 넣고 3~5℃ 정도 되는 냉실 또는 냉장고 안에 두는 방법
③ 침수처리법 : 종자를 물에 담가 종피를 연화시키고 종피에 함유된 발아억제물질을 제거하기 위한 방법
④ 황산처리법 : 종피 혹은 과피가 두꺼워 수분의 흡수가 어려운 종자를 90%의 황산에 담가서 발아시키는 방법

04 결실을 촉진하기 위한 작업이 아닌 것은?

① 환상박피
② 솎아베기
③ 단근 처리
④ 콜히친 처리

콜히친 처리는 세포의 핵분열을 교란시켜 배수체 육종에 쓰이는 방법이다.

05 수피에 코르크가 발달되고 잎의 뒷면에 백색 성모가 많이 있는 수종은?

① 굴참나무
② 갈참나무
③ 신갈나무
④ 상수리나무

굴참나무
낙엽활엽수 교목으로 직립하고, 수피에는 두터운 코르크가 발달되었고 잎은 어긋나며 뒷면에 회백색 방사상의 털이 밀생한다. 꽃은 4~5월에 잎이 나기 전에 피며, 암수 한 그루이다.

06 파종량을 구하는 공식에서 득묘율이란?

① 일정 면적에서 묘목을 얻은 비율
② 솎아낸 묘목수에 대한 잔존 묘목수의 비율
③ 발아한 묘목수에 대한 잔존 묘목수의 비율
④ 파종된 종자입수에 대한 잔존 묘목수의 비율

득묘율 : 파종상에서 단위면적당 일정한 규격에 도달한 묘목을 얻어낼 수 있는 본수의 비

07 도태간벌에 대한 설명으로 옳은 것은?

① 복층구조 유도가 힘들다.
② 간벌재 이용에 유리하다.
③ 간벌양식으로 볼 때 하층간벌에 속한다.
④ 장벌기 고급 대경재 생산에는 부적합하다.

도태간벌의 특성
• 가장 우수한 우세목들을 선발하여 그 발달을 조장시켜 주는 명쾌한 목표의 무육벌채적 수단을 갖고 있는 간벌양식이다.
• 상층임관의 일시적 소개에 의해서 지피식생과 중·하층목이 발달되어 미래목의 수간 맹아 형성 억제와 복층구조 유도가 용이하다.
• 무육목표를 최종 수확목표인 미래목에 집중시킴으로써 장벌기 고급 대경재 생산에 유리하다.
• 간벌 대상목이 주로 미래목의 생장 방해목에 한정되기 때문에 간벌목 선정이 비교적 용이하다.
• 미래목 생장에 방해되지 않는 중·하층목 대부분은 존치되고 주로 미래목의 생장 방해목이 간벌됨으로써 간벌재 이용에 유리하다.

08 나무아래심기(수하식재)에 대한 설명으로 옳지 않은 것은?

① 수하식재는 임내의 미세환경을 개량하는 효과가 있다.

② 수하식재는 주임목의 불필요한 가지 발생을 억제하는 효과도 있다.

③ 수하식재는 표토 건조 방지, 지력 증진, 황폐와 유실 방지 등을 목적으로 한다.

④ 수하식재용 수종으로는 양수수종으로 척박한 토양에 견디는 힘이 강한 것이 좋다.

해설

수하식재
장령 및 노령의 임목이 생육하고 있는 숲속에 하목으로 식재하는 것을 말하는데, 수하식재용 수종은 내음력이 강한 음수수종 또는 반음수수종이 적합하다. 기존 임목의 생장을 촉진하기 위하여 비료목을 식재하는 경우, 임지의 생산력을 입체적으로 이용하기 위해 2단림을 조성할 경우, 수종갱신을 실시할 목적으로 심는 경우에 수하식재를 한다.

09 제벌작업에 대한 설명으로 옳지 않은 것은?

① 가급적 여름철에 실행한다.

② 낫, 톱, 도끼 등의 작업 도구가 필요하다.

③ 침입수종과 불량목 등 잡목 솎아베기 작업을 실시한다.

④ 간벌작업 실시 후 실시하는 작업단계로서 보육작업에서 가장 중요한 단계이다.

해설

제벌작업은 간벌작업이 시작되기 전 2~3회 실시한다.

10 발아에 가장 오랜 시일이 필요한 수종은?

① 화백 ② 옻나무
③ 솔송나무 ④ 자작나무

해설

수종별로 요구되는 발아시험 기간
• 14일간 : 사시나무, 느릅나무 등
• 21일간 : 가문비나무, 편백, 화백, 아까시 등
• 28일간 : 소나무, 해송, 낙엽송, 솔송나무, 삼나무, 자작나무, 오리나무 등
• 42일간 : 전나무, 느티나무, 목련, 옻나무 등

11 산림 부식질의 기능으로서 옳지 않은 것은?

① 토양가비중을 높인다.

② 토양 입자를 단단히 결합한다.

③ 토양수분의 이동, 저장에 영향을 미친다.

④ 질소, 인산 같은 양분의 공급원으로 제공된다.

해설

토양의 부식질이 많으면 양이온 및 음이온 교환장소로서 양분을 보유하며, 토양가비중을 낮추고 토양답압을 완화하며, 여러 가지 중금속이나 환경오염물이 식생에 미칠 수 있는 나쁜 영향을 감소시킨다.

12 용재생산과 연료생산을 동시에 할 수 있으며, 하목은 짧은 윤벌기로 모두 베어지고 상목은 택벌식으로 벌채되는 작업종은?

① 택벌작업　② 산벌작업
③ 중림작업　④ 왜림작업

> **해설**
> ① 택벌작업 : 한 임분을 구성하고 있는 임목 중 성숙한 임목만을 국소적으로 추출·벌채하여 갱신하는 것으로 설정된 갱신기간이 없고 임분은 항상 대소노유의 나무가 서로 혼생하도록 하는 작업
> ② 산벌작업 : 윤벌기에 비하여 비교적 짧은 갱신기간 중에 몇 차례에 걸친 벌채로 갱신면상에 있는 임목을 완전히 제거하는 작업으로 윤벌기가 완료되기 전 갱신이 완료되는 작업
> ④ 왜림작업 : 활엽수림에서 주로 땔감을 생산할 목적으로 비교적 짧은 벌기령으로 개벌하고, 그 뒤 근주에서 나오는 맹아로 갱신하는 방법

13 우량묘목의 기준으로 옳지 않은 것은?

① 뿌리에 상처가 없는 것
② 뿌리의 발달이 충실한 것
③ 겨울눈이 충실하고 가지가 도장하지 않는 것
④ 뿌리에 비해 지상부의 발육이 월등히 좋은 것

> **해설**
> **우량묘의 조건**
> • 우량한 유전성을 지닌 것
> • 발육이 완전하고 조직이 충실하며, 정아의 발달이 잘 되어 있는 것
> • 가지가 사방으로 고루 뻗어 발달한 것
> • 근계의 발달이 충실한 것, 즉 측근과 세근의 발달량이 많을 것(지상부와 지하부 간의 발달이 균형되어 있을 것)
> • 온도 저하에 따른 고유의 변색과 광택을 가지는 것
> • T/R률이 작고 병충해의 피해가 없는 것

14 참나무속에 속하며 우리나라 남쪽 도서지방 등 따뜻한 곳에서 나는 상록성 수종은?

① 굴참나무　② 신갈나무
③ 가시나무　④ 너도밤나무

> **해설**
> **가시나무**
> 참나무과에 속하는 상록활엽교목으로 난대림의 대표적인 수종의 하나로 웅대한 수형(樹形)을 감상할 수 있다.

15 특정 임분의 야생동물군집 보전을 위한 임분 구성 관리 방법으로 적절하지 못한 것은?

① 택벌사업
② 대면적 개벌사업
③ 혼효림 또는 복층림화
④ 침엽수 인공림 내외에 활엽수의 도입

> **해설**
> 특정 임분의 야생동물군집을 보전하기 위해서는 대면적 개벌사업으로 인한 인공조림을 지양하고 우량한 천연림을 경제림으로 유도하여야 한다.

16 접목의 활착률이 가장 높은 것은?

① 대목과 접수 모두 휴면 중일 때
② 대목과 접수 모두 생리적 활동을 시작하였을 때
③ 대목은 생리적 활동을 시작하고 접수는 휴면 중일 때
④ 대목은 휴면 중이고 접수는 생리적 활동을 시작하였을 때

> **해설**
> 접수는 양분축적기이거나 휴면상태이고, 대목은 뿌리가 움직여 생리활동을 시작할 때가 좋다.

17 부숙마찰법으로 종자 탈종이 가능한 수종은?

① 벚나무　　　② 밤나무
③ 전나무　　　④ 향나무

부숙마찰법
일단 부숙시킨 후에 과실과 모래를 섞어서 마찰하여 과피를 분리하며 주목, 노간주나무, 은행나무, 벚나무, 가래나무 등에 적용한다.

18 천연갱신의 장점으로 옳지 않은 것은?

① 임지를 보호한다.
② 생산된 목재가 대체로 균일하다.
③ 인공갱신에 비해 경비가 적게 든다.
④ 환경에 잘 적응된 수종으로 구성되어 있다.

천연갱신의 장단점

장점	• 임목이 이미 긴 세월을 통해 그곳 환경에 적응된 것이므로 성림의 실패가 적다. • 임목의 생육환경을 그대로 잘 보호 · 유지할 수 있고 특히 임지의 퇴화를 막을 수 있다. • 종자와 노동비용이 절감된다. • 임지에 알맞는 수종으로 갱신되고, 어린나무는 어미나무로부터 보호를 받으며 생육할 수 있다.
단점	• 갱신 전 종자의 활착을 위한 작업, 임상정리가 필요하다. • 시간이 많이 소요되고, 기술적으로 실행하기 어렵다. • 목재생산 작업의 복잡성과 높은 기술이 필요하다.

19 가식작업에 대한 설명으로 옳지 않은 것은?

① 가급적 물이 잘 고이는 곳에 묻는다.
② 일시적으로 뿌리를 묻어 건조를 방지한다.
③ 낙엽수는 묘목 전체를 땅속에 묻어도 된다.
④ 조림지의 환경에 순응시키기 위해 실시한다.

가식작업
• 묘목을 심기 전 일시적으로 도랑을 파서 그 안에 뿌리를 묻어 건조를 방지하고 생기를 회복시키는 작업이다.
• 1~2개월 정도 장기간 가식하고자 할 때에는 묘목을 다발에서 풀어 도랑에 한 줄로 세우고 충분한 양의 흙으로 뿌리를 묻은 다음 관수를 한다.
• 추기가식은 배수가 좋고 북풍을 막는 남향의 사양토 또는 식양토에 하고 춘기가식은 건조한 바람과 직사광선을 막는 동북향의 서늘한 곳에 한다.
• 조림지의 환경에 순응시키기 위해 실시한다.

20 데라사끼의 상층간벌에 속하는 것은?

① A종 간벌   ② B종 간벌
③ C종 간벌   ④ D종 간벌

④ D종 간벌 : 상층임관을 강하게 벌채하고 3급목을 남겨서, 수간과 임상이 직사광선을 받지 않도록 하는 것이다.
① A종 간벌 : 4 · 5급목을 제거하고 2급목의 소수를 끊는 방법으로, 임내를 정지하는 뜻이다. 간벌하기에 앞서 제벌 등 중간 벌채가 잘 이루어졌다면 할 필요가 거의 없다.
② B종 간벌 : 최하층의 4 · 5급목 전부와 3급목의 일부 그리고 2급목의 상당수를 벌채하는 것으로 C종과 함께 단층림에 있어서 가장 넓게 실시하고 있다.
③ C종 간벌 : B종보다 벌채하는 수관급이 광범위하고, 특히 1급목도 가까운 장래에 다른 1급목에 장해를 줄 가능성이 있는 경우 벌채하며, 우세목이 많은 성림에 적용한다.

22 수목의 측아생장을 억제하여 정아생장을 촉진시키는 호르몬은?

① 옥신   ② 에틸렌
③ 사이토키닌   ④ 아브시스산

옥신 : 측아의 생장을 억제하고 정아의 생장촉진, 뿌리의 생장억제, 줄기삽수의 발근 촉진, 살초제 역할 등을 한다.

21 동령림과 비교한 이령림의 장점으로 옳지 않은 것은?

① 산림경영상 산림조사 및 수확이 간편하다.
② 병충해 등 유해인자에 대한 저항력이 높다.
③ 시장의 목재 경기에 따라 벌기 조절에 융통성이 있다.
④ 숲의 공간구조가 복잡하여 생태적 측면에서는 바람직한 형태이다.

① 산림조사 및 수확이 간편한 것은 동령림의 장점이다.

23 묘목의 굴취시기로 가장 좋지 않은 때는?

① 흐린 날
② 비오는 날
③ 바람이 없는 날
④ 잎의 이슬이 마른 새벽

묘목의 굴취시기
• 묘목은 가을에 굴취해서 이듬해 봄, 식재할 때까지 가식하거나 냉장할 수 있으나, 식재하기 전 봄에 굴취하는 것이 가장 좋다.
• 낙엽수는 생장이 끝나고 낙엽이 완료된 후에 굴취한다.
• 비바람이 심할 때나 아침이슬이 있는 날은 작업을 피한다.

24 묘목의 연령을 표시할 때 1/2묘란?

① 6개월 된 삽목묘이다.

② 뿌리가 1년, 줄기가 2년 된 묘목이다.

③ 1/1묘의 지상부를 자른 지 1년이 지난 묘이다.

④ 이식상에서 1년, 파종상에서 2년을 보낸 만 3년생의 묘목이다.

해설

1/2묘 : 뿌리의 나이가 2년, 줄기의 나이가 1년인 묘목으로 1/1묘에 있어서 지상부를 한 번 절단해 주고 1년이 경과하면 1/2묘로 된다.

25 종자의 과실이 시과(翅果)로 분류되는 수종은?

① 참나무　　　② 소나무

③ 단풍나무　　④ 호두나무

해설

시과(時果) : 과피가 발달해서 날개처럼 된 것
예 단풍나무류, 물푸레나무류, 느릅나무류, 가중나무 등

26 낙엽송잎벌에 대한 설명으로 옳지 않은 것은?

① 1년에 3회 발생한다.

② 어린 유충이 군서하여 잎을 가해한다.

③ 3령 유충부터는 분산하여 잎을 가해한다.

④ 기존의 가지보다는 새로운 가지에서 나오는 짧은 잎을 식해한다.

해설

④ 낙엽송잎벌 유충은 새로운 잎보다 2년 이상 가지의 오래된 짧은 잎을 선호하여 가해하는 특성이 있다.

27 대추나무 빗자루병 방제에 효과적인 약제는?

① 베노밀 수화제

② 아바멕틴 유제

③ 아세타미프리드 액제

④ 옥시테트라사이클린 수화제

해설

대추나무 빗자루병의 방제
병징이 심한 나무는 뿌리째 캐내어 태워버리고 병징이 심하지 않은 나무는 1,000~2,000ppm의 옥시테트라사이클린 수화제를 수간주입한다.

28 잡초나 관목이 무성한 경우의 피해로서 적당하지 않은 것은?

① 지표를 건조하게 한다.

② 병충해의 중간기주 역할을 한다.

③ 양수 수종의 어린나무 생장을 저해한다.

④ 임지를 갱신하려 할 때 방해요인이 된다.

해설

① 잡초나 관목이 무성한 경우에는 지표의 수분이 보존되어 건조해지지 않는다.

29 유해가스에 예민한 수목은 피해를 받으면 비교적 선명한 증상을 나타내는 현상을 이용하여 대기오염의 해를 감정하는 방법은?

① 지표식물법　　② 혈청진단법
③ 표징진단법　　④ 코흐의 법칙

해설

지표식물법(검지식물법)
연해에 감수성이 높은 지표식물을 연해가 있는 곳에 심어놓고 이들의 반응을 관찰한다.

30 세균에 의한 수목 병해는?

① 소나무 잎녹병
② 낙엽송 잎떨림병
③ 호두나무 뿌리혹병
④ 밤나무 줄기마름병

해설

① 소나무 잎녹병 : 담자균
② 낙엽송 잎떨림병 : 자낭균
④ 밤나무 줄기마름병 : 자낭균

31 오동나무 빗자루병의 병원체를 전파시키는 주요 매개 곤충은?

① 응애　　　　② 진딧물
③ 나무이　　　④ 담배장님노린재

해설

오동나무 빗자루병의 병원은 파이토플라스마이며, 담배장님노린재에 의해 매개되고 병든 나무의 분근을 통해서도 전염된다.

32 지상부의 접목부위, 삽목의 하단부 등으로 병원균이 침입하고, 고온다습할 때 알칼리성 토양에서 주로 발생하는 것은?

① 탄저병
② 뿌리혹병
③ 불마름병
④ 리지나뿌리썩음병

해설

뿌리혹병
• 세균에 의한 토양전염성 병이다.
• 고온다습한 알칼리성 토양에서 자주 발생한다.
• 병원균이 뿌리혹 속에서 휴면포자 형태로 월동하였다가 주로 상처(접목부, 삽목 하단 등)를 통해 침입한다.
• 뿌리나 줄기 기부에 크고 작은 혹이 생기고, 초기에 연한 색을 띠다가 점차 커지며 갈색~흑갈색으로 변한다.

33 땅속에서 월동하는 해충이 아닌 것은?

① 솔잎혹파리
② 어스렝이나방
③ 잣나무넓적잎벌
④ 오리나무잎벌레

해설

어스렝이나방은 연 1회 발생하며, 줄기의 수피 위에서 알로 월동한다.

34 곤충의 몸 밖으로 방출되어 같은 종끼리 통신을 하는 데 이용되는 물질은?

① 퀴논(quinone)
② 호르몬(hormone)
③ 테르펜(terpenes)
④ 페로몬(pheromone)

해설
페로몬(pheromone)은 같은 종(種) 동물의 개체 사이의 의사소통에 사용되는 체외분비성 물질이다.

35 밤나무 줄기마름병의 병원체가 침입하는 경로는?

① 뿌리를 통한 침입
② 수피를 통한 침입
③ 잎의 기공을 통한 침입
④ 줄기의 상처를 통한 침입

해설
밤나무 줄기마름병의 병원체는 나뭇가지와 줄기를 침해하는데 병환부의 수피는 처음에 적갈색으로 변하고 약간 움푹해지며, 6~7월경에 수피를 뚫고 등황색의 소립이 밀생하여 마치 상어껍질처럼 된다.

36 포플러 잎녹병의 증상으로 옳지 않은 것은?

① 병든 나무는 급속히 말라 죽는다.
② 초여름에는 잎 뒷면에 노란색 작은 돌기가 발생한다.
③ 초가을이 되면 잎 양면에 짙은 갈색 겨울포자퇴가 형성된다.
④ 중간기주의 잎에 형성된 녹포자가 포플러로 날아와 여름포자퇴를 만든다.

해설
포플러 잎녹병의 병징
• 초여름에 잎의 뒷면에 누런 가루덩이(여름포자퇴)가 형성되고, 초가을에 이르면 차차 암갈색무늬(겨울포자퇴)로 변하며, 잎은 일찍 떨어진다.
• 중간기주인 낙엽송의 잎에는 5월 상순에서 6월 상순경에 노란 점이 생긴다.

37 산림해충 방제법 중 임업적 방제법에 속하는 것은?

① 천적 방사
② 기생벌 이식
③ 내충성 수종 이용
④ 병원 미생물 이용

해설
임업적 방제
• 산림구성 : 산림을 구성하는 수목을 조정하여 해충 발생의 피해를 줄인다.
• 밀도조절 : 임목의 밀도를 조절하여 피해를 줄인다.
• 입지 및 품종선택 : 내충성 수종을 이용하고 생장이 빠르고 활력이 강한 임목을 육성하여 해충에 대한 저항성을 높인다.

38 작은 나뭇가지에 다음 그림과 같은 모양으로 알을 낳는 해충은?

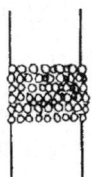

① 매미나방
② 천막벌레나방
③ 미국흰불나방
④ 복숭아심식나방

해설

천막벌레나방

연 1회 발생하며, 4월 중·하순에 부화한 유충은 실을 토하여 천막 모양의 집을 만들고 낮에는 그 속에서 쉬고 밤에만 나와서 식해한다. 4령기까지는 군서생활을 하고 5령기부터는 분산하여 가해하며, 5월 중·하순경 노숙한 유충은 나뭇가지나 잎에 황색의 고치를 만들고 번데기가 된다. 6월 상·중순에 성충으로 우화하고 주로 밤에 가는 가지에 고리 모양으로 200~300개의 알을 낳는다.

39 솔나방이 주로 산란하는 곳은?

① 솔잎 사이
② 솔방울 속
③ 소나무 수피 틈
④ 소나무 뿌리 부근 땅속

해설

솔나방의 산란은 우화 2일 후부터 시작하며, 500개 정도의 알을 솔잎에 몇 개의 무더기로 놓으며, 알덩어리 하나의 알 수는 100~300개이다.

40 파이토플라스마에 의한 수목병은?

① 뽕나무 오갈병
② 벚나무 빗자루병
③ 소나무 잎떨림병
④ 아카시아 모자이크병

해설

② 벚나무 빗자루병 : 자낭균
③ 소나무 잎떨림병 : 자낭균
④ 아카시아 모자이크병 : 바이러스

41 매미나방에 대한 설명으로 옳은 것은?

① 2,4-D 액제를 사용하여 방제한다.
② 연간 2회 발생하며, 유충으로 월동한다.
③ 침엽수, 활엽수를 가리지 않는 잡식성이다.
④ 암컷이 활발하게 날아다니며 수컷을 찾아다닌다.

해설

매미나방

연 1회 발생하고 줄기나 가지에서 알덩어리로 월동하며, 벚나무, 매화나무, 참나무류, 버드나무 등 각종 활엽수와 소나무에 피해를 주고 유충의 밀도가 높을 경우 비티쿠르스타키 수화제 1,000배액 또는 디플루벤주론 수화제 2,500배액을 살포한다.

42 완전변태를 하는 해충에 속하는 것은?

① 솔거품벌레
② 도토리거위벌레
③ 솔껍질깍지벌레
④ 버즘나무방패벌레

해설

완전변태 : 애벌레가 어른벌레가 될 때 운동능력이 없는 번데기 상태를 거쳐서 변태하는 것이다.

43 포플러 잎녹병의 중간기주는?

① 오동나무
② 오리나무
③ 졸참나무
④ 일본잎갈나무

44 아황산가스에 의한 피해가 아닌 것은?

① 증산작용이 쇠퇴한다.
② 잎의 주변부와 엽맥 사이 조직이 괴사한다.
③ 소나무류에서는 침엽이 적갈색으로 변한다.
④ 어린잎의 엽맥과 주변부에 백화현상이나 황화현상을 일으킨다.

45 페니트로티온 50% 유제(비중 1.0)를 0.1%로 희석하여 ha당 1,000L를 살포하려고 할 때 필요한 소요약량은?

① 500mL　　② 1,000mL
③ 2,000mL　　④ 2,500mL

46 예불기 카브레터의 일반적인 청소 주기는?

① 10시간　　② 20시간
③ 50시간　　④ 100시간

47 전목집재 후 집재장에서 가지치기 및 조재작업을 수행하기에 가장 적합한 장비는?

① 스키더　　② 포워더
③ 프로세서　　④ 펠러번처

48 기계톱에 연료를 혼합하여 사용하고 있다. 이에 대한 설명으로 옳지 않은 것은?

① 윤활유가 과다하면 출력저하나 시동불량 현상이 나타난다.

② 윤활유로 인해 휘발유가 희석되기 때문에 기계톱에는 옥탄가가 높은 휘발유를 사용한다.

③ 휘발유에 대한 윤활유의 혼합비가 부족하면 피스톤, 실린더 및 엔진 각 부분에 눌어붙을 수 있다.

④ 휘발유와 윤활유를 20 : 1~25 : 1의 비율로 혼합하나 체인톱 전용 윤활유를 사용하는 경우 40 : 1로 혼합하기도 한다.

해설

기계톱은 2행정 기관이므로 혼합유(휘발유와 윤활유)를 사용하고 내폭성이 낮은 저옥탄가의 가솔린을 사용하여야 한다. 옥탄가가 높은 휘발유를 사용하면 사전점화 또는 고폭발로 인하여 치명적인 기계손상을 입게 된다.

49 집재거리가 길어 스카이라인이 지면에 닿아 반송기의 주행이 곤란할 때 설치하는 장치는?

① 턴버클
② 도르래
③ 힐블럭
④ 중간지지대

해설

가선집재에서는 지주목 또는 중간지지대 사이 스카이라인의 수평거리로 머리기둥과 꼬리기둥 사이에 사잇기둥(중간지지대)이 있는 경우를 다지간(Multi span) 가공본줄 시스템, 없는 경우를 단지간(Single Span) 가공본줄 시스템으로 구분한다.

50 예불기를 휴대 형식으로 구분한 것으로 가장 거리가 먼 것은?

① 등짐식
② 손잡이식
③ 허리걸이식
④ 어깨걸이식

해설

예불기 종류
• 휴대 형식별 분류 : 어깨걸이식, 손잡이식, 등짐식
• 엔진 종류에 의한 분류 : 엔진식, 전동식
• 절단부 동작 방식에 의한 분류 : 회전날식, 직선왕복날식, 왕복요동식, 나일론코드식

51 4기통 디젤엔진의 실린더 내경이 10cm, 행정이 4cm일 때 이 엔진의 총배기량은?

① 785cc
② 1,256cc
③ 4,000cc
④ 3,140cc

해설

총배기량 = 배기량 × 총실린더 수

$$= \left(\frac{\pi}{4} \times 실린더\ 내경^2 \times 행정 \right) \times 총실린더\ 수$$
$$= (0.785 \times 10^2 \times 4) \times 4$$
$$= 1{,}256cc$$

52 산림작업용 도구의 자루를 원목으로 제작하려할 때 가장 부적합한 것은?

① 옹이가 있으면 더욱 단단해서 좋다.

② 목질섬유가 길고 탄성이 크며, 질긴 나무가 좋다.

③ 일반적으로 가래나무 또는 물푸레나무 등이 적합하다.

④ 다듬어진 각목의 섬유방향은 긴 방향으로 배열되어야 한다.

해설

옹이가 없고, 갈라진 흠이 없는 목재가 적합하다.

53 집재용 도구로 적합하지 않은 것은?

① 로그잭   ② 피커룬

③ 캔트훅   ④ 파이크폴

해설

① 로그잭 : 조재작업이 편리하도록 원목을 지상에서 들어 올린 상태를 유지시켜 주는 기구
② 피커룬 : 나무 다발을 들어 올려 적재할 때 사용하는 보조도구로 머리 모양은 도끼와 비슷하지만 손잡이 끝부분에 도끼날이 아니라 꼬챙이가 달린 것
③ 캔트훅 : 주로 집재장 또는 제재소 데크(Deck)에서 원목을 굴리는 데 쓰이고, 끝이 뾰족하지 않은 것을 제외하면 피비(peavy)와 유사함
④ 파이크폴 : 목재업에서 통나무를 잡거나 끌 때 사용하는 쇠갈고리가 달린 긴 막대

54 기계톱 체인의 수명 연장 및 파손 방지 예방방법으로 가장 적합한 것은?

① 석유에 넣어 둔다.
② 윤활유에 넣어 둔다.
③ 가솔린에 넣어 둔다.
④ 그리스에 넣어 둔다.

해설

기계톱 체인의 수명 연장 및 파손 방지 예방방법
• 자주 갈되 줄질은 적게 한다.
• 체인톱은 야간에 윤활유에 보존시킨다.
• 체인톱에 기름칠을 할 때에는 좋은 오일을 사용한다.
• 체인톱을 매일 교체하여 사용하면 그 수명을 연장시킬 수 있다.

55 기계톱에 연속조작 시간으로 가장 적당한 것은?

① 10분 이내   ② 30분 이내

③ 45분 이내   ④ 1시간 이내

해설

기계톱 안전수칙
• 방진방법으로 기관부와 톱 체인부에서 발생하는 진동이 방진고무와 핸들의 피복고무에 흡수되는 방지장갑을 사용한다.
• 기계톱의 사용시간은 1일 2시간 이내로 하고 10분 이상 연속운전을 피한다.

56 가선 집재용 장비가 아닌 것은?

① 타워야더
② 아크야 윈치
③ 파르미 트랙터
④ 나무운반 미끄럼틀

해설

④ 나무운반 미끄럼틀(수라) : 공해발생이 없는 친환경 집재장비로 중력을 이용하여 벌채된 원목(직경 25cm 이내)을 하향집재하거나 토목 자재 이동 등에서 사용되는 장비로서 임지훼손이 매우 적으며 무게가 가볍고 설치가 비교적 간단하다.
① 타워야더(삭도집재기) : 100m 이상 장거리에 생산된 원목을 공중으로 띄워 상·하향으로 집재하는 고성능 집재장비로 임지훼손을 최소화하여 농경지를 피하고 강이나 급경사지에서 집재가 가능한 고성능 집재장비이다.
② 아크야 윈치 : 엔진이 장착되어 있어 절단된 목재를 끌어당기는 데 사용하는 기계이다.
③ 파르미 트랙터 : 트랙터 부착형 집재기이다.

57 대표적인 다공정 처리기계로서 벌도, 가지치기, 조재목 다듬질, 토막내기 작업을 모두 수행할 수 있는 기계는?

① 포워더
② 펠러번처
③ 하베스터
④ 프로세서

해설

하베스터 : 임내를 이동하면서 입목의 벌도·가지제거·절단작동 등의 작업을 하는 기계로서, 벌도 및 조재작업을 1대의 기계로 연속작업할 수 있는 장비

58 다음 그림과 같이 나무가 걸쳐있을 때에 압력부는 어느 위치인가?

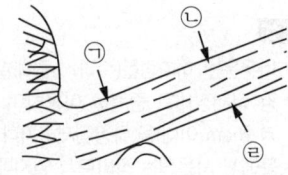

① 위치 ㉠
② 위치 ㉡
③ 위치 ㉢
④ 위치 ㉣

해설

압력부 : 나무가 걸쳐있는 부분에서 압력이 발생하는 부분

59 가솔린엔진과 비교할 때 디젤엔진의 특징으로 옳지 않은 것은?

① 열효율이 높다.
② 토크변화가 작다.
③ 배기가스 온도가 높다.
④ 엔진 회전속도에 따른 연료공급이 자유롭다.

해설

디젤엔진은 과급으로 인한 높은 공연비 덕분에 연소 후 단위 질량당 에너지밀도가 낮고 따라서 배기가스 온도가 가솔린엔진에 비해 상당히 낮은 편이다. 때문에 터보차저의 터빈이 고열에 의해 손상될 위험성이 낮아서 터보차저를 조합하기가 용이하다.

60 임업용 기계톱의 소체인 톱니의 피치(pitch)의 정의로 옳은 것은?

① 서로 접한 3개의 리벳간격을 2로 나눈 값
② 서로 접한 2개의 리벳간격을 3으로 나눈 값
③ 서로 접한 4개의 리벳간격을 3으로 나눈 값
④ 서로 접한 3개의 리벳간격을 4로 나눈 값

해설

기계톱 소체인 톱니의 피치 : 서로 접하여 있는 3개의 리벳간격을 2로 나눈 값

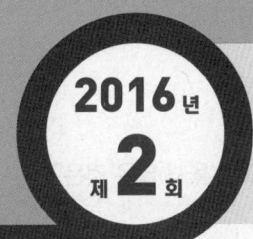

01 지력을 향상시키기 위한 비료목으로 적당하지 않은 것은?

① 오리나무   ② 갈참나무

③ 자귀나무   ④ 소귀나무

해설

비료목의 종류

콩과 수목	아까시나무, 자귀나무, 족제비싸리, 싸리류, 칡 등
방사상균 속	오리나무류, 보리수나무류, 소귀나무 등
기타	갈매나무, 붉나무, 딱총나무 등

02 데라사끼식 간벌에 있어서 간벌량이 가장 적은 방식은?

① A종 간벌   ② B종 간벌

③ C종 간벌   ④ D종 간벌

해설

A종 간벌

• 4급목과 5급목을 제거하고 2급목의 소수를 끊는 방법으로, 임내를 정지한다는 뜻이다.

• 간벌하기에 앞서 제벌 등 선행되는 중간벌채가 잘 이루어졌다면 A종 간벌을 할 필요성은 거의 없다.

03 일본잎갈나무 1-1묘 산출 시 근원경의 표준 규격은?

① 3mm 이상   ② 4mm 이상

③ 5mm 이상   ④ 6mm 이상

해설

일본잎갈나무(낙엽송) 노지묘의 묘목규격표(종묘사업실시요령)

묘령	간장		근원경 mm 이상	적용 H/D율* 이하
	최소 cm 이상	최대 cm 이하		
1-1	35	60	6	90

* '적용 H/D율'은 검사 대상묘목이 최대간장기준 이상일 경우 적용

04 개별작업의 장점으로 옳지 않은 것은?

① 양수수종 갱신에 유리하다.

② 방법이 간단하여 경영이 용이하다.

③ 임지의 모든 수목이 제거되어 지력유지에 용이하다.

④ 동령림이 형성되어 모든 숲가꾸기 작업이 편하고 경제적이다.

해설

개별작업의 장점

• 작업의 실행이 용이하고 빠르며 높은 기술을 요하지 않는다.

• 양수의 갱신에 적용될 수 있다.

• 벌채, 운재 등 작업이 집중되기 때문에 비용이 절약되고 치수에 손상을 입히는 일이 적다.

• 동일한 규격의 목재를 생산할 수 있어서 경제적으로 유리하다.

• 동령일제림이 형성되기 때문에 각종 보육작업을 편리하게 할 수 있다.

• 인공식재로 갱신하면 새로운 수종을 도입할 수 있다.

• 성숙한 임분을 갱신하는 데 알맞은 방식이다.

05 어미나무를 비교적 많이 남겨서 천연갱신을 통해 후계림을 조성하되 어미나무는 대경재 생산을 위해 그대로 두는 작업종은?

① 개벌작업

② 산벌작업

③ 택벌작업

④ 보잔목작업

해설

보잔목작업 : 모수작업을 할 때 남겨 둘 모수의 수를 좀 많게 하고, 이것을 다음 벌기까지 남겨서 품질이 좋은 대경재생산을 목적으로 한다.

06 늦은 가을철 묘목가식을 할 때 묘목의 끝 방향으로 가장 적합한 것은?

① 동쪽

② 서쪽

③ 남쪽

④ 북쪽

해설

추기가식은 배수가 좋고 북풍을 막는 남향의 사양토 또는 식양토에 한다.

07 모수작업법에 대한 설명으로 옳지 않은 것은?

① 양수수종의 갱신에 적합하다.

② 작업방법이 용이하고 경제적이다.

③ 작업 후 낙엽층이 손상되지 않도록 주의 한다.

④ 소나무의 갱신치수가 발생하면 풀베기를 해줘야 한다.

해설

모수작업법

• 벌채작업이 한 지역에 집중되므로 경제적인 작업을 진행할 수 있다.

• 임지를 정비해 줌으로써 노출된 임지의 갱신이 이루어질 수 있다.

• 개벌작업 다음으로 작업이 간편하다.

• 양성을 띤 수종의 갱신에 적당하다.

• 모수가 종자를 공급하므로 넓은 면적이 일시에 벌채되고 갱신이 될 수 있다.

• 미관상 아름답지 못한 수풀이 되고 갱신이 늦어질 때는 경제적으로 손실이 온다.

08 산벌작업 과정에서 모수로 부적합한 것을 선정하여 벌채하는 작업은?

① 종벌

② 후벌

③ 하종벌

④ 예비벌

해설

예비벌

• 밀립상태에 있는 성숙임분에 대한 갱신 준비의 벌채로 임목재적의 10~30%를 제거한다.

• 벌채대상은 중용목과 피압목이고, 형질이 불량한 우세목과 준우세목도 벌채될 수 있다.

• 간벌작업이 잘 된 임분에 있어서는 예비벌이 거의 필요 없고 때에 따라서는 생략되며 직접 하종벌이 시작될 수도 있다.

• 임관을 약하게 소개시켜 나무가 햇빛을 받아 결실을 맺는 데 이롭게 하고, 임지에 쌓여 있는 부식질의 분해를 촉진시켜 어린나무의 발생을 촉진시킨다.

09 종자 정선 방법으로 풍선법을 적용하기 어려운 수종은?

① 밤나무   ② 소나무
③ 가문비나무   ④ 일본잎갈나무

해설
밤나무의 종자는 무게가 있어서 1립씩 눈으로 감별하면서 손으로 선별하는 입선법을 적용한다.

10 묘포상에서 해가림이 필요 없는 수종은?

① 전나무   ② 삼나무
③ 사시나무   ④ 가문비나무

해설
소나무, 해송, 리기다, 사시나무 등의 양수는 해가림이 필요 없으나 가문비나무, 잣나무, 전나무, 낙엽송, 삼나무, 편백 등은 해가림이 필요하다.

11 용재 생산목적 수종으로 가장 거리가 먼 것은?

① 소나무   ② 느티나무
③ 자작나무   ④ 상수리나무

해설
느티나무는 관상용, 공업용(목재) 수종이다.

12 지력이 좋고 수분이 많아 잡초가 무성하고 기후가 온난하며, 주로 소나무 조림지에 적합한 풀베기 방법은?

① 줄베기   ② 점베기
③ 모두베기   ④ 둘레베기

해설
① 줄베기 : 가장 많이 사용되는 방법으로 조림목의 줄을 따라 해로운 식물을 제거하고 줄 사이에 있는 풀은 남겨두는 방법이다.
④ 둘레베기 : 조림목의 둘레를 약 1m의 지름으로 둥글게 깎아내는 방법이다. 줄베기와 둘레베기는 전면베기에 비해, 흙의 침식을 막는 작용을 하지만 밀식조림지에는 적용이 힘들다.

13 종자 정선 후 바로 노천매장을 하는 수종은?

① 벚나무   ② 피나무
③ 전나무   ④ 삼나무

해설
종자를 정선한 후 곧 노천매장해야 할 수종 : 들메나무, 단풍나무류, 벚나무류, 잣나무, 백송, 호두나무, 가래나무, 느티나무, 백합나무, 은행나무, 목련류 등

14 종자의 발아력 조사에 쓰이는 약제는?

① 에틸렌

② 지베렐린

③ 테트라졸륨

④ 사이토키닌

테트라졸륨 0.1~1.0%의 수용액에 생활력이 있는 종자의 조직을 접촉시키면 붉은색으로 변하고, 죽은 조직에는 변화가 없다.

15 겉씨식물에 속하는 수종은?

① 밤나무

② 은행나무

③ 가시나무

④ 신갈나무

겉씨식물 : 밑씨가 씨방에 싸여 있지 않고 밖으로 드러나 있는 식물로 은행나무, 소나무, 향나무, 노간주나무 등이 있다.

16 대목의 수피에 T자형으로 칼자국을 내고 그 안에 접아를 넣어 접목하는 방법은?

① 절접　　　　② 눈접

③ 설접　　　　④ 할접

① 절접 : 지표면에서 7~12cm 되는 곳에 대목을 절개하여 접수의 접합 부위가 대목과 접수의 형성층 부위와 일치할 수 있도록 절개부위에 접수를 끼워 넣어 접목하는 법

③ 설접 : 대목과 접수의 굵기가 비슷한 것에서 대목과 접수를 혀 모양으로 깎아 맞추고 졸라매는 접목방법

④ 할접 : 대목이 비교적 굵고 접수가 가늘 때 적용하는 방법으로 접수에는 끝눈을 붙이고 1cm 길이만 침엽을 남겨 아래에 삭면을 만들어 접목하는 방법

17 일정한 면적에 직사각형 식재를 할 때 소요 묘목수 계산식은?

① 조림지면적/묘간거리

② 조림지면적/(묘간거리)^2

③ 조림지면적/(묘간거리)$^2 \times 0.866$

④ 조림지면적/묘간거리 × 줄 사이의 거리

직사각형 식재 : 열간에 비하여 묘목 사이의 거리가 더 긴 것

$N = A/a \times b$

여기서, N : 식재할 묘목수

A : 조림지 면적

a : 묘목 사이의 거리

b : 열간거리

18 덩굴식물을 제거하는 방법으로 옳지 않은 것은?

① 디캄바 액제는 콩과식물에 적용한다.

② 인력으로 덩굴의 줄기를 제거하거나 뿌리를 굴취한다.

③ 글라신 액제는 2~3월 또는 10~11월에 사용하는 것이 효과적이다.

④ 약제 처리 후 24시간 이내에 강우가 예상될 경우 약제 처리를 중지한다.

해설
③ 글라신 액제 처리는 덩굴류의 생장기인 5~9월에 실시한다.

19 묘목가식에 대한 설명으로 옳지 않은 것은?

① 동해에 약한 유묘는 움가식을 한다.

② 비가 올 때에는 가식하는 것을 피한다.

③ 선묘 결속된 묘목은 즉시 가식하여야 한다.

④ 지제부는 낮게 묻어 이식이 편리하게 한다.

해설
④ 지제부가 10cm 이상 묻히도록 깊게 가식한다.

20 어린나무가꾸기의 1차 작업시기로 가장 알맞은 것은?

① 풀베기가 끝난 3~5년 후

② 가지치기가 끝난 5~6년 후

③ 덩굴제거가 끝난 1~2년 후

④ 솎아베기가 끝난 6~9년 후

해설
대개 풀베기가 끝나고 3~5년이 지난 다음에 1차 작업을 시작하고, 다시 3~4년이 지난 다음 2차 작업을 하며, 제거 대상목의 맹아가 약한 6~9월 중에 실시한다.

21 갱신 대상 조림지를 띠모양으로 나누어 순차적으로 개벌해 가면서 갱신하는 것으로 3차례 이상에 걸쳐서 개벌하는 것은?

① 군상개벌법

② 대면적 개벌법

③ 교호대상개벌법

④ 연속대상개벌법

해설
① 군상개벌법 : 지형이 불규칙하고 험준하며 규칙적 갱신벌채를 한다는 것이 사실상 불가능할 때 적합한 방법

② 대면적 개벌법 : 갱신벌채 이전부터 땅속에 매몰되어 있던 종자가 발아할 경우, 특히 종자 발아력이 오래 유지되는 수종에 적합한 방법으로 대면적 임분을 한 번에 개벌하여 측방천연하종으로 갱신하는 방법

③ 교호대상개벌법 : 임지를 띠모양의 작은 작업단위로 나누고 작은 작업단위를 엇바꾸어 가면서 모두 벌채하는 작업방법

22 임목 간 식재밀도를 조절하기 위한 벌채방법에 속하는 것은?

① 간벌작업　　② 개벌작업
③ 산벌작업　　④ 중림작업

해설

② 개벌작업 : 갱신하고자 하는 임지 위에 있는 임목을 일시에 벌채하여 이용하고, 그 적지에 새로운 임분을 조성시키는 방법
③ 산벌작업 : 윤벌기에 비하여 비교적 짧은 갱신기간 중에 몇 차례에 걸친 벌채로 갱신면상에 있는 임목을 완전히 제거하는 작업
④ 중림작업 : 교림과 왜림을 동일 임지에 함께 세워 경영하는 방법으로 하목으로서의 왜림은 맹아로 갱신되며, 일반적으로 연료재와 소경목을 생산하고 상목으로서의 교림은 일반용재로 생산하는 방법

24 매년 결실하는 수종은?

① 소나무　　② 오리나무
③ 자작나무　　④ 아까시나무

해설

결실주기

• 해마다 결실을 보이는 것 : 버드나무류, 포플러류, 오리나무류, 느릅나무, 물갬나무 등
• 격년 결실을 하는 것 : 소나무류, 오동나무류, 자작나무류, 아까시, 리기다 소나무 등
• 2~3년을 주기로 하는 것 : 참나무류, 들메나무, 느티나무, 삼나무, 편백, 상수리나무 등
• 3~4년을 주기로 하는 것 : 전나무, 녹나무, 가문비나무 등
• 5년 이상을 주기로 하는 것 : 너도밤나무, 낙엽송, 방크스소나무 등

23 그루터기에서 발생하는 맹아를 이용하여 후계림을 만드는 작업을 무엇이라 하는가?

① 왜림작업　　② 개벌작업
③ 산벌작업　　④ 택벌작업

해설

왜림작업

• 활엽수림에서 주로 땔감을 생산할 목적으로 비교적 짧은 벌기령으로 개벌하고, 그 뒤 근주에서 나오는 맹아로서 갱신하는 방법이다.
• 왜림작업은 그 생산물이 대부분 연료재로 잘 이용되었기 때문에 연료림작업이라고도 한다.

25 파종상에서 2년, 그 뒤 판갈이상에서 1년을 지낸 3년생 묘목의 표시방법은?

① 1-2묘　　② 2-1묘
③ 0-3묘　　④ 1-1-1묘

해설

① 1-2묘 : 파종상에서 1년, 그 뒤 2번 상체되어 3년을 지낸 3년생 묘목
③ 0-3묘 : 뿌리의 연령이 3년이고 지상부는 절단 제거한 삽목묘로서 이것을 뿌리묘라고 함(0/3묘)
④ 1-1-1묘 : 파종상에서 1년, 그 뒤 2번 상체된 일이 있고 각 상체상에서 1년을 경과한 3년생 묘목

26 주풍(계속적이고 규칙적으로 부는 바람)에 의한 피해로 가장 거리가 먼 것은?

① 수형을 불량하게 한다.
② 임목의 생장량이 감소된다.
③ 침엽수는 상방편심 생장을 하게 된다.
④ 기공이 폐쇄되어 광합성능력이 저하된다.

④ 기공은 일시적이고 강한 바람(폭풍 등)에 의해 폐쇄되고 광합성 능력이 저하된다.

27 해충 방제이론 중 경제적 피해수준에 대한 설명으로 옳은 것은?

① 해충에 의한 피해액과 방제비가 같은 수준인 해충의 밀도를 말한다.
② 해충에 의한 피해액이 방제비보다 높은 때의 해충의 밀도를 말한다.
③ 해충에 의한 피해액이 방제비보다 낮을 때의 해충의 밀도를 말한다.
④ 해충에 의한 피해액과 무관하게 방제를 해야 하는 해충의 밀도를 말한다.

경제적 피해수준 : 경제적으로 피해를 주는 최소의 밀도, 즉 해충의 피해액과 방제비가 같은 수준인 밀도를 말하며, 작물의 종류나 지역, 경제·사회적 조건 등에 따라서 달라진다.

28 손이나 그물 등을 사용하여 해충을 직접 잡아 방제하는 것은?

① 포살법　　② 소살법
③ 직살법　　④ 수살법

포살법
해충을 손이나 그물 등을 이용하여 직접 포살하는 방법으로 어스렝이나방, 짚시나방, 미국흰불나방 등의 난괴를 채취소각하고 하늘소, 유리나방, 굴벌레나방 등은 철사를 이용하여 찔러 죽이고 잎벌레, 바구미류는 나무에 진동을 주어 떨어뜨려 포살하기도 한다.

29 가뭄이나 해충의 피해를 받아 약해진 나무에 잘 발생하는 병으로 주로 신초의 침엽기부를 고사시키는 것은?

① 소나무 혹병
② 소나무 줄기녹병
③ 소나무 재선충병
④ 소나무 가지끝마름병

소나무 가지끝마름병
어린 가지와 새잎, 종자를 고사시키는 병으로 주로 가뭄이나 해충의 피해를 받아 약해진 나무에서 발생한다.

30 주제를 용제에 녹여 계면활성제를 유화제로 첨가하여 제재한 약제 종류는?

① 유제   ② 입제
③ 분제   ④ 수화제

해설
① 유제 : 물에 녹지 않거나 지용성인 주제를 유기용매에 녹여 유화제를 첨가한 용액
② 입제 : 유효성분을 담체인 고체 증량제와 혼합분쇄하고, 보조제로 고결제, 안정제, 계면활성제를 가하여 입상으로 성형하거나 담체에 유효성분을 피복시킨 것
③ 분제 : 유효성분을 Talc, 점토광물 등의 고체증량제와 소량의 보조제를 혼합분쇄한 미분말 형태
④ 수화제 : 비수용성 유효성분에 비수용성 증량제(Kaolin, Bentonite 등의 점토광물)를 더하고 계면활성제, 분산제 배합, 혼합분쇄, 제제화를 하여 사용하는 것

31 해충이 나무에서 내려올 때 줄기에 짚이나 가마니를 감아 해충이 파고 들도록 하여 이것을 태워서 해충을 방제하는 방법은?

① 등화 유살법
② 경운 유살법
③ 잠복장소 유살법
④ 번식장소 유살법

해설
잠복장소 유살법
솔나방, 미국흰불나방 등의 유충이 월동을 위해 줄기를 타고 땅으로 내려오는 시기에 볏짚 등을 미리 나무줄기에 감아 두었다가 다음 해 봄에 설치물과 함께 소각한다. 볏짚의 상단 고정 끈은 느슨하게 묶어 줄기로 내려오는 해충이 볏짚 안으로 유입되도록 하고, 하단은 단단히 묶어 해충이 유출되지 않도록 한다.

32 주로 묘목에 큰 피해를 주며 종자를 소독하여 방제하는 것은?

① 잣나무 털녹병
② 두릅나무 녹병
③ 밤나무 줄기마름병
④ 오리나무 갈색무늬병

해설
오리나무 갈색무늬병은 병원균이 종자에 묻어 있는 경우가 많으므로 유기수화제로 종자를 소독하여 방제한다.

33 우리나라에서 발생하는 상주(서릿발)에 대한 설명으로 옳은 것은?

① 가장 추운 1월 중순에 많이 발생한다.
② 중부지방보다 남부지방에서 잘 발생한다.
③ 토양함수량이 90% 이상으로 많을 때 발생한다.
④ 비료를 주어 상주 생성을 막을 수 있지만 질소비료는 가장 효과가 낮다.

해설
상주
겨울에 토양 중의 수분이 빨려 올라와 가늘고 긴 빙주가 다발로 되어 표면에 솟아난 것을 상주라고 하며, 상주는 토양수분이 60% 이상이고 지표온도는 0℃ 이하, 지중온도는 영상일 때 발생하게 된다. 우리나라에서는 남부지방의 식질토양에서 많이 발생한다.

34 외국에서 들어온 해충이 아닌 것은?

① 솔나방
② 밤나무혹벌
③ 미국흰불나방
④ 버즘나무방패벌레

해설
솔나방은 국내에 주로 분포하는 나비목 곤충으로 소나무류에 속하는 소나무, 솔송나무, 잣나무의 잎을 먹으므로 해충에 속한다.

35 알로 월동하는 해충은?

① 독나방
② 매미나방
③ 미국흰불나방
④ 참나무재주나방

해설
① 독나방 : 유충
③ 미국흰불나방 : 번데기
④ 참나무재주나방 : 번데기

36 아황산가스에 대한 저항성이 가장 약한 수종은?

① 향나무 ② 은행나무
③ 자작나무 ④ 동백나무

해설
• 아황산가스에 약한 수종 : 독일가문비나무, 소나무, 대왕송, 잣나무, 삼나무, 왕벚나무, 자작나무 등
• 아황산가스에 강한 수종 : 비자나무, 편백, 가시나무, 녹나무, 아왜나무, 꽝꽝나무, 동백나무, 사철나무 등

37 포플러 잎녹병의 중간기주에 해당하는 것은?

① 잔대, 모싯대
② 쑥부쟁이, 참취
③ 소나무, 등골나무
④ 일본잎갈나무, 현호색

해설
포플러 잎녹병의 중간기주 : 낙엽송(일본잎갈나무), 현호색, 줄꽃주머니

38 송이풀이나 까치밥나무와 기주교대를 하는 것은?

① 소나무 혹병
② 소나무 잎녹병
③ 잣나무 털녹병
④ 배나무 붉은별무늬병

해설
잣나무 털녹병은 송이풀, 까치밥나무 등과 기주교대한다.

39 대추나무 빗자루병 방제를 위한 약제로 가장 적합한 것은?

① 피리다벤 수화제
② 디플루벤주론 수화제
③ 비티쿠르스타키 수화제
④ 옥시테트라사이클린 수화제

해설

대추나무 빗자루병의 방제
병징이 심한 나무는 뿌리째 캐내어 태워버리고 병징이 심하지 않은 나무는 1,000~2,000ppm의 옥시테트라사이클린 수화제를 수간주입한다.

41 파이토플라스마에 의해 발병하지 않는 것은?

① 뽕나무 오갈병
② 벚나무 빗자루병
③ 오동나무 빗자루병
④ 대추나무 빗자루병

해설

벚나무 빗자루병은 자낭균에 의해 발병한다.

40 모잘록병의 방제법으로 옳지 않은 것은?

① 병이 심한 묘포지는 돌려짓기를 한다.
② 인산질 비료를 많이 주어 묘목을 관리한다.
③ 묘상이 과습할 정도로 수분을 충분히 보충한다.
④ 파종량을 적게 하고 복토가 너무 두껍지 않도록 한다.

해설

③ 묘상이 과습하면 모잘록병의 주요 원인균이 번식하기 쉬워 피해가 심해진다.

42 잠복기간이 가장 짧은 수목병은?

① 소나무 혹병
② 잣나무 털녹병
③ 포플러 잎녹병
④ 낙엽송 잎떨림병

해설

③ 포플러 잎녹병 : 4~6일
① 소나무 혹병 : 1~2년
② 잣나무 털녹병 : 2~4년
④ 낙엽송 잎떨림병 : 1~2개월

43 소나무좀에 대한 설명으로 옳은 것은?

① 주로 건전한 나무를 가해한다.
② 월동 성충이 수피를 뚫고 들어가 알을 낳는다.
③ 1년 2회 발생하며 주로 봄과 가을에 활동한다.
④ 부화한 유충은 성충의 갱도와 평행하게 내수피를 섭식한다.

해설
② 월동 성충이 나무껍질을 뚫고 들어가 산란한 알에서 부화한 유충이 나무껍질 밑을 식해한다.
① 수세가 쇠약한 벌목, 고사목에 기생한다.
③ 연 1회 발생하지만 봄과 여름 두 번 가해한다.
④ 부화한 유충은 갱도와 직각방향으로 내수피를 파먹어 들어가면서 유충갱도를 형성한다.

44 솔잎혹파리에 대한 설명으로 옳지 않은 것은?

① 주로 1년에 1회 발생한다.
② 충영 속에서 번데기로 활동한다.
③ 1920년대 초반 일본에서 우리나라로 침입한 것으로 추정된다.
④ 생물학적 방제법으로 솔잎혹파리먹좀벌 등 기생성 천적을 이용하여 방제하기도 한다.

해설
② 유충이 솔잎 기부에 충영(벌레혹)을 만들고 그 속에서 수액을 흡즙 가해한다.

45 밤나무혹벌의 번식형태로 옳은 것은?

① 단위생식
② 유성생식
③ 다배생식
④ 유성번식

해설
밤나무혹벌은 암컷만으로 단위생식을 한다.

46 체인톱 작업 중 위험에 대비한 안전장치가 아닌 것은?

① 스프로킷
② 핸드가드
③ 체인잡이
④ 체인브레이크

해설
원심클러치드럼에 부착된 스프로킷은 크랭크축의 회전을 체인에 전달하여 톱체인을 구동한다.

47 정원목 및 정원석 주위에 입목을 휘감은 풀들을 깎을 때 안심하고 사용 가능한 예불기의 날 형태는?

① 회전날식
② 왕복요동식
③ 직선왕복날식
④ 나일론코드식

해설
나일론코드(나일론 스프링코일) : 잔디, 초본류, 취미 생활용 및 농업용 칼날에 사용할 수 있다.
※ 절단부 동작 방식에 의한 예불기의 종류 : 회전날식, 직선왕복날식, 왕복요동식, 나일론코드식

48 체인톱의 점화플러그 정비 주기로 옳은 것은?

① 일일정비   ② 주간정비

③ 월간정비   ④ 계절정비

> **해설**
> **체인톱의 점검**
> • 일일정비 : 휘발유와 오일의 혼합, 에어필터 청소, 안내판 손질
> • 주간정비 : 안내판, 체인톱날, 점화부분(스파크플러스), 체인톱 본체
> • 분기별정비 : 연료통과 연료필터 청소, 윤활유 통과 거름망 청소, 시동줄과 시동스프링 점검, 냉각장치, 전자점화장치, 원심분리형 클러치, 기화기

49 벌도목 운반이 주목적인 임업기계는?

① 지타기   ② 포워더

③ 펠러번처   ④ 프로세서

> **해설**
> ① 지타기 : 수간을 자체 동력으로 상승하면서 가지치기 잡업을 실시하는 기종
> ③ 펠러번처 : 벌목과 집적기능만 가진 장비. 즉, 임목을 벌도하는 기계로서 단순벌도뿐만 아니라 임목을 붙잡을 수 있는 장치를 구비하고 있어서 벌도되는 나무를 집재작업이 용이하도록 모아 쌓는 기능을 가지고 있는 다공정 처리기계
> ④ 프로세서 : 하베스터와 유사하나 벌도기능만 없는 장비. 즉, 일반적으로 전목재의 가지를 제거하는 가지자르기 작업, 재장을 측정하는 조재목 마름질 작업, 통나무자르기 등 일련의 조재작업을 한 공정으로 수행하여 원목을 한곳에 쌓을 수 있는 장비

50 기계톱의 연료통(또는 연료통 덮개)에 있는 공기구멍이 막혀 있으면 어떤 현상이 나타나는가?

① 연료가 새지 않아 운반 시 편리하다.

② 연료의 소모량을 많게 하여 연료비가 높게 된다.

③ 연료를 기화기로 공급하지 못해 엔진가동이 안 된다.

④ 가솔린과 오일이 분리되어 가솔린만 기화기로 들어간다.

> **해설**
> 연료통 마개의 구멍을 통해 기압이 가해지기 때문에 공기구멍이 막히면 시동이 걸리지 않는다.

51 농업용 트랙터를 임업용으로 활용 시 앞차축과 뒷차축의 하중비로 가장 적절한 것은?

① 50 : 50

② 40 : 60

③ 60 : 40

④ 30 : 70

> **해설**
> 농업용 트랙터를 임업용으로 활용 시 차체 앞부분에 웨이트를 부착하여 앞차축과 뒷차축의 하중을 60 : 40으로 조정한다.

52 기계톱으로 가지치기를 할 때 지켜야 할 유의사항이 아닌 것은?

① 후진하면서 작업한다.

② 안내판이 짧은 기계톱을 사용한다.

③ 작업자는 벌목한 나무 가까이에 서서 작업한다.

④ 벌목한 나무를 몸과 체인톱 사이에 놓고 작업한다.

해설
기계톱을 이용하여 가지치기를 할 때의 유의사항
- 벌도목 밑에 받침이 있으면 가지치기 작업이 더 수월하다.
- 기계톱의 안내판 길이는 30~40cm 정도의 가벼운 것이 적당하다.
- 항상 안정하고 균형 잡힌 자세를 유지한다.
- 작업은 일정한 범위를 유지하고 과도하게 큰 동작을 하지 않도록 주의한다.
- 벌목한 나무에 가까이 서서 작업한다.

53 손톱의 톱니 부분별 기능에 대한 설명으로 옳지 않은 것은?

① 톱니가슴 : 나무를 절단한다.

② 톱니홈 : 톱밥이 임시 머문 후 빠져나가는 곳이다.

③ 톱니등 : 쐐기역할을 하며, 크기가 클수록 톱니가 약하다.

④ 톱니꼭지선 : 일정하지 않으면 톱질할 때 힘이 많이 든다.

해설
③ 톱니등은 나무와의 마찰력을 감소시킨다.

54 내연기관(4행정)에 부착되어 있는 캠축의 역할로 가장 적당한 것은?

① 오일의 순환 추진

② 피스톤의 상·하 운동

③ 연료의 유입량을 조절

④ 흡기공과 배기공을 열고 닫음

해설
캠축
밸브를 여닫는 캠축은 크랭크축에서 체인이나 기어 전동장치를 통해 구동된다. 캠축이 1회전하면 기관의 전체 사이클의 밸브 작동이 완결되고, 이때 크랭크축이 2회전하므로 캠축은 크랭크축의 1/2 속도로 회전한다.

55 와이어로프 고리를 만들 때 와이어로프 직경의 몇 배 이상으로 하는가?

① 10배 　　② 15배

③ 20배 　　④ 25배

해설
와이어로프 고리를 만들 때 지름은 와이어로프 지름의 20배 이상으로 한다.

56 벌목용 작업 도구로 이용되는 것은?

① 쐐기　　　　② 이식판
③ 식혈봉　　　④ 양날괭이

해설

② 양묘용 기구
③·④ 식재용 기구

57 산림작업용 도끼날 형태 중에서 나무 속에 끼어 쉽게 무뎌지는 것은?

① 아치형
② 삼각형
③ 오각형
④ 무딘 둔각형

해설

산림작업용 도끼를 삼각형으로 하면 도끼날이 목재에 끼어 쉽게 무뎌지므로 아치형으로 연마하여 사용한다.

58 2행정 내연기관에 일정 비율의 오일을 섞어야 하는 이유로 가장 적당한 것은?

① 엔진 윤활을 위하여
② 조기점화를 막기 위하여
③ 연소를 빨리 시키기 위하여
④ 연료의 흡입을 빨리하기 위하여

해설

2행정 내연기관은 소형 가솔린기관의 경우 윤활을 위하여 처음부터 연료에 윤활유를 혼합시켜 넣어야 한다.

59 스카이라인을 집재기로 직접 견인하기 어려움에 따라 견인력을 높이기 위한 가선장비는?

① 샤클　　　　② 힐블록
③ 반송기　　　④ 윈치드럼

해설

① 샤클 : 와이어로프, 체인 또는 다른 부속들과 연결하여 들어 올리거나 고정시키는 데 사용
③ 반송기 : 가선집재 시 와이어로프에 걸어 윈치에 의하여 움직이는 운반기
④ 윈치드럼 : 원통형으로 와이어로프를 감아, 도르래를 이용해서 중량물을 높은 곳으로 들어 올리거나 끌어 올리는 기계의 드럼

60 벌목작업 시 안전사고 예방을 위하여 지켜야 하는 사항으로 옳지 않은 것은?

① 벌목방향은 작업자의 안전 및 집재를 고려하여 결정한다.
② 도피로는 사전에 결정하고 방해물도 제거한다.
③ 벌목구역 안에는 반드시 작업자만 있어야 한다.
④ 조재작업 시 벌도목의 경사면 아래에서 작업을 한다.

해설

④ 벌목 및 조재작업을 할 때에는 작업면보다는 경사면 아래의 출입을 통제하여야 한다.

01 인공조림과 비교한 천연갱신의 특징이 아닌 것은?

① 생산된 목재가 균일하다.

② 조림실패의 위험이 적다.

③ 숲 조성에 시간이 걸린다.

④ 생태계 구성원 보호에 유리하다.

해설
① 생산된 목재가 균일하지 못하고 변이가 심하다.

02 예비벌을 실시하는 주요 목적으로 거리가 먼 것은?

① 벌채목의 반출 용이

② 잔존목의 결실 촉진

③ 부식질의 분해 촉진

④ 어린나무 발생의 적합한 환경 조성

해설
예비벌 : 임관을 약하게 소개시켜 나무가 햇빛을 받아 결실을 맺는 데 이롭게 하고, 한편으로는 임지에 쌓여 있는 부식질의 분해를 촉진시켜 어린나무의 발생을 촉진시키는 산벌작업이다.

03 소나무의 용기묘 생산에 대한 설명으로 옳지 않은 것은?

① 시비는 관수와 함께 실시한다.

② 겨울에는 생장을 하지 않으므로 관수하지 않는다.

③ 육묘용 비료는 하이포넥스(Hyponex)나 BS그린을 사용한다.

④ 피트모스, 펄라이트, 질석을 1 : 1 : 1의 비율로 상토를 제조한다.

해설
② 겨울철에는 용기묘에 최소한의 수분공급이 필요하기 때문에 반드시 관수를 실시하여야 한다.

04 묘포지 선정요건으로 거리가 먼 것은?

① 교통이 편리한 곳

② 양토나 사질양토로 관·배수가 용이한 곳

③ 1~5° 정도의 경사지로 국부적 기상피해가 없는 곳

④ 토지의 물리적 성질보다 화학적 성질이 중요하므로 매우 비옥한 곳

해설
④ 너무 비옥한 토지는 도장의 우려가 있으므로 피한다.

05
구과가 성숙한 후에 10년 이상이나 모수에 부착되어 있어 종자의 발아력이 상실되지 않고 산불이 나면 인편이 열리는 수종은?

① 편백   ② 소나무

③ 잣나무   ④ 방크스소나무

해설

로지폴소나무와 방크스소나무는 산불에 의한 고열을 받아야 비로소 열매가 벌어져 종자가 밖으로 나올 수 있기 때문에 산불을 만날 때까지 몇 년이라도 종자를 저장하고 있다.

06
개화한 다음 해에 결실하는 수종으로만 짝지어진 것은?

① 소나무, 자작나무

② 전나무, 아까시나무

③ 오리나무, 버드나무

④ 삼나무, 가문비나무

해설

봄에 꽃이 핀 다음 해 가을에 종자가 성숙하는 수종
상수리나무, 자작나무, 소나무류

07
침엽수 가지치기 방법으로서 적당한 것은?

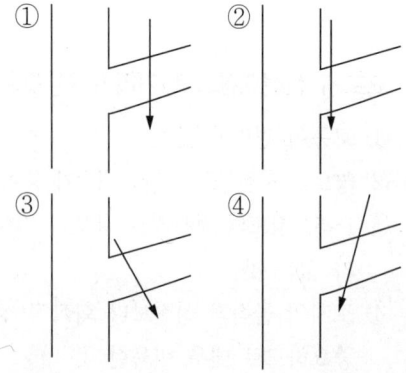

해설

침엽수는 절단면이 줄기와 평행하도록 자르며, 위에서 아래로 가지치기를 한다.

08
수종별 무기양료의 요구도가 적은 것에서 큰 순서로 나열된 것은?

① 백합나무 < 자작나무 < 소나무

② 자작나무 < 백합나무 < 소나무

③ 소나무 < 자작나무 < 백합나무

④ 소나무 < 백합나무 < 자작나무

해설

일반적인 조경식물의 양료 요구도
소나무 < 침엽수 < 활엽수 < 유실수 < 농작물

무기양료 요구도	활엽수	침엽수
상 (비옥지를 좋아함)	감나무, 느티나무, 단풍나무, 동백나무, 대추나무, 매화나무, 모과나무, 물푸레나무류, 배롱나무, 벚나무, 오동나무, 이팝나무, 칠엽수, 플라타너스, 피나무, 튤립나무(백합나무), 호두나무, 회화나무 등	낙우송, 독일 가문비, 삼나무, 주목, 측백나무 등
중	가시나무류, 버드나무류, 자귀나무, 자작나무, 포플러 등	가문비나무, 솔송나무, 잣나무, 전나무 등
하 (척박지에 강함)	등나무, 보리수나무, 소귀나무, 싸리나무류, 오리나무, 아까시나무, 참나무류 등	곰솔, 노간주나무, 소나무, 방크스소나무, 향나무 등

09 파종상에서 2년, 판갈이상에서 1년 된 만 3년생 묘목의 표기방법은?

① 1-2

② 2-1

③ 1-1-1

④ 1-0-2

① 1-2 : 파종상에서 1년, 이식상에서 1번(2년)을 경과한 3년생 묘목

③ 1-1-1 : 파종상에서 1년, 그 뒤 한 번 상체된 일이 있고 각 상체상에서 1년을 경과한 3년생 묘목

④ 1-0-2 : 파종상에서 1년, 그 뒤 상체된 일이 없고 상체상에서 2년을 경과한 3년생 묘목

10 미래목의 구비요건으로 틀린 것은?

① 피압을 받지 않은 상층의 우세목

② 나무줄기가 곧고 갈라지지 않은 것

③ 병충해 등 물리적인 피해가 없을 것

④ 주위 임목보다 월등히 수고가 높을 것

미래목의 구비요건
• 피압을 받지 않은 상층의 우세목일 것(폭목은 제외)
• 나무줄기가 곧고 갈라지지 않을 것
• 산림병해충 등 물리적인 피해가 없을 것
• 미래목 간의 거리는 최소 5m 이상, 임지 내에 고르게 분포할 것
• ha당 활엽수는 200본 내외, 침엽수는 200~400본으로 할 것

11 종아 발아시험 기간이 가장 긴 수종들로 짝지어진 것은?

① 소나무, 삼나무

② 곰솔, 사시나무

③ 버드나무, 느릅나무

④ 일본잎갈나무, 가문비나무

수종별로 요구되는 발아시험 기간
• 14일간 : 사시나무, 느릅나무 등
• 21일간 : 가문비나무, 편백, 화백, 아카시아 등
• 28일간 : 소나무, 해송, 낙엽송, 솔송나무, 삼나무, 자작나무, 오리나무 등
• 42일간 : 전나무, 느티나무, 목련, 옻나무 등

12 T/R률에 대한 설명으로 틀린 것은?

① T/R률 값이 클수록 좋은 묘목이다.

② 묘목의 지상부와 지하부의 중량비이다.

③ 질소질 비료를 과용하면 T/R률 값이 커진다.

④ 좋은 묘목은 지하부와 지상부가 균형 있게 발달해 있다.

T/R률 : 식물의 지상부 생장량에 대한 뿌리의 생장량 비율로 T/R률 값이 작을수록 활착률이 좋다. 즉, 뿌리의 중량이 높을수록 잘 산다.

13 모수작업의 모수본수보다 많은 모수를 수광 생장을 촉진시켜 다음 벌기에 대경재를 생산하면서 갱신을 동시에 실시하는 방법은?

① 택벌작업
② 중림작업
③ 개벌작업
④ 보잔목작업

14 주로 뿌리를 이용하여 삽목하는 수종은?

① 삼나무
② 동백나무
③ 오동나무
④ 사철나무

15 솎아베기가 잘된 임지, 유령림 단계에서 집약적으로 관리된 임분에서 생략이 가능한 산벌작업 과정은?

① 후벌
② 종벌
③ 하종벌
④ 예비벌

16 소나무 종자의 무게가 45g이고, 협잡물을 제거한 후의 무게가 43.2g일 때 순량률은?

① 43%
② 45%
③ 86%
④ 96%

17 왜림의 특징이 아닌 것은?

① 벌기가 길다.
② 수고가 낮다.
③ 맹아로 갱신된다.
④ 땔감 생산용으로 알맞다.

왜림은 벌기가 짧아 적은 자본으로 경영할 수 있다.

19 간벌에 대한 설명으로 옳지 않은 것은?

① 지름생장을 촉진하고 숲을 건전하게 만든다.
② 빽빽한 밀도로 경쟁을 촉진시켜 나무의 형질을 좋게 한다.
③ 벌채가 되기 전에 나무를 솎아 베어 중간 수입을 얻을 수 있다.
④ 나무를 솎아 벤 곳에 잡초가 무성하게 되어 표토의 유실을 막고 빗물을 오래 머무르게 하여 숲 땅이 비옥해진다.

간벌의 효과
• 직경생장을 촉진하여 연륜폭이 넓어진다.
• 생산될 목재의 형질을 좋게 한다.
• 벌기수확은 양적·질적으로 매우 높아진다.
• 임목을 건전하게 발육시켜 여러 가지 해에 대한 저항력을 높인다.
• 우량한 개체를 남겨서 임분의 유전적 형질을 향상시킨다(빽빽한 곳은 솎아주기).
• 산불의 위험성을 감소시킨다.
• 조기에 간벌수확이 얻어진다.
• 입지조건의 개량에 도움을 준다.

18 봄에 가식할 장소로서 옳지 않은 것은?

① 바람이 적은 곳
② 남향으로 양지 바른 곳
③ 토양의 습도가 적절한 곳
④ 배수가 양호하고 그늘진 곳

춘기가식은 건조한 바람과 직사광선을 막는 동북향의 서늘한 곳에 하고, 추기가식은 배수가 좋고 북풍을 막는 남향의 사양토 또는 식양토에 한다.

20 채종림의 조성 목적으로 가장 적합한 것은?

① 방풍림 조성
② 산사태 방지
③ 우량종자 생산
④ 휴양공간 조성

채종림은 우량한 종자의 채집을 목적으로 지정한 숲이다.

21 우리나라가 원산인 수종은?

① 백송　　　　② 삼나무
③ 잣나무　　　④ 연필향나무

해설

③ 잣나무 : 한국이 원산지이고 일본, 중국, 시베리아 등지에도 분포한다.
① 백송 : 중국
② 삼나무 : 일본
④ 연필향나무 : 북아메리카 동부

22 택벌작업의 특징으로 옳지 않은 것은?

① 보속적인 생산
② 산림경관 조성
③ 양수 수종 갱신
④ 임지의 생산력 보전

해설

택벌작업은 음수 수종을 대상으로 실시한다.

23 묘목을 1.8m×1.8m 정방형으로 식재할 때 1ha당 묘목의 본수로 가장 적당한 것은?

① 약 308본　　② 약 555본
③ 약 3,086본　④ 약 5,555본

해설

$$식재할 묘목수 = \frac{식재면적}{묘목\ 간\ 간격(가로 \times 세로)}$$

$$= \frac{1 \times 10,000}{1.8 \times 1.8}(\because 1ha = 10,000m^2)$$

$$= 약\ 3,086본$$

24 파종상의 해가림시설을 제거하는 시기로 가장 적절한 것은?

① 5월 중순~6월 중순
② 7월 하순~8월 중순
③ 9월 중순~10월 상순
④ 10월 중순~11월 중순

해설

9월 이후 늦게까지 해가림을 계속하는 것은 오히려 유해하므로 7월 하순부터 8월 중순까지 제거하기 시작한다.

25 순량률 80%, 발아율 90%인 종자의 효율은?

① 10%　　　　② 72%
③ 89%　　　　④ 90%

해설

$$효율(\%) = \frac{발아율 \times 순량률}{100}$$

$$= \frac{90 \times 80}{100}$$

$$= 72\%$$

26 바이러스에 의하여 발병하는 것은?

① 청변병　　　② 불마름병
③ 뿌리혹병　　④ 모자이크병

해설

모자이크병 : 다양한 바이러스 균주에 의해 생기는 식물의 병으로 보통 잎에 밝거나 어두운 녹색 또는 노란색의 반점이나 줄무늬 등이 생긴다.

27 향나무를 중간기주로 하여 기주교대를 하는 병은?

① 잣나무 털녹병
② 밤나무 줄기마름병
③ 대추나무 빗자루병
④ 배나무 붉은별무늬병

해설

① 잣나무 털녹병 : 송이풀류, 까치밥나무류
② 밤나무 줄기마름병 : 밤나무
③ 대추나무 빗자루병 : 대추나무, 뽕나무, 쥐똥나무

28 성충 및 유충 모두가 나무를 가해하는 것은?

① 솔나방
② 솔잎혹파리
③ 미국흰불나방
④ 오리나무잎벌레

해설

① 솔나방 : '송충이'라고도 불리며 5령 유충으로 월 동을 하여 이듬해 4월경부터 잎을 갉아먹는 해충
② 솔잎혹파리 : 유충이 솔잎 기부에 충영(벌레혹)을 만들고 그 속에서 수액을 흡즙·가해하여 솔잎을 일찍 고사하게 하고 임목의 생장을 저해한다.
③ 미국흰불나방 : 유충 1마리가 100~150cm²의 잎을 섭식하며, 1화기보다 2화기의 피해가 심하다.

29 묘포에서 지표면 부분의 뿌리 부분을 주로 가해하는 곤충류는?

① 솜벌레과
② 풍뎅이과
③ 혹파리과
④ 유리나방과

해설

뿌리나 지접근부를 주로 가해하는 곤충
• 노린재목 : 진딧물과
• 벌목 : 개미과
• 딱정벌레목 : 나무좀과, 바구미과, 풍뎅이과, 하늘 소과

30 곤충과 거미의 차이에 대한 설명으로 옳은 것은?

① 다리의 경우 곤충과 거미 모두 3쌍이다.
② 더듬이의 경우 곤충은 1쌍이고, 거미는 2 쌍이다.
③ 날개의 경우 곤충은 보통 2쌍이고, 거미 는 1쌍이거나 없다.
④ 곤충은 머리, 가슴, 배의 3부분이고, 거미 는 머리가슴, 배의 2부분으로 구분된다.

해설

① 곤충은 3쌍의 다리를 가지지만, 거미는 4쌍의 다 리를 가진다.
② 더듬이의 경우 곤충은 1쌍이고, 거미는 비슷하게 생긴 더듬이 다리가 있다.
③ 날개의 경우 곤충은 보통 2쌍이고, 거미는 없다.

31 연 1회 발생하며 9월 하순 유충이 월동하기 위해 나무에서 땅으로 떨어지는 해충은?

① 소나무좀
② 솔잎혹파리
③ 미국흰불나방
④ 오리나무잎벌레

> **해설**
> **솔잎혹파리**
> • 1년에 1회 발생하며 소나무, 곰솔(해송)에 피해가 심하다.
> • 유충으로 지피물 밑의 지표나 1~2cm 깊이의 흙 속에서 월동한다.
> • 5월 하순부터 10월 하순까지 유충이 솔잎 기부에 벌레혹(충영)을 형성하고, 그 내부에서 흡즙 가해하여 일찍 고사하게 하며 임목의 생장을 저해한다.

32 벚나무 빗자루병의 병원체는?

① 세균
② 자낭균
③ 바이러스
④ 파이토플라즈마

> **해설**
> **자낭균에 의한 수병** : 벚나무 빗자루병, 밤나무 줄기마름병, 수목의 흰가루병, 수목의 그을음병, 소나무의 잎떨림병, 낙엽송의 잎떨림병, 낙엽송의 끝마름병 등

33 다음 중 솔나방의 주요 가해 부위는?

① 소나무 잎
② 소나무 뿌리
③ 소나무 줄기
④ 소나무 종자

> **해설**
> **솔나방의 피해**
> • 4월 상순부터 7월 상순까지, 8월 상순부터 11월 상순까지 유충이 잎을 갉아 먹는다.
> • 유충 한 마리가 한 세대 동안 섭식하는 솔잎의 길이는 64m 정도이다.

34 산불에 의한 피해 및 위험도에 대한 설명으로 옳지 않은 것은?

① 침엽수는 활엽수에 비해 피해가 심하다.
② 음수는 양수에 비해 산불위험도가 낮다.
③ 단순림과 동령림이 혼효림 또는 이령림보다 산불의 위험도가 낮다.
④ 낙엽활엽수 중에서 코르크층이 두꺼운 수피를 가진 수종은 산불에 강하다.

> **해설**
> 단순림과 동령림이 혼효림 혹은 이령림보다 산불위험도가 높다.

35 아바멕틴 유제 1,000배액을 만들려면 물 18L에 몇 mL를 타야 하는가?

① 0.018 ② 1.8
③ 18 ④ 180

$$소요약량 = \frac{18,000mL}{1,000} = 18mL$$

36 진딧물의 화학적 방제법 중 천적 보호에 유리한 방제 약제로 가장 좋은 것은?

① 훈증제
② 기피제
③ 접촉살충제
④ 침투성 살충제

침투성 살충제
• 약제를 식물체의 뿌리, 줄기, 잎 등에 흡수시켜 식물체 전체에 약제가 분포되게 하여 흡즙성 곤충이 흡즙하면 죽게 하는 것
• 천적에 대한 피해가 없어 천적 보호의 입장에서도 유리하다.

37 곤충이 생활하는 도중에 환경이 좋지 않으면 발육을 멈추고 좋은 환경이 될 때까지 일시적으로 정지하는 현상으로 정상으로 돌아오는 데 다소 시간이 걸리는 것은?

① 휴면 ② 이주
③ 탈피 ④ 휴지

38 균류 병원균이 과습한 토양에서 묘목 뿌리로 침입하여 발병하는 것은?

① 반점병
② 탄저병
③ 모잘록병
④ 불마름병

모잘록병 : 토양서식 병원균에 의하여 당년생 어린 묘의 뿌리 또는 땅가 부문의 줄기가 침해되어 말라 죽는 병

39 주로 나무의 상처부위로 병원균이 침입하여 발병하는 것으로 상처부위에 올바른 외과수술을 해야 하며, 저항성 품종을 심어 방제하는 병은?

① 향나무 녹병
② 소나무 잎떨림병
③ 밤나무 줄기마름병
④ 삼나무 붉은마름병

밤나무 줄기마름병은 밤나무 줄기와 가지의 상처를 중심으로 병반이 형성되는데 초기에는 황갈색이나 적갈색으로 변하고 약간 움푹해지며, 이후 수피가 부풀어 오른다.

40 이른 봄에 수목의 발육이 시작된 후에 갑자기 내린 서리에 의해 어린잎이 받는 피해는?

① 조상 　　② 만상
③ 동상 　　④ 춘상

해설

① 조상 : 늦가을에 식물생육이 완전히 휴면되기 전에 발생하며, 목화(경화)가 아직 이루어지지 않은 연약한 새 가지에 피해를 준다.
③ 동상 : 겨울철 식물의 생육휴면기에 발생한다.
④ 춘상 : 봄철에 수목의 발육이 시작된 후 갑자기 내린 서리에 의해 수목의 잎, 줄기, 가지 등이 받는 피해를 말한다.

41 농약의 물리적 형태에 따른 분류가 아닌 것은?

① 유제 　　② 분제
③ 전착제 　　④ 수화제

해설

농약의 분류

- 사용목적에 따른 분류 : 살균제, 살충제, 살비제, 살선충제, 제초제, 식물 생장조절제, 혼합제, 살서제, 소화중독제, 유인제 등
- 주성분 조성에 따른 분류 : 유기인계, 카바메이트계, 유기염소계, 유황계, 동계, 유기비소계, 항생물질계, 피레스로이드계, 페녹시계, 트라이아진계, 요소계, 설포닐우레아계 등
- 제형에 따른 분류 : 유제, 수화제, 분제, 미분제, 수화성미분제, 입제, 액제, 액상수화제, 미립제, 세립제, 저미산분제, 수면전개제, 종자처리수화제, 캡슐현탁제, 분의제, 과립훈연제, 과립수화제, 캡슐제 등
- 사용방법에 따른 분류 : 희석살포제, 직접살포제, 훈연제, 훈증제, 연무제, 도포제 등

42 포플러류 잎의 뒷면에 초여름 오렌지색의 작은 가루덩이가 생기고, 정상적인 나무보다 먼저 낙엽이 지는 현상이 나타나는 병은?

① 잎녹병
② 갈반병
③ 잎마름병
④ 점무늬잎떨림병

해설

포플러 잎녹병균은 병든 낙엽에서 겨울포자 상태로 겨울을 나고, 4~5월에 겨울포자가 발아하여 만들어진 담자포자가 바람에 의해 낙엽송으로 날아가 새로 나온 잎을 감염시켜 잎의 뒷면에 직경 1~2mm의 오렌지색 녹포자덩이를 만든다.

43 솔나방의 발생예찰을 하기 위한 방법 중 가장 좋은 것은?

① 산란수를 조사한다.
② 번데기의 수를 조사한다.
③ 산란기 기상상태를 조사한다.
④ 월동하기 전 유충의 밀도를 조사한다.

해설

솔나방 유충은 4회 탈피 후 지피물이나 나무껍질 사이에서 5령충으로 월동하며, 월동한 유충은 봄에 기온이 17℃ 이상 계속되는 4월경에 월동처에서 나와 솔잎을 먹고 자라 3회의 탈피를 거쳐 8령충이 된다.
※ 발생예찰 : 농작물이나 산림에 피해를 주는 병해충의 발생량과 발생시기 등을 예견·관찰하는 일

44 농약의 독성에 대한 설명으로 옳지 않은 것은?

① 경구와 경피에 투여하여 시험한다.
② 농약의 독성은 중위치사량으로 표시한다.
③ LD_{50}은 시험동물의 50%가 죽는 농약의 양을 뜻한다.
④ 농약의 독성은 [농약의 양(mg)/시험동물의 체적(m^3)]으로 표시한다.

해설
농약의 독성 단위는 mg/kg으로 표시한다.

45 잣나무 털녹병균의 침입 부위는?

① 잎   ② 줄기
③ 종자   ④ 뿌리

해설
잣나무 털녹병 병원균은 잣나무류의 잎의 기공을 통하여 침입하여 줄기로 전파되며, 잎에는 황색의 미세한 반점을 형성한다.

46 체인톱에 의한 벌목작업의 기본원칙으로 옳지 않은 것은?

① 벌목작업 시 도피로를 정해둔다.
② 걸린 나무는 지렛대 등을 이용하여 넘긴다.
③ 벌목방향은 집재하기가 용이한 방향으로 한다.
④ 벌목영역은 벌도목을 중심으로 수고의 1.2배에 해당한다.

해설
④ 벌목영역은 벌채목을 중심으로 수고(나무 높이)의 2배에 해당한다.

47 벌목방법의 순서로 옳은 것은?

① 벌목방향 설정 – 수구 자르기 – 추구 자르기 – 벌목
② 벌목방향 설정 – 추구 자르기 – 수구 자르기 – 벌목
③ 수구 자르기 – 추구 자르기 – 벌목방향 설정 – 벌목
④ 추구 자르기 – 수구 자르기 – 벌목방향 설정 – 벌목

해설
벌목작업 순서
• 벌목방향 설정 : 방향이 결정되면 작업원은 벌목할 입목 주변의 잡목, 가지, 덩굴 등을 제거하고 발 디딜 곳과 대피장소 등을 확인한다.
• 수구 자르기 : 벌목방향을 확실히 하고 목재의 부서짐을 방지하며 나무 기둥을 비스듬히 내리친다.
• 추구 자르기 : 입목을 넘어뜨리기 위한 3가지 절단 작업(수평자르기, 빗자르기, 추구 자르기) 중에서 마지막 자르기 작업이다.

48 체인톱의 평균 수명과 안내판의 평균 수명으로 옳은 것은?

① 1,000시간, 300시간
② 1,500시간, 450시간
③ 2,000시간, 600시간
④ 2,500시간, 700시간

> **해설**
> **체인톱의 사용시간**
> • 몸통의 수명 : 약 1,500시간
> • 안내판 수명 : 약 450시간
> • 체인의 수명 : 약 150시간

49 2사이클 가솔린엔진의 휘발유와 윤활유의 적정 혼합비는?

① 5 : 1
② 1 : 5
③ 25 : 1
④ 1 : 25

> **해설**
> **체인톱에 사용하는 연료**
> 휘발유 : 윤활유 = 25 : 1

50 예불기의 톱이 회전하는 방향은?

① 시계방향
② 좌우방향
③ 상하방향
④ 반시계방향

> **해설**
> 예불기 톱날의 회전방향은 좌측(반시계방향)이다.

51 체인톱의 체인오일을 급유하는 과정에서 묽은 윤활유를 사용하게 되었을 때 나타나는 가장 주된 현상은?

① 가이드바의 마모가 빨리된다.
② 엔진의 내부가 쉽게 마모된다.
③ 엔진이 과열되어 화재 위험이 높다.
④ 체인톱날이 수축되어 회전속도가 감소한다.

> **해설**
> 묽은 윤활유를 사용하면 체인과 가이드바 사이에 충분한 윤활막이 형성되지 못해 마찰이 증가하고 마모가 빨라져 톱날의 수명이 짧아진다.

52 엔진의 성능을 나타내는 것으로 1초 동안에 75kg의 중량을 1m 들어 올리는 데 필요한 동력단위를 의미하는 것은?

① 강도
② 토크
③ 마력
④ RPM

> **해설**
> 마력이란 공학상의 동력단위로서 일을 할 수 있는 능력의 단위를 말하며, 1마력(HP)은 한 마리의 말이 1초 동안에 75kg의 중량을 1m 움직일 수 있는 일의 크기를 말하는데, 공학적으로는 간단히 75kg·m/s로 나타낸다. 이것은 지구상에서 1초 동안에 75kg의 무게를 1m 들어 올리는 작업에 필요한 힘과 동일하다.

53 예불기 날의 종류에 따른 예불기의 분류가 아닌 것은?

① 회전날식 예불기
② 로터리식 예불기
③ 왕복요동식 예불기
④ 나일론코드식 예불기

해설
절단부 동작 방식에 의한 예불기의 종류 : 회전날식, 직선왕복날식, 왕복요동식, 나일론코드식

55 산림작업용 도끼의 날을 관리하는 방법으로 옳지 않은 것은?

① 아치형으로 연마하여야 한다.
② 날카로운 삼각형으로 연마하여야 한다.
③ 벌목용 도끼의 날의 각도는 9~12°가 적당하다.
④ 가지치기용 도끼의 날의 각도는 8~10°가 적당하다.

해설
② 날이 너무 날카로운 삼각형이 되면 벌목 시 날이 나무 속에 끼게 되므로 도끼의 날을 갈 때 아치형으로 연마한다.

54 무육작업을 위한 도구로 가장 거리가 먼 것은?

① 쐐기
② 보육낫
③ 이리톱
④ 가지치기톱

해설
쐐기 : 주로 벌도방향의 결정과 안전작업을 위하여 사용된다.

56 체인톱에 사용되는 연료인 혼합유를 제조하기 위해 휘발유와 함께 혼합하는 것은?

① 그리스
② 방청유
③ 엔진오일
④ 기어오일

해설
체인톱에 사용하는 연료는 휘발유와 윤활유(엔진오일)를 보통 25 : 1의 비율로 혼합한다.

57 활엽수 벌목작업 시 손톱의 삼각형 톱니날 젖힘 크기로 가장 적당한 것은?

① 0.1~0.2mm

② 0.2~0.3mm

③ 0.3~0.5mm

④ 0.5~0.6mm

해설

톱니날 젖힘의 크기는 0.2~0.5mm가 적당하다(침엽수 0.3~0.5mm, 활엽수 0.2~0.3mm).

58 4행정 기관과 비교한 2행정 기관의 특징으로 옳지 않은 것은?

① 연료소모량이 크다.

② 저속운전이 곤란하다.

③ 동일배기량에 비해 출력이 작다.

④ 혼합연료 이외에 별도의 엔진오일을 주입하지 않아도 된다.

해설

이론적으로 동일한 배기량일 경우 2행정 기관이 4행정 기관보다 출력이 크다.

59 체인톱의 장기 보관 시 처리하여야 할 사항으로 옳지 않은 것은?

① 연료와 오일을 비운다.

② 특수오일로 엔진을 보호한다.

③ 매월 10분 정도 가동시켜 건조한 방에 보관한다.

④ 장력 조정나사를 조정하여 체인을 항상 팽팽하게 유지한다.

해설

체인톱의 장기 보관 시 주의사항

• 연료와 오일을 비운다.

• 특수 보존오일로 엔진을 칠해주거나, 혹은 매월 10분씩 가동을 시켜준다. 이렇게 하면 엔진에 기름칠이 되고, 기화기의 막들이 연료로 젖어있게 된다.

• 톱은 건조한 방에 먼지를 받지 않도록 보존시킨다.

• 연 1회씩 전문적인 검사관들에게 검사를 받도록 하는 것이 좋다.

60 체인톱의 안전장치가 아닌 것은?

① 체인잡이

② 핸드가드

③ 방진고무

④ 체인장력 조절장치

해설

체인톱의 안전장치 : 방진고무를 부착한 전방 손잡이 및 후방 손잡이, 핸드가드(전방 손보호판), 후방 손보호판, 체인브레이크, 체인잡이, 지레발톱, 스로틀레버 차단판, 스위치, 소음기, 체인보호집, 안전체인 등

※ 2017년부터는 CBT(컴퓨터 기반 시험)로 진행되어 수험자의 기억에 의해 문제를 복원하였습니다. 실제 시행문제와 일부 상이할 수 있음을 알려드립니다.

01 밤나무 등의 대립종자의 파종에 흔히 쓰는 방법은?

① 조파 　　② 산파
③ 취파 　　④ 점파

해설
점파(점뿌림) : 밤나무, 참나무류, 호두나무 등 대립종자의 파종에 이용되는 방법으로 상면에 균일한 간격(10~20cm)으로 1~3립씩 파종한다.

02 소립종자의 실중에 대한 설명으로 옳은 것은?

① 종자 1L의 4회 평균 중량
② 종자 1,000립의 4회 평균 중량
③ 종자 100립의 4회 평균 중량 곱하기 10
④ 전체 시료종자 중량 대비 각종 불순물을 제거한 종자의 중량 비율

해설
실중은 종자 1,000립의 무게를 g으로 나타낸 것으로 대립종자 100립, 소립종자 1,000립을 4회 반복하여 무게를 측정한 평균치이다.

03 모수작업에 관한 설명으로 옳지 않은 것은?

① 음수수종 갱신에 적합하다.
② 벌채작업이 집중되어 경제적으로 유리하다.
③ 주로 종자가 가볍고 쉽게 발아하는 수종에 적용한다.
④ 모수의 종류와 양을 적절히 조절하여 수종의 구성을 변화시킬 수 있다.

해설
모수작업의 장점
• 벌채작업이 한 지역에 집중되므로 경제적인 작업을 진행할 수 있다.
• 임지를 정비해 줌으로써 노출된 임지의 갱신이 이루어질 수 있다.
• 개벌작업 다음으로 작업이 간편하다.
• 개벌작업보다는 신생 임분의 종적 구성을 더 잘 조절할 수 있다.
• 모수가 종자를 공급하므로 넓은 면적이 일시에 벌채되고 갱신이 될 수 있다.
• 양성을 띤 수종의 갱신에 적당하다.
• 갱신이 성공될 때까지 모수를 남겨 둠으로써 갱신이 실패할 염려가 적고 비용도 적게 든다.

04 다음 중 가지치기에 대한 설명으로 옳지 않은 것은?

① 하층목 보호 및 생장을 촉진한다.
② 임목 간 생존경쟁을 심화시킬 수 있다.
③ 옹이가 없는 완만재로 생산 가능하다.
④ 목표생산재가 톱밥, 펄프 등의 일반소경재는 하지 않는다.

> **해설**
> **가지치기의 장점**
> • 임목 간의 부분적 균형에 도움을 준다.
> • 수고생장을 촉진한다.
> • 연륜폭을 조절해서 수간의 완만도를 높인다.
> • 하목의 수광량을 증가시켜 생장을 촉진시킨다.

05 인공조림과 천연갱신의 설명으로 옳지 않은 것은?

① 천연갱신에는 오랜 시일이 필요하다.
② 인공조림은 기후 풍토에 저항력이 강하다.
③ 천연갱신으로 숲을 이루기까지의 과정이 기술적으로 어렵다.
④ 천연갱신과 인공조림을 적절히 병행하면 조림성과를 높일 수 있다.

> **해설**
> • 천연갱신의 단점
>   – 갱신 전 종자의 활착을 위한 작업, 임상정리가 필요하다.
>   – 갱신되는 데 시간이 많이 소요되고 기술적으로 실행하기 어렵다.
>   – 생산된 목재가 균일하지 못하고 변이가 심하다.
>   – 목재 생산에 작업의 복잡성과 높은 기술이 필요하다.
> • 인공조림의 단점
>   – 동령단순림이 조성되므로 환경인자에 대한 저항성이 약화된다.
>   – 조림 시 단근으로 비정상적인 근계발육과 성장이 우려된다.
>   – 경비가 많이 들고, 수종이 단순하며, 동령림이 되기 때문에 땅힘을 이용하는 데 무리가 있다.

06 묘상에서의 단근작업에 관한 설명으로 옳지 않은 것은?

① 주로 휴면기에 실시한다.
② 측근과 세근을 발달시킨다.
③ 묘목의 철늦은 자람을 억제한다.
④ 단근의 깊이는 뿌리의 2/3 정도를 남기도록 한다.

> **해설**
> **단근시기** : 5월 중순과 8월 하순경 2회이나 보통 8월 중·하순에 한 번 실시한다.

07 봄에 묘목을 가식할 때 묘목의 끝은 어느 방향으로 향하게 하여 경사지게 묻는가?

① 동쪽　　　　② 서쪽
③ 북쪽　　　　④ 남쪽

> **해설**
> 묘목의 끝을 가을에는 남쪽으로, 봄에는 북쪽으로 45° 경사지게 한다.

08 묘목의 가식작업에 관한 설명으로 옳지 않은 것은?

① 장기간 가식할 때에는 다발째로 묻는다.
② 장기간 가식할 때에는 묘목을 바로 세운다.
③ 충분한 양의 흙으로 묻은 다음 관수(灌水)를 한다.
④ 일시적으로 뿌리를 묻어 건조방지 및 생기회복을 위해 실시한다.

해설
① 장기간 가식하고자 할 때에는 묘목을 다발에서 풀어 도랑에 한 줄로 세우고, 충분한 양의 흙으로 뿌리를 묻은 다음 관수를 한다.

10 잔존시키는 임목의 성장 및 형질 향상을 위하여 임목 간의 경쟁을 완화시키는 작업은?

① 개벌작업   ② 간벌작업
③ 택벌작업   ④ 산벌작업

해설
간벌(thinning)
남게 될 나무의 자람을 촉진시키고 유용한 목재의 총 생산량을 증가시키고자 할 때 그 벌채를 간벌이라고 한다.

11 종자 정선 후 바로 노천매장을 하는 수종은?

① 벚나무   ② 피나무
③ 전나무   ④ 삼나무

해설
종자를 정선한 후 곧 노천매장해야 할 수종 : 들메나무, 단풍나무류, 벚나무류, 잣나무, 백송, 호두나무, 가래나무, 느티나무, 백합나무, 은행나무, 목련류 등

12 파종상의 해가림시설을 제거하는 시기로 가장 적절한 것은?

① 5월 중순~6월 중순
② 7월 하순~8월 중순
③ 9월 중순~10월 상순
④ 10월 중순~11월 중순

해설
9월 이후 늦게까지 해가림을 계속하는 것은 오히려 유해하므로 7월 하순부터 8월 중순까지 제거하기 시작한다.

09 잣나무 2-1-1묘란 몇 년생 묘목을 뜻하는가?

① 1년생   ② 2년생
③ 3년생   ④ 4년생

해설
파종상에서 2년, 이식을 2번(각 1년)한 4년생 묘목이다.

13 매년 결실하는 수종은?

① 소나무   ② 오리나무

③ 자작나무   ④ 아까시나무

해설

- 해마다 결실을 보이는 것 : 버드나무류, 포플러류, 오리나무류, 느릅나무, 물갬나무 등
- 격년 결실을 하는 것 : 소나무류, 오동나무류, 자작나무류, 아까시, 리기다 소나무 등
- 2~3년을 주기로 하는 것 : 참나무류, 들메나무, 느티나무, 삼나무, 편백, 상수리나무 등
- 3~4년을 주기로 하는 것 : 전나무, 녹나무, 가문비나무 등
- 5년 이상을 주기로 하는 것 : 너도밤나무, 낙엽송, 방크스소나무 등

14 정방형 식재를 옳게 설명한 것은?

① 식재간격과 식재공간을 계산하기 어렵다.

② 식재작업이 불편하다.

③ 포플러류나 낙엽송 등 양수수종은 알맞지 않다.

④ 묘간거리와 열간거리가 같은 식재 방법이다.

해설

정방형 식재

묘목 사이의 간격과 줄 사이의 간격이 동일한 일반적인 식재 방법으로 공간의 이용이 가장 효율적이다.

15 일반적인 침엽수종에 대한 묘포의 적당한 토양산도는?

① pH 3.0~4.0   ② pH 4.0~5.0

③ pH 5.0~6.5   ④ pH 6.5~7.5

해설

묘포 토양의 적정산도

- 침엽수 : pH 5.0~5.5
- 활엽수 : pH 5.5~6.0

16 조림수종의 선정기준으로 적합하지 않은 항목은?

① 생장이 빠르고 줄기의 재적 생장이 큰 수종

② 가지가 굵고 원줄기가 곧고 짧은 수종

③ 목재의 이용가치가 높은 수종

④ 바람, 눈, 건조, 병해충에 저항력이 큰 수종

해설

② 가지가 가늘고 짧으며, 줄기가 곧은 것

17 다음 중 가식에 대한 설명 중 틀린 것은?

① 가식할 장소는 배수가 잘되고 습기가 있는 곳을 선정하되 과습지는 피한다.

② 가식은 대부분 점상으로 한다.

③ 가식 시 묘목의 끝이 가을에는 남쪽으로 향하도록 한다.

④ 가식 시 묘목의 끝이 봄에는 북쪽으로 향하도록 한다.

해설

② 가식할 때에는 반드시 뿌리 부분을 부채살 모양으로 열가식한다.

18 다음 중 무육작업과 관계있는 작업으로, 나머지 셋과는 구별되는 것은?

① 개벌작업　　　② 산벌작업
③ 택벌작업　　　④ 제벌작업

무육작업은 어린나무를 우량한 목재로 키우는 과정의 모든 작업을 의미하며, 풀베기 작업, 덩굴제거, 제벌작업, 가지치기 작업, 간벌작업 등이 포함된다.

19 다음 중 단근작업에 대한 설명 중 틀린 것은?

① 묘목의 철늦은 자람을 억제한다.
② 측근과 세근을 발달시킨다.
③ 그 해 기후에 따라 도장의 염려가 있을 때에는 생략할 수도 있다.
④ 파종상에서는 땅속 10cm, 판갈이상에서는 12cm 깊이에서 뿌리를 잘라준다.

③ 그 해 기후에 따라 도장의 염려가 없으면 생략할 수도 있다.

20 성숙한 임분을 대상으로 벌채를 실시할 때 모수가 되는 임목을 산생시키거나 군상으로 남겨두어 갱신에 필요한 종자를 공급하게 하고 그 밖의 임목은 개벌하는 갱신법은?

① 보잔목법　　　② 택벌작업법
③ 보속작업법　　④ 모수작업법

모수작업법
남겨질 모수는 산생(한 그루씩 흩어져 있음)시키거나 군생(몇 그루씩 무더기로 남김)시켜 갱신에 필요한 종자를 공급하게 하고 갱신이 끝나면 모수는 벌채된다.

21 유령림에 대한 무육작업으로 적합한 것은?

① 간벌과 가지치기
② 가지치기와 덩굴치기
③ 풀베기와 덩굴치기
④ 풀베기와 간벌

• 유령림의 무육 : 풀베기, 덩굴치기, 제벌(잡목 솎아내기)
• 성숙림의 무육 : 가지치기, 솎아베기(간벌)

22 예비벌, 하종벌, 후벌에 의하여 갱신되는 작업법은?

① 택벌작업　　　② 개벌작업
③ 산벌작업　　　④ 모수작업

산벌작업은 임분을 예비벌, 하종벌, 후벌 3단계 갱신 벌채를 실시하여 갱신하는 방법이다.

23 다음 중 종자수득률이 가장 높은 수종은?

① 잣나무　　　　② 벗나무
③ 박달나무　　　④ 가래나무

종자수득률
가래나무(50.9%) > 박달나무(23.3%) > 벗나무(18.2%) > 잣나무(12.5%)

24 다음이 설명하고 있는 줄기접 방법으로 옳은 것은?

> 〈줄기접 시행순서〉
> 1. 서로 독립적으로 자라고 있는 접수용 묘목과 대목용 묘목을 나란히 접근
> 2. 양쪽 묘목의 측면을 각각 칼로 도려냄
> 3. 도려낸 면을 서로 밀착시킨 상태에서 접목끈으로 단단히 묶음

① 절접　　　　② 합접
③ 기접　　　　④ 교접

해설
기접법
• 접목이 어려운 수종에 실시한다(단풍나무).
• 양쪽의 식물체에 접합시킬 부분을 깎고 서로 맞대게 하여 끈으로 묶은 후 접착이 되면 필요 없는 부분을 잘라 제거한다.

25 우리나라 삼림대를 구성하는 요소로서 일반적으로 북위 35° 이남, 평균기온이 14℃ 이상 되는 지역의 산림대는?

① 열대림　　　　② 난대림
③ 온대림　　　　④ 온대북부림

해설
우리나라의 임상
• 난대림(상록활엽수대) : 북위 35° 이남, 연평균기온 14℃ 이상, 주로 남부해안에 면한 좁은 지방과 제주도 및 그 부근의 섬들
• 온대림(낙엽활엽수대) : 북위 35~43°, 산악지역과 높은 지대를 제외한 연평균기온 5~14℃, 온대 남부·온대중부·온대북부로 나뉨
• 한대림(침엽수대) : 평지에서는 볼 수 없음, 평안남북도·함경남북도의 고원지대와 높은 산지역, 연평균기온 5℃ 이하

26 우리나라에서 발생하는 상주(서릿발)에 대한 설명으로 옳은 것은?

① 가장 추운 1월 중순에 많이 발생한다.
② 중부지방보다 남부지방에서 잘 발생한다.
③ 토양함수량이 90% 이상으로 많을 때 발생한다.
④ 비료를 주어 상주 생성을 막을 수 있지만 질소비료는 가장 효과가 낮다.

해설
상주
겨울에 토양 중의 수분이 빨려 올라와 가늘고 긴 빙주가 다발로 되어 표면에 솟아난 것을 상주라고 하며, 상주는 토양수분이 60% 이상이고 지표온도는 0℃ 이하, 지중온도는 영상일 때 발생하게 된다. 우리나라에서는 남부지방의 식질토양에서 많이 발생한다.

27 다음 중 산림화재의 효용에 대한 설명으로 틀린 것은?

① 관목과 잡초가 우거진 임지에 인공식재를 하려고 할 때 식재 직전에 불을 넣어 제거
② 천연하종이 불가능한 때 적당히 불을 넣어 조부식층을 제거하여 천연하종을 가능하게 함
③ 병해충의 확산을 방지하고 중간기주를 제거
④ 폐쇄구과에 대한 발아 휴면성을 연장

해설
산림화재는 폐쇄구과에 대한 휴면성을 타파하여 천연하종을 유도한다.

28 토양 중에서 수분이 부족하여 생기는 피해는?

① 볕데기(皮燒)　② 상해(霜害)

③ 한해(旱害)　④ 열사(熱死)

① 볕데기(皮燒) : 수간이 태양광선의 직사를 받았을 때 수피의 일부에 급격한 수분증발이 생겨 조직이 마르는 현상
② 상해(霜害) : 이른 봄 식물의 발육이 시작된 후 급격한 온도저하가 일어나 어린 지엽이 손상되는 현상
④ 열사(熱死) : 7~8월경 토양이 건조되기 쉬울 때 암흑색의 사질 부식토에서 태양열을 흡수함으로써 발생

29 바람에 의해 전반(풍매전반)되는 수병은?

① 잣나무 털녹병균
② 근두암종병균
③ 오동나무 빗자루병균
④ 향나무 적성병균

바람에 의한 전반(풍매전반) : 잣나무 털녹병균, 밤나무 줄기마름병균, 밤나무 흰가루병균

30 수목의 그을음병(sooty mold)에 대한 설명으로 옳은 것은?

① 수목의 잎 또는 가지에 형성된 검은색을 띠는 것은 무성하게 자란 세균이다.
② 병원균은 진딧물과 같은 곤충의 분비물에서 양분을 섭취한다.
③ 이 병에 감염된 수목은 수목의 수세가 악화되면서 급격히 말라 죽는다.
④ 병원균은 기공으로 침입하며 침입균시는 원형질막을 파괴시킨다.

그을음병은 통풍불량, 음습, 질소질 과다시비로 인하여 발생된다. 깍지벌레, 진딧물의 배설에 의하여 병원균이 번식되어 줄기와 잎이 흑색으로 보인다.

31 오리나무 갈색무늬병균(갈반병)의 방제법이 아닌 것은?

① 티시엠 유제 500배액을 4~5시간 종자소독을 한다.
② 지오판 수화제 200배액에 24시간 종자소독을 한다.
③ 잎이 피는 시기부터 4-4식 보르도액을 2주 간격으로 약 7~8회 살포한다.
④ 장마철 이전에 만코지 수화제를 600배액 희석하여 살포한다.

④ 장마철 이후에 만코지 수화제를 600배액 희석하여 살포한다.

32 포플러류 잎의 뒷면에 초여름 오렌지색의 작은 가루덩이가 생기고, 정상적인 나무보다 먼저 낙엽이 지는 현상이 나타나는 병은?

① 잎녹병
② 갈반병
③ 잎마름병
④ 점무늬잎떨림병

해설

포플러 잎녹병균은 병든 낙엽에서 겨울포자 상태로 겨울을 나고, 4~5월에 겨울포자가 발아하여 만들어진 담자포자가 바람에 의해 낙엽송으로 날아가 새로 나온 잎을 감염시켜 잎의 뒷면에 직경 1~2mm 되는 오렌지색의 녹포자덩이를 만든다.

33 주로 나무의 상처부위로 병원균이 침입하여 발병하는 것으로 상처부위에 올바른 외과수술을 해야 하며, 저항성 품종을 심어 방제하는 병은?

① 향나무 녹병
② 소나무 잎떨림병
③ 밤나무 줄기마름병
④ 삼나무 붉은마름병

해설

밤나무 줄기마름병균은 밤나무 줄기와 가지의 상처를 중심으로 병반이 형성되는데 초기에는 황갈색이나 적갈색으로 변하고 약간 움푹해지며, 이후 수피가 부풀어 오른다.

34 덩굴식물을 제거하는 방법으로 옳지 않은 것은?

① 디캄바 액제는 콩과식물에 적용한다.
② 인력으로 덩굴의 줄기를 제거하거나 뿌리를 굴취한다.
③ 글라신 액제는 2~3월 또는 10~11월에 사용하는 것이 효과적이다.
④ 약제 처리 후 24시간 이내에 강우가 예상될 경우 약제 처리를 중지한다.

해설

글라신 액제 처리는 덩굴류의 생장기인 5~9월에 실시한다.

35 포플러 잎녹병의 증상으로 옳지 않은 것은?

① 병든 나무는 급속히 말라 죽는다.
② 초여름에는 잎 뒷면에 노란색 작은 돌기가 발생한다.
③ 초가을이 되면 잎 양면에 짙은 갈색 겨울포자퇴가 형성된다.
④ 중간기주의 잎에 형성된 녹포자가 포플러로 날아와 여름포자퇴를 만든다.

해설

포플러 잎녹병의 병징

• 초여름에 잎의 뒷면에 누런 가루덩이(여름포자퇴)가 형성되고, 초가을에 이르면 차차 암갈색무늬(겨울포자퇴)로 변하며, 잎은 일찍 떨어진다.
• 중간기주인 낙엽송의 잎에는 5월 상순에서 6월 상순경에 노란 점이 생긴다.

36 피해목을 벌채한 후 약제 훈증처리의 방제가 필요한 수병은?

① 뽕나무 오갈병 ② 잣나무 털녹병
③ 소나무 잎녹병 ④ 참나무 시들음병

해설
참나무 시들음병의 방제
침입공에 메프 유제, 파프 유제 500배액을 주입하고, 피해목을 벌채하여 1m 길이로 잘라 쌓은 후 메탐소디움을 m³당 1L씩 살포하고 비닐을 씌워 밀봉하여 훈증처리한다.

37 향나무 녹병균이 배나무를 중간숙주로 기생하여 오렌지색 별무늬가 나타나는 시기로 가장 옳은 것은?

① 3~4월   ② 6~7월
③ 8~9월   ④ 10~11월

해설
향나무 녹병균은 배나무를 중간숙주로 기생하는데, 6~7월에 잎과 열매 등에 오렌지색 별무늬로 나타난 후 녹포자를 형성하면 향나무에 날아가 기생하면서 균사 상태로 월동한다.

38 파이토플라스마에 의한 병해에 해당하는 것은?

① 뽕나무 오갈병
② 벚나무 빗자루병
③ 참나무 시들음병
④ 밤나무 줄기마름병

해설
뽕나무 오갈병의 병원체 및 병원 : 병원은 파이토플라스마이며, 마름무늬매미충에 의해 매개되고 접목에 의해서도 전염된다.

39 솔잎혹파리에 대한 설명으로 옳지 않은 것은?

① 완전변태를 한다.
② 솔잎의 기부에서 즙액을 빨아 먹는다.
③ 1년에 2회 발생하며 알로 월동한다.
④ 기생성 천적으로 솔잎혹파리먹좀벌 등이 있다.

해설
③ 1년에 1회 발생하며, 유충으로 지피물 밑의 지표나 1~2cm 깊이의 흙 속에서 월동한다.

40 호두나무잎벌레의 월동형태는?

① 유충   ② 번데기
③ 알   ④ 성충

해설
호두나무잎벌레는 연 1회 발생하며, 유충은 군서하면서 엽육을 식해하고, 성충으로 월동한다.

41 솔노랑잎벌에 대한 설명으로 옳지 않은 것은?

① 1년에 1회 발생한다.
② 알로 월동한다.
③ 소나무, 밤나무 등을 가해한다.
④ 천적으로는 맵시벌, 노린재류 등이 있다.

해설
③ 적송, 흑송 및 기타 소나무류를 가해한다.

42 해충의 구조로 맞는 것은?

① 가슴은 앞가슴, 가운데가슴, 뒷가슴으로 나뉜다.

② 큰턱 등 입틀은 환경에 따라 변형한다.

③ 더듬이는 한 마디로 구성되어 있다.

④ 날개는 하등곤충에는 있고, 보통 종류에는 없다.

해설

② 큰턱 등 입틀은 씹거나, 부수거나, 핥거나 빨아들이는 등 먹이에 따라 변형한다.

③ 더듬이는 여러 마디로 구성되어 있다.

④ 날개는 하등곤충에는 없고, 보통 종류에는 있다.

43 해충의 밀도가 증가하거나 감소하는 경향을 알기 위해 충태별 사망수, 사망요인, 사망률 등의 항목으로 구성된 표는 무엇인가?

① 생명표　　② 생태표

③ 생식표　　④ 수명표

해설

생명표 : 1군의 동종개체가 출생한 후의 시간경과에 따라 어떻게 사망하고 감소하였는가를 기재한 표이다.

44 어떤 유제(50%)를 200배로 희석하여 살포하려고 할 때 100L에 필요한 소요약량은?

① 0.5　　② 0.05

③ 5　　④ 50

해설

소요약량 = 단위면적당 사용량/소요희석배수
= 100/200 = 0.5L

45 해충의 직접적인 구제 방법 중 기계적 방제법에 속하지 않는 것은?

① 포살법　　② 소살법

③ 유살법　　④ 냉각법

해설

기계적 방제법은 간단한 기구 또는 손으로 해충을 잡는 방법으로 포살, 유살, 소살 등이 있다.

46 다음에 해당하는 톱으로 옳은 것은?

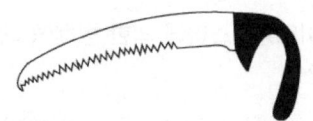

① 제재용 톱

② 무육용 이리톱

③ 벌도작업용 톱

④ 조재작업용 톱

해설

무육용 이리톱 : 역학을 고려하여 손잡이가 구부러져 있어 가지치기와 어린나무가꾸기 작업에 적합하다.

47 다음 중 벌목용 작업 도구가 아닌 것은?

① 쐐기　　　　② 밀대

③ 이식승　　　④ 원목돌림대

벌목용 작업 도구 : 톱, 도끼, 쐐기, 밀대, 목재돌림대, 갈고리, 체인톱, 벌채수확기계 등

48 특별한 경우를 제외하고 도끼를 사용하기에 가장 적합한 도끼자루의 길이는?

① 사용자 팔 길이

② 사용자 팔 길이의 2배

③ 사용자 팔 길이의 0.5배

④ 사용자 팔 길이의 1.5배

도끼자루의 길이는 특수한 경우를 제외하고는 사용자의 팔 길이 정도가 적당하다.

49 자동지타기를 이용한 작업에 대한 설명으로 옳지 않은 것은?

① 절단 가능한 가지의 최대직경에 유의한다.

② 우천 시 미끄러짐, 센서 이상 등의 문제점이 있다.

③ 나선형으로 올라가지 못하고 곧바로만 올라간다.

④ 승강용 바퀴 답압에 의해 수목에 상처가 발생하기도 한다.

③ 나선형으로 상승하는 형태와 수직으로 상승하는 형태가 있다.

50 대패형 톱날의 창날각도로 가장 적당한 것은?

① 30°　　　　② 35°

③ 60°　　　　④ 80°

톱날의 종류별 연마각도

구분	대패형 톱날	반끌형 톱날	끌형 톱날
창날각	35°	35°	30°
가슴각	90°	85°	80°
지붕각	60°	60°	60°
연마방법	수평	수평에서 위로 10° 상향	수평에서 위로 10° 상향

51 다음 중 벌도, 가지치기 및 조재작업기능을 모두 가진 장비는?

① 포워더　　　② 하베스터

③ 프로세서　　④ 스윙야더

하베스터는 대표적인 다공정 처리기계로 벌도, 가지치기, 조재목 다듬질, 토막내기 작업을 모두 수행할 수 있는 장비이다.

52 벌목 중 나무에 걸린 나무의 방향전환이나 벌도목을 돌릴 때 사용되는 작업 도구는?

① 쐐기　　　② 식혈봉
③ 박피삽　　④ 지렛대

해설

지렛대는 벌목 시 나무가 걸려 있을 때 밀어 넘기거나 또는 벌목된 나무의 가지를 자를 때 벌도목을 반대방향으로 전환시킬 경우에 사용한다.

53 도구의 날을 가는 요령을 설명하였다. 틀린 것은?

① 도끼의 날은 침엽수용을 활엽수용보다 더 둔하게 연마하여야 한다.
② 도끼의 날은 활엽수용을 침엽수용보다 더 둔하게 갈아준다.
③ 톱의 날은 침엽수용보다 활엽수용을 더 둔하게 갈아준다.
④ 톱니의 젖힘은 침엽수용을 활엽수용보다 더 넓게 젖혀준다.

해설

도끼 및 톱의 날은 침엽수용이 활엽수용보다 더 날카롭다.

54 예불기의 연료는 시간당 약 몇 L가 소모되는 것으로 보고 준비하는 것이 좋은가?

① 0.5L　　② 1L
③ 2L　　　④ 3L

해설

예불기의 연료는 시간당 약 0.5L가 소모된다.

55 벌목작업 시 작업로 간격(최소 안전작업 거리)기준으로 적당한 것은?

① 벌도될 나무 높이의 1배
② 벌도될 나무 높이의 2배
③ 벌도될 나무 높이의 3배
④ 벌도될 나무 높이의 4배

해설

벌목영역은 벌채목을 중심으로 수고(나무 높이)의 2배에 해당하는 영역이다.

56 체인톱과 예불기의 연료 혼합비로 가장 적합한 것은?

① 휘발유 : 오일 = 15 : 1
② 휘발유 : 오일 = 25 : 1
③ 휘발유 : 오일 = 45 : 1
④ 휘발유 : 오일 = 65 : 1

해설

체인톱과 예불기에 사용하는 연료 혼합비
휘발유 : 윤활유(엔진오일) = 25 : 1

57 4행정 기관과 비교한 2행정 기관의 특징으로 옳지 않은 것은?

① 중량이 가볍다.
② 저속운전이 용이하다.
③ 시동이 용이하고 바로 따뜻해진다.
④ 배기음이 높고 제작비가 저렴하다.

해설
② 저속운전이 어렵다.

58 가솔린엔진과 비교할 때 디젤엔진의 특징으로 옳지 않은 것은?

① 열효율이 높다.
② 토크변화가 작다.
③ 배기가스 온도가 높다.
④ 엔진 회전속도에 따른 연료공급이 자유롭다.

해설
디젤엔진은 과급으로 인한 높은 공연비 덕분에 연소 후 단위 질량당 에너지밀도가 낮고 따라서 배기가스 온도가 가솔린엔진에 비해 상당히 낮은 편이다. 때문에 터보차저의 터빈이 고열에 의해 손상될 위험성이 낮아서 터보차저를 조합하기가 용이하다.

59 산림작업 시 수라를 설치할 때 작업의 안전을 위해 속도조절장치를 함께 설치하여야 하는 경사도는?

① 20~30%
② 30~40%
③ 40~50%
④ 50~60%

해설
수라 설치지역의 최소 종단경사는 15~25%가 되어야 하고 최대경사가 50~60% 이상일 경우에는 속도조절장치를 부착하여 활용한다.

60 체인톱에 사용하는 오일의 점액도를 표시한 것 중 겨울용(-25℃)으로 가장 적당한 것은?

① SAE 20
② SAE 30
③ SAE 50
④ SAE 20W

해설
계절에 따른 SAE의 분류
• SAE 30 : 봄, 가을철
• SAE 40 : 여름철
• SAE 20W : 겨울철

01 발아율 90%, 고사율 20%, 순량률 80%일 때 종자의 효율은?

① 14.4%　　② 16%

③ 44%　　④ 72%

해설

효율(%) = 발아율 × 순량률/100
= 90 × 80/100
= 72%

02 모수작업은 전 재적의 약 몇 %의 나무를 베는가?

① 60%　　② 70%

③ 80%　　④ 90%

해설

모수로 남겨야 할 임목은 전 임목에 대하여 본수의 2~3%, 재적의 약 10%이다.

03 종자 저장 시 정선 후 곧바로 노천매장해야 하는 수종으로 짝지은 것은?

① 층층나무, 전나무

② 삼나무, 편백

③ 소나무, 해송

④ 느티나무, 잣나무

해설

④ 느티나무, 잣나무는 종자 채취 직후인 9월 상순~10월 하순에 매장한다.

① 토양동결 전(11월 하순)에 매장한다.

②·③ 토양동결이 풀린 후 파종 1개월 전(3월 중순)에 매장한다.

04 우리나라의 산림대에 대한 설명으로 옳은 것은?

① 온대림과 냉대림으로 구분된다.

② 온대림과 난대림으로 구분된다.

③ 난대림, 온대림, (아)한대림으로 구분된다.

④ 난대림, 온대림, 온대북부림으로 구분된다.

해설

• 난대림(난온대림) : 수평적으로는 34° 이남지역이나 해안지역의 경우 35° 이남지역으로 연평균기온은 14℃, 한랭지수는 −10 이상이다.

• 온대림 : 우리나라에서 분포면적이 가장 넓으며, 남쪽으로는 난대림과 북쪽으로는 한대림과 접하고 있다. 연평균기온은 5~14℃이다.

• 한대림 : 수평적으로 한반도의 북한지역에 분포하며, 주로 평안도와 함경도의 고원 및 고산지역이 이에 속한다. 연평균기온은 5℃ 이하이다.

1 ④　2 ④　3 ④　4 ③　**정답**

05 삽수의 발근이 비교적 잘되는 수종, 비교적 어려운 수종, 대단히 어려운 수종으로 분류할 때 비교적 잘되는 수종에 속하는 것은?

① 밤나무　　　　② 측백나무
③ 느티나무　　　　④ 백합나무

• 삽수의 발근이 잘되는 수종 : 측백나무, 포플러류, 버드나무류, 은행나무, 사철나무, 개나리, 주목, 향나무, 치자나무, 삼나무 등
• 삽수의 발근이 어려운 수종 : 밤나무, 느티나무, 백합나무, 소나무, 해송, 잣나무, 전나무, 단풍나무, 벚나무 등

07 다음 우량묘의 조건으로 틀린 것은?

① 발육이 왕성하고 신초의 발달이 양호한 것
② 우량한 유전성을 지닌 것
③ 측근과 세근이 잘 발달된 것
④ 침엽수종의 묘에 있어서는 줄기가 곧고 측아가 정아보다 우세한 것

④ 침엽수종의 묘에 있어서는 줄기가 곧고 정아가 측아보다 우세하며 되도록 하아지가 발달하지 않은 것

08 데라사끼의 상층간벌에 속하는 것은?

① A종 간벌　　　　② B종 간벌
③ C종 간벌　　　　④ D종 간벌

④ D종 간벌 : 상층임관을 강하게 벌채하고 3급목을 남겨서, 수간과 임상이 직사광선을 받지 않도록 하는 것이다.
① A종 간벌 : 4·5급목을 제거하고 2급목의 소수를 끊는 방법으로, 임내를 정지하는 뜻이다. 간벌하기에 앞서 제벌 등 중간 벌채가 잘 이루어졌다면 할 필요가 거의 없다.
② B종 간벌 : 최하층의 4·5급목 전부와 3급목의 일부 그리고 2급목의 상당수를 벌채하는 것으로 C종과 함께 단층림에 있어서 가장 넓게 실시하고 있다.
③ C종 간벌 : B종보다 벌채하는 수관급이 광범위하고, 특히 1급목도 가까운 장래에 다른 1급목에 장해를 줄 가능성이 있는 경우 벌채하며, 우세목이 많은 성림에 적용한다.

06 다음 중 풀베기에서 전면깎기의 설명으로 바르지 못한 것은?

① 조림지 전면에 해로운 지상식물을 깎는다.
② 양수인 수종에 실시한다.
③ 우리나라 북부지방에서 주로 실시하는 방법이다.
④ 땅힘이 좋은 곳에서 실시한다.

③ 전면깎기(전예)는 임지가 비옥하거나 식재목이 광선을 많이 요구할 때 이용되는 방법으로 남부지방에 적합하다.

09 뛰어난 번식력으로 인하여 수목 피해를 가장 많이 끼치는 동물로 올바르게 짝지은 것은?

① 사슴, 노루
② 곰, 호랑이
③ 산토끼, 들쥐
④ 산까치, 박새

해설

산토끼는 인공조림지에 눈에 덮여있는 치수의 상부를 먹으며, 들쥐는 뿌리·종자를 파먹고 둘 다 번식력이 강하다.

10 해충의 월동상태가 옳지 않은 것은?

① 대벌레 : 성충
② 천막벌레나방 : 알
③ 어스렁이나방 : 알
④ 참나무재주나방 : 번데기

해설

① 대벌레는 알로 월동한다.

11 종자의 이동방법으로 옳은 것은?

① 벚나무 – 중력
② 소나무 – 풍력
③ 도꼬마리 – 풍력
④ 엉겅퀴 – 동물

해설

① 벚나무 : 동물에 먹혀서 이동
③ 도꼬마리 : 동물의 몸에 붙어서 이동
④ 엉겅퀴 : 풍력으로 이동

12 제벌작업에서 제거 대상목이 아닌 것은?

① 열등형질목
② 침입목 또는 가해목
③ 하층식생
④ 폭목

해설

제거 대상목
• 치수림보육
 – 상층의 대경목 및 폭목 제거
 – 덩굴류와 불량속성수 제거
 – 불량형질목 및 병해목 제거
 – 밀도 조절 및 혼효도 조절 : 치수간격은 보통 1~1.5m가 되도록 조절해주며 동시에 우점종을 이루는 천연치수를 주가 되도록 혼효상태를 조절한다.
• 유령림보육
 – 불량목 제거와 생육공간 조절
 – 혼효도 조절 : 입지와 수종 특성을 고려하여 혼효도를 조절하며 단목혼효, 열상혼효, 소군상혼효 등의 혼효형을 선택할 수 있다.
• 하층임분과 피압목 관리 : 하층임분은 가능한 한 잔존시킨다.

13 중림작업에서 하목으로 가장 적당하지 않은 수종은?

① 참나무류　　② 서어나무류
③ 느릅나무　　④ 전나무

> **해설**
> 전나무는 상목의 피압(被壓) 아래에서 생장 속도가 느리고 맹아력이 약하여 하목으로 적합하지 않다.

14 구과식물이 아닌 수종은?

① 낙엽송　　② 소나무
③ 잣나무　　④ 버드나무

> **해설**
> ④ 버드나무의 열매는 삭과이다.

15 조림목 외의 수종을 제거하고 조림목이라도 형질이 불량한 나무를 벌채하는 무육작업은?

① 풀베기　　② 덩굴치기
③ 제벌　　　④ 가지치기

> **해설**
> 제벌(솎아베기)이란 조림목이 임관을 형성한 뒤부터 간벌할 시기에 이르는 사이에 침입 수종의 제거를 주로 하고 아울러 자람과 형질이 매우 나쁜 것을 끊어 없애는 일을 말한다.

16 단근작업을 하는 이유?

① 묘목의 철늦은 자람을 억제하고, 측근과 세근을 발달시키기 위해
② 어린 묘가 강한 일사를 받아 건조되는 것을 방지하기 위해
③ 식물의 흡수에 의해 부족하게 된 토양 중의 양료를 보급하기 위해
④ 근계를 발달시켜 산지식재를 알맞은 묘목으로 만들기 위해

> **해설**
> 단근작업은 묘목의 철늦은 자람을 억제하고, 동시에 측근과 세근을 발달시켜 산지에 재식하였을 때 활착률을 높이기 위하여 실시한다.

17 다음 중 삽목이 잘되는 수종끼리만 짝지어진 것은?

① 개나리, 소나무
② 버드나무, 잣나무
③ 사철나무, 미루나무
④ 오동나무, 느티나무

> **해설**
> **삽목이 용이한 수종** : 포플러류, 버드나무류, 은행나무, 사철나무, 플라타너스, 개나리, 주목, 실편백, 연필향나무, 측백나무, 화백, 향나무, 비자나무, 미루나무 등이 있다.

18 묘포지 선정요건으로 거리가 먼 것은?

① 교통이 편리한 곳
② 양토나 사질양토로 관배수가 용이한 곳
③ 1~5° 정도의 경사지로 국부적 기상피해
 가 없는 곳
④ 토지의 물리적 성질보다 화학적 성질이
 중요하므로 매우 비옥한 곳

해설
④ 너무 비옥한 토지는 도장의 우려가 있으므로 피
한다.

19 가을에 채집하여 정선한 종자를 눈녹은 물
이나 빗물이 스며들 수 있도록 땅속에 묻었
다가 파종할 이듬해 봄에 꺼내는 종자저장
법은?

① 노천매장법
② 보호저장법
③ 실온저장법
④ 습적법

해설
노천매장법은 종자의 저장과 발아촉진을 동시에 얻
는 효과가 있다.

20 우량종자의 선발요령이 아닌 것은?

① 물에 담갔을 때 뜨는 것
② 광택이나 윤기가 나는 것
③ 오래되지 않은 것
④ 알이 알차고, 완숙한 것

해설
물에 담갔을 때 뜨는 것은 비중이 낮기 때문이므로
우량종자로 볼 수 없다.

21 볕데기에 대한 설명으로 옳지 않은 것은?

① 남서방향 임연부의 고립목에 피해가 나
 타나기 쉽다.
② 오동나무나 호두나무처럼 코르크층이 발
 달되지 않는 수종에서 자주 발생한다.
③ 강한 복사광선에 의해 건조된 수피의 상
 처부위에 부후균이 침투하여 피해를 입
 는다.
④ 토양의 온도를 낮추기 위한 관수나 해가
 림 또는 짚을 이용한 토양피복 등의 처리
 를 하는 것이 좋다.

해설
볕데기의 방제
• 울폐된 임상을 갑자기 파괴시키지 않는다.
• 남서면의 임연목의 지조를 보호한다.
• 가로수, 정원수 등에 있어서 해가림을 하거나 수간
 에 석회유, 점토 등을 칠하든지 짚, 새끼 등으로 감
 아서 보호한다.

22 소나무 잎떨림병에 대한 설명으로 틀린 것은?

① 7~9월에 발병하여 잎에 담갈색의 병반이 형성된다.

② *Lophodermium pinastri*(Schrad.) Chev.에 의해 발병한다.

③ 병든 잎을 모아서 태우는 방법으로 방제한다.

④ 조림지에 발생하였을 경우에는 여러 종류의 침엽수를 하목으로 심으면 피해가 경감된다.

해설

조림지에 발생하였을 경우에는 여러 종류의 활엽수를 하목으로 심으면 피해가 경감된다.

23 소나무좀의 방제 방법으로 옳지 않은 것은?

① 4~5월에 이목을 설치하여, 월동성충이 여기에 산란하게 한 후, 7월에 이목을 박피하여 소각한다.

② 동기채취목과 벌근에 익년 5월 이전에 껍질을 벗겨서 번식처를 없앤다.

③ 수세가 쇠약한 나무, 설해목 등 피해목 및 고사목은 벌채하여 껍질을 벗긴다.

④ 임목 벌채를 하였을 경우에는, 임내 정리를 철저히 하여 임내에 지조(나뭇가지)가 없도록 하고 원목은 반드시 껍질을 벗기도록 한다.

해설

2~3월에 이목(먹이나무 : 반드시 동기에 채취된 것으로 사용하여야 함)을 설치하여, 월동성충이 여기에 산란하게 한 후, 5월에 이목을 박피하여 소각한다.

24 2ha의 조림지에 밤나무를 4m×4m의 간격으로 식재하고자 할 때 필요한 묘목 수는?

① 1,000본

② 1,250본

③ 2,500본

④ 4,000본

해설

$$식재할\ 묘목수 = \frac{식재면적}{묘목\ 간\ 간격(가로 \times 세로)}$$

$$= \frac{2 \times 10,000}{4 \times 4} (\because 1ha = 10,000m^2)$$

$$= 1,250본$$

25 산불이 발생했을 경우 임목의 피해 정도를 설명한 것 중 틀린 것은?

① 침엽수가 활엽수보다 크다.

② 양수가 음수보다 크다.

③ 단순림과 동령림이 혼효림보다 크다.

④ 산불이 경사지를 올라갈 경우가 경사를 내려올 경우보다 크다.

해설

④ 산불 피해율은 경사별로 볼 때는 급경사지가, 위치별로는 경사 아랫부분에서 발생한 산불의 피해가 가장 크다.

26 병원체의 감염에 의한 병징 중 변색에 해당하는 것은?

① 오갈
② 총생
③ 모자이크
④ 시들음

해설
① 오갈 : 모양이 변형되어 오그라들거나 두터워진다.
② 총생 : 여러 개의 잎이 줄기에 무더기로 난다.
④ 위조(시들음) : 수목의 전체 또는 일부가 수분의 공급부족으로 시든다.

27 나무줄기에 뜨거운 직사광선을 쬐면 나무껍질의 일부에 급속한 수분 증발이 일어나거나 형성층 조직이 파괴되고, 그 부분의 껍질이 말라 죽는 피해를 받기 쉬운 수종으로 짝지어진 것은?

① 소나무, 해송, 측백나무
② 참나무류, 낙엽송, 자작나무
③ 황벽나무, 굴참나무, 은행나무
④ 오동나무, 호두나무, 가문비나무

해설
볕데기(피소)
• 수간이 태양광선의 직사를 받았을 때 수피의 일부에 급격한 수분증발이 생겨 조직이 건고되는 현상이다.
• 피해수종 : 수피가 평활하고 코르크층이 발달되지 않은 오동나무, 후박나무, 호두나무, 버즘나무, 소태나무, 가문비나무 등의 수종에 피소를 일으키기 쉽다.

28 담배장님노린재에 의하여 매개 전염되는 병은?

① 오동나무 빗자루병
② 대추나무 빗자루병
③ 잣나무 털녹병
④ 소나무 잎녹병

해설
오동나무 빗자루병은 파이토플라스마(phytoplasma)의 감염에 의해 일어나는데, 우리나라에서는 담배장님노린재, 썩덩나무노린재, 오동나무애매미충 등 3종의 흡즙성 해충이 병원균을 매개하는 것으로 알려져 있다. 담배장님노린재에 의한 감염을 막기 위해 7월 상순~9월 하순에 살충제를 2주 간격으로 살포한다.

29 진딧물에 의해 매개되는 병해는?

① 세균
② 곰팡이
③ 파이토플라스마
④ 바이러스

해설
바이러스는 자연상태에서 아까시나무 진딧물과 복숭아혹진딧물 등에 의해 매개 전염된다.

30 잣나무 털녹병(모수병)의 병징 및 표징은 줄기에 나타난다. 병원균의 침입 부위는 어디인가?

① 잎　　　　　　② 줄기
③ 종자　　　　　④ 뿌리

해설

잣나무 털녹병

병균이 8월 하순경에 잣나무 잎으로 침입하면 잎에는 적갈색에서 황색의 작은 병반이 형성된다. 그 후 점차 줄기로 침입하여 2~4년간 조직 속에 잠복하였다가 4~6월경 녹포자퇴가 발생한다. 이것이 터지면서 노란색의 녹포자가 중간기주인 송이풀류나 까치밥나무류로 날아가 전염된다.

31 성충으로 월동하는 것끼리 짝지어진 것은?

① 미국흰불나방, 소나무좀
② 소나무좀, 오리나무잎벌레
③ 잣나무넓적잎벌, 미국흰불나방
④ 오리나무잎벌레, 잣나무넓적잎벌

해설

• 오리나무잎벌레 : 1년에 1회 발생하며 성충으로 지피물 밑 또는 흙 속에서 월동한다.
• 소나무좀 : 월동성충이 나무껍질을 뚫고 들어가 산란한 알에서 부화한 유충이 나무껍질 밑을 식해한다.

32 파이토플라스마와 관계없는 수병은?

① 오동나무 빗자루병
② 대추나무 빗자루병
③ 뽕나무 오갈병
④ 벚나무 빗자루병

해설

벚나무 빗자루병은 진균(자낭균 ; *Taphrina wiesneri*)에 의해 발병한다.

33 소나무 혹병의 중간기주는?

① 낙엽송　　　　② 송이풀
③ 졸참나무　　　④ 까치밥나무

해설

소나무 혹병의 중간기주는 졸참나무, 신갈나무 등 참나무류이다.

34 측백나무, 편백나무, 나한백 등에 흔히 발생하여 치명적 피해를 주는 해충은?

① 향나무하늘소
② 밤색우단풍뎅이
③ 포도유리나방
④ 버들바구미

해설

향나무 외에 측백나무, 편백나무, 화백나무 등에 피해를 주는 향나무하늘소는 수목의 굵은 가지를 고사시켜 수형을 파괴한다.

35 다음 중 잎을 가해하지 않는 해충은?

① 솔나방
② 오리나무잎벌레
③ 흰불나방
④ 소나무좀

해설

소나무좀은 소나무의 분열조직을 가해하는 해충이다.

36 곤충에 관한 설명 중 틀린 것은?

① 날개는 앞가슴에만 있다.
② 앞가슴, 가운데가슴, 뒷가슴으로 나뉜다.
③ 머리는 입틀, 겹눈, 홑눈, 촉각 등의 부속기가 있다.
④ 피부는 바깥쪽에 표피, 그 아래에 진피, 안쪽에 기저막으로 되어 있다.

해설

날개는 가운데가슴과 뒷가슴에 1쌍의 날개가 있는 것이 많다.

37 오리나무 갈색무늬병에 대한 설명으로 틀린 것은?

① 잎에 미세한 원형의 갈색~흑갈색 반점이 나타난다.
② 병든 잎은 말라 죽고 일찍 떨어진다.
③ 연작을 피해 방제한다.
④ 묘목을 밀생하면 피해를 받지 않는다.

해설

묘목이 밀생하면 피해가 크므로 적당히 솎아준다.

38 다음의 설명은 어느 해충을 가리키는가?

성충의 몸길이는 2mm 정도이고, 몸색깔은 담황색이며, 유충이 솔잎의 기부에서 즙액을 빨아먹어 피해가 3~4년 계속되면 나무가 말라 죽는다. 솔나방과 반대로 울창하고 습기가 많은 삼림에 크게 발생한다. 1년에 1회 발생하며, 유충으로 지피물속의 흙 속에서 월동한다.

① 솔잎혹파리
② 소나무가루깍지벌레
③ 소나무좀
④ 솔잎깍지벌레

해설

솔잎혹파리
• 1년에 1회 발생하며 소나무, 곰솔(해송)에 피해가 심하다.
• 유충으로 지피물 밑의 지표나 1~2cm 깊이의 흙 속에서 월동한다.
• 5월 하순부터 10월 하순까지 유충이 솔잎 기부에 벌레혹(충영)을 형성하고, 그 내부에서 흡즙 가해하여 일찍 고사하게 하며 임목의 생장을 저해한다.

39 단위생식을 하는 해충은?

① 박쥐나방

② 밤나무순혹벌

③ 호두자루수염잎벌

④ 오리나무잎벌레

> **해설**
>
> 밤나무순혹벌, 민다듬이벌레, 진딧물류 등은 암컷만으로 생식하는 단위생식을 한다.

40 살충제 중 유제(乳劑)에 대한 설명으로 옳지 않은 것은?

① 수화제에 비하여 살포용 약액조제가 편리하다.

② 포장, 운송, 보관이 용이하며 경비가 저렴하다.

③ 일반적으로 수화제나 다른 제형(劑型)보다 약효가 우수하다.

④ 살충제의 주제를 용제(溶劑)에 녹여 계면활성제를 유화제로 첨가하여 만든다.

> **해설**
>
> **유제**
> • 물에 녹지 않는 농약의 주제를 용제에 용해시켜 계면활성제를 첨가한다.
> • 물과 혼합 시 우유 모양의 유탁액이 된다.
> • 수화제보다 살포액의 조제가 편리하고 약효가 다소 높다.

41 다음 중 살충제의 제형에 따라 분류된 것은?

① 수화제

② 훈증제

③ 유인제

④ 소화중독제

> **해설**
>
> **농약의 분류**
> • 사용목적에 따른 분류 : 살균제, 살충제, 살비제, 살선충제, 제초제, 식물 생장조절제, 혼합제, 살서제, 소화중독제, 유인제 등
> • 주성분 조성에 따른 분류 : 유기인계, 카바메이트계, 유기염소계, 유황계, 동계, 유기비소계, 항생물질계, 피레스로이드계, 페녹시계, 트라이아진계, 요소계, 설포닐우레아계 등
> • 제형에 따른 분류 : 유제, 수화제, 분제, 미분제, 수화성미분제, 입제, 액제, 액상수화제, 미립제, 세립제, 저미산분제, 수면전개제, 종자처리수화제, 캡슐현탁제, 분의제, 과립훈연제, 과립수화제, 캡슐제 등
> • 사용방법에 따른 분류 : 희석살포제, 직접살포제, 훈연제, 훈증제, 연무제, 도포제 등

42 오동나무 빗자루병의 매개충이 아닌 것은?

① 솔수염하늘소

② 담배장님노린재

③ 썩덩나무노린재

④ 오동나무매미충

> **해설**
>
> **오동나무 빗자루병**
> • 병징 : 병든 나무에는 연약한 잔가지가 많이 발생하고, 담녹색의 아주 작은 잎이 밀생하여 마치 빗자루나 새집둥우리와 같은 모양을 이룬다.
> • 병원체 및 병원 : 병원은 파이토플라스마이며, 담배장님노린재, 썩덩나무노린재, 오동나무매미충에 의해 매개되고, 병든 나무의 분근을 통해서도 전염된다.

43 4행정 기관의 작동순서에 포함되지 않는 것은?

① 폭발   ② 흡입
③ 압축   ④ 회전

해설

4행정 사이클 기관의 작동순서 : 흡입 → 압축 → 폭발(팽창) → 배기
• 흡입행정 : 공기를 흡입한다.
• 압축행정 : 공기를 압축한다.
• 폭발행정 : 고온고압의 공기에 연료를 분사하여 폭발시킨다.
• 배기행정 : 연료가스를 배출시킨다.

45 다음 중 벌목용 작업도구가 아닌 것은?

① 쐐기
② 목재돌림대
③ 밀개
④ 식혈봉

해설

벌목용 작업도구 : 톱, 도끼, 쐐기, 밀대(밀개), 목재돌림대, 갈고리, 체인톱, 벌채수확기계 등

44 다음 중 용도가 같은 도구만으로 바르게 구성된 것은?

① 스위스보육낫, 손도끼
② 재래식 낫, 가지치기톱
③ 고지절단용 가지치기톱, 소형 손톱
④ 손도끼, 무육용 이리톱

해설

③ 고지절단용 가지치기톱, 소형 손톱 : 가지치기 작업용

46 산벌작업의 작업순서로 가장 올바른 것은?

① 예비벌 → 하종벌 → 후벌
② 하종벌 → 후벌 → 예비벌
③ 후벌 → 예비벌 → 하종벌
④ 후벌 → 하종벌 → 예비벌

해설

산벌작업
• 예비벌 : 갱신 준비
• 하종벌 : 치수의 발생을 완성
• 후벌 : 치수의 발육을 촉진

47 벌도목 운반이 주목적인 임업기계는?

① 지타기　　　② 포워더
③ 펠러번처　　④ 프로세서

① 지타기 : 수간을 자체 동력으로 상승하면서 가지
치기 잡업을 실시하는 기종
③ 펠러번처 : 벌목과 집적기능만 가진 장비. 즉, 임
목을 벌도하는 기계로서 단순벌도뿐만 아니라 임
목을 붙잡을 수 있는 장치를 구비하고 있어서 벌
도되는 나무를 집재작업이 용이하도록 모아 쌓는
기능을 가지고 있는 다공정 처리기계
④ 프로세서 : 하베스터와 유사하나 벌도기능만 없는
장비. 즉, 일반적으로 전목재의 가지를 제거하는
가지자르기 작업, 재장을 측정하는 조재목 마름
질 작업, 통나무자르기 등 일련의 조재작업을 한
공정으로 수행하여 원목을 한곳에 쌓을 수 있는
장비

48 기계톱의 일일정비사항에 해당하지 않는
것은?

① 휘발유와 오일의 혼합
② 에어필터의 청소
③ 안내판의 손질
④ 연료통과 연료필터의 청소

체인톱의 정비사항
• 일일점검사항 : 에어필터 청소, 안내판 점검, 휘발
유와 오일 혼합
• 주간정비사항 : 안내판, 체인톱날, 점화부분, 체인
톱 본체
• 분기점검사항 : 연료통과 연료필터의 청소, 시동줄
및 시동스프링 점검, 냉각장치, 전자 점화장치 등

49 도끼자루의 길이는 어떤 것이 가장 좋은가?

① 작업자 신장의 1/3 정도가 좋다.
② 작업자 팔 길이 정도가 좋다.
③ 작업자의 무릎 길이 정도가 좋다.
④ 작업자 신장의 1/2이 좋다.

특별한 경우를 제외하고 사용하기 편리하도록 작업
자의 팔 길이 정도가 좋다.

50 벌목조재작업 시 다른 나무에 걸린 벌채목
의 처리로 옳지 않은 것은?

① 지렛대를 이용하여 넘긴다.
② 걸린 나무를 흔들어 넘긴다.
③ 걸려있는 나무를 토막내어 넘긴다.
④ 소형 견인기나 로프를 이용하여 넘긴다.

다른 나무에 걸린 벌채목은 걸린 나무를 흔들거나 지
렛대 혹은 소형 견인기나 로프를 이용하여 넘긴다.

51 다음 중 집재와 운재에 사용되는 기계 및 기
구가 아닌 것은?

① 플라스틱 수라
② 단선순환식 삭도집재기
③ 윈치부착 농업용 트랙터
④ 자동지타기

자동지타기는 가지치기용 기계이다.

52 4행정 엔진과 비교한 2행정 엔진의 설명으로 올바른 것은?

① 저속운전이 용이하다.
② 점화가 어렵다.
③ 무게가 무겁다.
④ 휘발유와 오일소비가 적다.

해설

① 저속운전이 어렵다.
③ 중량이 가볍다(단위 중량당 출력이 높다).
④ 휘발유와 오일소비가 크다.

53 이리톱을 연마할 때 필요하지 않은 것은?

① 원형줄
② 평줄
③ 톱니꼭지각 검정쇠
④ 각도 안내판

해설

일반적인 톱니 가는 순서
• 톱니는 묻은 기름 또는 오물을 마른걸레로 제거한다.
• 양쪽에서 젖혀져 있는 톱니는 모두 일직선이 되도록 바로 펴 놓는다.
• 평면줄로 톱니 높이를 모두 같게 갈아주어 톱니꼭지선이 일치되도록 조정한다.
• 톱니꼭지선 조정 시 낮아진 높이만큼 톱니홈을 파주되 홈의 바닥이 바른 모양이 되도록 한다.
• 규격에 맞는 줄로 톱니 양면의 날을 일정한 각도로 세워주고 동시에 올바른 꼭지각이 되도록 유지한다(각도 안내판, 톱니꼭지각 검정쇠 사용).

54 냉각된 체인톱을 시동 시 초크를 닫으면 어떻게 되는가?

① 기화기에 공기 유입량을 많게 한다.
② 기화기의 온도를 상승시킨다.
③ 기화기에 공기 유입량을 차단한다.
④ 기화기에 연료공급량을 차단한다.

해설

시동단계에서 연소실에서 점화 가능한 공기와 연료의 혼합가스를 만들기 위해 초크판으로 공기유입구를 닫는다.

55 외기온도에 따른 윤활유 점액도로 올바르게 짝지은 것은?

① +30~+60℃ : SAE 30
② +10~+30℃ : SAE 10
③ -60~-30℃ : SAE 30W
④ -30~-10℃ : SAE 20W

해설

외기온도에 따른 윤활유 점액도
• 계절에 따른 SAE의 분류
  - SAE 30 : 봄, 가을철
  - SAE 40 : 여름철
  - SAE 20W : 겨울철
• 윤활유의 외부기온에 따른 점액도의 선택기준 예
  - 외기온도 +10~+40℃ = SAE 30
  - 외기온도 +10~-10℃ = SAE 20
  - 외기온도 -10~-30℃ = SAE 20W(기계톱 윤활유의 점액도가 SAE 20W일 때 'W'는 겨울용을 표시하며 외기온도 범위는 -30~-10℃ 정도이다)

52 ② 53 ① 54 ③ 55 ④ 정답

56 예불기의 연료는 시간당 약 몇 L가 소모되는 것으로 보고 준비하는 것이 좋은가?

① 0.5L ② 1L
③ 2L ④ 3L

해설
예불기의 연료는 시간당 약 0.5L가 소모된다.

57 다음 중 기계톱 부품인 스파이크의 기능으로 적합한 것은?

① 동력 차단
② 체인 절단 시 체인 잡기
③ 정확한 작업위치 선정
④ 동력 전달

해설
스파이크(spike)는 작업 시 정확한 작업위치를 선정함과 동시에 체인톱을 지지하여 지렛대 역할을 함으로써 작업을 수월하게 한다.

58 산림작업에서 개인 안전복장 착용 시 준수사항으로 가장 옳지 않은 것은?

① 몸에 맞는 작업복을 입어야 한다.
② 안전화와 안전장갑을 착용한다.
③ 가지치기 작업을 할 때는 얼굴보호망을 쓴다.
④ 작업복 바지는 멜빵 있는 바지는 입지 않는다.

해설
작업복 하의는 예민한 신체기관인 콩팥부위에 압박을 주지 않는 멜빵 있는 바지가 좋다.

59 다음 중 작업도구와 능률에 관한 기술로 가장 거리가 먼 것은?

① 자루의 길이는 적당히 길수록 힘이 강해진다.
② 도구의 날 끝 각도가 클수록 나무가 잘 빠개진다.
③ 도구는 가벼울수록, 내려치는 속도가 늦을수록 힘이 세어진다.
④ 도구의 날은 날카로운 것이 땅을 살 파거나 자를 수 있다.

해설
③ 도구는 적당한 무게를 가져야 내려치는 속도가 빨라져 능률이 좋다.

60 FAO에서 규정하는 정비별 예상수명 중 체인톱의 수명은?

① 1,000시간
② 1,500시간
③ 2,000시간
④ 2,500시간

해설
체인톱 몸통의 수명은 약 1,500시간이다.

01 노천매장에 대한 설명으로 옳지 않은 것은?

① 저장의 목적보다는 종자의 후숙을 도와 발아를 촉진시킨다.

② 쥐의 피해가 예상될 때는 철망을 덮고, 그 위를 흙으로 덮어둔다.

③ 겨울 동안 눈이나 빗물이 스며들어 갈 수 없도록 한다.

④ 가을에 종자를 채집하여 땅속에 묻어 두었다가 이듬해 봄에 파종하기 위해 쓰는 종자저장법이다.

해설

노천매장법

• 가을에 종자를 채집하여 땅속에 묻어 두었다가 이 듬해 봄에 파종하기 위해 쓰는 종자 저장법이다.

• 발아가 늦은 종자를 발아시키기 위해서 저장 상자 속에 물이 스며들어 가도록 공기유통, 습기보충 및 저온처리가 되도록 한다.

• 저장의 목적보다는 종자의 후숙을 도와 발아를 촉 진시키는 데 더 큰 의의를 지닌다.

• 양지바르고 배수가 잘되는 곳을 택하며, 때로는 콘 크리트로 틀을 짜서 영구적으로 사용할 수 있다.

• 쥐의 피해가 예상될 때에는 철망을 덮고, 그 위를 흙으로 덮어둔다.

• 겨울 동안 눈이나 빗물은 그대로 스며들어 갈 수 있도록 한다.

02 일본잎갈나무 1-1묘 산출 시 근원경의 표준 규격은 얼마인가?

① 3mm 이상　　② 4mm 이상

③ 5mm 이상　　④ 6mm 이상

해설

일본잎갈나무(낙엽송) 노지묘의 묘목규격표(종묘사 업실시요령)

묘령	간장		근원경 mm 이상	적용 H/D율* 이하
	최소 cm 이상	최대 cm 이하		
1-1	35	60	6	90

* '적용 H/D율'은 검사 대상묘목이 최대간장기준 이 상일 경우 적용

03 실생묘 표시법에서 1-1묘란?

① 판갈이를 하지 않고 1년 경과된 종자에서 나온 묘목이다.

② 파종상에서 1년을 보낸 다음 판갈이를 하 여 다시 1년이 지난 만 2년생 묘목으로 서, 한 번 옮겨 심은 실생묘이다.

③ 파종상에서만 1년 키운 1년생 묘목이다.

④ 판갈이를 한 후 1년간 키운 묘목이다.

해설

1-1 실생묘 : 파종상에서 1년 보낸 다음 판갈이를 하 여 다시 1년이 지난 2년생 묘목

1 ③　2 ④　3 ②　정답

04 묘목의 가식작업에 관한 설명으로 틀린 것은?

① 묘목의 끝이 가을에는 남쪽으로 기울도록 묻는다.
② 묘목의 끝이 봄에는 북쪽으로 기울도록 묻는다.
③ 장기간 가식할 때에는 다발째로 묻는다.
④ 조밀하게 가식하거나 오랜 기간 가식하지 않는다.

해설
③ 장기간 가식하고자 할 때에는 묘목을 다발에서 풀어 도랑에 한 줄로 세우고, 충분한 양의 흙으로 뿌리를 묻은 다음 관수를 한다.

05 굴취 방법에 대한 내용으로 옳지 않은 것은?

① 뿌리에 상처를 주지 않도록 주의한다.
② 포지에 어느 정도의 습기가 있을 때 실시한다.
③ 비가 오는 날, 바람이 많이 부는 날에 실시한다.
④ 가급적 깊이 파고, 뿌리가 상하지 않도록 한다.

해설
굴취는 비가 오는 날, 바람이 많이 부는 날, 잎의 이슬이 마르지 않는 새벽 등은 피하도록 한다.

06 테트라졸륨검사에 대한 설명으로 옳지 않은 것은?

① 테트라졸륨 수용액에 생활력이 있는 종자의 조직을 접촉시키면 푸른색으로 변하고, 죽은 조직에는 변화가 없다.
② 테트라졸륨의 반응은 휴면종자에도 잘 나타나는 장점이 있다.
③ 테트라졸륨은 백색 분말이고 물에 녹아도 색깔이 없다. 광선에 조사되면 곧 못 쓰게 되므로 어두운 곳에 보관하고, 저장이 양호하면 수개월간 사용이 가능하다.
④ 테트라졸륨 대신 테룰루산칼륨 1%액도 사용되는데, 건전한 배는 흑색으로 나타난다.

해설
① 테트라졸륨 수용액에 생활력이 있는 종자의 조직을 접촉시키면 붉은색으로 변한다.

07 종자의 발아시험 기간이 가장 긴 수목은?

① 사시나무   ② 가문비나무
③ 느릅나무   ④ 느티나무

해설
④ 느티나무 : 42일간
① 사시나무 : 14일간
② 가문비나무 : 21일간
③ 느릅나무 : 14일간

08 다음 종자 중 발아율이 가장 낮은 것은?

① 주목
② 비자나무
③ 해송
④ 전나무

해설

④ 전나무 : 25% 이상
① 주목 : 55% 이상
② 비자나무 : 61.5% 이상
③ 해송 : 91.7% 이상

10 밤나무 종자의 파종에 흔히 쓰는 방법은?

① 조파
② 산파
③ 취파
④ 점파

해설

점파(점뿌림) : 밤나무, 참나무류, 호두나무 등 대립 종자의 파종에 이용되는 방법으로 상면에 균일한 간격(10~20cm)으로 1~3립(粒)씩 파종한다.

09 종자 저장 방법에서 저온저장법에 관한 설명으로 옳지 않은 것은?

① 최고온도가 10℃ 이상으로 되지 않는 빙실이나 전기냉장고 안에 저장하는 방법
② 연구와 실험목적 또는 낙엽송 종자와 같이 결실의 주기성이 뚜렷한 것으로 풍작인 해에 따 모은 종자를 짧은 시간 저장할 필요가 있을 때는 저온저장을 한다.
③ 온도가 낮은 곳은 공중습도가 높은 경우가 흔하므로 밀봉용기에 건조제(실리카겔)를 함께 넣어 보관한다.
④ 소나무 종자의 발아력을 오래 지속시키기 위해서는 밀봉저장을 한다.

해설

② 연구와 실험목적 또는 낙엽송 종자와 같이 결실의 주기성이 뚜렷한 것으로 풍작인 해에 따 모은 종자를 수년간 저장할 필요가 있을 때는 저온저장을 한다.

11 묘포의 입지를 선정할 때 고려해야 할 요건별 최적조건으로 짝지은 것으로 옳지 않은 것은?

① 경사도 : 3~5°
② 토양 : 질땅
③ 방위 : 남향
④ 교통 : 편리

해설

묘포의 입지를 선정할 때 고려해야 할 요건
• 토양은 가벼운 사양토가 적당하며, 점토질 토양은 배수와 토양통기가 불량하고 잡초발생이 심하며 유해한 토양미생물과 토양동결 등의 문제가 있다.
• 약간의 경사가 있는 것이 관수 · 배수 등에 유리하여, 경사도는 5° 이하의 완경사지가 바람직하며, 그 이상이 되면 토양유실이 우려된다.
• 위도가 높고 한랭한 지역에서는 동남향이 좋고, 따뜻한 남쪽지방에서는 북향이 유리하다.
• 교통과 관리가 편리하고 조림지와 가깝고 묘목수급이 용이한 곳이 좋다.

12 다음 중 무배유종자는?

① 밤나무   ② 물푸레나무

③ 소나무   ④ 잎갈나무

13 종자의 정선방법이 아닌 것은?

① 건조봉타법   ② 사선법

③ 수선법   ④ 알코올선법

14 수목을 중심으로 약 1m의 지름으로 둥글게 깎아내는 방법으로 강한 음수나 바람과 추위가 심한 조림지에 적용되며 작업이 복잡한 풀베기는?

① 둘레베기   ② 줄베기

③ 모두베기   ④ 조예

15 발아율이 가장 높은 수종은?

① 박달나무   ② 잣나무

③ 해송   ④ 상수리나무

16 단근작업에 대한 설명으로 옳지 않은 것은?

① 활착률을 높이기 위하여 실시한다.
② 5월 중순과 8월 하순경 2회나 보통 8월 중·하순에 한 번 실시한다.
③ 파종상에서는 땅속 10cm, 판갈이상에서는 12cm 깊이에서 뿌리를 잘라준다.
④ 그 해 기후에 따라 도장의 염려가 없을 때에도 단근작업을 해야 한다.

17 비교적 대목이 크고 접수가 가늘 때 주로 사용하는 접목 방법은?

① 할접법
② 박접법
③ 설접법
④ 복접법

해설

할접법
• 비교적 대목이 굵고 접수가 가늘 때 적용하며, 이때 접수에는 끝눈을 붙이고 1cm 길이만 침엽을 남기고 아래에 삭면을 만들어 할접한다(소나무류).
• 갈라진 사이에 접수를 끼우고 비닐끈으로 묶는다.

18 다음 중 노지묘의 곤포당 수종 본수가 가장 많은 것은?

① 잣나무(3년생)
② 삼나무(2년생)
③ 호두나무(1년생)
④ 자작나무(1년생)

해설

곤포당 본수(종묘사업실시요령)

수종	형태	묘령	곤포당 본수(본)
잣나무	노지묘	2-1	1,000
		2-2	500
		2-2-3	분뜨기
삼나무	노지묘	1-1	500
호두나무	노지묘	1-0	500
자작나무	노지묘	1-0	500
		1-1	500

19 조림수종의 선정기준으로 적합하지 않은 항목은?

① 생장이 빠르고 줄기의 재적생장이 큰 수종
② 가지가 굵고 원줄기가 곧고 짧은 수종
③ 목재의 이용가치가 높은 수종
④ 바람, 눈, 건조, 병해충에 저항력이 큰 수종

해설

② 가지가 가늘고 짧으며, 줄기가 곧은 것

20 성숙한 임분을 대상으로 벌채를 실시할 때 모수가 되는 임목을 산생시키거나 군상으로 남겨두어 갱신에 필요한 종자를 공급하게 하고 그 밖의 임목은 개벌하는 갱신법은?

① 보잔목법
② 택벌작업법
③ 보속작업법
④ 모수작업법

해설

모수작업법
남겨질 모수는 산생(한 그루씩 흩어져 있음)시키거나 군생(몇 그루씩 무더기로 남김)시켜 갱신에 필요한 종자를 공급하게 하고 갱신이 끝나면 모수는 벌채된다.

21 다음 중 간벌의 효과가 아닌 것은?

① 숲을 건강하게 만든다.

② 나무의 생육을 촉진시킨다.

③ 중간수입을 얻을 수 있다.

④ 재적생장은 증가하지 않으나 형질생장은 증가한다.

> 해설
>
> ④ 간벌(솎아베기)은 경제적으로 가치가 있는 수종을 대상으로 재적생장(부피생장)과 형질생장 모두를 촉진시켜 형질이 양호한 임목의 생산에 집중한다.

22 인공조림의 장점으로 옳은 것은?

① 좋은 종자로 묘목을 기르고 무육작업에 힘을 써서 원하는 목재를 생산할 수 있다.

② 어떤 임지에 서 있는 성숙한 나무로부터 종자가 지절로 떨어져 자라기 때문에 인건비가 절감된다.

③ 오랜 세월을 지내는 동안 그곳의 환경에 적응되어 견디어내는 힘이 강하다.

④ 우량한 나무들을 남겨 다음 대를 이을 수 있게 할 수 있다.

> 해설
>
> 인공조림이란 무(無)임지나 기존의 임목을 끊어 내고 그곳에 파종 또는 식재 등의 수단으로 삼림을 조성하는 것을 말한다. 인공조림에 있어서는 조림할 수종과 종자의 선택 폭이 넓어진다. 그곳에 없었던 유망수종과 품종, 그리고 채종원이나 채종림에서 생산된 우량종자를 적극적으로 도입할 수 있다.

23 대면적개벌 천연하종갱신법의 장단점에 관한 설명으로 옳은 것은?

① 음수의 갱신에 적용한다.

② 새로운 수종 도입이 불가하다.

③ 성숙임분갱신에는 부적당하다.

④ 토양의 이화학적 성질이 나빠진다.

> 해설
>
> ① 양수의 갱신에 적용한다.
>
> ② 인공식재로 갱신하면 새로운 수종 도입이 가능하다.
>
> ③ 성숙임분갱신에 적당하다.

24 택벌작업의 장점에 대한 설명으로 틀린 것은?

① 임지가 항상 나무로 덮여 있어 보호를 받게 되고, 겉흙이 유실되지 않는다.

② 위층의 나무는 햇빛을 잘 받아 결실이 잘 된다.

③ 양수의 갱신이 잘된다.

④ 미관상 가장 아름다운 숲이 된다.

> 해설
>
> ③ 택벌작업은 약한 빛에서도 잘 자라는 음수의 갱신에 더 유리하다.

25 오리나무잎벌레에 대한 설명이 아닌 것은?

① 1년에 1회 발생한다.
② 성충으로 월동한다.
③ 지피물 밑 또는 흙 속에서 월동한다.
④ 유충은 뿌리를 먹으며 성장한다.

해설
오리나무잎벌레 : 1년에 1회 발생하며, 성충으로 지피물 밑 또는 흙 속에서 월동하고, 유충과 성충이 잎을 식해한다.

26 소나무 잎녹병의 중간기주가 아닌 것은?

① 황벽나무　　② 참취
③ 잔대　　　　④ 송이풀

해설
송이풀은 잣나무 털녹병의 중간기주이다.

27 수목과 균의 공생관계가 알맞은 것은?

① 소나무 – 송이균
② 잣나무 – 송이균
③ 참나무 – 표고균
④ 전나무 – 표고균

해설
송이는 소나무와 공생하면서 발생시키는 버섯으로 천연의 맛과 향기가 뛰어나다.

28 다음 중 소나무류의 목질부에 기생하여 치명적인 피해를 주며, 자체적으로 이동능력이 없어 매개충인 솔수염하늘소에 의해 전파되는 것은?

① 소나무재선충
② 소나무좀
③ 솔잎혹파리
④ 솔껍질깍지벌레

해설
소나무재선충은 크기 1mm 내외의 실같은 선충으로서 나무 조직 내의 수분, 양분 이동통로를 막아 나무를 죽게 하는 해충으로 가해수종은 해송, 적송, 잣나무 등이다. 솔수염하늘소와 공생관계에 있어서 솔수염하늘소를 통해 나무에 옮긴다.

29 잣이나 솔방울 등 침엽수의 구과를 가해하는 해충은?

① 솔나방
② 솔박각시
③ 소나무좀
④ 솔알락명나방

해설
솔알락명나방은 잣송이를 가해하여 잣 수확을 감소시키는 주요 해충이다.

30 농약의 독성을 표시하는 용어인 'LD$_{50}$'의 설명으로 가장 적합한 것은?

① 시험동물의 50%가 죽는 농약의 양이며, mg/kg으로 표시

② 농약 독성평가의 어독성 기준 동물인 잉어가 50% 죽는 양이며, mg/kg으로 표시

③ 시험동물의 50%가 죽는 농약의 양이며, g/g으로 표시

④ 농약 독성평가의 어독성 기준 동물인 잉어가 50% 죽는 양이며, g/g으로 표시

해설

LD$_{50}$: 시험동물의 50%가 죽는 농약의 양이며, mg/kg으로 표시한다.

31 다음에서 설명하는 방제법을 이용하는 병해는 무엇인가?

- 겨울철에 병든 가지의 밑부분을 잘라 내어 소각한다.
- 병든 가지를 잘라 낸 후 나무 전체에 8-8식 보르도액을 1~2회 살포한다.
- 이병지는 비대해진 부분을 포함해서 잘라 제거하고 테부코나졸 도포제를 발라 준다.

① 벚나무 빗자루병
② 밤나무 줄기마름병
③ 소나무 잎떨림병
④ 낙엽송 잎떨림병

해설

벚나무 빗자루병의 방제법

- 겨울철에 병든 가지의 밑부분을 잘라 내어 소각하며, 반드시 봄에 잎이 피기 전에 실시해야 한다.
- 병든 가지를 잘라 낸 후 나무 전체에 8-8식 보르도액을 1~2회 살포하고, 약제 살포는 잎이 피기 전에 해야 하며, 휴면기 살포가 좋다.
- 이병지는 비대해진 부분을 포함해서 잘라 제거하고 테부코나졸 도포제를 발라준다.

32 바람에 의하여 비화하는 현상은 어느 종류의 산불에서 가장 많이 발생하는가?

① 수관화
② 수간화
③ 지표화
④ 지중화

해설

수관화는 바람을 타고 바람이 부는 방향으로 'V'자형으로 연소가 진행하게 되는데, 이때의 열기로 상승기류가 일어나게 되면 비화, 즉 불붙은 껍질(수피)·열매(구과) 등이 가깝게는 수십 미터, 멀게는 수 킬로미터까지 날아가 또 다른 산불을 야기한다.

33 농약의 사용 목적 및 작용 특성에 따른 분류에서 보조제가 아닌 것은 어느 것인가?

① 전착제
② 증량제
③ 용제
④ 혼합제

해설

보조제 : 약제의 효력을 충분히 발휘하도록 하기 위하여 첨가되는 보조물질을 말한다.

- 용제(solvent) : 주성분을 녹이기 위해 사용하는 용매이다.
- 증량제(diluent, carrier) : 주성분의 농도를 낮추고 부피는 증가하여 식물체 또는 병해충의 표면에 균일하게 부착되도록 돕는다.
- 유화제(emulsifier) : 유제(乳劑)의 유화성을 좋게 하기 위하여 사용하는 물질이다.
- 전착제(spreader) : 약제의 주성분이 식물체 또는 병해충의 표면에 잘 퍼지게 하거나 잘 부착되게 돕는다.
- 협력제(synergist) : 유효성분의 생물활성을 증대시키기 위하여 사용한다.
- 약해경감제(herbicide safener) : 제초제는 식물체를 죽이는 약제이므로 작물에 어느 정도 약해를 보이기 때문에 이를 완화하기 위하여 사용한다.

34 다음 중 담자균류에 의한 수병은?

① 소나무 혹병
② 밤나무 줄기마름병
③ 그을음병
④ 오동나무 탄저병

해설

②·③ 자낭균류에 의한 수병
④ 불완전균류에 의한 수병

35 파이토플라스마와 관계없는 수병은?

① 오동나무 빗자루병
② 대추나무 빗자루병
③ 뽕나무 오갈병
④ 벚나무 빗자루병

해설

벚나무 빗자루병은 진균(자낭균 ; *Taphrina wiesneri*)에 의해 발병한다.

36 수목 병해 원인 중 세균에 의한 수병으로 옳은 것은?

① 모잘록병   ② 그을음병
③ 흰가루병   ④ 뿌리혹병

해설

④ 뿌리혹병 : 세균성에 의한 수병
① 모잘록병 : 조균류에 의한 수병
②·③ 그을음병, 흰가루병 : 자낭균에 의한 수병

37 아까시나무 모자이크병의 매개충은?

① 솔잎깍지벌레
② 복숭아혹진딧물
③ 담배장님노린재
④ 솔잎혹파리

해설

복숭아혹진딧물은 TuMV(순무모자이크바이러스), CMV(오이모자이크바이러스) 등 182종의 식물바이러스병을 옮기는 것으로 알려져 있다.

38 1년에 3회 발생하는 해충은?

① 왕소나무좀
② 소나무노랑점바구미
③ 애소나무좀
④ 소나무좀

해설

소나무노랑점바구미, 애소나무좀, 소나무좀은 1년에 1회 발생한다.

39 솔잎혹파리의 피해를 가장 심하게 받는 수종은?

① 소나무
② 분비나무
③ 잣나무
④ 리기다소나무

해설

솔잎혹파리는 1년에 1회 발생하며 소나무, 곰솔(해송)에 피해가 심하다.

40 분열조직을 해치는 곤충 중 똥을 밖으로 배출하지 않기 때문에 발견하기 어려운 것은?

① 박쥐나방
② 측백나무하늘소
③ 미끈이하늘소
④ 버들바구미

해설

측백나무하늘소는 톱밥 같은 가해 똥을 외부로 배출하지 않을뿐더러 외부에 침입공도 없어 피해 발견이 어렵다.

41 다음 중 덩굴을 제거하기 위한 약제는 무엇인가?

① 이사디아민염(2,4-D)
② 이황화탄소(CS_2)
③ 만코지 수화제(다이센 엠 45)
④ 다수진 유제(다이아톤)

해설

우리나라에서 사용하는 덩굴제거 방법은 칡채취기 활용, 디캄바 액제 처리, 글라신 액제 처리, 이사디아민염(2,4-D) 처리 등이다.

42 체인톱의 소건이 아닌 것은?

① 무게가 가볍고, 소형이며, 취급방법이 간편해야 한다.
② 견고하고 기동률이 높으며, 절단능력이 좋아야 한다.
③ 소음과 진동이 많고, 내구력이 낮아야 한다.
④ 부품의 공급이 용이하고, 가격이 저렴해야 한다.

해설

소음과 진동이 적고, 내구력이 높아야 한다.

43 와이어로프의 안전계수가 6이고 절단하중이 360kg이라면 이 와이어로프의 최대장력은?

① 60kg ② 90kg

③ 120kg ④ 180kg

> **해설**
>
> 안전계수 = $\dfrac{\text{와이어로프의 절단하중}}{\text{와이어로프에 걸리는 최대장력}}$
>
> 6 = 360 ÷ 최대장력
>
> ∴ 최대장력 = 60kg

44 다음 중 사피에 해당하는 것은?

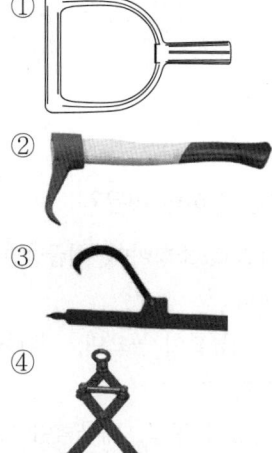

① ② ③ ④

> **해설**
>
> 사피는 산악지대에서 벌도목을 끌 때 사용하는 도구이다.

45 어깨걸이식 예불기를 메고 바른 자세로서 손을 떼었을 때 지상으로부터 날까지의 가장 적절한 높이는 몇 cm 정도인가?

① 5~10 ② 10~20

③ 20~30 ④ 30~40

46 다음 중 임목집재용으로 사용되는 기계 및 기구가 아닌 것은?

① 쐐기

② 토수라

③ 이동식 타워야더

④ 와이어로프

> **해설**
>
> 쐐기는 벌목작업용 소도구이다.

47 다음 중 와이어로프의 선택 시 고려사항이 아닌 것은?

① 용도

② 드럼의 지름

③ 도르래의 통과 횟수

④ 벌채원목의 수종

> **해설**
>
> 와이어로프를 선택하기 위해서는 용도, 드럼의 지름, 도르래의 통과 횟수 등을 고려하여야 하며, 벌채원목의 수종은 와이어로프 선택에 직접적 관련성이 없다.

48 체인톱에 사용하는 2행정 기관의 특징으로 틀린 것은?

① 동일배기량에 비해 출력이 크다.
② 일반적으로 배기와 흡입밸브가 없으며 소기공이 있고 연료에 오일을 섞어 사용한다.
③ 크랭크축 1회전마다 1회 폭발한다.
④ 무게가 매우 무겁고 기계음이 크다.

④ 무게는 가벼우나 배기음이 크다.

50 혼합연료에 오일의 함유비가 높을 경우 나타나는 현상으로 틀린 것은?

① 연료의 연소가 불충분하여 매연이 증가한다.
② 스파크플러그에 오일이 덮게 된다.
③ 오일이 연소실에 쌓인다.
④ 엔진을 마모시킨다.

오일의 함유비가 낮을 경우 엔진을 마모시킨다.

49 다음 중 체인톱의 장기 보관 방법으로 틀린 것은?

① 방청유를 발라서 보관한다.
② 오일통과 연료통을 비워서 보관한다.
③ 비닐봉지에 싸서 지하실에 보관한다.
④ 청소를 깨끗이 하여 보관한다.

체인톱의 장기 보관 시 주의사항
• 연료와 오일을 비운다.
• 건조한 장소에 먼지가 쌓이지 않도록 보존시킨다.
• 특수오일로 엔진 내부를 보호해 주거나, 매월 10분씩 가동시켜 엔진의 수명을 연장시켜 준다.

51 겨울에 사용하기 적합한 윤활유의 점도로 가장 적합한 것은?

① SAE 20W
② SAE 30
③ SAE 40~50
④ SAE 50 이상

SAE의 분류
• SAE 30 : 봄, 가을철
• SAE 40 : 여름철
• SAE 20W : 겨울철

52 2행정 기관을 4행정 기관과 비교했을 때, 2행정 기관의 특징에 대한 설명으로 틀린 것은?

① 배기음이 낮다.
② 휘발유와 오일소비가 크다.
③ 동일배기량에 비해 출력이 크다.
④ 저속운전이 곤란하다.

해설

① 배기음이 크다.

54 벌도작업 시 정확한 작업을 할 수 있도록 지 지역할 및 완충과 지레받침대 역할을 하는 것은?

① 안내판
② 체인브레이크
③ 지레발톱
④ 스파크플러그

해설

지레발톱은 작동작업 시 정확한 작업위치를 선정함과 동시에 체인톱을 지지하여 지렛대 역할을 함으로써 작업을 수월하게 한다.

53 체인톱 톱날의 깊이제한부는 어떠한 역할을 하는가?

① 체인 보호
② 톱날 연결
③ 절삭두께 조절
④ 줄의 굵기 선택 보조

해설

깊이제한부는 절삭깊이 및 절삭각도를 조절하고 절삭된 톱밥을 밀어내는 등 절삭량을 결정하는 중요한 요소이다.

55 임목 벌도작업에서 수구의 각도는?

① 10~20°   ② 30~45°
③ 50~65°   ④ 75~85°

해설

방향베기(수구)는 수평으로 입목지름의 1/5~1/3 정도, 빗자르기 각도는 30~45° 정도 유지한다.

56 다음 그림의 도구는 무슨 용도로 쓰이는가?

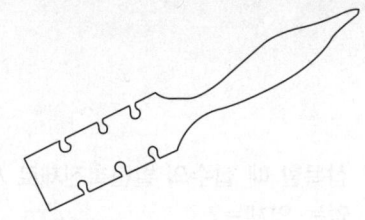

① 톱날 갈기
② 톱날의 각도 측정
③ 톱니 젖힘
④ 톱니 꼭지선 조정

> **해설**
> 톱니 젖힘은 나무와의 마찰을 줄이기 위해 사용한다.

57 벌목작업 시 고려할 사항이 아닌 것은?

① 벌목 방향을 정확히 하여야 한다.
② 안전사고를 예방하기 위한 준칙을 철저히 지켜야 한다.
③ 잔존목의 이용재적이 많이 나오도록 한다.
④ 주변 임목의 피해를 가능한 감소시켜야 한다.

> **해설**
> 잔존목이 아니라 벌도목의 이용재적이 많이 나오도록 한다.

58 예불기는 누계사용시간이 얼마일 때마다 그리스(윤활유)를 교환해야 하는가?

① 200시간　　② 50시간
③ 20시간　　④ 1시간

> **해설**
> 누계사용시간이 20시간 되었을 때마다 그리스를 전부 교환해준다.

59 산림작업 시 안전사고 예방수칙 중 틀린 것은?

① 긴장하지 말고 부드럽게 작업에 임할 것
② 몸 전체를 고르게 움직이며 작업할 것
③ 작업복은 작업종과 일기에 따라 착용할 것
④ 안전사고 예방을 위하여 가능한 한 혼자 작업할 것

> **해설**
> 안전사고 예방을 위하여 가능한 조별로 작업할 것

60 소형 동력윈치의 사용에 있어 일일점검사항이 아닌 것은?

① 와이어로프 점검
② 기어오일의 점검
③ 공기여과기 청소
④ 볼트 및 너트의 점검

> **해설**
> 기어오일은 엔진오일과 같이 일상적으로 점검할 수 없으므로 주기적으로 교환한다.

01 득묘율 70%, 순량률 80%, 고사율 50%, 발아율 90%일 때 그 종자의 효율은?

① 63%　　　　② 56%

③ 40%　　　　④ 72%

해설

$$효율(\%) = \frac{발아율 \times 순량률}{100} = \frac{90 \times 80}{100} = 72\%$$

02 묘목의 나이에 대한 설명으로 맞는 것은?

① 2-1-1묘 : 파종상에서 2년, 그 뒤 두 번 상체된 일이 있고 각 상체상에서 1년을 경과한 4년생 묘목

② 1/2묘 : 줄기의 나이가 2년, 뿌리의 나이가 1년인 묘목

③ 1-1묘 : 파종상에서 1년, 그 뒤 한 번 상체되어 1년을 지낸 3년생 묘목

④ 1/1묘 : 뿌리의 나이가 2년, 줄기의 나이가 1년인 삽목묘목

해설

② 1/2묘 : 뿌리의 나이가 2년, 줄기의 나이가 1년인 묘목이다. 1/1묘에 있어서 지상부를 한 번 절단해 주고 1년이 경과하면 1/2묘로 된다.

③ 1-1묘 : 파종상에서 1년, 그 뒤 한 번 상체되어 1년을 지낸 2년생 묘목

④ 1/1묘 : 뿌리의 나이가 1년, 줄기의 나이가 1년인 삽목묘목

03 삽목할 때 삽수의 발근촉진제로 사용할 수 없는 약제는?

① 2,4-D

② 인돌부틸산(IBA)

③ 인돌초산(IAA)

④ 나프탈렌초산(NAA)

해설

인공적으로 합성된 발근촉진제로는 인돌부틸산(IBA), 인돌초산(IAA), 나프탈렌초산(NAA) 등이 있다.

04 2ha의 조림지에 밤나무를 4m×4m의 간격으로 식재하고자 할 때 필요한 묘목 수는?

① 1,000본　　　② 1,250본

③ 2,500본　　　④ 4,000본

해설

$$식재할\ 묘목수 = \frac{식재면적}{묘목\ 간\ 간격(가로 \times 세로)}$$

$$= \frac{2 \times 10,000}{4 \times 4} (\because 1ha = 10,000m^2)$$

$$= 1,250본$$

1 ④　2 ①　3 ①　4 ②　　정답

05 내음력이 뛰어난 음수끼리만 짝지어진 것은?

① 주목, 회양목
② 회양목, 낙엽송
③ 소나무, 잣나무
④ 주목, 소나무

> **해설**
> **내음력이 뛰어난 음수종** : 주목, 회양목, 굴거리나무, 금송, 호랑가시나무, 팔손이나무 등

06 용기묘에 관한 설명으로 맞지 않는 것은?

① 제초작업이 생략될 수 있다.
② 묘포의 적지조건, 식재시기 등이 문제가 되지 않는다.
③ 묘목의 생산비용이 많이 들고 관수시설이 필요하다.
④ 일반묘에 비하여 묘목운반과 식재에 많은 비용이 소요되지 않는다.

> **해설**
> 일반묘에 비하여 묘목운반과 식재에 많은 비용이 소요된다.

07 묘목을 굴취하여 식재하기 전에 묘포지나 조림지 근처에 일시적으로 도랑을 파서 뿌리부분을 묻어두어 건조방지 및 생기회복을 하는 작업으로 옳은 것은?

① 가식   ② 선묘
③ 곤포   ④ 접목

> **해설**
> ② 선묘 : 굴취한 묘목을 묘목규격에 따라 나누는 것
> ③ 곤포 : 묘목을 식재지까지 운반하기 위하여 뿌리를 포장하는 것
> ④ 접목 : 서로 분리되어 있는 식물체를 조직적으로 연결시켜 생리적 공동체가 되게 하는 것

08 다음 중 조림수종의 선택조건에 맞지 않는 것은?

① 가지가 굵고 긴 나무
② 입지 적응력이 큰 나무
③ 위해(危害)에 대하여 적응력이 큰 나무
④ 성장속도가 빠른 나무

> **해설**
> 가지가 가늘고 짧으며, 줄기가 곧은 나무가 선택조건에 알맞다.

09 수목과 균의 공생관계가 알맞은 것은?

① 소나무 – 송이균
② 잣나무 – 송이균
③ 참나무 – 표고균
④ 전나무 – 표고균

> **해설**
> 송이는 소나무와 공생하면서 발생시키는 버섯으로 천연의 맛과 향기가 뛰어나다.

10 폭목에 대한 설명으로 맞는 것은?

① 수관의 발달이 지나치게 왕성하고, 넓게 확장하거나 또는 위로 솟아올라 수관이 편평한 것
② 수관의 발달이 지나치게 약하고 이웃한 나무 사이에 끼어서 줄기가 매우 길고 가는 나무
③ 이웃한 나무 사이에 끼어서 수관발달에 측압을 받아 자람이 편의된 것
④ 줄기가 갈라지거나 굽는 등 수형에 결점이 있는 것, 그리고 모양이 불량한 전생수

> **해설**
> **폭목**
> 변형성장한 불량목으로 직경생장에 비하여 수관이 크거나, 경사생장을 하여 인접하는 임목의 생장에 악영향을 미치고 있기 때문에 벌기 전에 벌채할 필요가 있으며, 수관이 광대하고 위로 솟아난 것

11 예비벌 → 하종벌 → 후벌로 갱신되는 작업법은?

① 택벌작업
② 중림작업
③ 산벌작업
④ 모수작업

> **해설**
> 산벌작업은 임분을 예비벌, 하종벌, 후벌로 3단계 갱신벌채를 실시하여 갱신하는 방법이다.

12 가지치기에 관한 설명으로 옳지 않은 것은?

① 포플러류는 역지(으뜸가지) 이하의 가지를 제거한다.
② 임목의 질적 개선으로 옹이가 없고 통직한 완만재생산을 위한 육림작업이다.
③ 큰 생가지를 잘라도 위험성이 작은 수종은 물푸레나무, 단풍나무, 벚나무, 느릅나무 등이다.
④ 나무가 생리적으로 활동하고 있을 때 가지치기를 하면 껍질이 잘 벗겨지고 상처가 커진다.

> **해설**
> **생가지치기**
> • 가지치기를 할 때 생가지를 치면 미생물이 쉽게 침입하여 목재가 절단면으로부터 부패하는 경우가 있다.
> • 생가지치기로 가장 위험성이 높은 수종은 단풍나무류, 느릅나무류, 벚나무류, 물푸레나무 등으로, 원칙적으로 생가지치기를 피하고 자연낙지 또는 고지치기만 실시한다.
> • 위험성이 낮은 수종으로 소나무류, 낙엽송, 포플러류, 삼나무, 편백 등은 특별히 굵은 생가지를 끊어주지 않는 한 거의 위험성은 없다.

13 조림목과 경쟁하는 목적 이외의 수종 및 형질불량목이나 폭목 등을 제거하여 원하는 수종의 조림목이 정상적으로 생장하기 위해 수행하는 작업은?

① 풀베기
② 간벌작업
③ 개벌작업
④ 어린나무가꾸기

해설

어린나무가꾸기(잡목 솎아내기, 제벌, 치수무육)
풀베기작업이 끝난 이후 임관이 형성될 때부터 솎아베기(간벌)할 시기에 이르는 사이에 침입 수종의 제거를 주로 하고, 아울러 조림목 중 자람과 형질이 매우 나쁜 것을 끊어 없애는 것을 말한다.

15 묘포지의 경사와 방위에 대한 설명으로 맞지 않는 것은?

① 포지는 약간의 경사를 가지는 것이 관수 · 배수 등에 유리하다.
② 평탄한 점질토양의 포지는 좋지 않다.
③ 5° 이하의 완경사지가 바람직하며, 그 이상이 되면 토양유실이 우려되어 계단식 경작을 해야 한다.
④ 위도가 높고 한랭한 지역에서는 북향이 좋고, 따뜻한 남쪽지방에 있어서는 동남향이 유리하다.

해설

위도가 높고 한랭한 지역에서는 동남향이 좋고, 따뜻한 남쪽지방에 있어서는 북향이 유리하다.

14 제벌을 6~8월 중에 실시하는 가장 적당한 사유는?

① 제거 대상목의 맹아력이 약한 기간이므로
② 제벌대상목이 왕성하게 성장을 하므로
③ 연료생산량이 많으므로
④ 작업인부를 구하기 쉬우므로

해설

나무의 고사상태를 알고 맹아력을 감소시키기 위해서 하는 잡목 솎아내기 작업(제벌)은 여름철에 실행하는 것이 좋고 적어도 초가을까지는 작업을 끝내도록 한다.

16 중림작업에 대한 설명으로 옳은 것은?

① 작업의 형태는 개벌작업과 비슷하다.
② 주로 하목은 연료생산에 목적을 두고 상목은 용재에 목적을 둔다.
③ 상목은 맹아가 왕성하게 발생해야 하는 음성의 나무를 택한다.
④ 연료림 조성에 가장 적당한 방법이다.

해설

중림작업은 한 구역 안에서 용재생산을 목적으로 하는 교림작업(상목)과 연료목 생산을 목적으로 하는 왜림작업(하목)을 동시에 실시하는 것이다.

17 임지에 서 있는 성숙한 나무로부터 종자가 떨어져 어린나무를 발생시키는 갱신 방법은?

① 천연하종갱신   ② 인공조림
③ 맹아갱신   ④ 파종조림

> **해설**
> 천연하종갱신(天然下種更新)은 자연적으로 종자가 낙하하여 지표면에 닿아 새싹이 나는 것으로 상방 천연하종갱신과 측방천연하종갱신이 있다.

18 묘포의 정지 및 작상의 밭갈이 깊이로 맞는 것은?

① 50cm 이상   ② 20cm 미만
③ 20~30cm   ④ 30~50cm

> **해설**
> 묘목성장에 필요한 깊이로 흙을 갈아엎는 것으로 경토심은 20~30cm 정도로 한다.

19 다음 중 종자의 보습저장이 요구되는 수종은?

① 소나무   ② 낙엽송
③ 가래나무   ④ 삼나무

> **해설**
> 보습저장 수종 : 가래나무, 참나무류, 가시나무류, 목련 등

20 다음 중 삽목이 잘되는 수종끼리만 짝지어진 것은?

① 버드나무, 잣나무
② 개나리, 소나무
③ 오동나무, 느티나무
④ 사철나무, 미루나무

> **해설**
> • 삽목이 잘되는 수종 : 사철나무, 버드나무, 개나리, 미루나무
> • 삽목이 어려운 수종 : 잣나무, 느티나무, 소나무

21 다음 중 종자의 실중을 가장 잘 설명한 것은?

① 종자의 협잡물 제거량
② 충실종자와 미숙종자와의 비율
③ 미세립종자 1,000립의 4회 평균 중량
④ 종자 1L의 중량

> **해설**
> 실중은 종자 1,000립의 무게를 g으로 나타낸 것으로 대립종자 100립, 소립종자 1,000립을 4회 반복하여 무게를 측정한 평균치이다.

22 양수 수종으로 알맞은 것은?

① 주목   ② 전나무
③ 소나무   ④ 회양목

> **해설**
> • 양수 수종 : 자작나무, 낙엽송, 소나무, 해송, 측백, 은행나무, 느티나무, 포플러, 밤나무, 아까시나무, 옻나무, 벽오동나무, 버드나무, 참나무, 오동나무, 향나무 등
> • 음수 수종 : 주목, 전나무, 가문비나무, 솔송나무, 비자나무, 가시나무, 동백나무, 너도밤나무, 사철나무, 음나무, 종비나무, 녹나무, 회양목, 서어나무류 등

17 ① 18 ③ 19 ③ 20 ④ 21 ③ 22 ③ **정답**

23 다음에서 설명하는 방법은 무엇인가?

> 수풀을 띠 모양으로 구획하고, 교대로 두 번의 개벌에 의해 갱신을 끝내는 방법

① 대상개벌작업
② 연속대상개벌작업
③ 군상개벌작업
④ 모수작업

24 다음 중 왜림작업의 가장 큰 단점은?

① 갱신이 복잡하다.
② 경제성이 적다.
③ 자본이 많이 든다.
④ 여러 가지 피해에 대한 저항이 적다.

해설
지력의 소모가 심하여 경제적으로 교림작업보다 불리하다.

25 소나무재선충에 대한 설명이 아닌 것은?

① 매개충은 솔수염하늘소이다.
② 유충은 자라서 터널 끝에 번데기방을 만들고 그 안에서 번데기가 된다.
③ 소나무재선충은 후식상처를 통하여 수체 내로 이동해 들어간다.
④ 피해고사목은 벌채 후 매개충의 번식처를 없애기 위하여 임지 외로 반출한다.

해설
고사목은 철저히 벌채하여 잔가지까지 소각하고 임지 외 반출을 금한다.

26 미국흰불나방의 월동 형태는?

① 알
② 유충
③ 성충
④ 번데기

해설
미국흰불나방 : 1년에 보통 2회 발생(3회도 가능)하며, 나무껍질 사이나 지피물 밑 등에서 고치를 짓고 그 속에서 번데기로 월동한다.

27 밤 열매에 피해를 주며 1년에 2~3회 발생하고 성충 최성기에 접촉성 살충제로 방제하면 효과가 큰 해충은?

① 복숭아명나방
② 밤나무혹벌
③ 밤애기잎말이나방
④ 밤바구미

해설
복숭아명나방은 1년에 2~3회 발생하고, 지피물이나 수피의 고치 속에서 유충으로 월동한다.

28 단위생식으로 번식하는 곤충은?

① 소나무좀
② 솔잎혹파리
③ 밤나무순혹벌
④ 박쥐나방

해설
단위생식하는 곤충 : 밤나무순혹벌, 민다듬이벌레, 진딧물류(여름)

29 뛰어난 번식력으로 인하여 수목피해를 가장 많이 끼치는 동물은?

① 산까치   ② 노루
③ 들쥐   ④ 사슴

해설
번식력이 뛰어난 들쥐는 적송, 참나무, 단풍나무 등의 목질부를 식해한다.

30 내화성이 강한 수종으로 짝지어지지 않은 것은?

① 은행나무, 굴거리나무
② 삼나무, 녹나무
③ 잎갈나무, 가중나무
④ 피나무, 황벽나무

해설
삼나무, 소나무, 편백, 녹나무 등은 내화성이 약한 수종이다.

31 포플러 잎녹병의 중간기주는?

① 오동나무   ② 향나무
③ 일본잎갈나무   ④ 졸참나무

해설
포플러 잎녹병의 중간기주 : 낙엽송(일본잎갈나무), 현호색, 줄꽃주머니

32 묘포장에서 많이 발생하는 모잘록병 방제법으로 적당하지 않은 것은?

① 토양소독 및 종자소독을 한다.
② 돌려짓기를 한다.
③ 인산질 비료 대신에 질소질 비료를 많이 준다.
④ 솎음질을 자주하여 생립본수(生立本數)를 조절한다.

해설
③ 질소질 비료의 과용을 피하고, 인산질 비료를 충분히 준다.

33 참나무류의 병의 발생에 밀접하게 관계하는 병은?

① 소나무 혹병
② 소나무 잎녹병
③ 잣나무 털녹병
④ 향나무 녹병

해설
소나무 혹병의 중간기주는 졸참나무, 신갈나무 등 참나무류이다.

34 벚나무 빗자루병의 방제법으로 옳지 않은 것은?

① 디페노코나졸 입상수화제를 살포한다.
② 옥시테트라사이클린 항생제를 수간주사 한다.
③ 동절기에 병든 가지 밑부분을 잘라 소각 한다.
④ 이미녹타딘트리스알베실레이트 수화제를 살포한다.

② 옥시테트라사이클린 항생제는 세균성 병해에 효 과가 있다.
※ 벚나무 빗자루병의 방제법
• 겨울철에 병든 가지 밑부분을 잘라 내어 소각하 며, 반드시 봄에 잎이 피기 전에 실시해야 한다.
• 병든 가지를 잘라 낸 후 나무 전체에 8-8식 보르 도액을 1~2회 살포한다. 약제 살포는 잎이 피기 전에 해야 하며, 휴면기 살포가 좋다.
• 이병지는 비대해진 부분을 포함해서 잘라 제거하 고 테부코나졸 도포제를 발라준다.

35 밤나무 줄기마름병은 무엇에 의한 수목병 인가?

① 담자균 ② 자낭균
③ 불완전균 ④ 파이토플라스마

밤나무 줄기마름병은 자낭균에 의한 수목병으로 자 낭각과 병자각이 병환부의 자좌 안에 생기고, 자낭포 자는 무색의 2포, 병포자는 무색의 단포이다. 병원균 은 병환부에서 균사 또는 포자의 형으로 월동하여 다 음 해 봄에 비, 바람, 곤충, 새 무리 등에 의하여 옮겨 져 나무의 상처를 통해서 침입한다.

36 수목 병해 중 담자균에 의한 수병으로 분류 되는 것은?

① 낙엽송 잎떨림병
② 잣나무 털녹병
③ 벚나무 빗자루병
④ 밤나무 줄기마름병

①·③·④는 진균(자낭균)에 의해 발병한다.

37 다음 중 솔나방의 방제 방법으로 틀린 것은?

① 4월 중순~6월 중순과 9월 상순~10월 하 순에 유충이 솔잎을 가해할 때 약제를 살 포한다.
② 6월 하순부터 7월 중순까지 고치 속의 번 데기를 집게로 따서 소각한다.
③ 솔나방의 기생성 천적이 발생할 수 있도 록 가급적 단순림을 조성한다.
④ 볏짚, 가마니 또는 거적으로 잠복소를 설 치한다.

③ 단순림은 오히려 특정 해충이 대량 발생하기 쉬 운 환경이다. 솔나방의 천적 발생을 돕기 위해서 는 다양한 수종이 섞인 혼효림을 조성하여 생물 다양성을 높이는 것이 유리하다.

38 대개 외골격이 발달하여 단단하고, 씹는 입틀을 가지고 완전변태를 하는 것은?

① 딱정벌레목
② 나비목
③ 노린재목
④ 벌목

딱정벌레목(Cleoptera)은 전 세계에 알려진 곤충의 종 가운데 40%인 40만여 종을 차지하는 목이다. 나무 위에 사는 것이 가장 많다. 또한 초목의 잎줄기, 가지, 썩은 나무 속, 버섯, 물속 등 거의 모든 곳에 서식하며, 두꺼운 키틴질로 된 딱딱한 껍데기를 가지고 있고 씹는 입틀을 가지고 있으며, 완전변태를 한다.

39 소나무좀의 방제 방법으로 옳지 않은 것은?

① 4~5월에 이목을 설치하여, 월동성충이 여기에 산란하게 한 후, 7월에 이목을 박피하여 소각한다.
② 동기채취목과 벌근에 익년 5월 이전에 껍질을 벗겨서 번식처를 없앤다.
③ 수세가 쇠약한 나무, 설해목 등 피해목 및 고사목은 벌채하여 껍질을 벗긴다.
④ 임목 벌채를 하였을 경우에는, 임내 정리를 철저히 하여 임내에 지조(나뭇가지)가 없도록 하고 원목은 반드시 껍질을 벗기도록 한다.

2~3월에 이목(먹이나무 : 반드시 동기에 채취된 것으로 사용하여야 함)을 설치하여, 월동성충이 여기에 산란하게 한 후, 5월에 이목을 박피하여 소각한다.

40 농약의 효력을 높이기 위해 사용하는 다음 물질 중 농약에 섞어서 고착성, 확전성, 현수성을 높이기 위해 쓰이는 물질은?

① 훈증제
② 불임제
③ 유인제
④ 전착제

전착제는 농약 중 유화제·수화제·액제를 첨가하여 살포액의 물리성을 향상시키는 물질이다. 살포액을 대상으로 하는 작물이나 병해충의 표면에 균일하게 퍼지고(확전성) 잘 붙어(부착성) 풍우에도 유실하지 않는 성질(고착성)이나, 살포액에 침투성을 부가하여 약제를 작물의 조직 내에 침투시키는 성질(침투성)을 증강시킨다.

41 목적에 의한 분류로 맞는 것은?

① 훈증제
② 유인제
③ 살선충제
④ 기피제

농약의 분류
• 사용목적에 따른 분류 : 살균제, 살충제, 살비제, 살선충제, 제초제, 식물 생장조절제, 혼합제, 살서제, 소화중독제, 유인제 등
• 주성분 조성에 따른 분류 : 유기인계, 카바메이트계, 유기염소계, 유황계, 동계, 유기비소계, 항생물질계, 피레스로이드계, 페녹시계, 트라이아진계, 요소계, 설포닐우레아계 등
• 제형에 따른 분류 : 유제, 수화제, 분제, 미분제, 수화성미분제, 입제, 액제, 액상수화제, 미립제, 세립제, 저미산분제, 수면전개제, 종자처리수화제, 캡슐현탁제, 분의제, 과립훈연제, 과립수화제, 캡슐제 등
• 사용방법에 따른 분류 : 희석살포제, 직접살포제, 훈연제, 훈증제, 연무제, 도포제 등

42 천적을 이용하는 방제는 어떤 방법에 속하는가?

① 생물학적 방법
② 물리적 방법
③ 경종적 방법
④ 화학적 방법

해설
생물학적 방제는 해충개체군의 밀도를 생물(천적)에 의하여 억제하는 방법이다.

43 일반적인 곤충의 피부구조 중 가장 바깥쪽에 위치하는 것은?

① 감각세포　② 표피
③ 진피　　　④ 기저막

해설
피부는 바깥쪽에 표피, 그 아래에 진피, 안쪽에 기저막으로 되어 있다.

44 다음 곤충의 기관 중 식도하신경절(食道下神經節)에 의해 운동과 감각신경의 지배를 받지 않는 것은?

① 더듬이　② 작은턱
③ 큰턱　　④ 아랫입술

해설
식도하신경절
• 운동을 촉진시키거나 억제시키는 작용을 한다.
• 큰턱, 작은턱, 아랫입술을 지배한다.

45 대패형 톱날의 창날각도로 가장 적당한 것은?

① 30°　　② 35°
③ 60°　　④ 80°

해설
톱날의 종류별 연마각도

구분	대패형 톱날	반끌형 톱날	끌형 톱날
창날각	35°	35°	30°
가슴각	90°	85°	80°
지붕각	60°	60°	60°
연마방법	수평	수평에서 위로 10° 상향	수평에서 위로 10° 상향

46 다음 중 원목 집·운재용 장비가 아닌 것은?

① 펠러번처
② 포워더
③ 소형 집재용차
④ 집재용 트랙터

해설
펠러번처는 벌목과 집적기능을 가진 다공정 처리기계이다.

47 대표적인 다공정 처리기계로서 벌도, 가지치기, 조재목 다듬질, 토막내기 작업을 모두 수행할 수 있는 장비는?

① 하베스터　② 펠러번처
③ 프로세서　④ 포워더

해설
하베스터는 임내를 이동하면서 임목의 벌도, 가지치기, 절단작업을 하는 기계로서 1대의 기계로 벌도 및 조재작업을 할 수 있는 기계이다.

48 와이어로프의 안전계수식을 올바르게 나타 낸 것은?

① 와이어로프의 최소장력 ÷ 와이어로프에 걸 리는 절단하중
② 와이어로프의 최대장력 ÷ 와이어로프에 걸 리는 절단하중
③ 와이어로프의 절단하중 ÷ 와이어로프에 걸 리는 최소장력
④ 와이어로프의 절단하중 ÷ 와이어로프에 걸 리는 최대장력

> **해설**
>
> $$안전계수 = \frac{와이어로프의\ 절단하중}{와이어로프에\ 걸리는\ 최대장력}$$

49 가지치기를 할 때 이용하는 도구가 아닌 것은?

① 낫　　　　　② 톱
③ 윈치　　　　④ 손도끼

> **해설**
>
> ③ 윈치 : 원통형의 드럼에 와이어 로프를 감아, 도르 래를 이용해서 중량물을 높은 곳으로 들어 올리 거나 끌어당기는 기계

50 4행정 사이클은 1사이클을 완료하기 위하여 크랭크축이 몇 회전(°)하는 것을 말하는가?

① 1회전(360°)　　② 3회전(360°)
③ 2회전(720°)　　④ 4회전(720°)

> **해설**
>
> 4행정 기관에서 1사이클을 완료하기 위하여 크랭크 축은 2회전하므로 720°이다.

51 다음 중 체인톱에 붙어 있는 안전장치가 아 닌 것은?

① 체인브레이크
② 전방 보호판
③ 체인잡이 볼트
④ 안내판코

> **해설**
>
> **체인톱의 안전장치**
> • 체인브레이크
> • 체인잡이 볼트
> • 핸드가드(전방 보호판)
> • 방진고무 등

52 2행정 내연기관에서 최초 시동을 할 경우 초 크(choke)시키는 이유로 적합한 것은?

① 연료와 공기 혼합비를 높이기 위하여
② 연료가 많이 혼합되는 것을 막기 위하여
③ 오일이 적정하게 혼합되도록 하기 위하여
④ 연료소모량을 줄이기 위하여

> **해설**
>
> 초크(choke)는 흡입되는 공기를 차단하여 연료의 양 을 많이 흡입시켜 시동이 잘되게 하는 장치이다.

48 ④　49 ③　50 ③　51 ④　52 ① **정답**

53 체인톱에 사용되는 오일에 관한 설명으로 옳은 것은?

① 묽은 윤활유를 사용하면 톱날의 수명이 길어진다.

② 윤활유가 가이드 바 홈 속에 들어가지 않게 한다.

③ 윤활유 점액도를 표시하는 SAE는 국제자동차협회의 약자이다.

④ 윤활유 점액도를 표시하는 수치가 높을수록 점도가 높다.

해설

① 묽은 윤활유를 사용하면 톱날의 수명이 짧아진다.
② 윤활유는 가이드바 홈 속에 침투해야 한다.
③ SAE는 미국자동차기술협회(Society of Automotive Engineers)의 약자이다.

54 기계톱으로 원목을 절단할 경우 절단면에 파상무늬가 생기며 체인이 한쪽으로 기운다면 어떤 원인인가?

① 측면날의 각도가 서로 다르다.

② 창날각이 고르지 못하다.

③ 톱날의 길이가 서로 다르다.

④ 깊이제한부가 서로 다르다.

해설

② 창날각이 서로 다른 경우 심하면 절단면에 빨래판처럼 파상무늬가 생기게 된다.

55 삼각톱니 가는 방법 중 톱니 젖힘의 크기는 침엽수와 활엽수 각각 몇 mm로 작업하는가?

① 침엽수 0.3~0.5, 활엽수 0.2~0.3

② 침엽수 0.2~0.3, 활엽수 0.3~0.5

③ 침엽수 0.3~0.4, 활엽수 0.4~0.6

④ 침엽수 0.4~0.6, 활엽수 0.3~0.4

해설

톱니 젖힘의 크기는 0.2~0.5mm가 적당하다.
• 침엽수 : 0.3~0.5mm
• 활엽수 : 0.2~0.3mm

56 다음 중 가선집재 기계로 옳지 않은 것은?

① 하베스터

② 자주식 반송기

③ 썰매식 집재기 나무

④ 이동식 타워형 집재기

해설

하베스터 : 임내를 이동하면서 입목의 벌도·가지제거·절단작동 등의 작업을 하는 기계로서, 벌도 및 조재작업을 1대의 기계로 연속작업할 수 있는 다공정 처리기계

57 벌목작업 시 절단 대상수목을 중심으로 몇 배 이상의 안전거리를 유지하여야 하는가?

① 1배   ② 1.5배
③ 2.5배   ④ 3배

해설

벌목작업(벌목 표준안전 작업지침 제4조 제2호)
인접한 곳에서 벌목할 때에는 절단 대상수목을 중심으로 수목 높이의 1.5배 이상 안전거리를 유지하여 작업하여야 한다.

58 체인톱의 다이아프램식 연료펌프의 기능과 작동법 설명으로 올바른 것은?

① 피스톤이 상사점일 때는 연료실의 압력이 높아진다.
② 피스톤이 상사점일 때는 펌프실의 압력이 높아진다.
③ 피스톤이 하사점일 때는 연료실의 체적이 커진다.
④ 피스톤이 하사점일 때는 크랭크실의 압력이 높아진다.

해설

피스톤이 상사점으로 이동하면 크랭크실의 기압이 낮아짐과 동시에 펌프실의 기압도 낮아지고 연료실의 기압도 낮아진다. 피스톤이 하사점으로 이동하면 크랭크실의 기압이 높아지므로 연료실에 압력을 가하게 되어 연료실의 체적은 작아진다.

59 체인톱의 1시간당 평균 연료소모량은?

① 1.0L
② 1.5L
③ 2.0L
④ 2.5L

해설

• 1시간당 평균 연료소모량 : 1.5L
• 1시간당 평균 오일소모량 : 0.4L

60 강선 집재작업 시 강선을 따라 이동하는 집재목의 운동속도가 지나치게 빠를 경우 목재의 파손과 안전작업의 위험도가 높아진다. 운동속도를 줄이기 위한 방법으로 가장 적합한 것은?

① 집재목의 크기를 줄인다.
② 집재목의 무게를 늘려준다.
③ 강선에 오일칠을 해준다.
④ 강선의 장력을 낮춰준다.

해설

강선에 나타나는 장력의 크기는 운동방향에 수직한 중력 성분과 같으므로 장력을 낮추면 운동속도가 줄어든다.

과년도 기출복원문제

01 우리나라 삼림대를 구성하는 요소로서 일반적으로 북위 35° 이남, 평균기온이 14℃ 이상 되는 지역의 산림대는?

① 열대림
② 난대림
③ 온대림
④ 온대북부림

해설

우리나라의 임상

• 난대림(상록활엽수대) : 북위 35° 이남, 연평균기온 14℃ 이상, 주로 남부해안에 면한 좁은 지방과 제주도 및 그 부근의 섬들
• 온대림(낙엽활엽수대) : 북위 35°~43°, 산악지역과 높은 지대를 제외한 연평균기온 5~14℃, 온대남부·온대중부·온대북부로 나뉨
• 한대림(침엽수대) : 평지에서는 볼 수 없음, 평안남북도·함경남북도의 고원지대와 높은 산 지역, 연평균기온 5℃ 이하

02 다음 중 노지묘의 곤포당 수종 본수가 가장 많은 것은?

① 잣나무(3년생)
② 삼나무(2년생)
③ 호두나무(1년생)
④ 자작나무(1년생)

해설

곤포당 본수(종묘사업실시요령)

수종	형태	묘령	곤포당 본수(본)
잣나무	노지묘	2-1	1,000
		2-2	500
		2-2-3	분뜨기
삼나무	노지묘	1-1	500
호두나무	노지묘	1-0	500
자작나무	노지묘	1-0	500
		1-1	500

03 나무줄기에 뜨거운 직사광선을 쬐면 나무껍질의 일부에 급속한 수분 증발이 일어나거나 형성층 조직이 파괴되고, 그 부분의 껍질이 말라 죽는 피해를 받기 쉬운 수종으로 짝지어진 것은?

① 소나무, 해송, 측백나무
② 참나무류, 낙엽송, 자작나무
③ 황벽나무, 굴참나무, 은행나무
④ 오동나무, 호두나무, 가문비나무

해설

별데기(피소)

• 수간이 태양광선의 직사를 받았을 때 수피의 일부에 급격한 수분증발이 생겨 조직이 건고되는 현상이다.
• 피해수종 : 수피가 평활하고 코르크층이 발달되지 않은 오동나무, 후박나무, 호두나무, 버즘나무, 소태나무, 가문비나무 등의 수종에 피소를 일으키기 쉽다.

04 엔진의 성능을 나타내는 것으로 1초 동안에 75kg의 중량을 1m 들어 올리는 데 필요한 동력단위를 의미하는 것은?

① 강도
② 토크
③ 마력
④ RPM

해설

마력이란 공학상의 동력단위로서 일을 할 수 있는 능력의 단위를 말하며, 1마력(HP)은 한 마리의 말이 1초 동안에 75kg의 중량을 1m 움직일 수 있는 일의 크기를 말하는데, 공학적으로는 간단히 75kg·m/s로 나타낸다. 이것은 지구상에서 1초 동안에 75kg의 무게를 1m 들어 올리는 작업에 필요한 힘과 동일하다.

05 4행정기관의 작동순서로 옳은 것은?

① 흡입 → 폭발 → 배기 → 압축
② 압축 → 흡입 → 배기 → 폭발
③ 폭발 → 압축 → 배기 → 흡입
④ 흡입 → 압축 → 폭발 → 배기

해설

4행정 사이클기관의 작동
- 흡입행정 : 피스톤이 상사점에서 하사점으로 내려가는 행정으로, 흡기밸브는 열려 있고 배기밸브가 닫혀 있다.
- 압축행정 : 피스톤이 하사점에서 상사점으로 상승하며 흡기밸브와 배기밸브는 닫혀 있다. 압축압력은 약 10kg/cm²까지 상승한다.
- 폭발행정(팽창행정, 동력행정) : 압축된 혼합기에 점화플러그로 전기스파크를 발생시켜 혼합기를 연소시키면, 순간적으로 실린더 내의 온도와 압력이 급격히 상승하여 정적연소의 형태로 폭발하는 과정으로, 연소압력은 30~40kg/cm² 정도이다.
- 배기행정 : 배기밸브가 열리고 피스톤이 상승하여 혼합기체의 연소로 인해 생긴 가스를 배출한다. 배기행정이 끝남으로써 크랭크축은 720° 회전하여 1 사이클을 완성하게 된다.

06 다음에 해당하는 톱으로 옳은 것은?

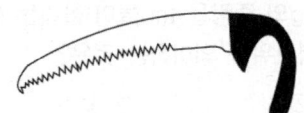

① 제재용 톱
② 무육용 이리톱
③ 벌도작업용 톱
④ 조재작업용 톱

해설

무육용 이리톱 : 역학을 고려하여 손잡이가 구부러져 있어 가지치기와 어린나무가꾸기 작업에 적합하다.

07 솔노랑잎벌의 가해형태에 대한 설명으로 옳은 것은?

① 주로 묵은 잎을 가해한다.
② 울폐된 임분에 많이 발생한다.
③ 새순의 줄기에서 수액을 빨아 먹는다.
④ 봄에 부화한 유충이 새로 나온 잎을 갉아 먹는다.

해설

솔노랑잎벌(벌목 솔노랑잎벌과)
- 가해수종 : 적송, 흑송 및 기타 소나무류
- 생태
  - 1년에 1회 발생하며 유충은 4월 중순~5월에 나타나고, 5월 중순경 노숙한 유충은 땅속에서 고치가 된다.
  - 9월 상순에 용화하고 10월 중·하순에 성충이 우화한다.
  - 암컷은 솔잎의 조직 속에 7~8개의 알을 1열로 낳으며 알로 월동한다.
  - 다음 해 봄에 부화한 유충은 전년도의 솔잎만 먹으며, 끝에서부터 기부의 엽초부를 향하여 가해한다.
  - 유충기간은 28일 정도이고, 산란수는 60개 내외이다.

08 오동나무 빗자루병의 매개충이 아닌 것은?

① 솔수염하늘소
② 담배장님노린재
③ 썩덩나무노린재
④ 오동나무매미충

해설

오동나무 빗자루병
- 병징 : 병든 나무에는 연약한 잔가지가 많이 발생하고, 담녹색의 아주 작은 잎이 밀생하여 마치 빗자루나 새집둥우리와 같은 모양을 이룬다.
- 병원체 및 병원 : 병원은 파이토플라스마이며 담배장님노린재, 썩덩나무노린재, 오동나무매미충에 의해 매개되고, 병든 나무의 분근을 통해서도 전염된다.

09 잣나무 털녹병에 대한 설명으로 옳지 않은 것은?

① 송이풀 제거작업은 9월 이후 시행해야 효과적이다.

② 여름포자는 환경이 좋으면 여름 동안 계속 다른 송이풀에 전염된다.

③ 여름포자가 모두 소실되면 그 자리에 털 모양의 겨울포자퇴가 나타난다.

④ 중간기주에서 형성된 담자포자는 바람에 의하여 잣나무 잎에 날아가 기공을 통하여 침입한다.

> **해설**
> 중간기주는 겨울포자가 형성되기 전, 즉 8월 말 이전에 제거해야 한다.

10 아황산가스에 강한 수종만으로 올바르게 묶인 것은?

① 가시나무, 편백, 소나무

② 동백나무, 가시나무, 소나무

③ 동백나무, 전나무, 은행나무

④ 은행나무, 향나무, 가시나무

> **해설**
> **아황산가스에 강한 수종** : 은행나무, 향나무, 가시나무, 편백, 비자나무, 메밀잣밤나무, 감탕나무, 식나무 등

11 특별한 경우를 제외하고 도끼를 사용하기에 가장 적합한 도끼자루의 길이는?

① 사용자의 팔 길이

② 사용자 팔 길이의 2배

③ 사용자 팔 길이의 0.5배

④ 사용자 팔 길이의 1.5배

> **해설**
> 도끼자루의 길이는 특수한 경우를 제외하고는 사용자의 팔 길이 정도가 적당하다.

12 소립종자의 실중(實重)을 알맞게 설명한 것은?

① 종자 10립의 무게이다.

② 종자 100립의 무게이다.

③ 종자 1,000립의 무게이다.

④ 종자 5,000립의 무게이다.

> **해설**
> 실중은 종자 1,000립의 무게를 g으로 나타낸 것으로 대립종자 100립, 소립종자 1,000립을 4회 반복하여 무게를 측정한 평균치이다.

13 뽕나무 오갈병의 병원균은?

① 균류
② 선충
③ 바이러스
④ 파이토플라스마

해설
뽕나무 오갈병의 병원균은 파이토플라스마이며, 마름무늬매미충에 의해 매개되고 접목에 의해서도 전염된다.

14 다음 수목 병해 중 바이러스에 의한 병은?

① 잣나무 털녹병
② 벚나무 빗자루병
③ 포플러 모자이크병
④ 밤나무 줄기마름병

해설
① 잣나무 털녹병 : 담자균류
②·④ 벚나무 빗자루병, 밤나무 줄기마름병 : 자낭균

15 세균에 의해 발생되는 뿌리혹병에 관한 설명으로 옳은 것은?

① 방제법으로 석회 사용량을 줄인다.
② 건조할 때 알칼리성 토양에서 많이 발생한다.
③ 주로 뿌리에서 발생하며 가지에는 발생하지 않는다.
④ 병원균은 수목의 병환부에서는 월동하지 않고 토양 속에서만 월동한다.

해설
② 고온다습한 알칼리 토양에서 많이 발생한다.
③ 주로 뿌리에서 발생하며, 경우에 따라서는 줄기에 발생하기도 한다.
④ 병환부에서도 월동하지만, 땅속에서 다년간 생존하면서 기주식물의 상처를 통해서 침입한다.

16 가을에 묘목을 가식할 때 묘목의 끝은 어느 방향으로 향하게 하여 경사지게 묻는가?

① 동쪽　　　② 서쪽
③ 북쪽　　　④ 남쪽

해설
묘목의 끝을 가을에는 남쪽으로, 봄에는 북쪽으로 45° 경사지게 한다.

17 기계톱의 안전장치가 아닌 것은?

① 이음쇠
② 지레발톱
③ 체인잡이 볼트
④ 안전스로틀레버 차단판

해설
기계톱의 안전장치에는 전방 손잡이 및 후방 손잡이, 전방 손보호판, 후방 손보호판, 체인브레이크, 체인잡이, 체인잡이 볼트, 지레발톱, 안전스로틀레버 차단판, 스위치, 소음기 체인보호집, 안전체인 등이 있다.

18 실생묘 표시법에서 1-1묘란?

① 판갈이한 후 1년간 키운 1년생 묘목이다.
② 파종상에서만 1년 키운 1년생 묘목이다.
③ 판갈이를 하지 않고 1년 경과된 종자에서 나온 묘목이다.
④ 파종상에서 1년을 보낸 다음, 판갈이하여 다시 1년이 지난 만 2년생 묘목으로 한 번 옮겨 심은 실생묘이다.

해설
실생묘 묘령의 표시
• 1-0묘 : 파종상에서 1년을 경과하고 상체된 일이 없는 1년생 실생 묘목
• 1-1묘 : 파종상에서 1년, 그 뒤 한 번 상체되어 1년을 지낸 2년생 묘목
• 2-0묘 : 상체된 일이 없는 2년생 묘목
• 2-1묘 : 파종상에서 2년, 그 뒤 상체상에서 1년을 지낸 3년생 묘목
• 2-1-1묘 : 파종상에서 2년, 그 뒤 두 번 상체된 일이 있고 각 상체상에서 1년을 경과한 4년생 묘목

19 내화력이 강한 수종으로 옳은 것은?

① 사철나무, 피나무
② 분비나무, 녹나무
③ 가문비나무, 삼나무
④ 사시나무, 아까시나무

해설
내화력이 강한 수종 및 약한 수종

구분	내화력이 강한 수종	내화력이 약한 수종
침엽수	은행나무, 잎갈나무, 분비나무, 가문비나무, 개비자나무, 대왕송 등	소나무, 해송(곰솔), 삼나무, 편백 등
상록 활엽수	아왜나무, 굴거리나무, 후피향나무, 붓순, 협죽도, 황벽나무, 동백나무, 비쭈기나무, 사철나무, 가시나무, 회양목 등	녹나무, 구실잣밤나무 등
낙엽 활엽수	피나무, 고로쇠나무, 마가목, 고광나무, 기중나무, 네군도단풍나무, 난티나무, 참나무, 사시나무, 음나무, 수수꽃나무	아까시나무, 벚나무, 능수버들, 벽오동나무, 참죽나무, 조릿대 등

20 종자의 과실이 시과(翅果)로 분류되는 수종은?

① 참나무　　② 소나무
③ 단풍나무　④ 호두나무

해설
시과(翅果) : 과피가 발달해서 날개처럼 된 것
예 단풍나무류, 물푸레나무류, 느릅나무류, 가중나무 등

21 트랙터 부착형 윈치(파미윈치) 작업 방법 중 설명이 올바른 것은?

① 작업로에 진입하여 작업할 수 없다.
② 견인작업 시 와이어로프 외각은 위험한 지역이다.
③ 지면끌기 집재작업 방식이다.
④ 견인거리가 100~200m이다.

> **해설**
>
> **파미(farmi)윈치**
> 지면끌기식 집재작업을 하는 기계로서 상향은 약 60m, 하향은 30m 정도이고, 견인력과 윈치속도는 가선기계만큼 빠르다.

22 예불기의 톱이 회전하는 방향은?

① 시계방향   ② 좌우방향
③ 상하방향   ④ 반시계방향

> **해설**
>
> 예불기 톱날의 회전방향은 좌측(반시계방향)이다.

23 종자 전체의 무게가 900g이고, 이 중 협잡물의 무게가 90g이고 순수한 종자의 무게가 810g일 때의 순량률은?

① 72%   ② 81%
③ 90%   ④ 98%

> **해설**
>
> 순량률이란 일정한 양의 종자 중 협잡물을 제외한 종자량을 백분율로 표시한 것이다.
>
> 순량률 $= \dfrac{900 - 90}{900} \times 100 = 90\%$

24 묘포지 선정요건으로 거리가 먼 것은?

① 교통이 편리한 곳
② 양토나 사질양토로 관배수가 용이한 곳
③ 1~5° 정도의 경사지로 국부적 기상피해가 없는 곳
④ 토지의 물리적 성질보다 화학적 성질이 중요하므로 매우 비옥한 곳

> **해설**
>
> ④ 너무 비옥한 토지는 도장의 우려가 있으므로 피한다.

25 다음 중 삽목이 잘되는 수종끼리만 짝지어진 것은?

① 개나리, 소나무
② 버드나무, 잣나무
③ 은행나무, 미루나무
④ 오동나무, 느티나무

> **해설**
>
> **삽목이 용이한 수종** : 포플러류, 버드나무류, 은행나무, 사철나무, 플라타너스, 개나리, 주목, 실편백, 연필향나무, 측백나무, 화백, 향나무, 비자나무, 미루나무 등이 있다.

26 비교적 대목이 크고 접수가 가늘 때 주로 사용하는 접목 방법은?

① 할접법   ② 박접법
③ 설접법   ④ 복접법

해설

할접법
- 비교적 대목이 굵고 접수가 가늘 때 적용하며, 이때 접수에는 끝눈을 붙이고 1cm 길이만 침엽을 남기고 아래에 삭면을 만들어 할접한다(소나무류).
- 갈라진 사이에 접수를 끼우고 비닐끈으로 묶는다.

27 미국흰불나방의 월동 형태는?

① 알   ② 유충
③ 성충   ④ 번데기

해설

미국흰불나방 : 1년에 보통 2회 발생(3회도 가능)하며, 나무껍질 사이나 지피물 밑 등에서 고치를 짓고 그 속에서 번데기로 월동한다.

28 다음 중 가선집재 기계로 옳지 않은 것은?

① 하베스터
② 자주식 반송기
③ 썰매식 집재기 나무
④ 이동식 타워형 집재기

해설

하베스터 : 임내를 이동하면서 입목의 벌도·가지제거·절단작동 등의 작업을 하는 기계로서, 벌도 및 조재작업을 1대의 기계로 연속작업할 수 있는 다공정 처리 기계

29 체인톱의 1시간당 평균 연료소모량은?

① 1.0L   ② 1.5L
③ 2.0L   ④ 2.5L

해설

- 1시간당 평균 연료소모량 : 1.5L
- 1시간당 평균 오일소모량 : 0.4L

30 아크야윈치(썰매형 윈치)의 집재작업 시 올바른 작업 준비사항은?

① 작업노선 중앙에 지주목이 있도록 노선을 정리
② 작업노선은 경사를 따라 좌우로 설치
③ 작업노선상에 있는 그루터기는 30cm 이하로 정리
④ 기계를 고정시키는 말뚝 설치

해설

② 작업노선은 경사면을 따라 상하로 직선이 되도록 한다.
③ 작업노선상에 있는 지장목은 지면과 같이 정리하여 집재작업 시 걸림이 없도록 한다.

31 굵은 생가지치기 시 위험성이 큰 수종은?

① 낙엽송　　② 삼나무
③ 포플러류　④ 느릅나무

해설
- 생가지치기 시 가장 위험한 수종 : 벚나무, 물푸레
나무, 단풍나무, 느릅나무 등
- 특별히 굵은 생가지가 아니면 위험성이 거의 없는
수종 : 소나무, 편백나무, 낙엽송, 삼나무, 포플러
류 등

32 종자의 숙기가 가장 늦은 수종은?

① 황철나무　② 동백나무
③ 회양목　　④ 잣나무

해설
종실의 성숙기
- 5월 : 버드나무, 사시나무, 미루나무, 황철나무, 양
버들
- 6월 : 떡느릅나무, 비술나무, 벚나무
- 7월 : 회양목, 벚나무
- 8월 : 스트로브잣나무, 섬잣나무
- 9월 : 소나무, 낙엽송, 주목, 구상나무, 분비나무,
종비나무, 가문비나무, 향나무
- 10월 : 소나무, 잣나무, 낙엽송, 리기다소나무, 해
송, 구상나무, 삼나무, 편백, 전나무
- 11월 : 동백나무, 회화나무
※ 보통 종자는 한랭한 곳보다 따뜻한 곳에서 성숙
이 늦고, 표고가 낮은 곳보다 높은 곳에서 성숙이
빠르다.

33 훈증제가 갖추어야 할 조건이 아닌 것은?

① 휘발성이 커서 일정한 시간 내에 살균 또
는 살충시킬 수 있어야 한다.
② 인화성이어야 한다.
③ 침투성이 커야 한다.
④ 훈증할 목적물의 이화학적, 생물학적 변
화를 주어서는 안 된다.

해설
훈증제의 조건
높은 증기압(high vapor pressure), 휘발성(volatili-
ty), 확산성(diffusion), 침투성(penetration), 흡착성
(sorption), 저잔류성(low residue) 등

34 삼각톱니 가는 방법 중 톱니 젖힘의 크기
는 침엽수와 활엽수 각각 몇 mm로 작업하
는가?

① 침엽수 0.3~0.5, 활엽수 0.2~0.3
② 침엽수 0.2~0.3, 활엽수 0.3~0.5
③ 침엽수 0.3~0.4, 활엽수 0.4~0.6
④ 침엽수 0.4~0.6, 활엽수 0.3~0.4

해설
톱니 젖힘의 크기는 0.2~0.5mm가 적당하다.
- 침엽수 : 0.3~0.5mm
- 활엽수 : 0.2~0.3mm

35 갱신을 위한 벌채 방식이 아닌 것은?

① 개벌작업　　② 산벌작업
③ 택벌작업　　④ 간벌작업

> **해설**
> 간벌작업은 경관의 유지와 개선을 위해 밀도 조절이
> 필요한 산림에서 진행되며, 삼림을 가꾸기 위한 벌채
> 에 속한다.

36 다음 조건에 알맞은 m²당 파종량은?

- 잔존본수 350그루
- 득묘율 30%
- 종자효율 75%
- 1g당 종자알수 180개

① 8.6g　　② 6.8g
③ 4.4g　　④ 2.3g

> **해설**
> **파종량**
> $$W = \frac{A \times S}{D \times E \times L} = \frac{1 \times 350}{180 \times 0.75 \times 0.3} ≒ 8.6g$$
> 여기서, W : 파종량(g)
> 　　　　E : 종자효율
> 　　　　A : 파종면적(m²)
> 　　　　L : 잔존율(득묘율)
> 　　　　S : 묘목밀도(묘목본수/m²)
> 　　　　D : 종자립수

37 유충과 성충 모두가 나뭇잎을 식해하는 해충은?

① 참나무재주나방
② 솔나방
③ 어스렝이나방
④ 오리나무잎벌레

> **해설**
> 오리나무잎벌레는 성충과 유충이 동시에 잎을 식해
> 하는데, 유충의 가해기간은 5월 하순~8월 상순경
> 이다.
> ※ 6월 중순에 사이스린 액제, 디프수화제를 수관살포
> 　하면 성충과 유충을 동시에 방제할 수 있다.

38 산림작업의 벌출공정 구성요소로 옳지 않은 것은?

① 벌목　　② 조재
③ 집재　　④ 조사

> **해설**
> 산림작업의 벌출공정 구성요소 : 벌목, 조재, 집재,
> 가설철거, 집적

39 발아율이 가장 높은 수종은?

① 박달나무　　② 잣나무
③ 해송　　　　④ 상수리나무

> **해설**
> ③ 해송 : 92%
> ① 박달나무 : 21%
> ② 잣나무 : 56%
> ④ 상수리나무 : 57%

40 택벌작업의 장점으로 틀린 것은?

① 숲땅이 항상 나무로 덮여 있어 보호를 받게 되고, 겉흙이 유실되지 않는다.
② 위층의 나무는 햇빛을 잘 받아 결실이 잘된다.
③ 양수의 갱신이 잘된다.
④ 미관상 가장 아름다운 숲이 된다.

해설
③ 택벌작업은 약한 빛에서도 잘 자라는 음수의 갱신에 더 유리하다.

41 다음 중 집재와 운재에 사용되는 기계 및 기구가 아닌 것은?

① 플라스틱 수라
② 단선순환식 삭도집재기
③ 윈치부착 농업용 트랙터
④ 자동지타기

해설
자동지타기는 가지치기용 기계이다.

42 조림목을 제외하고 모든 잡초목을 깎아 버리는 밑깎기(풀베기) 방법은?

① 줄깎기
② 전면깎기
③ 구멍깎기
④ 둘레깎기

해설
전면깎기(모두베기)
• 조림지의 전면에 걸쳐 해로운 지상식물을 깎아 내는 방법
• 땅힘이 좋거나 조림목이 양수일 때 적용
• 조림목에 가장 많은 양의 광선을 줄 수 있고, 지상식생의 피압으로 수형이 나빠지기 쉬운 양수에 적용

43 남색긴꼬리좀벌을 이용한 방제를 하였을 경우, 효과적으로 피해를 입힐 수 있는 병해충은?

① 밤나무혹벌
② 밤바구미
③ 밤송이진딧물
④ 복숭아명나방

해설
밤나무혹벌 방제방법으로 천적인 남색긴꼬리좀벌 등을 이용하는 생물학적 방법이 있다.

44 종자의 결실주기가 5~7년인 수종은?

① 소나무
② 낙엽송
③ 전나무
④ 리기다나무

해설
① · ④ 격년 결실, ③ 3~4년 주기

45 상층임관을 구성하고 있으며 병해를 받는 임목의 수관급은?

① 1급목
② 2급목
③ 3급목
④ 4급목

해설
2급목
수관의 발달이 이웃한 나무에 의하여 방해를 받아 정상적이지 못하고 성장에 알맞은 공간을 갖지 못하거나 그 형태가 불량한 것을 말한다.

46 임지에 서 있는 성숙한 나무로부터 종자가 떨어져 어린나무를 발생시키는 갱신방법은?

① 맹아갱신
② 인공조림
③ 파종조림
④ 천연하종갱신

해설
천연하종갱신(天然下種更新)은 자연적으로 종자가 낙하하여 지표면에 닿아 새싹이 나는 것으로 상방 천연하종갱신과 측방천연하종갱신이 있다.

47 모수작업에 대한 설명으로 틀린 것은?

① 남겨질 모수의 수는 전체 나무의 수에 비하여 극히 적으며 갱신이 끝나면 벌채에 이용된다.
② 모수가 신임분의 상층을 구성하는 점을 제외하고는 동령림이 조성된다.
③ 모수로 남겨야 할 임목은 전 임목에 대하여 본수로는 22~33%이다.
④ 남는 나무는 한 그루씩 외따로 서게 되는 일도 있고 때로는 몇 그루씩 무더기로 남기도 한다.

해설
③ 모수로 남겨야 할 임목은 전 임목에 대하여 본수의 2~3%, 재적의 약 10%이다.

48 환경요인은 수목병을 발생시키는 요인으로서 중요하게 작용한다. 환경요인과 병을 연결한 것으로 틀린 것은?

① 강풍 – 잣나무 잎떨림병
② 상처 – 밤나무 줄기마름병
③ 대기오염 – 소나무 그을음잎마름병
④ 산불, 모닥불 – 리지나뿌리썩음병

해설
① 온난화 : 잣나무 잎떨림병

49 다음 중 곰팡이에 의하여 발생하는 병은?

① 오동나무 빗자루병
② 벚나무 빗자루병
③ 대추나무 빗자루병
④ 붉나무 빗자루병

해설
② 진균(자낭균)에 의해 발생
①·③·④ 파이토플라스마에 의해 발생

50 옥시테트라사이클린 수화제를 수간에 주입하여 치료하는 수병은?

① 포플러 모자이크병
② 대추나무 빗자루병
③ 근두암종병
④ 잣나무 털녹병

해설
파이토플라스마에 의한 대추나무 빗자루병과 오동나무 빗자루병은 옥시테트라사이클린의 수간주사 효과가 양호하며 특히 대추나무 빗자루병의 치료에 실용화되고 있다.

51 지상부의 접목부위, 삽목의 하단부 등으로 병원균이 침입하고, 고온다습할 때 알칼리성 토양에서 주로 발생하는 것은?

① 탄저병
② 뿌리혹병
③ 불마름병
④ 리지나뿌리썩음병

해설

뿌리혹병
• 세균에 의한 토양전염성 병이다.
• 고온다습한 알칼리성 토양에서 자주 발생한다.
• 병원균이 뿌리혹 속에서 휴면포자 형태로 월동하였다가 주로 상처(접목부, 삽목 하단 등)를 통해 침입한다.
• 뿌리나 줄기 기부에 크고 작은 혹이 생기고, 초기에 연한 색을 띠다가 점차 커지며 갈색~흑갈색으로 변한다.

52 곤충의 청각기관인 존스턴기관(Johnston's Organ)은 더듬이의 어느 부위에 위치하는가?

① 채찍마디 ② 자루마디
③ 밑마디 ④ 팔굽마디

해설

존스턴기관은 곤충 더듬이의 팔굽마디(흔들마디)에 위치한다.

53 2행정 기관을 4행정 기관과 비교했을 때, 2행정 기관의 특징에 대한 설명으로 틀린 것은?

① 배기음이 낮다.
② 휘발유와 오일소비가 크다.
③ 동일배기량에 비해 출력이 크다.
④ 저속운전이 곤란하다.

해설

① 배기음이 크다.

54 기계톱의 연료와 오일을 혼합할 때 휘발유 40L이면 오일의 양은 약 몇 L가 필요한가? (단, 오일의 혼합비율은 25 : 1이다)

① 1.1 ② 1.3
③ 1.6 ④ 2.2

해설

휘발유와 오일의 혼합비율
$25 : 1 = 40 : x$
$\therefore \ x = 1.6L$

55 무육작업용 장비로 활용하기 가장 부적합한 것은?

① 가지치기 톱
② 재래식 낫
③ 전정가위
④ 손도끼

해설

손도끼는 제벌작업 및 간벌작업 시 가벌목의 표시, 단근작업, 도끼자루 제작 등에 사용된다.

56 산림작업용 안전화가 갖추어야 할 조건으로 옳지 않은 것은?

① 철판으로 보호된 안전화 코
② 미끄러짐을 막을 수 있는 바닥판
③ 땀의 배출을 최소화하는 고무재질
④ 발이 찔리지 않도록 되어 있는 특수보호 재료

해설
안전화
미끄러짐을 막고 습기와 추위로부터 발을 보호하며, 돌부리에 부딪히거나 무거운 물체에 짓눌리는 것을 방지하고, 체인톱과 같은 절단, 도끼 등의 타격, 낫 끝과 같이 예리한 도구로 발이 찔리는 것을 예방하도록 제작되어야 한다.

57 종자발아 촉진법이 아닌 것은?

① X선분석법 　　② 종피파상법
③ 침수처리법 　　④ 노천매장법

해설
X선분석법은 종자발아 검사법이다.

58 수목의 병을 사전에 예방하기 위하여 실행하는 방법 중 틀린 것은?

① 돌려짓기(윤작)를 한다.
② 묘목의 검사를 철저히 한다.
③ 작업기구의 소독을 철저히 한다.
④ 가능한 한 같은 장소에 이어짓기(연작)를 한다.

해설
④ 같은 장소에 이어짓기(연작)를 하면 병원균의 밀도가 높아져 병이 많이 발생한다.

59 벌목작업에서 쐐기는 주로 벌도방향의 결정과 안전작업을 위해 사용된다. 목재 쐐기를 만드는 데 적당한 수종이 아닌 것은?

① 아까시나무
② 단풍나무
③ 참나무류
④ 리기다소나무

해설
리기다소나무는 목재로는 질이 좋지 않아 목재 쐐기 등으로는 쓰이지 않으며, 거의 사방조림용으로 이용된다.

60 해충의 직접적인 구제방법 중 기계적 방제법에 속하지 않는 것은?

① 포살법
② 냉각법
③ 유살법
④ 소살법

해설
기계적 방제법은 간단한 기구 또는 손으로 해충을 잡는 방법으로 포살, 유살, 소살 등이 있다.

01 종묘사업 실시요령의 종자품질기준에서 다음 중 발아율이 가장 높은 수종은?

① 해송　　　　② 비자나무
③ 전나무　　　④ 주목

해설

종묘사업 실시요령 종자품질기준에서의 발아율(%)

수종	효율 (A×B/100)	순량률 (A)	발아율 (B)
곰솔(해송)	88	96	92
비자나무	60	98	61
주목	53	96	55
전나무	23	93	25

02 숲을 띠 모양으로 구획하고 2번의 개벌에 의해서 갱신이 끝나는 벌채 방식은?

① 군상개벌작업
② 연속대상개벌작업
③ 교호대상개벌작업
④ 넓은 면적의 개벌작업

해설

교호대상 개벌작업은 갱신대상지를 교호로 개벌하여 잔존임분으로부터 측방천연하종에 의한 갱신을 실시한 후, 갱신이 완료되면 나머지 잔존대상지를 갱신하는 방법으로 전임분을 2회에 걸쳐 완료시킬 수 있다.

03 중림작업에 대한 설명으로 옳은 것은?

① 주로 하목은 연료 생산에 목적을 두고 상목은 용재 생산에 목적을 둔다.
② 연료림 조성에 가장 적당한 방법이다.
③ 상목은 맹아가 왕성하게 발생해야 하는 음성의 나무를 택한다.
④ 작업의 형태는 개벌작업과 비슷하다.

해설

중림작업은 한 구역 안에서 용재 생산을 목적으로 하는 교림작업(상목)과 연료목 생산을 목적으로 하는 왜림작업(하목)을 동시에 실시하는 것이다.

04 묘목의 뿌리가 2년생, 줄기가 1년생을 나타내는 삽목묘의 연령 표기를 바르게 한 것은?

① 1-2묘　　　② 2-1묘
③ 1/2묘　　　④ 2/1묘

해설

① 파종상 1년, 이식상 1번(2년)인 3년생 실생묘
② 파종상 2년, 이식상 1번(1년)인 3년생 실생묘
④ 뿌리가 1년생, 줄기가 2년 된 삽목묘

1 ① 　2 ③ 　3 ① 　4 ③ 　정답

05 어린나무가꾸기의 1차 작업시기로 가장 알맞은 것은?

① 솎아베기가 끝난 6~9년 후
② 가지치기가 끝난 5~6년 후
③ 덩굴제거가 끝난 1~2년 후
④ 풀베기가 끝난 3~5년 후

해설
대개 풀베기가 끝나고 3~5년이 지난 다음에 1차 작업을 시작하고, 다시 3~4년이 지난 다음 2차 작업을 하며, 제거 대상목의 맹아가 약한 6~9월 중에 실시한다.

07 체인톱에 사용하는 윤활유에 대한 설명으로 옳은 것은?

① 윤활유의 점액도 표시는 사용 외기온도로 구분된다.
② 윤활유 SAE 20W 중 W는 중량을 의미한다.
③ 윤활유 SAE 30 중 SAE는 국제자동차협회의 약자이다.
④ 윤활유 등급을 표시하는 번호가 높을수록 점도가 낮다.

해설
체인톱에 사용하는 윤활유
• 윤활유의 점액도 표시는 사용 외기온도로 구분된다.
• 윤활유의 선택은 기계톱의 안내판 수명과 직결된다.
• 윤활유의 등급을 표시하는 기호의 번호가 높을수록 점액도가 높다.
• W는 'Winter'의 약자로 겨울용을 의미한다.
• SAE는 미국자동차기술협회(Society of Automotive Engineers)의 약자이다.
• 묽은 윤활유를 사용하면 톱날의 수명이 짧아진다.
• 윤활유는 가이드바 홈 속에 침투해야 한다.

06 체인톱 작업 중 위험에 대비한 안전장치가 아닌 것은?

① 체인브레이크
② 핸드가드
③ 스프로킷
④ 체인잡이

해설
원심클러치드럼에 부착된 스프로킷은 크랭크축의 회전을 체인에 전달하여 체인톱을 구동한다.

08 2행정 내연기관에서 외부의 공기가 크랭크실로 유입되는 원리로 옳은 것은?

① 크랭크실과 외부와의 기압차
② 크랭크축 운동의 원심력
③ 기화기의 공기펌프
④ 피스톤의 흡입력

해설
공기의 흡입은 크랭크실의 기압과 대기압의 차이에 의해 이루어진다.

09 내연기관에서 연접봉(커넥팅 로드)이란?

① 크랭크와 피스톤을 연결하는 역할을 한다.
② 엔진의 파손된 부분을 용접하는 봉이다.
③ 액셀레버와 기화기를 연결하는 부분이다.
④ 크랭크 양쪽으로 연결된 부분을 말한다.

해설

연접봉은 피스톤과 크랭크핀을 연결하여 피스톤의 왕복운동을 회전운동으로 바꾸어주는 장치이다.

10 나무의 어린뿌리와 공생을 하는 균근으로 주로 토양미생물 중에 외생균근을 형성하는 수종은?

① 오리나무
② 단풍나무
③ 소나무
④ 동백나무

해설

소나무 뿌리에는 균근균이 공생하여 균근을 만들고, 균사가 털뿌리의 표면에 발달하는데 이것을 외생균근이라 말한다.

11 삽수의 발근이 비교적 잘되는 수종, 비교적 어려운 수종, 대단히 어려운 수종으로 분류할 때 비교적 잘되는 수종에 속하는 것은?

① 잣나무
② 소나무
③ 은행나무
④ 단풍나무

해설

• 삽수의 발근이 잘되는 수종 : 측백나무, 포플러류, 버드나무류, 은행나무, 사철나무, 개나리, 주목, 향나무, 치자나무, 삼나무 등
• 삽수의 발근이 어려운 수종 : 밤나무, 느티나무, 백합나무, 소나무, 해송, 잣나무, 전나무, 단풍나무, 벚나무 등

12 삽목할 때 삽수의 발근 촉진제로 사용할 수 없는 약제는?

① 인돌부틸산(IBA)
② 나프탈렌초산(NAA)
③ 인돌초산(IAA)
④ 2,4-D

해설

인공적으로 합성된 발근 촉진제로는 인돌부틸산(IBA), 인돌초산(IAA), 나프탈렌초산(NAA) 등이 있다.

13 솔잎혹파리에 대한 설명으로 옳지 않은 것은?

① 기생성 천적으로 솔잎혹파리먹좀벌 등이 있다.
② 솔잎의 기부에서 즙액을 빨아 먹는다.
③ 1년에 2회 발생하며 알로 월동한다.
④ 완전변태를 한다.

해설

③ 1년에 1회 발생하며, 지피물 밑의 지표나 1~2cm 깊이의 흙 속에서 유충으로 월동한다.

14 다음 중 항생물질 살균제가 아닌 것은?

① 스트렙토마이신
② 폴리옥신 B
③ 옥시테트라사이클린
④ 석회유황합제

해설

석회유황합제는 보호 살균제의 종류이다.

15 가지치기에 관한 설명으로 옳지 않은 것은?

① 임목의 질적 개선으로 옹이가 없고 통직한(straightening) 완만재 생산을 위한 육림작업이다.
② 포플러류는 역지(으뜸가지) 이하의 가지를 제거한다.
③ 나무가 생리적으로 활동하고 있을 때 가지치기를 하면 껍질이 잘 벗겨지고 상처가 커진다.
④ 큰 생가지를 잘라도 위험성이 작은 수종은 물푸레나무, 난풍나무, 벚나무, 느릅나무 등이다.

해설

생가지치기

• 가지치기를 할 때 생가지를 치면 미생물이 쉽게 침입하여 목재가 절단면으로부터 부패하는 경우가 있다.
• 생가지치기로 가장 위험성이 높은 수종은 단풍나무류, 느릅나무류, 벚나무류, 물푸레나무 등으로, 원칙적으로 생가지치기를 피하고 자연낙지 또는 고지치기만 실시한다.
• 위험성이 낮은 수종으로 소나무류, 낙엽송, 포플러류, 삼나무, 편백 등은 특별히 굵은 생가지를 끊어 주지 않는 한 거의 위험성은 없다.

16 조림목과 경쟁하는 목적 이외의 수종 및 형질불량목이나 폭목 등을 제거하여 원하는 수종의 조림목이 정상적으로 생장하기 위해 수행하는 작업은?

① 간벌작업   ② 제벌작업
③ 개벌작업   ④ 풀베기

해설

어린나무가꾸기(잡목 솎아내기, 제벌, 치수무육)
풀베기작업이 끝난 이후 임관이 형성될 때부터 솎아베기(간벌)할 시기에 이르는 사이에 침입 수종의 제거를 주로 하고, 아울러 조림목 중 자람과 형질이 매우 나쁜 것을 끊어 없애는 것을 말한다.

17 2ha의 면적에 2m 간격, 정방형으로 묘목을 식재하고자 할 때 소요 묘목본수는?

① 2,000본   ② 2,500본
③ 4,000본   ④ 5,000본

해설

$$식재할\ 묘목수 = \frac{식재면적}{묘목\ 간\ 간격(가로 \times 세로)}$$

$$= \frac{2 \times 10,000}{2 \times 2} (\because 1ha = 10,000m^2)$$

$$= 5,000본$$

18 나무아래심기(수하식재)에 대한 설명으로 옳지 않은 것은?

① 수하식재용 수종으로는 양수수종으로 척박한 토양에 견디는 힘이 강한 것이 좋다.

② 수하식재는 주임목의 불필요한 가지 발생을 억제하는 효과도 있다.

③ 수하식재는 임내의 미세환경을 개량하는 효과가 있다.

④ 수하식재는 표토 건조 방지, 지력 증진, 황폐와 유실 방지 등을 목적으로 한다.

해설

수하식재

장령 및 노령의 임목이 생육하고 있는 숲속에 하목으로 식재하는 것을 말하는데, 수하식재용 수종은 내음력이 강한 음수수종 또는 반음수수종이 적합하다. 기존 임목의 생장을 촉진하기 위하여 비료목을 식재하는 경우, 임지의 생산력을 입체적으로 이용하기 위해 2단림을 조성할 경우, 수종 갱신을 실시할 목적으로 심는 경우에 수하식재를 한다.

19 파종량을 구하는 공식에서 득묘율이란?

① 일정 면적에서 묘목을 얻은 비율

② 솎아 낸 묘목수에 대한 잔존 묘목수의 비율

③ 발아한 묘목수에 대한 잔존 묘목수의 비율

④ 파종된 종자입수에 대한 잔존 묘목수의 비율

해설

득묘율 : 파종상에서 단위면적당 일정한 규격에 도달한 묘목을 얻어 낼 수 있는 본수의 비

20 3~4년마다 결실하는 수종은?

① 가문비나무 ② 느릅나무
③ 오동나무 ④ 자작나무

해설

결실주기

• 해마다 결실을 보이는 것 : 버드나무류, 포플러류, 오리나무류, 느릅나무, 물갬나무 등
• 격년결실을 하는 것 : 소나무류, 오동나무류, 자작나무류, 아까시, 리기다소나무 등
• 2~3년을 주기로 하는 것 : 참나무류, 들메나무, 느티나무, 삼나무, 편백, 상수리나무 등
• 3~4년을 주기로 하는 것 : 전나무, 녹나무, 가문비나무 등
• 5년 이상을 주기로 하는 것 : 너도밤나무, 낙엽송, 방크스소나무 등

21 산벌작업의 순서로 옳은 것은?

① 하종벌 → 예비벌 → 후벌

② 예비벌 → 후벌 → 하종벌

③ 하종벌 → 후벌 → 예비벌

④ 예비벌 → 하종벌 → 후벌

해설

산벌작업

• 예비벌 : 갱신 준비
• 하종벌 : 치수의 발생을 완성
• 후벌 : 치수의 발육을 촉진

22 발아에 가장 오랜 시일이 필요한 수종은?

① 화백 ② 느릅나무

③ 목련 ④ 사시나무

해설

수종별로 요구되는 발아시험기간
- 14일간 : 사시나무, 느릅나무 등
- 21일간 : 가문비나무, 편백, 화백, 아까시 등
- 28일간 : 소나무, 해송, 낙엽송, 솔송나무, 삼나무, 자작나무, 오리나무 등
- 42일간 : 전나무, 느티나무, 목련, 옻나무 등

23 데라사끼식 간벌에 있어서 간벌량이 가장 적은 방식은?

① A종 간벌 ② B종 간벌

③ C종 간벌 ④ D종 간벌

해설

A종 간벌
- 4급목과 5급목을 제거하고 2급목의 소수를 끊는 방법으로, 임내를 정지한다는 뜻이다.
- 간벌하기에 앞서 제벌 등 선행되는 중간벌채가 잘 이루어졌다면 A종 간벌을 할 필요성은 거의 없다.

24 그루터기에서 발생하는 맹아를 이용하여 후계림을 만드는 작업을 무엇이라 하는가?

① 택벌작업 ② 개벌작업

③ 왜림작업 ④ 산벌작업

해설

왜림작업
- 활엽수림에서 주로 땔감을 생산할 목적으로 비교적 짧은 벌기령으로 개벌하고, 그 뒤 근주에서 나오는 맹아로서 갱신하는 방법이다.
- 왜림작업은 그 생산물이 대부분 연료재로 이용되었기 때문에 연료림작업이라고도 한다.

25 모수작업법을 이용한 산림갱신에서 모수의 조건으로 적합하지 않은 것은?

① 바람에 대한 저항력은 고려대상이 아니다.

② 우세목 중에서 고르도록 한다.

③ 유전적 형질이 좋아야 한다.

④ 종자는 많이 생산할 수 있어야 한다.

해설

모수의 조건
- 유전적 형질이 좋아야 한다.
- 바람에 대한 저항력이 있어야 한다.
- 종자를 많이 생산할 수 있는 개체를 남겨야 한다.
- 우세목 중에서 고르도록 한다.
- 선천적 불량형질의 나무는 모수로 하지 않는다.
- 물푸레나무류와 사시나무류처럼 나무의 성에 자웅 구별이 있는 것은 두 가지를 함께 남겨야 한다.
- 뿌리가 깊은 수종, 즉 심근성 수종이 알맞다.

26 우리나라가 원산인 수종은?

① 연필향나무 ② 삼나무

③ 잣나무 ④ 백송

해설

③ 잣나무 : 한국이 원산지이고 일본, 중국, 시베리아 등지에도 분포한다.
① 연필향나무 : 북아메리카 동부
② 삼나무 : 일본
④ 백송 : 중국

27 벌목 중 나무에 걸린 나무의 방향전환이나 벌도목을 돌릴 때 사용되는 작업 도구는?

① 지렛대   ② 식혈봉
③ 박피삽   ④ 쐐기

해설

지렛대는 벌목 시 나무가 걸려 있을 때 밀어 넘기거나, 벌도된 나무의 가지를 자를 때 벌도목을 반대방향으로 전환시킬 경우에 사용한다.

28 정원목 및 정원석 주위에 입목을 휘감은 풀들을 깎을 때 안심하고 사용 가능한 예불기의 날 형태는?

① 직선왕복날식
② 회전날식
③ 나일론코드식
④ 왕복요동식

해설

나일론코드(나일론 스프링코일) : 잔디, 초본류, 취미 생활용 및 농업용 칼날에 사용할 수 있다.
※ 절단부 동작 방식에 의한 예불기의 종류 : 회전날식, 직선왕복날식, 왕복요동식, 나일론코드식

29 세균에 의한 병이 아닌 것은?

① 잎떨림병
② 뿌리혹병
③ 불마름병
④ 세균성구멍병

해설

잎떨림병은 자낭균에 의한 수병으로, 땅 위에 떨어진 병든 잎에서 자낭포자의 형태로 월동하여 다음 해의 전염원이 된다. 5~7월 비가 많이 오는 해에 피해가 크며, 병든 나무로부터 제2차 감염은 일어나지 않는다.

30 농약의 물리적 형태에 따른 분류가 아닌 것은?

① 분제   ② 유제
③ 수화제   ④ 전착제

해설

농약의 분류
- 사용목적에 따른 분류 : 살균제, 살충제, 살비제, 살선충제, 제초제, 식물 생장조절제, 혼합제, 살서제, 소화중독제, 유인제 등
- 주성분 조성에 따른 분류 : 유기인계, 카바메이트계, 유기염소계, 유황계, 동계, 유기비소계, 항생물질계, 피레스로이드계, 페녹시계, 트라이아진계, 요소계, 설포닐우레아계 등
- 제형에 따른 분류 : 유제, 수화제, 분제, 미분제, 수화성미분제, 입제, 액제, 액상수화제, 미립제, 세립제, 저미산분제, 수면전개제, 종자처리수화제, 캡슐현탁제, 분의제, 과립훈연제, 과립수화제, 캡슐제 등
- 사용방법에 따른 분류 : 희석살포제, 직접살포제, 훈연제, 훈증제, 연무제, 도포제 등

31 솔나방이 주로 산란하는 곳은?

① 소나무 뿌리 부근 땅속
② 소나무 수피 틈
③ 솔방울 속
④ 솔잎 사이

해설

솔나방의 산란은 우화 2일 후부터 시작하며, 500개 정도의 알을 솔잎에 몇 개의 무더기로 낳고, 알덩어리 하나낭 알 수는 100~300개이나.

32 구과가 성숙한 후에 10년 이상이나 모수에 부착되어 있어 종자의 발아력이 상실되지 않고 산불이 나면 인편이 열리는 수종은?

① 로지폴소나무 ② 소나무
③ 잣나무 ④ 편백

해설

로지폴소나무와 방크스소나무는 산불에 의한 고열을 받아야 비로소 열매가 벌어져 종자가 밖으로 나올 수 있기 때문에 산불을 만날 때까지 몇 년이라도 종자를 저장하고 있다.

33 진딧물의 화학적 방제법 중 천적 보호에 유리한 방제 약제로 가장 좋은 것은?

① 훈증제 ② 침투성 살충제
③ 기피제 ④ 접촉살충제

해설

침투성 살충제
• 약제를 식물체의 뿌리 · 줄기 · 잎 등에 흡수시켜 식물체 전체에 약제가 분포되게 하여 흡즙성 곤충이 흡즙하면 죽게 하는 것을 말한다.
• 천적에 대한 피해가 없어 천적 보호에도 유리하다.

34 등화유살로 가장 많이 구제할 수 있는 해충은?

① 거세미, 진딧물류
② 응애, 측백하늘소
③ 소나무좀, 바구미
④ 어스렝이나방, 풍뎅이

해설

등화유살은 곤충의 추광성을 이용하는 것으로 수은등, 흑색등, 청색등 같은 $300~400\mu m$의 단파장 광선을 이용한 유아등이 많이 이용되고 있다. 추광성이 있는 나방류 성충유살에 많이 이용되고 있으나 암컷보다 수컷이 많이 유인되고, 암컷도 산란을 거의 끝낸 것이 많이 유인되는 경향이 있다.

35 이른 봄에 수목의 발육이 시작된 후에 갑자기 내린 서리에 의해 어린잎이 받는 피해는?

① 춘상 ② 조상
③ 만상 ④ 동상

해설

① 춘상 : 봄철에 수목의 발육이 시작된 후 갑자기 내린 서리에 의해 수목의 잎, 줄기, 가지 등이 받는 피해를 말한다.
② 조상 : 늦가을에 식물생육이 완전히 휴면되기 전에 발생하며, 목화(경화)가 아직 이루어지지 않은 연약한 새 가지에 피해를 준다.
④ 동상 : 겨울철 식물의 생육휴면기에 발생한다.

36 소립종자의 실중에 대한 설명으로 옳은 것은?

① 종자 100립의 4회 평균 중량 곱하기 10
② 종자 1,000립의 4회 평균 중량
③ 종자 1L의 4회 평균 중량
④ 전체 시료종자 중량 대비 각종 불순물을 제거한 종자의 중량 비율

해설

실중은 종자 1,000립의 무게를 g으로 나타낸 것으로 대립종자 100립, 소립종자 1,000립을 4회 반복하여 무게를 측정한 평균치이다.

37 종자 정선 후 바로 노천매장을 하는 수종은?

① 잣나무   ② 피나무
③ 삼나무   ④ 전나무

해설

종자를 정선한 후 곧 노천매장해야 할 수종 : 들메나무, 단풍나무류, 벚나무류, 잣나무, 백송, 호두나무, 가래나무, 느티나무, 백합나무, 은행나무, 목련류 등

38 벌목작업 시 작업로 간격(최소 안전작업거리)기준으로 적당한 것은?

① 벌도될 나무 높이의 1배
② 벌도될 나무 높이의 2배
③ 벌도될 나무 높이의 3배
④ 벌도될 나무 높이의 4배

해설

벌목작업 시 등의 위험 방지(산업안전보건기준에 관한 규칙 제405조 제1항 제3호)
벌목작업 중에는 벌목하려는 나무로부터 해당 나무 높이의 2배에 해당하는 직선거리 안에서 다른 작업을 하지 않을 것

39 발아율 90%, 고사율 20%, 순량률 80%일 때 종자의 효율은?

① 14.4%
② 16%
③ 44%
④ 72%

해설

효율(%) = 발아율 × 순량률 / 100
= 90 × 80 / 100
= 72%

40 덩굴제거작업에 대한 설명으로 옳지 않은 것은?

① 24시간 이내 강우가 예상될 경우 약제는 필요량보다 1.5배 정도 더 사용한다.
② 콩과 식물은 디캄바 액제를 살포한다.
③ 물리적 방법과 화학적 방법이 있다.
④ 일반적인 덩굴류는 글라신 액제로 처리한다.

해설

① 약제 처리 후 24시간 이내에 강우가 예상될 경우 약제 처리를 중지한다.

36 ② 37 ① 38 ② 39 ④ 40 ① **정답**

41 다음 중 내음성이 가장 강한 수종은?

① 잣나무
② 밤나무
③ 졸참나무
④ 너도밤나무

해설

음수	주목, 금송, 비자나무, 솔송나무, 가문비나무류, 회양목, 너도밤나무, 서어나무류, 동백나무, 녹나무, 사철나무, 나한백 등
중용수	느릅나무류, 잣나무, 피나무류, 벚나무류, 아까시나무, 팽나무, 후박나무, 회화나무, 스트로브잣나무
양수	오리나무류, 밤나무, 상수리나무, 졸참나무, 떡갈나무, 굴참나무, 향나무, 측백나무, 오동나무, 소나무, 해송, 삼나무, 노간주나무, 사시나무류, 버드나무류, 느티나무, 옻나무, 은행나무, 황철나무, 낙엽송, 잎갈나무, 자작나무류 등

42 어스렝이나방에 대한 설명으로 옳지 않은 것은?

① 알로 월동한다.
② 1년에 1회 발생한다.
③ 유충이 열매를 가해한다.
④ 플라타너스, 호두나무 등을 가해한다.

해설

평균적으로 유충 1마리가 1세대 동안 암컷은 3,500 cm^2, 수컷은 2,400cm^{2}의 잎을 식해한다.

43 우리나라에서 발생하는 주요 소나무류 잎녹병균의 중간기주가 아닌 것은?

① 현호색
② 황벽나무
③ 잔대
④ 등골나물

해설

현호색은 포플러 잎녹병을 일으키는 담자균의 중간기주이다.

44 잔존시키는 임목의 성장 및 형질 향상을 위하여 임목 간의 경쟁을 완화시키는 작업은?

① 산벌작업
② 택벌작업
③ 간벌작업
④ 개벌작업

해설

간벌(Thinning)
남게 될 나무의 자람을 촉진시키고 유용한 목재의 총생산량을 증가시키고자 할 때 그 벌채를 간벌이라고 한다.

45 수확을 위한 벌채금지구역으로 옳지 않은 것은?

① 내화수림대로 조성·관리되는 지역
② 생태통로 역할을 하는 8부 능선 이상부터 정상부, 다만 표고가 100m 미만인 지역은 제외
③ 도로변 지역은 도로로부터 평균 수고폭
④ 벌채구역과 벌채구역 사이 100m 폭의 잔존수림대

> **해설**
> ④ 벌채구역과 벌채구역 사이에 폭 20m 이상의 수림대

46 소나무 재선충에 대한 설명이 아닌 것은?

① 피해고사목은 벌채 후 매개충의 번식처를 없애기 위하여 임지 외로 반출한다.
② 유충은 자라서 터널 끝에 번데기방을 만들고 그 안에서 번데기가 된다.
③ 매개충은 솔수염하늘소이다.
④ 소나무 재선충은 후식상처를 통하여 수체 내로 이동해 들어간다.

> **해설**
> 고사목은 철저히 벌채하여 잔가지까지 소각하고 임지 외 반출을 금한다.

47 벌도와 벌도목을 모아 쌓는 기능이 주목적으로 가지제거나 절단기능은 없는 임업기계는?

① 스키더
② 프로세서
③ 펠러번처
④ 하베스터

> **해설**
> 펠러번처(feller buncher)
> 벌목과 집적기능만 가진 장비, 즉 임목을 벌도하는 기계로서 단순벌도뿐만 아니라 임목을 붙잡을 수 있는 장치를 구비하고 있어, 벌도한 나무를 집재작업이 용이하도록 모아 쌓을 수 있는 다공정 처리기계이다.

48 기계톱으로 원목을 절단할 경우 절단면에 파상무늬가 생기며 체인이 한쪽으로 기운다면 어떤 원인인가?

① 창날각이 고르지 못하다.
② 톱날의 길이가 서로 다르다.
③ 깊이제한부가 서로 다르다.
④ 측면날의 각도가 서로 다르다.

> **해설**
> ② 창날각이 서로 다른 경우 심하면 절단면에 빨래판처럼 파상무늬가 생기게 된다.

49 일반적인 곤충의 피부구조 중 가장 바깥쪽에 위치하는 것은?

① 감각세포
② 표피
③ 진피
④ 기저막

피부는 바깥쪽에 표피, 그 아래에 진피, 안쪽에 기저막으로 되어 있다.

51 천적을 이용하는 방제는 어떤 방법에 속하는가?

① 물리적 방법
② 경종적 방법
③ 화학적 방법
④ 생물학적 방법

생물학적 방제는 해충개체군의 밀도를 생물(천적)에 의하여 억제하는 방법이다.

50 풀베기의 설명이 틀린 것은?

① 9월 이후의 풀베기는 피한다.
② 소나무류는 5~8회 정도 실시한다.
③ 일반적으로 조림 후 5~6월에 실시한다.
④ 연 2회 실시할 때는 8월에 추가적으로 실시한다.

③ 풀베기는 일반적으로 조림 후 6~8월에 실시한다.

52 동령림과 이령림의 차이점에 대한 설명 중에서 동령림의 특징에 해당되는 것은?

① 동령림 내 작은 나무들이 장차 유용임목으로 된다.
② 갱신이 짧은 시간 내에 이루어진다.
③ 풍해가 매우 적다.
④ 임상유기물이 지속적으로 축적된다.

동령림은 갱신이 단기적으로 짧은 시간 안에 일어나고 이령림은 윤벌기 전체에 걸쳐 일어난다.

53 전나무 50%, 산사나무 20%, 물푸레나무 15%, 호두나무 10%, 단풍나무 5%인 산림은?

① 천연림
② 활엽수림
③ 혼효림
④ 전나무림

해설

혼효림: 수풀을 구성하고 있는 수종이 두 가지 이상일 때 생물학적 견지에서 가장 건전한 산림이다.

54 다음 중 작업 도구와 능률에 관한 기술로 가장 거리가 먼 것은?

① 자루의 길이는 적당히 길수록 힘이 강해진다.
② 도구의 날 끝 각도가 클수록 나무가 잘 빠개진다.
③ 도구의 날은 날카로운 것이 땅을 잘 파거나 자를 수 있다.
④ 도구는 가벼울수록, 내려치는 속도가 늦을수록 힘이 세진다.

해설

④ 도구는 적당한 무게를 가져야 내려치는 속도가 빨라져 능률이 좋다.

55 예불기의 연료는 시간당 약 몇 L가 소모되는 것으로 보고 준비하는 것이 좋은가?

① 0.5L   ② 1L
③ 2L   ④ 3L

해설

예불기의 연료는 시간당 약 0.5L가 소모된다.

56 4행정 기관과 비교한 2행정 기관의 특징으로 옳지 않은 것은?

① 연료소모량이 크다.
② 동일 배기량에 비해 출력이 작다.
③ 저속운전이 곤란하다.
④ 혼합연료 이외에 별도의 엔진오일을 주입하지 않아도 된다.

해설

이론적으로 동일한 배기량일 경우 2행정 기관이 4행정 기관보다 출력이 크다.

57 스카이라인을 집재기로 직접 견인하기 어려움에 따라 견인력을 높이기 위한 가선장비는?

① 샤클　　　② 반송기
③ 힐블록　　④ 윈치드럼

해설
① 샤클 : 와이어로프, 체인 또는 다른 부속들과 연결하여 들어 올리거나 고정시키는 데 사용
② 반송기 : 가선집재 시 와이어로프에 걸어 윈치에 의하여 움직이는 운반기
④ 윈치드럼 : 원통형으로 와이어로프를 감아, 도르래를 이용해서 중량물을 높은 곳으로 들어 올리거나 끌어 올리는 기계의 드럼

58 잡초나 관목이 무성한 경우의 피해로서 적당하지 않은 것은?

① 병충해의 중간기주 역할을 한다.
② 양수 수종의 어린나무 생장을 저해한다.
③ 지표를 건조하게 한다.
④ 임지를 갱신하려 할 때 방해요인이 된다.

해설
③ 잡초나 관목이 무성한 경우에는 지표의 수분이 보존되어 건조해지지 않는다.

59 특정 임분의 야생동물군집 보전을 위한 임분구성 관리 방법으로 적절하지 못한 것은?

① 택벌사업
② 대면적 개벌사업
③ 혼효림 또는 복층림화
④ 침엽수 인공림 내외에 활엽수의 도입

해설
특정 임분의 야생동물군집을 보전하기 위해서는 대면적 개벌사업으로 인한 인공조림을 지양하고 우량한 천연림을 경제림으로 유도하여야 한다.

60 벌목작업 도구 중에서 쐐기는?

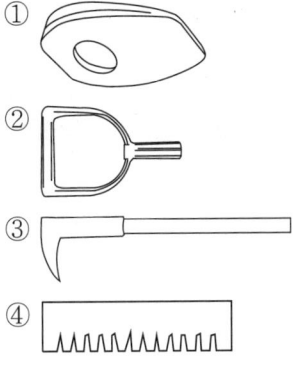

해설
② draw shave(박피용 도구), ③ 사피, ④ 이식판

01 담배장님노린재에 의하여 매개 전염되는 병은?

① 오동나무 빗자루병
② 대추나무 빗자루병
③ 잣나무 털녹병
④ 소나무 잎녹병

해설

오동나무 빗자루병은 파이토플라스마(phytoplasma)의 감염에 의해 일어나는데, 우리나라에서는 담배장님노린재, 썩덩나무노린재, 오동나무애매미충 등 3종의 흡즙성 해충이 병원균을 매개하는 것으로 알려져 있다. 담배장님노린재에 의한 감염을 막기 위해 7월 상순~9월 하순에 살충제를 2주 간격으로 살포한다.

02 배나무를 기주교대하는 이종기생성 병은?

① 향나무 녹병
② 소나무 혹병
③ 전나무 잎녹병
④ 오리나무 잎녹병

해설

향나무의 녹병(배나무의 붉은별무늬병)은 향나무와 배나무에 기주교대하는 이종기생성 병이다.

03 열간거리 1.0m, 묘간거리 1.0m로 묘목을 식재하려면 1ha당 몇 그루의 묘목이 필요한가?

① 3,000그루　② 5,000그루
③ 10,000그루　④ 12,000그루

해설

$$식재할\ 묘목수 = \frac{식재면적}{묘목\ 간\ 간격(가로 \times 세로)}$$

$$= \frac{1 \times 10,000}{1 \times 1}(\because 1ha = 10,000m^2)$$

$$= 10,000그루$$

04 종자의 저장과 발아촉진을 겸하는 방법은?

① 냉습적법
② 노천매장법
③ 침수처리법
④ 황산처리법

해설

① 냉습적법 : 발아촉진을 위한 후숙에 중점을 두는 저장법으로 용기 안에 보호재료인 이끼, 토회, 모래 등을 종자와 섞어서 넣고 3~5℃ 정도 되는 냉실 또는 냉장고 안에 두는 방법
③ 침수처리법 : 종자를 물에 담가 종피를 연화시키고 종피에 함유된 발아억제물질을 제거하기 위한 방법
④ 황산처리법 : 종피 혹은 과피가 두꺼워 수분의 흡수가 어려운 종자를 90%의 황산에 담가서 발아시키는 방법

05 다음 수목 병해 중 바이러스에 의한 병은?

① 잣나무 털녹병

② 벚나무 빗자루병

③ 포플러 모자이크병

④ 밤나무 줄기마름병

해설

① 담자균류에 의한 병

②·④ 자낭균에 의한 병

06 대나무류 개화병의 발병 원인은?

① 세균감염

② 동해

③ 생리적 현상

④ 바이러스 감염

해설

대나무류 개화병은 생리적인 병해에 해당한다.

07 파종상의 해가림 시설을 제거하는 시기는?

① 5월 중순~6월 중순

② 7월 하순~8월 중순

③ 9월 중순~10월 상순

④ 10월 중순~11월 중순

해설

9월 이후 늦게까지 해가림을 계속하는 것은 오히려 유해하므로 7월 하순부터 8월 중순 사이에 제거하기 시작한다.

08 임목 간 식재밀도를 조절하기 위한 벌채 방법에 속하는 것은?

① 간벌작업

② 개벌작업

③ 산벌작업

④ 중림작업

해설

② 개벌작업 : 갱신하고자 하는 임지 위에 있는 임목을 일시에 벌채하여 이용하고, 그 적지에 새로운 임분을 조성시키는 방법

③ 산벌작업 : 윤벌기에 비하여 비교적 짧은 갱신기간 중에 몇 차례에 걸친 벌채로 갱신면상에 있는 임목을 완전히 제거하는 작업

④ 중림작업 : 교림과 왜림을 동일 임지에 함께 세워 경영하는 방법으로 하목으로서의 왜림은 맹아로 갱신되며, 일반적으로 연료재와 소경목을 생산하고 상목으로서의 교림은 일반용재로 생산하는 방법

09 우리나라 삼림대를 구성하는 요소로서 일반적으로 북위 35° 이남, 평균기온 14℃ 이상되는 지역의 산림대는?

① 열대림　　② 난대림

③ 온대림　　④ 온대북부림

해설

우리나라의 임상

• 난대림(상록활엽수대) : 북위 35° 이남, 연평균 기온 14℃ 이상, 주로 남부해안에 면한 좁은 지방과 제주도 및 그 부근의 섬들

• 온대림(낙엽활엽수대) : 북위 35~43°, 산악지역과 높은 지대를 제외한 연평균기온 5~14℃, 온대 남부·온대중부·온대북부로 나눔

• 한대림(침엽수대) : 평지에서는 볼 수 없음, 평안남북도·함경남북도의 고원지대와 높은 산지역, 연평균기온 5℃ 이하

10 종자의 저장 방법으로 옳지 않은 것은?

① 건조저장　　② 저온저장
③ 냉동저장　　④ 노천매장

> **해설**
>
> **종자의 저장 방법**
> • 건조저장법
>   – 실온저장법 : 종자를 건조한 상태에서 창고, 지하실 등에 두어 저장
>   – 최고 온도가 10℃ 이상이 되지 않는 빙실이나 전기냉장고 안에 건조제와 함께 밀봉용기에 넣어 저장
> • 보습저장법
>   – 노천매장법 : 구덩이 안에 종자를 깨끗한 모래와 교대로 넣으며 표면은 흙으로 덮어 저장, 겨울 동안 눈이나 빗물을 그대로 스며들어 가도록 함
>   – 보호저장법(건사저장법) : 배수가 잘되는 땅 위에 모래와 종자를 섞어서 퇴적하되, 그 위에 짚 이엉을 덮어 눈이나 빗물이 들어가지 못하게 함
>   – 냉습적법 : 용기 안에 보습재료인 이끼, 토회(土灰), 모래 등을 종자와 섞어서 넣고 3~5℃ 정도 되는 냉실 또는 냉장고 안에 두는 방법

11 10ha의 산림에 묘목을 2m 간격으로 정방형 식재하려면 최소 몇 주의 묘목이 필요한가?

① 2,500주
② 5,000주
③ 25,000주
④ 50,000주

> **해설**
>
> 식재할 묘목수 $= \dfrac{\text{식재면적}}{\text{묘목 간 간격(가로} \times \text{세로)}}$
>
> $= \dfrac{10 \times 10,000}{2 \times 2}$ (∵ 1ha = 10,000m²)
>
> $= 25,000$주

12 미국흰불나방의 월동 형태는?

① 알　　② 유충
③ 성충　　④ 번데기

> **해설**
>
> **미국흰불나방** : 1년에 보통 2회 발생(3회도 가능)하며, 나무껍질 사이나 지피물 밑 등에서 고치를 짓고 그 속에서 번데기로 월동한다.

13 충분히 자란 유충은 먹는 것을 중지하고 유충시기의 껍질을 벗고 번데기가 되는데, 이와 같은 현상을 무엇이라 하는가?

① 용화　　② 부화
③ 우화　　④ 약충

> **해설**
>
> ② 부화 : 알에서 깨어나 유충이 되는 것
> ③ 우화 : 번데기가 된 후에 성충으로 변태하는 것
> ④ 약충 : 불완전변태를 하는 동물의 유충

14 조림수종의 선정기준으로 적합하지 않은 항목은?

① 생장이 빠르고 줄기의 재적 생장이 큰 수종
② 가지가 굵고 원줄기가 곧고 짧은 수종
③ 목재의 이용가치가 높은 수종
④ 바람, 눈, 건조, 병해충에 저항력이 큰 수종

> **해설**
>
> ② 가지가 가늘고 짧으며, 줄기가 곧은 것

15 다음 중 산불에 대한 내화력이 강한 수종은?

① 편백   ② 곰솔

③ 삼나무   ④ 은행나무

해설

내화력이 강한 수종

- 침엽수 : 은행나무, 잎갈나무, 분비나무, 가문비나무, 개비자나무, 대왕송 등
- 상록활엽수 : 아왜나무, 굴거리나무, 회양목 등
- 낙엽활엽수 : 피나무, 고로쇠나무, 마가목, 고광나무, 가중나무, 사시나무, 참나무 등

16 산림환경 관리에 대한 설명으로 옳지 않은 것은?

① 천연림 내에서는 급격한 환경변화가 적다.

② 복층림의 하층목은 상층목보다 내음성 수종을 선택하여야 한다.

③ 혼효림은 구성 수종이 다양하여 특정병해의 대면적 산림피해가 발생하기 쉽다.

④ 천연림은 성립과정에서 여러 가지 도태압을 겪어 왔으므로 특정 병해에 대한 저항성이 강하다.

해설

③ 혼효림은 구성 수종이 다양하여 단순림보다 대면적 산림피해의 발생이 적다.

17 수목 병해 원인 중 세균에 의한 수병으로 옳은 것은?

① 모잘록병   ② 그을음병

③ 흰가루병   ④ 뿌리혹병

해설

① 모잘록병 : 조균류에 의한 수병

② · ③ 그을음병, 흰가루병 : 자낭균에 의한 수병

18 소나무 혹병의 중간기주는?

① 낙엽송

② 송이풀

③ 졸참나무

④ 까치밥나무

해설

소나무 혹병의 중간기주는 졸참나무, 신갈나무 등 참나무류이다.

19 침엽수인 경우 묘포의 알맞은 토양산도는?

① pH 3.0~4.0

② pH 4.0~5.0

③ pH 5.0~6.5

④ pH 6.5~7.5

해설

묘포 토양의 적정산도

- 침엽수 : pH 5.0~5.5
- 활엽수 : pH 5.5~6.0

20 다음이 설명하고 있는 줄기접 방법으로 옳은 것은?

> 〈줄기접 시행순서〉
> 1. 서로 독립적으로 자라고 있는 접수용 묘목과 대목용 묘목을 나란히 접근
> 2. 양쪽 묘목의 측면을 각각 칼로 도려냄
> 3. 도려낸 면을 서로 밀착시킨 상태에서 접목끈으로 단단히 묶음

① 절접　　　　② 합접
③ 기접　　　　④ 교접

해설

기접법
- 접목이 어려운 수종에 실시한다. 예 단풍나무
- 양쪽의 식물체에 접합시킬 부분을 깎고 서로 맞대게 하여 끈으로 묶은 후 접착이 되면 필요 없는 부분을 잘라 제거한다.

21 묘상의 서릿발 피해를 막기 위한 방법으로 적당하지 않은 것은?

① 모래나 유기물을 섞어 토질을 개량한다.
② 배수를 좋게 하여 토양수분을 감소시킨다.
③ 점토질 토양을 섞어 토질을 개선하여 준다.
④ 짚이나 왕겨 또는 낙엽 등으로 덮어준다.

해설

서릿발(상주, 霜柱) 피해는 점토질 토양에서 잘 생기므로 점토질 토양이 아닌 사질 또는 유기질 토양을 섞어서 토질을 개선한다.

22 매년 결실하는 수종은?

① 소나무
② 오리나무
③ 자작나무
④ 아까시나무

해설

①·③·④ 격년 결실하는 수종

23 풀베기작업을 1년에 2회 실시하려 할 때 가장 알맞은 시기는?

① 1월과 3월　　② 3월과 5월
③ 6월과 8월　　④ 7월과 10월

해설

풀베기는 풀들이 왕성하게 자라는 6월 상순~8월 상순 사이에 실시한다.

24 임목을 고사시킬 정도의 피해를 주며 1년에 3회 발생하는 해충은?

① 왕소나무좀
② 소나무노랑점바구미
③ 애소나무좀
④ 소나무좀

해설

②·③·④ 소나무노랑점바구미, 애소나무좀, 소나무좀은 1년에 1회 발생한다.

25 밤나무 등의 대립종자의 파종에 흔히 쓰는 방법은?

① 조파   ② 산파

③ 취파   ④ 점파

> **해설**
>
> 점파(점뿌림) : 밤나무, 참나무류, 호두나무 등 대립종자의 파종에 이용되는 방법으로 상면에 균일한 간격(10~20cm)으로 1~3립씩 파종한다.

26 소립종자의 실중에 대한 설명으로 옳은 것은?

① 종자 1L의 4회 평균 중량

② 종자 1,000립의 4회 평균 중량

③ 종자 100립의 4회 평균 중량 곱하기 10

④ 전체 시료종자 중량 대비 각종 불순물을 제거한 종자의 중량 비율

> **해설**
>
> 실중은 종자 1,000립의 무게를 g으로 나타낸 것으로 대립종자 100립, 소립종자 1,000립을 4회 반복하여 무게를 측정한 평균치이다.

27 파종 후의 작업 관리 중 삼나무 묘목의 뿌리 끊기작업 시기로 가장 적합한 것은?

① 9월 중순   ② 7월 중순

③ 5월 중순   ④ 3월 중순

> **해설**
>
> 묘목의 뿌리 끊기는 곁뿌리와 잔뿌리의 발달을 촉진시키고 지상부의 생장을 억제하여 균형잡힌 우량형질의 묘목을 생산할 목적으로 실시한다. 뿌리 끊기작업은 측근과 잔뿌리의 발육이 목적일 때는 5~7월에, 웃자라기 쉬운 삼나무, 낙엽송 등일 때는 8~9월에 한다.

28 살충제 중 유제(乳劑)에 대한 설명으로 옳지 않은 것은?

① 수화제에 비하여 살포용 약액조제가 편리하다.

② 포장, 운송, 보관이 용이하며 경비가 저렴하다.

③ 일반적으로 수화제나 다른 제형(劑型)보다 약효가 우수하다.

④ 살충제의 주제를 용제(溶劑)에 녹여 계면활성제를 유화제로 첨가하여 만든다.

> **해설**
>
> 유제
> - 물에 녹지 않는 농약의 주제를 용제에 용해시켜 계면활성제를 첨가한다.
> - 물과 혼합 시 우유 모양의 유탁액이 된다.
> - 수화제보다 살포액의 조제가 편리하고 약효가 다소 높다.

29 농약의 독성을 표시하는 용어인 'LD₅₀'의 설명으로 가장 적합한 것은?

① 시험동물의 50%가 죽는 농약의 양이며, kg/mg으로 표시
② 농약 독성평가의 어독성 기준 동물인 잉어가 50% 죽는 양이며, mg/kg으로 표시
③ 시험동물의 50%가 죽는 농약의 양이며, mg/kg으로 표시
④ 농약 독성평가의 어독성 기준 동물인 잉어가 50% 죽는 양이며, kg/mg으로 표시

해설

LD_{50} : 시험동물의 50%가 죽는 농약의 양이며, mg/kg으로 표시한다.

30 뽕나무 오갈병의 병원균은?

① 균류
② 선충
③ 바이러스
④ 파이토플라스마

해설

뽕나무 오갈병의 병원균은 파이토플라스마이며, 마름무늬매미충에 의해 매개되고 접목에 의해서도 전염된다.

31 삽수의 발근이 비교적 잘되는 수종, 비교적 어려운 수종, 대단히 어려운 수종으로 분류할 때 비교적 잘되는 수종에 속하는 것은?

① 밤나무
② 소나무
③ 은행나무
④ 단풍나무

해설

• 삽수의 발근이 잘되는 수종 : 측백나무, 포플러류, 버드나무류, 은행나무, 사철나무, 개나리, 주목, 향나무, 치자나무, 삼나무 등
• 삽수의 발근이 어려운 수종 : 밤나무, 느티나무, 백합나무, 소나무, 해송, 잣나무, 전나무, 단풍나무, 벚나무 등

32 묘목의 가식작업에 관한 설명으로 틀린 것은?

① 묘목의 끝이 가을에는 남쪽으로 기울도록 묻는다.
② 묘목의 끝이 봄에는 북쪽으로 기울도록 묻는다.
③ 장기간 가식할 때에는 다발째로 묻는다.
④ 조밀하게 가식하거나 오랜 기간 가식하지 않는다.

해설

③ 1~2개월 정도 장기간 가식하고자 할 때에는 묘목을 다발에서 풀어 도랑에 한 줄로 세우고, 충분한 양의 흙으로 뿌리를 묻은 다음 관수를 한다.

33 중림작업의 상층목 및 하층목에 대한 설명으로 옳지 않은 것은?

① 일반적으로 하층목은 비교적 내음력이 강한 수종이 유리하다.
② 하층목이 상층목의 생장을 방해하여 대경재 생산에 어려운 단점이 있다.
③ 상층목은 지하고가 높고 수관의 틈이 많은 참나무류 등 양수종이 적합하다.
④ 상층목과 하층목은 동일 수종으로 주로 실시하나, 침엽수 상층목과 활엽수 하층목의 임분구성을 중림으로 취급하는 경우도 있다.

해설

중림작업
• 교림과 왜림을 동일 임지에 함께 세워서 경영하는 작업으로 하층목으로서의 왜림은 맹아로 갱신되며 일반적으로 연료재와 소경목을 생산하고, 상층목으로서의 교림은 일반용재를 생산한다.
• 하층목은 비교적 내음력이 강한 수종이 좋고, 상층목은 지하고가 높고 수관밀도가 낮은 수종이 적당하다.
• 중림의 원래 내용은 임목 중에서 생활력이 왕성한 것을 골라 상층목으로 키우는 것이지만, 일반적으로 상층목은 침엽수종으로, 하층목은 활엽수로 한다.

34 곰솔 1-1묘의 지상부 무게 27g, 지하부 무게 9g일 때 T/R률은?

① 0.3
② 3.0
③ 18.0
④ 36.0

해설

$$T/R률 = \frac{지상부\ 생장량}{지하부\ 생장량} = \frac{27g}{9g} = 3.0$$

35 산림갱신을 위하여 대상지의 모든 나무를 일시에 베어내는 작업법은?

① 개벌작업
② 산벌작업
③ 모수작업
④ 택벌작업

해설

개벌작업 : 갱신하고자 하는 임지 위에 있는 임목을 일시에 벌채하여 이용하고, 그 적지에 새로운 임분을 조성시키는 방법이다.

36 바람에 의하여 비화하는 현상은 어느 종류의 산불에서 가장 많이 발생하는가?

① 수관화
② 수간화
③ 지표화
④ 지중화

해설

수관화는 바람을 타고 바람이 부는 방향으로 'V'자형으로 연소가 진행하게 되는데, 이때의 열기로 상승기류가 일어나게 되면 비화, 즉 불붙은 껍질(수피)·열매(구과) 등이 가깝게는 수십 m, 멀게는 수 km까지 날아가 또 다른 산불을 야기한다.

37 다음 중 가지치기에 대한 설명으로 옳지 않은 것은?

① 하층목 보호 및 생장을 촉진한다.
② 임목 간 생존경쟁을 심화시킬 수 있다.
③ 옹이가 없는 완만재로 생산 가능하다.
④ 목표생산재가 톱밥, 펄프 등의 일반 소경재는 하지 않는다.

해설

가지치기의 장점
• 임목 간의 부분적 균형에 도움을 준다.
• 수고생장을 촉진한다.
• 연륜폭을 조절해서 수간의 완만도를 높인다.
• 하목의 수광량을 증가시켜 생장을 촉진시킨다.

38 산지에 묘목을 식재한 후 가장 먼저 해야 할 무육작업은?

① 제벌 ② 간벌
③ 풀베기 ④ 가지치기

해설
무육작업의 순서 : 풀베기 – 덩굴제거 – 제벌 – 가지치기 – 간벌

39 인공조림으로 갱신할 때 가장 용이한 작업 종은?

① 개벌작업 ② 택벌작업
③ 산벌작업 ④ 모수작업

해설
개벌작업이란 갱신하고자 하는 임지 위에 있는 임목을 일시에 벌채하여 이용하고, 그 적지에 새로운 임분을 조성시키는 방법이다.

40 천연갱신에 대한 설명으로 옳지 않은 것은?

① 갱신기간이 길다.
② 조림 비용이 적게 든다.
③ 환경인자에 대한 저항력이 강하다.
④ 수종과 수령이 모두 동일하여 취급이 간편하다.

해설
천연갱신은 수종과 수령이 다른 목재가 많기 때문에 목재가 균일하지 못하고 변이가 심하며, 목재 생산작업이 복잡하고 높은 기술력이 필요하다.

41 산불이 발생했을 경우 임목의 피해 정도를 설명한 것 중 틀린 것은?

① 침엽수가 활엽수보다 크다.
② 양수가 음수보다 크다.
③ 단순림과 동령림이 혼효림보다 크다.
④ 산불이 경사지를 올라갈 경우가 경사를 내려올 경우보다 크다.

해설
④ 산불 피해율은 경사별로 볼 때는 급경사지가, 위치별로는 경사 아랫부분에서 발생한 산불의 피해가 가장 크다.

42 인공조림의 장점으로 옳은 것은?

① 좋은 종자로 묘목을 기르고 무육작업에 힘을 써서 원하는 목재를 생산할 수 있다.
② 어떤 임지에 서 있는 성숙한 나무로부터 종자가 저절로 떨어져 자라기 때문에 인건비가 절감된다.
③ 오랜 세월을 지내는 동안 그곳의 환경에 적응되어 견디어 내는 힘이 강하다.
④ 우량한 나무들을 남겨 다음 대를 이을 수 있게 할 수 있다.

해설
인공조림이란 무(無)임지나 기존의 임목을 끊어 내고 그곳에 파종 또는 식재 등의 수단으로 삼림을 조성하는 것을 말한다. 인공조림에 있어서는 조림할 수종과 종자의 선택 폭이 넓어진다. 그곳에 없었던 유망수종과 품종 그리고 채종원이나 채종림에서 생산된 우량종자를 적극적으로 도입할 수 있다.

43 산림화재에 대한 설명으로 틀린 것은?

① 지표화는 지표에 쌓여 있는 낙엽과 지피물·지상 관목층·갱신치수 등이 불에 타는 화재이다.

② 수관화는 나무의 수관에 불이 붙어서 수관에서 수관으로 번져 타는 불을 말한다.

③ 지중화는 낙엽층의 분해가 더딘 고산지대에서 많이 나며, 국토의 약 70%가 산악지역인 우리나라에서 특히 흔하게 나타나며, 피해도 크다.

④ 수간화는 나무의 줄기가 타는 불이며, 지표화로부터 연소되는 경우가 많다.

③ 지중화는 땅속의 이탄층과 낙엽층 밑에 있는 유기물이 타는 것을 말하며, 산불진화 후에 재발의 불씨가 되기도 한다.

44 곤충의 몸에 대한 설명으로 옳지 않은 것은?

① 기문은 몸의 양옆에 10쌍 내외가 있다.

② 곤충의 체벽은 표피, 진피층, 기저막으로 구성되어 있다.

③ 대부분의 곤충은 배에 각 1쌍씩 모두 6개의 다리를 가진다.

④ 부속지들이 마디로 되어 있고 몸 전체도 여러 마디로 이루어진다.

곤충은 머리, 가슴, 배 3부분으로 구분되며, 다리는 3쌍, 5마디로 구성된다. 3쌍의 다리는 배가 아니라 앞가슴, 가운데가슴, 뒷가슴에 각 1쌍씩 붙어 있다.

45 인공조림과 천연갱신의 설명으로 옳지 않은 것은?

① 천연갱신에는 오랜 시일이 필요하다.

② 인공조림은 기후 풍토에 저항력이 강하다.

③ 천연갱신으로 숲을 이루기까지의 과정이 기술적으로 어렵다.

④ 천연갱신과 인공조림을 적절히 병행하면 조림성과를 높일 수 있다.

• 천연갱신의 단점
  - 갱신 전 종자의 활착을 위한 작업, 임상정리가 필요하다.
  - 갱신되는 데 시간이 많이 소요되고 기술적으로 실행하기 어렵다.
  - 생산된 목재가 균일하지 못하고 변이가 심하다.
  - 목재 생산에 작업의 복잡성과 높은 기술이 필요하다.
• 인공조림의 단점
  - 동령단순림이 조성되므로 환경인자에 대한 저항성이 약화된다.
  - 조림 시 단근으로 비정상적인 근계발육과 성장이 우려된다.
  - 경비가 많이 들고, 수종이 단순하며, 동령림이 되기 때문에 땅힘을 이용하는 데 무리가 있다.

46 소집재작업이나 간벌재를 집재하는 데 가장 적절한 장비는?

① 스키더

② 타워야더

③ 소형 원치

④ 트랙터 집재기

① 스키더 : 차체 굴절식 임업용 트랙터
② 타워야더 : 전목 집재작업 시 작업공정에 알맞은 기계장비
④ 트랙터 집재기 : 일반적으로 평탄지나 경사지에 적당한 집재기

47 특별한 경우를 제외하고 도끼를 사용하기에 가장 적합한 도끼 자루의 길이는?

① 사용자 팔 길이
② 사용자 팔 길이의 2배
③ 사용자 팔 길이의 0.5배
④ 사용자 팔 길이의 1.5배

해설

도끼 자루의 길이는 특수한 경우를 제외하고는 사용자의 팔 길이 정도가 적당하다.

48 산림용 기계톱 구성요소인 소체인(saw-chain)의 톱날 모양으로 옳지 않은 것은?

① 리벳형(rivet)
② 안전형(safety)
③ 치젤형(chisel)
④ 치퍼형(chipper)

해설

소체인(saw chain)은 안내판을 고속으로 회전하는 체인에 톱날을 부착한 것으로 톱날의 모양에 따라 치퍼형, 치젤형, 톱파일형, 안전형 톱체인 등이 있다.

49 휘발유와 윤활유 혼합비가 50 : 1일 경우 휘발유 20L에 필요한 윤활유는?

① 0.2L   ② 0.4L
③ 0.6L   ④ 0.8L

해설

휘발유와 윤활유의 혼합비율은 50 : 1이므로 휘발유 20L일 때 엔진오일의 양은 20/50 = 0.4L이다.

50 덩굴제거작업에 대한 설명으로 옳지 않은 것은?

① 물리적 방법과 화학적 방법이 있다.
② 콩과 식물은 디캄바 액제를 살포한다.
③ 일반적인 덩굴류는 글라신 액제로 처리한다.
④ 24시간 이내 강우가 예상될 경우 약제는 필요량보다 1.5배 정도 더 사용한다.

해설

① 약제 처리 후 24시간 이내에 강우가 예상될 경우 약제 처리를 중지한다.

51 다음 중 벌도, 가지치기 및 조재작업기능을 모두 가진 장비는?

① 포워더
② 하베스터
③ 프로세서
④ 스윙야더

> **해설**
>
> 하베스터는 대표적인 다공정 처리기계로 벌도, 가지치기, 재목 다듬질, 토막내기 작업을 모두 수행할 수 있는 장비이다.

52 벌목조재작업 시 다른 나무에 걸린 벌채목의 처리로 옳지 않은 것은?

① 지렛대를 이용하여 넘긴다.
② 걸린 나무를 흔들어 넘긴다.
③ 걸려 있는 나무를 토막 내어 넘긴다.
④ 소형 견인기나 로프를 이용하여 넘긴다.

> **해설**
>
> 다른 나무에 걸린 벌채목은 걸린 나무를 흔들거나 지렛대 혹은 소형 견인기나 로프를 이용하여 넘긴다.

53 체인톱의 부속장치 중 지레발톱은 무슨 역할을 하는가?

① 체인톱의 안전장치 일부로서 체인의 원활한 회전 및 정지를 돕는다.
② 정확한 작업을 할 수 있도록 지지 역할 및 완충과 지레 받침대 역할을 한다.
③ 안내판의 보호 역할을 한다.
④ 벌도목 가지치기 시 균형을 잡아준다.

> **해설**
>
> **지레발톱(스파이크)**
> 벌목이나 절단작업을 할 때 정확한 작업 위치를 선정하고 체인톱을 지지하여 안전하게 작업할 수 있도록 도와주는 장치로, 체인톱 본체 앞면에 부착되어 있다.

54 다음중 벌목용 작업 도구가 아닌 것은?

① 쐐기
② 밀대
③ 이식승
④ 원목돌림대

> **해설**
>
> **벌목용 작업 도구** : 톱, 도끼, 쐐기, 밀대(밀개), 목재돌림대, 갈고리, 체인톱, 벌채수확기계 등

55 내연기관에서 연접봉(커넥팅 로드)이란?

① 크랭크 양쪽으로 연결된 부분을 말한다.
② 엔진의 파손된 부분을 용접하는 봉이다.
③ 크랭크와 피스톤을 연결하는 역할을 한다.
④ 액셀레버와 기화기를 연결하는 부분이다.

> **해설**
>
> 연접봉은 피스톤의 왕복운동을 회전운동으로 바꾸어준다. 한쪽 끝은 피스톤에, 다른 한쪽은 크랭크핀에 연결되어 있다.

56 트랙터의 주행장치에 의한 분류 중 크롤러 바퀴의 장점이 아닌 것은?

① 견인력이 크고 접지면적이 커서 연약지반, 험한 지형에서도 주행성이 양호하다.
② 무게가 가볍고 고속주행이 가능하여 기동성이 있다.
③ 회전반지름이 작다.
④ 중심이 낮아 경사지에서의 작업성과 등판력이 우수하다.

> **해설**
> ② 크롤러 바퀴는 무게가 무겁고 속도가 느려 기동력이 떨어진다.

57 체인톱에 사용하는 윤활유에 대한 설명으로 옳은 것은?

① 윤활유의 점액도 표시는 사용 외기온도로 구분된다.
② 윤활유 SAE 20W 중 W는 중량을 의미한다.
③ 윤활유 SAE 30 중 SAE는 국제자동차협회의 약자이다.
④ 윤활유 등급을 표시하는 번호가 높을수록 점도가 낮다.

> **해설**
> **체인톱에 사용하는 윤활유**
> • 윤활유의 점액도 표시는 사용 외기온도로 구분된다.
> • 윤활유의 선택은 기계톱의 안내판 수명과 직결된다.
> • 윤활유의 등급을 표시하는 기호의 번호가 높을수록 점액도가 높다.
> • W는 'Winter'의 약자로 겨울용을 의미한다.
> • SAE는 미국자동차기술협회(Society of Automotive Engineers)의 약자이다.
> • 묽은 윤활유를 사용하면 톱날의 수명이 짧아진다.
> • 윤활유는 가이드바 홈 속에 침투해야 한다.

58 다음 중 체인톱에 붙어 있는 안전장치가 아닌 것은?

① 체인브레이크
② 전방 보호판
③ 체인잡이 볼트
④ 안내판코

> **해설**
> **체인톱의 안전장치**
> • 체인브레이크
> • 체인잡이
> • 핸드가드(전방 보호판)
> • 방진고무

59 기계톱 출력의 표시로 사용되는 단위로 옳은 것은?

① HS
② HA
③ HO
④ HP

> **해설**
> HP는 'Horse Power'의 약자로 내연기관의 동력 표시 단위이다.

60 예불기 작업 시 유의사항으로 틀린 것은?

① 작업원 간 상호 5m 이하로 떨어져 작업한다.
② 발끝에 톱날이 접촉되지 않도록 한다.
③ 주변에 사람이 있는지 확인하고 엔진을 시동한다.
④ 작업 전에 기계의 가동점검을 실시한다.

> **해설**
> 작업 시 안전공간(작업반경 10m 이상)을 확보하면서 작업한다.

01 대목의 수피에 T자형으로 칼자국을 내고 그 안에 접아를 넣어 접목하는 방법은?

① 절접　　　　② 눈접
③ 설접　　　　④ 할접

> **해설**
> ① 절접 : 지표면에서 7~12cm 되는 곳에 대목을 절개하여 접수의 접합 부위가 대목과 접수의 형성층 부위와 일치할 수 있도록 절개부위에 접수를 끼워 넣어 접목하는 법
> ③ 설접 : 대목과 접수의 굵기가 비슷한 것에서 대목과 접수를 혀 모양으로 깎아 맞추고 졸라매는 접목방법
> ④ 할접 : 대목이 비교적 굵고 접수가 가늘 때 적용하는 방법으로 접수에는 끝눈을 붙이고 1cm 길이만 침엽을 남겨 아래에 삭면을 만들어 접목하는 방법

02 리기다소나무 1년생 묘목의 곤포당 본수는?

① 1,000
② 2,000
③ 3,000
④ 4,000

> **해설**
> 리기다소나무의 곤포당 본수(종묘사업실시요령)
>
> | 형태 | 묘령 | 곤포당 | | 속당 |
> |------|------|--------|--------|------|
> | | | 본수(본) | 속수(속) | 본수 |
> | 노지묘 | 1-0 | 2,000 | 100 | 20 |
> | | 1-1 | 1,000 | 50 | 20 |

03 참나무류, 호두나무, 밤나무 등의 대립종자의 파종에 흔히 쓰는 방법은?

① 조파　　　　② 산파
③ 취파　　　　④ 점파

> **해설**
> **점파(점뿌림)** : 밤나무, 참나무류, 호두나무 등 대립종자의 파종에 이용되는 방법으로 상면에 균일한 간격(10~20cm)으로 1~3립(粒)씩 파종한다.

04 늦은 가을철 묘목가식을 할 때 묘목의 끝 방향으로 가장 적합한 것은?

① 동쪽　　　　② 서쪽
③ 남쪽　　　　④ 북쪽

> **해설**
> 추기가식은 배수가 좋고 북풍을 막는 남향의 사양토 또는 식양토에 한다.

05 묘포상에서 해가림이 필요 없는 수종은?

① 전나무 ② 삼나무
③ 사시나무 ④ 가문비나무

> **해설**
> 소나무, 해송, 리기다, 사시나무 등의 양수는 해가림이 필요 없으나 가문비나무, 잣나무, 전나무, 낙엽송, 삼나무, 편백 등은 해가림이 필요하다.

06 미국흰불나방의 월동 형태는?

① 알 ② 유충
③ 성충 ④ 번데기

> **해설**
> **미국흰불나방** : 1년에 보통 2회 발생(3회도 가능)하며, 나무껍질 사이나 지피물 밑 등에서 고치를 짓고 그 속에서 번데기로 월동한다.

07 발아율 90%, 고사율 20%, 순량률 80%일 때 종자의 효율은?

① 14.4% ② 16%
③ 44% ④ 72%

> **해설**
> $$효율(\%) = \frac{발아율 \times 순량률}{100}$$
> $$= \frac{90 \times 80}{100}$$
> $$= 72\%$$

08 겉씨식물에 속하는 수종은?

① 밤나무 ② 은행나무
③ 가시나무 ④ 신갈나무

> **해설**
> **겉씨식물** : 밑씨가 씨방에 싸여 있지 않고 밖으로 드러나 있는 식물로 은행나무, 소나무, 향나무, 노간주나무 등이 있다.

09 다음 종자 중 발아율이 가장 낮은 것은?

① 주목 ② 비자나무
③ 해송 ④ 전나무

> **해설**
> ④ 전나무 : 25% 이상
> ① 주목 : 55% 이상
> ② 비자나무 : 61.5% 이상
> ③ 해송 : 91.7% 이상

10 T/R률에 대한 설명으로 틀린 것은?

① T/R률 값이 클수록 좋은 묘목이다.
② 묘목의 지상부와 지하부의 중량비이다.
③ 질소질 비료를 과용하면 T/R률 값이 커진다.
④ 좋은 묘목은 지하부와 지상부가 균형 있게 발달해 있다.

> **해설**
> **T/R률** : 식물의 지상부 생장량에 대한 뿌리의 생장량 비율로 T/R률 값이 작을수록 활착률이 좋다. 즉, 뿌리의 중량이 높을수록 잘 산다.

11 테트라졸륨검사에 대한 설명으로 옳지 않은 것은?

① 테트라졸륨 수용액에 생활력이 있는 종자의 조직을 접촉시키면 푸른색으로 변하고, 죽은 조직에는 변화가 없다.

② 테트라졸륨의 반응은 휴면종자에도 잘 나타나는 장점이 있다.

③ 테트라졸륨은 백색 분말이고 물에 녹아도 색깔이 없다. 광선에 조사되면 곧 못 쓰게 되므로 어두운 곳에 보관하고, 저장이 양호하면 수개월간 사용이 가능하다.

④ 테트라졸륨 대신 테룰루산칼륨 1%액도 사용되는데, 건전한 배는 흑색으로 나타난다.

해설

① 테트라졸륨 수용액에 생활력이 있는 종자의 조직을 접촉시키면 붉은색으로 변한다.

12 뽕나무 오갈병의 병원균은?

① 균류
② 선충
③ 바이러스
④ 파이토플라스마

해설

뽕나무 오갈병의 병원균은 파이토플라스마이며, 마름무늬매미충에 의해 매개되고 접목에 의해서도 전염된다.

13 씨앗을 건조할 때 음지에 건조해야 하는 종은?

① 소나무 ② 밤나무
③ 전나무 ④ 낙엽송

해설

①·③·④ 햇빛이 잘 드는 곳에서 건조

14 수목과 균의 공생관계가 알맞은 것은?

① 소나무 – 송이균
② 잣나무 – 송이균
③ 참나무 – 표고균
④ 전나무 – 표고균

해설

송이는 소나무와 공생하면서 발생시키는 버섯으로 천연의 맛과 향기가 뛰어나다.

15 조림목과 경쟁하는 목적 이외의 수종 및 형질불량목이나 폭목 등을 제거하여 원하는 수종의 조림목이 정상적으로 생장하기 위해 수행하는 작업은?

① 풀베기 ② 간벌작업
③ 개벌작업 ④ 어린나무가꾸기

해설

어린나무가꾸기(잡목 솎아내기, 제벌, 치수무육)
풀베기작업이 끝난 이후 임관이 형성될 때부터 솎아베기(간벌)할 시기에 이르는 사이에 침입 수종의 제거를 주로 하고, 아울러 조림목 중 자람과 형질이 매우 나쁜 것을 끊어 없애는 것을 말한다.

16 우리나라 조림수종의 경우 침엽수의 식재밀도는 일반적으로 ha당 몇 본 정도인가?

① 1,000본　　② 3,000본
③ 5,000본　　④ 9,000본

> **해설**
> 침엽수의 식재밀도는 ha당 3,000본, 활엽수는 ha당 3,000~6,000본을 기준으로 한다.

17 예비벌 → 하종벌 → 후벌로 갱신되는 작업법은?

① 택벌작업　　② 중림작업
③ 산벌작업　　④ 모수작업

> **해설**
> 산벌작업은 임분을 예비벌, 하종벌, 후벌로 3단계 갱신벌채를 실시하여 갱신하는 방법이다.

18 우리나라가 원산인 수종은?

① 연필향나무　　② 삼나무
③ 잣나무　　④ 백송

> **해설**
> ③ 잣나무 : 한국이 원산지이고 일본, 중국, 시베리아 등지에도 분포한다.
> ① 연필향나무 : 북아메리카 동부
> ② 삼나무 : 일본
> ④ 백송 : 중국

19 곤충의 더듬이에 대한 설명으로 옳은 것은?

① 냄새를 맡는 감각기관은 자루마디에 위치하고 있다.
② 두 쌍으로 이루어져 있다.
③ 같은 종에서도 암수에 따라 형태가 다른 경우가 있다.
④ 머리기주부터 팔굽마디, 자루마디, 채찍마디 순으로 구성되어 있다.

> **해설**
> 곤충은 보통 1쌍의 더듬이를 가지고 있으며 그 형태는 종이나 암수에 따라 다양하게 나타난다.

20 다음 중 잎을 가해하지 않는 해충은?

① 솔나방
② 오리나무잎벌레
③ 흰불나방
④ 소나무좀

> **해설**
> 소나무좀은 소나무의 분열조직을 가해하는 해충이다.

21 배나무를 기주교대하는 이종기생성 병은?

① 향나무 녹병
② 소나무 혹병
③ 전나무 잎녹병
④ 오리나무 잎녹병

> **해설**
> 향나무의 녹병(배나무의 붉은별무늬병)은 향나무와 배나무에 기주교대하는 이종기생성 병이다.

22 기생봉이나 포식곤충을 이용하여 해충을 방제하는 것을 무엇이라 하는가?

① 기계적 방제법

② 물리적 방제법

③ 임업적 방제법

④ 생물적 방제법

> **해설**
> 병원체에 대한 길항미생물의 도입은 좁은 의미의 생물학적 방제법에 속한다.

24 뛰어난 번식력으로 인하여 수목 피해를 가장 많이 끼치는 동물로 올바르게 짝지은 것은?

① 산까치   ② 노루

③ 들쥐   ④ 사슴

> **해설**
> 번식력이 뛰어난 들쥐는 적송, 참나무, 단풍나무 등의 목질부를 식해한다.

23 나무아래심기(수하식재)에 대한 설명으로 옳지 않은 것은?

① 수하식재용 수종으로는 양수수종으로 척박한 토양에 견디는 힘이 강한 것이 좋다.

② 수하식재는 주임목의 불필요한 가지 발생을 억제하는 효과도 있다.

③ 수하식재는 임내의 미세환경을 개량하는 효과가 있다.

④ 수하식재는 표토 건조 방지, 지력 증진, 황폐와 유실 방지 등을 목적으로 한다.

> **해설**
> **수하식재**
> 장령 및 노령의 임목이 생육하고 있는 숲속에 하목으로 식재하는 것을 말하는데, 수하식재용 수종은 내음력이 강한 음수수종 또는 반음수수종이 적합하다. 기존 임목의 생장을 촉진하기 위하여 비료목을 식재하는 경우, 임지의 생산력을 입체적으로 이용하기 위해 2단림을 조성할 경우, 수종 갱신을 실시할 목적으로 심는 경우에 수하식재를 한다.

25 용재생산과 연료생산을 동시에 생산할 수 있으며, 하목은 짧은 윤벌기로 모두 베어지고 상목은 택벌식으로 벌채되는 작업종은?

① 택벌작업   ② 산벌작업

③ 중림작업   ④ 왜림작업

> **해설**
> ① 택벌작업 : 한 임분을 구성하고 있는 임목 중 성숙한 임목만을 국소적으로 추출·벌채하여 갱신하는 것으로 설정된 갱신기간이 없고 임분은 항상 대소노유의 나무가 서로 혼생하도록 하는 작업
> ② 산벌작업 : 윤벌기에 비하여 비교적 짧은 갱신기간 중에 몇 차례에 걸친 벌채로 갱신면상에 있는 임목을 완전히 제거하는 작업으로 윤벌기가 완료되기 전 갱신이 완료되는 작업
> ④ 왜림작업 : 활엽수림에서 주로 땔감을 생산할 목적으로 비교적 짧은 벌기령으로 개벌하고, 그 뒤 근주에서 나오는 맹아로 갱신하는 방법

26 임목을 고사시킬 정도의 피해를 주며 1년에 3회 발생하는 해충은?

① 왕소나무좀
② 소나무좀
③ 애소나무좀
④ 소나무노랑점바구미

해설
②·③·④ 소나무좀, 애소나무좀, 소나무노랑점바구미는 1년에 1회 발생한다.

27 파종상에서 2년, 그 뒤 판갈이상에서 1년을 지낸 3년생 묘목의 표시 방법은?

① 1-2묘   ② 2-1묘
③ 0-3묘   ④ 1-1-1묘

해설
① 1-2묘 : 파종상에서 1년, 그 뒤 2번 상체(판갈이, 이식)되어 3년을 지낸 3년생 묘목
③ 0-3묘 : 뿌리의 연령이 3년이고 지상부는 절단 제거한 삽목묘로서 이것을 뿌리묘라고 함(0/3묘)
④ 1-1-1묘 : 파종상에서 1년, 그 뒤 2번 상체되었고, 각 상체상에서 1년을 경과한 3년생 묘목

28 1ha의 2m 간격, 정방형으로 묘목을 식재하고자 할 때 소요 묘목본수는 약 얼마인가?

① 2,000본   ② 2,500본
③ 4,000본   ④ 5,000본

해설

$$식재할\ 묘목수 = \frac{식재면적}{묘목\ 간\ 간격(가로 \times 세로)}$$

$$= \frac{1 \times 10,000}{2 \times 2}(\because 1ha = 10,000m^2)$$

$$= 2,500본$$

29 침엽수 또는 활엽수의 잎과 줄기에 발생하는 그을음병을 가장 효과적으로 방제하는 방법은?

① 살균제를 살포한다.
② 흡즙성 곤충을 방제한다.
③ 설탕물을 뿌린다.
④ 요소 엽면시비를 한다.

해설
그을음병 방제법
• 통기불량, 음습, 비료부족 또는 질소비료의 과용은 이 병의 발생유인이 되므로 이들 유인을 제거한다.
• 살충제로 진딧물·깍지벌레 등을 방제한다.

30 토양 중에서 수분이 부족하여 생기는 피해는?

① 볕데기(皮燒)   ② 상해(霜害)
③ 한해(旱害)   ④ 열사(熱死)

해설
① 볕데기(皮燒) : 수간이 태양광선의 직사를 받았을 때 수피의 일부에 급격한 수분증발이 생겨 조직이 마르는 현상
② 상해(霜害) : 이른 봄 식물의 발육이 시작된 후 급격한 온도저하가 일어나 어린 지엽이 손상되는 현상
④ 열사(熱死) : 7~8월경 토양이 건조되기 쉬울 때 암흑색의 사질 부식토에서 태양열을 흡수함으로써 발생

31 진딧물이나 깍지벌레 등이 수목에 기생한 후 그 분비물 위에 번식하여 나무의 잎, 가지, 줄기가 검게 보이는 병은?

① 흰가루병
② 그을음병
③ 줄기마름병
④ 잎떨림병

해설

① 흰가루병 : 병원균에 감염되어 잎면에 불규칙한 크고 작은 여러 가지 모양의 흰 병반이 나타난다.
③ 줄기마름병 : 자낭균류에 감염되어 줄기와 굵은 가지가 국부적으로 고사하고 병든 부위의 수피가 터지며 함몰한다.
④ 잎떨림병 : 병든 나무의 잎, 꽃 등에 분리층이 형성되어 일찍 탈락한다.

32 일반적으로 소나무의 암꽃 꽃눈이 분화하는 시기는?

① 4월경   ② 6월경
③ 8월경   ④ 10월경

해설

소나무의 암꽃 꽃눈은 8월 하순~9월 상순경 분화한다.

33 벌목작업에서 쐐기는 주로 벌도방향의 결정과 안전작업을 위해 사용되는데 목재쐐기를 만드는 데 적당한 수종이 아닌 것은?

① 아까시나무
② 단풍나무
③ 참나무류
④ 리기다소나무

해설

리기다소나무는 목재로는 질이 좋지 않아 목재 쐐기 등으로는 쓰이지 않으며 거의 사방조림용으로 이용된다. 목재쐐기는 아까시나무, 단풍나무, 층층나무, 너도밤나무, 참나무류, 밤나무 등으로 만든다.

34 옥시테트라사이클린 수화제를 수간에 주입하여 치료하는 수병은?

① 포플러 모자이크병
② 대추나무 빗자루병
③ 근두암종병
④ 잣나무 털녹병

해설

파이토플라스마에 의한 대추나무 빗자루병과 오동나무 빗자루병은 옥시테트라사이클린의 수간주사 효과가 양호하며 특히 대추나무 빗자루병의 치료에 실용화되고 있다.

35 완전변태를 하지 않는 산림해충은?

① 소나무좀
② 솔잎혹파리
③ 오리나무잎벌레
④ 버즘나무방패벌레

버즘나무방패벌레는 번데기 과정을 거치지 않고 유충에서 성충으로 성장한다.

36 대패형 톱날의 창날 각도로 가장 적당한 것은?

① 30°　　　　② 35°
③ 60°　　　　④ 80°

톱날의 종류별 연마각도

구분	대패형 톱날	반끌형 톱날	끌형 톱날
창날각	35°	35°	30°
가슴각	90°	85°	80°
지붕각	60°	60°	60°
연마방법	수평	수평에서 위로 10° 상향	수평에서 위로 10° 상향

37 다음 중 모잘록병의 방제법이 아닌 것은?

① 햇볕을 잘 쬐도록 한다.
② 파종량을 적게 하고 복토가 너무 두껍지 않도록 한다.
③ 인산질 비료를 적게 주어 묘목을 튼튼히 한다.
④ 병이 심한 묘포지는 돌려짓기를 한다.

③ 질소질 비료의 과용을 피하고, 인산질 비료를 충분히 준다.

38 살균제로서 광범위하게 사용되고 있는 보르도액에 대한 설명 중 맞는 것은?

① 보호살균제이며 소나무 묘목의 잎마름병, 활엽수의 반점병, 잿빛곰팡이병 등에 효과가 우수하다.
② 직접살균제이며 흰가루병, 토양전염성 병에 효과가 좋다.
③ 치료제로서 대추나무, 오동나무의 빗자루병에도 효과가 우수하다.
④ 보르도액의 조제에 필요한 것은 황산구리와 생석회이며, 조제에 필요한 생석회의 양은 황산구리의 2배이다.

보르도액은 효력의 지속성이 큰 보호살균제로서 비교적 광범위한 병원균에 대하여 유효하다. 흔히 황산구리 450g보다 적은 양의 생석회로 만든 것을 소석회보르도액, 같은 양으로 만든 것을 보통석회보르도액, 황산구리보다 많은 양의 생석회로 만든 것을 과석회보르도액이라고 한다.

39 다음 곤충의 기관 중 식도하신경절(食道下神經節)에 의해 운동과 감각신경의 지배를 받지 않는 것은?

① 더듬이　　　② 작은턱
③ 큰턱　　　　④ 아랫입술

식도하신경절
• 운동을 촉진시키거나 억제시키는 작용을 한다.
• 큰턱, 작은턱, 아랫입술을 지배한다.

41 임업용 기계톱의 소체인 톱니의 피치(pitch)의 정의로 옳은 것은?

① 서로 접한 3개의 리벳간격을 2로 나눈 값
② 서로 접한 2개의 리벳간격을 3으로 나눈 값
③ 서로 접한 4개의 리벳간격을 3으로 나눈 값
④ 서로 접한 3개의 리벳간격을 4로 나눈 값

기계톱 소체인 톱니의 피치 : 서로 접하여 있는 3개의 리벳간격을 2로 나눈 값

42 벌목작업 시 벌도목의 가지치기용 도끼날의 각도로 가장 적합한 것은?

① 3~5°　　　② 8~10°
③ 30~35°　　④ 36~40°

벌목용 도끼의 경우 9~12°, 가지치기용 도끼의 경우 8~10°로 한다.

40 잣이나 솔방울 등 침엽수의 구과를 가해하는 해충은?

① 솔나방
② 솔박각시
③ 소나무좀
④ 솔알락명나방

솔알락명나방은 잣송이를 가해하여 잣 수확을 감소시키는 주요 해충이다.

43 벌목 중 나무에 걸린 나무의 방향전환이나 벌도목을 돌릴 때 사용되는 작업 도구는?

① 쐐기　　　② 식혈봉
③ 박피삽　　④ 지렛대

지렛대는 벌목 시 나무가 걸려 있을 때 밀어 넘기거나 또는 벌목된 나무의 가지를 자를 때 벌도목을 반대방향으로 전환시킬 경우에 사용한다.

44 체인톱 엔진이 돌지 않을 시 예상되는 고장 원인이 아닌 것은?

① 기화기 조절이 잘못되어 있다.
② 기화기 내 연료체가 막혀 있다.
③ 기화기 내 공전노즐이 막혀 있다.
④ 기화기 내 펌프질하는 막에 결함이 있다.

해설

체인톱 엔진이 돌지 않을 시 예상되는 원인
• 탱크가 비어 있다.
• 전원스위치가 열려 있다.
• 흡수호스 또는 전기도선에 결함이 있다.
• 흡입 통풍관의 필터가 작동하지 않는다(막혀 있다).
• 도선이 막혀 있다.
• 기화기 내의 연료체가 막혀 있다.
• 기화기 조절이 잘못되어 있다.
• 기화기 내 펌프질하는 막(엷은 막)에 결함이 있다.
• 기화기에 결함이 있다.
• 연료탱크의 공기주입이 막혀 있다.
• 플러그 수명이 다 되었거나 더러워져 있다.
• 플러그 점화케이블이 결합되었다.
• 점화코일과 단류장치에 결함이 있다.

45 산림도구를 만들기 위한 자루용 원목으로 사용되는 목재로서 가치가 없는 것은?

① 침엽수 목재
② 목질 섬유가 긴 나무
③ 탄력이 크고 질긴 나무
④ 옹이, 갈라진 흠이 없는 나무

해설

일반적으로 침엽수의 목재에는 연목재가 많아 자루용 원목으로는 가치가 없다.

46 다음 중 살충제의 제형에 따라 분류된 것은?

① 수화제
② 훈증제
③ 유인제
④ 소화중독제

해설

농약의 분류
• 사용목적에 따른 분류 : 살균제, 살충제, 살비제, 살선충제, 제초제, 식물 생장조절제, 혼합제, 살서제, 소화중독제, 유인제 등
• 주성분 조성에 따른 분류 : 유기인계, 카바메이트계, 유기염소계, 유황계, 동계, 유기비소계, 항생물질계, 피레스로이드계, 페녹시계, 트라이아진계, 요소계, 설포닐우레아계 등
• 제형에 따른 분류 : 유제, 수화제, 분제, 미분제, 수화성미분제, 입제, 액제, 액상수화제, 미립제, 세립제, 저미산분제, 수면전개제, 종자처리수화제, 캡슐현탁제, 분의제, 과립훈연제, 과립수화제, 캡슐제 등
• 사용방법에 따른 분류 : 희석살포제, 직접살포제, 훈연제, 훈증제, 연무제, 도포제 등

47 조림작업 시 조림목을 심을 구덩이를 파는 데 사용되는 기계는?

① 예불기   ② 지타기
③ 식혈기   ④ 하예기

해설

식혈기는 주로 묘목식재를 위한 구멍을 뚫는 데 사용되는 기계로서, 보통 체인톱이나 예불기 등에 사용되는 엔진에 식혈기용 칼날을 부착하여 사용한다.

48 혼합연료에 오일의 함유비가 높을 경우 나타나는 현상으로 옳지 않은 것은?

① 연료의 연소가 불충분하여 매연이 증가한다.
② 스파크플러그에 오일이 덮히게 된다.
③ 오일이 연소실에 쌓인다.
④ 엔진을 마모시킨다.

해설
혼합연료에 오일의 함유비가 높을 경우 나타나는 현상
• 연료의 연소가 불충분하여 매연이 증가한다.
• 스파크플러그에 오일이 덮히게 된다.
• 오일이 연소실에 쌓인다.
※ 오일의 함유비가 낮을 경우 엔진을 마모시킨다.

49 임업용 트랙터를 사용하는 데 있어 집재목과 트랙터 간의 허용각도와 안전각도로 옳은 것은?

① 허용각도 = 최대 15°, 안전각도 = 0~10°
② 허용각도 = 최대 30°, 안전각도 = 0~30°
③ 허용각도 = 최대 35°, 안전각도 = 0~40°
④ 허용각도 = 최대 90°, 안전각도 = 0~45°

50 2행정 내연기관에서 연료에 오일을 첨가시키는 이유로 가장 적합한 것은?

① 점화를 쉽게 하기 위해서
② 엔진 내부에 윤활작용을 시키기 위하여
③ 엔진 회전을 저속으로 하기 위하여
④ 체인의 마모를 줄이기 위하여

해설
2행정 기관은 윤활작용과 동시에 연소되어야 하므로 주로 광물성 윤활유가 사용된다.

51 디젤기관과 비교했을 때 가솔린기관의 특성으로 옳지 않은 것은?

① 전기점화 방식이다.
② 배기가스 온도가 낮다.
③ 무게가 가볍고 가격이 저렴하다.
④ 연료는 기화기에 의한 외부혼합방식이다.

해설
배기가스 온도는 가솔린기관이 1,000℃, 디젤기관이 600℃이다.

52 다음 중 디젤엔진의 압축착화기관의 압축온도로 가장 적당한 것은?

① 100~200°C ② 300~400°C
③ 500~600°C ④ 700~900°C

해설
디젤엔진은 공기만을 흡입하고, 고압축비(16~23 : 1)로 압축하여 그 온도가 500℃ 이상 되게 한 다음 노즐에서 연료를 안개모양으로 분사시켜 공기의 압축열에 의해 자기착화시킨다.

53 와이어로프 고리를 만들 때 와이어로프 직경의 몇 배 이상으로 하는가?

① 10배   ② 15배

③ 20배   ④ 25배

해설

와이어로프 고리를 만들 때 지름은 와이어로프 지름의 20배 이상으로 한다.

54 전목집재 후 집재장에서 가지치기 및 조재작업을 수행하기에 가장 적합한 장비는?

① 스키더   ② 포워더

③ 프로세서   ④ 펠러번처

해설

프로세서

하베스터와 유사하나 벌도기능만 없는 장비, 즉 일반적으로 전목재의 가지를 제거하는 가지자르기 작업, 재장을 측정하는 조재목 마름질 작업, 통나무 자르기 등 일련의 조재작업을 한 공정으로 수행하여 원목을 한 곳에 쌓을 수 있는 장비

55 겨울에 사용하기 적합한 윤활유의 점도로 가장 적합한 것은?

① SAE 20W   ② SAE 30

③ SAE 40~50   ④ SAE 50 이상

해설

SAE의 분류

• SAE 30 : 봄, 가을철
• SAE 40 : 여름철
• SAE 20W : 겨울철

56 기계톱으로 가지치기를 할 때 지켜야 할 유의사항이 아닌 것은?

① 후진하면서 작업한다.

② 안내판이 짧은 기계톱을 사용한다.

③ 작업자는 벌목한 나무 가까이에 서서 작업한다.

④ 벌목한 나무를 몸과 체인톱 사이에 놓고 작업한다.

해설

기계톱을 이용하여 가지치기를 할 때의 유의사항

• 벌도목 밑에 받침이 있으면 가지치기 작업이 더 수월하다.
• 기계톱의 안내판 길이는 30~40cm 정도의 가벼운 것이 적당하다.
• 항상 안정하고 균형 잡힌 자세를 유지한다.
• 작업은 일정한 범위를 유지하고 과도하게 큰 동작을 하지 않도록 주의한다.
• 벌목한 나무에 가까이 서서 작업한다.

57 체인톱의 주간정비사항으로만 조합된 것은?

① 스파크플러그 청소 및 간극 조정
② 기화기 연료막 점검 및 엔진오일 펌프 청소
③ 시동줄 및 시동스프링 점검
④ 연료통 및 여과기 청소

해설

체인톱의 정비사항
• 일일점검사항 : 에어필터 청소, 안내판 점검, 휘발유와 오일 혼합
• 주간정비사항 : 안내판, 체인톱날, 점화부분, 체인톱 본체
• 분기점검사항 : 연료통과 연료필터의 청소, 시동줄 및 시동스프링 점검, 냉각장치, 전자 점화장치, 기회기 등

58 다음 중 기계톱 부품인 스파이크의 기능으로 적합한 것은?

① 동력 차단
② 체인 절단 시 체인 잡기
③ 정확한 작업위치 선정
④ 동력 전달

해설

스파이크(spike)는 작업 시 정확한 작업위치를 선정함과 동시에 체인톱을 지지하여 지렛대 역할을 함으로써 작업을 수월하게 한다.

59 산림작업용 도끼의 날을 관리하는 방법으로 옳지 않은 것은?

① 아치형으로 연마하여야 한다.
② 날카로운 삼각형으로 연마하여야 한다.
③ 벌목용 도끼의 날의 각도는 9~12°가 적당하다.
④ 가지치기용 도끼의 날의 각도는 8~10°가 적당하다.

해설

날이 너무 날카로운 삼각형이 되면 벌목 시 날이 나무 속에 끼게 되므로 도끼의 날을 갈 때 아치형으로 연마한다.

60 어깨걸이식 예불기를 메고 바른 자세로서 손을 떼었을 때 지상으로부터 날까지의 가장 적절한 높이는 몇 cm 정도인가?

① 5~10
② 10~20
③ 20~30
④ 30~40

01 바닷가에 주로 심는 나무로서 적합한 것은?

① 곰솔
② 소나무
③ 잣나무
④ 낙엽송

> **해설**
> • 염풍에 저항력이 큰 수종 : 곰솔, 향나무, 사철나무, 자귀나무, 팽나무, 후박나무, 돈나무 등
> • 염풍에 저항력이 약한 수종 : 소나무, 삼나무, 편백, 화백, 전나무, 벚나무, 포도나무, 사과나무, 배나무 등

02 쇠약하거나 죽은 소나무 및 벌채목에 주로 발생하는 해충은?

① 솔나방
② 소나무좀
③ 솔잎혹파리
④ 소나무재선충

> **해설**
> **소나무좀(딱정벌레목 나무좀과)**
> • 가해수종 : 소나무, 해송, 잣나무
> • 피해
> – 수세가 쇠약한 벌목, 고사목에 기생한다.
> – 월동성충이 나무껍질을 뚫고 들어가 산란한 알에서 부화한 유충이 나무껍질 밑을 식해한다.
> – 쇠약한 나무나 벌채한 나무에 기생하지만 대발생할 때는 건전한 나무도 가해하여 고사시키기도 한다.
> – 신성충은 신초를 뚫고 들어가 고사시킨다. 고사된 신초는 구부러지거나 부러진 채 나무에 붙어 있는데 이를 후식피해라 한다.

03 트랙터의 주행장치에 의한 분류 중 크롤러 바퀴의 장점이 아닌 것은?

① 견인력이 크고 접지면적이 커서 연약지반, 험한 지형에서도 주행성이 양호하다.
② 무게가 가볍고 고속주행이 가능하여 기동성이 있다.
③ 회전반지름이 작다.
④ 중심이 낮아 경사지에서의 작업성과 등판력이 우수하다.

> **해설**
> ② 크롤러 바퀴는 무게가 무겁고 속도가 느려 기동력이 떨어진다.

04 나무와 나무 사이의 거리가 1m, 열과 열 사이의 거리가 2.5m의 장방형 식재일 때 1ha에 심게 되는 묘목본수는?

① 1,000본
② 2,000본
③ 3,000본
④ 4,000본

> **해설**
> $$식재할\ 묘목수 = \frac{식재면적}{묘목\ 간\ 간격(가로 \times 세로)}$$
> $$= \frac{1 \times 10{,}000}{1 \times 2.5}(\because 1ha = 10{,}000m^2)$$
> $$= 4{,}000본$$

05 경기도 가평에서 처음 발견된 병으로 줄기에 병징이 나타나면 어린나무는 대부분이 1~2년 내에 말라 죽고 20년생 이상의 큰 나무는 병이 수년간 지속되다가 마침내 말라 죽는 수병은?

① 잣나무 털녹병
② 소나무 모잘록병
③ 오동나무 탄저병
④ 오리나무 갈색무늬병

해설

잣나무 털녹병은 줄기에 병징이 나타나면 어린 조림목은 대부분 그해에 말라 죽으며, 20년생 이상의 성목에서는 병이 수년간 지속되다가 말라 죽는다.

06 종자의 저장 방법으로 옳지 않은 것은?

① 건조저장   ② 저온저장
③ 냉동저장   ④ 노천매장

해설

종자의 저장 방법
• 건조저장법
 – 실온저장법 : 종자를 건조한 상태에서 창고, 지하실 등에 두어 저장
 – 저온저장법 : 최고온도가 10℃ 이상이 되지 않는 빙실이나 전기냉장고 안에 건조제와 함께 밀봉 용기에 넣어 저장
• 보습저장법
 – 노천매장법 : 구덩이 안에 종자를 깨끗한 모래와 교대로 넣으며 표면은 흙으로 덮어 저장, 겨울 동안 눈이나 빗물을 그대로 스며들어 가도록 함
 – 보호저장법(건사저장법) : 배수가 잘되는 땅 위에 모래와 종자를 섞어서 퇴적하되, 그 위에 짚이엉을 덮어 눈이나 빗물이 들어가지 못하게 함
 – 냉습적법 : 용기 안에 보습재료인 이끼, 토회(土灰), 모래 등을 종자와 섞어서 넣고 3~5℃ 정도 되는 냉실 또는 냉장고 안에 두는 방법

07 다음 중 조파(條播)에 의한 파종으로 가장 적합한 수종은?

① 회양목
② 가래나무
③ 오리나무
④ 아까시나무

해설

조파(줄뿌림) : 종자를 줄로 뿌려주는 것으로 느티나무, 아까시나무, 옻나무 등이 적합하다.

08 묘목을 심을 때 뿌리를 잘라주는 주목적은?

① 식재가 용이하다.
② 양분의 소모를 막는다.
③ 수분의 소모를 막는다.
④ 측근과 세근의 발달을 도모한다.

해설

단근은 건강한 묘를 생산하기 위하여 묘목의 직근과 측근을 끊어주어 세근 발달을 촉진시키는 작업으로 경비 절감은 물론 활착률에도 좋은 이점이 있다.

09 어린나무가꾸기에 관한 설명으로 옳지 않은 것은?

① 임분에서 대상 수종이 아닌 수종을 제거하는 것이다.

② 일반적으로 비용이 저렴하여 가능한 작업을 많이 한다.

③ 여름철에 실행하여 늦어도 11월 전에 종료하는 것이 좋다.

④ 약 6cm 이상의 우세목이 임분 내에서 50% 이상 다수 분포될 때까지의 단계를 말한다.

해설

잡목 등이 조림목 생장을 방해하기 시작하는 해에 1회 실시하고 이후 계속 관찰하여 피해가 발생하는 시기에 반복한다.

11 다음 중 조림 및 육림용 기계가 아닌 것은?

① 윈치

② 예불기

③ 체인톱

④ 동력지타기

해설

소형 윈치 : 집재용 윈치, 크레인, 파미윈치 등

• 집재용 윈치 : 소형 집재차량은 집재 및 적재용 윈치를 사용한다.

• 크레인 : 적재작업을 원활히 수행하기 위하여 소형차에는 윈치 부착 크레인, 적재집재차량에는 크레인그래플을 장착한 것이 많다.

• 파미윈치 : 트랙터의 동력을 이용한 지면끌기식 집재기계이다.

② 예불기 : 풀베기용 기계

③ 체인톱 : 벌목용 기계

④ 동력지타기 : 가지치기용 기계

10 참나무류의 병 발생에 밀접하게 관계하는 병은?

① 소나무 혹병

② 소나무 잎녹병

③ 잣나무 털녹병

④ 향나무 녹병

해설

소나무 혹병의 중간기주는 참나무, 신갈나무 등 참나무류이다.

12 다음 중 잎을 가해하지 않는 해충은?

① 솔나방

② 오리나무잎벌레

③ 흰불나방

④ 소나무좀

해설

소나무좀은 소나무의 분열조직을 가해하는 해충이다.

13 삽수의 발근이 비교적 잘되는 수종, 비교적 어려운 수종, 대단히 어려운 수종으로 분류할 때 비교적 잘되는 수종에 속하는 것은?

① 밤나무
② 측백나무
③ 느티나무
④ 백합나무

해설
• 삽수의 발근이 잘되는 수종 : 측백나무, 포플러류, 버드나무류, 은행나무, 사철나무, 개나리, 주목, 향나무, 치자나무, 삼나무 등
• 삽수의 발근이 어려운 수종 : 밤나무, 느티나무, 백합나무, 소나무, 해송, 잣나무, 전나무, 단풍나무, 벚나무 등

14 종자 채집시기와 수종이 알맞게 짝지어진 것은?

① 2월 – 소나무
② 4월 – 섬잣나무
③ 6월 – 떡느릅나무
④ 9월 – 회양목

해설
① 9월 : 소나무
② 8월 : 섬잣나무
④ 7월 : 회양목

15 다음 중 가지치기를 시행하기에 가장 적절한 시기는?

① 초봄부터 여름
② 늦봄부터 늦가을
③ 초여름부터 늦가을
④ 늦가을부터 초봄

해설
생장휴지기인 11월부터 이듬해 3월까지가 가지치기의 적기이다.

16 모잘록병의 방제법으로 틀린 것은?

① 모판을 배수와 통풍이 잘되게 하고 밀식을 삼가야 한다.
② 질소질 비료를 많이 주어 묘목을 튼튼하게 기른다.
③ 토양소독 및 종자소독을 한다.
④ 발병했을 때에는 묘목을 제거하고, 그 자리에 토양살균제를 관주한다.

해설
② 질소질 비료의 과용을 피하고, 인산질 비료를 충분히 준다.

17 연료채취를 목적으로 벌기령을 짧게 하는 작업종은?

① 죽림작업　　② 택벌작업
③ 왜림작업　　④ 개벌작업

해설
왜림작업
활엽수림에서 주로 땔감을 생산할 목적으로 비교적 짧은 벌기령으로 개벌하고, 그 뒤 근주에서 나오는 맹아로서 갱신하는 방법이다.

18 알에서 부화한 곤충이 유충과 번데기를 거쳐 성충으로 발달하는 과정에서 겪는 형태적 변화를 뜻하는 용어는?

① 우화 　　　　② 변태
③ 휴면 　　　　④ 생식

변태
• 완전변태 : 알 → 유충(애벌레) → 번데기 → 성충
• 불완전변태 : 알 → 유충(애벌레) → 성충

19 다음 중 종자의 실중을 가장 잘 설명한 것은?

① 종자의 협잡물 제거량
② 충실종자와 미숙종자와의 비율
③ 미세립종자 1,000립의 4회 평균 중량
④ 종자 1L의 중량

실중은 종자 1,000립의 무게를 g으로 나타낸 것으로 대립종자 100립, 소립종자 1,000립을 4회 반복하여 무게를 측정한 평균치이다.

20 종자발아 촉진법이 아닌 것은?

① X선분석법 　　　② 종피파상법
③ 침수처리법 　　　④ 노천매장법

X선분석법은 종자발아 검사법이다.

21 리기다소나무 노지묘 1년생 묘목의 곤포당 본수는?

① 1,000본 　　　② 2,000본
③ 3,000본 　　　④ 4,000본

리기다소나무의 곤포당 본수(종묘사업실시요령)

| 형태 | 묘령 | 곤포당 | | 속당 |
		본수(본)	속수(속)	본수
노지묘	1-0	2,000	100	20
	1-1	1,000	50	20

22 파종상에서 2년, 그 뒤 판갈이상에서 1년을 지낸 3년생 묘목의 표시방법은?

① 1-2묘 　　　② 2-1묘
③ 0-3묘 　　　④ 1-1-1묘

① 1-2묘 : 파종상에서 1년, 그 뒤 2번 상체(판갈이, 이식)되어 3년을 지낸 3년생 묘목
③ 0-3묘 : 뿌리의 연령이 3년이고 지상부는 절단 제거한 삽목묘로서 이것을 뿌리묘라고 함(0/3묘)
④ 1-1-1묘 : 파종상에서 1년, 그 뒤 2번 상체되었고, 각 상체상에서 1년을 경과한 3년생 묘목

23 다음 해충 방제법으로 방제가 가능한 해충은?

> - 디플루벤주론 액상수화제(14%)를 4,000 배액으로 수관에 살포한다.
> - 수피 사이, 판자 틈, 지피물 밑, 잡초의 뿌리 근처, 나무의 빈 공간에서 형성한 고치를 수시로 채집하여 소각한다.
> - 알덩어리가 붙어 있는 잎을 채취하여 소각하며, 잎을 가해하고 있는 군서유충을 소살한다.
> - 성충은 유아등이나 흡입포충기를 설치하여 유인·포살한다.

① 죽순나방
② 집시나방
③ 텐트나방
④ 미국흰불나방

해설

미국흰불나방 방제 방법
- 약제 살포 : 5월 하순~10월 상순까지 잎을 가해하고 있는 유충을 약제 살포하여 구제한다.
- 천적(핵다각체병바이러스) 살포 : 유령 유충가해기인 1화기 6월 중·하순, 2화기 8월 중·하순에 1ha당 450g의 병원균을 1,000배액으로 희석하여 수관에 살포한다.
- 번데기 채취 : 나무껍질 사이, 판자 틈, 지피물 밑, 잡초의 뿌리 근처, 나무의 공동에서 고치를 짓고 그 속에 들어 있는 번데기를 연중 채취한다. 특히 10월 중순부터 11월 하순까지, 다음 해 3월 상순부터 4월 하순까지 월동하고 있는 번데기를 채취하면 밀도를 감소시키므로 방제에 효과적이다.
- 알덩이 세서 : 5월 상순~6월 중순에 알덩이가 붙어 있는 잎을 따서 소각한다.
- 군서유충 포살 : 5월 하순~10월 상순까지 잎을 가해하고 있는 군서유충을 포살한다.
- 성충 유살 : 5월 중순부터 9월 중순의 성충활동시기에 피해임지 또는 그 주변에 유아등이나 흡입포충기를 설치하여 성충을 유살한다.

24 유아등으로 등화유살할 수 있는 해충은?

① 오리나무잎벌레
② 솔잎혹파리
③ 밤나무순혹벌
④ 어스렝이나방

해설

등화유살 : 곤충의 주광성을 이용하여 곤충이 유아등에 모이게 하여 죽이는 방법으로, 9~10월에 어스렝이나방에게 사용할 수 있다.

25 임목 간 식재밀도를 조절하기 위한 벌채 방법에 속하는 것은?

① 간벌작업
② 개벌작업
③ 산벌작업
④ 중림작업

해설

② 개벌작업 : 갱신하고자 하는 임지 위에 있는 임목을 일시에 벌채하여 이용하고, 그 적지에 새로운 임분을 조성시키는 방법
③ 산벌작업 : 윤벌기에 비하여 비교적 짧은 갱신기간 중에 몇 차례에 걸친 벌채로 갱신면상에 있는 임목을 완전히 제거하는 작업
④ 중림작업 : 교림과 왜림을 동일 임지에 함께 세워 경영하는 방법으로 하목으로서의 왜림은 맹아로 갱신되며, 일반적으로 연료재와 소경목을 생산하고 상목으로서의 교림은 일반용재로 생산하는 방법

26 우량묘목의 기준으로 옳지 않은 것은?

① 뿌리에 상처가 없는 것

② 뿌리의 발달이 충실한 것

③ 겨울눈이 충실하고 가지가 도장하지 않는 것

④ 뿌리에 비해 지상부의 발육이 월등히 좋은 것

해설

우량묘의 조건

• 우량한 유전성을 지닌 것

• 발육이 완전하고 조직이 충실하며, 정아의 발달이 잘되어 있는 것

• 가지가 사방으로 고루 뻗어 발달한 것

• 근계의 발달이 충실한 것, 즉 측근과 세근의 발달량이 많을 것(지상부와 지하부 간의 발달이 균형되어 있을 것)

• 온도의 저하에 따른 고유의 변색과 광택을 가지는 것

• T/R률이 작고 병충해의 피해가 없는 것

27 해충저항성이 발생하지 않고 해충을 선별적으로 방제할 수 있는 방법은?

① 생물적 방제법

② 물리적 방제법

③ 임업적 방제법

④ 기계적 방제법

해설

생물적 방제법은 해충 개체군의 밀도를 생물에 의하여 억제하는 방법으로 기주 특이성이 커서 대상 해충만 선별적으로 방제할 수 있어 해충저항성이 발생하지 않는다.

28 밤 열매에 피해를 주며 1년에 2~3회 발생하고 성충 최성기에 접촉성 살충제로 방제하면 효과가 큰 해충은?

① 복숭아명나방

② 밤나무혹벌

③ 밤애기잎말이나방

④ 밤바구미

해설

복숭아명나방은 1년에 2~3회 발생하고, 지피물이나 수피의 고치 속에서 유충으로 월동한다.

29 일반적인 낙엽활엽수를 봄에 접목하고자 한다. 접수를 접목하기 2~4주일 전에 따서 저장할 때 가장 적합한 온도는?

① -2~4℃   ② 5~10℃

③ 11~15℃   ④ 16~20℃

해설

접수를 접목하기 2~4주일 전에 따서 냉장온도(5~10℃)에서 저장한다.

30 손톱톱니의 각 부분에 대한 설명으로 옳지 않은 것은?

① 톱니가슴 : 나무와의 마찰력을 감소시킨다.

② 톱니꼭지각 : 각이 작을수록 톱니가 약하다.

③ 톱니홈 : 톱밥이 임시 머문 후 빠져 나가는 곳이다.

④ 톱니꼭지선 : 일정하지 않으면 톱질할 때 힘이 든다.

해설

① 톱니가슴은 나무를 절단한다.

31 산림 내 가지치기 작업의 주된 목적은 무엇인가?

① 우량목재의 생산
② 중간수입
③ 각종 위해의 방지
④ 연료 공급

가지치기 : 우량한 목재를 생산할 목직으로 기지의 일부분을 계획적으로 잘라 내는 것

32 다음이 설명하고 있는 줄기접 방법으로 옳은 것은?

〈줄기접 시행순서〉
1. 서로 독립직으로 지라고 있는 접수용 묘목과 대목용 묘목을 나란히 접근
2. 양쪽 묘목의 측면을 각각 칼로 도려냄
3. 도려낸 면을 서로 밀착시킨 상태에서 접목끈으로 단단히 묶음

① 절접   ② 합접
③ 기접   ④ 교접

기접법
• 접목이 어려운 수종에 실시한다. 예 단풍나무
• 양쪽의 식물체에 접합시킬 부분을 깎고 서로 맞대게 하여 끈으로 묶은 후 접착이 되면 필요 없는 부분을 잘라 제거한다.

33 파이토플라스마와 관계없는 수병은?

① 오동나무 빗자루병
② 대추나무 빗자루병
③ 뽕나무 오갈병
④ 벚나무 빗자루병

벚나무 빗자루병은 진균(자낭균 ; *Taphrina wiesneri*)에 의해 발병한다.

34 참나무속에 속하며 우리나라 남쪽 도서지방 등 따뜻한 곳에서 나는 상록성 수종은?

① 굴참나무
② 신갈나무
③ 가시나무
④ 너도밤나무

가시나무 : 참나무과에 속하는 상록활엽교목으로 난대림의 대표적인 수종의 하나로 웅대한 수형(樹形)을 감상할 수 있다.

35 대상택벌작업에서 벌채열구(伐採列區)를 한 바퀴 돌아서 벌채하는 기간은?

① 윤벌기   ② 회귀년
③ 갱신기간   ④ 갱정기

순환택벌 시 처음 구역으로 되돌아오는 데 소요되는 기간을 회귀년이라 한다.

36 다음 중 대기오염의 임업적 방제법이 아닌 것은?

① 대기오염에 강한 수종으로 조림한다.
② 대면적의 개벌을 통하여 일시적인 조림을 한다.
③ 조림 시에는 혼효림을 조성한다.
④ 내연성이 강하고 여러 번 이식을 한 대묘를 조림한다.

> **해설**
> ② 택벌림, 중림, 왜림으로 산림을 갱신한다.

37 다음 중 응애류에 대해서만 선택적으로 효과가 있는 약제는?

① 살균제　　② 살충제
③ 살비제　　④ 살서제

> **해설**
> 살비제는 주로 식물에 붙는 응애류를 죽이는 데 사용되며 켈센 등이 대표적인 약제이다.

38 솔잎혹파리에 대한 설명으로 옳지 않은 것은?

① 완전변태를 한다.
② 솔잎의 기부에서 즙액을 빨아 먹는다.
③ 1년에 2회 발생하며 알로 월동한다.
④ 기생성 천적으로 솔잎혹파리먹좀벌 등이 있다.

> **해설**
> ③ 1년에 1회 발생하며, 유충으로 지피물 밑의 지표나 1~2cm 깊이의 흙 속에서 월동한다.

39 모수작업에 관한 설명으로 옳지 않은 것은?

① 음수수종 갱신에 적합하다.
② 벌채작업이 집중되어 경제적으로 유리하다.
③ 주로 종자가 가볍고 쉽게 발아하는 수종에 적용한다.
④ 모수의 종류와 양을 적절히 조절하여 수종의 구성을 변화시킬 수 있다.

> **해설**
> **모수작업의 장점**
> • 벌채작업이 한 지역에 집중되므로 경제적인 작업을 진행할 수 있다.
> • 임지를 정비해줌으로써 노출된 임지의 갱신이 이루어질 수 있다.
> • 개벌작업 다음으로 작업이 간편하다.
> • 개벌작업보다는 신생 임분의 종적 구성을 더 잘 조절할 수 있다.
> • 모수가 종자를 공급하므로 넓은 면적이 일시에 벌채되고 갱신이 될 수 있다.
> • 양성을 띤 수종의 갱신에 적당하다.
> • 갱신이 성공될 때까지 모수를 남겨둠으로써 갱신이 실패할 염려가 적고 비용도 적게 든다.

40 기계톱에서 깊이제한부의 주요 역할은?

① 톱날 보호
② 절삭두께 조절
③ 톱날연결 고정
④ 톱날속도 조절

> **해설**
> 깊이제한부는 절삭깊이 및 절삭각도를 조절하고 절삭된 톱밥을 밀어내는 등 절삭량을 결정하는 중요한 요소이다.

41 테트라졸륨검사에 대한 설명으로 옳지 않은
것은?

① 테트라졸륨 수용액에 생활력이 있는 종
자의 조직을 접촉시키면 푸른색으로 변
하고, 죽은 조직에는 변화가 없다.

② 테트라졸륨의 반응은 휴면종자에도 잘
나타나는 장점이 있다.

③ 테트라졸륨은 백색 분말이고 물에 녹아
도 색깔이 없다. 광선에 조사되면 곧 못
쓰게 되므로 어두운 곳에 보관하고, 저장
이 양호하면 수개월간 사용이 가능하다.

④ 테트라졸륨 대신 테룰루산칼륨 1%액도
사용되는데, 건전한 배는 흑색으로 나타
난다.

해설

① 테트라졸륨 수용액에 생활력이 있는 종자의 조직
을 접촉시키면 붉은색으로 변한다.

42 임업용 기계톱의 엔진을 냉각하는 방식으로
주로 사용되는 것은?

① 공랭식
② 수랭식
③ 호퍼식
④ 라디에이터식

해설

공랭식 기관 : 실린더 헤드와 블록에 냉각핀을 두어
냉각시키는 방식이다.

43 주요 병원체가 균류인 병은?

① 뽕나무 오갈병
② 잣나무 털녹병
③ 소나무 재선충병
④ 대추나무 빗자루병

해설

② 잣나무 털녹병 : 병원균은 *Cronartium ribicola*
Fisher이며, 잣나무와 중간기주인 송이풀, 까치밥
나무 등에 기주교대를 하는 이종기생균이다.

①·④ 뽕나무 오갈병, 대추나무 빗자루병 : 파이토
플라스마에 의해 발생한다.

③ 소나무 재선충병 : 소나무 재선충이 소나무 시들
음병을 야기한다.

44 나비목에 속하는 곤충은?

① 밤나방   ② 나무좀류
③ 깍지벌레   ④ 나무이

해설

② 나무좀류 : 딱정벌레목
③·④ 깍지벌레, 나무이 : 노린재목(매미목)

45 나무를 굽게 하고 생장을 저하시키며 심한
경우 나무줄기를 부러뜨리는 기후인자는?

① 수분   ② 바람
③ 광선   ④ 온도

해설

주풍의 피해 : 임목이 주풍 방향으로 굽게 되고, 수간
의 하부가 편심생장을 하게 된다.

46 기계톱의 일일정비사항에 해당하지 않는 것은?

① 휘발유와 오일의 혼합
② 에어필터의 청소
③ 안내판의 손질
④ 연료통과 연료필터의 청소

체인톱의 정비사항
- 일일점검사항 : 에어필터 청소, 안내판 점검, 휘발유와 오일 혼합
- 주간정비사항 : 안내판, 체인톱날, 점화부분, 체인톱 본체
- 분기점검사항 : 연료통과 연료필터의 청소, 시동줄 및 시동스프링 점검, 냉각장치, 전자 점화장치 등

47 주로 묘목에 큰 피해를 주며 종자를 소독하여 방제하는 것은?

① 잣나무 털녹병
② 두릅나무 녹병
③ 밤나무 줄기마름병
④ 오리나무 갈색무늬병

오리나무 갈색무늬병은 병원균이 종자에 묻어 있는 경우가 많으므로 유기수화제로 종자를 소독하여 방제한다.

48 밤나무 종자의 파종에 흔히 쓰는 방법은?

① 조파　　② 산파
③ 취파　　④ 점파

점파(점뿌림) : 밤나무, 참나무류, 호두나무 등 대립종자의 파종에 이용되는 방법으로 상면에 균일한 간격(10~20cm)으로 1~3립(粒)씩 파종한다.

49 체인톱 엔진 회전수를 조정할 수 있는 장치는?

① 에어필터
② 스프로킷
③ 스로틀레버
④ 스파크플러그

① 기관에 흡입되는 공기 중에 먼지나 톱밥 등의 오물을 제거하는 기능을 한다.
② 크랭크축에 연결되어 회전함으로써 톱체인을 회전시킨다.
④ 점화장치로 실린더 내 연소실에 압축된 혼합기를 점화한다.

50 소형원치에 대한 설명으로 옳지 않은 것은?

① 리모컨 등으로 원격 조종이 가능한 것도 있다.
② 가공본줄을 설치하여 단거리 상향집재에 이용하기도 한다.
③ 견인력은 약 5톤 내외이고, 현장의 지주목에 고정하여 사용한다.
④ 작업자가 보행하면서 조작하는 것은 캐디형(caddy)이라고 한다.

③ 견인력은 0.5~1.0톤 정도이고, 휴대용 또는 자체 견인력을 이용하여 임내를 이동할 수 있다.

51 주제를 용제에 녹여 계면활성제를 유화제로 첨가하여 제재한 약제 종류는?

① 유제 ② 입제
③ 분제 ④ 수화제

① 유제 : 물에 녹지 않거나 지용성인 주제를 유기용매에 녹여 유화제를 첨가한 용액
② 입제 : 유효성분을 담체인 고체 증량제와 혼합분쇄하고, 보조제로 고결제, 안정제, 계면활성제를 가하여 입상으로 성형하거나 담체에 유효성분을 피복시킨 것
③ 분제 : 유효성분을 Talc, 점토광물 등의 고체증량제와 소량의 보조제를 혼합분쇄한 미분말 형태
④ 수화제 : 비수용성 유효성분에 비수용성 증량제(kaolin, bentonite 등의 점토광물)를 더하고 계면활성제, 분산제 배합, 혼합분쇄, 제제화를 하여 사용하는 것

52 트랙터를 이용한 집재 시 안전과 효율성을 고려했을 때 일반적으로 작업 가능한 최대 경사도(°)로 옳은 것은?

① 5~10 ② 15~20
③ 25~30 ④ 35~40

트랙터를 이용한 집재 시 안전과 효율성을 고려했을 때 일반적으로 작업 가능한 최대 경사도는 15~20°이다.

53 다음 중 작업 도구와 능률에 관한 기술로 가장 거리가 먼 것은?

① 자루의 길이는 적당히 길수록 힘이 강해진다.
② 도구의 날 끝 각도가 클수록 나무가 잘 부서진다.
③ 도구는 가볍고 내려치는 속도가 빠를수록 힘이 세어진다.
④ 도구의 날은 날카로운 것이 땅을 잘 파거나 잘 자를 수 있다.

작업 도구와 능률
- 도구는 적당한 무게를 가져야 내리치는 속도가 빨라져 능률이 좋다.
- 자루의 길이가 적당한 길이일 때 힘을 세게 가할 수 있다.
- 도구의 날은 날카로울수록 땅을 잘 파거나 잘 자를 수 있다.
- 자루길이가 너무 길면 정확한 작업이 어렵고, 도구 날이 너무 날카로우면 부러지기 쉽고 잘 쪼개지지 않는다.
- 도구 날의 끝 각도가 클수록 나무가 잘 부서진다.
- 도구의 날 무게가 지나치게 무겁거나 속도를 빨리 하려면 힘이 많이 들어 일의 능률이 떨어진다.

54 주로 유효성분을 연기의 상태로 해서 해충을 방제하는 데 쓰이는 약제는?

① 훈증제 ② 훈연제
③ 유인제 ④ 기피제

① 훈증제 : 약제가 기체로 되어 해충의 기문을 통하여 체내에 들어가 질식(窒息)을 일으키는 것
③ 유인제 : 해충을 유인해서 포살하는 데 사용되는 약제
④ 기피제 : 해충이 작물에 접근하는 것을 방해하는 물질

55 지력이 좋고 수분이 많아 잡초가 무성하고 기후가 온난하며, 주로 소나무 조림지에 적합한 풀베기 방법은?

① 줄베기 ② 점베기
③ 모두베기 ④ 둘레베기

해설

③ 모두베기 : 조림지의 하층식생을 모두 제거하는 방법으로 조림목의 묘고가 낮아 태양광선을 잘 받도록 하고자 할 때 이용한다. 소나무, 일본잎갈나무, 삼나무, 편백, 잣나무 등에 적합하다.

① 줄베기 : 가장 많이 사용되는 방법으로 조림목의 줄을 따라 해로운 식물을 제거하고 줄 사이에 있는 풀은 남겨두는 방법

④ 둘레베기 : 조림목의 둘레를 약 1m의 지름으로 둥글게 깎아 내는 방법이다. 줄베기와 둘레베기는 전면베기에 비해, 흙의 침식을 막는 작용을 하지만 밀식조림지에는 적용이 힘들다.

56 예불기의 연료는 시간당 약 몇 L가 소모되는 것으로 보고 준비하는 것이 좋은가?

① 0.5L ② 1L
③ 2L ④ 3L

해설

예불기의 연료는 시간당 약 0.5L가 소모된다.

57 예불기의 장치 중 불량하면 엔진의 힘이 줄고 연료소모량이 많아지게 하는 것은?

① 액셀레버 ② 공기여과장치
③ 공기필터 덮개 ④ 연료탱크

해설

공기여과장치가 불량하면 기화기 내 연료 농도가 진해져 엔진의 힘이 떨어진다.
공기여과장치가 더럽혀져 있는 경우의 고장
• 점화에 이상이 있고 엔진에 힘이 없다.
• 비정상적으로 연료소비량이 많다.
• 엔진가동이 불규칙적이다.

58 다음 중 상대적으로 가장 높은 온도의 발병 조건을 요구하는 수병은?

① 잿빛곰팡이병
② 자줏빛날개무늬병
③ 리지나뿌리썩음병
④ 아밀라리아뿌리썩음병

해설

리지나뿌리썩음병은 40℃ 이상에서 24시간 이상 지속되면 포자가 발아해 뿌리를 감염시킨다.

59 플라스틱 수라의 속도조절장치를 설치하는 종단경사로 가장 적당한 것은?

① 20~30% ② 30~40%
③ 40~50% ④ 50~60%

해설

플라스틱 수라의 최소 종단경사는 15~25%가 되어야 하고, 최대 경사 50~60% 이상일 경우는 속도 조절장치가 있어야 한다.

60 뛰어난 번식력으로 인하여 수목피해를 가장 많이 끼치는 동물은?

① 산까치 ② 노루
③ 들쥐 ④ 사슴

해설

번식력이 뛰어난 들쥐는 적송, 참나무, 단풍나무 등의 목질부를 식해한다.

01 종자의 결실 풍흉주기가 다른 수종은?

① 이태리포플러
② 오리나무
③ 전나무
④ 버드나무

해설

수목의 종자결실은 대부분 일정한 주기를 가지고 풍흉이 나타난다.
- 매년결실 : 오리나무, 산오리나무, 물갬나무, 버드나무, 느릅나무 등(소나무류는 매년 결실되나 풍작은 2~3년만큼식 순환)
- 격년결실 : 느티나무, 들메나무류
- 2~3년결실 : 단풍나무, 잣나무, 전나무, 종비나무류
- 4~5년결실 : 낙엽송, 잎갈나무류

02 대기오염물질로만 짝지은 것은?

① 수소, 염소, 중금속
② 황화수소, 분진, 질소산화물
③ 아황산가스, 불화수소, 질소
④ 암모니아, 이산화탄소, 에틸렌

해설

대기오염물질
- 가스상 : 일산화탄소, 암모니아, 질소산화물, 황산화물, 황화수소, 이황화탄소 등
- 입자상 : 분진, 매연, 검댕 등의 고정 입자

03 집재거리가 길어 스카이라인이 지면에 닿아 반송기의 주행이 곤란할 때 설치하는 장치는?

① 턴버클
② 도르래
③ 힐블록
④ 중간지지대

해설

가선집재에서는 지주목 또는 중간지지대 사이의 스카이라인의 수평거리로 머리기둥과 꼬리기둥 사이에 사잇기둥(중간지지대)이 있는 경우를 다지간(multispan) 가공본줄 시스템, 없는 경우를 단지간(single span) 가공본줄 시스템으로 구분한다.

04 종자가 비교적 가벼워서 잘 날아갈 수 있는 수종에 가장 적합한 갱신작업은?

① 모수작업
② 중림작업
③ 택벌작업
④ 왜림작업

해설

모수작업은 주로 소나무류 등과 같은 양수에 적용되는데, 종자가 작아 바람에 날려 멀리 전파될 수 있는 수종에 알맞다.

05 밤나무를 식재면적 1ha에 묘목 간 거리 5m로 정사각형으로 식재할 때 소요되는 묘목의 총본수는?

① 400본　　② 500본
③ 1,200본　　④ 3,000본

해설

$$식재할\ 묘목수 = \frac{식재면적}{묘목\ 간\ 간격(가로 \times 세로)}$$
$$= \frac{1 \times 10,000}{5 \times 5}(\because 1ha = 10,000m^2)$$
$$= 400본$$

06 다음 중 종자 수득률이 가장 높은 수종은?

① 잣나무　　② 벚나무
③ 박달나무　　④ 가래나무

해설

종자 수득률
가래나무(50.9%) > 박달나무(23.3%) > 벚나무(18.2%)
> 잣나무(12.5%)

07 다음 중 산림무육 도구가 아닌 것은?

① 스위스보육낫
② 가지치기톱
③ 양날괭이
④ 전정가위

해설

양날괭이
괭이 형태에 따라 타원형과 네모형으로 구분되며 한쪽 날은 괭이 형태로 땅을 벌리는 데 사용하며 다른 한쪽 날은 도끼 형태로 땅을 가르는 데 사용한다.

08 다음 그림과 같이 나무가 걸쳐 있을 때에 압력부는 어느 위치인가?

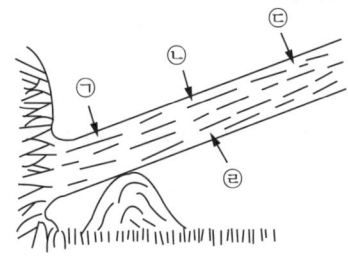

① 위치 ㉠　　② 위치 ㉡
③ 위치 ㉢　　④ 위치 ㉣

해설

압력부 : 나무가 걸쳐있는 부분에서 압력이 발생하는 부분

09 병원체의 침입경로는 여러 가지 경로를 통하여 감염되어 나무에 병을 일으킨다. 곤충이나 작은 동물의 몸에 붙거나 체내에 들어간 상태로 널리 분산되는 병은?

① 잣나무 털녹병
② 향나무 녹병
③ 오동나무 빗자루병
④ 모잘록병

해설

오동나무 빗자루병은 담배장님노린재, 썩덩나무노린재, 오동나무애매미충 등의 곤충에 의해 매개 전염되고, 병에 걸린 나무의 분근을 통해서도 전염된다.

10 대나무류 개화병의 발병 원인은?

① 세균감염
② 동해
③ 생리적 현상
④ 바이러스 감염

해설
대나무류 개화병은 생리적인 병해에 해당한다.

11 중림작업의 상층목 및 하층목에 대한 설명으로 옳지 않은 것은?

① 일반적으로 하층목은 비교적 내음력이 강한 수종이 유리하다.
② 하층목이 상층목의 생장을 방해하여 대경재 생산에 어려운 단점이 있다.
③ 상층목은 지하고가 높고 수관의 틈이 많은 참나무류 등 양수종이 적합하다.
④ 상층목과 하층목은 동일 수종으로 주로 실시하나, 침엽수 상층목과 활엽수 하층목의 임분구성을 중림으로 취급하는 경우도 있다.

해설
중림작업
• 교림과 왜림을 동일 임지에 함께 세워서 경영하는 작업으로 하층목으로서의 왜림은 맹아로 갱신되며 일반적으로 연료재와 소경목을 생산하고, 상층목으로서의 교림은 일반용재를 생산한다.
• 하층목은 비교적 내음력이 강한 수종이 좋고, 상층목은 지하고가 높고 수관밀도가 낮은 수종이 적당하다.
• 중림의 원래 내용은 임목 중에서 생활력이 왕성한 것을 골라 상층목으로 키우는 것이지만, 일반적으로 상층목은 침엽수종으로, 하층목은 활엽수로 한다.

12 수목과 균의 공생관계가 알맞은 것은?

① 소나무 – 송이균
② 잣나무 – 송이균
③ 참나무 – 표고균
④ 전나무 – 표고균

해설
송이는 소나무와 공생하면서 발생시키는 버섯으로 천연의 맛과 향기가 뛰어나다.

13 파종 후의 작업 관리 중 삼나무 묘목의 뿌리끊기 작업 시기로 가장 적합한 것은?

① 9월 중순   ② 7월 중순
③ 5월 중순   ④ 3월 중순

해설
묘목의 뿌리끊기는 곁뿌리와 잔뿌리의 발달을 촉진시키고 지상부의 생장을 억제하여 균형 잡힌 우량형질의 묘목을 생산할 목적으로 실시하고, 측근과 잔뿌리의 발육이 목적일 때는 5~7월에, 웃자라기 쉬운 삼나무, 낙엽송 등일 때는 8~9월에 한다.

14 종자의 결실량이 많고 발아가 잘되는 수종과 식재조림이 어려운 수종에 대하여 주로 실시하는 조림방법은?

① 소묘조림
② 대묘조림
③ 용기조림
④ 직파조림

해설

재배량이 많거나 양귀비와 같이 직근성이어서 이식을 하면 뿌리가 피해를 입는 경우에 적합한 방법이다.

15 잣나무 털녹병에 대한 설명으로 옳지 않은 것은?

① 여름포자는 환경이 좋으면 여름 동안 계속 다른 송이풀에 전염된다.
② 송이풀 제거작업은 9월 이후 시행해야 효과적이다.
③ 여름포자가 모두 소실되면 그 자리에 털 모양의 겨울포자퇴가 나타난다.
④ 중간기주에서 형성된 담자포자는 바람에 의하여 잣나무 잎에 날아가 기공을 통하여 침입한다.

해설

중간기주는 겨울포자가 형성되기 전, 즉 8월 말 이전에 제거해야 한다.

16 묘포상에서 해가림이 필요 없는 수종은?

① 전나무
② 삼나무
③ 사시나무
④ 가문비나무

해설

소나무, 해송, 리기다, 사시나무 등의 양수는 해가림이 필요 없으나 가문비나무, 잣나무, 전나무, 낙엽송, 삼나무, 편백 등은 해가림이 필요하다.

17 대기오염에 의한 급성피해증상이 아닌 것은?

① 조기낙엽
② 엽맥간 괴사
③ 엽록괴사
④ 엽맥 황화현상

해설

만성피해(불가시적 피해)
• 낮은 농도의 아황산가스에 오래 노출되어 엽록소가 서서히 붕괴됨으로써 황화현상이 나타난다.
• 급성의 경우와는 달리 세포는 파괴되지 않고 그 생명력을 유지하고 있다.

18 묘목이 활착되지 못하는 주요 이유로 옳지 않은 것은?

① T/R률이 낮을 때
② 건조한 양지에 심었을 때
③ 비료가 직접 뿌리에 닿았을 때
④ 적정 식재 시기보다 늦어졌을 때

해설

T/R률은 묘목의 지상부와 지하부와의 중량비율, 뿌리중량으로 지상중량을 나눈 것이다. T/R률 값이 작을수록 활착률이 좋다. 즉, 뿌리의 중량이 높을수록 잘 산다.

19 호두나무잎벌레의 월동형태는?

① 유충
② 번데기
③ 알
④ 성충

호두나무잎벌레는 연 1회 발생하며, 유충은 군서하면서 엽육을 식해하고, 성충으로 월동한다.

20 중림작업에서 하목으로 가장 적당하지 않은 수종은?

① 전나무
② 서어나무류
③ 느릅나무
④ 단풍나무

④ 전나무는 상목의 피압(被壓) 아래에서 생장 속도가 느리고 맹아력이 약하여 하목으로 적합하지 않다.

21 미국흰불나방이나 텐트나방의 유충은 함께 모여 살면서 잎을 가해하는 습성이 있는데, 이를 이용하여 유충을 태워 죽이는 해충 방제 방법은?

① 경운법 ② 차단법
③ 소살법 ④ 유살법

③ 소살법 : 솜방망이를 경유에 담갔다가 꺼내어 긴 장대 끝에 불을 붙여 군서하는 유충을 태워 죽이는 방법이다.
① 경운법 : 묘포에서 쓸 수 있는 것으로 풍뎅이류, 잎벌류 및 땅속에서 월동하는 해충을 가을에 깊이 갈아 저온으로 죽게 하든지, 또는 봄에 갈아 노출된 것을 새 등이 포식하게 하고 깊이 묻힌 것은 우화(羽化)하지 못하게 하여 죽이는 방법이다.
② 차단법 : 이동하는 해충 주위에 도랑을 파서 떨어진 것을 모아 죽이거나 끈끈이를 수간에 발라두고 밑에서 기어오르는 것이나 위에서 밑으로 내려오는 해충을 잡아 죽이는 방법이다.
④ 유살법 : 해충의 특수한 습성 및 주성 등을 이용하거나 또는 유살물질(유인미끼), 유살기구 등에 의하여 유살시키는 방법이다.

22 묘목의 뿌리가 2년생, 줄기가 1년생을 나타내는 삽목묘의 연령 표기가 옳은 것은?

① 1-2묘
② 2-1묘
③ 1/2묘
④ 2/1묘

③ 1/2묘 : 뿌리의 나이가 2년, 줄기의 나이가 1년인 묘목이다. 1/1묘에 있어서 지상부를 한 번 절단해 주고 1년이 경과하면 1/2묘로 된다.
① 파종상 1년, 이식상 1번(2년)인 3년생 실생묘
② 파종상 2년, 이식상 1번(1년)인 3년생 실생묘
④ 뿌리가 1년생, 줄기가 2년 된 삽목묘

23 살충제 중 유제(乳劑)에 대한 설명으로 옳지 않은 것은?

① 수화제에 비하여 살포용 약액조제가 편리하다.
② 포장, 운송, 보관이 용이하며 경비가 저렴하다.
③ 일반적으로 수화제나 다른 제형(劑型)보다 약효가 우수하다.
④ 살충제의 주제를 용제(溶劑)에 녹여 계면활성제를 유화제로 첨가하여 만든다.

24 갱신기간에 제한이 없고 성숙 임목만 선택해서 일부 벌채하는 것은?

① 왜림작업   ② 택벌작업
③ 산벌작업   ④ 맹아작업

25 다음 중 생가지치기를 할 때 상처부위의 부후 위험성이 가장 큰 수종은?

① 곰솔   ② 단풍나무
③ 리기다소나무   ④ 일본잎갈나무

26 묘포에서 가장 피해가 심한 모잘록병의 발병 원인은?

① 세균   ② 균류
③ 바이러스   ④ 파이토플라스마

27 어린나무가꾸기의 1차 작업시기로 가장 알맞은 것은?

① 풀베기가 끝난 3~5년 후
② 가지치기가 끝난 5~6년 후
③ 덩굴제거가 끝난 1~2년 후
④ 솎아베기가 끝난 6~9년 후

28 묘목의 굴취시기로 가장 좋지 않은 때는?

① 바람이 없는 날
② 비오는 날
③ 잎의 이슬이 마른 새벽
④ 흐린 날

해설

묘목의 굴취시기

• 묘목은 가을에 굴취해서 이듬해 봄, 식재할 때까지 가식하거나, 냉장할 수 있으나, 식재하기 전 봄에 굴취하는 것이 가장 좋다.
• 낙엽수는 생장이 끝나고 낙엽이 완료된 후에 굴취한다.
• 비바람이 심할 때나 아침이슬이 있는 날은 작업을 피한다.

29 비행하는 곤충을 채집하기 위해 사용하는 트랩으로 옳지 않은 것은?

① 유아등   ② 수반트랩
③ 미끼트랩   ④ 끈끈이트랩

해설

③ 미끼트랩 : 당분과 같은 미끼를 이용하여 채집하는 방법으로 서식곤충의 채집 방법에 속한다.

30 다음 해충 중 주로 수목의 잎을 가해하는 것으로 옳지 않은 것은?

① 어스렝이나방
② 솔알락명나방
③ 천막벌레나방
④ 솔노랑잎벌

해설

솔알락명나방은 잣송이를 가해하여 잣 수확을 감소시키는 주요 해충이다.

31 오동나무 빗자루병의 매개충이 아닌 것은?

① 솔수염하늘소
② 담배장님노린재
③ 썩덩나무노린재
④ 오동나무매미충

해설

오동나무 빗자루병

• 병징 : 병든 나무에는 연약한 잔가지가 많이 발생하고 담녹색의 아주 작은 잎이 밀생하여 마치 빗자루나 새집둥우리와 같은 모양을 이룬다.
• 병원체 및 병원 : 병원은 파이토플라스마이며 담배장님노린재, 썩덩나무노린재, 오동나무매미충에 의해 매개되며 병든 나무의 분근을 통해서도 전염된다.

32 수목의 대기오염 피해를 줄이기 위한 방제법으로 옳지 않은 것은?

① 이령혼효림으로 유도
② 내연성 수종으로 조림
③ 택벌을 피하고 개벌로 전환
④ 석회질비료를 시용하여 양료 유실 방지

해설

택벌림, 중림, 왜림으로 산림을 갱신한다.

33 실생묘 표시법에서 1-1묘란?

① 판갈이한 후 1년간 키운 1년생 묘목이다.

② 파종상에서만 1년 키운 1년생 묘목이다.

③ 판갈이를 하지 않고 1년 경과된 종자에서 나온 묘목이다.

④ 파종상에서 1년을 보낸 다음, 판갈이하여 다시 1년이 지난 만 2년생 묘목으로 한 번 옮겨 심은 실생묘이다.

실생묘 묘령의 표시

- 1-0묘 : 파종상에서 1년을 경과하고 상체된 일이 없는 1년생 실생묘목
- 1-1묘 : 파종상에서 1년, 그 뒤 한 번 상체되어 1년을 지낸 2년생 묘목
- 2-0묘 : 상체된 일이 없는 2년생 묘목
- 2-1묘 : 파종상에서 2년, 그 뒤 상체상에서 1년을 지낸 3년생 묘목
- 2-1-1묘 : 파종상에서 2년, 그 뒤 두 번 상체된 일이 있고 각 상체상에서 1년을 경과한 4년생 묘목

35 종자 저장 시 정선 후 곧바로 노천매장해야 하는 수종으로 짝지은 것은?

① 층층나무, 전나무

② 삼나무, 편백

③ 소나무, 해송

④ 느티나무, 잣나무

④ 느티나무, 잣나무는 종자 채취 직후인 9월 상순 ~10월 하순에 매장한다.

① 토양동결 전(11월 하순)에 매장한다.

②·③ 토양동결이 풀린 후 파종 1개월 전(3월 중순)에 매장한다.

34 바람에 의해 전반(풍매전반)되는 수병은?

① 잣나무 털녹병균

② 근두암종병균

③ 오동나무 빗자루병균

④ 향나무 적성병균

바람에 의한 전반(풍매전반) : 잣나무 털녹병균, 밤나무 줄기마름병균, 밤나무 흰가루병균

36 삽수의 발근이 비교적 잘되는 수종, 비교적 어려운 수종, 대단히 어려운 수종으로 분류할 때 비교적 잘되는 수종에 속하는 것은?

① 측백나무　　② 잣나무

③ 단풍나무　　④ 백합나무

- 삽수의 발근이 잘되는 수종 : 측백나무, 포플러류, 버드나무류, 은행나무, 사철나무, 개나리, 주목, 향나무, 치자나무, 삼나무 등
- 삽수의 발근이 어려운 수종 : 밤나무, 느티나무, 백합나무, 소나무, 해송, 잣나무, 전나무, 단풍나무, 벚나무 등

37 오리나무잎벌레 유충이 가해한 수목의 피해 형태로 옳은 것은?

① 잎맥만 가해하여 구멍이 뚫어진다.
② 가지 끝을 가해하여 피해 입은 부위가 말라 죽는다.
③ 대부분 어린 새순을 갉아 먹어 수목의 생육을 방해한다.
④ 주로 잎의 잎살을 먹기 때문에 잎이 붉게 변색된다.

해설
오리나무잎벌레
연 1회 발생하며, 성충으로 지피물 밑 또는 흙 속에서 월동한다. 월동한 성충은 4월 하순부터 나와 새잎을 잎맥만 남기고 엽육(잎살)을 먹으며 생활하다가 5월 중순~6월 하순에 300여 개의 알을 잎 뒷면에 낳는다.

39 피해목을 벌채한 후 약제 훈증처리의 방제가 필요한 수병은?

① 뽕나무 오갈병
② 잣나무 털녹병
③ 소나무 잎녹병
④ 참나무 시들음병

해설
참나무 시들음병의 방제
침입공에 메프 유제, 파프 유제 500배액을 주입하고, 피해목을 벌채하여 1m 길이로 잘라 쌓은 후 메탐소디움을 m^3당 1L씩 살포하고 비닐을 씌워 밀봉하여 훈증처리한다.

40 벌목조재작업 시 다른 나무에 걸린 벌채목의 처리로 옳지 않은 것은?

① 지렛대를 이용하여 넘긴다.
② 걸린 나무를 흔들어 넘긴다.
③ 걸려 있는 나무를 토막 내어 넘긴다.
④ 소형 견인기나 로프를 이용하여 넘긴다.

해설
다른 나무에 걸린 벌채목은 걸린 나무를 흔들거나 지렛대 혹은 소형 견인기나 로프를 이용하여 넘긴다.

38 소나무 혹병의 중간기주는?

① 낙엽송　　② 송이풀
③ 졸참나무　　④ 까치밥나무

해설
소나무 혹병의 중간기주는 졸참나무, 신갈나무 등 참나무류이다.

41 휘발유와 윤활유 혼합비가 50 : 1일 경우 휘발유 20L에 필요한 윤활유는?

① 0.2L　　② 0.4L
③ 0.6L　　④ 0.8L

해설
휘발유와 윤활유의 혼합비율은 50 : 1이므로 휘발유 20L일 때 엔진오일의 양은 20/50 = 0.4L이다.

42 진딧물의 화학적 방제법 중 천적 보호에 유리한 방제 약제로 가장 좋은 것은?

① 훈증제
② 기피제
③ 접촉살충제
④ 침투성 살충제

해설
침투성 살충제
• 약제를 식물체의 뿌리·줄기·잎 등에 흡수시켜 식물체 전체에 약제가 분포되게 하여 흡즙성 곤충이 흡즙하면 죽게 하는 것
• 천적에 대한 피해가 없어 천적 보호의 입장에서도 유리한 것이다.

43 바람에 의하여 비화하는 현상은 어느 종류의 산불에서 가장 많이 발생하는가?

① 수관화
② 수간화
③ 지표화
④ 지중화

해설
수관화는 바람을 타고 바람이 부는 방향으로 'V'자형으로 연소가 진행하게 되는데, 이때의 열기로 상승기류가 일어나게 되면 비화, 즉 불붙은 껍질(수피)·열매(구과) 등이 가깝게는 수십 m, 멀게는 수 km까지 날아가 또 다른 산불을 야기한다.

44 집재장에서 통나무를 끌어 내리는 데 사용하기 가장 적합한 작업 도구는?

① 삽
② 지게
③ 사피
④ 클램프

해설
사피(도비) : 산악지대에서 벌도목을 끌 때 사용하는 도구로 한국형과 외국형이 있다.

45 체인톱 엔진이 돌지 않을 시 예상되는 고장 원인이 아닌 것은?

① 기화기 조절이 잘못되어 있다.
② 기화기 내 연료체가 막혀 있다.
③ 기화기 내 공전노즐이 막혀 있다.
④ 기화기 내 펌프질하는 막에 결함이 있다.

해설
체인톱 엔진이 돌지 않을 시 예상되는 원인
• 탱크가 비어 있다.
• 전원스위치가 열려 있다.
• 흡수호스 또는 전기도선에 결함이 있다.
• 흡입 통풍관의 필터가 작동하지 않는다(막혀 있다).
• 도선이 막혀 있다.
• 기화기 내의 연료체가 막혀 있다.
• 기화기 조절이 잘못되어 있다.
• 기화기 내 펌프질하는 막(엷은 막)에 결함이 있다.
• 기화기에 결함이 있다.
• 연료탱크의 공기주입이 막혀 있다.
• 플러그 수명이 다 되었거나 더러워져 있다.
• 플러그 점화케이블이 결합되었다.
• 점화코일과 단류장치에 결함이 있다.

46 임분을 띠 모양으로 구획하고 각 띠를 순차적으로 개벌하여 갱신하는 방법은?

① 산벌작업　　② 대상개벌작업
③ 군상개벌작업　④ 대면적 개벌작업

해설

② 대상개벌작업 : 갱신대상 임분을 임의의 대상지(帶狀地)로 구분하고 우선 그 중 1구역 이상의 대상지를 개벌하고, 인접 모수림으로부터 측방천연하종에 의하여 갱신한 후 점차 다른 대상지로 확대해 나가는 방법이다. 갱신의 진행순서에 따라 교호대상법과 연속대상법이 있다.
① 산벌작업 : 윤벌기에 비하여 비교적 짧은 갱신기간 중에 몇 차례에 걸친 벌채로 갱신면상에 있는 임목을 완전히 제거하는 작업이다.
③ 군상개벌작업 : 임분 내에 수개의 군상개벌면을 조성하여 주위의 모수림으로부터 측방천연하종에 의하여 치수를 발생시켜, 순차적으로 군상지 주위로 갱신면을 확대해 가는 방법이다.
④ 대면적 개벌작업 : 대면적 임분을 한 번에 개벌하여 측방천연하종으로 갱신하는 방법이다.

47 병원체의 감염에 의한 병징 중 변색에 해당하는 것은?

① 오갈　　　　② 총생
③ 모자이크　　④ 시들음

해설

① 오갈 : 모양이 변형되어 오그라들거나 두터워진다.
② 총생 : 여러 개의 잎이 줄기에 무더기로 난다.
④ 위조(시들음) : 수목의 전체 또는 일부가 수분의 공급부족으로 시든다.

48 벌도된 나무에 가지치기와 조재작업을 하는 임업기계는?

① 포워더　　　② 프로세서
③ 스윙야더　　④ 원목집게

해설

프로세서(processor) : 하베스터와 유사하나 벌도 기능만 없는 장비. 즉, 일반적으로 전목재의 가지를 제거하는 가지자르기 작업, 재장을 측정하는 조재목 마름질 작업, 통나무자르기 등 일련의 조재작업을 한 공정으로 수행하여 원목을 한곳에 쌓을 수 있는 장비

49 다음 중 간벌의 효과가 아닌 것은?

① 숲을 건강하게 만든다.
② 나무의 생육을 촉진시킨다.
③ 중간수입을 얻을 수 있다.
④ 재적생장은 증가하지 않으나 형질생장은 증가한다.

해설

④ 간벌(솎아베기)은 경제적으로 가치가 있는 수종을 대상으로 재적생장(부피생장)과 형질생장 모두를 촉진시켜 형질이 양호한 임목의 생산에 집중한다.

50 가선집재 기계를 이용하여 집재작업을 할 때, 초크 설치에 대한 유의사항으로 옳은 것은?

① 가급적 대량 집적하도록 설치한다.

② 작업자 위치는 작업줄의 내각에 있어야 한다.

③ 측방집재선 변경을 할 때에는 작업줄을 최대한 팽팽하게 하고 작업을 한다.

④ 작업원은 로딩 블록을 원목이 있는 지점까지 유도하여 정지시킨 상태에서 설치를 한다.

해설

초크 설치작업 시 주의사항

• 초크 설치작업 시 작업자의 위치는 작업줄의 내각에서 벗어나야 한다.

• 초크 고리 등 장비의 이상 유무는 항상 점검하고 결함이 없는 것을 사용해야 한다.

• 무리한 측방집재나 견인작업은 가능한 피한다.

• 초크 작업원은 로딩블록을 원목이 있는 지점까지 유도하여 정지시킨 상태에서 초크를 설치한다.

51 우리나라 여름철(+10~+40℃)에 기계를 사용 시 혼합유 제조를 위한 윤활유 점도가 가장 알맞은 것은?

① SAE 30

② SAE 20

③ SAE 10

④ SAE 20 W

해설

윤활유의 외부기온에 따른 점액도의 선택기준 예

• 외기온도 +10~+40℃ = SAE 30

• 외기온도 -10~+10℃ = SAE 20

• 외기온도 -30~-10℃ = SAE 20W

기계톱 윤활유의 점액도가 SAE 20W일 때 'W'는 겨울용을 표시하며 외기온도 범위는 -30~-10℃ 정도이다.

52 다음 중 제초제의 병 뚜껑과 포장지 색으로 옳은 것은?

① 녹색

② 황색

③ 분홍색

④ 빨간색

해설

농약제의 포장지 색

• 살균제 : 분홍색

• 살충제 : 녹색

• 제초제 : 황색

• 비선택형 제초제 : 적색

• 생장조절제 : 청색

53 어깨걸이식 예불기를 메고 바른 자세로서 손을 떼었을 때 지상으로부터 날까지의 가장 적절한 높이는 몇 cm 정도인가?

① 5~10

② 10~20

③ 20~30

④ 30~40

54 뽕나무 오갈병의 병원균은?

① 균류

② 바이러스

③ 파이토플라스마

④ 선충

해설

뽕나무 오갈병의 병원균은 파이토플라스마이며, 마름무늬매미충에 의해 매개되고 접목에 의해서도 전염된다.

56 향나무 녹병균이 배나무를 중간숙주로 기생하여 오렌지색 별무늬가 나타나는 시기로 가장 옳은 것은?

① 3~4월   ② 6~7월

③ 8~9월   ④ 10~11월

해설

향나무 녹병균은 배나무를 중간숙주로 기생하는데, 6~7월에 잎과 열매 등에 오렌지색 별무늬로 나타난 후 녹포자를 형성하면 향나무에 날아가 기생하면서 균사 상태로 월동한다.

55 내화력이 강한 수종으로만 바르게 짝지은 것은?

① 은행나무, 녹나무

② 대왕송, 참죽나무

③ 가문비나무, 회양목

④ 동백나무, 구실잣밤나무

해설

내화력이 강한 수종

• 침엽수 : 은행나무, 잎갈나무, 분비나무, 가문비나무, 개비자나무, 대왕송 등

• 상록활엽수 : 아왜나무, 굴거리나무, 회양목 등

• 낙엽활엽수 : 피나무, 고로쇠나무, 마가목, 고광나무, 가중나무, 사시나무, 참나무 등

57 체인톱과 예불기 등 2행정 기관의 연료로 적합한 것은?

① 가솔린과 경유

② 가솔린과 오일 혼합유

③ 경유와 오일

④ 가솔린과 석유 혼합유

해설

2행정 기관은 반드시 가솔린에 윤활유(오일)를 약간 혼합하여 사용하며, 배합비는 가솔린 : 윤활유 = 25 : 1 이 적당하다.

58 주로 나무의 상처부위로 병원균이 침입하여 발병하는 것으로 상처부위에 올바른 외과수술을 해야 하며, 저항성 품종을 심어 방제하는 병은?

① 밤나무 줄기마름병
② 향나무 녹병
③ 소나무 잎떨림병
④ 삼나무 붉은마름병

해설

밤나무 줄기마름병균은 밤나무 줄기와 가지의 상처를 중심으로 병반이 형성되는데 초기에는 황갈색이나 적갈색으로 변하고 수피가 부풀어 오른다.

60 이리톱을 연마할 때 필요하지 않은 것은?

① 원형줄
② 평줄
③ 톱니꼭지각 검정쇠
④ 각도 안내판

해설

일반적인 톱니 가는 순서
- 톱니는 묻은 기름 또는 오물을 마른걸레로 제거한다.
- 양쪽에서 젖혀져 있는 톱니는 모두 일직선이 되도록 바로 펴 놓는다.
- 평면줄로 톱니 높이를 모두 같게 갈아주어 톱니꼭지선이 일치되도록 조정한다.
- 톱니꼭지선 조정 시 낮아진 높이만큼 톱니홈을 파주되 홈의 바닥이 바른 모양이 되도록 한다.
- 규격에 맞는 줄로 톱니 양면의 날을 일정한 각도로 세워주고 동시에 올바른 꼭지각이 되도록 유지한다(각도 안내판, 톱니꼭지각 검정쇠 사용).

59 체인톱의 평균 수명과 안내판의 평균 수명으로 옳은 것은?

① 1,000시간, 300시간
② 1,500시간, 450시간
③ 2,000시간, 600시간
④ 2,500시간, 700시간

해설

체인톱의 사용시간
- 몸통의 수명 : 약 1,500시간
- 안내판 수명 : 약 450시간
- 체인의 수명 : 약 150시간

01 유충과 성충 모두가 나무의 잎을 가해하는 해충은?

① 밤나무어스렝이나방
② 오리나무잎벌레
③ 참나무재주나방
④ 솔나방

해설

오리나무잎벌레는 성충과 유충이 동시에 잎을 식해하는데, 유충의 가해기간은 5월 하순~8월 상순경이다. 6월 중순에 사이스린 액제, 디프 수화제를 수관 살포하면 성충과 유충을 동시에 방제할 수 있다.

02 벌목작업 도구 중에서 쐐기는?

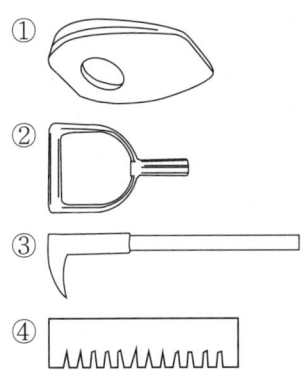

해설

② draw shave(박피용 도구), ③ 사피, ④ 이식판

03 리기다소나무 노지묘 1년생 묘목의 곤포당 본수는?

① 1,000본
② 2,000본
③ 3,000본
④ 4,000본

해설

리기다소나무의 곤포당 본수(종묘사업실시요령)

형태	묘령	곤포당		속당
		본수(본)	속수(속)	본수
노지묘	1-0	2,000	100	20
	1-1	1,000	50	20

04 가선집재의 장점에 대한 설명 중 틀린 것은?

① 다른 집재 방법보다 지형조건의 영향을 적게 받는다.
② 임지 및 잔존임분에 피해를 최소화할 수 있다.
③ 트랙터 집재에 비해 집재작업에 필요한 에너지가 적게 소요된다.
④ 다른 집재 방법보다 작업원에 대한 기술적 요구도가 낮다.

해설

④ 가선집재는 주로 집재기에 연결된 와이어로프에 의하여 공중에 가설한 와이어로프에 부착된 반송기(carriage)를 이동시켜 집재하는 방법으로 작업원에 대한 기술적 요구도가 높다.

05 다음 중 종자 수득률이 가장 높은 수종은?

① 잣나무　　　② 벚나무
③ 박달나무　　④ 가래나무

종자수득률
가래나무(50.9%) > 박달나무(23.3%) > 벚나무
(18.2%) > 잣나무(12.5%)

06 측척이란 무엇에 사용되는 도구인가?

① 벌도목의 방향전환에 사용되는 도구이다.
② 침엽수의 박피를 위한 도구이다.
③ 벌채목을 규격대로 자를 때 표시하는 도
　　구이다.
④ 산악지대 벌목지에서 사용되는 도구로서
　　방향전환 및 끌어내기를 동시에 할 수 있
　　는 도구이다.

측척은 벌채목을 규격대로 자를 때 표시하는 도구로
흔히 나무막대를 사용한다.

07 임지에 비료목을 식재하여 지력을 향상시킬 수
있는데, 다음 중 비료목으로 적당한 수종은?

① 소나무　　　② 전나무
③ 오리나무　　④ 사시나무

오리나무 뿌리에는 뿌리혹박테리아가 공생해서 척박
한 토양에서도 잘 자라고, 거친 토양을 기름지게 만
들어 비료목이라고도 한다.

08 중림작업에 대한 설명으로 옳은 것은?

① 각종 피해에 대한 저항력이 약하다.
② 하층목의 맹아 발생과 생장이 촉진된다.
③ 상층을 벌채하면 하층이 후계림으로 상
　　층까지 자란다.
④ 상층과 하층은 동일수종인 것이 원칙이
　　나 다른 수종으로 혼생시킬 수 있다.

① 숲의 구조를 다양화하여 단순림에 비해 각종 피
　　해에 대한 저항력이 더 강하다.
② 상층목의 그늘로 인해 하층목의 생장이 오히려
　　억제될 수 있다.
③ 하층이 후계림으로 자라는 것은 맞지만 상층까지
　　자라지 않을 수도 있다.

09 묘목의 가식작업에 관한 설명으로 옳지 않
은 것은?

① 장기간 가식할 때에는 다발째로 묻는다.
② 장기간 가식할 때에는 묘목을 바로 세운다.
③ 충분한 양의 흙으로 묻은 다음 관수(灌
　　水)를 한다.
④ 일시적으로 뿌리를 묻어 건조방지 및 생
　　기회복을 위해 실시한다.

① 장기간 가식하고자 할 때에는 묘목을 다발에서
　　풀어 도랑에 한 줄로 세우고, 충분한 양의 흙으로
　　뿌리를 묻은 다음 관수를 한다.

10 묘목의 뿌리가 2년생, 줄기가 1년생을 나타내는 삽목묘의 연령 표기를 바르게 한 것은?

① 2-1묘 ② 1-2묘
③ 1/2묘 ④ 2/1묘

해설

① 파종상 2년, 이식상 1번(1년)인 3년생 실생묘
② 파종상 1년, 이식상 1번(2년)인 3년생 실생묘
④ 뿌리가 1년생, 줄기가 2년된 삽목묘

11 벚나무 빗자루병의 방제법으로 옳지 않은 것은?

① 디페노코나졸 입상수화제를 살포한다.
② 옥시테트라사이클린 항생제를 수간주사한다.
③ 동절기에 병든 가지 밑 부분을 잘라 소각한다.
④ 이미녹타딘트리스알베실레이트 수화제를 살포한다.

해설

② 옥시테트라사이클린 항생제는 세균성 병해에 효과가 있다.
※ 벚나무 빗자루병의 방제법
• 겨울철에 병든 가지 밑 부분을 잘라 내어 소각하며, 반드시 봄에 잎이 피기 전에 실시해야 한다.
• 병든 가지를 잘라낸 후 나무 전체에 8-8식 보르도액을 1~2회 살포한다. 약제 살포는 잎이 피기 전에 해야 하며, 휴면기살포가 좋다.
• 이병지는 비대해진 부분을 포함해서 잘라 제거하고 테부코나졸 도포제를 발라준다.

12 다음 종자 중 발아율이 가장 낮은 것은?

① 주목 ② 비자나무
③ 해송 ④ 전나무

해설

④ 전나무 : 25% 이상
① 주목 : 55% 이상
② 비자나무 : 61.5% 이상
③ 해송 : 91.7% 이상

13 대기오염물질 중 아황산가스에 잘 견디는 수종으로 옳은 것은?

① 전나무, 느릅나무
② 소나무, 사시나무
③ 단풍나무, 향나무
④ 오리나무, 자작나무

해설

아황산가스(SO_2)에 잘 견디는 수종 : 편백, 화백, 측백, 단풍나무, 향나무, 가시나무, 플라타너스, 은행나무, 비자나무, 오리나무, 튤립나무, 회화나무

14 점파(점뿌림)가 적합한 수종은?

① 리기다소나무, 소나무
② 가문비나무, 주목
③ 낙엽송, 측백나무
④ 호두나무, 밤나무

해설

점파(점뿌림)
밤나무, 참나무류, 호두나무 등의 대립종자의 파종에 이용되는 방법으로 상면에 균일한 간격(10~20cm)으로 1~3립씩 파종한다.

15 조림목 외의 수종을 제거하고 조림목이라도 형질이 불량한 나무를 벌채하는 무육작업은?

① 풀베기 　　　② 덩굴치기
③ 제벌 　　　　④ 가지치기

해설
제벌이란 조림목이 임관을 형성한 뒤부터 간벌할 시기에 이르는 사이에 침입 수종의 제거를 주로 하고 아울러 자람과 형질이 매우 나쁜 것을 끊어 없애는 일을 말한다.

16 수목과 광선에 대한 설명으로 틀린 것은?

① 수종에 따라 광선의 요구도에 차이가 있는 것은 아니다.
② 광선은 임목의 생장에 절대적으로 필요하다.
③ 소나무와 같은 수종을 양수라 한다.
④ 전나무와 같은 수종을 음수라 한다.

해설
① 광선의 요구도는 수종에 따라 차이가 있다.

17 삽목할 때 삽수의 발근 촉진제로 사용할 수 없는 약제는?

① 인돌부틸산(IBA)
② 나프탈렌초산(NAA)
③ 인돌초산(IAA)
④ 2,4-D

해설
인공적으로 합성된 발근 촉진제로는 인돌부틸산(IBA), 인돌초산(IAA), 나프탈렌초산(NAA) 등이 있다.

18 향나무 녹병의 방제법으로 틀린 것은?

① 보르도액을 살포한다.
② 중간기주를 제거한다.
③ 향나무의 감염된 수피를 제거 · 소각한다.
④ 주변에 배나무를 식재하여 보호한다.

해설
④ 배나무는 중간기주이므로 주변에 식재하지 않아야 한다.

19 왜림의 특징이 아닌 것은?

① 땔감 생산용으로 알맞다.
② 벌기가 길다.
③ 맹아로 갱신된다.
④ 수고가 낮다.

해설
왜림은 벌기가 짧아 적은 자본으로 경영할 수 있다.

20 예비벌 → 하종벌 → 후벌로 갱신되는 작업법은?

① 택벌작업
② 중림작업
③ 산벌작업
④ 모수작업

해설
산벌작업은 임분을 예비벌, 하종벌, 후벌로 3단계 갱신벌채를 실시하여 갱신하는 방법이다.

15 ③　16 ①　17 ④　18 ④　19 ②　20 ③　**정답**

21 대목의 수피에 T자형으로 칼자국을 내고 그 안에 접아를 넣어 접목하는 방법은?

① 절접　　　② 눈접
③ 설접　　　④ 할접

② 아접이라고도 하며 복숭아나무, 자두나무, 장미 등에 사용된다.

22 대면적개벌 천연하종갱신법의 장단점에 관한 설명으로 옳은 것은?

① 음수의 갱신에 적용한다.
② 새로운 수종 도입이 불가하다.
③ 성숙임분갱신에는 부적당하다.
④ 토양의 이화학적 성질이 나빠진다.

① 양수의 갱신에 적용될 수 있다.
② 인공식재로 갱신하면 새로운 수종 도입이 가능하다.
③ 성숙임분갱신에 알맞은 방법이다.

23 포플러 잎녹병의 중간기주는?

① 오동나무
② 오리나무
③ 졸참나무
④ 일본잎갈나무

포플러 잎녹병의 중간기주는 일본잎갈나무(낙엽송)이다.

24 덩굴류 제거작업 시 약제 사용에 대한 설명으로 옳은 것은?

① 작업시기는 덩굴류 휴지기인 1~2월에 한다.
② 칡 제거는 뿌리까지 죽일 수 있는 글라신 액제가 좋다.
③ 약제 처리 후 24시간 이내에 강우가 있을 때 흡수율이 높다.
④ 제초제는 살충제보다 독성이 적으므로 약제 취급에 주의를 기울일 필요가 없다.

① 덩굴제거의 적기는 생장기인 7월경이 적당하다.
③ 강우가 예상될 때 살포하는 것을 중지한다.
④ 제초제는 고독성이므로 약제 취급에 주의를 기울여야 한다.

25 다음 중 살충제의 제형에 따라 분류된 것은?

① 수화제　　　② 훈증제
③ 유인제　　　④ 소화중독제

농약의 분류
- 사용목적에 따른 분류 : 살균제, 살충제, 살비제, 살선충제, 제초제, 식물 생장조정제, 혼합제, 살서제 등
- 주성분 조성에 따른 분류 : 유기인계, 카바메이트계, 유기염소계, 유황계, 유기비소계, 항생물질계, 피레스로이드계, 페녹시계, 트리아진계, 요소계, 설포닐유레아계 등
- 제형에 따른 분류 : 유제, 수화제, 분제, 미분제, 수화성미분제, 입제, 액제, 액상수화제, 미립제, 세립제, 저미산분제, 수면전개제, 종자처리수화제, 캡술현탄제, 분의제, 과립훈련제, 과립수화제, 캡술제 등

26 봄에 묘목을 가식할 때 묘목의 끝은 어느 방향으로 향하게 하여 경사지게 묻는가?

① 동쪽 　　② 서쪽
③ 북쪽 　　④ 남쪽

> **해설**
> 묘목의 끝을 가을에는 남쪽으로, 봄에는 북쪽으로 45° 경사지게 한다.

27 다음 중 꽃이 핀 다음 씨앗이 익을 때까지 걸리는 기간이 가장 짧은 것은?

① 향나무, 가문비나무
② 사시나무, 버드나무
③ 소나무, 상수리나무
④ 자작나무, 굴참나무

> **해설**
> • 사시나무, 미루나무, 버드나무 : 꽃핀 직후 종자 성숙
> • 전나무, 가문비나무, 자작나무 : 꽃핀 해의 가을에 종자 성숙
> • 소나무, 상수리나무, 굴참나무 : 꽃핀 이듬해 가을에 종자 성숙

28 인공조림으로 갱신할 때 가장 용이한 작업 종은?

① 개벌작업 　　② 택벌작업
③ 산벌작업 　　④ 모수작업

> **해설**
> 개벌작업이란 갱신하고자 하는 임지 위에 있는 임목을 일시에 벌채하여 이용하고, 그 적지에 새로운 임분을 조성시키는 방법이다.

29 유아등으로 등화유살할 수 있는 해충은?

① 오리나무잎벌레
② 솔잎혹파리
③ 밤나무순혹벌
④ 어스렝이나방

> **해설**
> 등화유살 : 곤충의 주광성을 이용하여 곤충이 유아등에 모이게 하여 죽이는 방법으로, 9~10월에 어스렝이나방에게 사용할 수 있다.

30 묘포의 정지 및 작상에 있어서 가장 적합한 밭갈이 깊이는?

① 20cm 미만
② 20cm~30cm 정도
③ 30cm~50cm 정도
④ 50cm 이상

> **해설**
> 밭갈이는 묘목성장에 필요한 깊이로 흙을 갈아엎는 것으로 경토심은 20~30cm 정도로 한다.

31 밤나무에 가장 알맞은 종자 파종법은?

① 흩어뿌림
② 줄뿌림
③ 점뿌림
④ 군상으로 모아뿌림

> **해설**
> 점파(점뿌림) : 밤나무, 참나무류, 호두나무 등 대립 종자의 파종에 이용되는 방법으로 상면에 균일한 간격(10~20cm)으로 1~3립(粒)씩 파종한다.

32 소나무재선충에 대한 설명이 아닌 것은?

① 피해고사목은 벌채 후 매개충의 번식처를 없애기 위하여 임지 외로 반출한다.
② 유충은 자라서 터널 끝에 번데기방을 만들고 그 안에서 번데기가 된다.
③ 매개충은 솔수염하늘소이다.
④ 소나무재선충은 후식상처를 통하여 수체 내로 이동해 들어간다.

해설

고사목은 철저히 벌채하여 잔가지까지 소각하고 임지 외 반출을 금한다.

33 묘포상에서 해가림이 필요하지 않은 수종은?

① 소나무　　② 낙엽송
③ 전나무　　④ 잣나무

해설

소나무, 해송, 리기다, 사시나무 등의 양수는 해가림이 필요 없으나 가문비나무, 잣나무, 전나무, 낙엽송, 삼나무, 편백 등은 해가림이 필요하다.

34 피해목을 벌채한 후 약제 훈증처리의 방제가 필요한 수병은?

① 뽕나무 오갈병
② 잣나무 털녹병
③ 소나무 잎녹병
④ 참나무 시들음병

해설

참나무 시들음병의 방제
침입공에 메프 유제, 파프 유제 500배액을 주입하고, 피해목을 벌채하여 1m 길이로 잘라 쌓은 후 메탐소디움을 m^2당 1L씩 살포하고 비닐을 씌워 밀봉하여 훈증처리한다.

35 다음 중 기주교대를 하는 수목병에 해당하지 않는 것은?

① 포플러 잎녹병
② 소나무 재선충병
③ 잣나무 털녹병
④ 사과나무 붉은별무늬병

해설

소나무 재선충은 소나무류의 목질부에 기생하여 치명적인 피해를 순다. 사체적으로 이동 능력이 없이 매개충인 솔수염하늘소에 의해 전파된다.

36 다음 중 제초제의 병 뚜껑과 포장지 색으로 옳은 것은?

① 녹색　　　② 황색
③ 분홍색　　④ 빨간색

해설

농약제의 포장지 색
• 살균제 : 분홍색
• 살충제 : 녹색
• 제초제 : 황색
• 비선택형 제초제 : 적색
• 생장조절제 : 청색

37 저온에 의한 피해 중에서 수목 조직 내에 결빙이 일어나는 피해는?

① 한해　　　② 습해
③ 동해　　　④ 설해

해설

① 한해 : 지중수분의 부족에 기인하는 것으로 고온이 직접적 원인은 아니지만, 고온일수록 피해가 더 커진다.
② 습해 : 토양이 과습하여 작물생장이 쇠퇴하고 수량이 저하되는 등의 피해가 발생한다.
④ 설해 : 눈이 쌓여 가지가 벌어지거나 부러지는 피해가 발생한다.

38 완전변태를 하지 않는 산림해충은?

① 소나무좀
② 솔잎혹파리
③ 오리나무잎벌레
④ 버즘나무방패벌레

해설

버즘나무방패벌레는 번데기 과정을 거치지 않고 유충에서 성충으로 성장한다.

39 뽕나무 오갈병의 병원균은?

① 균류 ② 선충
③ 바이러스 ④ 파이토플라스마

해설

뽕나무 오갈병의 병원균은 파이토플라스마이며, 마름무늬매미충에 의해 매개되고 접목에 의해서도 전염된다.

40 수목과 균의 공생관계가 알맞은 것은?

① 소나무 – 송이균
② 잣나무 – 송이균
③ 참나무 – 표고균
④ 전나무 – 표고균

해설

송이는 소나무와 공생하면서 발생시키는 버섯으로 천연의 맛과 향기가 뛰어나다.

41 세균에 의한 수목 병해는?

① 소나무 잎녹병
② 낙엽송 잎떨림병
③ 호두나무 뿌리혹병
④ 밤나무 줄기마름병

해설

① 소나무 잎녹병 : 담자균
② 낙엽송 잎떨림병 : 자낭균
④ 밤나무 줄기마름병 : 자낭균

42 내화성이 강한 수종으로 짝지어 있지 않은 것은?

① 은행나무, 굴거리나무
② 삼나무, 녹나무
③ 잎갈나무, 가중나무
④ 피나무, 황벽나무

해설

삼나무, 소나무, 편백, 녹나무 등은 내화성이 약한 수종이다.

43 다음 수목 병해 중 바이러스에 의한 병은?

① 잣나무 털녹병
② 벚나무 빗자루병
③ 포플러 모자이크병
④ 밤나무 줄기마름병

해설

① 잣나무 털녹병 : 담자균류
②·④ 벚나무 빗자루병, 밤나무 줄기마름병 : 자낭균

44 경사지나 평지 등 모든 곳에 사용하는 일반적인 사식재괭이 날의 자루에 대한 적정한 각도(A) 범위는?

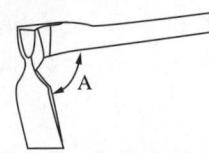

① 60~70°　　② 75~80°
③ 80~85°　　④ 85~90°

45 살균제로서 광범위하게 사용되고 있는 보르도액에 대한 설명 중 맞는 것은?

① 보호살균제이며 소나무 묘목의 잎마름병, 활엽수의 반점병, 잿빛곰팡이병 등에 효과가 우수하다.
② 직접살균제이며 흰가루병, 토양전염성 병에 효과가 좋다.
③ 치료제로서 대추나무, 오동나무의 빗자루병에도 효과가 우수하다.
④ 보르도액의 조제에 필요한 것은 황산구리와 생석회이며, 조제에 필요한 생석회의 양은 황산구리의 2배이다.

46 우리나라의 산림해충 중에서 많은 종류를 차지하고 있으며, 대개 외골격이 발달하여 단단하고, 씹는 입틀을 가지고 완전변태를 하는 것은?

① 딱정벌레목　　② 나비목
③ 노린재목　　　④ 벌목

47 2행정 내연기관에서 외부의 공기가 크랭크실로 유입되는 원리로 옳은 것은?

① 크랭크실과 외부와의 기압차
② 크랭크축 운동의 원심력
③ 기화기의 공기펌프
④ 피스톤의 흡입력

48 와이어로프 고리를 만들 때 와이어로프 직경의 몇 배 이상으로 하는가?

① 10배　　② 15배
③ 20배　　④ 25배

49 종자의 발아력 조사에 쓰이는 약제는?

① 에틸렌
② 지베렐린
③ 테트라졸륨
④ 사이토키닌

해설

테트라졸륨 0.1~1.0%의 수용액에 생활력이 있는 종자의 조직을 접촉시키면 붉은색으로 변하고, 죽은 조직에는 변화가 없다.

50 솔노랑잎벌의 가해형태에 대한 설명으로 옳은 것은?

① 주로 묵은 잎을 가해한다.
② 울폐된 임분에 많이 발생한다.
③ 새순의 줄기에서 수액을 빨아 먹는다.
④ 봄에 부화한 유충이 새로 나온 잎을 갉아 먹는다.

해설

솔노랑잎벌(벌목 솔노랑잎벌과)
• 가해수종 : 적송, 흑송 및 기타 소나무류
• 생태
 – 1년에 1회 발생하며 유충은 4월 중순~5월에 나타나고, 5월 중순경 노숙한 유충은 땅속에서 고치가 된다.
 – 9월 상순에 용화하고 10월 중·하순에 성충이 우화한다.
 – 암컷은 솔잎의 조직 속에 7~8개의 알을 1열로 낳으며 알로 월동한다.
 – 다음 해 봄에 부화유충은 전년도의 솔잎만을 먹으며 끝에서부터 기부의 엽초부를 향하여 가해한다.
 – 유충기간은 28일 정도이고 산란수는 60개 내외이다.

51 우리나라 여름철(+10~+40℃)에 기계를 사용할 때, 혼합유 제조를 위한 윤활유 점도로 가장 알맞은 것은?

① SAE 20
② SAE 20W
③ SAE 30
④ SAE 10

해설

윤활유의 외부기온에 따른 점액도의 선택기준 예
• 외기온도 +10~+40℃ = SAE 30
• 외기온도 –10~+10℃ = SAE 20
• 외기온도 –30~–10℃ = SAE 20W
기계톱 윤활유의 점액도가 SAE 20W일 때 'W'는 겨울용을 표시하며 외기온도 범위는 –30~–10℃ 정도이다.

52 산림작업 시 안전사고 예방을 위하여 지켜야 할 사항으로 옳지 않은 것은?

① 작업실행에 심사숙고할 것
② 긴장하지 말고 부드럽게 할 것
③ 가급적 혼자 작업하여 능률을 높일 것
④ 휴식 직후에는 서서히 작업속도를 높일 것

해설

③ 혼자서는 작업하지 말 것

53 기계톱에 사용하는 윤활유에 대한 설명으로 옳은 것은?

① 윤활유 SAE 20W 중 W는 중량을 의미한다.

② 윤활유 SAE 30 중 SAE는 국제자동차협회의 약자이다.

③ 윤활유의 점액도 표시는 사용 외기온도로 구분된다.

④ 윤활유 등급을 표시하는 번호가 높을수록 점도가 낮다.

체인톱에 사용하는 윤활유
- 윤활유의 점액도 표시는 사용 외기온도로 구분된다.
- 윤활유의 선택은 기계톱의 안내판 수명과 직결된다.
- 윤활유의 등급을 표시하는 기호의 번호가 높을수록 점액도가 높다.
- W는 'Winter'의 약자로 겨울용을 의미한다.
- SAE는 미국자동차기술협회(Society of Automotive Engineers)의 약자이다.
- 묽은 윤활유를 사용하면 톱날의 수명이 짧아진다.
- 윤활유는 가이드바 홈 속에 침투해야 한다.

54 예불기 구성요소인 기어케이스 내 그리스(윤활유)의 교환은 얼마 사용 후 실시하는 것이 가장 효과적인가?

① 10시간   ② 20시간

③ 50시간   ④ 200시간

예불기의 윤활
- 기어케이스 내부의 주입구를 통하여 90~120 그리스를 20~25cc 정도 주유한다.
- 윤활유는 너무 과다하게 주입하면 밀폐부에서 밖으로 새어 나와 먼지나 이물질이 부착되어 고장의 원인이 되고, 너무 적게 넣으면 베어링 및 기어의 마모가 심해진다.
- 윤활유 사용시간 누계가 20시간이 되었을 때마다 전부 교환해주는 것이 좋다.

55 다음 중 조림 및 육림용 기계가 아닌 것은?

① 윈치   ② 예불기

③ 체인톱   ④ 동력지타기

소형 윈치 : 집재용 윈치, 크레인, 파미윈치 등
- **집재용 윈치** : 소형 집재차량은 집재 및 적재용 윈치를 사용한다.
- **크레인** : 적재작업을 원활히 수행하기 위하여 소형 차에는 윈치 부착 크레인, 적재집재차량에는 크레인그래플을 장착한 것이 많다.
- **파미윈치** : 트랙터의 동력을 이용한 지면끌기식 집재기계이다.

② 예불기 : 풀베기용 기계

③ 체인톱 : 벌목용 기계

④ 동력지타기 : 가지치기용 기계

56 벌목조재작업 시 다른 나무에 걸린 벌채목의 처리로 옳지 않은 것은?

① 지렛대를 이용하여 넘긴다.

② 걸린 나무를 흔들어 넘긴다.

③ 걸려있는 나무를 토막 내어 넘긴다.

④ 소형 견인기나 로프를 이용하여 넘긴다.

다른 나무에 걸린 벌채목은 걸린 나무를 흔들거나 지렛대 혹은 소형 견인기나 로프를 이용하여 넘긴다.

57 청각기능을 하는 존스턴기관은 곤충 더듬이의 어느 부위에 존재하는가?

① 자루마디 　② 팔굽마디
③ 기부 　　　④ 채찍마디

해설
곤충의 존스턴기관(Johnston's Organ)은 청각기관의 일종으로 더듬이의 팔굽마디(흔들마디)에 위치하며, 편절에 있는 털의 움직임에 자극을 받는다.

58 그림 중 사피에 해당하는 것은?

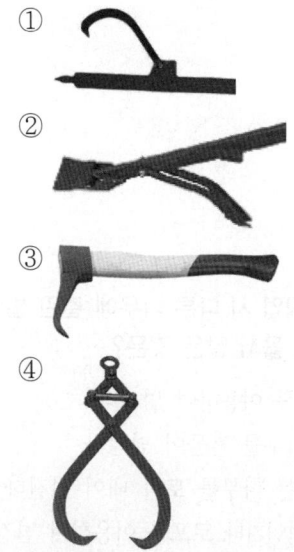

①
②
③
④

해설
사피는 산악지대에서 벌도목을 끌 때 사용하는 도구이다.

59 포플러 잎녹병을 방제하는 방법으로 틀린 것은?

① 비교적 저항성인 포플러 계통을 식재한다.
② 4-4식 보르도액을 살포한다.
③ 병든 잎이 달렸던 가지를 잘라준다.
④ 중간기주 식물이 많이 분포하고 있는 곳을 피하여 식재한다.

해설
③ 병든 잎이 달렸던 가지는 모아 태운다.

60 활엽수의 잎을 가해하는 미국흰불나방에 대한 설명으로 틀린 것은?

① 보통 1년에 2~3회 발생한다.
② 잎 뒷면에 600~700개의 알을 낳는다.
③ 1화기 성충은 7월 하순부터 8월 중순에 우화한다.
④ 용화 장소는 수피 사이나 지피물 밑 등이며, 번데기로 월동한다.

해설
③ 1화기 성충은 5월 중순~6월 상순에 우화하며 수명은 4~5일이다.

01 가을에 묘목을 가식할 때 묘목의 끝은 어느 방향으로 향하게 하여 경사지게 묻는가?

① 동쪽
② 서쪽
③ 북쪽
④ 남쪽

해설

묘목의 끝을 가을에는 남쪽으로, 봄에는 북쪽으로 45° 경사지게 한다.

02 소립종자의 실중(實重)을 알맞게 설명한 것은?

① 종자 10립의 무게이다.
② 종자 100립의 무게이다.
③ 종자 1,000립의 무게이다.
④ 종자 5,000립의 무게이다.

해설

실중은 종자 1,000립의 무게를 g으로 나타낸 것으로 대립종자 100립, 소립종자 1,000립을 4회 반복하여 무게를 측정한 평균치이다.

03 기계톱 윤활유의 점액도가 SAE 20W일 때 사용 외기온도는 몇 ℃가 적당한가?

① 10~20℃
② -30~-10℃
③ -10~10℃
④ 30~50℃

해설

SAE 20W : 'W'는 겨울용을 표시하며 외기온도 범위는 -30~-10℃ 정도이다.

04 다음의 여러 가지 파종방법 중에서 노동력이 가장 적게 소요되는 것은?

① 적파(摘播)
② 점뿌림(點播)
③ 골뿌림(條播)
④ 흩어뿌림(散播)

해설

파종양식
• 산파 : 종자를 포장 전면에 흩어 뿌리는 방식으로, 노력이 적게 드나 종자 소비량이 가장 많음
• 조파 : 종자를 줄지어 뿌리는 방법
• 적파 : 일정한 간격을 두고 여러 개의 종자를 한곳에 파종하는 방법
• 점파 : 일정한 간격으로 종자를 1~2개씩 파종하는 방법

05 임업용 와이어로프의 용도 중 작업선의 안전계수 기준은?

① 2.7 이상
② 4.0 이상
③ 6.0 이상
④ 7.5 이상

해설

와이어로프의 용도별 안전계수

와이어로프의 용도	안전계수
가공본줄	2.7
예인줄	4.0
작업줄	4.0
호이스트줄	6.0
버팀줄	4.0
매달기줄	6.0

06 수종별 무기양료의 요구도가 적은 것에서 큰 순서로 나열된 것은?

① 백합나무 < 자작나무 < 소나무
② 자작나무 < 백합나무 < 소나무
③ 소나무 < 자작나무 < 백합나무
④ 소나무 < 백합나무 < 자작나무

해설

일반적인 조경식물의 양료 요구도
소나무 < 침엽수 < 활엽수 < 유실수 < 농작물

07 대면적 개벌천연하종갱신법의 장단점에 관한 설명으로 옳은 것은?

① 음수의 갱신에 적용한다.
② 새로운 수종 도입이 불가하다.
③ 성숙임분갱신에는 부적당하다.
④ 토양의 이화학적 성질이 나빠진다.

해설

① 양수의 갱신에 적용한다.
② 인공식재로 갱신하면 새로운 수종 도입이 가능하다.
③ 성숙임분갱신에 적당하다.

08 잣나무 종자의 성숙시기는?

① 꽃이 핀 당년
② 꽃이 핀 이듬해 여름
③ 꽃이 핀 이듬해 가을
④ 꽃이 핀 3년째 가을

해설

소나무, 상수리나무, 굴참나무, 잣나무 등은 꽃핀 이듬해 가을에 종자가 성숙한다.

09 대기오염에 의한 급성피해증상이 아닌 것은?

① 엽맥 황화현상
② 엽맥간 괴사
③ 엽록괴사
④ 조기낙엽

해설

만성피해(불가시적 피해)
• 낮은 농도의 아황산가스에 오래 노출되어 엽록소가 서서히 붕괴됨으로써 황화현상이 나타난다.
• 급성의 경우와는 달리 세포는 파괴되지 않고 그 생명력을 유지하고 있다.

10 결실을 촉진시키는 방법으로 옳은 것은?

① 수목의 식재밀도를 높게 한다.

② 줄기의 껍질을 환상으로 박피한다.

③ 간벌이나 가지치기를 하지 않는다.

④ 차광망을 씌워 그늘을 만들어 준다.

해설

결실촉진 방법
- 수관의 소개
- 시비
- 생장조절물질(지베렐린, NAA 등) 처리
- 기계적 처치(환상박피, 전지, 단근처리, 접목 등)

11 일정한 규칙과 형태로 묘목을 식재하는 배식설계에 해당되지 않는 것은?

① 정육각형 식재

② 정삼각형 식재

③ 장방형 식재

④ 정방형 식재

해설

규칙적 식재망
정방형, 장방형, 정삼각형, 이중정방형 등이 있고, 일반적으로 정방형 식재를 하는데 규칙적 식재를 하면 식재 이후에 각종 조림작업을 능률적으로 할 수 있다.

12 잣이나 솔방울 등 침엽수의 구과를 가해하는 해충은?

① 솔나방

② 솔박각시

③ 소나무좀

④ 솔알락명나방

해설

솔알락명나방은 잣송이를 가해하여 잣 수확을 감소시키는 주요 해충이다.

13 유충은 잎살만 먹고 잎맥을 남겨 잎이 그물 모양이 되며, 성충은 주맥만 남기고 잎을 갉아 먹는 해충은?

① 삼나무독나방

② 버들재주나방

③ 오리나무잎벌레

④ 미류재주나방

해설

오리나무잎벌레
연 1회 발생하며, 성충으로 지피물 밑 또는 흙 속에서 월동한다. 월동한 성충은 4월 하순부터 나와 새잎을 엽맥만 남기고 엽육을 먹으며 생활하다가 5월 중순~6월 하순에 300여 개의 알을 잎 뒷면에 50~60개씩 무더기로 산란한다. 15일 후에 부화한 유충은 잎 뒷면에서 머리를 나란히 하고 엽육을 먹으면서 성장하다가 나무 전체로 분산하여 식해하는데, 유충의 가해기간은 5월 하순~8월 상순이고 유충기간은 20일 내외이다.

14 왜림작업에 대한 설명으로 틀린 것은?

① 과거 연료재나 신탄재가 필요했던 시절에 주로 사용되었다.

② 벌기가 짧아 적은 자본으로 경영할 수 있다.

③ 묘목의 식재부터 걸리는 여러 단계를 모두 거쳐 생장이 왕성할 때 벌채한다.

④ 벌채는 생장정지기인 11월 이후부터 이듬해 2월 이전까지 실시한다.

해설

③ 왜림작업은 묘목의 식재를 통해 갱신하는 방식이 아니라 벌채된 나무의 그루터기에서 맹아갱신을 통해 숲을 조성하는 방식이다.

15 다음 중 25%의 살균제 200mL를 0.05% 액으로 희석하는 데 소요되는 물의 양(mL)은?(단, 농약의 비중은 1이다)

① 4,800   ② 9,800

③ 49,800   ④ 99,800

해설

희석에 소요되는 물의 양

$$= 원액의\ 용량(cc) \times \left(\frac{원액의\ 농도}{희석하려는\ 농도} - 1 \right)$$
$$\times 원액의\ 비중$$

$$\therefore\ 200mL \times \left(\frac{25\%}{0.05\%} - 1 \right) \times 1 = 99,800mL$$

16 다음 중 수목에 가장 많은 병을 발생시키고 있는 병원체는?

① 균류

② 세균

③ 파이토플라스마

④ 바이러스

해설

수목 병해를 일으키는 것은 대부분 균류이며 병원체가 되는 균류를 병원균이라고 한다. 수목의 병원균에는 바이러스, 파이토플라스마, 세균, 점균류, 균류(곰팡이), 조류, 기생성 선충, 기생성 종자식물 등이 있다.

17 발아율이 가장 높은 수종은?

① 박달나무

② 잣나무

③ 해송

④ 상수리나무

해설

발아율 : 해송 92% > 상수리나무 57% > 잣나무 56% > 박달나무 21%

18 배나무를 기주교대하는 이종기생성 병은?

① 향나무 녹병

② 소나무 혹병

③ 전나무 잎녹병

④ 오리나무 잎녹병

해설

향나무의 녹병(배나무의 붉은별무늬병)은 향나무와 배나무에 기주교대하는 이종기생성 병이다.

19 성충으로 월동하는 것끼리 짝지어진 것은?

① 미국흰불나방, 소나무좀

② 소나무좀, 오리나무잎벌레

③ 잣나무넓적잎벌, 미국흰불나방

④ 오리나무잎벌레, 잣나무넓적잎벌

해설

• 소나무좀 : 월동성충이 나무껍질을 뚫고 들어가 산란한 알에서 부화한 유충이 나무껍질 밑을 식해한다.

• 오리나무잎벌레 : 1년에 1회 발생하며 성충으로 지피물 밑 또는 흙 속에서 월동한다.

20 은행나무, 잣나무, 백합나무, 벚나무, 느티나무, 단풍나무류 등의 발아촉진법으로 가장 적당한 것은?

① 장기간 노천매장을 한다.
② 습적법으로 한다.
③ 보호 저장을 한다.
④ 씨뿌리기 한 달 전에 노천매장을 한다.

> **해설**
> 은행나무, 잣나무, 백합나무, 벚나무, 느티나무, 단풍나무류 등은 종자 채취 직후 바로 노천매장을 한다.

21 어깨걸이식 예불기를 메고 바른 자세로서 손을 떼었을 때 지상으로부터 날까지의 가장 적절한 높이는 몇 cm 정도인가?

① 5~10cm
② 10~20cm
③ 20~30cm
④ 30~40cm

22 살충제 중 해충의 입을 통해 체내로 들어가 중독 작용을 일으키는 약제는?

① 소화중독제　　② 침투성 살충제
③ 훈증제　　　　④ 접촉제

> **해설**
> ② 침투성 살충제 : 살포한 약제가 잎, 줄기, 뿌리의 한 부분으로부터 침투되어 식물 전체에 퍼지게 하여 살충효과를 나타나게 한다.
> ③ 훈증제 : 약제가 기체로 되어 해충의 기문을 통하여 체내에 들어가 질식을 일으킨다.
> ④ 접촉제 : 해충의 체표면에 직·간접적으로 닿아 약제가 기문의 피부를 통하여 몸속으로 들어가 신경계통, 세포조직에 독작용을 일으킨다.

23 종자가 비교적 가벼워서 잘 날아갈 수 있는 수종에 가장 적합한 갱신작업은?

① 모수작업　　② 중림작업
③ 택벌작업　　④ 왜림작업

> **해설**
> 모수작업은 주로 소나무류 등과 같은 양수에 적용되는데, 종자가 작아 바람에 날려 멀리 전파될 수 있는 수종에 알맞다.

24 소나무좀에 대한 설명으로 옳은 것은?

① 주로 건전한 나무를 가해한다.
② 월동 성충이 수피를 뚫고 들어가 알을 낳는다.
③ 1년 2회 발생하며 주로 봄과 가을에 활동한다.
④ 부화한 유충은 성충의 갱도와 평행하게 내수피를 섭식한다.

> **해설**
> ② 월동 성충이 나무껍질을 뚫고 들어가 산란한 알에서 부화한 유충이 나무껍질 밑을 식해한다.
> ① 수세가 쇠약한 벌목, 고사목에 기생한다.
> ③ 연 1회 발생하지만 봄과 여름 두 번 가해한다.
> ④ 부화한 유충은 갱도와 직각방향으로 내수피를 파먹어 들어가면서 유충갱도를 형성한다.

25 FAO에서 규정하는 정비별 예상수명 중 체인톱의 수명은?

① 1,000시간 　　② 1,500시간
③ 2,000시간 　　④ 2,500시간

해설
체인톱의 몸통의 수명은 약 1,500시간이다.

26 가선집재에 사용되는 가공본줄의 최대장력은?(단, T = 최대장력, W = 가선의 전체중량, Φ = 최대장력계수, P = 가공본줄에 걸리는 전체하중)

① $T = (W - P) \times \Phi$
② $T = W \times P \times \Phi$
③ $T = (W + P) \times \Phi$
④ $T = W \div P \times \Phi$

해설
$T = (W + P) \times \Phi$
여기서, T : 가공본줄의 최대장력
　　　　W : 가선의 전체중량(가선의 사거리 × 가선의 단위중량)
　　　　P : 가공본줄에 걸리는 전체하중(반출목재의 중량 + 반송기의 중량)
　　　　Φ : 최대장력계수

27 득묘율 70%, 순량률 80%, 고사율 50%, 발아율 90%일 때 그 종자의 효율은?

① 40% 　　② 56%
③ 63% 　　④ 72%

해설
$$효율(\%) = \frac{발아율 \times 순량률}{100} = \frac{90 \times 80}{100}$$
$$= 72\%$$

28 묘목규격과 관련된 T/R률에 대한 설명으로 틀린 것은?

① 묘목의 지상부와 지하부의 중량비이다.
② T/R률 값이 클수록 좋은 묘목이다.
③ 좋은 묘목은 지하부와 지상부가 균형 있게 발달해 있다.
④ 질소질 비료를 과용하면 T/R률 값이 커진다.

해설
T/R률은 식물의 지하부 생장량에 대한 지상부 생장량의 비율로, T/R률 값이 크다는 것은 토양 내에 수분이 많거나 일조 부족, 석회 시용 부족 등으로 지상부에 비해 지하부의 생육이 나쁘다는 의미이다.

29 유충으로 월동하는 해충끼리 짝지어진 것은?

① 참나무재주나방 – 잣나무넓적잎벌
② 미국흰불나방 – 누런솔잎벌
③ 매미나방 – 어스렝이나방
④ 독나방 – 버들재주나방

해설
① 참나무재주나방 : 번데기, 잣나무넓적잎벌 : 유충
② 미국흰불나방, 누런솔잎벌 : 번데기
③ 매미나방, 어스렝이나방 : 알

30 교림작업과 왜림작업을 혼합한 갱신작업으로 동일 임지에서 건축재(일반용재)와 신탄재를 동시에 생산하는 것을 목적으로 하는 작업종은?

① 개벌작업

② 산벌작업

③ 중림작업

④ 왜림작업

해설

중림작업은 동일 임지에 상목으로서 교림은 일반용재를 생산하고, 하목으로서 왜림은 연료재와 소경목을 생산한다.

31 바람에 의해 전반(풍매전반)되는 수병은?

① 잣나무 털녹병균

② 근두암종병균

③ 오동나무 빗자루병균

④ 향나무 적성병균

해설

바람에 의한 전반(풍매전반) : 잣나무 털녹병균, 밤나무 줄기마름병균, 밤나무 흰가루병균

32 바다에서 불어오는 바람은 염분이 있어 식물에 해를 준다. 이러한 해풍을 막기 위해 조성하는 숲을 무엇이라 하는가?

① 방풍림　　② 풍치림

③ 방조림　　④ 보안림

해설

① 농경지, 과수원, 목장, 가옥 등을 강풍으로부터 보호하기 위하여 조성한 산림

② 자연경관을 보존하기 위하여 보안림으로 지정한 산림

④ 공공의 위해방지·복지증진 또는 다른 산업을 보호할 목적으로 지정·고시된 산림

33 곤충의 몸 밖으로 방출되어 같은 종끼리 통신을 할 때 이용되는 물질은?

① 퀴논　　② 테르펜

③ 페로몬　　④ 호르몬

해설

페로몬(pheromone)은 같은 종(種) 동물의 개체 사이의 의사소통에 사용되는 체외분비성 물질이다.

34 예불기 작업 시 유의사항으로 틀린 것은?

① 발끝에 톱날이 접촉되지 않도록 한다.

② 주변에 사람이 있는지 확인하고 엔진을 시동한다.

③ 작업원 간 상호 5m 이하로 떨어져 작업한다.

④ 작업 전에 기계의 가동점검을 실시한다.

해설

③ 작업 시 안전공간(작업반경 10m 이상)을 확보하면서 작업한다.

35 삽수의 발근에 관한 설명으로 바르지 않은 것은?

① 어미나무의 영양상태가 좋고 질소의 함량이 탄수화물의 함량보다 많을 때 발근율이 높아진다.

② 주로 어린나무에서 딴 삽수가 늙은 나무에서 채취한 삽수보다 발근이 잘된다.

③ 낙엽 활엽수는 대부분 가지의 윗부분에서 얻은 삽수가 발근이 잘된다.

④ 침엽수류는 발근 초기에 햇볕을 충분히 받도록 하고 새잎이 나오기 시작하면 차광을 해준다.

> **해설**
> ① 질소의 함량보다 탄수화물의 함량이 높을 때 발근율이 높아진다.

36 묘목의 굴취와 선묘에 대한 설명으로 틀린 것은?

① 굴취 시 뿌리에 상처를 주지 않도록 주의한다.

② 포지에 어느 정도 습기가 있을 때 굴취 작업을 한다.

③ 굴취는 잎의 이슬이 마르지 않은 새벽에 실시한다.

④ 굴취된 묘목의 건조를 막기 위해 선묘 시까지 일시 가식한다.

> **해설**
> ③ 굴취는 비바람이 심하거나 아침 이슬이 있는 날은 작업을 피한다.

37 스트로브잣나무 1-2-3묘에 대하여 옳은 것은?

① 파종상에서 1년, 그 뒤 두 번 상체된 일이 있고, 첫 상체상에서 2년과 이후 3년을 경과한 6년생 묘목이다.

② 파종상에서 1년, 그 뒤 한 번 상체된 일이 있고, 상체상에서 2년 경과 후 산지에 식재된 지 3년 된 6년생 묘목이다.

③ 이식상에서 1년, 파종상에서 2년을 보낸 3년생 묘목이다.

④ 이식상에서 1년, 파종상에서 2년을 보낸 후 산지에 식재된 지 3년 된 6년생 묘목이다.

> **해설**
> 묘목의 나이 : 1-2-3묘
> • 1 : 파종상에서 1년
> • 2 : 첫 번째 상체(이식상)에서 2년
> • 3 : 두 번째 상체(이식상)에서 3년
> 총 1 + 2 + 3 = 6년생 묘목

38 임목 벌도작업에서 수구의 각도는?

① 10~20°

② 30~45°

③ 50~65°

④ 75~85°

> **해설**
> 방향베기(수구)는 수평으로 입목지름의 1/5~1/3 정도, 빗자르기 각도는 30~45° 정도 유지한다.

39 혼합연료에 오일의 함유비가 높을 경우 나타나는 현상으로 옳지 않은 것은?

① 연료의 연소가 불충분하여 매연이 증가한다.

② 스파크플러그에 오일이 덮히게 된다.

③ 오일이 연소실에 쌓인다.

④ 엔진을 마모시킨다.

> **해설**
>
> **혼합연료에 오일의 함유비가 높을 경우 나타나는 현상**
> • 연료의 연소가 불충분하여 매연이 증가한다.
> • 스파크플러그에 오일이 덮히게 된다.
> • 오일이 연소실에 쌓인다.
> ※ 오일의 함유비가 낮을 경우 엔진을 마모시킨다.

40 갱신을 위한 벌채 방식이 아닌 것은?

① 개벌작업

② 산벌작업

③ 택벌작업

④ 간벌작업

> **해설**
>
> 간벌작업은 경관의 유지와 개선을 위해 밀도 조절이 필요한 산림에서 진행되며, 삼림을 가꾸기 위한 벌채에 속한다.

41 천연림보육 과정에서 간벌작업 시 미래목 관리 방법으로 옳은 것은?

① 피압을 받지 않은 상층의 우세목으로 선정한다.

② 미래목 간의 거리는 2m 정도로 한다.

③ 가슴높이에서 흰색 수성 페인트를 둘러서 표시한다.

④ ha당 활엽수는 300~400본을 선정한다.

> **해설**
>
> **미래목의 선정 및 관리**
> • 피압을 받지 않은 상층의 우세목으로 선정하되 폭목은 제외한다.
> • 나무줄기가 곧고 갈라지지 않으며, 산림 병충해 등 물리적인 피해가 없어야 한다.
> • 미래목 간의 거리는 최소 5m 이상으로 임지 내에 고르게 분포하도록 한다.
> • 활엽수는 200본/ha 내외, 침엽수는 200~400본/ha을 미래목으로 한다.
> • 미래목만 가지치기를 실행하며 산 가지치기일 경우 11월부터 이듬해 5월 이전까지 실행하여야 하나 작업 여건, 노동력 공급 여건 등을 감안하여 작업시기 조정이 가능하다.
> • 가지치기는 반드시 톱을 사용하여 실행한다.
> • 솎아베기 및 산물의 하산, 집재(集材), 반출 등의 작업 시 미래목을 손상하지 않도록 주의한다.
> • 가슴높이에서 10cm의 폭으로 황색 수성 페인트로 둘러서 표시한다.

42 다음 중 디젤엔진 압축착화기관의 압축온도로 가장 적당한 것은?

① 100~200℃

② 300~400℃

③ 500~600℃

④ 700~900℃

> **해설**
>
> 디젤엔진은 공기만을 흡입하고, 고압축비(16~23 : 1)로 압축하여 그 온도가 500℃ 이상 되게 한 다음 노즐에서 연료를 안개모양으로 분사시켜 공기의 압축열에 의해 자기착화시킨다.

43 수병의 예방법으로 임업적(생태적) 방제법과 거리가 가장 먼 것은?

① 미래목 선정
② 혼효림 조성
③ 적지적수 조림
④ 숲가꾸기 실시

해설

임업적 방제법
• 수종 선택 : 내병성 품종 육성
• 육림작업에 의한 환경개선 : 혼효림의 조성
• 보호수대(방풍림) 설피
• 제벌 및 간벌

44 지력을 향상시키기 위한 비료목으로 적당하지 않은 것은?

① 오리나무
② 갈참나무
③ 자귀나무
④ 소귀나무

해설

비료목의 종류

콩과 수목	아까시나무, 자귀나무, 족제비싸리, 싸리류, 칡 등
방사상균 속	오리나무류, 보리수나무류, 소귀나무 등
기타	갈매나무, 붉나무, 딱총나무 등

45 일본잎갈나무 1-1묘 산출 시 근원경의 표준규격은?

① 3mm 이상
② 4mm 이상
③ 5mm 이상
④ 6mm 이상

해설

일본잎갈나무(낙엽송) 노지묘의 묘목규격표(종묘사업실시요령)

묘령	간장		근원경 mm 이상	적용 H/D율* 이하
	최소 cm 이상	최대 cm 이하		
1-1	35	60	6	90

* '적용 H/D율'은 검사 대상묘목이 최대간장기준 이상일 경우 적용

46 잡초나 관목이 무성한 경우의 피해로서 적당하지 않은 것은?

① 임지를 갱신하려 할 때 방해요인이 된다.
② 병충해의 중간기주 역할을 한다.
③ 양수 수종의 어린나무 생장을 저해한다.
④ 지표를 건조하게 한다.

해설

④ 잡초나 관목이 무성한 경우에는 지표의 수분이 보존되어 건조해지지 않는다.

47 다음 종자의 품질검사와 관련된 내용 중 틀린 것은?

① 종자를 탈각한 후 그 품질을 감정하고 저장한다.
② 종자의 품질은 발아율과 효율로만 표시한다.
③ 발아율이란 일정한 수의 종자 중에서 발아력이 있는 것을 백분율로 표시한 것이다.
④ 순량률이란 일정한 양의 종자 중 협잡물을 제외한 종자량을 백분율로 표시한 것이다.

품질검사 항목은 발아율과 효율 외에 순량률, 용적중, 실중, L당 립수, kg당 립수 등이 있다.

48 다음 중 노지묘의 곤포당 수종 본수가 가장 많은 것은?

① 잣나무(3년생)
② 삼나무(2년생)
③ 호두나무(1년생)
④ 자작나무(1년생)

곤포당 본수(종묘사업실시요령)

수종	형태	묘령	곤포당 본수(본)
잣나무	노지묘	2-1	1,000
		2-2	500
		2-2-3	분뜨기
삼나무	노지묘	1-1	500
호두나무	노지묘	1-0	500
자작나무	노지묘	1-0	500
		1-1	500

49 기계톱 작업 중 소음이 발생하는데, 이에 대한 방음대책으로 옳지 않은 것은?

① 작업시간 단축
② 방음용 귀마개 사용
③ 머플러(배기구) 개량
④ 안전복 및 안전화 착용

기계톱의 방음대책으로는 방음용 귀마개의 사용, 작업시간의 단축, 머플러(배기구)의 개량 등이 있다.

50 산림용 묘목의 규격을 측정하는 기준이 아닌 것은?

① 간장　　　　② 근원경
③ 수관폭　　　④ H/D율

산림용 묘목규격의 측정기준(종묘사업실시요령)
• 간장 : 근원경에서 정아까지의 길이
• 근원경 : 포지에서 묘목줄기가 지표면에 닿았던 부분의 최소 직경
• H/D율 : mm 단위의 근원경 대비 간장의 비율

51 예불기의 연료는 시간당 약 몇 L가 소모되는 것으로 보고 준비하는 것이 좋은가?

① 0.5L　　　② 1L
③ 2L　　　　④ 3L

예불기의 연료는 시간당 약 0.5L가 소모된다.

52 천연갱신에 대한 설명으로 옳지 않은 것은?

① 갱신기간이 길다.
② 조림 비용이 적게 든다.
③ 환경인자에 대한 저항력이 강하다.
④ 수종과 수령이 모두 동일하여 취급이 간편하다.

해설

천연갱신은 수종과 수령이 다른 목재가 많기 때문에 목재가 균일하지 못하고 변이가 심하다. 또한 목재 생산작업이 복잡하고 높은 기술력이 요구된다.

53 덩굴을 제거하기 위해 생장기인 5~9월에 실시하는 약제는?

① 글라신 액제
② 만코제브 수화제
③ 다이아지논 유제
④ 클로란트라닐리프롤 입상수화제

해설

우리나라에서 사용하는 덩굴제거 방법은 칡채취기 활용, 디캄바 액제 처리, 글라신 액제 처리, 이사디아민염(2,4-D) 처리 등이다.

54 다음 해충 중 주로 수목의 잎을 가해하는 것으로 옳지 않은 것은?

① 어스렝이나방
② 솔알락명나방
③ 천막벌레나방
④ 솔노랑잎벌

해설

솔알락명나방은 잣송이를 가해하여 잣 수확을 감소시키는 주요 해충이다.

55 출력과 무게에 따라 체인톱을 구분할 때 소형 체인톱에 해당하는 것은?

① 엔진출력 1.1kW(1.0ps), 무게 2kg
② 엔진출력 2.2kW(3.0ps), 무게 6kg
③ 엔진출력 3.3kW(4.5ps), 무게 9kg
④ 엔진출력 4.0kW(5.5ps), 무게 12kg

해설

체인톱의 엔진출력과 무게에 따른 구분

구분	엔진출력	무게	용도
소형	2.2kW (3.0ps)	6kg	소경재의 벌목작업, 벌도목의 가지제거
중형	3.3kW (4.5ps)	9kg	중경목의 벌목작업
대형	4.0kW (5.5ps)	12kg	대경목의 벌목작업

56 일반적인 침엽수종에 대한 묘포의 적당한 토양산도는?

① pH 3.0~4.0
② pH 4.0~5.0
③ pH 5.0~6.5
④ pH 6.5~7.5

해설

묘포 토양의 적정산도
• 침엽수 : pH 5.0~5.5
• 활엽수 : pH 5.5~6.0

57 산불에 의한 피해 및 위험도에 대한 설명으로 옳지 않은 것은?

① 침엽수는 활엽수에 비해 피해가 심하다.
② 음수는 양수에 비해 산불위험도가 낮다.
③ 단순림과 동령림이 혼효림 또는 이령림보다 산불의 위험도가 낮다.
④ 낙엽활엽수 중에서 코르크층이 두꺼운 수피를 가진 수종은 산불에 강하다.

해설
③ 단순림과 동령림이 혼효림 혹은 이령림보다 산불위험도가 높다.

58 피해목을 벌채한 후 약제 훈증처리의 방제가 필요한 수병은?

① 뽕나무 오갈병
② 잣나무 털녹병
③ 소나무 잎녹병
④ 참나무 시들음병

해설
참나무 시들음병의 방제
침입공에 메프 유제, 파프 유제 500배액을 주입하고, 피해목을 벌채하여 1m 길이로 잘라 쌓은 후 메탐소디움을 m^2당 1L씩 살포하고 비닐을 씌워 밀봉하여 훈증처리한다.

59 옥시테트라사이클린 수화제를 수간에 주입하여 치료하는 수병은?

① 잣나무 털녹병
② 근두암종병
③ 대추나무 빗자루병
④ 포플러 모자이크병

해설
파이토플라스마에 의한 대추나무 빗자루병과 오동나무 빗자루병은 옥시테트라사이클린의 수간주사 효과가 양호하며 특히 대추나무 빗자루병의 치료에 실용화되고 있다.

60 다음 중 벌도, 가지치기 및 조재작업 기능을 모두 가진 장비는?

① 포워더　　　② 하베스터
③ 프로세서　　④ 스윙야더

해설
하베스터는 대표적인 다공정 처리기계로 벌도, 가지치기, 조재목 다듬질, 토막내기 작업을 모두 수행할 수 있는 장비이다.

01 묘목의 나이에 대한 설명으로 옳지 않은 것은?

① 2-1-1묘 : 파종상에서 2년, 그 뒤 두 번 상체된 일이 있고 각 상체상에서 1년을 경과한 4년생 목

② 1/2묘 : 줄기의 나이가 6개월, 뿌리의 나이가 1년인 삽목묘목

③ 1-1묘 : 파종상에서 1년, 그 뒤 한 번 상체되어 1년을 지낸 2년생 묘목

④ 1/1묘 : 뿌리의 나이가 1년, 줄기의 나이가 1년인 삽목묘목

> **해설**
> ② 1/2묘 : 뿌리의 나이가 2년, 줄기의 나이가 1년인 묘목이다. 1/1묘에 있어서 지상부를 한 번 절단해 주고 1년이 경과하면 1/2묘로 된다.

02 예비벌 → 하종벌 → 후벌의 순서로 시행되는 작업종은?

① 왜림작업　　　② 중림작업
③ 산벌작업　　　④ 모수림 작업

> **해설**
> **산벌작업**
> • 예비벌 : 갱신준비
> • 하종벌 : 치수의 발생을 완성
> • 후벌 : 치수의 발육을 촉진

03 발아율 90%, 고사율 20%, 순량률 80%일 때 종자의 효율은?

① 14.4%　　　② 16%
③ 44%　　　④ 72%

> **해설**
> 효율(%) = 발아율 × 순량률 / 100
> 　　　　 = 90 × 80 / 100
> 　　　　 = 72%

04 임지에 비료목을 식재하여 지력을 향상시킬 수 있는데, 다음 중 비료목으로 적당한 수종은?

① 소나무　　　② 전나무
③ 오리나무　　　④ 사시나무

> **해설**
> 오리나무 뿌리에는 뿌리혹박테리아가 공생해서 척박한 토양에서도 잘 자라고, 거친 토양을 기름지게 만들어 비료목이라고도 한다.

05 삽목할 때 삽수의 발근촉진제로 사용할 수 없는 약제는?

① 2,4-D
② 인돌부틸산(IBA)
③ 인돌초산(IAA)
④ 나프탈렌초산(NAA)

> **해설**
> 인공적으로 합성된 발근촉진제로는 인돌부틸산(IBA), 인돌초산(IAA), 나프탈렌초산(NAA) 등이 있다.

06 2ha의 조림지에 밤나무를 4m×4m의 간격으로 식재하고자 할 때 필요한 묘목 수는?

① 1,000본 ② 1,250본
③ 2,500본 ④ 4,000본

해설

식재할 묘목수 = $\dfrac{\text{식재면적}}{\text{묘목 간 간격(가로} \times \text{세로)}}$

$= \dfrac{2 \times 10,000}{4 \times 4}$ (∵ 1ha = 10,000m^2)

= 1,250본

---

07 폭목에 대한 설명으로 맞는 것은?

① 수관의 발달이 지나치게 왕성하고, 넓게 확장하거나 또는 위로 솟아올라 수관이 편평한 것
② 수관의 발달이 지나치게 약하고 이웃한 나무 사이에 끼어서 줄기가 매우 길고 가는 나무
③ 이웃한 나무 사이에 끼어서 수관발달에 측압을 받아 자람이 편의된 것
④ 줄기가 갈라지거나 굽는 등 수형에 결점이 있는 것, 그리고 모양이 불량한 전생수

해설

폭목
변형성장한 불량목으로 직경생장에 비하여 수관이 크거나, 경사생장을 하여 인접하는 임목의 생장에 악영향을 미치고 있기 때문에 벌기 전에 벌채할 필요가 있으며, 수관이 광대하고 위로 솟아난 것을 말한다.

---

08 다음 중 임지의 보호방법으로 옳지 않은 것은?

① 비료목을 식재한다.
② 황폐한 임지는 등고선 방향으로 수평구를 설치한다.
③ 임지 표면의 낙엽과 가지를 모두 제거한다.
④ 균근균을 배양하여 임지에 공급한다.

해설

③ 지력을 유지·증진하려면 낙엽과 낙지를 보호한나.

---

09 제초의 효과가 있는 성분은?

① IAA ② NAA
③ TTC ④ 2,4-D

해설

2,4-D : 모노클로로아세트산과 2,4-다이클로로페놀과의 반응으로 합성되는 제초제 농약으로 주성분은 2,4-다이클로로페녹시아세트산이다.

---

10 리기다소나무 1년생 묘목의 곤포당 본수는?

① 1,000 ② 2,000
③ 3,000 ④ 4,000

해설

리기다소나무의 곤포당 본수(종묘사업실시요령)

형태	묘령	곤포당		속당 본수
		본수(본)	속수(속)	
노지묘	1-0	2,000	100	20
	1-1	1,000	50	20

11 비료목으로 취급되는 나무 중 콩과 식물에 속하지 않는 것은?

① 아까시나무　② 보리수나무
③ 자귀나무　　④ 싸리나무

비료목의 종류

콩과 수목	아까시나무, 자귀나무, 족제비싸리, 싸리류, 칡 등
방사상균 속	오리나무류, 보리수나무류, 소귀나무 등
기타	갈매나무, 붉나무, 딱총나무 등

12 다음 제시된 특징을 갖는 작업종은?

- 임지가 노출되지 않고 항상 보호되며, 표토의 유실이 없다.
- 음수갱신에 좋고 임지의 생산력이 높다.
- 미관상 가장 아름답다.
- 작업에 많은 기술을 요하고 매우 복잡하다.

① 산벌작업　　② 택벌작업
③ 모수작업　　④ 중림작업

택벌작업은 벌기, 벌채량, 벌채방법 및 벌채구역의 제한이 없고, 성숙한 일부 임목만을 국소적으로 골라 벌채하는 방법이다. 택벌작업은 윤벌기가 없는 대신 순환기(循環期, cutting cycle)를 대개 3~8년으로 반복된다. 이것은 한정된 수량의 대경목만을 벌채 수확하여 적정한 상태로 항상 임분을 유지시키는 데 의미가 있다.

13 산림 내 가지치기 작업의 주된 목적은 무엇인가?

① 우량목재의 생산
② 중간수입
③ 각종 위해의 방지
④ 연료 공급

가지치기 : 우량한 목재를 생산할 목적으로 가지의 일부분을 계획적으로 잘라 내는 것

14 정방형 식재를 옳게 설명한 것은?

① 식재간격과 식재공간을 계산하기 어렵다.
② 식재작업이 불편하다.
③ 포플러류나 낙엽송 등 양수 수종은 알맞지 않다.
④ 묘간거리와 열간거리가 같은 식재 방법이다.

규칙적 식재망
정방형, 장방형, 정삼각형, 이중정방형 등이 있고, 일반적으로 정방형 식재를 하는데 규칙적 식재를 하면 식재 이후에 각종 조림작업을 능률적으로 할 수 있다.

15 점파(점뿌림)가 적합한 수종은?

① 리기다소나무, 소나무
② 가문비나무, 주목
③ 낙엽송, 측백나무
④ 호두나무, 밤나무

점파(점뿌림) : 밤나무, 참나무류, 호두나무 등 대립종자의 파종에 이용되는 방법으로 상면에 균일한 간격(10~20cm)으로 1~3립(粒)씩 파종한다.

16 수목과 균의 공생관계가 알맞은 것은?

① 소나무 – 송이균
② 잣나무 – 송이균
③ 참나무 – 표고균
④ 전나무 – 표고균

해설

송이는 소나무와 공생하면서 발생시키는 버섯으로 천연의 맛과 향기가 뛰어나다.

17 천연갱신에 대한 설명으로 틀린 것은?

① 천연갱신은 그 임지의 기후와 토질에 가장 적합한 수종이 생육하게 되므로 각종 위해에 대한 저항력이 크다.
② 천연갱신지의 치수는 모수보호를 받아 안정된 생육환경을 제공받는다.
③ 인공조림에서와 같이 수종 선정의 잘못으로 인해 실패할 염려가 많다.
④ 임지가 나출되는 일이 드물며 적당한 수종이 발생하고 혼효되기 때문에 지력 유지에 적합하다.

해설

③ 모수가 되는 임목은 이미 그 지역에서 생육하여 조림지의 기후·토양에 적응한 것이므로 인공조림에서와 같이 수종이 잘못 선정되어 실패할 염려가 없다.

18 중림작업에 대한 설명으로 옳은 것은?

① 각종 피해에 대한 저항력이 약하다.
② 하층목의 맹아 발생과 생장이 촉진된다.
③ 상층을 벌채하면 하층이 후계림으로 상층까지 자란다.
④ 상층과 하층은 동일수종인 것이 원칙이나 다른 수종으로 혼생시킬 수 있다.

해설

① 숲의 구조를 다양화하여 단순림에 비해 각종 피해에 대한 저항력이 더 강하다.
② 상층목의 그늘로 인해 하층목의 생장이 오히려 억제될 수 있다.
③ 하층이 후계림으로 자라는 것은 맞지만 상층까지 자라지 않을 수도 있다.

19 우량묘목의 기준으로 옳지 않은 것은?

① 뿌리에 상처가 없는 것
② 뿌리의 발달이 충실한 것
③ 겨울눈이 충실하고 가지가 도장하지 않는 것
④ 뿌리에 비해 지상부의 발육이 월등히 좋은 것

해설

우량묘의 조건
• 우량한 유전성을 지닌 것
• 발육이 완전하고 조직이 충실하며, 정아의 발달이 잘되어 있는 것
• 가지가 사방으로 고루 뻗어 발달한 것
• 근계의 발달이 충실한 것, 즉 측근과 세근의 발달량이 많을 것(지상부와 지하부 간의 발달이 균형되어 있을 것)
• 온도의 저하에 따른 고유의 변색과 광택을 가지는 것
• T/R률이 작고 병충해의 피해가 없는 것

20 종자의 저장방법으로 옳지 않은 것은?

① 건조저장   ② 저온저장

③ 냉동저장   ④ 노천매장

해설

종자의 저장방법
- 건조저장법 : 실온저장
- 보습저장, 노천매장, 보호저장(건사저장), 냉습
  적법

21 유충과 성충 모두가 나무의 잎을 가해하는 해충은?

① 밤나무어스렝이나방

② 오리나무잎벌레

③ 참나무재주나방

④ 솔나방

해설

오리나무잎벌레는 성충과 유충이 동시에 잎을 식해하는데, 유충의 가해기간은 5월 하순~8월 상순경이다. 6월 중순에 사이스린액제, 디프수화제를 수관살포하면 성충과 유충을 동시에 방제할 수 있다.

22 비행하는 곤충을 채집하기 위해 사용하는 트랩으로 옳지 않은 것은?

① 수반트랩   ② 미끼트랩

③ 유아등   ④ 끈끈이트랩

해설

③ 미끼트랩 : 당분과 같은 미끼를 이용하여 채집하는 방법으로 서식곤충의 채집 방법에 속한다.

23 다음 중 바이러스에 의하여 발생되는 수목 병해로 옳은 것은?

① 청변병   ② 불마름병

③ 뿌리혹병   ④ 모자이크병

해설

모자이크병 : 다양한 바이러스 균주에 의해 생기는 식물의 병으로 보통 잎에 밝거나 어두운 녹색 또는 노란색의 반점이나 줄무늬 등이 생긴다.

24 포플러류 잎의 뒷면에 초여름 오렌지색의 작은 가루덩이가 생기고, 정상적인 나무보다 먼저 낙엽이 지는 현상이 나타나는 병은?

① 잎녹병

② 갈반병

③ 점무늬잎떨림병

④ 잎마름병

해설

포플러 잎녹병균은 병든 낙엽에서 겨울포자 상태로 겨울을 나고, 4~5월에 겨울포자가 발아하여 만들어진 담자포자가 바람에 의해 낙엽송으로 날아가 새로나온 잎을 감염시켜 잎의 뒷면에 직경 1~2mm 되는 오렌지색의 녹포자덩이를 만든다.

25 어스렝이나방에 대한 설명으로 옳지 않은 것은?

① 알로 월동한다.
② 1년에 1회 발생한다.
③ 유충이 열매를 가해한다.
④ 플라타너스, 호두나무 등을 가해한다.

해설
평균적으로 유충 1마리가 1세대 동안 암컷은 3,500cm², 수컷은 2,400cm²의 잎을 식해한다.

26 주풍(계속적이고 규칙적으로 부는 바람)에 의한 피해로 가장 거리가 먼 것은?

① 수형을 불량하게 한다.
② 임목의 생장량이 감소된다.
③ 침엽수는 상방편심 생장을 하게 된다.
④ 기공이 폐쇄되어 광합성 능력이 저하된다.

해설
④ 기공은 일시적이고 강한 바람(폭풍 등)에 의해 폐쇄되고 광합성 능력이 저하된다.

27 배나무를 기주교대하는 이종기생성 병은?

① 향나무 녹병
② 소나무 혹병
③ 전나무 잎녹병
④ 오리나무 잎녹병

해설
향나무의 녹병(배나무의 붉은별무늬병)은 향나무와 배나무에 기주교대하는 이종기생성 병이다.

28 성충으로 월동하는 것끼리 짝지어진 것은?

① 미국흰불나방, 소나무좀
② 소나무좀, 오리나무잎벌레
③ 잣나무넓적잎벌, 미국흰불나방
④ 오리나무잎벌레, 잣나무넓적잎벌

해설
• 소나무좀 : 월동성충이 나무껍질을 뚫고 들어가 산란한 알에서 부화한 유충이 나무껍질 밑을 식해한다.
• 오리나무잎벌레 : 1년에 1회 발생하며 성충으로 지피물 밑 또는 흙 속에서 월동한다.

29 파이토플라스마에 의한 수병이 아닌 것은?

① 뽕나무 오갈병
② 벚나무 빗자루병
③ 오동나무 빗자루병
④ 대추나무 빗자루병

해설
벚나무 빗자루병은 자낭균에 의해 발병한다.

30 농약의 사용 목적 및 작용 특성에 따른 분류에서 보조제가 아닌 것은?

① 유제   ② 유화제
③ 협력제   ④ 전착제

해설

보조제 : 약제의 효력을 충분히 발휘하도록 하기 위하여 첨가되는 보조물질을 말한다.
- 용제(solvent) : 주성분을 녹이기 위해 사용하는 용매이다.
- 증량제(diluent, carrier) : 주성분의 농도를 낮추고 부피는 증가하여 식물체 또는 병해충의 표면에 균일하게 부착되도록 돕는다.
- 유화제(emulsifier) : 유제(乳劑)의 유화성을 좋게 하기 위하여 사용하는 물질이다.
- 전착제(spreader) : 약제의 주성분이 식물체 또는 병해충의 표면에 잘 퍼지게 하거나 잘 부착되게 돕는다.
- 협력제(synergist) : 유효성분의 생물활성을 증대시키기 위하여 사용한다.
- 약해경감제(herbicide safener) : 제초제는 식물체를 죽이는 약제이므로 작물에 어느 정도 약해를 보이기 때문에 이를 완화하기 위하여 사용한다.

31 내화력이 강한 수종으로 옳은 것은?

① 사철나무, 피나무
② 분비나무, 녹나무
③ 가문비나무, 삼나무
④ 사시나무, 아까시나무

해설

내화력이 강한 수종 및 약한 수종

구분	내화력이 강한 수종	내화력이 약한 수종
침엽수	은행나무, 잎갈나무, 분비나무, 가문비나무, 개비자나무, 대왕송 등	소나무, 해송(곰솔), 삼나무, 편백 등
상록 활엽수	아왜나무, 굴거리나무, 후피향나무, 붓순, 협죽도, 황벽나무, 동백나무, 비쭈기나무, 사철나무, 가시나무, 회양목 등	녹나무, 구실잣밤나무 등

구분	내화력이 강한 수종	내화력이 약한 수종
낙엽 활엽수	피나무, 고로쇠나무, 마가목, 고광나무, 가중나무, 네군도단풍나무, 난티나무, 참나무, 사시나무, 음나무, 수수꽃나무	아까시나무, 벚나무, 능수버들, 벽오동나무, 참죽나무, 조릿대 등

32 묘포의 상면 만들기에 있어서 가장 적당한 상면의 길이 방향은?

① 평지는 남북, 경사지는 등고선에 평행
② 평지는 남북, 경사지는 등고선에 직각
③ 평지는 동서, 경사지는 등고선에 평행
④ 평지는 동서, 경사지는 등고선에 직각

해설

- 묘상이 남쪽을 향하도록 하고 동서 방향으로 길게 설치하면 묘목의 성장에 이롭다.
- 평탄한 곳보다 경사진 곳이 관수 및 배수에 용이하다.

33 다음 설명에 알맞은 약제는?

> 독성분이 해충의 입을 통하여 소화관 내에 들어가 중독작용을 일으켜 사망시킨다.

① 접촉살충제   ② 훈연제
③ 소화중독제   ④ 침투성 살충제

해설

① 접촉살충제 : 해충의 체표면에 직·간접적으로 닿아 약제가 기문의 피부를 통하여 몸속으로 들어가 신경계통, 세포조직에 독작용을 일으킨다.
② 훈연제 : 유효성분을 연기의 상태로 해서 해충을 방제하는 데 쓰인다.
④ 침투성 살충제 : 약제를 식물체의 뿌리·줄기·잎 등에 흡수시켜 식물체 전체에 약제가 분포되게 하여 흡즙성 곤충이 흡즙하면 죽게 한다.

34 다음 중 수목의 그을음병과 관계있는 대표적인 해충은?

① 깍지벌레
② 무당벌레
③ 담배장님노린재
④ 마름무늬매미충

해설

그을음병은 깍지벌레, 진딧물 등 흡즙성 해충이 기생하였던 나무에서 흔히 볼 수 있다.

35 병원체의 감염에 의한 병징 중 변색에 해당하는 것은?

① 오갈
② 총생
③ 모자이크
④ 시들음

해설

① 오갈 : 모양이 변형되어 오그라들거나 두터워진다.
② 총생 : 여러 개의 잎이 줄기에 무더기로 난다.
④ 위조(시들음) : 수목의 전체 또는 일부가 수분의 공급부족으로 시든다.

36 묘포장에서 많이 발생하는 모잘록병 방제법으로 적당하지 않은 것은?

① 토양소독 및 종자소독을 한다.
② 돌려짓기를 한다.
③ 질소질 비료를 많이 준다.
④ 솎음질을 자주하여 생립본수(生立本數)를 조절한다.

해설

③ 질소질 비료의 과용을 피하고, 인산질 비료를 충분히 준다.

37 미국흰불나방의 월동 형태는?

① 알
② 유충
③ 성충
④ 번데기

해설

미국흰불나방 : 1년에 보통 2회 발생(3회도 가능)하며, 나무껍질 사이나 지피물 밑 등에서 고치를 짓고 그 속에서 번데기로 월동한다.

38 잠복기간이 가장 짧은 수목병은?

① 소나무 혹병
② 잣나무 털녹병
③ 포플러 잎녹병
④ 낙엽송 잎떨림병

해설

③ 포플러 잎녹병 : 4~6일
① 소나무 혹병 : 1~2년
② 잣나무 털녹병 : 2~4년
④ 낙엽송 잎떨림병 : 1~2개월

39 살충제 중 훈증제로 쓰이는 약제는?

① 메틸브로마이드
② BT제
③ 비산연제
④ DDVP

해설

훈증제(燻蒸劑, fumigant) : 약제가 기체로 되어 해충의 기문을 통하여 체내에 들어가 질식(窒息)을 일으키는 것으로 메틸브로마이드, 클로로피크린 등이 있다.

40 농약의 형태에 대한 영어표기 중 'EC'가 뜻하는 것은?

① 액제　　　　② 유제
③ 수화제　　　④ 입제

해설

① 액제 : SL
③ 수화제 : WP
④ 입제 : GR

41 벌목작업 시 벌도목 가지치기용 도끼날의 각도로 가장 적합한 것은?

① 3~5°　　　　② 8~10°
③ 30~35°　　　④ 36~40°

해설

벌목용 도끼의 경우 9~12°, 가지치기용 도끼의 경우 8~10°로 한다.

42 2행정 기관을 4행정 기관과 비교했을 때, 2행정 기관의 특징에 대한 설명으로 틀린 것은?

① 배기음이 낮다.
② 휘발유와 오일소비가 크다.
③ 동일배기량에 비해 출력이 크다.
④ 저속운전이 곤란하다.

해설

① 무게는 가벼우나 배기음이 크다.

43 윤활유로서 구비해야 할 성질이 아닌 것은?

① 유성이 좋아야 한다.
② 점도가 적당해야 한다.
③ 부식성이 없어야 한다.
④ 온도에 의한 점도 변화가 커야 한다.

해설

④ 온도에 의한 점도 변화가 적어야 한다.

39 ①　40 ②　41 ②　42 ①　43 ④　**정답**

44 기계톱 체인에 오일이 적게 공급될 때 예상되는 고장 원인으로 옳지 않은 것은?

① 기화기 내의 연료체가 막혀 있다.
② 흡수호스 또는 전기도선에 결함이 있다.
③ 흡입 통풍관의 필터가 작동하지 않는다.
④ 오일펌프가 잘못되어 공기가 들어가 있다.

해설

기계톱 체인에 오일이 적게 공급될 때 예상되는 고장 원인
• 흡수호스 또는 전기도선에 결함이 있다.
• 흡입통풍관의 필터가 작동하지 않는다(막혀있다).
• 도선이 막혀있다.
• 안내판으로 가는 오일구멍이 막혀있다.
• 오일펌프에 잘못되어 공기가 들어가 있다.
• 오일펌프가 잘못 결합되어 있다.

45 체인톱의 일일점검사항에 해당하지 않는 것은?

① 휘발유와 오일의 혼합
② 에어필터의 청소
③ 연료통과 연료필터의 청소
④ 안내판의 손질

해설

체인톱의 일일점검사항 : 에어필터 청소, 안내판 점검, 휘발유와 오일 혼합

46 벌목 중 나무에 걸린 나무의 방향전환이나 벌도목을 돌릴 때 사용되는 작업 도구는?

① 쐐기
② 식혈봉
③ 박피삽
④ 지렛대

해설

지렛대는 벌목 시 나무가 걸려 있을 때 밀어 넘기거나 또는 벌도된 나무의 가지를 자를 때 벌도목을 반대방향으로 전환시킬 경우에 사용한다.

47 2행정 내연기관에서 연료에 오일을 첨가시키는 이유로 가장 적합한 것은?

① 점화를 쉽게 하기 위해서
② 엔진 내부에 윤활작용을 시키기 위하여
③ 엔진 회전을 저속으로 하기 위하여
④ 체인의 마모를 줄이기 위하여

해설

2행정 기관은 윤활작용과 동시에 연소되어야 하므로 주로 광물성 윤활유가 사용된다.

48 1PS에 대한 설명으로 옳은 것은?

① 45kg을 1초에 1m 들어 올린다.
② 55kg을 1초에 1m 들어 올린다.
③ 65kg을 1초에 1m 들어 올린다.
④ 75kg을 1초에 1m 들어 올린다.

해설

$1PS = 75kg \cdot m/s$

49 벌목작업 시 다른 나무에 걸린 벌채목의 처리방법으로 옳지 않은 것은?

① 기계톱을 이용하여 토막낸다.
② 견인기를 이용하여 뒤로 끌어낸다.
③ 경사면을 따라 조심스럽게 끌어낸다.
④ 방향전환 지렛대를 이용하여 넘긴다.

해설

다른 나무에 걸린 벌채목은 걸린 나무를 흔들거나 지렛대 혹은 소형 견인기나 로프를 이용하여 넘긴다.

51 벌목작업 도구가 아닌 것은?

① 지렛대
② 밀대
③ 사피
④ 양날괭이

해설

양날괭이
괭이 형태에 따라 타원형과 네모형으로 구분되며 한쪽 날은 괭이 형태로 땅을 벌리는 데 사용하고, 다른 한쪽 날은 도끼 형태로 땅을 가르는 데 사용한다.

52 다음 중 조림용 도구의 설명으로 틀린 것은?

① 각식재용 양날괭이 – 형태에 따라 타원형과 네모형으로 구분되며 한쪽 날은 괭이로서 땅을 벌리는 데 사용하고 다른 한쪽 날은 도끼로서 땅을 가르는 데 사용한다.
② 사식재 괭이 – 경사지, 평지 등에 사용하고 대묘보다 소묘의 사식에 적합하다.
③ 손도끼 – 조림용 묘목의 긴 뿌리의 단근 작업에 이용되며, 짧은 시간에 많은 뿌리를 자를 수 있다.
④ 재래식 괭이 – 규격품으로 오래전부터 사용되어 오던 작업 도구로 산림작업에서 풀베기, 단근 등에 이용된다.

해설

④ 재래식 괭이는 산림작업에서 땅을 파거나 흙덩이를 부수는 데 사용된다.

50 어깨걸이식 예불기를 메고 바른 자세로서 손을 떼었을 때 지상으로부터 날까지의 가장 적절한 높이는 몇 cm 정도인가?

① 5~10
② 10~20
③ 20~30
④ 30~40

53 다음 중 가선집재 기계로 옳지 않은 것은?

① 하베스터
② 자주식 반송기
③ 썰매식 집재기
④ 이동식 타워형 집재기

해설

하베스터 : 임내를 이동하면서 입목의 벌도, 가지제거, 절단작동 등의 작업을 하는 기계로서 벌도 및 조재작업을 1대의 기계로 연속작업을 할 수 있는 다공정 처리기계

54 무육톱의 삼각톱날 꼭지각은 몇 도(°)로 정비하여야 하는가?

① 25   ② 28
③ 35   ④ 38

해설

삼각톱날 꼭지각은 38°가 되도록 하며, 톱니꼭지각은 측정 게이지를 사용한다.

55 벌목도구의 사용법을 설명한 것으로 틀린 것은?

① 목재돌림대는 벌목 중 나무에 걸려 있는 벌도목과 땅 위에 있는 벌도목의 방향전환 및 돌리는 작업에 주로 사용된다.
② 지렛대와 밀대는 밀집된 간벌지에서 벌도방향 유인과 잘린 나무 방향전환에 유용하게 사용된다.
③ 쐐기는 톱의 끼임을 방지하기 위하여 사용한다.
④ 스웨디쉬 갈고리는 기울어진 나무의 방향전환에 주로 사용되는 방향 갈고리이다.

해설

④ 스웨디쉬 갈고리는 소경재를 운반하기 위한 갈고리이다.

56 구입비가 30,000,000원인 트렉터의 매년 일정액의 감가상각비를 구하면?(단, 잔존가격은 취득원가의 10%이고, 상각률은 0.2이며, 정액법을 이용하여 계산한다)

① 1,000,000원
② 1,500,000원
③ 4,500,000원
④ 5,400,000원

해설

• 감가상각비 = (취득가액 − 잔존가액) × 상각률
• 잔존가액 = 30,000,000 × 1 / 10 = 3,000,000원
∴ (30,000,000 − 3,000,000) × 0.2 = 5,400,000원

57 산림작업 안전사고 예방수칙으로 옳지 않은 것은?

① 몸 전체를 고르게 움직이며 작업할 것
② 긴장하지 말고 부드럽게 작업에 임할 것
③ 작업복은 작업종과 일기에 따라 착용할 것
④ 안전사고 예방을 위하여 가능한 혼자 작업할 것

해설
④ 유사시를 대비하여 혼자서 작업하지 말 것

58 도끼자루의 길이는 어떤 것이 가장 좋은가?

① 작업자 신장의 1/3 정도가 좋다.
② 작업자 팔 길이 정도가 좋다.
③ 작업자 팔 길이보다 짧아야 한다.
④ 작업자 신장의 1/2이 좋다.

해설
특별한 경우를 제외하고 사용하기 편리하도록 작업자의 팔 길이 정도가 좋다.

59 FAO에서 규정하는 정비별 예상수명 중 체인톱의 수명은?

① 1,000시간
② 1,500시간
③ 2,000시간
④ 2,500시간

해설
체인톱 몸통의 수명은 약 1,500시간이다.

60 겨울에 사용하기 적합한 윤활유의 점도로 가장 적합한 것은?

① SAE 20W
② SAE 30
③ SAE 40~50
④ SAE 50 이상

해설
SAE의 분류
• SAE 30 : 봄, 가을철
• SAE 40 : 여름철
• SAE 20W : 겨울철

01 일반적으로 씨뿌리기에서 흙을 덮는 두께는 씨앗 지름의 몇 배 정도로 하는가?

① 씨앗 지름의 1~3배
② 씨앗 지름의 4~5배
③ 씨앗 지름의 5~6배
④ 씨앗 지름의 7배 이상

해설

흙을 덮는(복토) 두께는 씨앗 지름의 2~3배 정도가 적당하다.

02 덩굴식물을 설명한 것 중 옳지 않은 것은?

① 대체적으로 햇빛을 좋아하는 식물이다.
② 칡이 항상 문제가 되고 있다.
③ 덩굴치기의 시기는 덩굴식물이 뿌리 속의 저장양분을 소모한 7월경이 좋다.
④ 덩굴을 잘라주면 쉽게 제거할 수 있다.

해설

④ 덩굴제거 방법에는 물리적 방법과 화학적 방법이 있으며, 일반적인 덩굴류는 글리포세이트 액제로 처리한다.

03 다음 종자의 발아촉진방법 중 옳지 않은 것은?

① X선법
② 황산처리법
③ 노천매장법
④ 종피에 기계적으로 상처를 가하는 방법

해설

X선법은 종자발아력검사법이다.

04 다음 중 동일 조건하에서 종자의 비산력(飛散力)이 가장 큰 것은?

① 상수리나무
② 소나무
③ 잣나무
④ 주목

해설

소나무는 종자가 가벼워 비산력이 크다. 따라서 1ha 당 15~30본 정도를 남기면 골고루 산재시킬 수 있으나 종자가 무거워 비산력이 작은 활엽수종은 50본 이상을 남겨야 한다.

05 봄에 묘목을 가식할 때 묘목의 끝은 어느 방향으로 향하게 하여 경사지게 묻는가?

① 동쪽
② 서쪽
③ 북쪽
④ 남쪽

해설

묘목의 끝을 가을에는 남쪽으로, 봄에는 북쪽으로 45° 경사지게 한다.

06 바다에서 불어오는 바람을 막기 위해 방조림을 만드는 데 적합하지 않은 수종은?

① 해송　　　　② 동백나무
③ 사철나무　　④ 느티나무

해설

방조림에 적합한 수종 : 곰솔, 해송, 소나무, 소귀나무, 돈나무, 사철나무, 동백나무, 후박나무 등

07 꽃핀 이듬해 가을에 종자가 성숙하는 수종은?

① 버드나무　　② 느릅나무
③ 졸참나무　　④ 비자나무

해설

④ 비자나무 : 꽃핀 다음 해 10월
① 버드나무 : 5월
② 느릅나무 : 5월
③ 졸참나무 : 9월 말

08 풀베기작업을 1년에 2회 실시하려 할 때 가장 알맞은 시기는?

① 1월과 3월　　② 3월과 5월
③ 6월과 8월　　④ 7월과 10월

해설

풀베기는 풀들이 왕성하게 자라는 6월 상순~8월 상순 사이에 실시한다.

09 삽수의 발근이 비교적 잘되는 수종, 비교적 어려운 수종, 대단히 어려운 수종으로 분류할 때 비교적 잘되는 수종에 속하는 것은?

① 밤나무　　　② 측백나무
③ 느티나무　　④ 백합나무

해설

• 삽수의 발근이 잘되는 수종 : 측백나무, 포플러류, 버드나무류, 은행나무, 사철나무, 개나리, 주목, 향나무, 치자나무, 삼나무 등
• 삽수의 발근이 어려운 수종 : 밤나무, 느티나무, 백합나무, 소나무, 해송, 잣나무, 전나무, 단풍나무, 벚나무 등

10 삼림을 가꾸기 위한 벌채에 속하는 것은?

① 택벌작업　　② 산벌작업
③ 간벌작업　　④ 중림작업

해설

간벌작업은 경관의 유지와 개선을 위해 밀도 조절이 필요한 산림에서 진행된다.

11 우리나라 지각의 대부분을 이루고 있는 암석은?

① 수성암 　　② 화성암
③ 변성암 　　④ 석회암

> **해설**
> 지구 맨틀로부터 마그마가 올라와서 형성된 것은 화성암으로 우리나라 지각의 약 35%를 차지한다.

12 종자가 비교적 가벼워서 잘 날아갈 수 있는 수종에 가장 적합한 갱신작업은?

① 모수작업 　　② 중림작업
③ 택벌작업 　　④ 왜림작업

> **해설**
> 모수작업은 주로 소나무류 등과 같은 양수에 적용되는데, 종자가 작아 바람에 날려 멀리 전파될 수 있는 수종에 알맞다.

13 미래목의 구비요건으로 틀린 것은?

① 피압을 받지 않은 상층의 우세목
② 나무줄기가 곧고 갈라지지 않은 것
③ 병충해 등 물리적인 피해가 없을 것
④ 주위 임목보다 월등히 수고가 높을 것

> **해설**
> 미래목의 구비요건
> • 피압을 받지 않은 상층의 우세목일 것(폭목은 제외)
> • 나무줄기가 곧고 갈라지지 않을 것
> • 산림병해충 등 물리적인 피해가 없을 것
> • 미래목 간의 거리는 최소 5m 이상, 임지 내에 고르게 분포할 것
> • ha당 활엽수는 200본 내외, 침엽수는 200~400본으로 할 것

14 산림토양의 산도는 산림수목의 분포양식에 영향을 준다. 대부분 침엽수 및 피나무, 단풍나무, 느릅나무, 참나무 등의 생육에 적당한 pH는?

① pH 4.0~4.7
② pH 4.8~5.5
③ pH 5.5~6.5
④ pH 6.5~7.5

> **해설**
> 피나무, 단풍나무, 느릅나무, 참나무 등은 약산성(pH 5.5~6.5)에서 잘 자라는 수종이다.

15 벌채구를 구분하여 순차적으로 벌채하여 일정한 주기에 의해 갱신작업이 되풀이되는 것을 무엇이라 하는가?

① 윤벌기 　　② 회귀년
③ 간벌기간 　　④ 벌채시기

> **해설**
> 순환택벌 시 처음 구역으로 되돌아오는 데 소요되는 기간을 회귀년이라 한다.

16 대개 어린나무가 자라서 갱신기에 이를 때까지 나무의 자람을 돕기 위해 6~8월 중에 실시하며, 9월 이후에는 조림목을 보호하기 위해 실시하지 않는 것이 좋은 작업은?

① 간벌　　　② 덩굴치기
③ 풀베기　　④ 가지치기

해설

풀베기

조림지 중 잡초목이 적은 곳은 7월에 1회를 실시하고, 무성한 곳은 6월과 8월 두 차례에 걸쳐 실시하며 한·풍해가 우려되는 지역은 겨울 동안 주위의 잡초목에 의하여 조림목이 보호를 받도록 하는 것이 좋다.

17 다음 중 조파(條播)에 의한 파종으로 가장 적합한 수종은?

① 회양목
② 가래나무
③ 오리나무
④ 아까시나무

해설

조파(줄뿌림) : 종자를 줄로 뿌려주는 것으로 느티나무, 아까시나무, 옻나무 등이 적합하다.

18 간벌에 관한 설명으로 옳지 않은 것은?

① 솎아베기라고도 한다.
② 임관을 울폐시켜 각종 재해에 대비하고자 한다.
③ 조림목의 생육공간 및 임분구성 조절이 목적이다.
④ 임분의 수직구조 및 안정화를 도모한다.

해설

② 임관이 항상 울폐한 상태에 있어 임지와 치수를 보호하는 것은 택벌작업이다.

19 접목을 할 때 접수와 대목의 가장 좋은 조건은?

① 접수와 대목이 모두 휴면상태일 때
② 접수와 대목이 모두 왕성하게 생리적 활동을 할 때
③ 접수는 휴면상태이고, 대목은 생리적 활동을 시작할 때
④ 접수는 생리적 활동을 시작하고, 대목은 휴면상태 일 때

해설

접수는 양분축적기이거나 휴면상태이고, 대목은 뿌리가 움직여 생리활동을 시작할 때가 좋다.

20 대기오염물질로만 짝지은 것은?

① 수소, 염소, 중금속
② 황화수소, 분진, 질소산화물
③ 아황산가스, 불화수소, 질소
④ 암모니아, 이산화탄소, 에틸렌

해설

대기오염물질
- 기스상 : 일산화탄소, 암모니아, 질소산화물, 황산화물, 황화수소, 이황화탄소 등
- 입자상 : 분진, 매연, 검댕 등의 고정 입자

21 다음 중 비생물적 병원(病原)인 것은?

① 선충
② 진균
③ 공장폐수
④ 파이토플라스마

해설

비생물적 병원(病原) : 공장폐수, 대기오염, 고온과 저온장해, 수분의 과부족, 영양장해, 풍해, 염해 등

22 다음 중 나무의 가지를 자르는 방법으로 옳지 않은 것은?

① 고사지는 제거한다.
② 침엽수는 절단면이 줄기와 평행하게 가지를 자른다.
③ 활엽수에서 지름 5cm 이상의 큰 가지 위주로 자른다.
④ 수액유동이 시작되기 직전인 성장휴지기에 하는 것이 좋다.

해설

③ 활엽수 가지치기 시 직경 5cm 이상의 가지는 자르지 않도록 한다.

23 우리나라 삼림대를 구성하는 요소로서 일반적으로 북위 35° 이남, 평균기온이 14℃ 이상 되는 지역의 산림대는?

① 열대림
② 난대림
③ 온대림
④ 온대북부림

해설

- 난대림(상록활엽수대) : 북위 35° 이남, 연평균기온 14℃ 이상, 주로 남부해안에 연한 좁은 지방과 제주도 및 그 부근의 섬들
- 온대림(낙엽활엽수대) : 북위 35°~43°, 산악지역과 높은 지대를 제외한 연평균기온 5~14℃, 온대남부·온대중부·온대북부로 나뉨
- 한대림(침엽수대) : 평지에서는 볼 수 없음, 평안남북도·함경남북도의 고원지대와 높은 산 지역, 연평균기온 5℃ 이하

24 수목의 주요 병원체가 균류에 의한 병은?

① 뽕나무 오갈병
② 잣나무 털녹병
③ 소나무 재선충병
④ 대추나무 빗자루병

해설

② 잣나무 털녹병 : 병원균은 *Cronartium ribicola* Fisher이며, 잣나무와 중간기주인 송이풀, 까치밥나무 등에 기주교대를 하는 이종기생균이다.
①·④ 뽕나무 오갈병, 대추나무 빗자루병 : 파이토플라스마에 의해 발생한다.
③ 소나무 재선충병 : 소나무 재선충이 소나무 시들음병을 야기한다.

25 1988년 부산에서 처음 발견된 소나무재선충에 대한 설명으로 틀린 것은?

① 매개충은 솔수염하늘소이다.
② 유충은 자라서 터널 끝에 번데기방[용실(蛹室)]을 만들고 그 안에서 번데기가 된다.
③ 소나무재선충은 후식상처를 통하여 수체 내로 이동해 들어간다.
④ 피해고사목은 벌채 후 매개충의 번식처를 없애기 위하여 임지 외로 반출한다.

해설
④ 고사목은 철저히 벌채하여 잔가지까지 소각하고 임지 외 반출을 금한다.

26 병원체가 상처를 통해서 침입하는 것은?

① 밤나무 줄기마름병균
② 소나무 잎떨림병균
③ 삼나무 붉은마름병균
④ 향나무 녹병균

해설
밤나무 줄기와 가지의 상처를 중심으로 병반이 형성되는데, 초기에는 황갈색이나 적갈색으로 변하고 수피가 부풀어 오른다.

27 유충은 잎살만 먹고 잎맥을 남겨 잎이 그물 모양이 되며, 성충은 주맥만 남기고 잎을 갉아먹는 해충은?

① 삼나무독나방
② 버들재주나방
③ 오리나무잎벌레
④ 미류재주나방

해설
오리나무잎벌레
연 1회 발생하며, 성충으로 지피물 밑 또는 흙 속에서 월동한다. 월동한 성충은 4월 하순부터 나와 새잎을 엽맥만 남기고 엽육을 먹으며 생활하다가 5월 중순~6월 하순에 300여 개의 알을 잎 뒷면에 50~60개씩 무더기로 산란한다. 15일 후에 부화한 유충은 잎 뒷면에서 머리를 나란히 하고 엽육을 먹으면서 성장하다가 나무 전체로 분산하여 식해하는데, 유충의 가해기간은 5월 하순~8월 상순이고 유충기간은 20일 내외이다.

28 다음 설명에 해당하는 것은?

> 부화유충은 소나무와 해송의 잎집이 쌓인 침엽 기부에 충영을 형성하고 그 안에서 흡즙함으로써 피해를 입은 침엽은 생장이 저해되어 조기에 변색, 고사할 뿐만 아니라 피해를 입은 입목은 침엽의 감소에 의하여 생장이 감퇴한다.

① 솔나방
② 솔잎혹파리
③ 소나무좀
④ 솔노랑잎벌

해설
솔잎혹파리
• 1년에 1회 발생하며 소나무, 곰솔(해송)에 피해가 심하다.
• 유충으로 지피물 밑의 지표나 1~2cm 깊이의 흙 속에서 월동한다.
• 5월 하순부터 10월 하순까지 유충이 솔잎 기부에 벌레혹(충영)을 형성하고, 그 내부에서 흡즙 가해하여 일찍 고사하게 하며 임목의 생장을 저해한다.

29 곤충의 몸 밖으로 방출되어 같은 종끼리 통신을 할 때 이용되는 물질은?

① 퀴논　　　　② 테르펜
③ 페로몬　　　　④ 호르몬

해설
페로몬(pheromone)은 같은 종(種) 동물의 개체 사이의 의사소통에 사용되는 체외분비성 물질이다.

30 다음 (　) 안에 적합한 내용은?

> 해충을 방제하기 위하여 수목에 잠복소를 설치하였다가 해충이 활동하기 전에 모아서 소각하는 방법을 (　)라고 한다.

① 생물적 방제
② 육림학적 방제
③ 화학적 방제
④ 기계적 방제

해설
기계적 방제법은 간단한 기구 또는 손으로 해충을 잡는 방법으로 포살, 유살, 차단 등이 있다.

31 산불 발생이 가장 많은 시기는?

① 3~5월　　　　② 6~8월
③ 9~11월　　　　④ 12~2월

해설
우리나라는 3~5월의 건조 시에 산불이 가장 많이 일어난다.

32 살충제 중 유제(乳劑)에 대한 설명으로 옳지 않은 것은?

① 수화제에 비하여 살포용 약액조제가 편리하다.
② 포장, 운송, 보관이 용이하며 경비가 저렴하다.
③ 일반적으로 수화제나 다른 제형(劑型)보다 약효가 우수하다.
④ 살충제의 주제를 용제(溶劑)에 녹여 계면활성제를 유화제로 첨가하여 만든다.

해설
유제
• 물에 녹지 않는 농약의 주제를 용제에 용해시켜 계면활성제를 첨가한다.
• 물과 혼합 시 우유 모양의 유탁액이 된다.
• 수화제보다 살포액의 조제가 편리하고 약효가 다소 높다.

33 참나무 시들음병을 매개하는 광릉긴나무좀을 구제하는 가장 효율적인 방제법은?

① 피해목 약제 수간주사
② 피해목 약제 수관살포
③ 피해 임지 약제 지면처리
④ 피해목 벌목 후 벌목재 살충 및 살균제 훈증처리

해설
참나무 시들음병은 피해목을 벌채해 약제를 뿌리고 비닐로 씌워 훈증처리한다.

34 솔잎혹파리의 방제를 위하여 수간주사를 할 때 사용하는 약제는?

① 포스팜   ② 스미치온
③ 메타시톡스   ④ 다찌가렌

35 임목을 고사시킬 정도의 피해를 주며 1년에 3회 발생하는 해충은?

① 왕소나무좀
② 소나무노랑점바구미
③ 애소나무좀
④ 소나무좀

②·③·④ 소나무노랑점바구미, 애소나무좀, 소나무좀은 1년에 1회 발생한다.

36 해충의 직접적인 구제방법 중 기계적 방제법에 속하지 않는 것은?

① 포살법   ② 소살법
③ 유살법   ④ 냉각법

기계적 방제법은 간단한 기구 또는 손으로 해충을 잡는 방법으로 포살, 유살, 소살 등이 있다.

37 해충의 체(體) 표면에 직접 살포하거나 살포된 물체에 해충이 접촉되어 약제가 체내에 침입하여 독(毒)작용을 일으키는 약제는?

① 유인제   ② 접촉살충제
③ 소화중독제   ④ 화학불임제

① 유인제 : 곤충을 유인하는 작용이 있는 물질로 곤충이 분비하는 페로몬 등을 이용한 약제
③ 소화중독제 : 해충의 입을 통해 소화관에 들어가 중독작용을 일으켜 치사시키는 약제
④ 화학불임제 : 해충의 암컷 또는 수컷이 불임이 되게 하여 번식을 막는 목적으로 쓰이는 약제

38 농약에서 보조제를 쓰는 목적과 거리가 먼 것은?

① 협력제는 유효성분의 효력을 증진시킨다.
② 전착제는 주제(主劑)의 전착력(展着力)을 좋게 한다.
③ 계면활성제는 유제의 유화성을 높이는 데 쓰인다.
④ 증량제는 분제에 있어서 유효성분의 농도를 높이기 위해 쓴다.

④ 증량제는 농약 주성분의 농도를 낮추기 위하여 사용하는 보조제이다.

39 다음 중 응애류에 대해서만 선택적으로 효과가 있는 약제는?

① 살균제 ② 살충제
③ 살비제 ④ 살서제

해설

살비제는 주로 식물에 붙는 응애류를 죽이는 데 사용되며 켈센 등이 대표적인 약제이다.

40 농약 취급 시 주의할 사항으로 부적합한 것은?

① 농약을 살포할 때는 방독면과 방호용 옷을 착용하여야 한다.
② 쓰고 남은 농약은 변질될 수 있으므로 즉시 주변에 버리거나, 다른 용기에 담아 둔다.
③ 피로하거나 건강이 나쁠 때는 작업하지 않는다.
④ 작업 중에 식사 또는 흡연을 금한다.

해설

사용하고 남은 희석한 농약은 미련 없이 버린다. 음료수병에 보관하는 것은 절대금지이며, 사용 후 남은 원액은 그대로 밀봉하여 어린이의 손이 닿지 않는 장소에 보관한다.

41 벌목작업 도구 중에서 쐐기는?

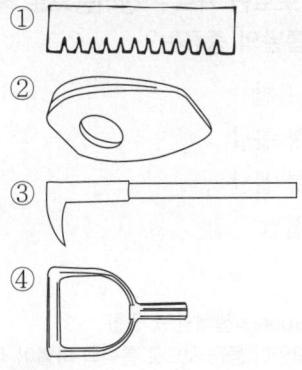

해설

① 이식판, ③ 사피, ④ draw shave(박피용 도구)

42 침·활엽수 유령림의 무육작업에 사용하고, 직경 5cm 내외의 잡목 및 불량목을 제거하기에 가장 적합한 도구는?

① 예취기
② 스위스보육낫
③ 소형 전정가위
④ 소형 손톱

해설

스위스보육낫
침·활엽수 유령림의 무육작업에 적합한 도구로, 직경 5cm 내외의 잡목 및 불량목 제거에 사용되며, 벌목작업 시 벌도목 근주 부근의 정리 및 날의 끝을 이용하여 원목을 소운반하는 데 사용할 수 있다.

43 초보자가 사용하기 편리하고 모래 등이 많이 박힌 도로변 가로수 정리용으로 적합한 체인톱 톱날의 종류는?

① 끌형 톱날
② 대패형 톱날
③ 반끌형 톱날
④ L형 톱날

해설
대패형(Chipper) 톱체인 – 원형
• 톱날의 모양이 둥근 것으로 톱니의 마멸이 적고 원형줄로 톱니세우기가 쉽다.
• 절삭저항이 크나 비교적 안전하므로 초보자가 사용하기 쉽다.
• 가로수와 같이 모래나 흙이 묻어 있는 나무를 벌목할 때 많이 이용된다.

44 벌목작업에서 쐐기는 주로 벌도방향의 결정과 안전작업을 위해 사용된다. 목재 쐐기를 만드는 데 적당한 수종이 아닌 것은?

① 리기다소나무
② 단풍나무
③ 참나무류
④ 아까시나무

해설
리기다소나무는 목재로는 질이 좋지 않아 목재 쐐기 등으로는 쓰이지 않으며 거의 사방조림용으로 이용된다. 목재쐐기는 아까시나무, 단풍나무, 층층나무, 너도밤나무, 참나무류, 밤나무 등으로 만든다.

45 4행정 사이클기관의 작동순서로 맞는 것은?

① 흡입 → 압축 → 배기 → 폭발
② 흡입 → 폭발 → 배기 → 압축
③ 흡입 → 배기 → 압축 → 폭발
④ 흡입 → 압축 → 폭발 → 배기

해설
4행정 사이클기관의 작동순서 : 흡입 → 압축 → 폭발(팽창) → 배기

46 체인톱과 예불기의 연료 혼합비로 가장 적합한 것은?

① 휘발유 : 오일 = 15 : 1
② 휘발유 : 오일 = 25 : 1
③ 휘발유 : 오일 = 45 : 1
④ 휘발유 : 오일 = 65 : 1

해설
체인톱과 예불기에 사용하는 연료 혼합비
휘발유 : 윤활유(엔진오일) = 25 : 1

47 벌도작업 시 정확한 작업을 할 수 있도록 지역할 및 완충과 지레받침대 역할을 하는 것은?

① 안내판   ② 체인브레이크
③ 지레발톱   ④ 스파크플러그

해설
지레발톱(스파이크)
벌목이나 절단작업을 할 때 정확한 작업 위치를 선정하고 체인톱을 지지하여 안전하게 작업할 수 있도록 도와주는 장치로, 체인톱 본체 앞면에 부착되어 있다.

48 출력과 무게에 따라 체인톱을 구분할 때 소형 체인톱에 해당하는 것은?

① 엔진출력 1.1kW(1.0ps), 무게 2kg
② 엔진출력 2.2kW(3.0ps), 무게 6kg
③ 엔진출력 3.3kW(4.5ps), 무게 9kg
④ 엔진출력 4.0kW(5.5ps), 무게 12kg

해설

체인톱의 엔진출력과 무게에 따른 구분

구분	엔진출력	무게	용도
소형	2.2kW (3.0ps)	6kg	소경재의 벌목작업, 벌도목의 가지제거
중형	3.3kW (4.5ps)	9kg	중경목의 벌목작업
대형	4.0kW (5.5ps)	12kg	대경목의 벌목작업

49 예불기는 누계사용시간이 얼마일 때마다 그리스(윤활유)를 교환해야 하는가?

① 200시간
② 50시간
③ 20시간
④ 1시간

해설

누계사용시간이 20시간 되었을 때마다 그리스를 전부 교환해준다.

50 체인 톱날 연마 시 깊이제한부를 너무 낮게 연마했을 때 나타나는 현상으로 틀린 것은?

① 톱밥이 정상적으로 나오며 절단이 잘된다.
② 톱밥이 두꺼우며 톱날에 심한 부하가 걸린다.
③ 안내판과 톱니발의 마모가 심해 수명이 단축된다.
④ 체인이 절단되면서 사고가 날 수 있다.

해설

절삭날의 높이와 깊이제한부의 높이차에 따라 절삭 두께가 달라진다.

51 기계톱 기화기의 벤투리관으로 유입된 연료량은 무엇에 의해 조정될 수 있는가?

① 저속조정나사와 노즐
② 지뢰쇠와 연료유입 조정니들 밸브
③ 고속조정나사와 공전조정나사
④ 배출 밸브막과 펌프막

52 체인톱의 엔진에 과열현상이 일어났을 경우 예상되는 원인으로 가장 거리가 먼 것은?

① 클러치가 손상되어 있다.
② 기화기 조절이 잘못되어 있다.
③ 연료 내에 오일 혼합량이 적다.
④ 점화코일과 단류장치에 결함이 있다.

해설

클러치가 손상되면 엔진 공전 시에도 체인이 가동된다.

53 체인톱 출력(힘)의 표시로 사용되는 국제단위에는 무엇이 있는가?

① HP   ② HA
③ HO   ④ HS

해설
HP는 'Horse Power'의 약자로 내연기관의 동력 표시 단위이다.

54 혼합연료에 오일의 함유비가 높을 경우 나타나는 현상으로 옳지 않은 것은?

① 연료의 연소가 불충분하여 매연이 증가한다.
② 스파크플러그에 오일이 덮히게 된다.
③ 오일이 연소실에 쌓인다.
④ 엔진을 마모시킨다.

해설
혼합연료에 오일의 함유비가 높을 경우 나타나는 현상
• 연료의 연소가 불충분하여 매연이 증가한다.
• 스파크플러그에 오일이 덮히게 된다.
• 오일이 연소실에 쌓인다.
※ 오일의 함유비가 낮을 경우 엔진을 마모시킨다.

55 벌목한 나무를 기계톱으로 가지치기할 때 유의할 사항으로 가장 옳은 것은?

① 후진하면서 작업한다.
② 안내판이 짧은 기계톱을 사용한다.
③ 벌목한 나무를 몸과 기계톱 밖에 놓고 작업한다.
④ 작업자는 벌목한 나무와 멀리 떨어져 서서 작업한다.

해설
① 전진하면서 작업한다.
③ 벌목한 나무를 몸과 기계톱 사이에 놓고 작업한다.
④ 작업자는 벌목한 나무 가까이에 서서 작업하며, 기계톱은 자연스럽게 움직여야 한다.

56 체인톱 에어필터(공기청정기)의 정비 방법으로 적합한 것은?

① 매일 작업 중 또는 작업 후에 손질
② 2~3일 사용 후 한 번씩 손질
③ 1주 간 사용 후 손질
④ 1개월간 사용 후 손질

해설
체인톱의 일일점검사항 : 에어필터 청소, 안내판 점검, 휘발유와 오일 혼합

57 예불기 운전 및 작업상 유의사항으로 옳지 않은 것은?

① 발 끝에 예불기의 톱날이 접촉되지 않도록 주의한다.
② 작업 방향은 톱날의 회전방향이 좌측이므로 우측에서 좌측으로 실시한다.
③ 주변에 사람 유무를 확인하고 엔진을 시동한다.
④ 작업원 간 거리는 가능한 5m 이내로 최대한 근접한 거리에서 실행한다.

해설
예불기로 작업 시 안전공간(작업반경 10m 이상)을 확보하면서 작업한다.

58 소형 동력원치의 사용에 있어 일일점검사항이 아닌 것은?

① 와이어로프 점검
② 기어오일의 점검
③ 공기여과기 청소
④ 볼트 및 너트의 점검

해설
기어오일은 엔진오일과 같이 일상적으로 점검할 수 없으므로 주기적으로 교환한다.

59 다음 중 디젤엔진 압축착화기관의 압축온도로 가장 적당한 것은?

① 100~200°C
② 300~400°C
③ 500~600°C
④ 700~900°C

해설
디젤엔진은 공기만을 흡입하고, 고압축비(16~23 : 1)로 압축하여 그 온도가 500°C 이상 되게 한 다음 노즐에서 연료를 안개모양으로 분사시켜 공기의 압축열에 의해 자기착화시킨다.

60 체인톱의 1시간당 평균 연료소모량은?

① 1.0L
② 1.5L
③ 2.0L
④ 2.5L

해설
• 1시간당 평균 연료소모량 : 1.5L
• 1시간당 평균 오일소모량 : 0.4L

01 결실을 촉진시키는 방법으로 옳은 것은?

① 수목의 식재밀도를 높게 한다.
② 줄기의 껍질을 환상으로 박피한다.
③ 간벌이나 가지치기를 하지 않는다.
④ 차광망을 씌워 그늘을 만들어준다.

해설
결실촉진 방법
• 수관의 소개
• 시비
• 생장조절물질(지베렐린, NAA 등) 처리
• 기계적 처치(환상박피, 전지, 단근처리, 접목 등)

02 인공조림으로 갱신할 때 가장 용이한 작업종은?

① 개벌작업   ② 택벌작업
③ 산벌작업   ④ 모수작업

해설
개벌작업이란 갱신하고자 하는 임지 위에 있는 임목을 일시에 벌채하여 이용하고, 그 적지에 새로운 임분을 조성시키는 방법이다.

03 묘목의 가식에 대한 설명으로 옳지 않은 것은?

① 동해에 약한 유묘는 움가식을 한다.
② 뿌리부분을 부채살 모양으로 열가식한다.
③ 선묘 결속된 묘목은 즉시 가식하여야 한다.
④ 지제부가 10cm가 되지 않도록 얕게 가식한다.

해설
④ 지제부는 10cm 이상 묻히도록 깊게 가식한다.

04 일정한 규칙과 형태로 묘목을 식재하는 배식설계에 해당되지 않는 것은?

① 정방형 식재
② 장방형 식재
③ 정삼각형 식재
④ 정육각형 식재

해설
규칙적 식재망
정방형, 장방형, 정삼각형, 이중정방형 등이 있고, 일반적으로 정방형 식재를 하는데 규칙적 식재를 하면 식재 이후에 각종 조림작업을 능률적으로 할 수 있다.

05 혼합연료에 오일의 함유비가 높을 경우 나타나는 현상으로 옳지 않은 것은?

① 연료의 연소가 불충분하여 매연이 증가한다.
② 스파크플러그에 오일이 덮히게 된다.
③ 오일이 연소실에 쌓인다.
④ 엔진을 마모시킨다.

해설

혼합연료에 오일의 함유비가 높을 경우 나타나는 현상
• 연료의 연소가 불충분하여 매연이 증가한다.
• 스파크플러그에 오일이 덮히게 된다.
• 오일이 연소실에 쌓인다.
※ 오일의 함유비가 낮을 경우 엔진을 마모시킨다.

06 파종상에서 2년, 판갈이상에서 1년 된 만 3년생 묘목의 표기 방법은?

① 1-2　　　　② 2-1
③ 1-1-1　　　④ 1-0-2

해설

① 1-2 : 파종상에서 1년, 이식상에서 1번(2년)을 경과한 3년생 묘목
③ 1-1-1 : 파종상에서 1년, 그 뒤 1번 상체된 일이 있고 각 상체상에서 1년을 경과한 3년생 묘목
④ 1-0-2 : 파종상에서 1년 그 뒤 상체된 일이 없고 상체상에서 2년을 경과한 3년생 묘목

07 삼림을 가꾸기 위한 벌채에 속하는 것은?

① 택벌작업　　② 산벌작업
③ 간벌작업　　④ 중림작업

해설

간벌작업은 경관의 유지와 개선을 위해 밀도 조절이 필요한 산림에서 진행된다.

08 다음 중 동일 조건하에서 종자의 비산력(飛散力)이 가장 큰 것은?

① 상수리나무　　② 소나무
③ 잣나무　　　　④ 주목

해설

소나무는 종자가 가벼워 비산력이 크다. 따라서 1ha당 15~30본 정도를 남기면 골고루 산재시킬 수 있으나 종자가 무거워 비산력이 작은 활엽수종은 50본 이상을 남겨야 한다.

09 다음 중 발아율이 90%, 순량률이 70%인 종자의 효율은?

① 20%　　　　② 63%
③ 80%　　　　④ 96%

해설

$$효율(\%) = \frac{발아율 \times 순량률}{100} = \frac{90 \times 70}{100} = 63\%$$

10 천연림보육 과정에서 간벌작업 시 미래목 관리 방법으로 옳은 것은?

① 피압을 받지 않은 상층의 우세목으로 선정한다.
② 미래목 간의 거리는 2m 정도로 한다.
③ 가슴높이에서 흰색 수성 페인트를 둘러서 표시한다.
④ ha당 활엽수는 300~400본을 선정한다.

해설

미래목의 선정 및 관리
• 피압을 받지 않은 상층의 우세목으로 선정하되 폭목은 제외한다.
• 나무줄기가 곧고 갈라지지 않으며, 산림 병충해 등 물리적인 피해가 없어야 한다.
• 미래목 간의 거리는 최소 5m 이상으로 임지 내에 고르게 분포하도록 한다.
• 활엽수는 200본/ha 내외, 침엽수는 200~400본/ha을 미래목으로 한다.
• 미래목만 가지치기를 실행하며 산 가지치기일 경우 11월부터 이듬해 5월 이전까지 실행하여야 하나 작업 여건, 노동력 공급 여건 등을 감안하여 작업시기 조정이 가능하다.
• 가지치기는 반드시 톱을 사용하여 실행한다.
• 솎아베기 및 산물의 하산, 집재(集材), 반출 등의 작업 시 미래목을 손상하지 않도록 주의한다.
• 가슴높이에서 10cm의 폭으로 황색 수성 페인트로 둘러서 표시한다.

11 다음 수종 중 꽃핀 이듬해 가을에 종자가 성숙하는 것은?

① 버드나무   ② 떡느릅나무
③ 졸참나무   ④ 상수리나무

해설

졸참나무는 꽃이 핀 해에 종자가 성숙하지만 상수리나무는 이듬해에 성숙한다.
① 버드나무 : 5월
② 떡느릅나무 : 6월
③ 졸참나무 : 9월 말

12 중림작업의 상층목 및 하층목에 대한 설명으로 옳지 않은 것은?

① 일반적으로 하층목은 비교적 내음력이 강한 수종이 유리하다.
② 하층목이 상층목의 생장을 방해하여 대경재 생산에 어려운 단점이 있다.
③ 상층목은 지하고가 높고 수관의 틈이 많은 참나무류 등 양수종이 적합하다.
④ 상층목과 하층목은 동일 수종으로 주로 실시하나, 침엽수 상층목과 활엽수 하층목의 임분구성을 중림으로 취급하는 경우도 있다.

해설

중림작업
• 교림과 왜림을 동일 임지에 함께 세워서 경영하는 작업으로 하층목으로서의 왜림은 맹아로 갱신되며 일반적으로 연료재와 소경목을 생산하고, 상층목으로서의 교림은 일반용재를 생산한다.
• 하층목은 비교적 내음력이 강한 수종이 좋고, 상층목은 지하고가 높고 수관밀도가 낮은 수종이 적당하다.
• 중림의 원래 내용은 임목 중에서 생활력이 왕성한 것을 골라 상층목으로 키우는 것이지만, 일반적으로 상층목은 침엽수종으로, 하층목은 활엽수로 한다.

13 예비벌 → 하종벌 → 후벌로 갱신되는 작업법은?

① 택벌작업   ② 중림작업
③ 산벌작업   ④ 모수작업

해설

산벌작업은 임분을 예비벌, 하종벌, 후벌로 3단계 갱신벌채를 실시하여 갱신하는 방법이다.

14 경운기의 벨트 조정은 벨트 가운데를 손가락으로 눌러서 몇 cm 정도 처지는 상태가 좋은가?

① 0.5~1cm ② 2~3cm

③ 7~10cm ④ 11~15cm

해설

벨트가 늘어져 있을 때 벨트의 유격은 2~3cm 정도가 되도록 조정한다.

15 체인톱의 점화플러그 정비 주기로 옳은 것은?

① 일일정비 ② 주간정비

③ 월간정비 ④ 계절정비

해설

체인톱의 점검

• 일일정비 : 휘발유와 오일의 혼합, 에어필터 청소, 안내판 손질

• 주간정비 : 안내판, 체인톱날, 점화부분(스파크플러스), 체인톱 본체

• 분기별정비 : 연료통과 연료필터 청소, 윤활유 통과 거름망 청소, 시동줄과 시동스프링 점검, 냉각장치, 전자점화장치, 원심분리형 클러치, 기화기

16 유아등으로 등화유살할 수 있는 해충은?

① 오리나무잎벌레

② 솔잎혹파리

③ 밤나무순혹벌

④ 어스렝이나방

해설

등화유살 : 곤충의 주광성을 이용하여 곤충이 유아등에 모이게 하여 죽이는 방법으로, 9~10월에 어스렝이나방에게 사용할 수 있다.

17 다음에서 설명하는 수병은?

- 경기도 가평에서 처음 발견되었다.
- 줄기에 병징이 나타나면 어린나무는 대부분이 1~2년 내에 말라 죽고 20년생 이상의 큰 나무는 병이 수년간 지속되다가 마침내 말라 죽는다.

① 잣나무 털녹병

② 소나무 모잘록병

③ 오동나무 탄저병

④ 오리나무 갈색무늬병

해설

잣나무 털녹병은 줄기에 병징이 나타나면 어린 조림목은 대부분 당해에 말라 죽으며, 20년생 이상의 성목에서는 병이 수년간 지속되다가 말라 죽는다.

18 묘목규격의 측정기준으로 사용하지 않는 것은?

① 근원경

② 최소간장

③ 최대간장

④ 근원경 대비 최소간장의 비율

해설

묘목규격 측정기준에는 최소간장이 사용되고, 최대간장은 규격기준에 포함되지 않는다.

산림용 묘목규격의 측정기준(종묘사업실시요령)

• 간장 : 근원경(밑둥지름)에서 정아까지의 길이

• 근원경 : 포지에서 묘목줄기가 지표면에 닿았던 부분의 최소직경

• H/D율 : mm 단위의 근원경 대비 간장(줄기 길이)의 비율

19 뽕나무 오갈병의 병원균은?

① 균류   ② 선충

③ 바이러스   ④ 파이토플라스마

해설

뽕나무 오갈병의 병원균은 파이토플라스마이며, 마름무늬매미충에 의해 매개되고 접목에 의해서도 전염된다.

20 토양 중에서 수분이 부족하여 생기는 피해는?

① 볕데기(皮燒)   ② 상해(霜害)

③ 한해(旱害)   ④ 열사(熱死)

해설

① 볕데기 : 수간이 태양광선의 직사를 받았을 때 수피의 일부에 급격한 수분증발이 생겨 조직이 마르는 현상

② 상해(霜害) : 이른 봄 식물의 발육이 시작된 후 급격한 온도저하가 일어나 어린 지엽이 손상되는 현상

④ 열사(熱死) : 7~8월경 토양이 건조되기 쉬울 때 암흑색의 사질 부식토에서 태양열을 흡수함으로써 발생

21 다음 중 와이어로프의 선택 시 고려사항이 아닌 것은?

① 용도

② 드럼의 지름

③ 도르래의 통과 횟수

④ 벌채원목의 수종

해설

와이어로프를 선택하기 위해서는 용도, 드럼의 지름, 도르래의 통과 횟수 등을 고려하여야 하며, 벌채원목의 수종은 와이어로프 선택에 직접적 관련성이 없다.

22 대목의 수피에 T자형으로 칼자국을 내고 그 안에 접아를 넣어 접목하는 방법은?

① 절접   ② 눈접

③ 설접   ④ 할접

해설

① 절접 : 지표면에서 7~12cm 되는 곳에 대목을 절개하여 접수의 접합 부위가 대목과 접수의 형성층 부위와 일치할 수 있도록 절개부위에 접수를 끼워 넣어 접목하는 법

③ 설접 : 대목과 접수의 굵기가 비슷한 것에서 대목과 접수를 혀 모양으로 깎아 맞추고 졸라매는 접목방법

④ 할접 : 대목이 비교적 굵고 접수가 가늘 때 적용하는 방법으로 접수에는 끝눈을 붙이고 1cm 길이만 침엽을 남겨 아래에 삭면을 만들어 접목하는 방법

23 농약의 독성을 표시하는 용어인 'LD$_{50}$'의 설명으로 가장 적합한 것은?

① 시험동물의 50%가 죽는 농약의 양이며, mg/kg으로 표시

② 농약 독성평가의 어독성 기준 동물인 잉어가 50% 죽는 양이며, mg/kg으로 표시

③ 시험동물의 50%가 죽는 농약의 양이며, g/g으로 표시

④ 농약 독성평가의 어독성 기준 동물인 잉어가 50% 죽는 양이며, g/g으로 표시

해설

LD$_{50}$: 시험동물의 50%가 죽는 농약의 양이며, mg/kg으로 표시한다.

24 산림종자의 이동 방법 중 소나무, 엉컹퀴 종자가 이동하는 방법으로 옳은 것은?

① 풍력   ② 중력
③ 동물   ④ 수력

> **해설**
> ① 풍력 : 단풍나무, 소나무, 물푸레나무, 민들레, 엉겅퀴 등
> ② 중력 : 참나무류, 호두나무, 밤나무 등
> ③ 동물 : 새 – 향나무, 벚나무, 마가목 등, 설치류 – 참나무류, 호두나무, 가문비나무 등
> ④ 수력 : 열대지방 야자나무, 연꽃 등

25 주로 유효성분을 연기의 상태로 해서 해충을 방제하는 데 쓰이는 약제는?

① 훈증제   ② 훈연제
③ 유인제   ④ 기피제

> **해설**
> ① 훈증제 : 약제가 기체로 되어 해충의 기문을 통하여 체내에 들어가 질식(窒息)을 일으키는 것
> ③ 유인제 : 해충을 유인해서 포살하는 데 사용되는 약제
> ④ 기피제 : 해충이 작물에 접근하는 것을 방해하는 물질

26 파이토플라스마에 의한 주요 수목병이 아닌 것은?

① 붉나무 빗자루병
② 잣나무 털녹병
③ 오동나무 빗자루병
④ 대추나무 빗자루병

> **해설**
> 잣나무 털녹병은 담자균에 의한 수병이다.

27 예불기의 원형 톱날 사용 시 안전사고 예방을 위해 사용이 금지된 부분은?

① 시계점 12~3시 방향
② 시계점 3~6시 방향
③ 시계점 6~9시 방향
④ 시계점 9~12시 방향

> **해설**
> 예불기 톱날의 회전방향은 좌측(반시계방향)이므로 시계점 12~3시 방향은 안전사고 예방을 위해 되도록 사용을 금지한다.

28 두더지에 의한 피해 형태에 대한 설명으로 가장 옳은 것은?

① 나무의 줄기 속을 파먹는다.
② 나무의 어린 새순을 잘라 먹는다.
③ 땅속에 큰나무 뿌리를 잘라 먹는다.
④ 묘포에서 나무의 뿌리를 들어 올려 말라 죽게 한다.

해설
두더지가 굴을 파고 돌아다니거나 먹이를 찾아 뿌리를 헤치고 다니면 뿌리가 건조해지면서 나무 전체의 세력이 약화된다.

29 피해목을 벌채한 후 약제 훈증처리의 방제가 필요한 수병은?

① 뽕나무 오갈병
② 잣나무 털녹병
③ 소나무 잎녹병
④ 참나무 시들음병

해설
참나무 시들음병의 방제
침입공에 메프 유제, 파프 유제 500배액을 주입하고, 피해목을 벌채하여 1m 길이로 잘라 쌓은 후 메탐소디움을 m²당 1L씩 살포하고 비닐을 씌워 밀봉하여 훈증처리한다.

30 바다에서 불어오는 바람을 막기 위해 방조림을 만드는 데 적합한 수종들로 짝지어진 것은?

① 전나무, 자귀나무
② 곰솔, 자귀나무
③ 향나무, 소나무
④ 후박나무, 삼나무

해설
• 염풍에 저항력이 큰 수종 : 곰솔, 향나무, 사철나무, 자귀나무, 팽나무, 후박나무, 돈나무 등
• 염풍에 저항력이 약한 수종 : 소나무, 삼나무, 편백, 화백, 전나무, 벚나무, 포도나무, 사과나무, 배나무 등

31 다음 중 삽목이 잘되는 수종끼리만 짝지어진 것은?

① 버드나무, 잣나무
② 개나리, 소나무
③ 오동나무, 느티나무
④ 사철나무, 미루나무

해설
삽목이 용이한 수종 : 포플러류, 버드나무류, 은행나무, 사철나무, 플라타너스, 개나리, 주목, 실편백, 연필향나무, 측백나무, 화백, 향나무, 비자나무, 미루나무 등이 있다.

32 어깨걸이식 예불기를 메고 바른 자세로서 손을 떼었을 때 지상으로부터 날까지의 가장 적절한 높이는 몇 cm 정도인가?

① 5~10
② 10~20
③ 20~30
④ 30~40

33 우리나라에서 발생하는 주요 소나무류 잎녹병균의 중간기주가 아닌 것은?

① 잔대 　　② 황벽나무
③ 현호색 　　④ 등골나물

현호색은 포플러 잎녹병을 일으키는 담자균의 중간기주이다.

35 예불기의 장치 중 불량하면 엔진의 힘이 줄고 연료소모량을 많아지게 하는 것은?

① 액셀레버
② 공기여과장치
③ 공기필터 덮개
④ 연료탱크

공기여과장치가 불량하면 기화기 내 연료 농도가 진해져 엔진의 힘이 떨어진다.
공기여과장치가 더럽혀져 있는 경우의 고장
• 점화에 이상이 있고 엔진에 힘이 없다.
• 비정상적으로 연료소비량이 많다.
• 엔진가동이 불규칙적이다.

34 임분을 띠 모양으로 구획하고 각 띠를 순차적으로 개벌하여 갱신하는 방법은?

① 산벌작업
② 대상개벌작업
③ 군상개벌작업
④ 대면적 개벌작업

② 대상개벌작업 : 갱신대상 임분을 임의의 대상지(帶狀地)로 구분하고 우선 그중 1구역 이상의 대상지를 개벌하고, 인접 모수림으로부터 측방천연하종에 의하여 갱신한 후 점차 다른 대상지로 확대해 나가는 방법이다. 갱신의 진행순서에 따라 교호대상법과 연속대상법이 있다.
① 산벌작업 : 윤벌기에 비하여 비교적 짧은 갱신기간 중에 몇 차례에 걸친 벌채로 갱신면상에 있는 임목을 완전히 제거하는 작업이다.
③ 군상개벌작업 : 임분 내에 수개의 군상개벌면을 조성하여 주위의 모수림으로부터 측방천연하종에 의하여 치수를 발생시켜, 순차적으로 군상지 주위로 갱신면을 확대해 가는 방법이다.
④ 대면적 개벌작업 : 대면적 임분을 한 번에 개벌하여 측방천연하종으로 갱신하는 방법이다.

36 일정한 면적에 직사각형 식재를 할 때 소요 묘목수 계산식은?

① 조림지면적/묘간거리
② 조림지면적/(묘간거리)^2
③ 조림지면적/(묘간거리)$^2 \times 0.866$
④ 조림지면적/묘간거리 × 줄 사이의 거리

직사각형 식재 : 열간에 비하여 묘목 사이의 거리가 더 긴 것
$N = A/a \times b$
여기서, N : 식재할 묘목수
　　　　A : 조림지 면적
　　　　a : 묘목 사이의 거리
　　　　b : 열간거리

37 농약의 물리적 형태에 따른 분류가 아닌 것은?

① 유제　　　　② 분제
③ 전착제　　　④ 수화제

농약의 분류
- 사용목적에 따른 분류 : 살균제, 살충제, 살비제, 살선충제, 제초제, 식물 생장조절제, 혼합제, 살서제, 소화중독제, 유인제 등
- 주성분 조성에 따른 분류 : 유기인계, 카바메이트계, 유기염소계, 유황계, 동계, 유기비소계, 항생물질계, 피레스로이드계, 페녹시계, 트라이아진계, 요소계, 설포닐우레아계 등
- 제형에 따른 분류 : 유제, 수화제, 분제, 미분제, 수화성미분제, 입제, 액제, 액상수화제, 미립제, 세립제, 저미산분제, 수면전개제, 종자처리수화제, 캡슐현탁제, 분의제, 과립훈연제, 과립수화제, 캡슐제 등
- 사용방법에 따른 분류 : 희석살포제, 직접살포제, 훈연제, 훈증제, 연무제, 도포제 등

38 소립종자의 실중(實重)을 알맞게 설명한 것은?

① 종자 100립의 무게를 kg으로 나타낸 것
② 종자 100립의 무게를 g으로 나타낸 것
③ 종자 1,000립의 무게를 kg으로 나타낸 것
④ 종자 1,000립의 무게를 g으로 나타낸 것

실중은 종자 1,000립의 무게를 g으로 나타낸 것으로 대립종자 100립, 소립종자 1,000립을 4회 반복하여 무게를 측정한 평균치이다.

39 다음의 수목병해 중 병징은 있으나 표징이 전혀 없는 것은?

① 오동나무 빗자루병
② 잣나무 털녹병
③ 낙엽송 잎떨림병
④ 밤나무 흰가루병

바이러스, 마이코플라스마에 의한 병은 병징만 나타나고 표징이 전혀 없다.
②·③·④ 진균에 의한 병

40 다음 (　　) 안에 들어갈 알맞은 말은?

> 침엽수 모잘록병, 삼나무 붉은마름병은 (　　) 비료를 많이 줄수록 피해가 심해진다.

① 질소질　　　② 인산질
③ 유기질　　　④ 무기질

질소질 비료의 과용은 식물의 생리적 스트레스를 증가시키고, 병원균에 대한 저항력을 약화시키는 원인이 된다.

41 다음 중 비생물적 병원(病原)인 것은?

① 선충　　　　② 진균
③ 공장폐수　　④ 파이토플라스마

비생물적 병원(病原) : 공장폐수, 대기오염, 고온과 저온장해, 수분의 과부족, 영양장해, 풍해, 염해 등

42 경사진 산림에서 임목벌도 방향은 보통 임지의 경사방향에 대하여 얼마 정도가 적합한가?

① 10°

② 가로방향 또는 30°

③ 45°

④ 60°

경사진 산림에서 임목벌도 방향은 보통 임지의 경사방향에 대하여 가로방향(또는 30°) 정도가 적당하다.

43 비료목으로 취급되는 나무 중 콩과 식물에 속하지 않는 것은?

① 아까시나무

② 보리수나무

③ 자귀나무

④ 싸리나무

비료목의 종류

콩과 수목	아까시나무, 자귀나무, 족제비싸리, 싸리류, 칡 등
방사상균 속	오리나무류, 보리수나무류, 소귀나무 등
기타	갈매나무, 붉나무, 딱총나무 등

44 다음 중 수목의 그을음병과 관계있는 해충으로만 짝지어진 것은?

① 매미나방, 솔잎혹파리

② 무당벌레, 솔나방

③ 솔나방, 소나무좀

④ 진딧물, 깍지벌레

그을음병은 진딧물, 깍지벌레 등 흡즙성 해충이 기생하였던 나무에서 흔히 볼 수 있다.

45 덩굴치기의 최적기는 언제인가?

① 3~4월 ② 5~7월

③ 9~10월 ④ 11~12월

덩굴제거는 덩굴류의 생장기인 5~9월에 실시하며, 덩굴식물이 뿌리 속의 저장양분을 소모한 7월경이 가장 좋다.

46 어린나무가꾸기의 1차 작업시기로 가장 알맞은 것은?

① 풀베기가 끝난 3~5년 후

② 가지치기가 끝난 5~6년 후

③ 덩굴제거가 끝난 1~2년 후

④ 솎아베기가 끝난 6~9년 후

대개 풀베기가 끝나고 3~5년이 지난 다음에 1차 작업을 시작하고, 다시 3~4년이 지난 다음 2차 작업을 하며, 제거 대상목의 맹아가 약한 6~9월 중에 실시한다.

47 다음 중 산벌작업에서 갱신기간을 나타내는 것은?

① 예비벌부터 하종벌까지
② 하종벌부터 후벌까지
③ 후벌부터 하종벌까지
④ 수광벌부터 종벌까지

해설
치수의 발생을 완성하는 하종벌부터 후벌의 마지막 벌채인 종벌까지의 기간을 갱신기간이라 한다.

48 2행정 기관을 4행정 기관과 비교했을 때, 2행정 기관의 특징에 대한 설명으로 틀린 것은?

① 배기음이 낮다.
② 휘발유와 오일소비가 크다.
③ 동일배기량에 비해 출력이 크다.
④ 저속운전이 곤란하다.

해설
① 무게는 가벼우나 배기음이 크다.

49 솔잎혹파리의 월동 장소로 옳은 것은?

① 나무껍질 사이
② 솔잎 사이
③ 땅속
④ 나무 속

해설
솔잎혹파리는 유충으로 지피물 밑의 지표나 1~2cm 깊이의 흙 속에서 월동한다.

50 다음 중 방화림(防火林) 조성용으로 가장 적합한 수종은?

① 소나무　② 삼나무
③ 갈참나무　④ 녹나무

해설
참나무류는 코르크층이 두꺼워 나무줄기에 불이 붙더라도 수피(껍질) 안쪽에 있는 형성층이 다칠 우려가 상대적으로 적고, 맹아력이 대단히 강해서 화재 후 뿌리 부근에서 새순들이 맹렬한 기세로 뻗어 나와 새로운 숲을 형성하게 된다.

51 전목집재 후 집재장에서 가지치기 및 조재 작업을 수행하기에 가장 적합한 장비는?

① 스키더　② 포워더
③ 프로세서　④ 펠러번처

해설
프로세서
하베스터와 유사하나 벌도기능만 없는 장비, 즉 일반적으로 전목재의 가지를 제거하는 가지자르기 작업, 재장을 측정하는 조재목 마름질 작업, 통나무 자르기 등 일련의 조재작업을 한 공정으로 수행하여 원목을 한곳에 쌓을 수 있는 장비

47 ② 48 ① 49 ③ 50 ③ 51 ③　정답

52 다음 중 노무관리의 3가지 질서가 아닌 것은?

① 사회질서　　② 경영질서
③ 조합질서　　④ 안전질서

해설

노무관리의 3가지 질서 : 사회질서, 경영질서, 조합질서

54 우리나라 여름철(+10~+40℃)에 기계를 사용 시 합유 제조를 위한 윤활유 점도가 가장 알맞은 것은?

① SAE 20
② SAE 20 W
③ SAE 30
④ SAE 10

해설

윤활유의 외부기온에 따른 점액도의 선택기준 예
• 외기온도 +10~+40℃ : SAE 30
• 외기온도 −10~+10℃ : SAE 20
• 외기온도 −30~−10℃ : SAE 20W
기계톱 윤활유의 점액도가 SAE 20W일 때 'W'는 겨울용을 표시하며 외기온도 범위는 −30~−10℃ 정도이다.

53 체인톱의 날갈기 시 이상적인 뎁스의 폭(mm)으로 옳은 것은?

① 0.0~0.25
② 0.25~0.5
③ 0.5~0.75
④ 0.75~1.0

해설

체인톱 날갈기 시 절삭높이

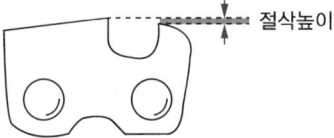
절삭높이

55 곤충이 생활하는 도중에 환경이 좋지 않으면 발육을 멈추고 좋은 환경이 될 때까지 일시적으로 정지하는 현상으로 정상으로 돌아오는 데 다소 시간이 걸리는 것은?

① 휴면　　　　② 이주
③ 탈피　　　　④ 휴지

해설

② 이주 : 곤충이 서식지를 이동하는 현상이다.
③ 탈피 : 곤충이 성장하면서 낡은 외피를 벗고 새로운 외피를 입는 현상이다.
④ 휴지(休止) : 휴면과는 달리 비교적 짧은 시간 동안 지속되며, 환경이 개선되면 다시 정상적인 활동을 재개한다.

56 가선집재에 사용되는 가공본줄의 최대장력은?(단, T = 최대장력, W = 가선의 전체중량, Φ = 최대장력계수, P = 가공본줄에 걸리는 전체하중)

① $T = (W - P) \times \Phi$
② $T = W \times P \times \Phi$
③ $T = (W + P) \times \Phi$
④ $T = W \div P \times \Phi$

해설

$T = (W + P) \times \Phi$
여기서, T : 가공본줄의 최대장력
　　　　W : 가선의 전체중량(가선의 사거리 × 가선의 단위중량)
　　　　P : 가공본줄에 걸리는 전체하중(반출목재의 중량 + 반송기의 중량)
　　　　Φ : 최대장력계수

57 다음 중 산림작업을 위한 개인 안전장비로 가장 거리가 먼 것은?

① 안전헬멧　　② 안전화
③ 구급낭　　　④ 얼굴보호망

해설

①・②・④ 외에 귀마개, 안전장갑, 안전복 등이 있다.

58 벌목 중 나무에 걸린 나무의 방향전환이나 벌도목을 돌릴 때 사용되는 작업 도구는?

① 쐐기　　　② 식혈봉
③ 박피삽　　④ 지렛대

해설

지렛대는 벌목 시 나무가 걸려 있을 때 밀어 넘기거나 또는 벌목된 나무의 가지를 자를 때 벌도목을 반대방향으로 전환시킬 경우에 사용한다.

59 벚나무 빗자루병의 병원체는?

① 세균
② 자낭균
③ 바이러스
④ 파이토플라스마

해설

자낭균에 의한 수병 : 벚나무 빗자루병, 밤나무 줄기마름병, 수목의 흰가루병, 수목의 그을음병, 소나무의 잎떨림병, 낙엽송의 잎떨림병, 낙엽송의 끝마름병 등

60 산불에 의한 피해 및 위험도에 대한 설명으로 옳지 않은 것은?

① 침엽수는 활엽수에 비해 피해가 심하다.
② 음수는 양수에 비해 산불위험도가 낮다.
③ 단순림과 동령림이 혼효림 또는 이령림보다 산불의 위험도가 낮다.
④ 낙엽활엽수 중에서 코르크층이 두꺼운 수피를 가진 수종은 산불에 강하다.

해설

③ 단순림과 동령림이 혼효림 혹은 이령림보다 산불 위험도가 높다.

01 벌목작업 도구가 아닌 것은?

① 지렛대 ② 밀대
③ 사피 ④ 양날괭이

> **해설**
>
> **양날괭이**
> 괭이 형태에 따라 타원형과 네모형으로 구분되며 한쪽 날은 괭이 형태로 땅을 벌리는 데 사용하고 다른 한쪽 날은 도끼 형태로 땅을 가르는 데 사용한다.

02 가을에 채집하여 정선한 종자를 눈녹은 물이나 빗물이 스며들 수 있도록 땅속에 묻었다가 파종할 이듬해 봄에 꺼내는 종자저장법은?

① 노천매장법 ② 보호저장법
③ 실온저장법 ④ 습적법

> **해설**
>
> 노천매장법은 종자의 저장과 발아촉진을 동시에 얻는 효과가 있다.

03 다음 중 가지치기를 시행하기에 가장 적절한 시기는?

① 초봄부터 여름
② 늦봄부터 늦가을
③ 초여름부터 늦가을
④ 늦가을부터 초봄

> **해설**
>
> 생장휴지기인 11월부터 이듬해 3월까지가 가지치기의 적기이다.

04 가솔린엔진과 비교할 때 디젤엔진의 특징으로 옳지 않은 것은?

① 열효율이 높다.
② 토크변화가 작다.
③ 배기가스 온도가 높다.
④ 엔진 회전속도에 따른 연료공급이 자유롭다.

> **해설**
>
> 디젤엔진은 과급으로 인한 높은 공연비 덕분에 연소 후 단위 질량당 에너지밀도가 낮고 따라서 배기가스 온도가 가솔린엔진에 비해 상당히 낮은 편이다. 때문에 터보차저의 터빈이 고열에 의해 손상될 위험성이 낮아서 터보차저를 조합하기가 용이하다.

05 다음 종자의 품질검사와 관련된 내용 중 틀린 것은?

① 발아율이란 일정한 수의 종자 중에서 발아력이 있는 것을 백분율로 표시한 것이다.
② 순량률이란 일정한 양의 종자 중 협잡물을 제외한 종자량을 백분율로 표시한 것이다.
③ 효율이란 발아율과 순량률의 곱으로 계산할 수 있다.
④ 실중이란 1L에 대한 무게를 나타낸 것이다.

> **해설**
>
> ④ 실중 : 종자의 크기를 판단하는 기준으로 대개 종자 1,000알의 무게를 g으로 나타낸 값이다.

06 다음에서 설명하는 장치는?

> 예불기의 부위 중 불량하면 엔진의 힘이 줄고 연료소모량을 많아지게 한다.

① 공기필터 덮개
② 액셀레버
③ 공기여과장치
④ 연료탱크

해설

공기여과장치가 불량하면 기화기 내 연료 농도가 진해져 엔진의 힘이 떨어진다.
공기여과장치가 더럽혀져 있는 경우의 고장
• 점화에 이상이 있고 엔진에 힘이 없다.
• 비정상적으로 연료소비량이 많다.
• 엔진가동이 불규칙적이다.

07 백호(backhoe)의 장비 규격 표시 방법으로 옳은 것은?

① 표준버켓 용량(m³)
② 차체의 길이(m)
③ 표준 견인력(ton)
④ 차체의 무게(ton)

해설

백호의 규격
각각의 형식에 표준버켓 용량(m³)으로 표시하고 0.2m³ 이하를 소형 백호라고 한다. 또한 하부 기구에 따라 궤도형과 차륜형 두 가지로 구분한다.

08 주제를 용액에 녹이고 거기에 유화제를 첨가하여 물과 섞이도록 한 약제는 무엇인가?

① 용액
② 유제
③ 수화제
④ 분제

해설

유제(乳劑)
농약원제를 유기용매에 녹인 후 유화제를 혼합하여 액체 상태로 만든 것으로 한 가지 또는 몇 가지의 용매를 함유하고 있어 독특한 냄새가 난다.

09 묘목가식에 대한 설명으로 옳지 않은 것은?

① 동해에 약한 유묘는 움가식을 한다.
② 비가 올 때에는 가식하는 것을 피한다.
③ 선묘 결속된 묘목은 즉시 가식하여야 한다.
④ 지제부는 낮게 묻어 이식이 편리하게 한다.

해설

④ 지제부는 10cm 이상 묻히도록 깊게 가식한다.

10 꽃핀 이듬해 가을에 종자가 성숙하는 수종은?

① 버드나무
② 느릅나무
③ 졸참나무
④ 비자나무

해설

④ 비자나무 : 꽃핀 다음 해 10월
① 버드나무 : 5월
② 느릅나무 : 5월
③ 졸참나무 : 9월 말

11 묘목의 연령을 표시할 때 1/2묘란?

① 6개월 된 삽목묘이다.

② 뿌리가 1년, 줄기가 2년 된 묘목이다.

③ 1/1묘의 지상부를 자른 지 1년이 지난 묘이다.

④ 이식상에서 1년, 파종상에서 2년을 보낸 만 3년생의 묘목이다.

해설

1/2묘 : 뿌리의 나이가 2년, 줄기의 나이가 1년인 묘목으로 1/1묘에 있어서 지상부를 한 번 절단해주고 1년이 경과하면 1/2묘로 된다.

12 모잘록병의 방제법으로 틀린 것은?

① 모판을 배수와 통풍이 잘되게 하고 밀식을 삼가야 한다.

② 질소질 비료를 많이 주어 묘목을 튼튼하게 기른다.

③ 토양소독 및 종자소독을 한다.

④ 발병했을 때에는 묘목을 제거하고, 그 자리에 토양살균제를 관주한다.

해설

③ 질소질 비료의 과용을 피하고, 인산질 비료를 충분히 준다.

13 묘포에서 뿌리나 지접근부를 주로 가해하는 곤충과는?

① 좀벌레과   ② 굴파리과

③ 비단벌레과   ④ 풍뎅이과

해설

뿌리나 지접근부를 주로 가해하는 곤충
• 노린재목 : 진딧물과
• 벌목 : 개미과
• 딱정벌레목 : 나무좀과, 바구미과, 풍뎅이과, 하늘소과

14 무육작업용 장비로 활용하기 가장 부적합한 것은?

① 손도끼

② 전정가위

③ 재래식 낫

④ 가지치기 톱

해설

손도끼는 제벌작업 및 간벌작업 시 가벌목의 표시, 단근작업, 도끼자루 제작 등에 사용된다.

15 다음 중 솔나방의 방제 방법으로 틀린 것은?

① 4월 중순~6월 중순과 9월 상순~10월 하순에 유충이 솔잎을 가해할 때 약제를 살포한다.

② 6월 하순부터 7월 중순까지 고치 속의 번데기를 집게로 따서 소각한다.

③ 솔나방의 기생성 천적이 발생할 수 있도록 가급적 단순림을 조성한다.

④ 볏짚, 가마니 또는 거적으로 잠복소를 설치한다.

해설

③ 단순림은 오히려 특정 해충이 대량 발생하기 쉬운 환경이다. 솔나방의 천적 발생을 돕기 위해서는 다양한 수종이 섞인 혼효림을 조성하여 생물 다양성을 높이는 것이 유리하다.

16 임분을 띠 모양으로 구획하고 각 띠를 순차적으로 개별하여 갱신하는 방법은?

① 산벌작업
② 대상개별작업
③ 군상개별작업
④ 대면적 개별작업

해설

① 산벌작업 : 윤벌기에 비하여 비교적 짧은 갱신기간 중에 몇 차례에 걸친 벌채로 갱신면상에 있는 임목을 완전히 제거하는 작업이다.
③ 군상개별작업 : 임분 내에 수 개의 군상개별면을 조성하여 주위의 모수림으로부터 측방천연하종에 의하여 치수를 발생시켜, 순차적으로 군상지 주위로 갱신면을 확대해 가는 방법이다.
④ 대면적 개별작업 : 대면적 임분을 한 번에 개별하여 측방천연하종으로 갱신하는 방법이다.

17 체인톱의 부속장치 중 지레발톱(spike)의 역할은 무엇인가?

① 체인톱 안전장치의 일부로서 체인의 원활한 회전 및 정지를 돕는다.
② 정확한 작업을 할 수 있도록 지지 역할 및 완충과 지레 받침대 역할을 한다.
③ 안내판의 보호 역할을 하여 준다.
④ 벌도목 가지치기 시 균형을 잡아준다.

해설

지레발톱(스파이크)
벌목이나 절단작업을 할 때 정확한 작업 위치를 선정하고 체인톱을 지지하여 안전하게 작업할 수 있도록 도와주는 장치로, 체인톱 본체 앞면에 부착되어 있다.

18 대기오염물질로만 짝지은 것은?

① 수소, 염소, 중금속
② 황화수소, 분진, 질소산화물
③ 아황산가스, 불화수소, 질소
④ 암모니아, 이산화탄소, 에틸렌

해설

대기오염물질
• 가스상 : 일산화탄소, 암모니아, 질소산화물, 황산화물, 황화수소, 이황화탄소 등
• 입자상 : 분진, 매연, 검댕 등의 고정 입자

19 일반적으로 가지치기 작업 시에 자르지 말아야 할 가지의 최소지름의 기준은?

① 5cm   ② 10cm
③ 15cm   ④ 20cm

해설

활엽수의 경우 상처의 유합이 잘 안 되고 썩기 쉬우므로 직경 5cm 이상의 가지는 자르지 않도록 한다.

20 택벌작업의 특징이 아닌 것은?

① 임지가 항시 나무로 덮여 보호를 받게 되고 지력이 높게 유지된다.
② 상층의 성숙목은 햇볕을 충분히 받기 때문에 결실이 잘된다.
③ 병충해에 대한 저항력이 매우 낮다.
④ 면적이 좁은 수풀에서 보속생산을 하는데 가장 알맞은 방법이다.

해설

③ 병충해에 대한 저항력이 높다.

21 종자의 저장과 발아촉진을 겸하는 방법은?

① 냉습적법   ② 노천매장법

③ 침수처리법   ④ 황산처리법

> **해설**
> ① 냉습적법 : 발아촉진을 위한 후숙에 중점을 두는 저장법으로 용기 안에 보호재료인 이끼, 토회, 모래 등을 종자와 섞어서 넣고 3~5℃ 정도 되는 냉실 또는 냉장고 안에 두는 방법
> ③ 침수처리법 : 종자를 물에 담가 종피를 연화시키고 종피에 함유된 발아억제물질을 제거하기 위한 방법
> ④ 황산처리법 : 종피 혹은 과피가 두꺼워 수분의 흡수가 어려운 종자를 90%의 황산에 담가서 발아시키는 방법

22 수피에 코르크가 발달되고 잎의 뒷면에 백색 성모가 많이 있는 수종은?

① 굴참나무   ② 갈참나무

③ 신갈나무   ④ 상수리나무

> **해설**
> **굴참나무**
> 낙엽활엽수 교목으로 직립하고, 수피에는 두터운 코르크가 발달되었고 잎은 어긋나며 뒷면에 회백색 방사상의 털이 밀생한다. 꽃은 4~5월에 잎이 나기 전에 피며, 암수한그루이다.

23 산림갱신을 위하여 대상지의 모든 나무를 일시에 베어 내는 작업법은?

① 개벌작업   ② 산벌작업

③ 모수작업   ④ 택벌작업

> **해설**
> 개벌작업이란 갱신하고자 하는 임지 위에 있는 임목을 일시에 벌채하여 이용하고, 그 적지에 새로운 임분을 조성시키는 방법이다.

24 다음 중 유충기에 임목의 뿌리를 가해하는 해충은?

① 버들재주나방

② 잣나무넓적잎벌

③ 애풍뎅이

④ 텐트나방

> **해설**
> 애풍뎅이의 성충은 잎이나 꽃을 가해하여 미관을 해치고, 유충은 땅속에서 가느다란 뿌리를 식해하기 때문에 지상부 생육이 지연되어 피해가 크다.

25 숲가꾸기 작업의 순서로 옳은 것은?

① 어린나무가꾸기 → 풀베기 → 솎아베기 → 가지치기

② 가지치기 → 풀베기 → 어린나무가꾸기 → 솎아베기

③ 풀베기 → 어린나무가꾸기 → 가지치기 → 솎아베기

④ 가지치기 → 어린나무가꾸기 → 솎아베기 → 풀베기

> **해설**
> **숲가꾸기 작업의 순서**
> 풀베기 → 어린나무가꾸기 → 가지치기 → 솎아베기 → 벌채

26 성충 및 유충 모두가 나무를 가해하는 것은?

① 솔나방

② 솔잎혹파리

③ 미국흰불나방

④ 오리나무잎벌레

> **해설**
> ① 솔나방 : '송충이'라고도 불리며 5령 유충으로 월동을 하여 이듬해 4월경부터 잎을 갉아 먹는 해충
> ② 솔잎혹파리 : 유충이 솔잎 기부에 충영(벌레혹)을 만들고 그 속에서 수액을 흡즙·가해하여 솔잎을 일찍 고사하게 하고 임목의 생장을 저해한다.
> ③ 미국흰불나방 : 유충 1마리가 100~150cm^{2}의 잎을 섭식하며, 1화기보다 2화기의 피해가 심하다.

27 경실종자의 휴면타파를 위한 방법으로 틀린 것은?

① 종피파상법

② 유황처리법

③ 질산염처리법

④ 농황산처리법

> **해설**
> 씨껍질이 두꺼운 경실종자의 휴면타파와 발아촉진을 위한 방법에는 종피파상법, 저온처리법, 고온(건열)처리법, 농황산처리법, 질산염처리법 등이 있다.

28 한 나무에 암꽃과 수꽃이 달리는 암수한그루 수종은?

① 주목   ② 은행나무

③ 사시나무   ④ 상수리나무

> **해설**
> ①·②·③ 주목, 은행나무, 사시나무 : 암꽃과 수꽃이 각각 다른 나무에 달리는 암수딴그루
> ※ 암수딴그루(자웅이주) : 은행나무, 포플러류, 주목, 호랑가시나무, 꽝꽝나무, 가죽나무, 사시나무 등

29 접목을 할 때 접수와 대목의 가장 좋은 조건은?

① 접수와 대목이 모두 휴면상태일 때

② 접수와 대목이 모두 왕성하게 생리적 활동을 할 때

③ 접수는 휴면상태이고, 대목은 생리적 활동을 시작할 때

④ 접수는 생리적 활동을 시작하고, 대목은 휴면상태일 때

> **해설**
> 접수는 양분축적기이거나 휴면상태이고, 대목은 뿌리가 움직여 생리활동을 시작할 때가 좋다.

30 갱신기간에 제한이 없고 성숙 임목만 선택해서 일부 벌채하는 것은?

① 왜림작업   ② 택벌작업

③ 산벌작업   ④ 맹아작업

> **해설**
> 택벌작업
> • 한 임분을 구성하고 있는 임목 중 성숙한 임목만을 국소적으로 추출·벌채하고 그곳의 갱신이 이루어지게 하는 것이다.
> • 어떤 설정된 갱신기간이 없고 임분은 항상 대소노유의 각 영급의 나무가 서로 혼생하도록 하는 작업방법을 말한다.

31 양묘 시 일반적으로 1년생을 이식하지 않는 수종은?

① 잣나무　　② 삼나무
③ 편백　　　④ 리기테다소나무

> **해설**
> 소나무류, 낙엽송류, 삼나무, 편백, 리기테다소나무 등은 1년생으로 이식하고, 자람이 늦은 잣나무, 전나무류, 가문비나무류는 가식하였다가 후에 상체(판갈이)한다.

32 바람에 의해 전반되는 수병은?

① 잣나무 털녹병균
② 근두암종병균
③ 오동나무 빗자루병균
④ 향나무 적성병균

> **해설**
> 바람에 의한 전반(풍매전반) : 잣나무 털녹병균, 밤나무 줄기마름병균, 밤나무 흰가루병균

33 비행하는 곤충을 채집하기 위해 사용하는 트랩으로 옳지 않은 것은?

① 유아등　　② 수반트랩
③ 미끼트랩　④ 끈끈이트랩

> **해설**
> ③ 미끼트랩 : 당분과 같은 미끼를 이용하여 채집하는 방법으로 서식곤충의 채집 방법에 속한다.

34 벚나무 빗자루병의 방제법으로 옳은 것은?

① 매개충을 구제한다.
② 병든 가지를 제거한다.
③ 옥시테트라사이클린계통의 약제를 나무 주사한다.
④ 저항성 품종을 식재한다.

> **해설**
> 벚나무 빗자루병의 방제법
> • 동절기에 병든 가지 밑부분을 잘라 소각한다.
> • 가지를 잘라 낸 후 나무 전체에 8–8식 보르도액을 살포한다.
> • 매년 피해가 발생하는 지역은 이미녹타딘트리스알베실레이트 수화제 또는 디페노코나졸 입상수화제를 살포한다.

35 포플러 잎녹병의 증상으로 옳지 않은 것은?

① 병든 나무는 급속히 말라 죽는다.
② 초여름에는 잎 뒷면에 노란색 작은 돌기가 발생한다.
③ 초가을이 되면 잎 양면에 짙은 갈색 겨울포자퇴가 형성된다.
④ 중간기주의 잎에 형성된 녹포자가 포플러로 날아와 여름포자퇴를 만든다.

> **해설**
> 포플러 잎녹병의 병징
> • 초여름에 잎의 뒷면에 누런 가루덩이(여름포자퇴)가 형성되고, 초가을에 이르면 차차 암갈색무늬(겨울포자퇴)로 변하며, 잎은 일찍 떨어진다.
> • 중간기주인 낙엽송의 잎에는 5월 상순에서 6월 상순경에 노란 점이 생긴다.

36 모수작업에 관한 설명으로 옳지 않은 것은?

① 양수의 갱신에 적합하다.
② 남겨질 모수는 전체 나무의 수에 비해 극히 적은 일부에 지나지 않는다.
③ 모수는 결실이 양호한 성숙목을 선정한다.
④ 갱신에 필요한 종자공급보다 갱신된 어린나무의 보호를 위한 작업이다.

해설

모수작업
성숙한 임분을 대상으로 벌채를 실시할 때 모수가 되는 임목을 산생시키거나 군상으로 남겨두어 갱신에 필요한 종자를 공급하게 하고 그 밖의 임목은 개벌하는 갱신법이다.

37 와이어로프의 꼬임과 스트랜드의 꼬임방향이 같은 방향으로 된 것은?

① 보통꼬임
② 교차꼬임
③ 랭꼬임
④ 랭보통꼬임

해설

스트랜드의 꼬임방향과 스트랜드를 구성하는 와이어의 꼬임방향이 역방향으로 된 것을 보통꼬임이라 하고, 반대의 경우를 랭(lang)꼬임이라고 한다.

38 솔잎혹파리의 피해를 가장 심하게 받는 수종은?

① 소나무
② 분비나무
③ 잣나무
④ 리기다소나무

해설

솔잎혹파리는 1년에 1회 발생하며 소나무, 곰솔(해송)에 피해가 심하다.

39 기계톱에서 톱니의 1피치(인치)는 어떻게 표시하는가?

① 2개의 리벳 간 간격을 3으로 나눈 것
② 3개의 리벳 간 간격을 2로 나눈 것
③ 5개의 리벳 간 간격을 3으로 나눈 것
④ 3개의 리벳 간 간격을 5로 나눈 것

해설

1피치(pitch) : 서로 접하여 있는 3개의 리벳간격을 2로 나눈 값

40 트랙터를 이용한 집재 시 안전과 효율성을 고려했을 때 일반적으로 작업 가능한 최대 경사도(°)로 옳은 것은?

① 5~10 　　② 15~20
③ 25~30 　　④ 35~40

해설

트랙터를 이용한 집재 시 안전과 효율성을 고려했을 때 일반적으로 작업 가능한 최대 경사도는 15~20°이다.

36 ④ 37 ③ 38 ① 39 ② 40 ②　**정답**

41 피해목을 벌채한 후 약제 훈증처리의 방제가 필요한 수병은?

① 뽕나무 오갈병
② 잣나무 털녹병
③ 소나무 잎녹병
④ 참나무 시들음병

해설
참나무 시들음병의 방제
침입공에 메프 유제, 파프 유제 500배액을 주입하고, 피해목을 벌채하여 1m 길이로 잘라 쌓은 후 메탐소디움을 m³당 1L씩 살포하고 비닐을 씌워 밀봉하여 훈증처리한다.

43 선묘한 2년생 소나무 묘목의 속당 본수로 옳은 것은?

① 20본 　　② 25본
③ 100본 　④ 50본

해설

소나무의 곤포당 및 속당 묘목본수(종묘사업실시요령)

수종	형태	묘령	곤포당		속당
			본수 (본)	속수 (속)	본수 (본)
소나무	노지묘	1-1	500	25	20
		1-1-2	분뜨기		
	용기묘	2-0	100	–	–
		2-2	10	–	–

44 침엽수의 가지를 제거하는 방법으로 가장 옳은 것은?

① 가지가 뻗은 방향에 직각되게 자른다.
② 수간에 평행하게 자른다.
③ 가지 밑살의 끝부분에서 자른다.
④ 수간에 오목한 자국이 생기게 자른다.

해설
② 침엽수는 절단면이 줄기와 평행이 되도록 가지를 제거한다.

42 유아등을 이용한 솔나방의 구제 적기는?

① 3월 하순~4월 중순
② 5월 하순~6월 중순
③ 7월 하순~8월 중순
④ 9월 하순~10월 중순

해설
곤충의 주광성을 이용하여 유아등에 모이게 하여 죽이는 방법이 널리 이용된다. 솔나방의 경우는 성충이 왕성한 7월 하순~8월 중순이 적기이다.

45 윤활유로서 구비해야 할 성질이 아닌 것은?

① 유성이 좋아야 한다.
② 점도가 적당해야 한다.
③ 부식성이 없어야 한다.
④ 온도에 의한 점도 변화가 커야 한다.

해설
④ 온도에 의한 점도 변화가 적어야 한다.

46 주로 맹아에 의하여 갱신되는 작업종은?

① 왜림작업

② 교림작업

③ 산벌작업

④ 용재림작업

해설

왜림작업은 활엽수림에서 연료재 생산을 목적으로 비교적 짧은 벌기령으로 개벌 근주(根株)로부터 나오는 맹아로써 갱신하는 방법이다.

47 벌목작업 시 벌도목의 가지치기용 도끼날의 각도로 가장 적합한 것은?

① 3~5°　　② 8~10°

③ 30~35°　　④ 36~40°

해설

벌목용 도끼의 경우 9~12°, 가지치기용 도끼의 경우 8~10°로 한다.

48 잠복기간이 가장 짧은 수목병은?

① 소나무 혹병

② 잣나무 털녹병

③ 포플러 잎녹병

④ 낙엽송 잎떨림병

해설

③ 포플러 잎녹병 : 4~6일

① 소나무 혹병 : 1~2년

② 잣나무 털녹병 : 2~4년

④ 낙엽송 잎떨림병 : 1~2개월

49 점파(점뿌림)가 적합한 수종은?

① 리기다소나무, 소나무

② 가문비나무, 주목

③ 낙엽송, 측백나무

④ 호두나무, 밤나무

해설

점파(점뿌림)

밤나무, 참나무류, 호두나무 등 대립종자의 파종에 이용되는 방법으로 상면에 균일한 간격(10~20cm)으로 1~3립씩 파종한다.

50 종자가 비교적 가벼워서 잘 날아갈 수 있는 수종에 가장 적합한 갱신작업은?

① 중림작업

② 모수작업

③ 택벌작업

④ 왜림작업

해설

모수작업은 주로 소나무류 등과 같은 양수에 적용되는데, 종자가 작아 바람에 날려 멀리 전파될 수 있는 수종에 알맞다.

51 예불기의 연료는 시간당 약 몇 L가 소모되는 것으로 보고 준비하는 것이 좋은가?

① 50L ② 5L
③ 0.5L ④ 0.05L

해설

예불기의 연료는 시간당 약 0.5L가 소모된다.

52 병든 나무의 병환부에서 발견된 균을 확인하기 위한 병원적 진단 과정의 순서로 옳은 것은?

① 인공접종 → 미생물분리 → 재분리 → 배양
② 인공접종 → 배양 → 미생물분리 → 재분리
③ 배양 → 인공접종 → 미생물분리 → 재분리
④ 미생물분리 → 배양 → 인공접종 → 재분리

해설

병원적 진단 과정(코흐의 원칙)
병든 부위에서 미생물분리 → 배양 → 인공접종 → 재분리

53 바람에 의하여 비화하는 현상은 어느 종류의 산불에서 가장 많이 발생하는가?

① 수관화 ② 수간화
③ 지표화 ④ 지중화

해설

수관화는 바람을 타고 바람이 부는 방향으로 'V'자형으로 연소가 진행하게 되는데, 이때의 열기로 상승기류가 일어나게 되면 비화, 즉 불붙은 껍질(수피)·열매(구과) 등이 가깝게는 수십 m, 멀게는 수 km까지 날아가 또 다른 산불을 야기한다.

54 가을에 묘목을 가식할 때 묘목의 끝은 어느 방향으로 향하게 하여 경사지게 묻는가?

① 동쪽 ② 서쪽
③ 북쪽 ④ 남쪽

해설

묘목의 끝을 가을에는 남쪽으로, 봄에는 북쪽으로 45° 경사지게 한다.

55 실린더 속에서 가스가 압축되는 정도를 나타내는 압축비의 공식은?

① 압축비 $= \dfrac{\text{연소실 용적} + \text{행정 용적}}{\text{연소실 용적}}$

② 압축비 $= \dfrac{\text{연소실 용적} + \text{행정 용적}}{\text{크랭크실 용적}}$

③ 압축비 $= \dfrac{\text{연소실 용적} - \text{행정 용적}}{\text{연소실 용적}}$

④ 압축비 $= \dfrac{\text{연소실 용적} - \text{행정 용적}}{\text{크랭크실 용적}}$

해설

압축비는 실린더 안으로 들어간 기체가 피스톤에 의해 압축되는 용적의 비율을 말한다.

56 병원체가 상처를 통해서 침입하는 것은?

① 밤나무 줄기마름병균
② 소나무 잎떨림병균
③ 삼나무 붉은마름병균
④ 향나무 녹병균

해설

밤나무 줄기와 가지의 상처를 중심으로 병반이 형성되는데, 초기에는 황갈색이나 적갈색으로 변하고 수피가 부풀어 오른다.

57 벌채구를 구분하여 순차적으로 벌채하여 일정한 주기에 의해 갱신작업이 되풀이되는 것을 무엇이라 하는가?

① 윤벌기 　　② 회귀년
③ 간벌기간 　④ 벌채시기

해설

순환택벌 시 처음 구역으로 되돌아오는 데 소요되는 기간을 회귀년이라 한다.

58 다음 중 체인톱에 붙어 있는 안전장치가 아닌 것은?

① 체인브레이크
② 전방 보호판
③ 체인잡이
④ 안내판 코

해설

체인톱의 안전장치 : 방진고무를 부착한 전방 손잡이 및 후방 손잡이, 핸드가드(전방 손보호판), 후방 손보호판, 체인브레이크, 체인잡이, 지레발톱, 스로틀레버 차단판, 스위치, 소음기, 체인보호집, 안전체인 등

59 겉씨식물에 속하는 수종은?

① 밤나무
② 은행나무
③ 가시나무
④ 신갈나무

해설

겉씨식물 : 밑씨가 씨방에 싸여 있지 않고 밖으로 드러나 있는 식물로 은행나무, 소나무, 향나무, 노간주나무 등이 있다.

60 산림토양의 산도는 산림수목의 분포양식에 영향을 준다. 침엽수 및 피나무, 단풍나무, 느릅나무, 참나무 등의 생육에 적당한 pH는?

① pH 4.0~4.7
② pH 4.8~5.5
③ pH 5.5~6.5
④ pH 6.5~7.5

해설

피나무, 단풍나무, 느릅나무, 참나무 등은 약산성(pH 5.5~6.5)에서 잘 자라는 수종이다.

01 주로 유효성분을 연기의 상태로 해서 해충을 방제하는 데 쓰이는 약제는?

① 훈증제 ② 훈연제

③ 유인제 ④ 기피제

해설

① 훈증제 : 약제가 기체로 되어 해충의 기문을 통하여 체내에 들어가 질식(窒息)을 일으키는 것

③ 유인제 : 해충을 유인해서 포살하는 데 사용되는 약제

④ 기피제 : 해충이 작물에 접근하는 것을 방해하는 물질

02 산림용 기계톱에 사용하는 연료의 배합기준 (휘발유 : 엔진오일)으로 가장 적합한 것은?

① 25 : 1 ② 15 : 1

③ 1 : 25 ④ 1 : 15

해설

연료의 배합비율

휘발유 : 윤활유 = 25 : 1

03 체인톱의 일일점검사항에 해당하지 않는 것은?

① 휘발유와 오일의 혼합

② 에어필터의 청소

③ 연료통과 연료필터의 청소

④ 안내판의 손질

해설

체인톱의 일일점검사항 : 에어필터 청소, 안내판 점검, 휘발유와 오일 혼합

04 다음 중 무육작업의 순서로서 바르게 나타낸 것은?

① 풀베기 – 덩굴제거 – 제벌 – 가지치기 – 간벌

② 풀베기 – 덩굴제거 – 가지치기 – 제벌 – 간벌

③ 풀베기 – 덩굴제거 – 가지치기 – 간벌 – 제벌

④ 풀베기 – 가지치기 – 덩굴제거 – 간벌 – 제벌

해설

무육작업의 순서 : 풀베기 – 덩굴제거 – 제벌(잡목 솎아베기) – 가지치기 – 간벌(솎아베기)

05 덩굴식물을 설명한 것 중 옳지 않은 것은?

① 대체적으로 햇빛을 좋아하는 식물이다.
② 칡이 항상 문제가 되고 있다.
③ 덩굴치기의 시기는 덩굴식물이 뿌리 속의 저장양분을 소모한 7월경이 좋다.
④ 덩굴을 잘라주면 쉽게 제거할 수 있다.

해설
④ 덩굴제거 방법에는 물리적 방법과 화학적 방법이 있으며, 일반적인 덩굴류는 글리포세이트 액제로 처리한다.

06 예초기 사용 시 주의사항으로 옳지 않은 것은?

① 휴대작업 시 무게 균형이 맞도록 어깨걸이 끈과 손잡이의 위치를 조절한다.
② 원형톱날은 고속 회전하므로 칼날의 정면이나 접선방향의 튕김현상에 주의한다.
③ 절단부에 가지 등이 끼어 회전이 불량하면 기관의 속도를 최소로 줄이고 이물질을 제거한다.
④ 급경사지에서 경사면을 따라하는 작업은 위험하므로 반드시 등고선 방향으로 진행한다.

해설
③ 절단부에 가지 등이 끼어 회전이 불량하면 반드시 엔진을 정지시킨 후 이물질을 제거한다.

07 덩굴류 제거작업 시 약제 사용에 대한 설명으로 옳은 것은?

① 작업시기는 덩굴류 휴지기인 1~2월에 한다.
② 칡 제거는 뿌리까지 죽일 수 있는 글리포세이트 액제가 좋다.
③ 약제 처리 후 24시간 이내에 강우가 있을 때 흡수율이 높다.
④ 제초제는 살충제보다 독성이 적으므로 약제 취급에 주의를 기울일 필요가 없다.

해설
① 덩굴제거의 적기는 생장기인 7월경이 적당하다.
③ 강우가 예상될 때 살포하는 것을 중지한다.
④ 제초제는 고독성이므로 약제 취급에 주의를 기울여야 한다.

08 전목집재 후 집재장에서 가지치기 및 조재작업을 수행하기에 가장 적합한 장비는?

① 스키더　　　　② 포워더
③ 프로세서　　　④ 펠러번처

해설
프로세서(processor)
하베스터와 유사하나 벌도기능만 없는 장비, 즉 일반적으로 전목재의 가지를 제거하는 가지자르기 작업, 재장을 측정하는 조재목 마름질 작업, 통나무 자르기 등 일련의 조재작업을 한 공정으로 수행하여 원목을 한곳에 쌓을 수 있는 장비

09 윤활유로서 구비해야 할 성질이 아닌 것은?

① 유성이 좋아야 한다.
② 점도가 적당해야 한다.
③ 부식성이 없어야 한다.
④ 온도에 의한 점도 변화가 커야 한다.

해설

④ 온도에 의한 점도 변화가 적어야 한다.

10 성충으로 월동하는 것끼리 짝지어진 것은?

① 미국흰불나방, 소나무좀
② 소나무좀, 오리나무잎벌레
③ 잣나무넓적잎벌, 미국흰불나방
④ 오리나무잎벌레, 잣나무넓적잎벌

해설

• 소나무좀 : 월동성충이 나무껍질을 뚫고 들어가 산란한 알에서 부화한 유충이 나무껍질 밑을 식해한다.
• 오리나무잎벌레 : 1년에 1회 발생하며 성충으로 지피물 밑 또는 흙 속에서 월동한다.

11 잣나무넓적잎벌의 월동 형태는?

① 유충   ② 번데기
③ 알   ④ 성충

해설

잣나무넓적잎벌은 땅속 5~25cm에서 유충의 형태로 월동한다.

12 다음 중 직경 5~10cm 이하의 관목에 적합한 예초기 칼날의 종류는?

①
②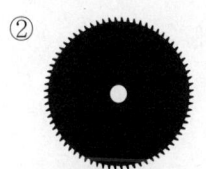
③
④

해설

② 원형 톱날(40, 60, 80날) : 지름 5~10cm 이하의 관목, 덩굴류 등
① 나일론날 : 잔디 및 연한 초본류
③ 4날 : 억센 초본류, 어린 관목 등
④ 2날 : 잡초 및 키가 작은 연한 초본류

13 임목을 고사시킬 정도의 피해를 주며 1년에 3회 발생하는 해충은?

① 왕소나무좀
② 소나무노랑점바구미
③ 애소나무좀
④ 소나무좀

해설

②·③·④ 소나무노랑점바구미, 애소나무좀, 소나무좀은 1년에 1회 발생한다.

14 유충은 잎살만 먹고 잎맥을 남겨 잎이 그물 모양이 되며, 성충은 주맥만 남기고 잎을 갉아먹는 해충은?

① 삼나무독나방
② 버들재주나방
③ 오리나무잎벌레
④ 미류재주나방

오리나무잎벌레
연 1회 발생하며, 성충으로 지피물 밑 또는 흙 속에서 월동한다. 월동한 성충은 4월 하순부터 나와 새잎을 엽맥만 남기고 엽육을 먹으며 생활하다가 5월 중순~6월 하순에 300여 개의 알을 잎 뒷면에 50~60개씩 무더기로 산란한다. 15일 후에 부화한 유충은 잎 뒷면에서 머리를 나란히 하고 엽육을 먹으면서 성장하다가 나무 전체로 분산하여 식해하는데, 유충의 가해기간은 5월 하순~8월 상순이고 유충기간은 20일 내외이다.

16 뒷불진화 요령으로 옳지 않은 것은?

① 타고 있는 통나무 불은 긁거나 쪼아 내며, 물과 흙을 사용하여 불씨를 제거한다.
② 급경사지에서는 깊은 도랑을 파고 둑을 만들어 위에서 구르는 불덩어리를 모은다.
③ 타고 있는 연료는 연소지역 밖에 흩어 자연 진화를 기다린다.
④ 타고 있는 고사목은 삽과 도끼로 타고 있는 부분을 긁어내거나 찍어 낸다.

③ 타고 있는 연료는 연소지역 내에 흩어 놓는다.

15 기계톱으로 가지치기 작업 시 왼손을 보호하는 것은?(단, 작업자는 오른손잡이다)

① 체인장력 조절장치
② 전방손잡이 보호판
③ 안내판
④ 후방손잡이 보호판

전방손잡이 보호판(핸드가드)
앞손잡이에 부착되어 작업 중 가지의 튐에 의하여 손에 위험이 생기는 것을 방지한다.

17 벌목한 나무를 기계톱으로 가지치기할 때 유의할 사항으로 가장 옳은 것은?

① 후진하면서 작업한다.
② 안내판이 짧은 기계톱을 사용한다.
③ 벌목한 나무를 몸과 기계톱 밖에 놓고 작업한다.
④ 작업자는 벌목한 나무와 멀리 떨어져 서서 작업한다.

① 전진하면서 작업한다.
③ 벌목한 나무를 몸과 기계톱 사이에 놓고 작업한다.
④ 작업자는 벌목한 나무 가까이 서서 작업하며, 기계톱은 자연스럽게 움직여야 한다.

18 체인톱 출력(힘)의 표시로 사용되는 국제단위에는 무엇이 있는가?

① HP ② HA
③ HO ④ HS

해설
HP는 'Horse Power'의 약자로 내연기관의 동력 표시 단위이다.

19 해충의 직접적인 구제 방법 중 기계적 방제법에 속하지 않는 것은?

① 포살법 ② 소살법
③ 유살법 ④ 냉각법

해설
기계적 방법은 간단한 기구 또는 손으로 해충을 잡는 방법으로 포살, 유살, 소살 등이 있다.

20 다음 수종 중 꽃핀 이듬해 가을에 종자가 성숙하는 것은?

① 버드나무 ② 떡느릅나무
③ 졸참나무 ④ 상수리나무

해설
졸참나무는 꽃이 핀 해에 종자가 성숙하지만 상수리나무는 이듬해에 성숙한다.
① 버드나무 : 5월
② 떡느릅나무 : 6월
③ 졸참나무 : 9월 말

21 출력과 무게에 따라 체인톱을 구분할 때 소형 체인톱에 해당하는 것은?

① 엔진출력 1.1kW(1.0ps), 무게 2kg
② 엔진출력 2.2kW(3.0ps), 무게 6kg
③ 엔진출력 3.3kW(4.5ps), 무게 9kg
④ 엔진출력 4.0kW(5.5ps), 무게 12kg

해설
체인톱의 엔진출력과 무게에 따른 구분

구분	엔진출력	무게	용도
소형	2.2kW (3.0ps)	6kg	소경재의 벌목작업, 벌도목의 가지제거
중형	3.3kW (4.5ps)	9kg	중경목의 벌목작업
대형	4.0kW (5.5ps)	12kg	대경목의 벌목작업

22 바다에서 불어오는 바람을 막기 위해 방조림을 만드는 데 적합하지 않은 수종은?

① 해송 ② 동백나무
③ 사철나무 ④ 느티나무

해설
방조림에 적합한 수종 : 곰솔, 해송, 소나무, 소귀나무, 돈나무, 사철나무, 동백나무, 후박나무 등

23 예비벌 → 하종벌 → 후벌의 순서로 시행되는 작업종은?

① 왜림작업 ② 중림작업
③ 산벌작업 ④ 모수림 작업

해설
산벌작업
• 예비벌 : 갱신준비
• 하종벌 : 치수의 발생을 완성
• 후벌 : 치수의 발육을 촉진

24 산불에 의한 피해 및 위험도에 대한 설명으로 옳지 않은 것은?

① 침엽수는 활엽수에 비해 피해가 심하다.
② 음수는 양수에 비해 산불위험도가 낮다.
③ 단순림과 동령림이 혼효림 또는 이령림보다 산불의 위험도가 낮다.
④ 낙엽활엽수 중에서 코르크층이 두꺼운 수피를 가진 수종은 산불에 강하다.

해설
③ 단순림과 동령림이 혼효림 혹은 이령림보다 산불 위험도가 높다.

25 냉각되어 있는 기계톱을 시동하려고 한다. 엔진에 시동이 걸렸다가 곧 꺼져버렸다면 어떻게 하여야 되는가?

① 초크를 닫는다.
② 기화기의 온도를 상승시킨다.
③ 기화기에 연료공급량을 차단한다.
④ 초크를 열고 시동 손잡이를 다시 한번 잡아당긴다.

해설
초크(choke)는 흡입되는 공기를 차단하여 흡입되는 연료의 양을 많게 흡입시켜 시동이 잘되게 하는 장치이다.

26 삼림을 가꾸기 위한 벌채에 속하는 것은?

① 택벌작업 ② 산벌작업
③ 간벌작업 ④ 중림작업

해설
간벌작업은 경관의 유지와 개선을 위해 밀도 조절이 필요한 삼림에서 진행된다.

27 벌목 중 나무에 걸린 나무의 방향전환이나 벌도목을 돌릴 때 사용되는 작업도구는?

① 쐐기 ② 식혈봉
③ 박피삽 ④ 지렛대

해설
지렛대는 벌목 시 나무가 걸려 있을 때 밀어 넘기거나 또는 벌목된 나무의 가지를 자를 때 벌도목을 반대방향으로 전환시킬 경우에 사용한다.

28 기계톱 체인에 오일이 적게 공급될 때 예상되는 고장 원인으로 옳지 않은 것은?

① 기화기 내의 연료체가 막혀 있다.
② 흡수호스 또는 전기도선에 결함이 있다.
③ 흡입 통풍관의 필터가 작동하지 않는다.
④ 오일펌프가 잘못되어 공기가 들어가 있다.

기계톱 체인에 오일이 적게 공급될 때 예상되는 고장 원인
• 흡수호스 또는 전기도선에 결함이 있다.
• 흡입통풍관의 필터가 작동하지 않는다(막혀있다).
• 도선이 막혀있다.
• 안내판으로 가는 오일구멍이 막혀있다.
• 오일펌프에 잘못되어 공기가 들어가 있다.
• 오일펌프가 잘못 결합되어 있다.

29 다음 중 임지의 보호 방법으로 옳지 않은 것은?

① 비료목을 식재한다.
② 황폐한 임지는 등고선 방향으로 수평구를 설치한다.
③ 임지 표면의 낙엽과 가지를 모두 제거한다.
④ 균근균을 배양하여 임지에 공급한다.

③ 지력을 유지·증진하려면 낙엽과 낙지를 보호한다.

30 다음 중 가선집재 기계로 옳지 않은 것은?

① 하베스터
② 자주식 반송기
③ 썰매식 집재기 나무
④ 이동식 타워형 집재기

하베스터 : 임내를 이동하면서 입목의 벌도·가지제거·절단작동 등의 작업을 하는 기계로서, 벌도 및 조재작업을 1대의 기계로 연속작업할 수 있는 다공정 처리기계

31 벌목작업 시 안전사고 예방을 위하여 지켜야 하는 사항으로 옳지 않은 것은?

① 벌목방향은 작업자의 안전 및 집재를 고려하여 결정한다.
② 도피로는 사전에 결정하고 방해물도 제거한다.
③ 벌목구역 안에는 반드시 작업자만 있어야 한다.
④ 조재작업 시 벌도목의 경사면 아래에서 작업을 한다.

④ 벌목 및 조재작업을 할 때에는 작업면 보다 경사면 아래의 출입을 통제하여야 한다.

32 천연갱신에 대한 설명으로 옳지 않은 것은?

① 갱신기간이 길다.
② 조림 비용이 적게 든다.
③ 환경인자에 대한 저항력이 강하다.
④ 수종과 수령이 모두 동일하여 취급이 간편하다.

해설

천연갱신은 수종과 수령이 다른 목재가 많기 때문에 목재가 균일하지 못하고 변이가 심하다. 또한 목재 생산작업이 복잡하고 높은 기술력이 요구된다.

33 병원체가 상처를 통해서 침입하는 것은?

① 밤나무 줄기마름병균
② 소나무 잎떨림병균
③ 삼나무 붉은마름병균
④ 향나무 녹병균

해설

밤나무 줄기와 가지의 상처를 중심으로 병반이 형성되는데, 초기에는 황갈색이나 적갈색으로 변하고 수피가 부풀어 오른다.

34 대개 어린나무가 자라서 갱신기에 이를 때까지 나무의 자람을 돕기 위해 6~8월 중에 실시하며, 9월 이후에는 조림목을 보호하기 위해 실시하지 않는 것이 좋은 작업은?

① 간벌   ② 덩굴치기
③ 풀베기   ④ 가지치기

해설

풀베기

조림지 중 잡초목이 적은 곳은 7월에 1회를 실시하고, 무성한 곳은 6월과 8월 두 차례에 걸쳐 실시하며 한·풍해가 우려되는 지역은 겨울 동안 주위의 잡초목에 의하여 조림목이 보호를 받도록 하는 것이 좋다.

35 배나무를 기주교대하는 이종기생성 병은?

① 향나무 녹병
② 소나무 혹병
③ 전나무 잎녹병
④ 오리나무 잎녹병

해설

향나무의 녹병(배나무의 붉은별무늬병)은 향나무와 배나무에 기주교대하는 이종기생성 병이다.

36 다음 중 벌목용 작업 도구가 아닌 것은?

① 쐐기   ② 목재돌림대
③ 밀개   ④ 식혈봉

해설

벌목용 작업 도구 : 톱, 도끼, 쐐기, 밀대(밀개), 목재돌림대, 갈고리, 체인톱, 벌채수확기계 등

37 벌목작업 시 다른 나무에 걸린 벌채목의 처리방법으로 옳지 않은 것은?

① 기계톱을 이용하여 토막낸다.
② 견인기를 이용하여 뒤로 끌어낸다.
③ 경사면을 따라 조심스럽게 끌어낸다.
④ 방향전환 지렛대를 이용하여 넘긴다.

해설
다른 나무에 걸린 벌채목은 걸린 나무를 흔들거나 지렛대 혹은 소형 견인기나 로프를 이용하여 넘긴다.

38 병원체의 감염에 의한 병징 중 변색에 해당하는 것은?

① 오갈   ② 총생
③ 모자이크   ④ 시들음

해설
① 오갈 : 모양이 변형되어 오그라들거나 두터워진다.
② 총생 : 여러 개의 잎이 줄기에 무더기로 난다.
④ 위조(시들음) : 수목의 전체 또는 일부가 수분의 공급부족으로 시든다.

39 조림목 외의 수종을 제거하고 조림목이라도 형질이 불량한 나무를 벌채하는 무육작업은?

① 풀베기   ② 덩굴치기
③ 제벌   ④ 가지치기

해설
제벌(솎아베기)이란 조림목이 임관을 형성한 뒤부터 간벌할 시기에 이르는 사이에 침입 수종의 제거를 주로 하고 아울러 자람과 형질이 매우 나쁜 것을 끊어 없애는 일을 말한다.

40 톱니를 갈 때 약간 둔하게 갈아야 톱의 수명도 길어지고 작업 능률도 높은 벌목지는?

① 소나무 벌목지
② 포플러 벌목지
③ 잣나무 벌목지
④ 참나무 벌목지

해설
참나무는 목질이 단단하고 치밀한 활엽수이므로 날카롭게 연마된 톱날은 쉽게 마모되거나 손상될 수 있다. 따라서 약간 둔하게 연마하면 톱의 수명이 길어지고, 작업 효율도 높아진다.

41 다음 중 조파(條播)에 의한 파종으로 가장 적합한 수종은?

① 회양목   ② 가래나무
③ 오리나무   ④ 아까시나무

해설
조파(줄뿌림) : 종자를 줄로 뿌려주는 것으로 느티나무, 아까시나무, 옻나무 등이 적합하다.

42 다음 중 풀베기에서 전면깎기의 설명으로 바르지 못한 것은?

① 조림지 전면에 해로운 지상식물을 깎는다.
② 양수인 수종에 실시한다.
③ 우리나라 북부지방에서 주로 실시하는 방법이다.
④ 땅힘이 좋은 곳에서 실시한다.

해설
③ 전면깎기(전예)는 임지가 비옥하거나 식재목이 광선을 많이 요구할 때 이용되는 방법으로 남부지방에 적합하다.

43 나무의 가지 부분까지 타는 산림화재로 진행속도가 빨라서 끄기가 힘들며 피해도 가장 큰 화재는?

① 지표화　　　② 수간화
③ 수관화　　　④ 지중화

해설

① 지표화 : 산림 내에 있는 풀, 낙엽 등 지피물과 관목층이 타는 것을 말하며, 어린나무가 자라는 산림이나 초원 등지에 가장 흔히 일어난다.
② 수간화 : 나무의 줄기가 타는 화재로, 간벌이나 가지치기 등 육림작업이 부실한 경우 밀생된 가지나 잎으로 옮겨지는 산불이다.
④ 지중화 : 땅속의 이탄층과 낙엽층 밑에 있는 유기물이 타는 화재로, 산불진화 후에 재발의 불씨가 되기도 한다.

44 다음의 설명은 어느 해충을 가리키는가?

성충의 몸길이는 2mm 정도이고, 몸색깔은 담황색이며, 유충이 솔잎의 기부에서 즙액을 빨아먹어 피해가 3~4년 계속되면 나무가 말라 죽는다. 솔나방과 반대로 울창하고 습기가 많은 삼림에 크게 발생한다. 1년에 1회 발생하며, 유충으로 지피물 속의 흙 속에서 월동한다.

① 솔잎혹파리
② 소나무가루깍지벌레
③ 소나무좀
④ 솔잎깍지벌레

해설

솔잎혹파리
• 1년에 1회 발생하며 소나무, 곰솔(해송)에 피해가 심하다.
• 유충으로 지피물 밑의 지표나 1~2cm 깊이의 흙 속에서 월동한다.
• 5월 하순부터 10월 하순까지 유충이 솔잎 기부에 벌레혹(충영)을 형성하고, 그 내부에서 흡즙 가해하여 일찍 고사하게 하며 임목의 생장을 저해한다.

45 벌목작업 시 작업로 간격(최소 안전작업 거리)기준으로 적당한 것은?

① 벌도 될 나무 높이의 1배
② 벌도 될 나무 높이의 2배
③ 벌도 될 나무 높이의 3배
④ 벌도 될 나무 높이의 4배

해설

벌목작업 시 등의 위험 방지(산업안전보건기준에 관한 규칙 제405조 제1항 제3호)
벌목작업 중에는 벌목하려는 나무로부터 해당 나무 높이의 2배에 해당하는 직선거리 안에서 다른 작업을 하지 않을 것

46 유충과 성충 모두가 나무의 잎을 가해하는 해충은?

① 밤나무어스렝이나방
② 오리나무잎벌레
③ 나무재주나방
④ 솔나방

해설

오리나무잎벌레는 성충과 유충이 동시에 잎을 식해하는데, 유충의 가해기간은 5월 하순~8월 상순경이다. 6월 중순에 사이스린 액제, 디프 수화제를 수관 살포하면 성충과 유충을 동시에 방제할 수 있다.

43 ③　44 ①　45 ②　46 ②　정답

47 산불 진화선의 적절한 설치위치로 옳은 것은?

① 급경사지로 돌 등이 굴러 내려올 위험성이 있는 지역
② 입목밀생지, 지피식생 등으로 진화선 구축이 힘이 드는 지역
③ 불길이 능선너머 8~9부 능선에 위치한 곳
④ 진화선 방향을 갑자기 돌변시켜야 하는 복잡한 지역

해설
진화선 설치의 적정위치
• 신속하고 용이하게 작업을 할 수 있는 곳
• 피해를 최대한 경감하거나 예방할 수 있는 곳
• 연료량이 적은 나지나 미입목지
• 도로, 하천, 능선 등 자연경계의 이용이 가능한 곳
• 진화선 구축도중 불길이 넘지 않을 지역
• 불길이 능선너머 8~9부 능선에 위치한 곳

48 정방형 식재를 옳게 설명한 것은?

① 식재간격과 식재공간을 계산하기 어렵다.
② 식재작업이 불편하다.
③ 포플러류나 낙엽송 등 양수 수종은 알맞지 않다.
④ 묘간거리와 열간거리가 같은 식재방법이다.

해설
규칙적 식재망
정방형, 장방형, 정삼각형, 이중정방형 등이 있고, 일반적으로 정방형 식재를 하는데 규칙적 식재를 하면 식재 이후에 각종 조림작업을 능률적으로 할 수 있다.

49 안전장비 착용법으로 옳지 않은 것은?

① 안전모 : 귀마개와 눈가리개가 부착된 안전모를 머리 크기에 맞추어 착용한다.
② 안전화 : 미끄럼 방지 기능이 있는 것으로 한 사이즈 넉넉하게 착용한다.
③ 무릎보호대 : 몸에 고정시켜 작업에 불편하지 않도록 착용한다.
④ 작업복 : 통풍이 잘되고 몸을 완전히 덮는 것으로 몸 사이즈에 맞게 착용한다.

해설
② 안전화는 발사이즈에 맞는 것을 착용하고, 신발끈 등이 작업에 불편하지 않도록 한다.

50 일반적인 침엽수종에 대한 묘포의 적당한 토양산도는?

① pH 3.0~4.0
② pH 4.0~5.0
③ pH 5.0~6.5
④ pH 6.5~7.5

해설
묘포 토양의 적정산도
• 침엽수 : pH 5.0~5.5
• 활엽수 : pH 5.5~6.0

51 다음 수목 병해 중 바이러스에 의한 병은?

① 잣나무 털녹병
② 벚나무 빗자루병
③ 포플러 모자이크병
④ 밤나무 줄기마름병

해설
① 잣나무 털녹병 : 담자균류
② · ④ 벚나무 빗자루병, 밤나무 줄기마름병 : 자낭균

52 다음 중 풍치가 좋고 계속적으로 목재 생산이 가능한 작업종은?

① 개벌작업　　② 택벌작업
③ 중림작업　　④ 모수작업

택벌작업은 무육, 벌채 및 이용이 동시에 이루어지며 공간 및 토양이 입체적으로 이용되어 미적으로도 가장 훌륭한 임형을 나타낸다.

53 해충의 특수한 습성을 이용하거나 유인기구 등에 모이게 하여 죽이는 방법은?

① 유살　　② 포살
③ 소살　　④ 차단

② 포살 : 간단한 도구 직접 제거하는 방법이다.
③ 소살 : 솜방망이를 경유에 담갔다가 꺼내어 긴 장대 끝에 불을 붙여 군서하는 유충을 태워 죽이는 방법이다.
④ 차단 : 이동하는 해충 주위에 도랑을 파서 떨어진 것을 모아 죽이거나 끈끈이를 수간에 발라두고 밑에서 기어오르는 것이나 위에서 밑으로 내려오는 해충을 잡아 죽이는 방법이다.

54 산림무육도구와 거리가 먼 것은?

① 재래식 낫　　② 전정가위
③ 이리톱　　④ 쐐기

④ 쐐기는 톱의 끼임을 방지하기 위하여 사용한다.

55 포플러 잎녹병의 증상에 해당되는 설명은?

① 잎 표면에 검은색 반점무늬가 생기고 점점 커지면서 낙엽이 된다.
② 잎자루가 검게 변하여 낙엽이 된다.
③ 병든 나무가 급속히 말라 죽는다.
④ 잎 뒷면에 누런색의 여름포자가 형성된다.

포플러 잎녹병균은 병든 낙엽에서 겨울포자 상태로 겨울을 나고, 4~5월에 겨울포자가 발아하여 만들어진 담자포자가 바람에 의해 낙엽송으로 날아가 새로 나온 잎을 감염하여 잎의 뒷면에 직경 1~2mm의 오렌지색 녹포자덩이를 만든다.

56 솔잎혹파리에 대한 설명으로 옳지 않은 것은?

① 주로 1년에 1회 발생한다.
② 충영 속에서 번데기로 활동한다.
③ 1920년대 초반 일본에서 우리나라로 침입한 것으로 추정된다.
④ 생물학적 방제법으로 솔잎혹파리먹좀벌 등 기생성 천적을 이용하여 방제하기도 한다.

② 유충이 솔잎 기부에 충영(벌레혹)을 만들고 그 속에서 수액을 흡즙 가해한다.

57 집재장에서 통나무를 끌어내리는 데 사용하기 가장 적합한 작업도구는?

① 삽   ② 지게
③ 사피   ④ 클램프

해설

사피(도비) : 산악지대에서 벌도목을 끌 때 사용하는 도구로 한국형과 외국형이 있다.

58 천연림보육 과정에서 간벌작업 시 미래목 관리 방법으로 옳은 것은?

① 피압을 받지 않은 상층의 우세목으로 선정한다.
② 미래목 간의 거리는 2m 정도로 한다.
③ 가슴높이에서 흰색 수성 페인트를 둘러서 표시한다.
④ ha당 활엽수는 300~400본을 선정한다.

해설

미래목의 선정 및 관리
• 피압을 받지 않은 상층의 우세목으로 선정하되 폭목은 제외한다.
• 나무줄기가 곧고 갈라지지 않으며, 산림 병충해 등 물리적인 피해가 없어야 한다.
• 미래목 간의 거리는 최소 5m 이상으로 임지 내에 고르게 분포하도록 한다.
• 활엽수는 200본/ha 내외, 침엽수는 200~400본/ha을 미래목으로 한다.
• 미래목만 가지치기를 실행하며 산 가지치기일 경우 11월부터 이듬해 5월 이전까지 실행하여야 하나 작업 여건, 노동력 공급 여건 등을 감안하여 작업시기 조정이 가능하다.
• 가지치기는 반드시 톱을 사용하여 실행한다.
• 솎아베기 및 산물의 하산, 집재(集材), 반출 등의 작업 시 미래목을 손상하지 않도록 주의한다.
• 가슴높이에서 10cm의 폭으로 황색 수성 페인트로 둘러서 표시한다.

59 산림보호법에서 규정하는 산불진화장비가 아닌 것은?

① 항공진화장비
② 통신장비
③ 지상진화장비
④ 기상관측장비

해설

산불진화장비의 종류(산림보호법 시행규칙 [별표 3의3])

구분	내용
항공진화장비	산불진화 헬리콥터, 고정익(固定翼) 항공기, 진화용 드론 등 공중에서 산불진화를 위해 사용하는 장비
지상진화장비	• 산불지휘차, 산불진화차, 산불기계화시스템, 산불소화시설 등 지상에서 산불진화를 위해 사용하는 장비 • 등짐펌프, 진화배낭, 진화복 등 산불진화에 투입되는 인력에게 지급하는 장비
통신장비	무선중계기, 고정국(固定局), 육상국(陸上局) 등 통신기, 디지털단말기 등 산불진화현장의 통신체계 구축을 위해 사용하는 장비
그 밖의 진화장비	그 밖의 산불진화에 사용하는 장비로서 산림청장이 정해 고시하는 장비

60 산림 내 가지치기 작업의 주된 목적은 무엇인가?

① 우량목재의 생산
② 중간수입
③ 각종 위해의 방지
④ 연료 공급

해설

가지치기 : 우량한 목재를 생산할 목적으로 가지의 일부분을 계획적으로 잘라내는 것

01 예초기를 사용한 풀베기작업 시 주의사항으로 옳지 않은 것은?

① 작업은 우측에서 좌측으로 실시한다.
② 작업자 간 충분한 간격을 두고 작업한다.
③ 작업은 등고선 방향으로 진행한다.
④ 경사지 작업에서는 경사면의 상하방향으로 작업한다.

해설
④ 경사면의 상하방향은 발이 미끄러지거나 신체가 불안정하게 되어 매우 위험하므로 반드시 등고선 방향으로 작업을 진행해야 한다.

02 천연갱신에 대한 설명으로 틀린 것은?

① 천연갱신은 그 임지의 기후와 토질에 가장 적합한 수종이 생육하게 되므로 각종 위해에 대한 저항력이 크다.
② 천연갱신지의 치수는 모수보호를 받아 안정된 생육환경을 제공받는다.
③ 인공조림에서와 같이 수종 선정의 잘못으로 인해 실패할 염려가 많다.
④ 임지가 나출되는 일이 드물며 적당한 수종이 발생하고 혼효되기 때문에 지력 유지에 적합하다.

해설
③ 모수가 되는 임목은 이미 그 지역에서 생육하여 조림지의 기후·토양에 적응한 것이므로 인공조림에서와 같이 수종이 잘못 선정되어 실패할 염려가 없다.

03 덩굴치기의 최적기는 언제인가?

① 3~4월
② 5~7월
③ 9~10월
④ 11~12월

해설
덩굴제거는 덩굴류의 생장기인 5~9월에 실시하며, 덩굴식물이 뿌리 속의 저장양분을 소모한 7월경이 가장 좋다.

04 다음 와이어로프의 구조를 나타내는 그림에서 스트랜드는 무엇인가?

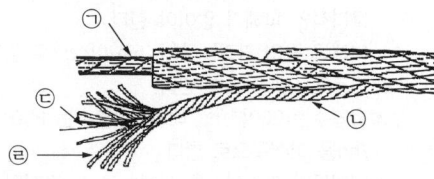

① ㉠
② ㉡
③ ㉢
④ ㉣

해설
② ㉡ : 스트랜드
① ㉠ : 심줄
③ ㉢ : 심소선
④ ㉣ : 소선

05 묘포상에서 해가림이 필요하지 않은 수종은?

① 소나무   ② 낙엽송
③ 전나무   ④ 잣나무

해설

소나무, 해송, 리기다, 사시나무 등의 양수는 해가림이 필요 없으나 가문비나무, 잣나무, 전나무, 낙엽송, 삼나무, 편백 등은 해가림이 필요하다.

06 바닷가에 주로 심는 나무로서 적합한 것은?

① 곰솔   ② 소나무
③ 잣나무   ④ 낙엽송

해설

• 염풍에 저항력이 큰 수종 : 곰솔(해송), 향나무, 사철나무, 자귀나무, 팽나무, 후박나무, 돈나무 등
• 염풍에 저항력이 약한 수종 : 소나무, 삼나무, 편백, 화백, 전나무, 벚나무, 포도나무, 사과나무, 배나무 등

07 기계톱 사용 시 연료에 오일을 첨가시키는 이유로 가장 적합한 것은?

① 점화를 쉽게 하기 위해서
② 엔진 내부에 윤활작용을 시키기 위하여
③ 엔진 회전을 저속으로 하기 위하여
④ 체인의 마모를 줄이기 위하여

해설

윤활작용과 동시에 연소되어야 하므로 주로 광물성 윤활유를 사용한다.

08 일정한 규칙과 형태로 묘목을 식재하는 배식설계에 해당되지 않는 것은?

① 장방형 식재
② 정방형 식재
③ 정육각형 식재
④ 정삼각형 식재

해설

규칙적 식재망
정방형, 장방형, 정삼각형, 이중정방형 등이 있고, 일반적으로 정방형 식재를 하는데 규칙적 식재를 하면 식재 이후에 각종 조림작업을 능률적으로 할 수 있다.

09 다음 중 약제에 의한 덩굴류(만경류) 제거작업에 관한 설명으로 옳은 것은?

① 작업량이 적은 겨울에 실시한다.
② 칡 제거는 뿌리까지 죽일 수 있는 글리포세이트 액제가 좋다.
③ 처리 후 24시간 이내에 강우가 예상될 때 살포하는 것이 약제 흡수에 좋다.
④ 제초제는 살충제보다 독성이 적으므로 약제 취급에 주의를 기울일 필요가 없다.

해설

① 덩굴제거의 적기는 7월경이 적당하다.
③ 강우가 예상될 때는 살포하는 것을 중지한다.
④ 제초제는 고독성이므로 약제 취급에 주의를 기울여야 한다.

10 피해목을 벌채한 후 약제 훈증처리의 방제가 필요한 수병은?

① 뽕나무 오갈병
② 잣나무 털녹병
③ 소나무 잎녹병
④ 참나무 시들음병

해설

참나무 시들음병의 방제
침입공에 메프 유제, 파프 유제 500배액을 주입하고, 피해목을 벌채하여 1m 길이로 잘라 쌓은 후 메탐소듐을 m²당 1L씩 살포하고 비닐을 씌워 밀봉하여 훈증처리한다.

11 솔잎혹파리의 월동 장소로 옳은 것은?

① 나무껍질 사이
② 솔잎 사이
③ 땅속
④ 나무 속

해설

솔잎혹파리는 유충으로 지피물 밑의 지표나 1~2cm 깊이의 흙 속에서 월동한다.

12 산불을 연소상태 및 연소부위에 따라서 분류한 것으로 옳지 않은 것은?

① 지상화
② 지중화
③ 수간화
④ 수관화

해설

산불은 연소상태 및 연소부위에 따라 지표화(地表火, surface fire), 수간화(樹幹火, stem fire), 수관화(樹冠火, crown fire), 지중화(地中火, ground fire)로 분류할 수 있다.

13 솔나방 유충은 몇 영충(齡蟲)으로 월동하는가?

① 1령충
② 3령충
③ 5령충
④ 8령충

해설

솔나방은 1년에 1회 발생하며, 5령충으로 월동한다.

14 벌도된 나무에 가지치기와 조재작업을 하는 임업기계는?

① 포워더
② 프로세서
③ 스윙야더
④ 원목집게

해설

프로세서(processor)
하베스터와 유사하나 벌도 기능만 없는 장비. 즉, 일반적으로 전목재의 가지를 제거하는 가지자르기 작업, 재장을 측정하는 조재목 마름질 작업, 통나무자르기 등 일련의 조재작업을 한 공정으로 수행하여 원목을 한곳에 쌓을 수 있는 장비

15 늦봄부터 늦가을까지 주로 묘목에 많이 발생하는 병해로서 잎의 뒷면에 표징이 나타나며, 어린눈을 침해하면 잎이 오그라들고 기형이 되는 것은?

① 소나무 그을음병
② 잣나무 털녹병
③ 밤나무 흰가루병
④ 소나무 혹병

해설

밤나무 흰가루병
6~7월 또는 장마철 이후에 잎 표면과 뒷면에 백색의 반점이 생기며, 점차 확대되어 가을이 되면 잎 전체를 하얗게 덮는다.

16 다음 중 잎을 가해하지 않는 해충은?

① 솔나방
② 오리나무잎벌레
③ 흰불나방
④ 소나무좀

해설

소나무좀은 소나무의 분열조직을 가해하는 해충이다.

17 임지가 넓을 때 보통 3개의 벌채 열구를 편성하고, 이것을 세 번의 처리로 벌채 갱신하는 작업종은?

① 군상개벌작업
② 연속대상개벌작업
③ 중림작업
④ 보잔목 작업

해설

연속대상개벌작업은 먼저 1대가 개벌되고 측방천연하종으로 갱신된 뒤 제2대, 제3대의 순으로 갱신이 진행된다.

18 조림목이 양수인 경우 조림지의 밑깎기 방법으로 가장 적합한 작업은?

① 둘레깎기
② 전면깎기
③ 줄깎기
④ 혼합깎기

해설

전면깎기는 조림목이 양수이고 어린 목(木)일 때 적합하다.

19 체인톱 엔진이 돌지 않는 경우 예상되는 원인이 아닌 것은?

① 오일펌프가 잘못 결합되어 있다.
② 전원스위치가 열려 있다.
③ 연료탱크의 공기주입이 막혀 있다.
④ 기화기 내의 연료체가 막혀 있다.

해설

체인톱 엔진이 들지 않을 시 예상되는 원인

• 탱크가 비어 있다.
• 전원스위치가 열려 있다.
• 흡수호스 또는 전기도선에 결함이 있다.
• 흡입 통풍관의 필터가 작동하지 않는다(막혀 있다).
• 도선이 막혀 있다.
• 기화기 내의 연료체가 막혀 있다.
• 기화기 조절이 잘못되어 있다.
• 기화기 내 펌프질하는 막(엷은 막)에 결함이 있다.
• 기화기에 결함이 있다.
• 연료탱크의 공기주입이 막혀 있다.
• 플러그 수명이 다 되었거나 더러워져 있다.
• 플러그 점화케이블이 결합되었다.
• 점화코일과 단류장치에 결함이 있다.

20 다음 중 산벌작업과 관련 없는 것은?

① 초벌
② 예비벌
③ 하종벌
④ 후벌

해설

산벌작업은 임분을 예비벌, 하종벌, 후벌로 3단계 갱신벌채를 실시하여 갱신하는 방법이다.

21 참나무 시들음병을 매개하는 광릉긴나무좀을 구제하는 가장 효율적인 방제법은?

① 피해목 약제 수간주사
② 피해목 약제 수관살포
③ 피해 임지 약제 지면처리
④ 피해목 벌목 후 벌목재 살충 및 살균제 훈증처리

> **해설**
> 참나무 시들음병은 피해목을 벌채해 약제를 뿌리고 비닐로 씌워 훈증처리한다.

22 다음 중 양수 수종으로만 구성된 것은?

① 밤나무, 소나무, 오리나무
② 주목, 비자나무, 편백
③ 동백나무, 전나무, 회양목
④ 느릅나무, 잣나무, 피나무

> **해설**
> ② 주목, 비자나무 : 음수, 편백 : 중용수
> ③ 동백나무 : 중용수, 전나무, 회양목 : 음수
> ④ 느릅나무, 잣나무, 피나무 : 중용수

23 체인톱 엔진 공회전 시 체인톱날이 작동하는 경우 예상되는 원인으로 옳은 것은?

① 원심클러치의 불량
② 기계톱날 장력 조정의 불량
③ 점화코일과 단류장치의 결함
④ 오일과 연료 혼합비의 부정확

> **해설**
> 체인톱 엔진 공회전 시 체인톱날이 작동하는 경우 예상되는 원인
> • 클러치가 손상되어 있다.
> • 클러치 중 베어링에 결함이 있다.

24 갱신을 위한 벌채 방식이 아닌 것은?

① 개벌작업
② 산벌작업
③ 택벌작업
④ 간벌작업

> **해설**
> 간벌작업은 경관의 유지와 개선을 위해 밀도 조절이 필요한 산림에서 진행되며, 삼림을 가꾸기 위한 벌채에 속한다.

25 산불 발생의 설명으로 틀린 것은?

① 활엽수보다 침엽수에서 산불이 일어나기 쉽다.
② 양수는 음수에 비하여 산불의 위험성이 높다.
③ 나이가 많은 큰나무 숲이 어리고 작은 숲보다 산불의 위험도가 높다.
④ 3~5월의 건조 시에 산불이 가장 많이 일어난다.

> **해설**
> ③ 일반적으로 어린 숲(유령림, 어린 묘목지)이 지표면에 낙엽·낙지 등 가연물이 많고, 수분이 적어 산불 위험도가 높다.

26 간벌의 효과가 아닌 것은?

① 임분의 빛 환경이 개선되어 하층식생이 증가한다.

② 단목의 간재적이 증가한다.

③ 간벌 이후 남겨진 임목의 간형은 임목의 밀도가 저밀도일수록 완만하게 된다.

④ 임분의 유전형질이 개량된다.

해설
③ 간벌은 남겨진 나무의 직경생장을 촉진하지만, 간형(幹形)이 완만해지는 것과는 직접적인 관련이 없다.

27 다음 중 나무 속(재질부)을 가해하는 해충은 어느 것인가?

① 하늘소

② 미국흰불나방

③ 어스렝이나방

④ 깍지벌레

해설
②·③ 미국흰불나방, 어스렝이나방 : 잎을 가해하는 해충

④ 깍지벌레 : 잎과 가지를 가해하는 해충

28 체인톱의 운전 방법에 대한 설명으로 틀린 것은?

① 연료는 휘발유와 윤활유의 혼합유를 사용한다.

② 시동 후 2~3분간 저속으로 운전한다.

③ 엔진을 정지할 때는 엔진회전을 고속으로 해서 이물질을 털어낸 뒤 스위치를 끈다.

④ 안내판이 불량하면 쏘체인의 회전이 불안정하게 되고 진동이 생긴다.

해설
③ 엔진을 정지시키고자 할 때에는 반드시 엔진회전을 저속으로 낮춘 후에 스위치를 끈다.

29 간벌에 관한 설명으로 옳지 않은 것은?

① 솎아베기라고도 한다.

② 임관을 울폐시켜 각종 재해에 대비하고자 한다.

③ 조림목의 생육공간 및 임분구성 조절이 목적이다.

④ 임분의 수직구조 및 안정화를 도모한다.

해설
② 임관이 항상 울폐한 상태에 있어 임지와 치수를 보호하는 것은 택벌작업이다.

30 다음 중 훈증처리 방법에 대한 설명으로 틀린 것은?

① 토양 속에 약제를 주입하는 방법도 있다.
② 임분 내 활용이 매우 용이하다.
③ 밀폐할 수 있는 곳에 주로 적용한다.
④ 휘발성이 강한 약제를 사용한다.

해설

훈증제 사용 시 유의사항
• 가스의 유실을 막기 위하여 기밀실이나 천막에서 사용한다.
• 토양에서는 주입한 후 흙으로 덮거나 비닐 시트로 덮는다.
• 사람에 해가 있을 수 있기 때문에 사용 시 안전에 유의해야 한다.
• 특히 눈·코·입·피부 등과의 접촉을 피해야 한다.

31 중림작업에 대한 설명으로 옳은 것은?

① 각종 피해에 대한 저항력이 약하다.
② 하층목의 맹아 발생과 생장이 촉진된다.
③ 상층을 벌채하면 하층이 후계림으로 상층까지 자란다.
④ 상층과 하층은 동일수종인 것이 원칙이나 다른 수종으로 혼생시킬 수 있다.

해설

① 숲의 구조를 다양화하여 단순림에 비해 각종 피해에 대한 저항력이 더 강하다.
② 상층목의 그늘로 인해 하층목의 생장이 오히려 억제될 수 있다.
③ 하층이 후계림으로 자라는 것은 맞지만 상층까지 자라지 않을 수도 있다.

32 다음 중 꽃피는 시기가 가장 늦은 것은?

① 밤나무   ② 개나리
③ 생강나무   ④ 산수유

해설

① 밤나무 : 5~6월
② · ③ · ④ 개나리, 생강나무, 산수유 : 3월 중순~4월 초

33 묘목규격의 측정기준으로 사용하지 않는 것은?

① 근원경
② 최소간장
③ 최대간장
④ 근원경 대비 최소간장의 비율

해설

묘목규격 측정기준에는 최소간장이 사용되고, 최대간장은 규격기준에 포함되지 않는다.
산림용 묘목규격의 측정기준(종묘사업실시요령)
• 간장 : 근원경(밑둥지름)에서 정아까지의 길이
• 근원경 : 포지에서 묘목줄기가 지표면에 닿았던 부분의 최소직경
• H/D율 : mm 단위의 근원경 대비 간장(줄기 길이)의 비율

34 안전장비의 섬유가 톱날에 닿았을 때 회전을 멈추게 하는 것은?

① 안전장갑   ② 안전복
③ 안전화   ④ 안전모

해설

안전복(절단 보호용 안전복 하의)
체인톱 작업을 위한 작업용 하의는 절단 보호용 섬유가 삽입되어 있어서 작업복과 체인톱의 톱날이 접촉할 때 하의에 삽입된 파이버 섬유가 체인톱의 회전을 멈추게 하여 톱날이 서서히 회전하며 정지하는 방식으로 작동한다.

30 ② 31 ④ 32 ① 33 ③ 34 ② **정답**

35 곤충의 몸 밖으로 방출되어 같은 종끼리 통신을 할 때 이용되는 물질은?

① 퀴논   ② 테르펜
③ 페로몬   ④ 호르몬

해설

페로몬(pheromone)은 같은 종(種) 동물의 개체 사이의 의사소통에 사용되는 체외분비성 물질이다.

36 벌목방법의 순서로 옳은 것은?

① 벌목방향 설정 – 수구 자르기 – 추구 자르기 – 벌목
② 벌목방향 설정 – 추구 자르기 – 수구 자르기 – 벌목
③ 수구 자르기 – 추구 자르기 – 벌목방향 설정 – 벌목
④ 추구 자르기 – 수구 자르기 – 벌목방향 설정 – 벌목

해설

벌목작업 순서
- 벌목방향 설정 : 방향이 결정되면 작업원은 벌목할 입목 주변의 잡목, 가지, 덩굴 등을 제거하고 발 디딜 곳과 대피장소 등을 확인한다.
- 수구 자르기 : 벌목방향을 확실히 하고 목재의 부서짐을 방지한다.
- 추구 자르기 : 입목을 넘어뜨리기 위한 3가지 절단 작업(수평자르기, 빗자르기, 추구 자르기) 중에서 마지막 자르기 작업이다.

37 다음 중 소나무류의 천공성 해충은?

① 소나무좀
② 소나무왕진딧물
③ 솔껍질깍지벌레
④ 잣나무넓적잎벌

해설

소나무좀
연 1회 발생하며, 나무껍질 밑에서 성충으로 월동한다. 6월 초순에 번데기에서 우화한 성충은 주로 쇠약한 나무, 이식된 나무 또는 벌채한 나무에 세로로 10cm 정도의 구멍을 뚫고 60개 내외의 알을 낳는다.

38 다음 (　) 안에 적합한 내용은?

> 해충을 방제하기 위하여 수목에 잠복소를 설치하였다가 해충이 활동하기 전에 모아서 소각하는 방법을 (　)라고 한다.

① 생물적 방제
② 육림학적 방제
③ 화학적 방제
④ 기계적 방제

해설

기계적 방제법은 간단한 기구 또는 손으로 해충을 잡는 방법으로 포살, 유살, 차단 등이 있다.

39 묘목을 단근할 때 나타나는 현상으로 옳은 것은?

① 주근 발달 촉진
② 활착률이 낮아짐
③ T/R률이 낮은 묘목 생산
④ 품질이 안 좋은 묘목 생산

해설

단근작업
묘목의 철 늦은 자람을 억제하고, 동시에 측근과 세근을 발달시켜 산지에 재식하였을 때 활착률(T/R률이 작을수록 활착률이 좋다)을 높이기 위하여 실시한다.

41 임지시비에 대한 사항으로 옳지 않은 것은?

① 임목의 조기 생장을 위하여 임지시비의 효과는 크다.
② 임지시비 방법은 전면시비, 식혈시비, 환상시비가 있다.
③ 시비시기는 봄이나 초여름에 하는 것이 좋고, 임지에 잡초를 없애고 시비를 한다.
④ 비료의 종류나 양은 임지의 비옥도, 수종에 따라 다르나 본당 식재 당시 질소시비량은 100~150g이다.

해설

④ 임지시비(조림지, 산림 묘목 등)에서 식재목 1주당 적정 질소시비량은 10~15g이다.

40 체인톱과 예초기의 연료 혼합비로 가장 적합한 것은?

① 휘발유 : 오일 = 15 : 1
② 휘발유 : 오일 = 25 : 1
③ 휘발유 : 오일 = 45 : 1
④ 휘발유 : 오일 = 65 : 1

해설

체인톱과 예초기에 사용하는 연료 혼합비
휘발유 : 윤활유(엔진오일) = 25 : 1

42 다음 설명에 해당하는 것은?

부화유충은 소나무와 해송의 잎집이 쌓인 침엽 기부에 충영을 형성하고 그 안에서 흡즙함으로써 피해를 입은 침엽은 생장이 저해되어 조기에 변색, 고사할 뿐만 아니라 피해를 입은 입목은 침엽의 감소에 의하여 생장이 감퇴한다.

① 솔나방　　　② 솔잎혹파리
③ 소나무좀　　④ 솔노랑잎벌

해설

솔잎혹파리
• 1년에 1회 발생하며 소나무, 곰솔(해송)에 피해가 심하다.
• 유충으로 지피물 밑의 지표나 1~2cm 깊이의 흙 속에서 월동한다.
• 5월 하순부터 10월 하순까지 유충이 솔잎 기부에 벌레혹(충영)을 형성하고, 그 내부에서 흡즙 가해하여 일찍 고사하게 하며 임목의 생장을 저해한다.

43 다음 중 방화림(防火林) 조성용으로 가장 적합한 수종은?

① 소나무　　② 삼나무
③ 갈참나무　④ 녹나무

해설

참나무류는 코르크층이 두꺼워 나무줄기에 불이 붙더라도 수피(껍질) 안쪽에 있는 형성층이 다칠 우려가 상대적으로 적고, 맹아력이 대단히 강해서 화재 후 뿌리 부근에서 새순들이 맹렬한 기세로 뻗어 나와 새로운 숲을 형성하게 된다.

44 체인톱의 배기가스가 검고 엔진에 힘이 없는 경우 예상되는 원인으로 옳은 것은?

① 기화기 조절이 잘못되었다.
② 연료 내 오일 혼합량이 적다.
③ 플러그에서 조기점화가 되기 때문이다.
④ 안내판으로 통하는 오일 구멍이 막혔다.

해설

배기가스가 검고 엔진에 힘이 없는 경우 예상되는 원인
• 기화기 조절이 잘못되어 있다.
• 기화기에 결함이 있다.
• 에어필터가 더럽혀져 있다.
• 연료 내 오일 혼합량이 많다.

45 산불진화 방법에 대한 설명으로 옳지 않은 것은?

① 불길이 약한 산불 초기는 화두부터 안전하게 진화한다.
② 직접, 간접법으로 끄기 어려울 때 맞불을 놓아 끄기도 한다.
③ 물이 없을 경우 삽 등으로 토사를 끼얹는 간접소화법을 사용할 수 있다.
④ 불길이 강하면 소화선을 만들어 화두의 불길이 약해지면 끄는 간접소화법을 쓴다.

해설

③ 물이나 흙, 소화약제 등을 이용해 직접 불을 끄는 방법은 직접소화법이다.
간접소화법
화두(火頭)가 강하여 직접 진화가 비효율적일 때 화선의 먼 앞쪽에 방화선을 구축하는 방법이다.

46 배나무 재배지역의 주변에서는 식재를 피해야 하는 수종은?

① 향나무　　② 소나무
③ 전나무　　④ 오리나무

해설

배나무 붉은별무늬병(향나무 녹병)은 향나무와 배나무에 기주교대하는 이종기생성이므로 배나무 재배지역 주변에 향나무를 식재하지 않는 것이 좋다.

47 다음 중 산벌작업에서 갱신기간을 나타내는 것은?

① 예비벌부터 하종벌까지
② 하종벌부터 후벌까지
③ 후벌부터 하종벌까지
④ 수광벌부터 종벌까지

> **해설**
> 치수의 발생을 완성하는 하종벌부터 후벌의 마지막 벌채인 종벌까지의 기간을 갱신기간이라 한다.

48 병든 나무의 병환부에서 발견된 균을 확인하기 위한 병원적 진단 과정의 순서로 옳은 것은?

① 인공접종 → 미생물분리 → 재분리 → 배양
② 인공접종 → 배양 → 미생물분리 → 재분리
③ 배양 → 인공접종 → 미생물분리 → 재분리
④ 미생물분리 → 배양 → 인공접종 → 재분리

> **해설**
> **병원적 진단 과정(코흐의 원칙)**
> 병든 부위에서 미생물분리 → 배양 → 인공접종 → 재분리

49 풀베기의 설명이 틀린 것은?

① 9월 이후의 풀베기는 피한다.
② 소나무류는 5~8회 정도 실시한다.
③ 일반적으로 조림 후 5~6월에 실시한다.
④ 연 2회 실시할 때는 8월에 추가적으로 실시한다.

> **해설**
> ③ 풀베기는 일반적으로 조림 후 6~8월에 실시한다.

50 정량간벌 대상지 우세목의 평균수고로 옳은 것은?

① 6m 이하   ② 6~8m
③ 8~10m   ④ 10m 이상

> **해설**
> 우세목의 평균수고 : 10m 이상 임분으로서 15년생 이상인 산림

51 벌채구를 구분하여 순차적으로 벌채하여 일정한 주기에 의해 갱신작업이 되풀이되는 것을 무엇이라 하는가?

① 윤벌기   ② 회귀년
③ 간벌기간   ④ 벌채시기

> **해설**
> 순환택벌 시 처음 구역으로 되돌아오는 데 소요되는 기간을 회귀년이라 한다.

52 산림토양의 산도는 산림수목의 분포양식에 영향을 준다. 대부분 침엽수 및 피나무, 단풍나무, 느릅나무, 참나무 등의 생육에 적당한 pH는?

① pH 4.0~4.7
② pH 4.8~5.5
③ pH 5.5~6.5
④ pH 6.5~7.5

해설

피나무, 단풍나무, 느릅나무, 참나무 등은 약산성(pH 5.5~6.5)에서 잘 자라는 수종이다.

53 다음 중 산림작업을 위한 개인 안전장비로 가장 거리가 먼 것은?

① 안전헬멧　　② 안전화
③ 구급낭　　　④ 얼굴보호망

해설

①·②·④ 외에 귀마개, 안전장갑, 안전복 등이 있다.

54 풀베기작업을 1년에 2회 실시하려 할 때 가장 알맞은 시기는?

① 1월과 3월
② 3월과 5월
③ 6월과 8월
④ 7월과 10월

해설

풀베기는 풀들이 왕성하게 자라는 6월 상순~8월 상순 사이에 실시한다.

55 다음에서 설명하는 수병은?

- 경기도 가평에서 처음 발견되었다.
- 줄기에 병징이 나타나면 어린나무는 대부분이 1~2년 내에 말라 죽고, 20년생 이상의 큰 나무는 병이 수년간 지속되다가 마침내 말라 죽는다.

① 잣나무 털녹병
② 소나무 모잘록병
③ 오동나무 탄저병
④ 오리나무 갈색무늬병

해설

잣나무 털녹병은 줄기에 병징이 나타나면 어린 조림목은 대부분 당해에 말라 죽으며, 20년생 이상의 성목에서는 병이 수년간 지속되다가 말라 죽는다.

56 타고 있는 연료의 뒷불진화 요령으로 옳지 않은 것은?

① 흩어 놓은 후 불을 끈다.
② 연소지역 내에 흩어 자연 진화를 기다린다.
③ 땅에 묻은 후 불씨 유무를 확인한다.
④ 타고 있는 연료 주위로 진화선을 쳐 준다.

해설

위험연료(타고 있는 연료)의 뒷불진화 요령
• 흩어 놓은 후 불을 끈다.
• 태우거나 연소지역 내에 흩어 놓는다.
• 땅에 묻는 경우는 불씨 유무를 확인한다.
• 위험연료 주위로 진화선을 쳐 준다.

57 접목을 할 때 접수와 대목의 가장 좋은 조건은?

① 접수와 대목이 모두 휴면상태일 때
② 접수와 대목이 모두 왕성하게 생리적 활동을 할 때
③ 접수는 휴면상태이고, 대목은 생리적 활동을 시작할 때
④ 접수는 생리적 활동을 시작하고, 대목은 휴면상태 일 때

해설

접수는 양분축적기이거나 휴면상태이고, 대목은 뿌리가 움직여 생리활동을 시작할 때가 좋다.

58 풀베기의 형식 중 조림목의 주변에 나는 잡초목만을 깎아버리는 방법을 무엇이라 하는가?

① 골라베기
② 모두베기
③ 줄베기
④ 둘레베기

해설

둘레베기
조림목의 둘레를 약 1m의 지름으로 둥글게 깎아 내는 방법이다. 줄베기와 둘레베기는 전면베기에 비해, 흙의 침식을 막는 작용을 하지만 밀식조림지에는 적용이 힘들다.

59 산물진화 일반 수칙에 대한 설명으로 옳지 않은 것은?

① 계곡 방향으로 접근하여 진화하며, 불 머리를 우선 진화한다.
② 진화 도구 사용 시 대원 간의 거리는 3m 이상 간격을 유지한다.
③ 진화 조장은 대원과 항상 연락할 수 있도록 통신망을 유지한다.
④ 산불에 고립되었을 때 방연마스크, 방염 텐트 등을 신속히 착용하고 대피한다.

해설

① 계곡 방향으로 접근하지 않아야 하며, 불 머리 양 측면을 우선 진화하고 화세가 약해지면 불 머리를 진화한다.

60 유아등으로 등화유살 할 수 있는 해충은?

① 오리나무잎벌레
② 솔잎혹파리
③ 밤나무순혹벌
④ 어스렝이나방

해설

등화유살 : 곤충의 주광성을 이용하여 곤충이 유아등에 모이게 하여 죽이는 방법으로, 9~10월에 어스렝이나방에게 사용할 수 있다.

산림기능사 필기 기출문제집

개정16판1쇄 발행	2026년 01월 05일 (인쇄 2025년 10월 28일)
초 판 발 행	2010년 01월 15일 (인쇄 2009년 09월 24일)
발 행 인	박영일
책 임 편 집	이해욱
편 저	김민철
편 집 진 행	윤진영 · 장윤경
표지디자인	권은경 · 길전홍선
편집디자인	정경일 · 심혜림
발 행 처	(주)시대고시기획
출 판 등 록	제10-1521호
주 소	서울시 마포구 큰우물로 75 [도화동 538 성지 B/D] 9F
전 화	1600-3600
홈 페 이 지	www.sdedu.co.kr
I S B N	979-11-434-0179-3(13520)
정 가	25,000원

산림·조경·농업
국가자격 시리즈

산림기사·산업기사 필기 한권으로 끝내기	4×6배판 / 45,000원
산림기사 필기 기출문제해설	4×6배판 / 24,000원
산림기사·산업기사 실기 한권으로 끝내기	4×6배판 / 25,000원
산림기능사 필기 한권으로 끝내기	4×6배판 / 28,000원
산림기능사 필기 기출문제집	4×6배판 / 25,000원
조경기사·산업기사 필기 한권으로 합격하기	4×6배판 / 42,000원
조경기사 필기 기출문제해설	4×6배판 / 37,000원
조경기사·산업기사 실기 한권으로 끝내기	국배판 / 41,000원
조경기능사 필기 한권으로 끝내기	4×6배판 / 29,000원
조경기능사 필기 기출문제집	4×6배판 / 27,000원
조경기능사 실기 [조경작업]	8절 / 27,000원
식물보호기사·산업기사 필기 한권으로 끝내기	4×6배판 / 37,000원
식물보호기사·산업기사 실기 한권으로 끝내기	4×6배판 / 20,000원
농산물품질관리사 1차 한권으로 끝내기	4×6배판 / 40,000원
농산물품질관리사 2차 필답형 실기	4×6배판 / 32,000원
농·축·수산물 경매사 한권으로 끝내기	4×6배판 / 40,000원
축산기사·산업기사 필기 한권으로 끝내기	4×6배판 / 36,000원
축산기사·산업기사 실기 한권으로 끝내기	4×6배판 / 28,000원
Win-Q(윙크) 화훼장식기능사 필기	별판 / 23,000원
Win-Q(윙크) 원예기능사 필기	별판 / 25,000원
Win-Q(윙크) 버섯종균기능사 필기	별판 / 22,000원
Win-Q(윙크) 축산기능사 필기+실기	별판 / 25,000원
무단뾰 조경기능사 필기+무료 동영상	별판 / 26,000원
유기농업기능사 필기+실기 가장 빠른 합격	별판 / 32,000원
기출이 답이다 종자기사 필기 [최빈출 기출 1000제 + 최근 기출복원문제 3개년]	별판 / 28,000원
기출이 답이다 유기농업기사 필기 [최빈출 기출 1000제 + 최근 기출복원문제 2개년]	별판 / 34,000원

산림 · 조경 국가자격 시리즈

합격을 위한 모든 전략! 시대에듀와 함께 맞춤형 학습으로 빠르게 합격하세요!

산림기능사 필기 한권으로 끝내기
최근 기출복원문제 및 해설 수록

- 빨리보는 간단한 키워드 : 시험 전 필수 핵심 키워드
- 최고의 산림전문가가 되기 위한 필수 핵심이론
- 적중예상문제와 기출복원문제를 자세한 해설과 함께 수록
- 4×6배판 / 620p / 28,000원

산림기사 · 산업기사 필기 한권으로 끝내기
최근 기출복원문제 및 해설 수록

- 핵심이론 + 기출문제 무료 특강 제공
- 〈핵심이론 + 적중예상문제 + 과년도, 최근 기출복원문제〉의 이상적인 구성
- 농업직 · 환경직 · 임업직 공무원 특채 응시자격 및 공채시험 가산점 인정
- 기사 20학점, 산업기사 16학점 인정
- 4×6배판 / 1,232p / 45,000원

식물보호기사 · 산업기사 필기 한권으로 끝내기
최근 기출복원문제 및 해설 수록

- 한권으로 식물보호기사 · 산업기사 필기시험 대비
- 〈핵심이론 + 적중예상문제 + 과년도, 최근 기출복원문제〉의 최적화 구성
- 농업직 · 환경직 · 임업직 공무원 특채 응시자격 및 공채시험 가산점 인정
- 기사 20학점, 산업기사 16학점 인정
- 4×6배판 / 1,020p / 37,000원

도서구입 및 내용문의 1600-3600